Gesenkschmieden

K. Lange · H. Meyer-Nolkemper

Gesenkschmieden

Zweite, neubearbeitete Auflage

Springer-Verlag
Berlin Heidelberg New York 1977

Dr.-Ing. KURT LANGE
o. Professor an der Universität Stuttgart
Institut für Umformtechnik

Dr.-Ing. HEINZ MEYER-NOLKEMPER
Forschungsstelle Gesenkschmieden
an der Technischen Universität Hannover

Die 1. Auflage, verfaßt von K. Lange, erschien 1958 unter dem Titel
„Gesenkschmieden von Stahl"

Mit 341 Abbildungen

ISBN 978-3-642-52195-9   ISBN 978-3-642-52194-2 (eBook)
DOI 10.1007/978-3-642-52194-2

Library of Congress Cataloging in Publication Data. Lange, Kurt, 1919– Gesenkschmieden. First ed. by K. Lange, published in 1958 under title: Gesenkschmieden von Stahl. Bibliography: p. Includes index. 1. Forging. I. Meyer-Nolkemper, Heinz, 1928– joint author. II. Title. TS225.L33   1977   672'.3'3   77-14186   ISBN 0-387-08298-0

Gesamtherstellung: Graph. Betrieb Konrad Triltsch, Würzburg
2060/3020 – 543210

Vorwort zur zweiten Auflage

Die 2. Auflage des Lehr- und Handbuches „Gesenkschmieden" erscheint nach 19 Jahren in vollständiger Neubearbeitung. Das Entfallen der Beschränkung auf die Werkstoffgattung Stahl deutet die zunehmende Verwendung anderer Werkstoffe, z. B. von Leichtmetallen für hochbeanspruchte Gesenkschmiedestücke schon äußerlich an. Die Neugliederung des Stoffes in 9 Kapitel soll einer strafferen Darstellung bei gleichzeitiger Berücksichtigung neuerer Entwicklungen und Forschungsergebnisse dienen, wie z. B. des Halbwarmschmiedens, des Schmiedens gesinterter Rohteile. Die Zielrichtung des Buches ist dabei identisch mit dem Ziel des Gesenkschmiedebetriebs: Wirtschaftliche Fertigung des beanspruchungsgerecht gestalteten und so weit wie möglich einbaufertigen Gesenkschmiedestücks bei optimaler Nutzung der Werkstoffeigenschaften.

Seit dem Erscheinen der 1. Auflage hat sich die Gesenkschmiedetechnik in vielen Bereichen — Verfahren, Werkzeuge, Maschinen, Werkstoffe — teils entscheidend gewandelt. Die Ansprüche an Genauigkeit, Oberflächenbeschaffenheit und Beanspruchbarkeit der Gesenkschmiedestücke sind erheblich gestiegen; die Wärmebehandlung hat einen hohen Stand erreicht. Die Technologie hat sich unter dem Druck von Kosten und Arbeitsmarkt und den Forderungen nach mehr Umweltschutz und verbesserten Arbeitsbedingungen durch zunehmenden Einsatz von Pressen sehr verändert; besonders die deutsche Werkzeugmaschinenindustrie hat hierzu in hervorragender Weise beigetragen. Davon gingen entsprechende Rückwirkungen auch auf die Werkzeugkonstruktion und -fertigung mit höheren Anforderungen aus. Internationale Zusammenarbeit etwa im Rahmen der EUROFORGE-Organisation oder der regelmäßigen Internationalen Gesenkschmiedetagungen haben durch Erfahrungsaustausch zu dieser Entwicklung beigetragen. Sehr entscheidend sind die Impulse, die die Gesenkschmieden durch systematische Forschungs- und Entwicklungstätigkeit an wissenschaftlichen Hochschulen und Instituten empfangen haben. So wird z. B. seit 1950 in der Bundesrepublik Deutschland, seit 1960 in Großbritannien und seit 1970 in den USA systematisch unter Lenkung durch die nationalen Organisationen der Gesenkschmiedeindustrie wissenschaftliche Forschung betrieben und gefördert. In Deutschland hat sich besonders auch der „Schwerpunkt Umformtechnik", gefördert von 1956 bis 1967 durch die Deutsche Forschungsgemeinschaft, als außerordentlich stimulierend für die umformtechnische Forschung erwiesen. Diese Entwicklung schreitet gegenwärtig unter zunehmender Verwendung des Elektronenrechners für Verfahren, Werkzeuge, Maschinen rasch fort. Erfahrung wird soweit möglich und sinnvoll durch quantitativ gesichertes Wissen ergänzt oder ersetzt. Damit vollziehen sich auch Änderungen in der Struktur der Führungsschicht in den Gesenkschmiedebetrieben und bei der Ausbildung von Ingenieuren an Universitäten, Fachhochschulen usw.

Vor dem Hintergrund dieser Entwicklungen bleibt das schon für die 1. Auflage formulierte Anliegen des Buches, dem Studierenden ein auf das Wesentliche beschränktes Lehrbuch, dem Ingenieur in Betrieb und Konstruktion eine Einführung in das Gebiet des Gesenkschmiedens und zugleich ein informatives Handbuch mit umfangreichem Schrifttumsverzeichnis zur Vertiefung in Einzelfragen zu sein, grundsätzlich erhalten.

Der erweiterte Wissensstand ließ es zweckmäßig erscheinen, zur Bearbeitung Herrn Dr.-Ing. Heinz Meyer-Nolkemper, langjähriger Oberingenieur der Forschungsstelle Gesenkschmieden an der Technischen Universität Hannover als Mitverfasser zu gewinnen.

Die Verfasser danken der Forschungsstelle Gesenkschmieden und ferner zahlreichen Gesenkschmieden und Maschinenfabriken für die Überlassung von Unterlagen und Beispielen. Dem Springer-Verlag sind sie für die gute Zusammenarbeit und die ausgezeichnete Ausstattung des Buches zu Dank verpflichtet.

Die Verfasser hoffen, daß die 2. Auflage wie die erste ihrem Anliegen einer zusammenfassenden Darstellung der Gesenkschmiedetechnik gerecht wird. Für Hinweise und Ergänzungsvorschläge wären sie dankbar.

Stuttgart und Hannover   K. Lange und H. Meyer-Nolkemper
August 1977

Aus dem Geleitwort von Prof. Dr.-Ing. Otto Kienzle zur ersten Auflage

„Schon früher hatte ich erkannt, daß die Ausbildung von Fertigungsingenieuren in bezug auf Verfahren und Werkzeugmaschinen einer gewissen Einseitigkeit verfallen war; es fehlte die gesamte Umformtechnik, obwohl schätzungsweise die Hälfte aller Metallerzeugnisse hinter dem Walzwerk mindestens einem Umformvorgang unterzogen werden. Hierbei spielt das Gesenkschmieden mengenmäßig eine bedeutende Rolle. Wissenschaftlich enthält es eine Fülle von Problemen. Über den äußeren und inneren Vorgang wußte man wenig Genaues, eine Lehre von den Werkzeugen und der Herstellung ihrer Hohlformen fehlte völlig und die Schmiedemaschinen wagte man kaum zu den Werkzeugmaschinen zu rechnen. In der Tat bedurfte es auf diesem wissenschaftlich kaum beackerten Boden um so eifrigerer Arbeit als die Anforderungen an die Gesenkschmiedestücke in bezug auf Güte, Bearbeitbarkeit, Maßgenauigkeit und Oberflächen außerordentlich gestiegen sind. Massenfertigung und Automatisierung verlangen eine Beherrschung dieser Dinge innerhalb zuverlässiger Grenzen.“

„Mit diesem Buch wird eine Lücke im fertigungstechnischen Schrifttum geschlossen; neben anderen Verfahren ist damit auch das Gesenkschmieden darstellungs- und lehrfähig geworden.“

Inhaltsverzeichnis

0 Einführung

0.1 Geschichtliche Entwicklung

Das Gesenkschmieden ist ein für die moderne industrielle Produktion hochentwikkelter Zweig der Schmiedetechnik, gekennzeichnet durch Verwendung formgebender Werkzeuge, der Gesenke sowie von Maschinen, die hohe Kräfte und Energien bei genauer Führung der Werkzeugteile bereitstellen können. Das Schmieden, als Sammelgruppe aller Verfahren, bei denen durch gegeneinanderbewegte Werkzeuge Dicken- oder Querschnittsänderungen an einem Werkstück hervorgerufen werden, findet sich schon um 4000 v. Chr. am Ende des Neolithikums. Es ist die Quelle vieler Umformverfahren: Noch vor dem Eisenschmied wirkten der Goldschmied, der Silberschmied und Kupferschmied. Waffen, Schmuck und Gebrauchsgegenstände waren die frühen Erzeugnisse. Wenn auch in Ägypten Teile aus Meteoriteisen im 4. Jahrtausend v. Chr. bekannt sind, so beginnt die große Zeit des Schmiedens mit der Gewinnung von Eisen aus Erz zunächst im Hethiterreich. Nach den ältesten Funden aus dem 15. Jahrhundert v. Chr. hatte das Eisen zunächst Edelmetallwert und wurde für Ziergegenstände verwendet. Um 700 bis 500 v. Chr. hat dann das Eisen die Bronze bei Waffen, Werkzeugen und anderen Geräten fast völlig verdrängt. Bald verstand man auch das Eisen zu härten, wie etwa durch Homer überliefert ist. Der Schmied jener Zeit genoß hohes Ansehen. Die Griechen verehrten Hephaistos als Gott; aus der germanischen Mythologie ist Wieland bekannt.

Dem Wirken des antiken und frühmittelalterlichen Schmiedes setzte die allein verfügbare Muskelkraft eine Grenze in bezug auf die Größe der erzeugten Teile, wenn auch durch vollendete Beherrschung der Technik des Feuerschweißens Beachtliches geleistet wurde. Großschmiedestücke dieser Zeit sind besonders die Schiffsanker. Das größte bekannte Schmiedestück ist die Säule aus Delhi mit 400 mm Durchmesser und 7,25 m Höhe, die der Zeit zwischen einigen hundert Jahren v. Chr. bis 300 n. Chr. zugeschrieben wird.

Die weitere Entwicklung des Schmiedens wird gekennzeichnet durch den Einsatz von Maschinen, zunächst wasserkraftgetriebener Stielhämmer ab 1200 n. Chr. Diese bestimmten bis weit in das 19. Jahrhundert hinein das Gesicht der Freiformschmiedetechnik. Damit wurden sowohl Gebrauchsgegenstände aller Art, z. B. Akkergeräte, als auch Feuerwaffen, u. a. hohlgeschmiedete Geschützrohre in Hinterladerausführung mit Keilverschluß im 15. Jahrhundert n. Chr. geschmiedet.

Eine neue Epoche leitete der doppeltwirkende Hammer von Nasmith 1842 ein, der alle Merkmale moderner Schmiedehammerkonstruktion mit unmittelbar an der Kolbenstange befestigtem Hammerbär aufweist. 1860 folgte die erste hydraulische Freiformschmiedepresse von Haswell. Fallhämmer mit Parallelführung des Bären für das frühe Gesenkschmieden sind etwa ab 1750 bekannt; schon früher hatte Leonardo da Vinci einen Fallhammer für das Prägen von Münzen konstruiert. In Deutschland und England entwickelte sich im 19. Jahrhundert besonders der Riemenfallhammer, in anderen Teilen Europas und in Amerika der Brettfallhammer.

Die Werkzeuge der Kernverfahren des Gesenkschmiedens — die Gesenke — enthalten die Werkstückform als negative Hohlform. Erste Vorläufer sind die antiken einseitigen Steinhohlformen für das Prägen von Gold- und Silberblechen zu Schmuckteilen in Mykene und Kreta ab 1600 v. Chr. Ab etwa 800 v. Chr. werden Münzen mit einseitiger Prägung in ähnlichen Formen gefertigt, ab 600 v. Chr. sind die ersten Bronzewerkzeuge überliefert. Um 200 n. Chr. wurde in Rom ein geschlossenes Münzprägegesenk mit quadratischer Führung des Oberstempels verwendet. Aus dem Mittelalter sind einseitige flache Gesenke für das Schmieden ornamentaler Eisenteile um 1250 n. Chr. bekannt, Rollgesenke zum Schmieden von Perldraht schon etwa 200 Jahre früher. Im späten Mittelalter wurden Rollgesenke für das Schmieden von Kanonen- und Arkebusenkugeln oder Überschmieden geschweißter Waffenläufe verwendet. Gesenke heutiger Form mit Gratspalt sind erst gegen Ende des 18. Jahrhunderts zu finden. Alle Wurzeln des Gesenkschmiedens — das Schmieden von Metallen und insbesondere Stahl, das Hohlformwerkzeug oder Gesenk und die Umformmaschine mit genauer Führung der Werkzeugteile — wuchsen im wesentlichen erst im Laufe des 19. Jahrhunderts zusammen und begründeten die Gesenkschmiedetechnik.

Um die Mitte des 19. Jahrhunderts entstanden z. B. die ersten Messerschlägereien in Solingen. Zunächst auf handwerklicher Tradition beruhend, hat sich das Gesenkschmieden etwa ab 1870 zu einem industriellen Arbeitsverfahren entwickelt, das teils die Grundlage eines eigenen Industriezweiges, der Gesenkschmiedeindustrie in vielen Industrieländern bildet, teilweise jedoch auch in Schmiedeabteilungen größerer Werke angewendet wird. Die stärksten Entwicklungsimpulse gingen vom Fahrzeugbau — Kraftfahrzeugbau und später auch Luftfahrzeugbau — aus. Die Gesenkschmiedestücke wurden größer und schwerer, ihre Geometrie komplexer und feingliedriger, die verwendeten Metalle und Legierungen immer mannigfaltiger. Gleichzeitig nahm die Genauigkeit der Gesenkschmiedestücke ständig zu; diese Entwicklung wurde durch die Aufstellung von Toleranznormen und Lieferbedingungen in verschiedenen Industrieländern ab 1937 beträchtlich gefördert. Dazu waren auf amerikanische Entwicklungen um die Jahrhundertwende zurückgehende dampf- und später druckluftbetriebene Oberdruckhämmer sowie die 1931 in Deutschland entwickelten Gegenschlaghämmer, die Entwicklung moderner mechanischer und hydraulischer Gesenkschmiedepressen unerläßliche Voraussetzung. Heute sind Schmiedehämmer bis 1250 kJ Schlagenergie, mechanische Keilpressen bis 120 MN und hydraulische Pressen bis 750 MN Preßkraft bekannt. Parallel zu dieser Entwicklung verlief die systematische Erarbeitung der wissenschaftlichen Grundlagen des Gesenkschmiedens, die Entwicklung der Gesenkstähle und moderner Technologien der Gesenkherstellung sowie die Mechanisierung und Automatisierung des Gesenkschmiedens nach 1945.

Das Gesenkschmieden von Stahl durchläuft derzeit unter dem Druck konkurrierender Verfahren wie Gießen, Sintern, Kaltmassivumformen, Umformen dicker Blechteile eine Entwicklungsphase zu werkstoffsparender Gestaltung mit geringeren Wand- und Bodendicken und besserer Anpassung an die Endformgeometrie. In Verbindung damit steht der Einsatz zeitsparender Verfahren für das Zwischenformen — Fließpressen, Stauchen, Querwalzen — mit Entwicklung geeigneter Maschinen, wie hydraulischer Schmiede-Schlagpressen. Vorschriften über Lärm- und Erschütterungsemission beeinflussen darüber hinaus die konstruktive Entwicklung bei Hämmern und Pressen, wobei sich ein Trend zum vermehrten Einsatz der letzteren zeigt. Im Bereich der Automatisierung wird in jüngster Zeit der Einsatz von Robotern erprobt.

Sondergebiete des Gesenkschmiedens, wie das Schmieden sehr genauer einbaufertiger Turbinenschaufeln und Zahnräder, das isotherme Gesenkschmieden hochwarmfester Werkstoffe und Sondermetalle für Luftfahrzeuge, sind teils Stand der Technik teils in Entwicklung; sie beeinflussen die allgemeine Technologie. Beim Gesenkschmieden von Leichtmetallen sind zu Aluminium- und Magnesium-Legierungen Titan-Werkstoffe hinzugekommen. Aluminium-Gesenkschmiedestücke werden auch bei Straßenfahrzeugen, z. B. in den Baugruppen Antrieb, Fahrwerk, Karosserie, Bremssystem von Personenkraftwagen, in zunehmendem Umfang eingesetzt. Moderne Schweißverfahren, wie Reibschweißen für Stahl, Elektronenstrahl-Schweißen und Diffusions-Schweißen für hochbeanspruchte Bauteile der Luftfahrt erweitern die Fertigungsmöglichkeiten des Gesenkschmiedens.

0.2 Technische und wirtschaftliche Bedeutung

Das Gesenkschmieden gehört zu den Verfahren der Massenproduktion einzelner Werkstücke. Gesenkschmiedestücke werden mit Massen zwischen einigen Gramm bis zu weit über einer Tonne gefertigt. Die Abmessungen von Flugzeug-Bauteilen aus Leichtmetall können 10 m und mehr erreichen. Die Seriengrößen liegen zwischen einigen Stück bis zu mehreren Millionen.

Gesenkschmiedestücke werden im wesentlichen als Konstruktionsteile für Maschinen, insbesondere Fahrzeuge verwendet, daneben dienen sie der Herstellung von Werkzeugen wie Hämmer, Zangen, Schraubenschlüssel und von Befestigungsmitteln wie Schrauben, Bolzen, Nieten, Muttern. Die Verteilung auf verschiedene Abnehmergruppen (Bundesrepublik Deutschland 1973) entsprechend Tabelle 0.1 zeigt einerseits deutlich die Schwerpunkte, andererseits aber auch die Breite der Anwendung von Gesenkschmiedestücken.

Tabelle 0.1. Anteile verschiedener Abnehmergruppen an den Gesamtlieferungen der Gesenkschmiede-Industrie im Jahre 1973 [0.4]

Autoindustrie (PKW und LKW)	65,7%
Landwirtschaftliche Fahrzeuge	4,9%
Sonderfahrzeuge (Baufahrzeuge, Kranfahrzeuge, Stapler usw.)	3,5%
Zweiradindustrie	0,2%
Maschinenbau	8,9%
Bundesbahn	5,3%
Bergbau	2,3%
Schiffsbau	0,7%
Flugzeugindustrie	0,1%
Sonstige	8,4%
Gesamt	100,0%

Die Bedeutung des Gesenkschmiedestücks für den modernen Maschinen- und Fahrzeugbau läßt sich in den folgenden 6 Punkten zusammenfassen:

1. Gesenkschmiedestücke sind innerhalb jeder Metallgruppe Konstruktionsteile, deren Stoff entsprechend den Formgebungsmöglichkeiten des Gesenkschmiedens optimal ausgenutzt wird. Das günstige Festigkeits-Gewichtsverhältnis von Gesenkschmiedestücken erlaubt die Fertigung von hochbeanspruchbaren und dennoch verhältnismäßig leichten Bauteilen.

2. Durch Kombination mit anderen Fertigungsverfahren (Kaltprägen, Fließpressen, Schweißen) ergeben sich zusätzliche konstruktive und wirtschaftliche Vorteile.

3. Die nahezu unbegrenzte Werkstoffauswahl bei Stählen und Nichteisenmetallen gestattet in Verbindung mit den verfügbaren modernen Wärmebehandlungsverfahren optimale Anpassung der Schmiedestückeigenschaften an den Verwendungszweck. Gebrauchseigenschaften und Bearbeitungseigenschaften lassen sich optimal einstellen.

4. Die Abmessungen und die Form von Gesenkschmiedestücken eines Loses lassen sich im Rahmen vorgegebener Toleranzen in verschiedenen Genauigkeitsstufen einhalten. Je nach geforderter Endgenauigkeit kann ein Gesenkschmiedestück Rohteil oder Fertigteil sein.

5. Gesenkschmiedestücke sind frei von Poren und anderen Hohlräumen; sie haben ein dichtes, homogenes Gefüge, das mit modernen Verfahren Stück für Stück prüfbar ist. Gesenkgeschmiedete Bauteile werden deshalb überall dort verwendet, wo es auf ein hohes Maß an Sicherheit ankommt.

6. Gesenkschmiedestücke haben denkbar geringe und in engen Grenzen gleichmäßige Stoffzugaben. Damit entfällt unnötige Bearbeitungszeit und unnötige Beförderung nutzloser Abfälle. In Verbindung mit den anfallenden großen Mengen ist der Einsatz leistungsfähiger Bearbeitungsverfahren, z. B. des Räumens möglich, mit dem das Bearbeitungsideal erreicht wird: von der Schmiedefläche in einem Arbeitsgang eine einzige Spanschicht so abzuheben, daß das Fertigmaß bei guter Oberfläche erreicht wird.

Die Weltproduktion von Gesenkschmiedestücken aus Stahl wird auf über 10 Mill. Tonnen jährlich geschätzt. Der Gesamtwert aller in Ländern der westlichen Welt produzierten Gesenkschmiedestücke betrug 1974 weit über 15 Mrd. DM. Die im Industrie-Verband Deutscher Schmieden zusammengeschlossenen Unternehmen produzieren mit 25 000 Beschäftigten gegenwärtig etwa 1 Mill. t Gesenkschmiedestücke bei einem Stahleinsatz von etwa 1,2 Mill. t im Jahr. Daneben werden etwa 25 000 t Gesenkschmiedestücke aus Kupfer- und 10 000 t aus Aluminiumlegierungen produziert. Bei den Unternehmen der amerikanischen Forging Industry Association hat die Produktion von Gesenkschmiedestücken aus Nichteisenmetallen, insbesondere hochbeanspruchten Bauteilen für die Luft- und Raumfahrt nach 1970 die Produktion an Gesenkschmiedestücken aus Stahl wertmäßig stark überschritten.

0.3 Stellung des Gesenkschmiedens innerhalb der Fertigungstechnik

Unter Schmieden versteht man eine Gruppe von Verfahren, deren Kern Umformverfahren sind. Benötigt werden im Schmiedebetrieb weiterhin Verfahren des Tren-

<table>
<tr><td colspan="4" style="text-align:center">Die Fertigungstechnik erzeugt geometrisch bestimmte feste Körper</td></tr>
<tr><td colspan="4" style="text-align:center">Die Fertigungsverfahren</td></tr>
<tr><td>Zusammenhalt schaffen</td><td>Zusammenhalt beibehalten</td><td>Zusammenhalt vermindern</td><td>Zusammenhalt vermehren</td></tr>
</table>

Zusammenhalt schaffen	Zusammenhalt beibehalten	Zusammenhalt vermindern	Zusammenhalt vermehren
1. Urformen Formschaffen	**2. Umformen**	**Formändern** **3. Trennen**	**4. Fügen** / **5. Beschichten**
	6. Stoffeigenschaftändern		
	Umlagern von Stoffteilchen	Aussondern von Stoffteilchen	Einbringen von Stoffteilchen

erfordern

Werkzeuge Werkzeugmaschinen Spannmittel Meßgeräte	Einrichtungen für chemische chemisch-physikalische physikalische (mechanische) Bearbeitung	Transportein-richtungen und -geräte Energie Informationen

Bild 0.1. Gliederung und Zielsetzung der Fertigungstechnik (DIN 8580, 03)

nens (Zerteilen) und Fügens nach der in Bild 0.1 gezeigten Gliederung der Fertigungstechnik, wenn große oder komplizierte Werkstücke aus Einzelteilen zusammengesetzt werden. Die in Schmiedebetrieben benutzten Umformverfahren sind in folgenden DIN-Normen eingeordnet und definiert:

DIN 8583	*Druckumformen* [1]:	Freiformen, Gesenkformen, Eindrücken, Durchdrücken (Walzen),
DIN 8586	*Biegeumformen* [1]:	Biegen mit geradliniger Werkzeugbewegung,
DIN 8587	*Schubumformen* [1]:	Verschieben, Verdrehen,
DIN 8588	*Zerteilen:*	Scherschneiden, Keilschneiden,
DIN 8593	*Fügen:*	An- und Einpressen, Stoffvereinigen.

Nach dem Unterscheidungsmerkmal Freiformen (oder ungebundenes Umformen) und Gesenkformen (gebundenes Umformen), siehe Bild 0.2, läßt sich das Schmie-

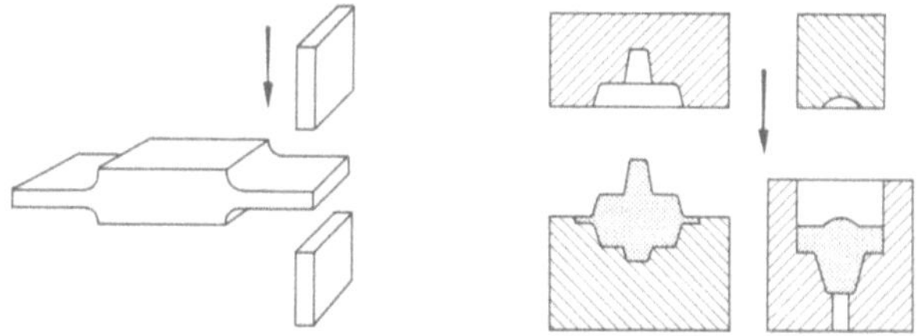

Bild 0.2. Freiformen — Gesenkformen

---

[1] Siehe Lange, K. (Hrsg): Lehrbuch der Umformtechnik, Bd. 1. Berlin, Heidelberg, New York: Springer 1972. Seite 11.

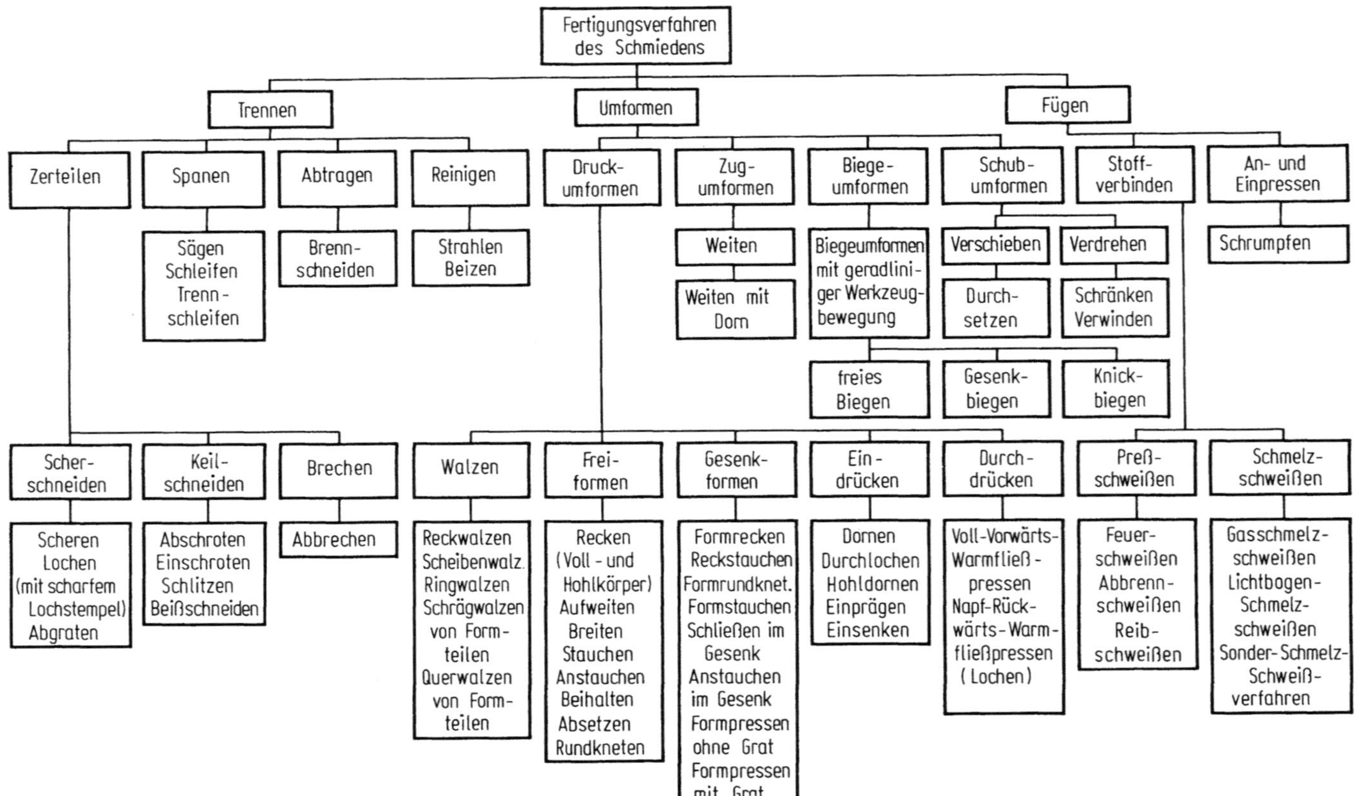

Bild 0.3. Fertigungsverfahren des Schmiedens

den in Freiformschmieden und Gesenkschmieden einteilen. Zwecks Herabsetzung von Spannungen und Kräften wie zur Vergrößerung des Formänderungsvermögens, erfolgt Schmieden üblicherweise nach Anwärmen in einem Temperaturbereich, in dem Erholungs- und Rekristallisationsvorgänge ablaufen. Dabei erfordern viele Metalle bzw. Legierungen engbegrenzte Schmiedetemperaturbereiche mit Rücksicht auf Phasenumwandlungen. Bei vielen Nichteisenmetallen und auch Stählen werden heute jedoch Umformvorgänge bei Raumtemperatur durchgeführt, so daß entsprechend von Kaltschmieden oder Kaltgesenkschmieden zu sprechen ist. Dieses Buch befaßt sich mit dem Warmschmieden. Die dabei in Freiformschmieden bzw. Gesenkschmiedebetrieben vorwiegend benutzten Fertigungsverfahren sind in Bild 0.3 zusammengestellt. Die wichtigsten Verfahren aus den Hauptgruppen Umformen und Trennen sind in Kap. 3 und 6 erläutert. Zusammenfassend läßt sich Gesenkschmieden als „Fertigen durch Umformen mit Anwärmen, Trennen und Fügen an einem Werkstück ohne bleibende Verfestigung unter Verwendung von an die Werkstückform gebundenen Werkzeugen" definieren. Zu den formgebenden Fertigungsverfahren treten heute in einem Gesenkschmiedebetrieb solche aus Hauptgruppe 6 „Stoffeigenschaftändern" entsprechend Bild 0.1. Dabei handelt es sich um Wärmebehandlungsverfahren wie Normalisieren, Härten, Vergüten, Schwarz-Weiß-Glühen usw. Viele Gesenkschmiedebetriebe haben bereits Abteilungen für die spanende Fertigbearbeitung, so daß ihre Fertigungstiefe vergrößert ist. Leichtmetall-Gesenkschmieden befassen sich zusätzlich mit dem Gießen als Urformverfahren für das Erzeugen von Rohteilen großer Schmiedestücke oder von Blöcken für das Strangpressen von Stäben.

0.4 Systematische Betrachtung von Schmiedevorgängen

Alle Vorgänge der Umformtechnik — damit auch der Schmiedetechnik — lassen sich erschöpfend nach dem in Bild 0.4 gezeigten System betrachten. Es erfaßt in 8 Punkten die sich stellenden Probleme von den plastizitätstheoretischen, metallkundlichen und tribologischen Grundlagen bis zu Produktionsfragen.

In Bereich 1, der *Umformzone,* ist das Verhalten des Werkstückstoffes im plastischen Zustand zu ermitteln. Die Plastizitätstheorie stellt hierfür zunächst unter Annahme idealisierter, isotroper Werkstoffe Methoden zur Ermittlung von Span-

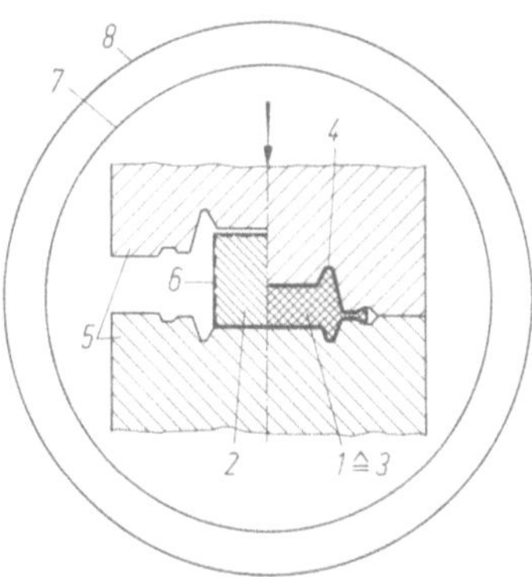

Bild 0.4. System zur Betrachtung von Umformproblemen. Nach Backofen, Gebhardt, Kienzle, Lange, Schey

nungen, Dehnungen und Werkstofffluß und darauf aufbauend von örtlicher und zeitlicher Temperaturverteilung zur Verfügung. Die Metallkunde ermöglicht die Beschreibung der Mikrovorgänge im Werkstoff selbst, wobei das tatsächliche Werkstoffverhalten erfaßt wird (Anisotropie, Texturen usw.).

Der Bereich 2 umfaßt die *Werkstückstoffeigenschaften vor dem Umformen*. Diese beeinflussen mehr oder weniger das Stoffverhalten in der Umformzone und die Eigenschaften des umgeformten Werkstücks. Neben chemischer Zusammensetzung spielen hier mechanische Eigenschaften, ferner die Kristallstruktur, Texturen und das Gefüge (Korngröße, Zementitanteil und -art usw.) eine bedeutende Rolle. Außer der chemischen Zusammensetzung werden alle genannten Eigenschaften durch eine Wärmebehandlung mehr oder weniger stark verändert. Weiterhin sind Oberflächenbeschaffenheit und Oberflächenbehandlung vor dem Umformen von Bedeutung.

Der Bereich 3 umfaßt die *Werkstückeigenschaften*. Diese sind *nach der Umformung* vorwiegend mechanische Eigenschaften, Oberflächenbeschaffenheit und Werkstückgenauigkeit. Die Werkstückstoffeigenschaften nach der Umformung bestimmen entscheidend das Werkstückverhalten im Gebrauch (Beispiel: Kaltverfestigung bei der Schraubenfertigung).

Im Bereich 4, dem *Grenzbereich* zwischen teils elastischem (starrem), teils plastischem *Werkstück* und elastischem *Werkzeug* (= *Wirkfuge*) stehen alle Fragen zur Lösung an, die mit Reibung, Schmierung, Verschleiß in Verbindung stehen. Die Werkstoffpaarung Werkstück – Werkzeug spielt hier eine Rolle. In dem genannten Bereich spielt sich ferner die teilweise beträchtliche Änderung der ursprünglichen Werkstückoberfläche ab.

Ein Umformvorgang kann nicht losgelöst vom *Umformwerkzeug* betrachtet werden. Der Bereich 5 enthält aus diesem Grunde die vielfältigen Probleme, die von der Werkzeuggestaltung und von den Werkzeugbaustoffen herrühren. So haben verfahrensgerechte und ausreichend ausgelegte Konstruktion (z. B. Steifigkeit), Führung bewegter Werkzeugteile gegeneinander, Einfluß auf die Werkstückgenauigkeit. Zweckmäßig ausgewählte Werkzeugwerkstoffe beeinflussen Lebensdauer und elastische Verformungen im System Werkzeug – Werkstück und haben damit wiederum Einfluß auf die Werkstückgenauigkeit (Bereich 3).

Im Bereich 6, d. h. außerhalb der Berührungszone Werkzeug – Werkstück, können *Oberflächenreaktionen* zwischen Werkstück und umgebender Atmosphäre auftreten, z. B. Oxidbildung bei Warmumformvorgängen, Gasaufnahme beim Umformen von Sondermetallen usw. Diese Vorgänge können einerseits die spätere Oberflächenbeschaffenheit im Bereich 3, andererseits auch die Werkstückeigenschaften im gleichen Bereich teils erheblich beeinflussen, z. B. durch Aufnahme geringer Mengen von Gasen bei Sondermetallen.

Das System Werkzeug – Werkstück mit den Problemkreisen 1 bis 6 ist stets in eine *Werkzeugmaschine* (Hammer, mechanische oder hydraulische Presse, Walzmaschine usw.) eingebaut. Die Werkzeugmaschine wird durch den inneren Kreis — Bereich 7 — symbolisiert. Sie muß Kräfte und Arbeiten für verschiedene Vorgänge in jedem Augenblick bereitstellen und für ausreichend genaue Führung der Werkzeugteile zueinander (Lagegenauigkeit) sorgen. Für den jeweiligen Verwendungszweck (z. B. Massivumformung, Blechumformung) bedarf es ausreichender Einbaumaße für Werkzeuge und gegebenenfalls Werkstückhandhabungseinrichtungen.

Für die Produktivität sind schließlich die Hubzahlen, die Rüstzeiten usw. wichtige Faktoren.

In einem übergeordneten Rahmen — Bereich 8 — müssen schließlich alle Fragen des *Betriebes* gesehen werden, die durch die vorhandenen Einrichtungen (Maschinen, Wärmeinrichtungen, Oberflächenbehandlungseinrichtungen, Werkstückhandhabung, Transport usw.) und die betriebliche Organisation (Arbeitsablauf) aufgeworfen werden. In diesen Bereich hinein gehören selbstverständlich auch Fragen der wirtschaftlichen Produktion, d. h. auch der Automatisierung.

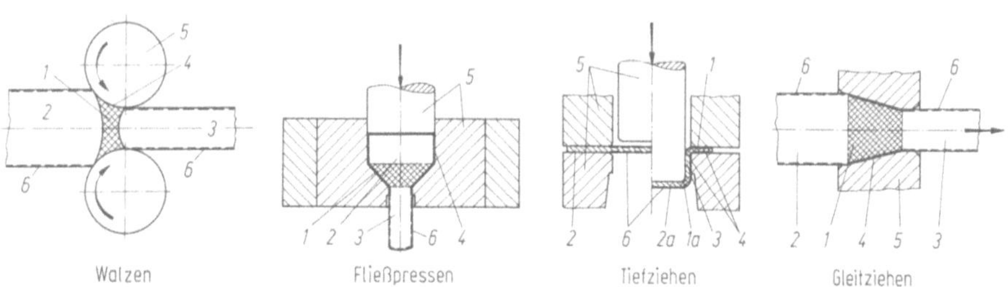

Bild 0.5. Prinzipskizzen für verschiedene Umformverfahren

Das vorgestellte System ist in seiner Geschlossenheit in bezug auf die Erfassung von Problemen der Grundlagenforschung, angewandten Forschung, Produktentwicklung und Produktion geeignet, nicht nur im wissenschaftlichen Bereich, sondern auch im Produktionsbereich, d. h. in der Industrie, benutzt zu werden.

Es hat sich bei Behandlung verschiedener Verfahren bzw. Verfahrensgruppen der Umformtechnik bereits bewährt. Da die Problemkreise 1 bis 6 bei allen Umformverfahren, wenn auch verfahrensspezifisch mit unterschiedlicher Gewichtung auftreten, lassen sich bei verschiedenen Verfahren zu den einzelnen Punkten bzw. Problemkreisen gewonnene Erkenntnisse bei ähnlichen Vorgangsbedingungen (Gleitgeschwindigkeiten, Normaldrücke usw.) zumindest näherungsweise auf andere Verfahren übertragen. Bild 0.5 zeigt hierzu Prinzipskizzen für mehrere Umformverfahren.

0.5 Allgemeine Begriffe, Formelzeichen, Maßeinheiten

Hier sind die in diesem Buch verwendeten Formelzeichen und allgemeinen Begriffe zusammengestellt. Sie fußen auf ISO-Empfehlung R 31 bzw. DIN 1304, VDI-Richtlinie 3137 (1976) und CIRP-Unified Terminology (1976). DIN 50145 (Mai 1975) wurde noch nicht berücksichtigt.

Entsprechend dem „Gesetz über Einheiten im Meßwesen" vom 2. Juli 1969 werden folgende Einheiten verwendet:

für Kräfte N, kN, MN,
für Energien und Arbeiten: J, kJ,
für Temperaturen: °C, K,
für Spannungen: N/mm^2 (zulässige Umrechnung $1\ N/mm^2 \approx 0{,}1\ kp/mm^2$),
für Drücke: bar.

Formelzeichen

A	Fläche, Querschnitt
A_{Hn}	nutzbare Herdfläche
A_K	Kolbenfläche
A_p	Projektionsfläche von Schmiedestück u. Gratbahn in der Teilfuge bzw. Schmiedeebene
A_{pS}	Projektionsfläche des Schmiedestücks (ohne Grat) in der Teilfuge
a	Beschleunigung; Dicke; Temperaturleitfähigkeit
α	Kurbelwinkel (v. d. unteren Umkehrpunkt); Längenausdehnungszahl, mittlere (Bezugstemperatur 20° C); Wärmeübergangszahl
B	Breite des Schmiedestücks einschließlich der Gratbahn
b	Breite des Schmiedestücks ohne Grat
b_G	Gratbahnbreite
β	Achsenwinkel beim Scherschneiden; Druckstangenwinkel
C_W	Gesenkfederzahl
c	spezifische Wärmekapazität
c_p	spezifische Wärmekapazität bei konstantem Druck
c_v	spezifische Wärmekapazität bei konstantem Volumen
D	Durchmesser (u. a. eines Schmiedestücks einschließlich der Gratbahn) Durchsatz eines Ofens
d	Durchmesser (u. a. eines Schmiedestücks ohne Grat)
δ	Bruchdehnung; Eindringtiefe beim induktiven Wärmen
E	Energie
E_N	Nennenergie
E_0	Auftreffenergie der am Schlag beteiligten Massen
ΔE	Energieabgabe einer Umformmaschine
ε	bezogene Abmessungsänderung, z. B. $\varepsilon_1 = (l_1 - l_0)/l_0$
η	Wirkungsgrad
η_F	Umformwirkungsgrad
η_f	feuerungstechnischer Wirkungsgrad
η_{ges}	Gesamtwirkungsgrad
η_M	Maschinenwirkungsgrad
η_S	Schlagwirkungsgrad
Θ	Trägheitsmoment rotierender Massen
ϑ	Temperatur
ϑ_a	Abgastemperatur
ϑ_w	Wärmtemperatur
F	Kraft
F_K	Tangentialkraft an der Kupplung
F_N	Nennkraft einer Umformmaschine
F_{prell}	Prellschlagkraft
F_R	Reibkraft
F_{St}	Stößelkraft einer Kurbelpresse
F_t	Tangentialkraft am Kurbelzapfen
F_{zul}	zulässige Größtkraft einer Maschine
f	Frequenz; Federweg
g	Fallbeschleunigung
H	Hub, Fallhöhe
H_{An}	bezogene Herdflächenleistung
H_u	unterer Heizwert
h	Höhe, Dicke
h_f	Auffederung
h_u	Dicke der Umformzone
I	Impuls
K	Wahrnehmungsstärke
k	Stoßzahl
k_f	Fließspannung (Formänderungsfestigkeit)

k_{fS}	Fließspannung im Schmiedestück
k_{fG}	Fließspannung im Grat
k_{fm}	mittlere Fließspannung
k_s	bezogene Schneidkraft
k_w	Umformwiderstand
k_{wm}	mittlerer Umformwiderstand
L_A	momentaner Schallpegel
L_{eq}	äquivalenter Schallpegel
l	Länge
l_S	Druckstangenlänge
Δl_ϑ	Schwindmaß
λ	Druckstangenverhältnis, elektrische Leitfähigkeit, Wärmeleitzahl, Wärmeleitfähigkeit
M	Moment
M_a	Beschleunigungsmoment
M_{Br}	Bremsmoment
M_K	Kupplungsmoment
m	Masse
m_B	Stößel(Bär)masse
m_F	Fundamentmasse
m_R	Reibfaktor
m_S	Schabottemasse
μ	Permeabilität Reibwert
n	Drehzahl, Hubzahl Luftzahl
n_{St}	Einzelstandmenge
n_{Stm}	mittlere Standmenge eines Gesenktyps
$\bar{n}_{St}$	mittlere Standmenge aller Gesenktypen einer Merkmalsklasse
P	Leistung
p	Druck
Q	Quellstärkemaß; Schabotteverhältnis; Wärmeenergie
Q_a	Wärmeenergie der Abgase
Q_f	Ausflammverlust
Q_n	Nutzwärme
Q_r	durch Vorwärmung zurückgewonnene Wärmeenergie
Q_s	Wärmeverlust aus Ofenöffnungen
Q_v	Wärmeverbrauch eines Ofens
Q_z	zugeführte Wärmeenergie
r	Halbmesser, Kurbelhalbmesser
ϱ	Dichte; elektrischer Widerstand
S	Schwingstärkemaß
s	Weg, Umformweg, Stößelweg
s_G	Gratdicke
s_{G1}	Gratdicke bzw. Gratspaltdicke am Ende der Umformung
σ	Spannung
σ_n	Normalspannung
σ_z	Spannung in z-Richtung
σ_{zB}	Spannung an der Berührfläche von Werkstück und Werkzeug in Umformrichtung
σ_B	Zugfestigkeit
σ_S	Streckgrenze
$\sigma_{0,2}$	0,2-Grenze
T	Temperatur
T_s	Schmelztemperatur
t	Zeit
t_a	Anheizzeit eines Ofens

t_B	Berührzeit
t_{B2}	Druckberührzeit
t'_{B2}	Umformzeit
t''_{B2}	Gesenkberührzeit
$t^{\pm}_{B2}$	Entlastungszeit
t_{prell}	Prellschlagzeit
t_u	Umformzeit
t_w	Wärmzeit
τ	Schubspannung
τ_B	Reibschubspannung
τ_f	Schubfließspannung
φ	Umformgrad, z. B. $\varphi_l = \ln\,(l_1/l_0)$
	Standwinkel beim Scheren
$\dot{\varphi}$	Umformgeschwindigkeit
u	Schneidspalt
u_{bez}	bezogener Schneidspalt
V	Volumen
V_0	Einsatz-Volumen
V_{Gr}	Volumen der Gravur
V_g	Brennstoffverbrauch eines Ofens
V_S	Volumen eines Schmiedestücks ohne Grat
$\Delta V_{ü}$	Werkstoffüberschuß, der beim Formpressen mit Grat in den Gratspalt verdrängt wird
v	Geschwindigkeit
v_B	Stößel(Bär)geschwindigkeit
v_{Gl}	Gleitgeschwindigkeit (des Werkstückstoffs an der Werkzeugoberfläche)
v_S	Schabottegeschwindigkeit
v_0	Auftreffgeschwindigkeit
W	Arbeit
W_a	Beschleunigungsarbeit
W_B	Bärrücksprungverlust
W_F	Federarbeit
W_K	Kupplungsarbeit
W_N	Nutzarbeit
W_R	Reibarbeit
W_S	Schabotteverlust
W_{St}	Stoßverlust
W_{St1}	Stoßverlust in der Umformperiode
W_{St2}	Stoßverlust in der Rückfederperiode
W_u	Umformarbeit
W_v	Verlustarbeit
w	spezifische Umformarbeit
ω	Winkelgeschwindigkeit
x, y, z	kartesische Koordinaten

Indizes

0	Anfangswert
1	Endwert
A	Anfangs(Ausgangs-)form
B	Berührfläche
E	Endform
G	Grat
m	Mittelwert (statt dessen auch Querstrich, z. B. $\sigma_m = \bar{\sigma}$)
max	Größtwert
R	Reib-
S	Schmiedestück, Werkstück
W	Werkzeug (Gesenk)
L	Schmier-

1 Grundlagen

1.1 Vorbemerkungen

Aus sachlichen und praktischen Gründen wird der Darstellung der Verfahren, Werkzeuge und Maschinen des Gesenkschmiedens ein einleitendes Kapitel über die Grundlagen des Formpressens vorangestellt. Hierunter wird ein Gefüge voneinander abhängiger und in Wechselwirkung stehender geometrischer, plastizitätsmechanischer, thermodynamischer und werkstoffkundlicher Größen verstanden, das dem Umformvorgang als Grundstruktur zugrunde liegt und ihn beherrscht. Beim Berechnen des Umformvorgangs treten diese Größen als Ausgangs-, Einfluß- und Zielgrößen der Rechnung auf. Ihre Kenntnis ist zum begreifenden Verstehen der Vorgänge beim Gesenkformen unerläßlich. Darüber hinaus handelt es sich um Größen, die für Verfahren, Werkzeuge und Maschinen gleichermaßen wichtig sind, so daß sie auch aus Zweckmäßigkeitsgründen vorab behandelt werden sollen.

In Tabelle 1.1 sind die wichtigsten der oben in Betracht gezogenen Größen dargestellt, unter Andeutung der zwischen ihnen bestehenden kausalen Zusammenhänge, der Wechselwirkung zwischen den Kausalreihen und der Rückkopplung zwischen Ziel- und Einflußgrößen. Gegeben ist dem Fertigungsingenieur bei der Planung des Fertigungsablaufs in der Gesenkschmiede die Endform. Die durch das Gesenkformen beabsichtigten Werkstoffbewegungen und Formänderungen, die durch Kräfte und Spannungen bewirkt werden, sind als Zielgrößen der Rechnung gesucht. Sie werden beeinflußt von den Werkstoffeigenschaften, den mechanischen

Tabelle 1.1. Ausgangs-, Einfluß- und Zielgrößen beim Formpressen

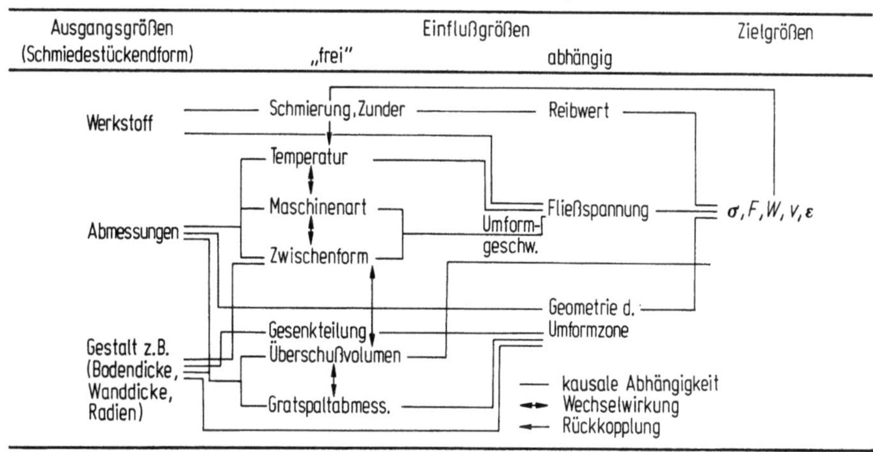

und den thermodynamischen Randbedingungen des Umformvorganges. Zweck der
Theorie der Schmiedeverfahren ist die zusammenfassende Schau dieser Größen.
Gesucht sind insbesondere:

a) die Spannungen an der Werkzeugoberfläche, die im Hinblick auf die Werkzeug-
   belastung minimal sein sollen;
b) die Größtkraft und die Umformarbeit zum Zwecke der Maschinenauswahl;
c) der Kraftangriffspunkt und die Kraftrichtung im Hinblick auf den Werkzeugeinbau.
d) die Werkstoffbewegungen — gekennzeichnet durch Bahnlinien, Geschwindig-
   keitsfelder und Umformzonen — die durch die Wahl der Ausgangs- und Zwischenformen, der Gratspaltabmessungen und der Gesenkteilung so gelenkt werden müssen, daß ein fehlerfreies Schmiedestück bei möglichst geringem Werkstoffeinsatz entsteht;
e) die Formänderungsverteilung mit Rücksicht auf die Werkstückeigenschaften.

Von den Einflußgrößen interessieren besonders die mehr oder weniger frei
wählbaren Parameter „Zwischenform", „Überschußvolumen", „Gratspaltabmessungen" und „Gesenkteilung", durch deren Festlegung der Vorgang in Richtung auf
ein minimales Überschußvolumen und minimale Spannungen optimiert werden
kann.

Die Vielzahl von zum Teil während des Vorgangs veränderlichen Einflußgrößen und ihre gegenseitige Beeinflussung ist eine der Hauptursachen für die Schwierigkeit, den Umformvorgang beim Gesenkschmieden genügend genau vorausbe-
rechnen zu können. Zum Beispiel ist die Umformgeschwindigkeit während eines
Umformvorganges nicht konstant; die Temperatur ändert sich infolge der Wärmeabgabe einerseits und der Umwandlung mechanischer Energie in Wärme andererseits; der Reibwert ändert sich mit dem Fortschreiten der Umformung. Darüber
hinaus entstehen Schwierigkeiten grundsätzlicher Art, z. B. wenn eine ausgeprägte
Abhängigkeit der Fließspannung von der Temperatur vorliegt. Die Frage ist dann:
welche Temperatur ist maßgebend: die mittlere Temperatur des Werkstücks oder
die tatsächliche Temperatur in der Formänderungszone.

Zur Lösung der Probleme bieten sich zwei Wege an:

1. Feststellen von Zusammenhängen auf rein empirischem Wege; die Ausgangs-
   und Zielgrößen (z. B. Masse eines Schmiedestücks und Umformwiderstand) werden aufgrund von Messungen miteinander verknüpft, wobei das Gefüge der zwi-
   schengeschalteten Abhängigkeiten unberücksichtigt bleibt. Auf diese Weise lassen sich schnell verfügbare Vergleichswerte angeben.
2. Feststellen von Zusammenhängen zwischen Zielgrößen und Einflußgrößen mit
   Hilfe theoretisch begründeter Methoden.

In beiden Fällen ist die Kenntnis der aufgezeigten Grundstruktur notwendig,
sei es, um die Veränderungen berücksichtigen zu können, die bei der Übertragung
von empirischen Werten auf andere Verhältnisse auftreten, sei es als Grundlage für
die Erfassung der funktionalen Zusammenhänge bei der Berechnung.

Zur Berechnung der Zielgrößen hat die Plastizitätsmechanik mehrere Rechen-
methoden ermittelt, die Ergebnisse unterschiedlicher Qualität liefern [1.1 – 1.3].

Den Ableitungen der *elementaren Plastomechanik* liegt ein Umformmodell zugrunde, in dem die Volumenelemente in *einer* Richtung infinitesimal sind (Streifen-

modell für ebene Umformung, Röhrenmodelle für axialsymmetrische Umformung). Diese Methode ist für praktische Aufgaben bisher am besten geeignet, soweit es sich um die Berechnung von Spannungen und Kräften handelt. Sie liefert jedoch keine Aussage über die Werkstoffbewegungen.

Die *Schrankenverfahren* beruhen auf den Extremalprinzipien der v. Misesschen Plastizitätstheorie. Mit Hilfe von angenommenen kinematisch zulässigen Geschwindigkeitsfeldern lassen sich z. B. über die Summe der Umform-, Scher- und Reibleistungen Werte für die Umformkräfte ermitteln, die von den wirklich auftretenden Kräften nicht überschritten werden (obere Schranke).

Das *Gleitlinienverfahren* besteht in der Konstruktion von Gleitlinienscharen, das sind Linien, welche die Richtung der maximalen Schubspannungen als Tangenten angeben.

Die *Fehler-Abgleichverfahren* bauen auf den vollständigen Grundgleichungen der Plastomechanik für die Spannungs- und Geschwindigkeitsverteilung auf, die den Gleichgewichtsbeziehungen bzw. der Kontinuitätsbedingung genügen. Die freien Parameter der Spannungs- und Stromfunktion werden dann so bestimmt, daß die Fehler in den Gleichungen des Fließgesetzes und der nicht bereits berücksichtigten Randbedingungen minimal werden.

Der Grundgedanke der *Finite-Element-Methode* (FEM) ist die Zerlegung eines Körpers in Elemente endlicher Abmessungen, die nur in den Knotenpunkten gegenseitige Verschiebungen zulassen, aber in ihrer Gestalt unverändert bleiben. Bei Kenntnis der Randbedingungen, z. B. der Oberflächendehnungen oder der Kontaktspannungen einer Gesenkgravur, lassen sich Verformungs- und Spannungszustand des Körpers berechnen. Schwierigkeiten bereitet z. Z. noch die Anwendung der FEM auf große Formänderungen, da sich hierbei die ursprüngliche Konfiguration ändert und wiederholt erneuert werden muß.

Je nach Zielsetzung sind unterschiedliche Verfahren zweckmäßig (Tab. 1.2). Eine vollständige Analyse des Spannungs- und Formänderungszustandes ist nur mit den Verfahren der höheren Plastizitätstheorie (Gleitlinien-, Fehlerabgleich-, Finite-Element-Verfahren) möglich; für die Bestimmung von Kräften ist dagegen oft eine Berechnung mit Hilfe der elementaren Theorie zweckmäßiger. Eine vollständi-

Tabelle 1.2. Rechengrößen und -verfahren beim Berechnen von Umformvorgängen

Rechengröße	Rechenverfahren
Spannungen, Geschwindigkeit, Formänderungen im umgeformten Körper $v\,(x, y, z, t)$ $\varepsilon\,(x, y, z, t)$ $\sigma\,(x, y, z, t)$	Fehlerabgleichverfahren
Spannungen und Geschwindigkeit an der Berührfläche $v_B\,(x, y, t)$ $\sigma_B\,(x, y, t)$	Gleitlinienverfahren
Bezogene Spannung (Umformwiderstand) $\sigma_{Bm}\,(t) \triangleq F(t)$	Elementare Theorie Schrankenverfahren

ge Analyse der Spannungen, Wandergeschwindigkeiten und Formänderungen ist jeweils beschränkt auf den einzelnen Vorgang; generelle Aussagen sind hierbei kaum möglich. Mit den Verfahren der elementaren Theorie wird zwar die Aussage über die Einzelheiten des Spannungszustandes ungenauer, dafür wird der Einfluß der Parameter deutlicher sichtbar.

Für die weitere Behandlung des Stoffes sollen aus dem bisher Gesagten einige Folgerungen gezogen werden:

Als notwendige Voraussetzung für Berechnungen werden Angaben über die wesentlichen Einflußgrößen (Temperatur, Umformgeschwindigkeit, Fließspannung, Reibwert) vorangestellt.

Für Rechnungen wird im wesentlichen die elementare Theorie benutzt.

Empirisch erhaltene Daten für möglichst vollständig beschriebene Vorgänge werden als leicht verfügbare Vergleichswerte und zur Veranschaulichung der zunächst leeren formelmäßigen Zusammenhänge mitgeteilt.

1.2 Umformbedingungen beim Formpressen

1.2.1 Zeitgrößen

Die den Gesenkschmiedevorgang kennzeichnenden Zeitgrößen — Stückfolge-, Hub(Schlag)folgezeit, Berührzeit, Druckberührzeit (Bild 1.1) — bestimmen vor allem die Abkühlung des Werkstücks und damit mittelbar auch die Spannungen und

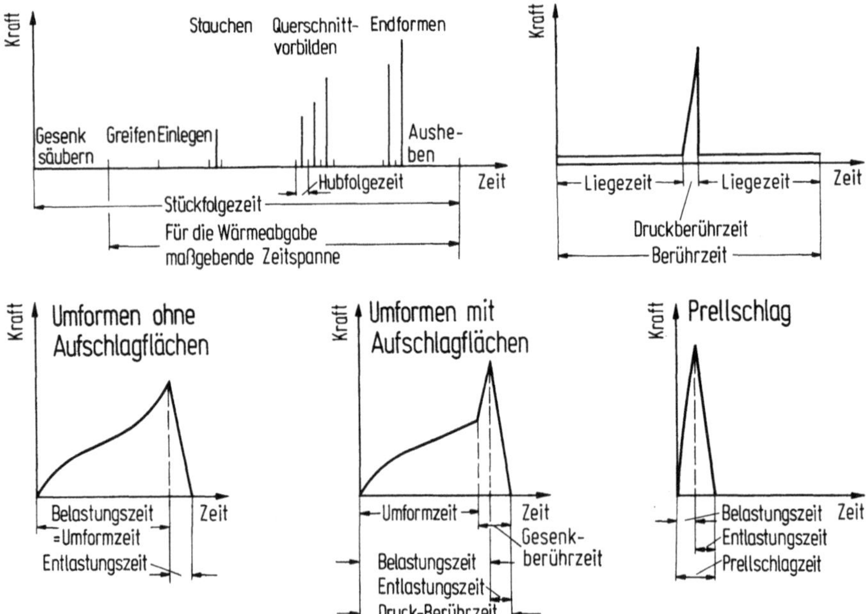

Bild 1.1. Zeitgrößen beim Gesenkschmieden (Beispiel: Schmieden im Oberdruckhammer)

Kräfte sowie die Erwärmung der Werkzeuge. Der Wärmeübergang an das Gesenk ist besonders intensiv während der Berührung unter Druck — der Druckberührzeit — da dann die Wärmeübergangszahlen um den Faktor 30 bis 40 größer sind als beim bloßen Aufliegen unter dem Eigengewicht. Für die Grundtemperatur des Werkzeuges (Abschn. 1.2.3) ist allerdings nicht allein die Druckberührzeit eines Schlages, sondern die Summe der Druckberührzeiten in der Zeiteinheit maßgebend, d. h. die Anzahl der Schläge je Zeiteinheit. Für die Abkühlung des Werkstücks spielt neben der Druckberührzeit die Zeit von der Entnahme des Stücks aus dem Ofen bis zum Beginn des letzten Schlages eine Rolle, da die Wärmeverluste in dieser — im Vergleich zur Druckberührzeit um Zehnerpotenzen längeren Zeitspanne — trotz kleiner Wärmeübergangszahlen groß werden können.

Die *Stückfolgezeit* ist die Dauer vom Beginn eines Schmiedevorgangs bis zum Beginn des nächsten. Sie ist vornehmlich von der Größe und Art des Schmiedestücks, der Maschinenart (im Hammer werden üblicherweise mehrere Schläge je Gravur abgegeben, in Pressen nur ein Schlag) und dem Mechanisierungsgrad abhängig. Es ist daher kaum möglich, allgemeingültige Werte zu nennen.

Die *Hub-(schlag)folgezeit* ist die Zeit zwischen zwei aufeinanderfolgenden Hüben bzw. Schlägen. Man muß unterscheiden, ob es sich um Schläge auf verschiedene Gravuren (Querschnittsvorbilden und Endformen) handelt oder um Schläge auf dieselbe Gravur (Schmieden im Hammer). Die Folgezeiten für Schläge auf verschiedene Gravuren hängen, wie die Stückfolgezeit, von der Größe und Art des Schmiedestücks und dem Mechanisierungsgrad ab. Die Folgezeiten für Schläge auf dieselbe Gravur (üblich nur bei Hämmern, gelegentlich auch bei Spindelpressen) werden von der Art des Antriebs und der Steuerung bestimmt. Die kleinstmöglichen Werte lassen sich als Kehrwerte der Schlagzahlen berechnen (siehe Tab. 5.1, 5.2, 5.4). Die tatsächlich auftretenden Schlagfolgezeiten können hiervon — z. B. wegen notwendiger Schmiervorgänge — abweichen.

Die *Berührzeit* t_B — die Dauer der Berührung zwischen Werkstück und Werkzeug — setzt sich zusammen aus der Liegezeit vor dem Umformen, der Druckberührzeit t_{B2} und der Liegezeit nach dem Umformen (sie ist sinnvoll nur auf das Untergesenk anwendbar). Die Umformzeit t'_{B2} ist die Zeit vom Beginn der Krafteinwirkung der Werkzeuge bis zum Zeitpunkt, wo die Gesenke einander berühren, bzw. bis zum Ende der Umformung beim Schmieden in Gesenken ohne Aufschlagflächen. Die Gesenkberührzeit t''_{B2} ist die Zeit vom Beginn der Gesenkberührung bis zum Ende der Krafteinwirkung der Werkzeuge, die Entlastungszeit die Dauer des Entlastungsvorgangs.

Die *Druckberührzeit* ist abhängig von Maschine und Umformweg. Sie setzt sich nach Bild 1.1 zusammen aus den Anteilen Belastungszeit und Entlastungszeit bzw. Umformzeit und Gesenkberührzeit. Abgesehen von Prellschlägen hat die Umformzeit den größten Anteil sowohl an der Belastungs- als Druckberührzeit insgesamt, so daß die Umformzeit≈Druckberührzeit gesetzt werden kann. Bei parabelförmigem — angenährt beim Schmieden in Hämmern und Spindelpressen geltendem — Zusammenhang zwischen Werkzeuggeschwindigkeit und Umformweg erhält man für die Umformzeit

$$t'_{B2} \approx \frac{h_0 - h_1}{v_m} = \frac{3 \cdot \Delta h}{2 \cdot v_0}. \tag{1.1}$$

Tabelle 1.3. Berührzeiten

Zeitgröße \\ Masch.-Art		Hammer	Spindel-presse	Kurbel-presse	Hydrauli-sche Presse
Auftreffgeschwindigkeit v_0	m/s	4 bis 6	0,4 bis 1	$v_{max} \approx 1$ [1]	bis 0,25
Umformzeit t'_{B2}	ms	5 bis 15	30 bis 150	50 bis 100	–
Umschaltzeit	ms	–	–	–	> 40
Entlastungszeit	ms	–	–	–	> 40
Prellschlagzeit	ms	1 bis 2	30 bis 60	30 bis 60	> 150 [2]

[1] Die Auftreffgeschwindigkeit ist von der Werkstückhöhe abhängig.
[2] Belastungszeit + Umschaltzeit + Entlastungszeit.

Die *Prellschlagzeit* ist abhängig von der Auftreffgeschwindigkeit und der Kraft; je größer die Kraft, um so kleiner die Prellschlagzeit. Be- und Entlastungszeiten sind bei Prellschlägen angenähert gleich.

In Tabelle 1.3 sind Richtwerte für die Umform-, Entlastungs- und Prellschlagzeiten von Hämmern und Pressen angegeben. Bei hydraulischen Pressen wird die Druckberührzeit durch die Umschaltzeit für die Einleitung des Rückhubes verlängert; sie ist zur Be- und Entlastungszeit zu addieren.

1.2.2 Werkzeuggeschwindigkeit und Umformgeschwindigkeit

Die *Werkzeuggeschwindigkeit* v_W — die Relativgeschwindigkeit der gegeneinander bewegten Werkzeugteile während des Umformens — ist wegen ihres Einflusses auf die Druckberührzeit und die Umformgeschwindigkeit (s. u.) bedeutsam. Sie ist abhängig von den Eigenschaften des Hammer- oder Pressenantriebs und vom Umformwiderstand des Schmiedestücks. Wenn der untere Werkzeugteil feststeht, ist v_W gleich der Stößel-(Bär-)Geschwindigkeit der belasteten Maschine (Abschn. 5.1).

Für Hämmer und Spindelpressen gilt angenähert eine parabelförmige Beziehung zwischen v_W und dem Umformweg:

$$v_W \approx v_0 \cdot \left[1 - \frac{(h_0 - h)^2}{(h_0 - h_1)^2} \right]. \tag{1.2}$$

Bei einer Kurbelpresse weicht die Werkzeuggeschwindigkeit wegen des Spielausgleichs, der Maschinenfederung und der Energieabgabe des Schwungrads von dem durch die Kinematik des Kurbeltriebs vorgegebenen Geschwindigkeitsverlauf (Leerlaufgeschwindigkeit (Abschn. 5.1.3.1)) ab. Die Werkzeuggeschwindigkeit einer hydraulischen Presse ist wegen $\dot{Q} \cdot p = $ const bei leistungsregelnden Pumpenantrieben und auch wegen der Kompressibilität der Hydraulikflüssigkeit belastungsabhängig.

Ein kennzeichnender Wert der veränderlichen Werkzeuggeschwindigkeit ist die Auftreffgeschwindigkeit $v_{W_0} \equiv v_0$. Richtwerte für v_0 sind in Tabelle 1.3 genannt. Man beachte, daß die Auftreffgeschwindigkeit beim Schmieden in Hämmern und Spindelpressen mit kleiner werdender Anfangshöhe des Werkstücks geringfügig zunimmt, in hydraulischen Pressen etwa konstant bleibt, in Kurbelpressen dagegen wegen der Kinematik des Kurbeltriebs geringer wird.

Von der *Umformgeschwindigkeit* wird die Fließspannung bei Schmiedetemperatur mitbestimmt. Sie ist definiert als $\dot{\varphi} = d\varphi/dt$. Im Falle des parallelepipedischen Stauchens ist:

$$\dot{\varphi} = d\varphi_h/dt = \frac{dh}{h \cdot dt} = \frac{v_W}{h} \,. \tag{1.3}$$

$\dot{\varphi}$ ist also gleich dem Quotienten aus Werkzeuggeschwindigkeit und jeweiliger Probenhöhe, da dh/dt die Ableitung des Werkzeugweges nach der Zeit ist.

Für Hämmer und Spindelpressen erhält man mit Gl. (1.2):

$$\dot{\varphi} = \frac{v_W}{h} \approx \frac{v_0}{h} \left[1 - \frac{(h_0 - h)^2}{(h_0 - h_1)^2} \right] \,. \tag{1.4}$$

In Kurbelpressen wird mit Gl. (5.16)

$$\dot{\varphi} = \frac{v_W}{h} \approx 0{,}105 \, \frac{z}{h} \cdot n \sqrt{\frac{H}{z} - 1} \tag{1.5}$$

z Abstand vom unteren Umkehrpunkt des Stößels
n Drehzahl der Kurbelwelle in min^{-1}
H Stößelhub.

Der Einfluß unterschiedlicher Werkzeuggeschwindigkeiten auf die Umformgeschwindigkeit beim parallelepipedischen Stauchen geht aus Bild 1.2 hervor. Das Bild zeigt $\dot{\varphi}$ in Abhängigkeit vom Umformgrad; beim Auftragen über dem Umformweg erhält man einen ähnlichen Kurvenverlauf. Der Kurvenverlauf für eine Spindelpresse entspricht dem Kurvenverlauf für den Oberdruckhammer; wegen der kleineren Werkzeuggeschwindigkeit sind allerdings die Geschwindigkeitswerte geringer. Der anfängliche Anstieg der Umformgeschwindigkeit wird dadurch hervorgerufen, daß die Abnahme der Werkzeuggeschwindigkeit zu Beginn der Umformung prozentual geringer ist als die Abnahme der Werkstückhöhe. Diese Verhältnisse kehren sich bei einem bestimmten Umformgrad um, so daß der Quotient aus augenblicklicher Werkzeuggeschwindigkeit und augenblicklicher Werkstückhöhe dann kleiner wird.

Während die Kurvenverläufe für Hämmer, Spindelpressen und Kurbelpressen ähnlich sind, weicht der Verlauf für hydraulische Pressen bei konstanter Werkzeug-

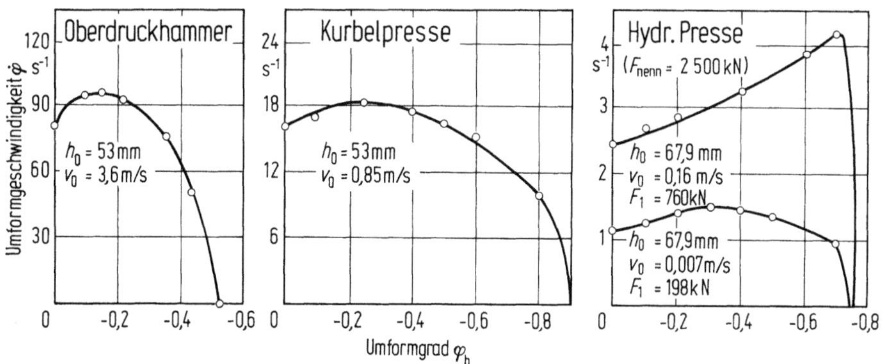

Bild 1.2. Umformgeschwindigkeit beim Stauchen zylindrischer Werkstücke

geschwindigkeit davon ab. Wenn die Endumformkraft sich jedoch der Pressen-Nennkraft nähert, ergibt sich wegen der erwähnten Belastungsabhängigkeit der Werkzeuggeschwindigkeit ein ähnlicher Kurvenverlauf wie bei den übrigen Maschinenarten.

Infolge der Änderung der Auftreffgeschwindigkeit mit der Anfangshöhe des Werkstücks nimmt der Anfangswert $\dot{\varphi}_0$ bei Hämmern, Spindelpressen und hydraulischen Pressen etwa umgekehrt proportional der Anfangshöhe h_0 der Ausgangs- oder Zwischenform zu. Bei Kurbelpressen dagegen wird $\dot{\varphi}_0$ etwa gleich bleiben oder sogar kleiner werden.

Wegen der mit dem Umformweg bzw. dem Umformgrad veränderlichen Größe von $\dot{\varphi}$ ist zu überlegen, welcher Wert für die Auswahl der Fließspannung gewählt werden muß. Dabei ist zu berücksichtigen, daß im Bereich der Schmiedetemperatur eine Änderung der Umformgeschwindigkeit um eine Zehnerpotenz die Fließspannung um 30 bis 60% ändert. Eine Änderung der Umformgeschwindigkeit um $\pm 50\%$ hat danach noch keinen merklichen Einfluß auf k_f. Man begeht also beim Berechnen von Spannungen und Kräften in Abhängigkeit vom Umformweg keinen nennenswerten Fehler, wenn man für etwa 90% des Umformweges k_f entsprechend dem Anfangswert $\dot{\varphi}_0 = v_0/h_0$ der Umformgeschwindigkeit bestimmt. Für die Berechnung der Umformarbeit — hierfür ist k_{fm} auszuwählen — gilt gleiches ohne Einschränkung, da auf dem letzten Abschnitt des Umformweges nur noch ein verhältnismäßig geringer Teil der gesamten Arbeit geleistet wird, so daß sich ein Fehler in der Kraftberechnung nicht mehr stark auswirkt.

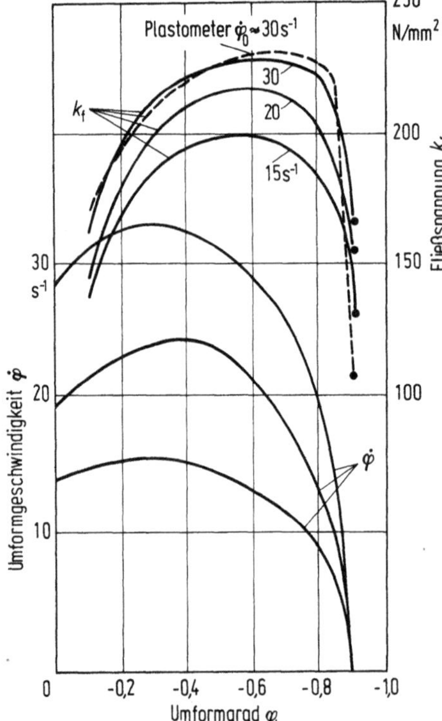

Bild 1.3. Umformgeschwindigkeit und Fließspannung beim Warmstauchen in einer Kurbelpresse nach [1.4] (Unterschiedliche Anfangswerte der Umformgeschwindigkeit; Stahl C 45; $\vartheta_S = 950\,°C$)

Problematisch ist die Wahl des Anfangswertes der Umformgeschwindigkeit als Bezugsgröße für die Festlegung von k_f allenfalls bei flachen Werkstücken, da $\dot{\varphi}$ hierbei im Verhältnis zum gesamten Umformweg früher abfällt, und in jedem Fall beim Berechnen der Spannungen und Kräfte am Ende des Umformvorgangs (Bild 1.3). Am Ende der Umformung ist $\dot{\varphi}_1 = 0$; dem entspricht eine kleine Fließspannung. Die maximale Kraft wird daher kurz vor Beendigung des Umformvorganges bei einer endlichen Umformgeschwindigkeit erreicht. Nach [1.4] kann man folgern, daß die maßgebende Umformgeschwindigkeit für die Fließspannung am Ende des Umformvorganges etwa gleich $\frac{1}{10}$ des Anfangswertes $\dot{\varphi}_0$ ist.

1.2.3 Temperaturen

1.2.3.1 Werkstücktemperatur

Die Werkstücktemperatur bestimmt in besonderem Maße die Fließspannung und das Formänderungsvermögen.

Die Temperatur eines Gesenkschmiedestücks ist vor dem Schmieden, während des Schmiedens und nach dem Schmieden weder zeitlich noch örtlich konstant; es besteht ein instationäres Temperaturfeld aus folgenden Gründen:

a) Ungleichmäßige Erwärmung im Ofen.
b) Wärmeverluste während des Transportes durch Strahlung und während der Liegezeiten auf dem Untergesenk zusätzlich durch Wärmeleitung.
c) Wärmeverluste beim Umformen durch Wärmeübergang an das Gesenk; infolge der nahezu vollkommenen Berührung zwischen Werkzeug und Werkstück unter Druck nimmt die mittlere Wärmeübergangszahl gegenüber der in Liegezeit geltenden stark zu.
d) Wärmegewinn infolge Umwandlung von Reibungsarbeit.
e) Wärmegewinn infolge der Umwandlung der Umformarbeit entsprechend den Formänderungen im Schmiedestück.
f) Wärmeverluste in der Rückfederperiode durch Wärmeleitung.

Beim Schmieden in mehreren Gravuren wiederholen sich die Vorgänge b) bis f) in jeder Gravur. Die Ermittlung der Temperaturverteilung bei aufeinanderfolgenden Schmiedeoperationen ist wegen des Temperaturausgleiches infolge der Wärmeleitung innerhalb des Schmiedestückes erschwert. Er ist abhängig von der Wärmeleitzahl und damit je nach Werkstoff verschieden; z. B. ist die Wärmeleitfähigkeit von Titan gering, so daß große Temperaturunterschiede im Stück entstehen können.

Eine näherungsweise numerische Berechnung des Temperaturfeldes ist prinzipiell möglich, indem die kontinuierlich und gleichzeitig ablaufenden Vorgänge der Wärmeentwicklung und der Wärmeleitung gedanklich in diskrete Abschnitte von der Dauer Δt zerlegt werden [1.5]. Betrachtet wird eine Schnittebene durch das Schmiedestück, die mit einem Liniennetz überzogen wird. Man bestimmt zunächst die Temperaturerhöhungen während eines Zeitabschnittes Δt für die Schnittpunkte dieses Netzes infolge von Reibung und Umwandlung der Umformarbeit in Wärme sowie die Verschiebungen der Netzpunkte. Die Temperaturerhöhungen werden zu den ursprünglichen Temperaturen addiert. Anschließend berechnet man den Temperaturausgleich während des gleichen Zeitintervalls Δt bei gleichbleibendem Formänderungszustand. Danach wird der Rechengang wiederholt. Beim Warmumformen ist insbesondere auch der Wärmeübergang an das Werkzeug zu bestimmen.

Wärmegewinn durch Reibung: Die Temperaturerhöhung an einem Flächenelement infolge der Reibung zwischen Werkstück und Werkzeug ist mit $\Delta W_R = F_R \cdot \Delta s = \tau \cdot \Delta A \cdot \dfrac{\Delta s}{\Delta t} \cdot \Delta t$:

$$\Delta\vartheta_R = \frac{v_{Gl} \cdot m_R \cdot k_f \cdot \Delta A \cdot \Delta t}{\Delta V \cdot (c_S \cdot \varrho_S + C_W \cdot \varrho_W)/2} . \tag{1.6}$$

Wärmegewinn aus Umwandlung der Umformarbeit:

$$\Delta\vartheta_u = 0{,}9 \cdot \frac{k_{wm} \cdot \Delta\varphi}{c_S \cdot \varrho_S} . \tag{1.7}$$

Wärmeleitung im Werkstückinnern: Die Differentialgleichung der ebenen Wärmeleitung

$$\frac{\partial\vartheta}{\partial t} = \frac{\lambda}{c \cdot \varrho} \left(\frac{\partial^2\vartheta}{\partial x^2} \right) \tag{1.8}$$

lautet in Differenzenform geschrieben:

$$\lambda \frac{(\Delta x)^2}{\Delta x} \, (\vartheta_1 + \vartheta_2 + \vartheta_3 + \vartheta_4 - 4\,\vartheta_0)\, \Delta t = \varrho \cdot c\, (\Delta x)^3\, (\vartheta_{0,\Delta t} - \vartheta_0). \tag{1.9}$$

Hiermit läßt sich die Wärmemenge berechnen, die einem Volumenelement 0 von den benachbarten Elementen 1 bis 4 zufließt.

Wärmeübergang vom Schmiedestück zum Gesenk: Die Wärmemenge, die vom Werkstück an das kältere Gesenk abgegeben wird, ist proportional der Berührfläche, der Wärmeübergangszahl α und dem Temperaturunterschied zwischen Werkstück und Werkzeug. Bei vollkommener Berührung wird α bestimmt von ϱ, c und λ, bei unvollkommener Berührung ist α zusätzlich von der Zwischenschicht und vom Druck abhängig. (Angaben über α siehe Abschn. 1.2.3.2).

Da der Wärmeinhalt dem Volumen proportional ist, nimmt die mittlere Temperatur eines Körpers mit kleinerem Volumen schneller ab als bei einem großen Volumen. Aus diesem Grunde ist die Dicke eines Körpers mitbestimmend für die mittlere Temperatur, die sich einstellt.

Die *Temperaturverteilung* in einem Schmiedestück am Ende eines Umformvorganges ist damit abhängig von den thermischen Eigenschaften des Schmiedestücks und der Zwischenschicht, der Anfangstemperatur von Schmiedestück und Gesenk, dem Wärmegewinn durch Reibung und Umformung sowie dem Wärmetransport mit den bewegten Werkstoffteilchen; daraus folgt ein Einfluß der örtlichen Abmessungen, der örtlichen Formänderungen und der Druckberührzeit (Tab. 1.4).

Temperaturen der Oberflächenschicht. Unmittelbar in der Oberfläche ist die Temperatur:

$$\vartheta_{S_1} = A^* \cdot (\vartheta_{S_0} - \vartheta_{W_0}) + \vartheta_{W_0} . \tag{1.10}$$

A^* liegt zwischen 0,5 und 0,55 (s. Abschn. 1.2.3.2).

In den Oberflächenschichten ist ein großer Temperaturgradient vorhanden.

Tabelle 1.4. Wichtige Einflußgrößen des Temperaturfeldes beim Gesenkschmieden

	Wärmegewinn durch Reibung	Wärmegewinn durch Umwandlung d. Umformarbeit	Wärmeleitung im Stück	Wärmeübergang an das Gesenk
Zeitgrößen	Relativgeschwindigkeit		Zeit Berührzeit (Werkzeuggeschwindigkeit, Maschinenart)	Zeit Berührzeit (Werkzeuggeschwindigkeit, Maschinenart)
Temperatur	Temperatur des Schmiedestücks Temperatur des Werkzeugs	Temperatur des Schmiedestücks Temperatur des Werkzeugs	Temperatur des Schmiedestücks Temperatur des Werkzeugs	Temperatur des Schmiedestücks Temperatur des Werkzeugs
Reibwert	Rauheit Schmierstoff Zunder			Rauheit Schmierstoff Zunder
Gestalt des Schmiedestücks				Oberfläche/ Volumen
Umformvorgang		Formänderungen		
Spannungen	Reibschubspannung	Vergleichs-Spannung		Normal-Spannung
Werkstoff	spez.Wärme Dichte	Fließspannung spez. Wärme Dichte	spez. Wärme Wärmeleitfähigkeit Dichte	spez. Wärme Wärmeleitfähigkeit Dichte

Temperaturen in Formelelementen großer Dicke. Die Umformzonen weisen Temperaturen auf, die oft über der Anfangstemperatur liegen. Bild 1.4 zeigt als Beispiel die Temperaturverteilung beim Stauchen und die Temperaturzunahme in Abhängigkeit von der bezogenen Höhenänderung ε_h. Der Wärmeausgleich während eines Schlages ist für diesen Fall auch beim Schmieden in Kurbelpressen vernachlässigbar.

Temperaturen in Formelementen geringer Dicke. Die Temperaturen von Formelementen mit geringer Dicke müssen gesondert ermittelt werden. Die Angabe mittlerer Temperaturen ist nur zulässig für Formelemente von annähernd gleicher Dicke.

Die *Temperatur des Grates* ist vor allem abhängig von den Gratspaltabmessungen, der Druckberührzeit, dem Werkstück- und Gratvolumen sowie der augenblicklichen Werkstück- und Werkzeugtemperatur. Wenn der Grat als eine dünne Platte mit gleichmäßiger Temperatur betrachtet wird, die symmetrisch abkühlt, erhält man aus dem Wärmegleichgewicht:

$$c_G \cdot \varrho_G \cdot V_G \cdot d\vartheta = \alpha \cdot A_G (\vartheta_G - \vartheta_W)\, dt, \qquad (1.11)$$

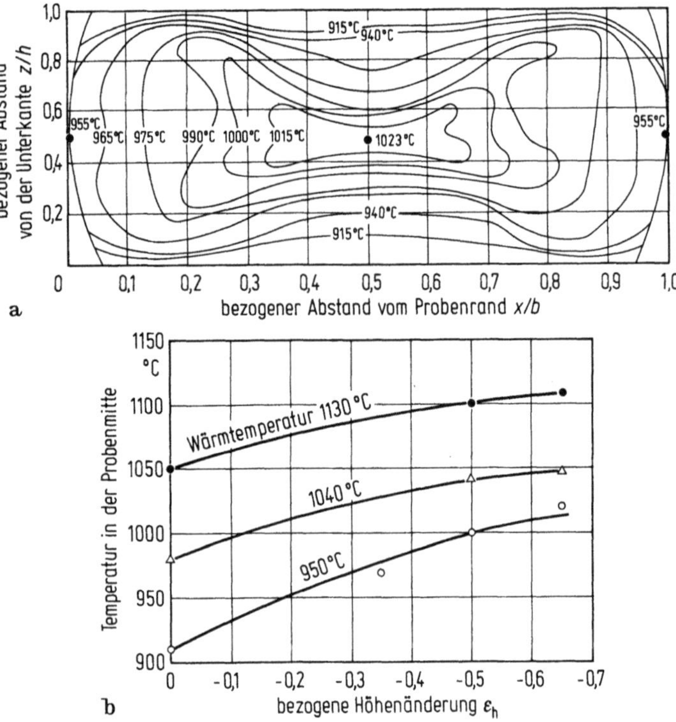

Bild 1.4. Temperaturen beim Stauchen in Kurbelpressen nach [1.4].
a) Fotothermometrisch ermittelte Isothermen ($b_0 = 32$ mm; $h_0 = 48$ mm; $m = 1,8$ kg; $\vartheta_0 = 950$ °C; $\varepsilon_h = -0,5$); b) Temperatur in der Werkstückmitte in Abhängigkeit von ε_h ($b_0 = 16$ mm; $h_0 = 24$ mm; $m = 0,55$ kg)

$$\vartheta_G = \vartheta_W + (\vartheta_{G_0} - \vartheta_W) \exp\left(-\frac{\alpha \cdot t_B \cdot 2b_G}{c_G \cdot \varrho_G \cdot b_G' \cdot s_G}\right) \tag{1.12}$$

(b_G = Gratbahnbreite; b_G' = tatsächliche Gratbreite).

Beim Schmieden in Hämmern ist die Grattemperatur nach dem ersten Schlag höher als die Anfangstemperatur (Bild 1.5). (Wenn keine Wärme zugeführt würde, kühlten bei $t_B = 10$ ms, $\alpha = \infty$, $\vartheta_W = 1000$ bis 1200 °C und $s_G = 2,5$ mm nur 50% des Gratvolumens unter die Anfangstemperatur ab). Beim Schmieden in Kurbel- und Spindelpressen nimmt dagegen die Grattemperatur ab, sofern $s_G < 5$ mm. Wenn beim Schmieden in Kurbelpressen — wie meist üblich — zwei Gravuren notwendig sind, hält man die Gratdicke beim Querschnittsvorbilden geringer als beim Endformen oder wählt die Gratdicke gleich groß. Die Abkühlung des Grates wird mit zunehmendem Werkstoffüberschuß geringer (Bild 1.5). Bei Gratdicken $s_G > 5$ mm bleibt die Temperaturabnahme des Grates auch beim Schmieden in Pressen gering.

Die Übertragbarkeit der hier angegebenen — an kleinen Proben gewonnenen — Ergebnisse auf größere Schmiedestücke muß noch geprüft werden, da nach Bild 1.6 ein großer Einfluß des Volumens auf die Grattemperatur besteht.

Im Hammer wird meist mit mehreren Schlägen geschmiedet. Die Grattemperatur nimmt bei den ersten 2 bis 3 Schlägen proportional der Temperatur im Werkstückinnern, danach stärker ab (Bild 1.7).

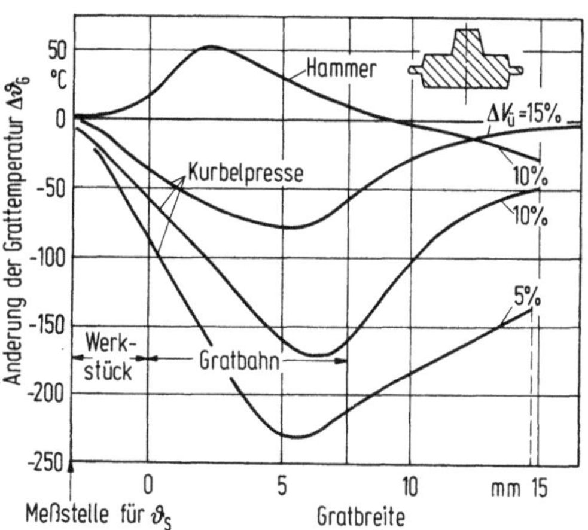

Bild 1.5. Änderung der Grattemperatur $\Delta\vartheta_G = \vartheta_G - \vartheta_S$ beim Gesenkschmieden in Hammer und Kurbelpresse nach [1.48] (ϑ_S = Temperatur der Umformzone, aus der Werkstoff in den Gratspalt verdrängt wird; Wärmtemperatur: 1150 °C; $\vartheta_W = 20$ °C; $m_S = 0{,}25$ kg; $s_G = 1{,}6$ mm; $b_G/s_G = 4{,}7$; 1 Schlag)

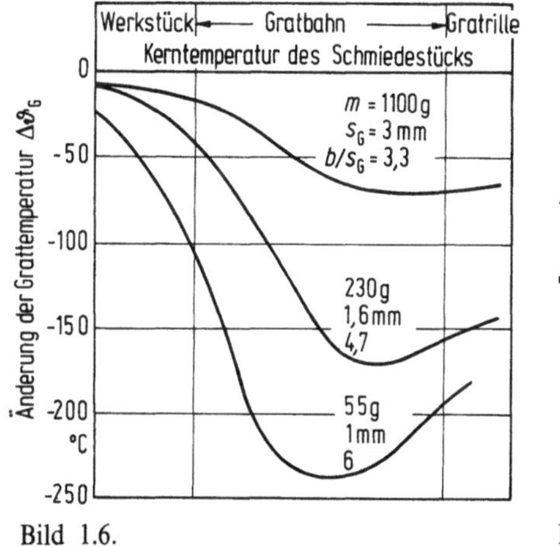

Bild 1.6.

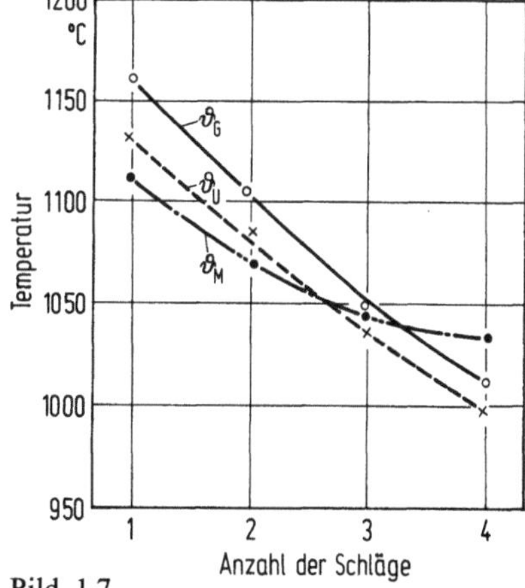

Bild 1.7.

Bild 1.6. Änderung der Grattemperatur $\Delta\vartheta_G = \vartheta_G - \vartheta_S$ in Abhängigkeit von der Stückmasse nach [1.48] (Wärmtemperatur: 1150 °C; $\vartheta_W = 20$ °C; Schmieden in einer Kurbelpresse mit einem Schlag)

Bild 1.7. Temperaturen beim Schmieden in einem Oberdruckhammer in Abhängigkeit von der Anzahl der zum Erreichen der Enddicke des Grates notwendigen Schläge nach [1.48], ϑ_G = Grattemperatur; ϑ_U = Temperatur der Umformzone; ϑ_M = Temperatur in der Werkstückmitte (Wärmtemperatur: 1150 °C; $\vartheta_W = 20$ °C; $m = 0{,}2$ kg; $s_G = 1{,}6$ mm; $b_G/s_G = 4{,}7$; Schlagfolgezeit: 1 s)

Beim Schmieden dünner Zwischenböden im Innern des Schmiedestückes liegen u. U. andere Verhältnisse vor als beim Schmieden des Grates, da in diesem Falle kein Werkstoff aus wärmeren Zonen nachfließt.

1.2.3.2 Gesenktemperatur

Die Temperatur des Gesenkes beeinflußt dessen Festigkeitseigenschaften und Beanspruchungen sowie die Abmessungen der Gravur.

Wegen der Temperaturabhängigkeit der physikalischen Eigenschaften — insbesondere Härte, Festigkeit und Zähigkeit — wird das Verformungs-, Riß- und Verschleißverhalten der Gravur beeinflußt.

Zeitliche Temperaturänderungen (Temperaturwechsel) und örtliche Temperaturunterschiede (Temperaturgefälle) führen infolge der dadurch bedingten unterschiedlichen Abmessungs- und Volumenänderungen zu zusätzlichen Wärmespannungen.

Durch die Wärmeausdehnung werden die Abmessungen der Gravur verändert.

Die sich bei Berührung zwischen Schmiedestück und Werkzeug einstellenden Gesenktemperaturen sind abhängig von den Ortskoordinaten und der Zeit: $\vartheta_W = f(x,y,z,t)$. Auch im Gesenk besteht also ein instationäres Temperaturfeld. Nach dem Ort unterscheidet man zweckmäßig die Oberflächentemperatur der Gravur, die Kerntemperatur und die Wandtemperatur; nach der Zeit: die Grundtemperatur und die sich während der Berührzeit ergebende Spitzentemperatur. Kennzeichnende Einzelwerte des Temperaturfeldes sind die Spitzentemperatur der Oberfläche, die Grundtemperatur der Oberfläche und die Kerntemperatur.

Das Temperaturfeld im Gesenk bildet sich als Folge der während der Druckberührzeit durch kurze Temperaturimpulse zugeführten Wärmemengen, der von den Werkstoffeigenschaften bestimmten Wärmeleitung im Gesenk und der Wärmeabgabe an die Umgebung aus. Der Wärmeübergang vom Schmiedestück an das kältere Gesenk erfolgt zuerst im wesentlichen an den Berührstellen des Oberflächenrauhgebirges, die augenblicklich die Temperatur $\vartheta_{W1} = \vartheta_{S1}$ (Gl. 1.10; Bild 1.8) annehmen.

Die Größe der tatsächlichen Berührfläche ist abhängig von der Oberflächengüte, der Fließspannung des Schmiedestückes und der ausgeübten Normalspannung. Daraus folgt, daß der Wärmeübergang während der Druckberührzeit wesentlich größer ist als beim bloßen Aufliegen auf dem Gesenk, da sich dann die Oberflächen von Werkzeug und Schmiedestück nahezu vollkommen einander angeglichen haben. Der Wärmeübergang erfolgt teils bei unmittelbarer Berührung, teils unter Vorhandensein einer Zwischenschicht (Bild 1.8). Durch Reibung beim Gleiten des Werkstoffes auf der Gesenkoberfläche wird die Temperatur der Oberflächenschichten zusätzlich erhöht. Bei der Ermittlung des Wärmeübergangs ist schließlich auch die Umformwärme zu berücksichtigen, die durch Umwandlung der Umformarbeit in Wärme entsteht.

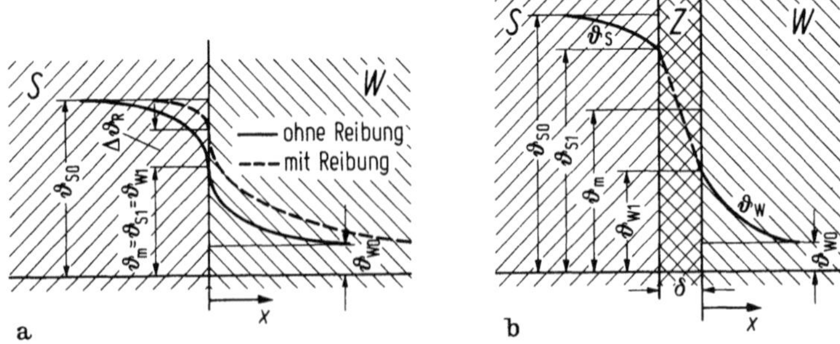

Bild 1.8. Temperaturausgleich zwischen zwei Körpern (S = Schmiedestück, W = Werkzeug, Z = Zwischenschicht)
a) Berührung ohne Zwischenschicht; b) Berührung mit Zwischenschicht

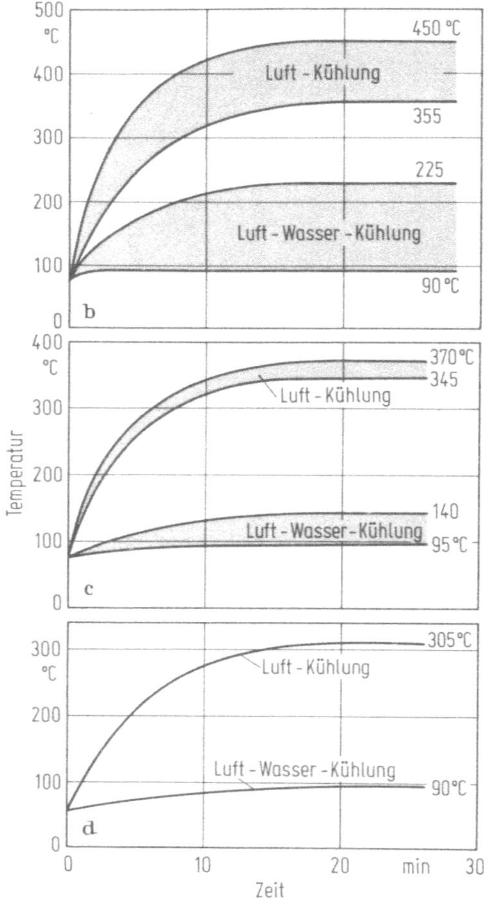
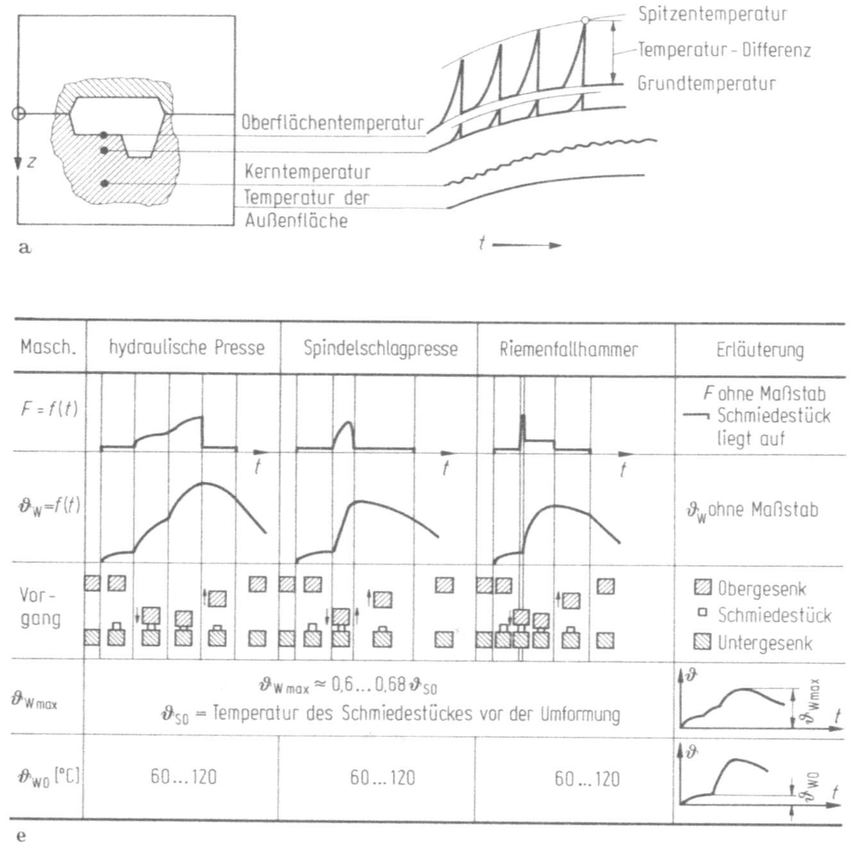

Bild 1.9. Gesenktemperatur in Abhängigkeit von Ort und Zeit.
a) Schematische Darstellung des Temperaturverlaufs; b) – d) Grund- und Spitzentemperatur in 0,5, 5 und 50 mm Entfernung von der Gravuroberfläche nach [1.6] ($\vartheta_{S_0} = 1150$ °C); e) Temperaturen der Gravuroberfläche nach [1.8]

Durch die kurzzeitigen Temperaturimpulse während der Druckberührzeit wird eine Wärmemenge

$$\Delta Q = \alpha \cdot A \cdot \Delta\vartheta \cdot \Delta t = m \cdot c \cdot \Delta\vartheta \qquad (1.13)$$

auf das Gesenk übertragen.

Das Temperaturfeld im Gesenk wird durch das Fouriersche Wärmeleitungsgesetz (Gl. 1.8) beschrieben.

Von den Stoffwerten, die nach Gl. (1.8) die Wärmeleitung bestimmen, sind vor allem λ und c von der Temperatur abhängig. Für den Stahl 57 NiCrMoV 77 gelten z. B. im Temperaturbereich von 20 bis 400 °C folgende Mittelwerte:

$$\lambda = 0,38 \text{ W/cm} \cdot \text{K} \quad c_p = 0,58 \text{ J/g} \cdot \text{K}$$
$$\varrho = 7,75 \text{ g/cm}^3 \quad a = 0,083 \text{ cm}^2/\text{s}.$$

Der sich im Gesenk einstellende Temperaturverlauf ist in Bild 1.9 für verschiedene Punkte in Abhängigkeit von der Zeit dargestellt. Die Größe der Temperaturimpulse, die in der Oberfläche 500 bis 600 °C betragen können, nimmt mit zunehmender Entfernung von der Oberfläche schnell ab; in 10 bis 20 mm Entfernung von der Oberfläche wird nur noch eine sehr geringe Schwankung der Temperatur um einen Mittelwert festgestellt. Die Laufzeit des Temperaturimpulses beträgt nach [1.8]

$$t_\vartheta = z \cdot \sqrt{\frac{t_\text{B}}{2\pi \cdot a}} \cdot \qquad (1.14)$$

Die *Temperatur der Gesenkoberfläche* wird von zahlreichen Einflußgrößen bestimmt, von denen als wichtigste Gesenkwerkstoff, -Masse, -Temperatur, Schmiedestückwerkstoff, -Masse, -Temperatur, die Art der Zwischenschicht, die Normalspannung, die Druckberührzeit und die Relativgeschwindigkeit zwischen Schmiedestück und Werkzeug, genannt seien. Sie ist vor allem von der Differenz der Anfangstemperatur von Schmiedestück und Werkzeug abhängig; die Temperaturerhöhung ist um so größer, je größer dieser Unterschied (Bild 1.10). Ebenso bedeutsam ist die Druckberührzeit.

Für die Grundtemperatur des Gesenks ist neben der Berührzeit eines einzelnen Hubes die Summe der Druckberührzeiten in der Zeiteinheit maßgebend. Bei kurzen Schlagfolgezeiten bzw. Stückfolgezeiten können die Grundtemperaturen so hoch werden, daß die Spitzentemperaturen die zulässigen Werte überschreiten.

Über die Wärmeübergangszahl wirkt sich neben der Art der Zwischenschicht die Druckspannung aus. Sie beeinflußt die Wärmeübergangszahl allerdings nur bis zum Erreichen der Fließspannung. Bei höheren Druckspannungen sind Werkstück und Werkzeug nahezu vollkommen einander angepaßt, so daß eine weitere Zunahme der Normalspannung die Berührfläche nicht mehr vergrößern kann. Schmierstoffe können eine wärmedämmende Wirkung besitzen und damit die Temperaturerhöhung in der Oberflächenschicht verringern (Bild 1.10).

Von der Wärmeleitfähigkeit des Gesenkwerkstoffs hängt der Temperaturausgleich innerhalb des Gesenks ab. Bei schlechter Wärmeleitfähigkeit besteht die Gefahr, daß die Oberflächenschichten zu warm werden.

Die Größe der Spitzentemperatur der Gravuroberfläche ergibt sich bei Berührung ohne Zwischenschicht, ohne Relativbewegung der einander berührenden Me-

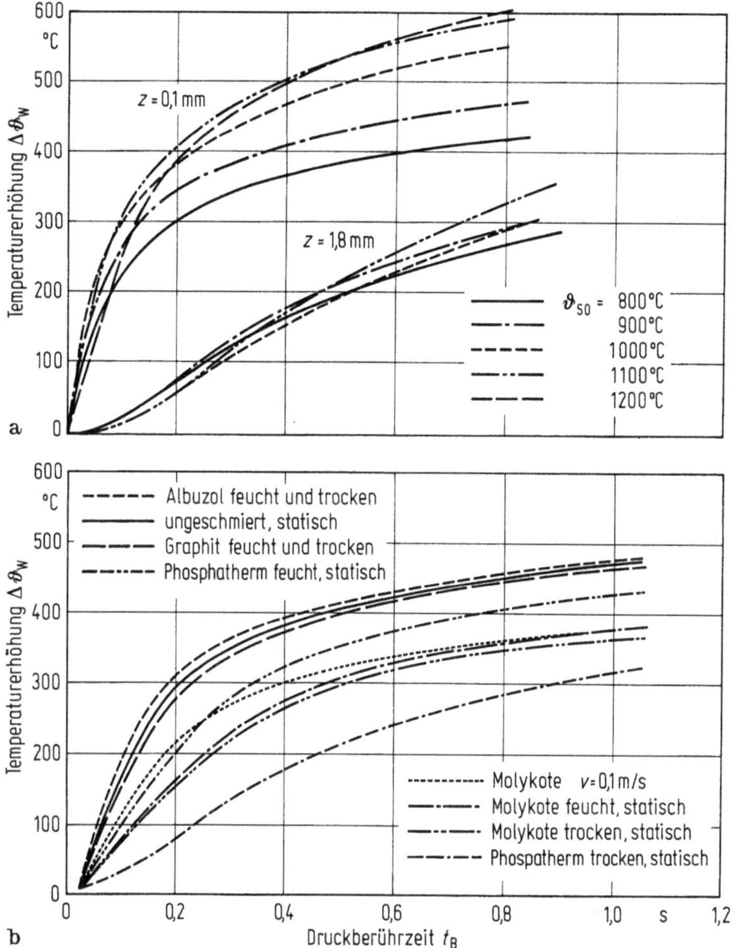

Bild 1.10. Temperaturerhöhung $\Delta\vartheta_W = \vartheta_W - \vartheta_{W_0}$ im Gesenk nach [1.7] (z = Entfernung der Meßstelle von der Gravuroberfläche).
a) Einfluß der Werkstücktemperatur ϑ_{S_0} (k_w = 55 N/mm²); b) Einfluß des Schmierstoffs (ϑ_{S_0} = 900 °C; z = 0,5 mm; k_w = 80 N/mm²)

dien und ohne Formänderungen nach Gl. (1.10) mit $\vartheta_{W1} = \vartheta_{S1}$ und

$$A^* = \frac{1}{1 + \sqrt{\dfrac{(\lambda \cdot c \cdot \varrho)_W}{(\lambda \cdot c \cdot \varrho)_S}}} \tag{1.15}$$

$\lambda, c, \varrho = f(\vartheta_{W1})$.

ϑ_{W1} läßt sich durch Iteration berechnen, indem man zunächst eine Spitzentemperatur zwecks Bestimmung der Stoffwerte schätzt. Mit dieser erhält man eine bessere Näherung usw.

Bei Vorhandensein von Zwischenschichten kann ϑ_{W1} nach Bild 1.11 bestimmt werden, das die Temperaturen der Werkzeugoberfläche bei fehlender Reibung zeigt. Für die Talsohle des Rauhgebirges gilt die gleiche Formel mit A anstelle von A^*. A ist abhängig von der Wärmeübergangzahl, der Druckberührzeit, der Werkstücktemperatur und der Zwischenschicht. In Bild 1.11 sind Hilfslinien eingetragen, mit deren Hilfe man den Wert von A auch ohne Kenntnis der Wärmeübergangzahl abschätzen kann. Für das Schmieden im Gesenk gilt der Bereich „zunderarm" innerhalb der Temperaturgrenzen von 800 bis 1200 °C.

Zu der so ermittelten Temperaturerhöhung ist ein weiterer Betrag zu addieren, der sich aus der Reibungswärme ergibt (Bild 1.12). Die Temperaturerhöhung als Folge der Reibung ist vor allem abhängig von der Relativgeschwindigkeit und der Gleitdauer.

Die Anlaßtemperatur wird in den Oberflächenschichten von Gesenken kurzfristig, d. h. innerhalb der Druckberührzeit (10 – 100 ms) überschritten. Ob diese kurz-

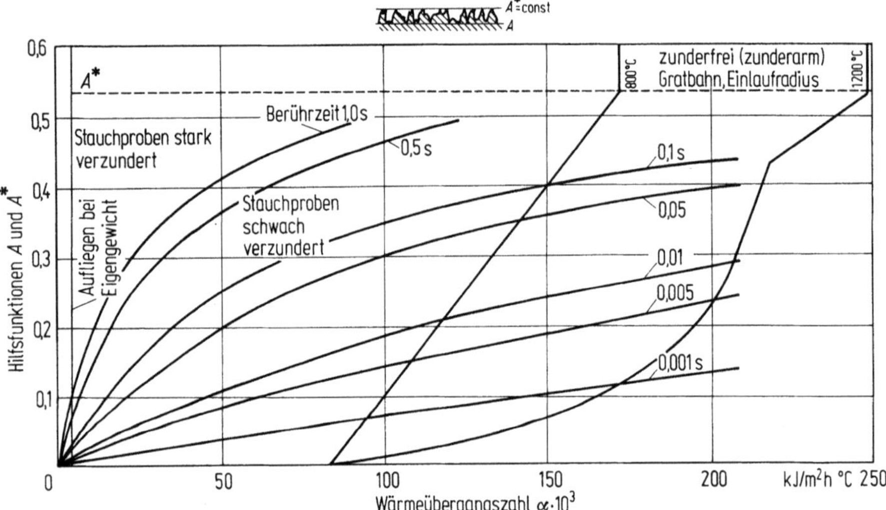

Bild 1.11. Hilfsfunktionen A und A^+ zum Bestimmen der Temperatur in der Werkzeugoberfläche nach [1.7] (gültig für den Gesenkwerkstoff 57 NiCrMoV 77 und den Werkstückstoff X 15 CrNiSi 2520)

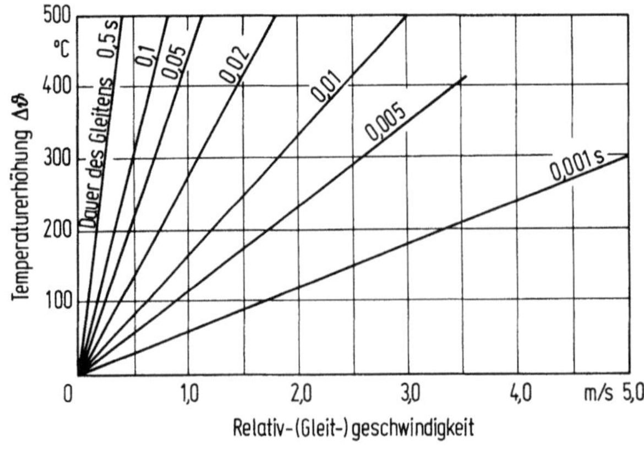

Bild 1.12. Temperaturerhöhung $\Delta\vartheta_S$ bei Gleitreibung nach [1.7] (Stahl C 15; $\vartheta_{S0} = 1100$ °C)

fristigen Anlaßvorgänge bereits zu einem Erweichen der Schichten führen, ist noch ungeklärt, da auch der Diffusionsvorgang beim Anlassen zeitabhängig ist.

Allgemeine Aussagen über die *Grundtemperatur* der Oberfläche und die *Kerntemperatur* sind schwierig wegen der stark variierenden Wärmeabgabe insbesondere beim Kühlen der Gravuren. Hierzu bedarf es spezieller Untersuchungen.

Beim Schmieden von Nichteisenmetallen gelten im Prinzip die gleichen Zusammenhänge und Abhängigkeiten. Die sich einstellenden Temperaturwerte werden jedoch durch andere Schmiedestücktemperaturen und abweichende Stoffeigenschaften — insbesondere die Wärmeleitzahlen der Werkstück-Werkstoffe abgewandelt. Auf die Möglichkeit von Überhitzungen in den Oberflächenschichten von Gesenken aus hochlegierten Werkstoffen infolge geringer Wärmeleitzahlen wurde bereits hingewiesen.

Beim Schmieden von Titan und Kupferlegierungen ist neben abweichenden Schmiedestücktemperaturen und Wärmeleitzahlen auch die Art der Schmierschicht zu beachten (z. B. Glas bei manchen Titanschmiedestücken).

Beim Gesenkschmieden von Magnesium- und Aluminiumlegierungen werden die Werkzeuge häufig bis zur Schmiedetemperatur vorgewärmt, so daß hierbei kein oder nur ein geringer Wärmeübergang vom Werkstück auf das Gesenk eintritt.

1.2.3.3 Temperatur im Wirkspalt

Die Temperatur im Wirkspalt ist die Temperatur der Schichten zwischen Werkzeug und Werkstück, die nicht fest mit dem Gesenk oder Schmiedestück verbunden sind. Es handelt sich hierbei meist um Schmierstoff oder abgelöste Zunderschichten.

Die Temperatur der Zwischenschicht bestimmt vor allem das Verhalten des Schmierstoffes. Sie ist in erster Näherung gleich dem Mittelwert von Schmiedestück- und Werkzeugtemperatur.

1.2.4 Reibfaktoren

Ein über der Berührfläche konstanter und vom Umformgrad unabhängiger Reibwert μ, entsprechend dem Amontons-Coulombschen Gesetz

$$\tau = \mu \cdot \sigma_z \tag{1.16}$$

ist beim Warmumformen nicht vorhanden; μ ist sowohl über der Reibfläche in einem bestimmten Zeitpunkt als auch bei Betrachtung eines Punktes der Berührfläche in Abhängigkeit von der Zeit veränderlich. Auch für die mittleren Spannungen besteht kein Zusammenhang von der Form

$$\tau_m = \mu \cdot \sigma_{zm} \tag{1.17}$$

(vgl. Bild 1.27 b). Eher läßt sich der Reibungszustand für Haftreibung und Festkörperreibung mit konstanter Reibschubspannung angenähert durch den Reibfaktor

$$m_R = \frac{\tau}{\tau_f} = \frac{\tau}{k_f/\sqrt{3}} = 1{,}71 \frac{\tau}{k_f} \tag{1.18}$$

beschreiben. $m_R = 1$ bedeutet (wie $\mu = 0{,}5$ bzw. $0{,}577$) Haften des Werkstoffs an der Werkzeugoberfläche. (Der Faktor $\sqrt{3}$ ergibt sich bei Anwendung des *Levy-Mises'*-

schen Fließkriteriums; mit dem Fließkriterium nach *Tresca* wird $m_R = 2\,\tau/k_f$). Der Reibfaktor ist beim Warmumformen von 3 Arten von Einflußgrößen abhängig:

Der Schicht zwischen Werkstück und Werkzeug (Oxide und Schmierstoffe),
der Art der reibenden Flächen (Mikrogeometrie der Flächen und Stoffzustand der Berührzone),

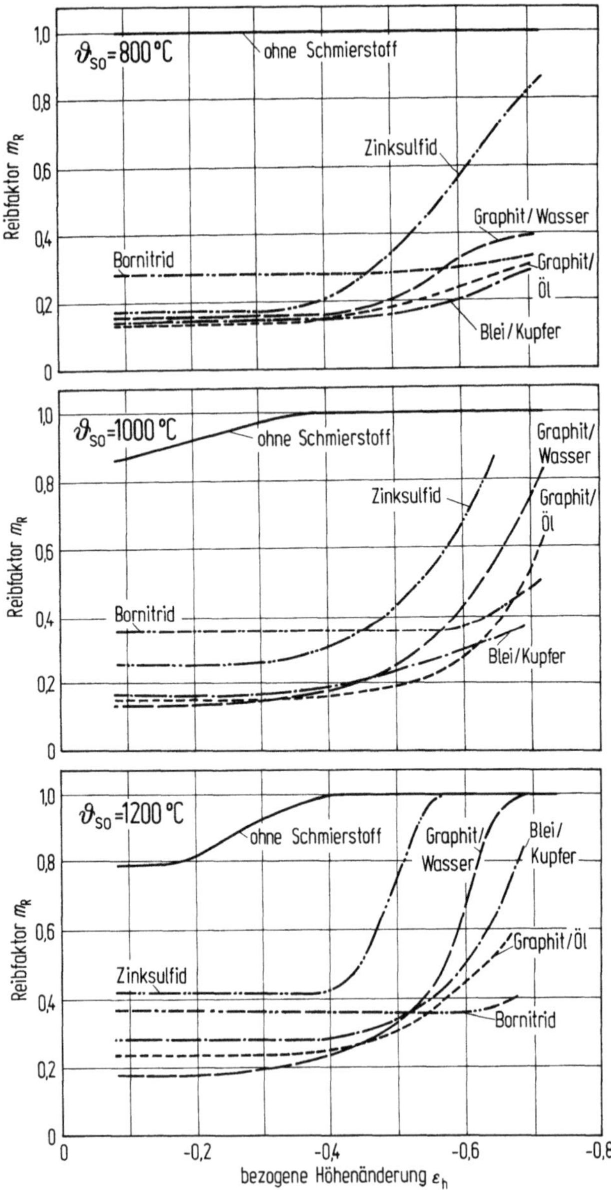

Bild 1.13. Reibfaktoren beim Warmstauchen von Stahl nach [1.9] (Ringstauchversuch in Kurbelpresse; Proben zunderarm gewärmt)

den Zustandsgrößen (z. B. Temperatur, Formänderungen wegen der Oberflächenvergrößerung).

Schmierstoffe bilden eine Trennschicht zwischen Werkzeug und Werkstück und setzen so die Reibung herab (Bild 1.13). Beim Warmumformen werden meist Festschmierstoffe und Schmierstoffe angewendet, die im Schmierspalt flüssig werden (Glas) (s. Abschn. 4.8). Die Wirkung der Schmierstoffe ist vor allem vom Umformgrad und der Temperatur abhängig. Bei einer bestimmten Formänderung reißt offenbar der Schmierfilm auf, so daß die Schmierwirkung stark beeinträchtigt wird. Diese Grenze verschiebt sich mit zunehmender Temperatur zu niedrigeren Umformgraden.

Beim Umformen ohne Schmierstoff sind *Oxidhäute* (Zunder) entscheidend für den Reibwert. Sobald jedoch Schmierstoff vorhanden ist, übernimmt dieser die Aufgabe der Trennschicht. Zunderschichten wirken sich dann nachteilig aus.

Mit zunehmender *Temperatur* wird der Reibfaktor im allgemeinen größer (Bild 1.13), abgesehen von Umformvorgängen ohne Schmierung im Bereich kleiner Formänderungen und denjenigen Schmierstoffen, die in bestimmten Temperaturbereichen schmelzflüssig werden.

Die Wirkung des Umformgrades ist nur schwer von der anderer Einflußgrößen zu trennen (mit dem Betrag von φ_h bzw. ε_h werden im allgemeinen Druckspannung, Umformzeit und Berührfläche zwischen Werkstück und Werkzeug größer). Bei kleinen Umformgraden ist der Reibfaktor im allgemeinen konstant, während er im Bereich größerer Umformgrade — besonders bei $\vartheta_{S0} \geqq 1000\ °C$ — stark ansteigt (Aufreißen der Schmierschicht). Die bezogenen Höhenabnahmen in der Endgravur sollen daher möglichst kleiner sein als 0,3 bis 0,4.

Mit abnehmender *Rauhigkeit* wird m_R im allgemeinen größer, da bei stark eingeebnetem Oberflächenprofil die tatsächliche Berührfläche zwischen Werkzeug und Werkstück zunimmt. Hierdurch wird der Wärmeübergang verbessert, der Schmierfilm stärker erwärmt und die Verschweißneigung verstärkt. Zum anderen kann im Oberflächenprofil einer glatten Fläche weniger Schmierstoff eingeschlossen werden.

Die *Geschwindigkeit* (Maschinenart) hat nur einen untergeordneten Einfluß auf die Größe des Reibfaktors.

Tabelle 1.5. Reibwerte in Abhängigkeit von Werkstoff und Schmierstoff nach [1.7] ($\mu = 0,5$ bedeutet Haftreibung)

Werkstoff	Schmierstoff	Temperatur ϑ_{S_0} °C	μ
Leichtmetall	Graphit	20 bis 600	0,06 bis 0,15
Leichtmetall	ohne	20 bis 600	0,48
Messing	Graphitdispersion	450	0,06 bis 0,07
Messing	ohne	450	0,25 bis 0,3
Titan und Titanlegierung	Graphit oder MoS_2	830	0,20
Titan und Titanlegierung	ohne	270 bis 1000	0,5
Stahl, unleg.	Graphit	1000 bis 1100	0,12
Stahl, unleg.	ohne	1000 bis 1100	0,35 bis 0,38
Nichtrostender Stahl	ohne	20 bis 1000	0,5

Die vorgenannten Aussagen über die Abhängigkeit der Reibung von den Umformbedingungen, die für das Warmstauchen von unlegiertem Stahl gelten, werden in Tab. 1.5 durch Angaben von Reibwerten für andere Werkstoffe ergänzt.

1.2.5 Fließspannungen

1.2.5.1 Allgemeine Gesetzmäßigkeiten

Die Fließspannung k_f hängt vom Umformgrad φ[1], der Umformgeschwindigkeit $\dot{\varphi}$, der Temperatur ϑ_S und dem Werkstoff ab. Da die Fließspannung bisher nur für wenige Werkstoffe — meist nur für begrenzte Bereiche der in Frage kommenden Umformbedingungen — festgestellt worden ist, werden nachstehend die Zusammenhänge zwischen k_f und φ, $\dot{\varphi}$, ϑ_S und dem Werkstoff kurz beschrieben, damit k_f bei anderen Randbedingungen als sie für die dargestellten Fließkurvenscharen gelten, zumindest abgeschätzt werden kann.

Die Darstellung der Fließspannung in Abhängigkeit vom Umformgrad $k_f(\varphi)$ für $\vartheta_s = $ const und $\dot{\varphi} = $ const wird als Fließkurve bezeichnet. Bei Temperaturen $T > (0,5 - 0,6)\, T_s$ ($T_s = $ Schmelztemperatur) durchläuft die Fließkurve nach einem durch die Erhöhung der Versetzungsdichte bedingten Anstieg bei $\varphi = 0,2$ bis 1 (je nach Temperatur und Umformgeschwindigkeit) ein Maximum und bleibt nach einem u. U. beachtlichen Abfall nahezu konstant (Bild 1.14), da nunmehr ein Gleichgewicht zwischen Verfestigungsvorgängen (Bilden von Versetzungen) und Entfestigungsvorgängen (Auflösen von Versetzungen) eintritt. Bei großen Umformgraden

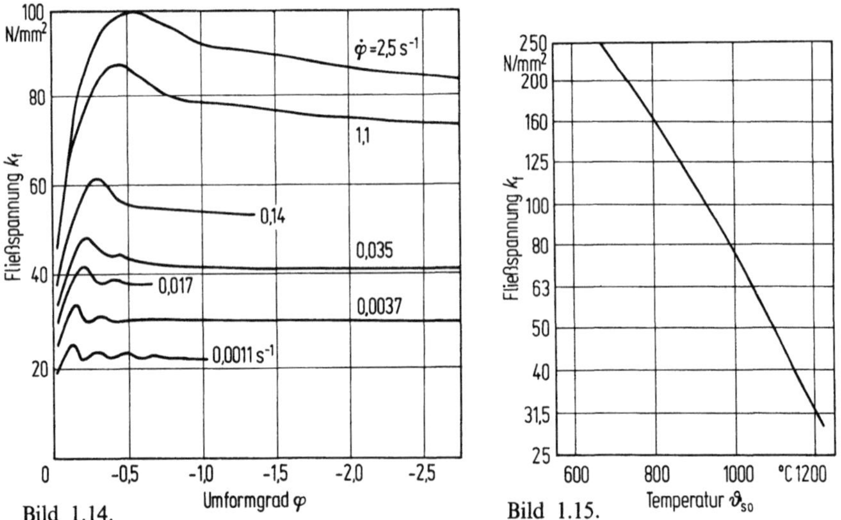

Bild 1.14.   Bild 1.15.

Bild 1.14. Fließkurvenverlauf bei großen Umformgraden nach [1.10] ($\vartheta_{S_0} = 1100\,°C$; Torsionsversuch; unlegierter Stahl mit 0,25% C)

Bild 1.15. Fließspannung eines einphasigen (ferritischen) Stahles in Abhängigkeit von der Temperatur nach [1.12] (0,13 C; 0,017 N; 24,7 Cr; $\dot{\varphi} = 0,25\ s^{-1}$; $\varphi_h = -0,5$)

---

[1] Früher Formänderungsfestigkeit.

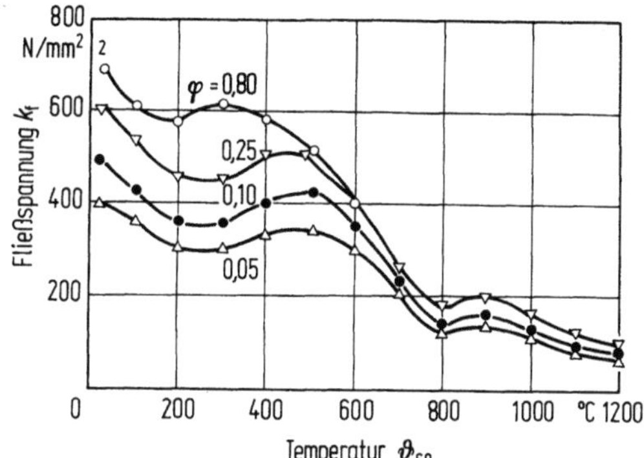

Bild 1.16. Fließspannung in Abhängigkeit von der Temperatur nach [1.11] (Stahl mit 0,12 C; 0,16 Si; 0,012 Mn; $\dot{\varphi} = 12{,}5\ \mathrm{s}^{-1}$)

ist die tatsächliche Fließspannung also vielfach merklich geringer als der Wert, der sich bei Extrapolation einer Fließkurve ergibt, die nur bis zu kleinen Umformgraden durch Messungen belegt ist.

Zunehmende Temperaturen haben im allgemeinen eine Abnahme der Fließspannung zur Folge. Ihre Abhängigkeit von der Temperatur wird durch eine Exponentialfunktion wiedergegeben (Bild 1.15), vorausgesetzt, daß der Werkstoff keine temperaturabhängigen Gefügeänderungen erfährt.

$$k_f = a \cdot B^{-bT}. \tag{1.19}$$

Abweichungen von dem durch diese Funktion festgelegten Kurvenverlauf ergeben sich durch Diffusionsvorgänge und Phasenumwandlungen, z. B. im Gebiet der „Blausprödigkeit" und der α-γ-Umwandlung bei Stahl (Bild 1.16); da die Fließspannung des Austenits größer ist als die des Ferrits, steigt die Fließspannung von umwandelnden Stählen im Temperaturbereich zwischen 800 und 900 °C zunächst wieder an. (Die Bilder 1. 15 und 1.16 lassen sich wegen der verschiedenartigen Achsenteilung nicht unmittelbar vergleichen.)

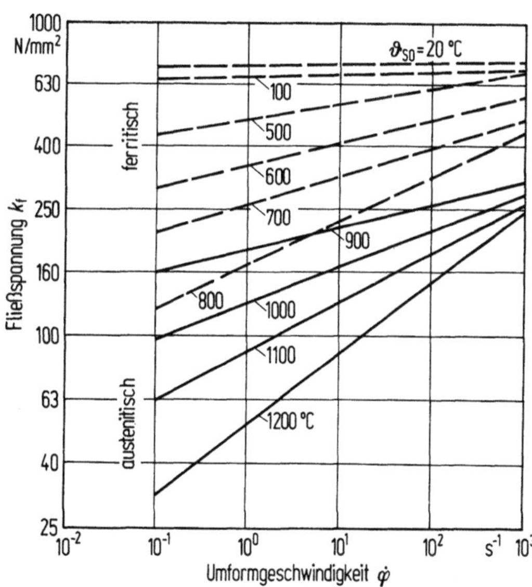

Bild 1.17. Fliesspannung des Stahls C 15 in Abhängigkeit von der Umformgeschwindigkeit ($\varphi_h = -0{,}5$)

Die Umformgeschwindigkeit $\dot{\varphi}$ beeinflußt die Fließspannung über zeit- und temperaturabhängige Erholungs- und Rekristallisationsvorgänge. Diese verlaufen bei höheren Temperaturen intensiver, so daß sich dann die Zeit und damit die Geschwindigkeit stärker auswirkt als bei Raumtemperatur. Der Zusammenhang zwischen k_f und $\dot{\varphi}$ läßt sich im Bereich der Warmumformung für den umformtechnisch interessanten Geschwindigkeitsbereich durch die Funktion

$$k_f = k_{fI} \cdot \left(\frac{\dot{\varphi}}{\dot{\varphi}_I}\right)^m \quad \text{gültig für } \varphi = \text{const und } \vartheta_S = \text{const} \tag{1.20}$$

(k_{fI} = Fließspannung bei $\dot{\varphi}_I$)

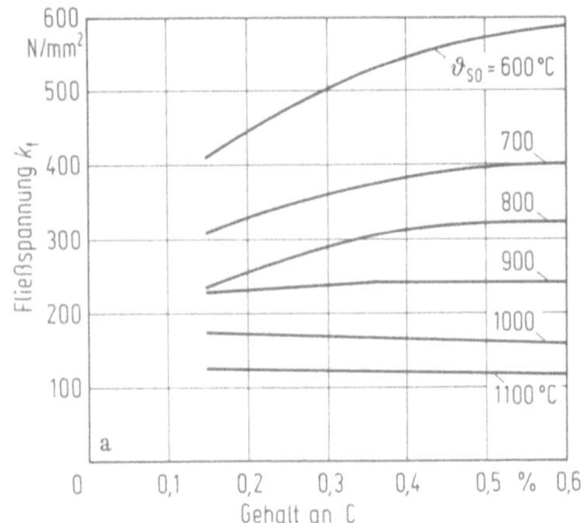

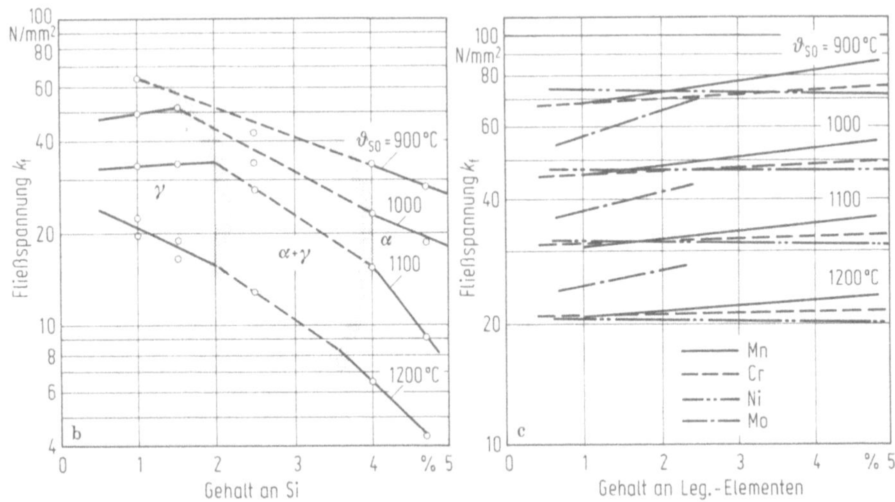

Bild 1.18. Einfluß von Legierungselementen auf die Fließspannung von Stählen.
a) Einfluß von C bei unlegierten Stählen ($\dot{\varphi} = 10\ \text{s}^{-1}$; $\varphi_h = -0,5$; Stauchversuch); b) Einfluß von Si ($\dot{\varphi} = 0,02\ \text{s}^{-1}$; $\varphi_h = -0,15$; Zugversuch nach [1.13]); c) Einfluß von Mn, Cr, Ni und Mo ($\dot{\varphi} = 0,02\ \text{s}^{-1}$; $\varphi_h = -0,15$; Zugversuch nach [1.13]

angeben. In doppeltlogarithmischer Darstellung sind die Kurven $k_f(\dot\varphi)$ Geraden (Bild 1.17). Trägheitskräfte können bei der Ermittlung von k_f unberücksichtigt bleiben, solange $\dot\varphi < 100\ \mathrm{s^{-1}}$. Bei $\dot\varphi = 1000\ \mathrm{s^{-1}}$ kann die Vernachlässigung der Trägheitskräfte jedoch zu einem Fehler von 10 bis 20% führen [1.12].

Der Geschwindigkeitsexponent — die Steigung der Kurven — $m = \dfrac{\mathrm{d}\lg k_f}{\mathrm{d}\lg\dot\varphi} = f(\varphi, \vartheta)$ wird im allgemeinen mit zunehmender Temperatur größer. Während er bei Raumtemperatur nahezu gleich 0 ist, d. h. der Einfluß von $\dot\varphi$ auf k_f ist sehr gering, nimmt bei einer Temperatur von 1200 °C k_f von unlegierten Stählen um 60 bis 70% zu, wenn $\dot\varphi$ um eine Zehnerpotenz vergrößert wird.

1.2.5.2 Einfluß des Werkstoffs

Bei Stählen wird k_f im Austenitbereich mit größer werdendem Gehalt an Kohlenstoff wegen der mit dem C-Gehalt abnehmenden Liquidus-Temperatur kleiner. Molybdän, Silizium ($< 1,5 - 2\%$) und Mangan erhöhen mit zunehmendem Gehalt die Fließspannung. Chrom hat einen sehr geringen, Nickel keinen Einfluß auf k_f (Legierungsgehalte $< 5\%$), (Bild 1.18). Silizium-Gehalte $> 1,5 - 2\%$ führen zu einem α-γ-Gefüge, Si-Gehalte $> 4\%$ zu einem ferritischen Gefüge. In diesem Bereich wird k_f mit zunehmendem Silizium-Gehalt kleiner.

Der Einfluß von Legierungselementen auf k_f wird u. a. in [1.13 – 1.15] dargestellt.

Die Gefügearten des Stahls beeinflussen die Fließspannung in folgender Reihenfolge in Richtung auf zunehmende Werte: ferritisch, ferritisch/austenitisch — austenitisch.

1.2.5.3 Fließkurven

Die Bilder 1.19 bis 1.23 zeigen die Fließspannung k_f in Abhängigkeit vom Umformgrad φ für einige häufig verwendete Werkstoffe. Die Fließkurven werden für den beim Gesenkschmieden wichtigen Temperaturbereich und für drei Umformgeschwindigkeiten angegeben.

Die Fließkurven wurden — sofern nichts anderes erwähnt ist — durch Stauchen zylindrischer Proben zwischen parallelen Stauchbahnen im Plastometer bei konstanter Umformgeschwindigkeit im kontinuierlichen Stauchversuch ermittelt. k_f wurde bestimmt als

$$k_f = F/A = F \cdot h/A_0 \cdot h_0, \tag{1.21}$$

d. h. es wurde ein einachsiger Spannungszustand vorausgesetzt. Die Ausbauchung der Proben wurde durch Schmieren und Begrenzen des Umformgrades auf $\varphi = 0,8$ weitgehend verhindert. Die angegebenen Temperaturen sind die Anfangstemperaturen der Proben. Ein Wärmeverlust durch Wärmeübergang an die Werkzeuge und Strahlung wurde durch Stauchen der Proben in Schutzbehältern verhindert, die die gleiche Temperatur wie die Proben besaßen. Der Fehler der Versuchs- und Meßeinrichtung betrug $\pm(2$ bis 4$)\%$; die großen Werte gelten für hohe Temperaturen.

Weitere Fließkurven sind für unlegierte und legierte Stähle im Temperaturbereich von 900 bis 1200 °C ($\dot\varphi = 0,05$ bis $150\ \mathrm{s^{-1}}$) in den Literaturstellen [1.16 und 1.17] dargestellt.

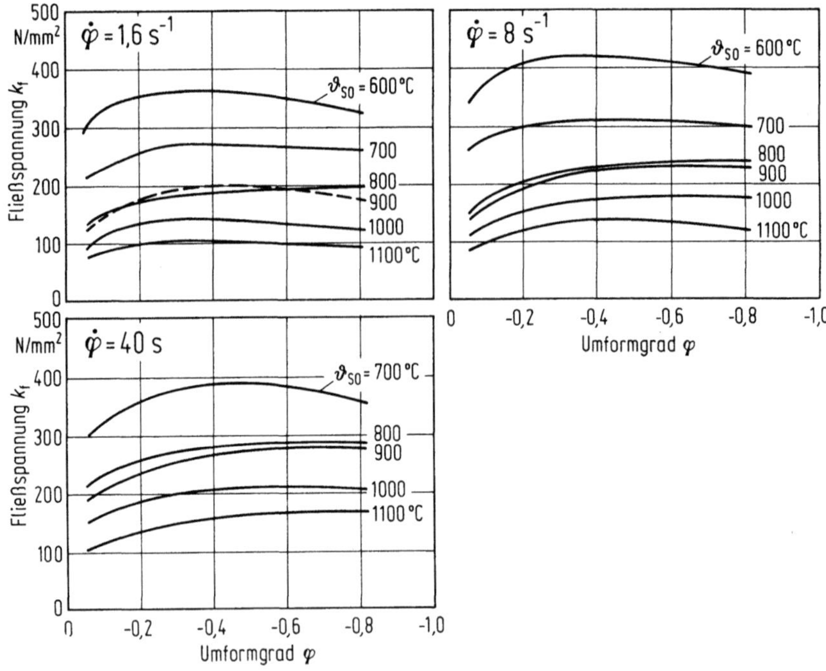

Bild 1.19. Fließspannung von Stahl C 15

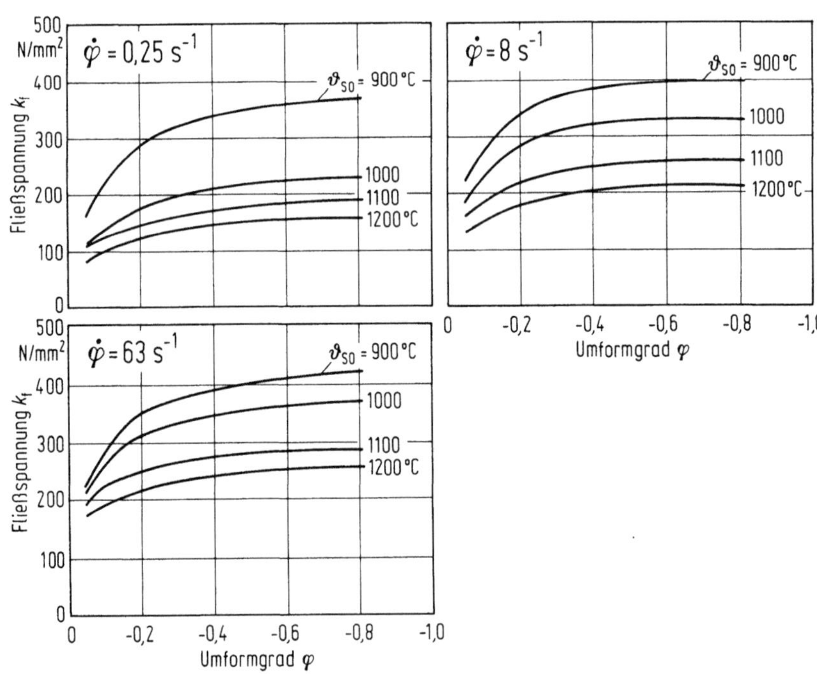

Bild 1.20. Fließspannung von Stahl X 12 CrNi 18 8

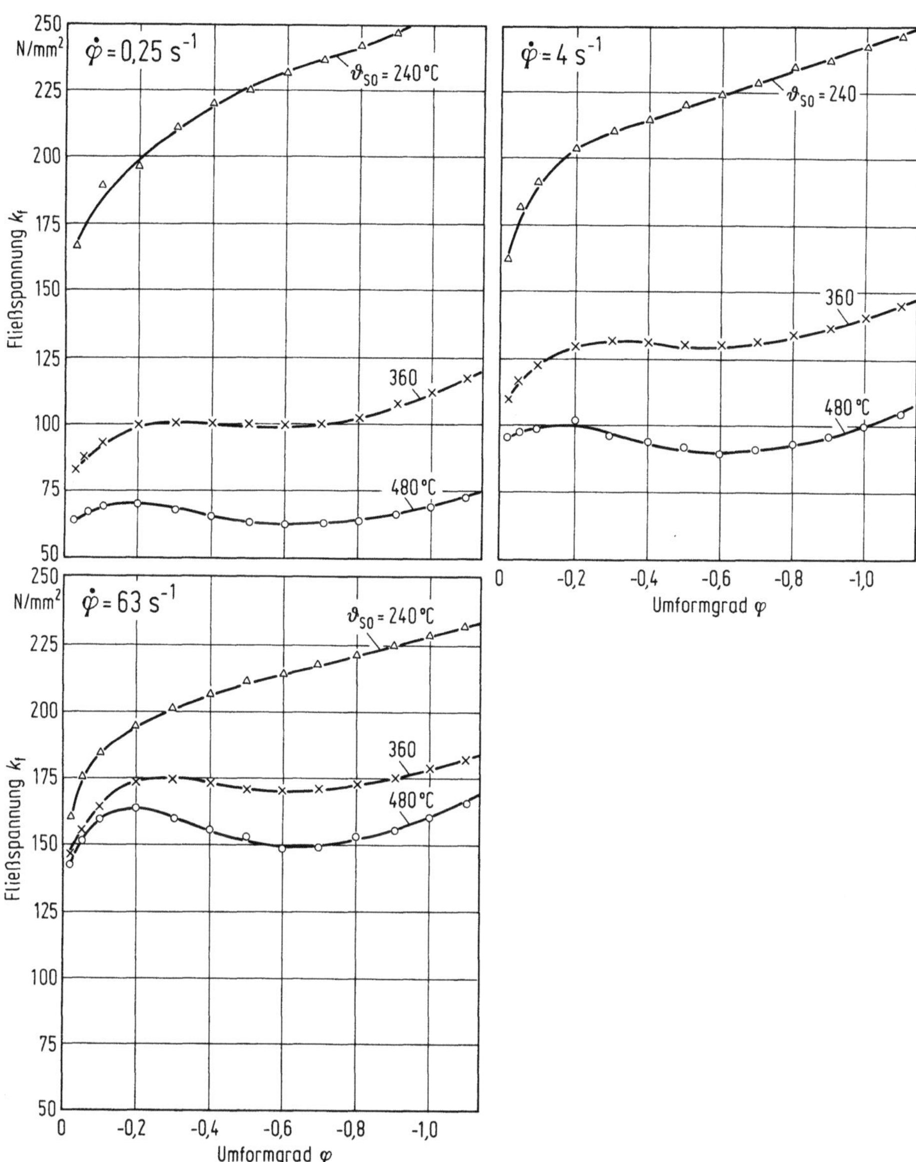

Bild 1.21. Fließspannung der Aluminiumlegierung AlMg 3 nach [1.18]

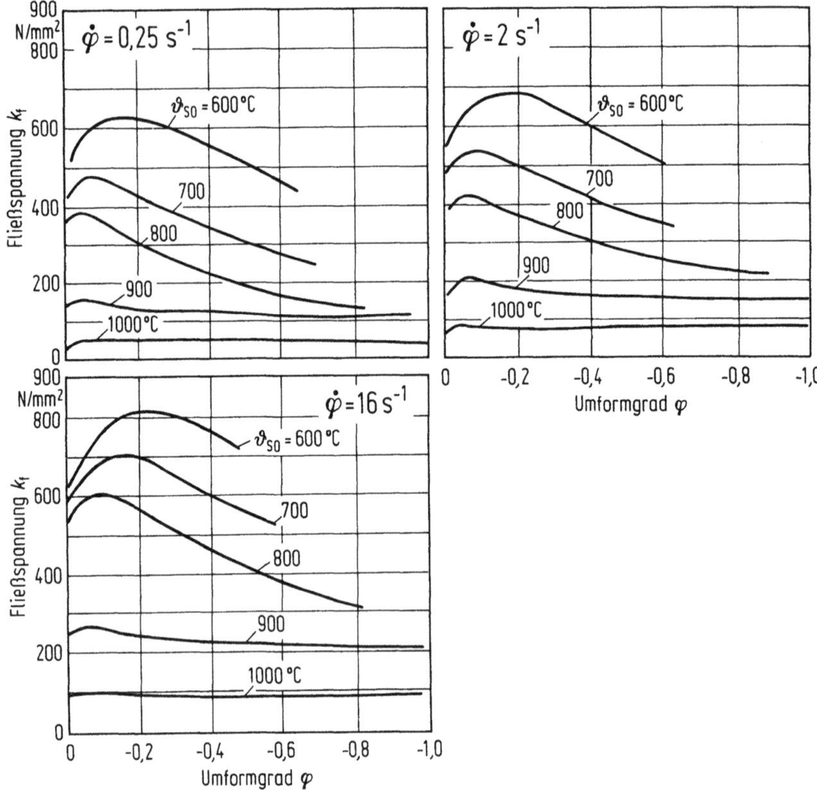

Bild 1.22. Fließspannung der Titanlegierung TiAl 6 V 4 nach [1.19]

1.2.6 Werkstückgestalt

Die Vielzahl unterschiedlicher Schmiedestückformen läßt sich auf zwei Wegen überschaubarer machen:

durch den Versuch, gleiche Formelemente in den konkreten Schmiedestücken zu entdecken, und

durch Zusammenfassen ähnlicher Schmiedestückformen zu Formengruppen

Die gedankliche Auflösung eines Schmiedestücks in Formelemente ist besonders naheliegend, wenn gleiche Teile an einem Schmiedestück mehrfach vorkommen, z. B. die Hübe einer Kurbelwelle. Darüber hinaus lassen sich Teile eines Schmiedestücks durch Körper einfacher Gestalt (Zylinder, Ring, Quader) annähern. Man kann weiter typische Querschnittsformen erkennen, z. B. Rechteck-, L-, T-, I- und U-Querschnitte.

In Formenordnungen werden Schmiedestücke qualitativ nach kennzeichnenden Merkmalen beurteilt (Bild 1.24). Ein Versuch zur quantitativen Bewertung der Gestalt wird in DIN 7526 unternommen. Aus dem Verhältnis von Schmiedestückmasse m_S und Masse des Hüllkörpers m_H — d. i. die Masse des kleinsten Rechtkants bzw. Zylinders, der sich um das Schmiedestück legen läßt — wird ein Feingliedrig-

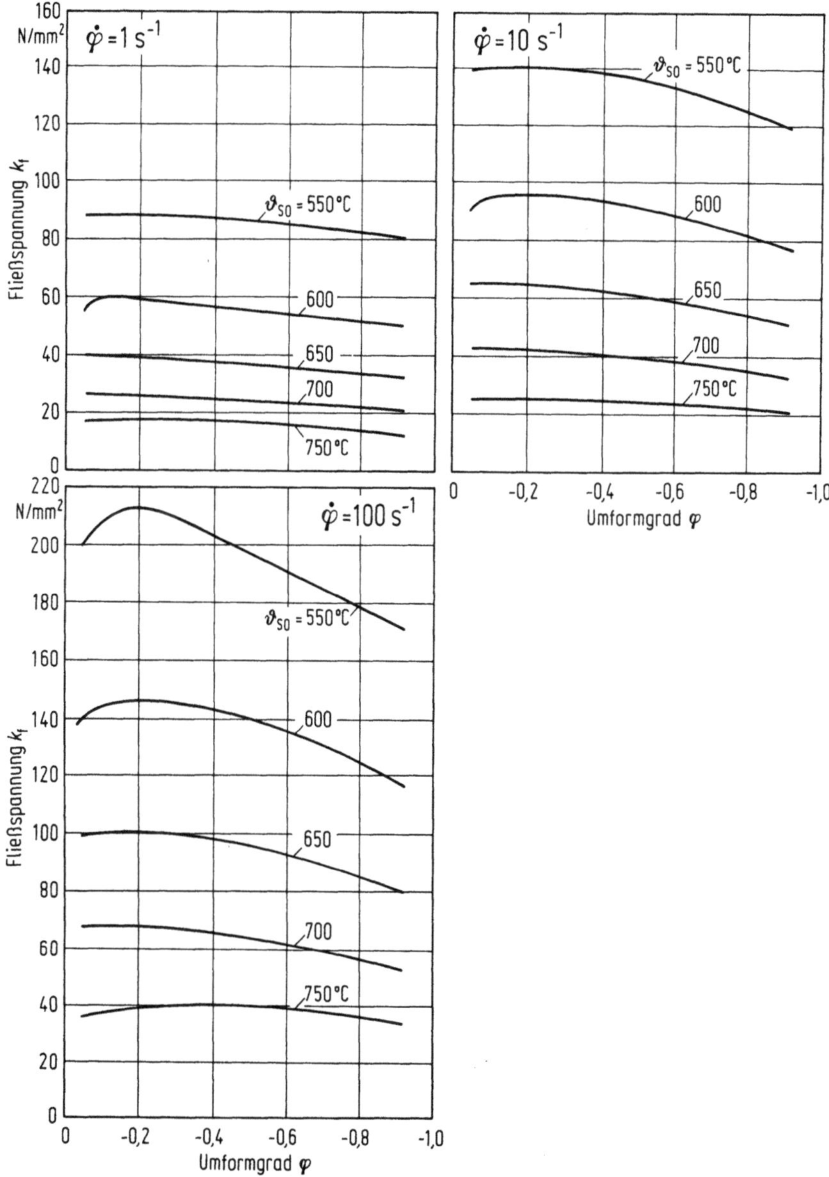

Bild 1.23. Fließspannung der Kupferlegierung CuZn 42 nach [1.20]

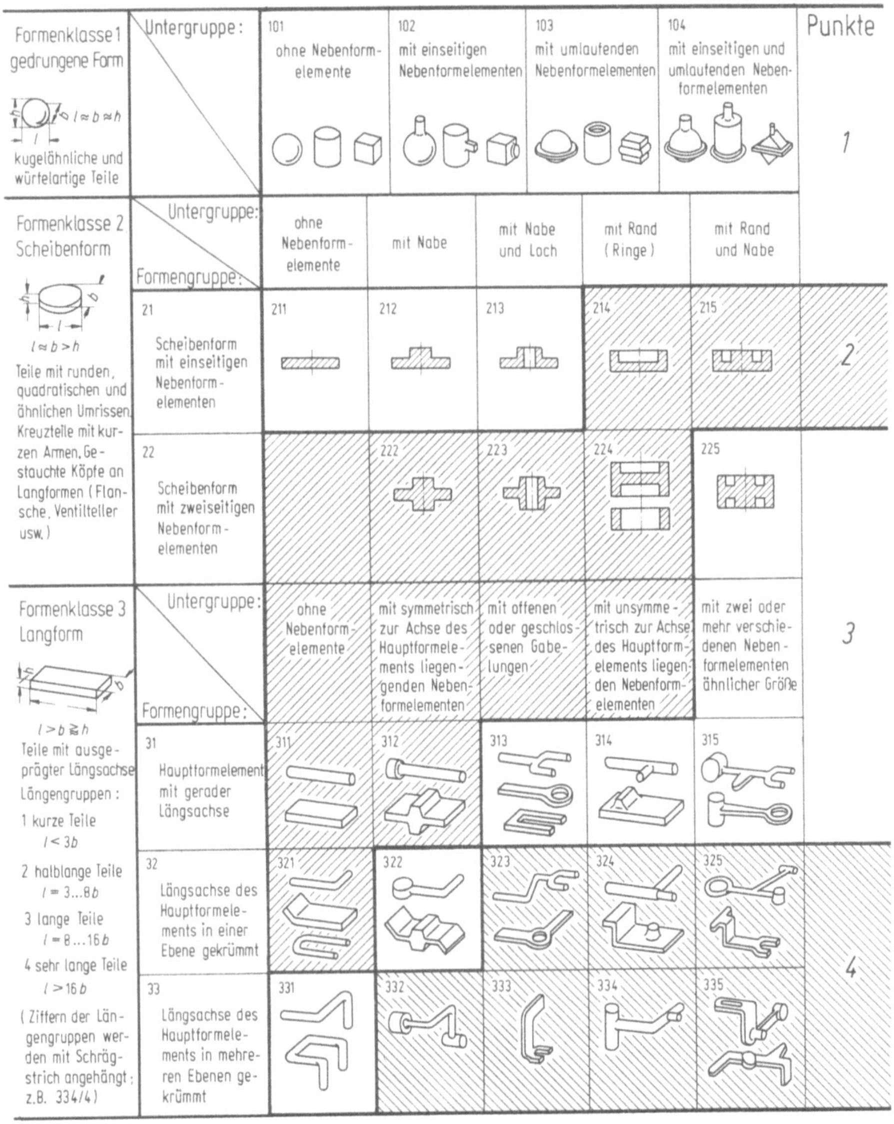

Formenklasse 1 gedrungene Form · $l \approx b \approx h$ · kugelähnliche und würfelartige Teile	Untergruppe:	101 ohne Nebenformelemente	102 mit einseitigen Nebenformelementen	103 mit umlaufenden Nebenformelementen	104 mit einseitigen und umlaufenden Nebenformelementen	Punkte
						1
Formenklasse 2 Scheibenform · $l \approx b > h$ · Teile mit runden, quadratischen und ähnlichen Umrissen, Kreuzteile mit kurzen Armen, Gestauchte Köpfe an Langformen (Flansche, Ventilteller usw.)	**Untergruppe:** ohne Nebenformelemente	mit Nabe	mit Nabe und Loch	mit Rand (Ringe)	mit Rand und Nabe	Punkte
	Formengruppe: 21 Scheibenform mit einseitigen Nebenformelementen	211	212	213	214	215
	22 Scheibenform mit zweiseitigen Nebenformelementen		222	223	224	225
						2
Formenklasse 3 Langform · $l > b \gtreqless h$ · Teile mit ausgeprägter Längsachse. Längengruppen: 1 kurze Teile $l < 3b$; 2 halblange Teile $l = 3...8b$; 3 lange Teile $l = 8...16b$; 4 sehr lange Teile $l > 16b$ (Ziffern der Längengruppen werden mit Schrägstrich angehängt; z.B. 334/4)	**Untergruppe:** ohne Nebenformelemente	mit symmetrisch zur Achse des Hauptformelements liegenden Nebenformelementen	mit offenen oder geschlossenen Gabelungen	mit unsymmetrisch zur Achse des Hauptformelements liegenden Nebenformelementen	mit zwei oder mehr verschiedenen Nebenformelementen ähnlicher Größe	Punkte
	Formengruppe: 31 Hauptformelement mit gerader Längsachse	311	312	313	314	315
	32 Längsachse des Hauptformelements in einer Ebene gekrümmt	321	322	323	324	325
	33 Längsachse des Hauptformelements in mehreren Ebenen gekrümmt	331	332	333	334	335
						3 / 4

Bild 1.24. Bewertung der Formschwierigkeit in der Formenordnung von Spies [1.21]

keitsfaktor f gebildet:

$$f = \frac{m_S}{m_H} \, . \tag{1.22}$$

Der Feingliedrigkeitsfaktor läßt sich in Klassen einteilen, denen Bewertungspunkte zugeordnet werden $- 0 < f \leqq 0{,}16$: 4 Punkte; $0{,}16 < f \leqq 0{,}32$: 3 Punkte; $0{,}32 < f \leqq 0{,}63$: 2 Punkte; $0{,}63 < f \leqq 1$: 1 Punkt [1.22]. Entsprechend der in Bild 1.24 vorgenommenen Einteilung kann man auch die Formengruppen dieser Formenordnung mit Punkten bewerten. Durch Addition der beiden Ziffern erhält man eine Maßzahl für die „Formschwierigkeit", die sich als Parameter bei der empirischen Ermittlung von Umformkraft und Umformarbeit in Abhängigkeit von der Werkstückgestalt eignet (s. Abschn. 1.3.3.4).

1.3 Bewegungs- und Spannungszustand beim Stauchen und Formpressen

1.3.1 Allgemeines

Das Ziel des Formpressens ist die Herstellung eines fehlerfreien Gesenkschmiedestückes — einer hinsichtlich Gestalt und Abmessungen vorgegebenen Endform — aus einer Ausgangsform einfacherer Gestalt durch plastisches Formändern, d. h. gegenseitige Werkstoffverschiebungen unter der Wirkung von Spannungen bzw. Kräften. Die vollständige Beschreibung eines Umformvorgangs erfordert demnach die Angabe der bewirkenden Spannungen und Kräfte sowie der sich als Folge einstellenden Bewegungs- und Formänderungszustände.

Um den instationären — d. h. von Ort und Zeit abhängigen — Vorgang beim Formpressen der Berechnung zugänglich zu machen, wird er zweckmäßig in zeitliche (quasi-stationäre) Abschnitte und örtliche Teilvorgänge (Formelemente in Umriß und Querschnitt) (s. Abschn. 1.2.6) zerlegt. Der Vorgang beim Formpressen mit und ohne Grat läßt sich zeitlich in fünf Phasen gliedern (Tab. 1.6).

Tabelle 1.6. Vorgänge beim Formpressen

Formpressen mit Grat	Formpressen ohne Grat
1. Freies Stauchen	1. Freies Stauchen
2. Geführtes Stauchen	2. Geführtes Stauchen
3. Stauchen, Steigen und Gratbildung	3. Stauchen und Steigen
4. Kantenfüllen und Gratbildung	4. Kantenfüllen
5. Nachstauchen	5. Auspressen des Werkstoffüberschusses durch Fließpressen

Wie man aus dieser Übersicht erkennt, spielt das Stauchen beim Formpressen eine entscheidende Rolle.

In der Endphase des Formpressens mit Grat handelt es sich um ein Stauchen zwischen gekrümmten und im allgemeinen nicht äquidistanten Stauchbahnen. Das gilt auch für das Formpressen in „tiefen" Gravuren, in denen die Formänderungszone den Gravurboden nicht berührt. Das Formpressen in tiefen Gravuren läßt sich auf das Formpressen in flachen Gravuren zurückführen, wenn die Begrenzung der Formänderungszone bekannt ist. (Der starr bleibende Werkstoff wird dann als Teil des Werkzeugs angesehen.)

Obgleich die Änderung der Gestalt das Ziel jedes Umformvorgangs ist, sind die Werkstoffbewegungen bisher nicht in gleichem Maße untersucht worden wie die

Spannungszustände. Es scheint daher angebracht, einige später verwendete Begriffe vorab zu klären.

Unter Werkstoffbewegung (Stofffluß, Fließvorgang) wird die Bewegung der Werkstoffteilchen während des plastischen Fließens verstanden. Die Wege der Körperpunkte (Werkstoffteilchen) während des Umformens, bezogen auf ein mit dem Werkzeug verbundenes Koordinatensystem (im allgemeinen dem feststehenden Werkzeugteil), werden als Bahnlinien (Bild 1.25 b, 1.34 b, 1.36) bezeichnet. Die momentane Bewegungsrichtung einzelner Körperpunkte wird durch die *Stromlinien* angegeben. Diese haben die Geschwindigkeitsvektoren (Bild 1.25 b) zu Tangenten. Bei stationären Vorgängen (z. B. Strangpressen) sind Bahn- und Stromlinien identisch, bei instationären (z. B. Stauchen) nicht. Die Volumenelemente des Werkstücks erfahren *Formänderungen* — Dehnungen und Schiebungen. Während des Umformens bilden sich plastische Zonen (Umformzonen, Formänderungszonen), das sind Bereiche des Schmiedestücks, in denen plastische Formänderungen stattfinden, im Gegensatz zu den elastischen Zonen, in denen nur elastische Formänderungen vorkommen (Bild 1.25 c). Bereiche mit unterschiedlichen Bewegungszuständen werden durch Sprungflächen und Fließscheiden getrennt. *Sprungflächen* sind Flächen, an denen eine sprunghafte Änderung der Tangentialgeschwindigkeit auftritt, im besonderen Flächen, die eine plastische Zone von einer elastischen Zone trennen (Bild 1.40, 1.42). *Fließscheiden* sind dagegen Flächen, die Bereiche unterschiedlicher Fließrichtung derart trennen, daß die Normalgeschwindigkeitskomponente der Geschwindigkeit an der Fläche durch Null geht. Punkte, die der Fließscheide angehören, bewegen sich nur innerhalb dieser Fläche, jedoch nicht aus ihr heraus. Die Fließscheiden trennen Bereiche mit unterschiedlicher Richtung der Geschwindigkeit, an der Fließscheide erfolgt eine Richtungsumkehr des Stoffflusses. Die Schnittlinien von Fließscheiden und Werkstückoberflächen sind Linien maximaler Normalspannung, während die Schubspannungen hier durch Null gehen, da sich die Fließrichtung umkehrt.

Zur eindeutigen Beschreibung der Vorgänge wird ein Koordinatensystem eingeführt, dessen z-Achse der Bewegung des beweglichen und die Umformung bewirkenden Werkzeugteils (bei Waagerecht-Stauchmaschinen z. B. des Stauchstempels) parallel und entgegengerichtet ist (Druckspannungen erhalten dann wie üblich ein negatives Vorzeichen).

1.3.2 Stauchen

Das Stauchen ist einer der wichtigsten Umformvorgänge beim Gesenkschmieden. Es wird als Einzelverfahren beim Zwischenformen angewendet und ist wie erwähnt als Teilvorgang im Formpressen enthalten. Nach der Werkstoffbewegung unterscheidet man den ebenen (d. h. die Bewegung der Werkstoffteilchen ist in einer Richtung gleich Null), den rotationssymmetrischen und den allgemeinen Stauchvorgang; nach Art und Lage der Werkzeugflächen das Stauchen zwischen ebenen parallelen und ebenen geneigten sowie nichtebenen (Formstauchen) Wirkflächen. In diesem Abschnitt wird das Stauchen zwischen ebenen Wirkflächen behandelt, während das Formstauchen im folgenden Abschnitt „Formpressen" besprochen wird.

1.3.2.1 Ebenes und rotationssymmetrisches Stauchen Spannungen, Stofffluß, Formänderungen

Auf theoretische und experimentelle Weise lassen sich Spannungs-, Bewegungs- und Formänderungszustände — wenn auch mit erheblichem Aufwand — feststellen.

Im linken Teil des Bildes 1.25 sind die nach dem Fehlerabgleichverfahren berechneten — zur z- und r-Achse symmetrischen — Spannungsgrößen dargestellt. Die Schubfließgrenze — die für den Fließbeginn maßgebliche Werkstoffgröße — ist wegen der inhomogenen Formänderung nicht konstant. Die Spannungen im Werkstück sind als auf die Fließspannung bezogene Größen angegeben. Man kann den Darstellungen folgende Aussagen entnehmen:

Die Radialspannung $\sigma_r(r)$ nimmt von der Mittellinie nach außen hin ab; am Außenrand ist $\sigma_r = 0$. $\sigma_r(z)$ wird von der Stauchbahn zur Mittelebene hin im allgemeinen kleiner, ausgenommen die Umgebung der Mittellinie.

Die Druckspannung $\sigma_z(r)$ nimmt zum Außenrand hin ab. In erster Näherung ist der Spannungsverlauf $\sigma_z(r)$ im Körper dem der Oberflächenspannung ähnlich. $\sigma_z(z)$ zeigt in der Nähe der Achse eine geringfügige Zunahme, im Außenbereich geringfügige Abnahme zur Mittelebene hin.

Die Schubspannung τ_{rz} ist auf der Mittellinie und Mittelebene gleich Null, an der Wirkfuge ist τ_{rz} maximal. $\tau_{rz}(r)$ wird nach außen hin größer, $\tau_{rz}(z)$ nimmt zur Mittelebene hin ab.

Bild 1.25 b zeigt Bahnlinien und Bild 1.25 c ein berechnetes Geschwindigkeitsfeld.

Die Formänderung beim Stauchen mit Reibung ist im allgemeinen von allen drei Dimensionen und der Zeit abhängig. Es entstehen Bereiche mit annähernd gleichen Formänderungen: An den Stauchflächen befinden sich Zonen geringer Formänderung als Folge der Reibung (I) (Bild 1.25 d). In der Zone III sind die Formänderungen ebenfalls klein. Die größten Formänderungen findet man in der Zone II. Der Ort der größten Formänderungen ist nicht gleichzeitig derjenige der größten Teilchengeschwindigkeit (beim Stauchen in einem waagerechten Gegenschlaghammer ist z. B. die Teilchengeschwindigkeit in der Körpermitte gleich Null). Bei großen Formänderungen und großen Durchmesser-Höhenverhältnissen wird die Formänderungsverteilung gleichmäßiger; die ohnehin unscharfen Grenzen zwischen den Zonen I und II verschwinden dann. Die Formänderungsverteilung wird außer vom Verhältnis h_1/h_0 vom Durchmesser-Höhenverhältnis d/h beeinflußt sowie von der Schmierung, besonders bei größeren Umformgraden und der Umformgeschwindigkeit. Bei unterschiedlicher Abkühlung an den Stauchflächen wird die Formänderungsverteilung in Umformrichtung unsymmetrisch.

Eine den Formänderungszonen entsprechende Temperaturverteilung läßt sich rechnerisch und experimentell nachweisen (s. Abschn. 1.2.3.1).

Die vergleichende Gegenüberstellung der Spannungen, Geschwindigkeiten und Formänderungen soll einen Eindruck von den gleichzeitig während des Umformens wirkenden Größen vermitteln. Die Darstellung gilt jedoch nur für einen Augenblickszustand. Die Änderungen mit der Zeit und den übrigen Einflußgrößen sind schwer erkennbar. Daher werden im folgenden nur spezielle Größen — z. B. die Spannungen an der Werkzeugoberfläche — und deren Abhängigkeit von den Parametern des Vorgangs betrachtet.

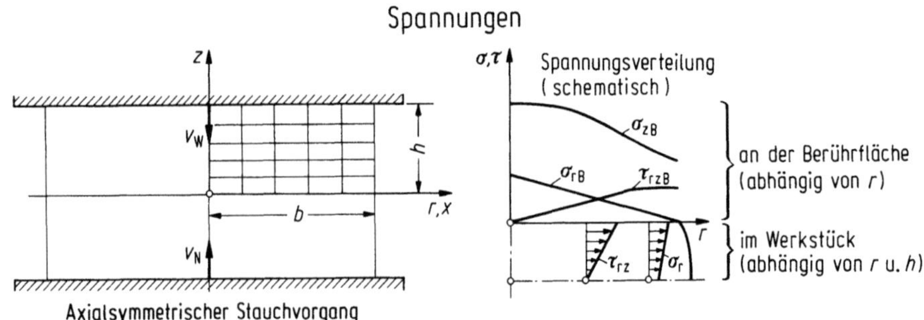
Spannungen
z
v_W
v_N
h
b
r,x
Axialsymmetrischer Stauchvorgang
σ,τ
Spannungsverteilung
(schematisch)
σ_{zB}
σ_{rB}
τ_{rzB}
r
r
τ_{rz}
σ_r
an der Berührfläche
(abhängig von r)
im Werkstück
(abhängig von r u. h)

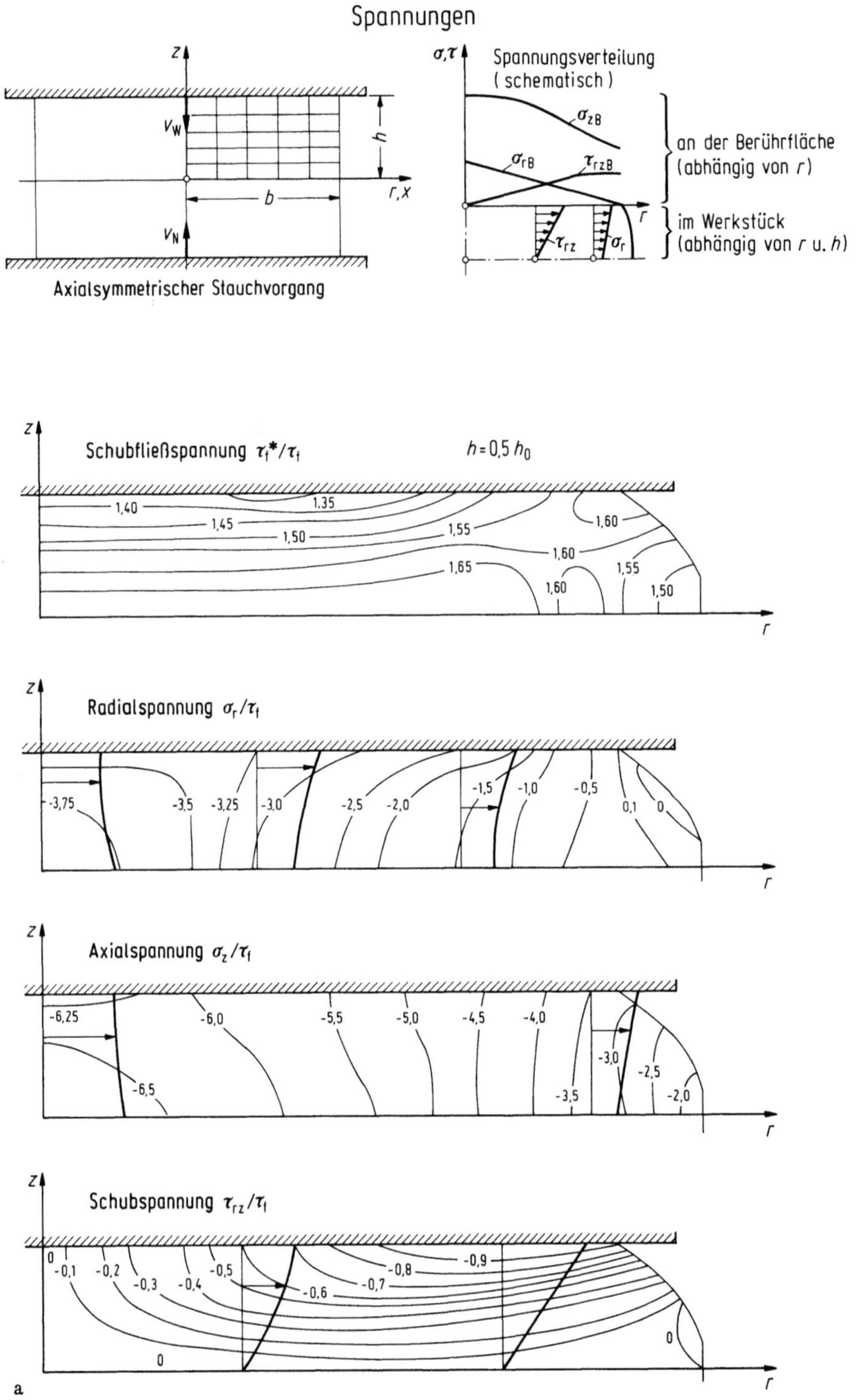

z
Schubfließspannung τ_f^*/τ_f
$h = 0.5\, h_0$
1,40
1,35
1,45
1,50
1,55
1,60
1,60
1,65
1,55
1,60
1,50
r

z
Radialspannung σ_r/τ_f
-3,75
-3,5
-3,25
-3,0
-2,5
-2,0
-1,5
-1,0
-0,5
0,1
0
r

z
Axialspannung σ_z/τ_f
-6,25
-6,0
-5,5
-5,0
-4,5
-4,0
-3,0
-2,5
-6,5
-3,5
-2,0
r

z
Schubspannung τ_{rz}/τ_f
0
-0,1
-0,2
-0,3
-0,4
-0,5
-0,6
-0,7
-0,8
-0,9
0
0
a
r

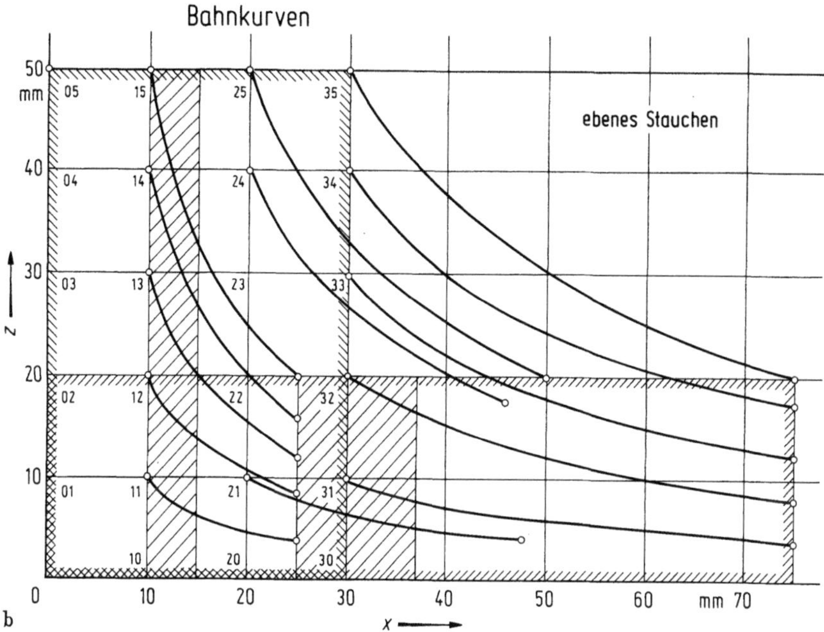

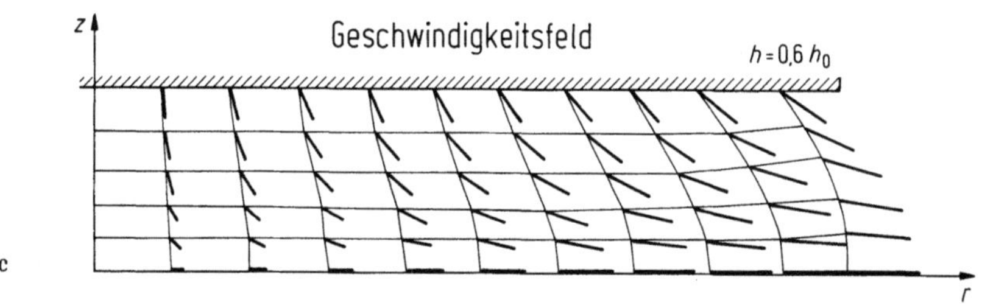

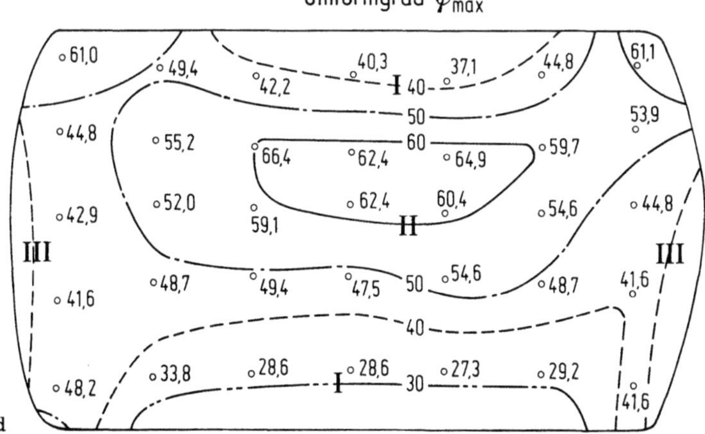

Bild 1.25. Spannungen (a), Bahnkurven (b), Geschwindigkeitsvektoren (c) und Formänderungen (d) beim Stauchen (nach [1.1, 1.23, 1.24])

Spannungen an den Berührflächen (Kontaktspannungen)

Die Spannungen σ_{zB} und die Reibschubspannungen τ_B an den Berührflächen von Werkzeug und Werkstück sind beim Stauchen außer von der Fließspannung, von der Orts-Koordinate, der Werkstückform (gekennzeichnet z. B. durch das Durchmesser-Höhenverhältnis bzw. Breiten-Höhenverhältnis) sowie dem Reibungszustand an der Kontaktfläche abhängig.

Bei rotationssymmetrischen und ebenen Umformvorgängen — hier braucht nur die Spannungsverteilung über einem Durchmesser bzw. über einer Schnittlinie senkrecht zur Symmetrieachse betrachtet zu werden — stellt man zwei Typen von Normalspannungsverläufen fest (Bild 1.26):

a) einen Kurventyp mit zwei Spannungsmaxima in der Nähe des Probenrandes,
b) eine parabel- bzw. glockenförmige Spannungsverteilung.

Der erste Kurventyp liegt vor bei kleinen Durchmesser-Höhenverhältnissen und kleinen Umformgraden; je größer das Durchmesser-Höhenverhältnis, um so kleiner muß die Höhenabnahme bleiben, damit sich diese Kurvenform ausbildet. Außerdem beeinflußt der Schmierzustand den Übergang zwischen den Kurventypen.

Mit dem Umformgrad nehmen die Normalspannungen an der Kontaktfläche zu. Eine Ausnahme bilden nur die Randspannungen, die gleich der Fließspannung sind. Diese weist beim Warmumformen für $\varphi_h \approx -(0{,}4$ bis $0{,}8)$ ein Maximum auf, so daß bei größeren Formänderungen die Randspannungen wieder geringer werden.

Der Einfluß der Werkstückgeometrie — gekennzeichnet durch das Durchmesser-Höhenverhältnis — geht ebenfalls aus Bild 1.26 hervor: Je größer d/h, um so größer die Spannungen σ_{zB}. Der Einfluß der Schmierung wird bei großen Umformgraden geringer, da die Schmierschicht wegen der Oberflächenvergrößerung nicht erhalten bleibt.

Ein charakteristischer Verlauf von gemessenen Reibschubspannungen ist schwer zu erkennen; man kann drei Kurvenbereiche unterscheiden: einen geradlinigen Verlauf von τ_B in der Umgebung der Mittellinie, da an der Symmetrielinie τ_B wegen der Richtungsumkehr der Werkstoffbewegung durch Null gehen muß, einen Bereich konstanter Schubspannungen und am Außenrand einen Bereich, in dem Proportionalität zwischen τ_B und σ_{zB} besteht. Im ursprünglichen Kontaktbereich nimmt die Reibschubspannung mit der Formänderung zu. Außerhalb dieses Bereiches wird sie dagegen mit zunehmender Formänderung teilweise geringer. Mit größer werdendem Durchmesser-Höhenverhältnis werden auch die Reibschubspannungen geringfügig größer.

Eine Proportionalität zwischen σ_{zB} und τ_B besteht im allgemeinen nicht (s. Abschn. 1.2.4).

Für die formelmäßige Erfassung der Spannungsverteilung σ_{zB} geht man in der elementaren Plastizitätstheorie von einem der drei folgenden Reibschubspannungsverläufe aus (Bild 1.28)

a) $\tau_B = \mathrm{const}$, σ_{zB}: Gerade,   (1.23)

b) $\tau_B = c \cdot x$, σ_{zB}: Parabel,   (1.24)

c) $\tau_B = \mu \cdot \sigma$, σ_{zB}: e-Funktion.   (1.25)
     $\mu = \mathrm{const}$,

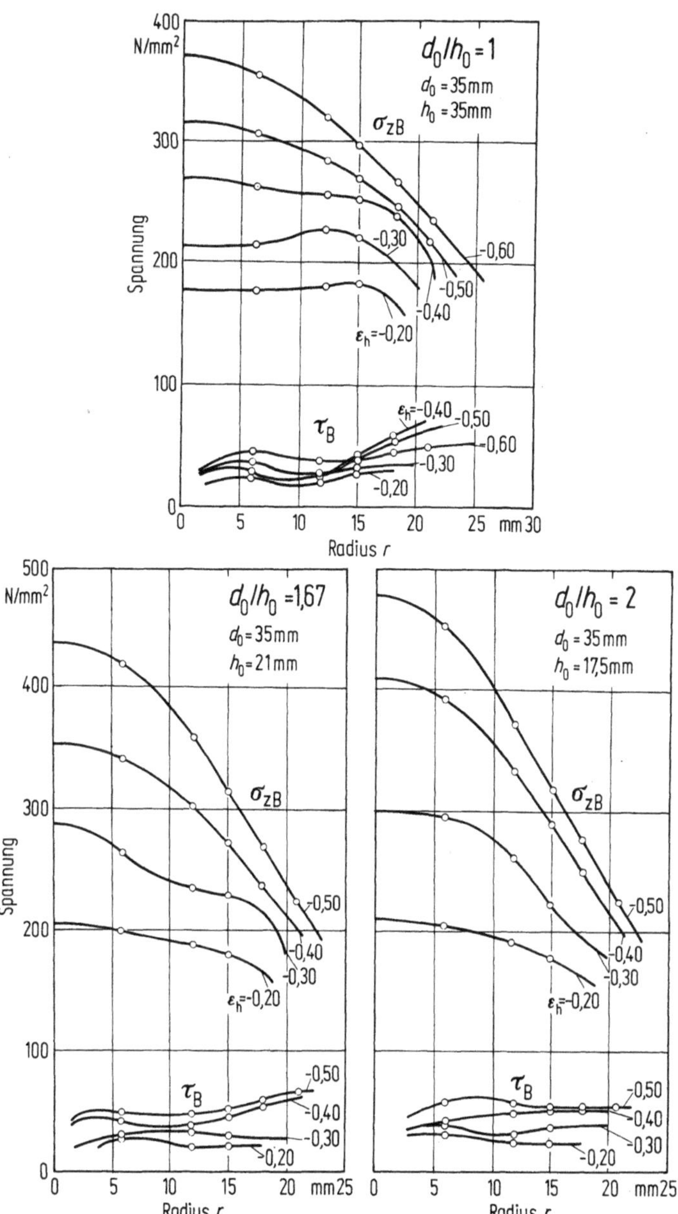

Bild 1.26. Gemessene Normal- und Reib-Schub-Spannungen an der Berührfläche beim Stauchen von zylindrischen Körpern aus Stahl Ck 15 in einer Kurbelpresse nach [1.9] (Schmierstoff: Graphit in Wasser; Anfangstemperatur: 1000 °C; Endtemperatur wird mit größer werdendem Umformgrad und kleiner werdender Probengröße geringer)

Keine dieser Beziehungen gibt nach Bild 1.26 und 1. 27 die Normalspannungsverteilung allein richtig wieder. Die Beziehung a) trifft allenfalls für kleine Bereiche am Außenrand des Werkstücks zu; in der Werkstückmitte erhält man zu große Normalspannungen.

Der parabelförmige Normalspannungsverlauf stellt eine bessere Näherung der gemessenen Normalspannungsverteilung dar. Die beste Übereinstimmung wird bei

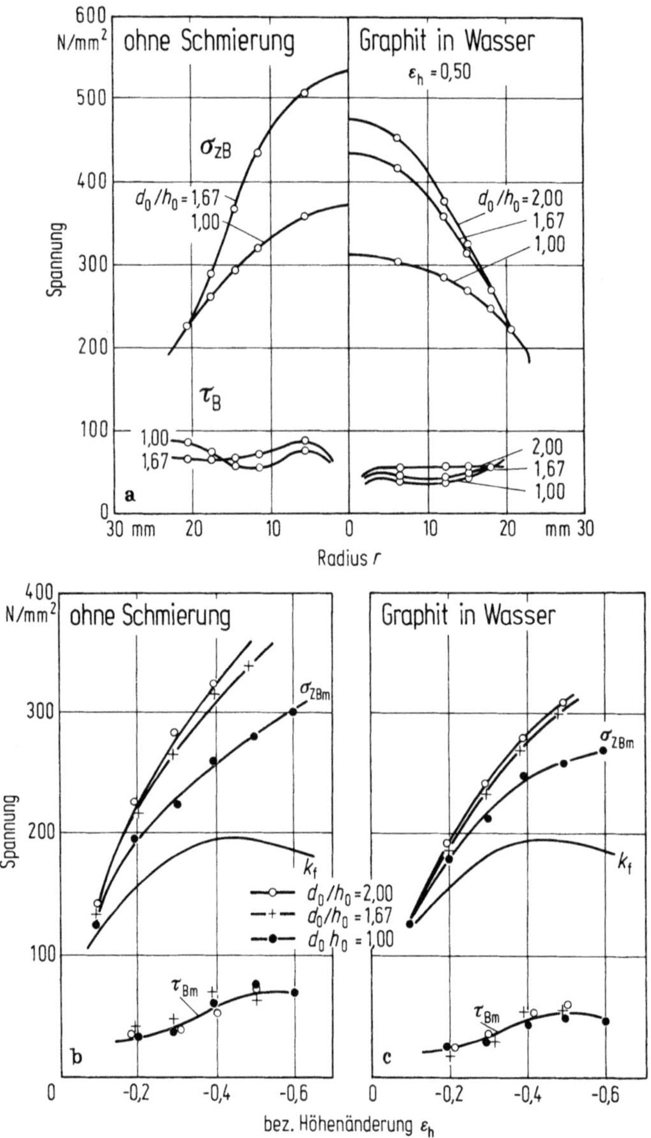

Bild 1.27. Spannungen und mittlere Drücke beim Stauchen nach [1.9] (Werkstoff: Ck 15; ϑ_{S_0}: 1000 °C; Kurbelpresse)
a) Spannungen in Abhängigkeit vom Probenradius; b) mittlere Spannungen $\sigma_{zBm} = \dfrac{1}{F}\int\sigma\cdot\mathrm{d}F$ $= k_w$ und $\tau_{Bm} = \dfrac{1}{F}\int\tau_B\cdot\mathrm{d}F$ in Abhängigkeit von der bezogenen Höhenabnahme

einer aus 3 Abschnitten zusammengesetzten Reibschubspannungsverteilung gemäß Bild 1.28 erreicht. Die daraus berechnete Normalspannungsverteilung setzt sich von außen nach innen aus einem exponentiellen Bereich, einem Geraden- und einem Parabelast zusammen.

Auf die mittlere Normalspannung (Umformwiderstand) und damit auch auf die Kraft, wirkt sich die Art der Spannungsverteilung verhältnismäßig wenig aus, weil

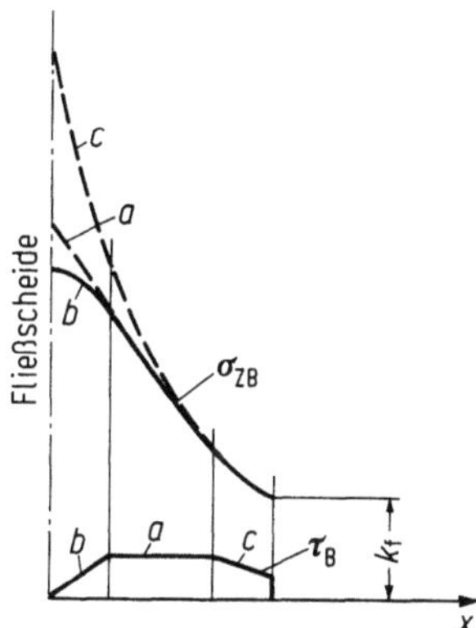

Bild 1.28. Spannungen beim Stauchen

die Abweichungen auf eine verhältnismäßig kleine Fläche in der Umgebung der Mittellinie beschränkt bleiben.

Mittlere Druckspannung — Umformwiderstand

Die mittlere Druckspannung $\bar{\sigma}_{zB}$ ist die über die Kontaktfläche gemittelte Spannung

$$\bar{\sigma}_{zB} = -\frac{1}{A_B} \int \sigma_{zB} \cdot dA. \tag{1.26}$$

Sie ist gleich der auf die Berührfläche bezogenen Kraft — dem *Umformwiderstand*

$$k_w = F/A_B. \tag{1.27}$$

Statt der Berührfläche wird oft eine mittlere Fläche

$$A_m = \frac{h_0}{A_0 \cdot h_1} \tag{1.28}$$

eingesetzt, d. h. die Berührfläche eines nicht ausgebauchten zylindrisch gebliebenen Körpers gleichen Volumens und gleicher Höhe. Der so ermittelte k_w-Wert ist kleiner als die entsprechende mittlere Druckspannung.

Durch Integration der Spannungsverteilung erhält man im einfachsten Fall eine lineare Abhängigkeit zwischen dem Umformwiderstand k_w und dem Breiten-Höhenverhältnis bzw. dem Durchmesser-Höhenverhältnis

$$k_w = k_f \cdot \left(1 + c \cdot \frac{b}{h}\right), \tag{1.29}$$

$$c = 0{,}3 \div 0{,}5.$$

Nach Siebel ist $k_w = k_f[1 + 0{,}045 \, (d/h)^2]$. \hfill (1.30)

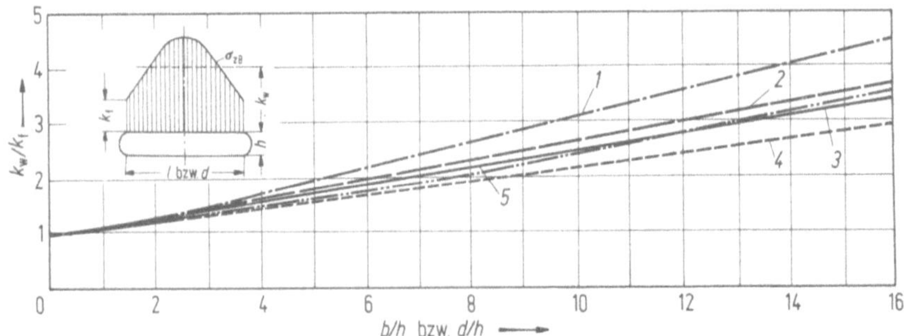

Bild 1.29. Bezogener Umformwiderstand $k_\mathrm{w}/k_\mathrm{f}$ in Abhängigkeit von b/h bzw. d/h.
1 Unksow [1.25] ($\tau = \tau_\mathrm{max} = k_\mathrm{f}/2 = \mathrm{const}$ für $0 < x < x_0$); *2* Unksow [1.26] ($\tau = k_\mathrm{f}/2 \cdot x/x_0$ für $0 < x < x_0$); *3* Schröder und Webster [1.27]; *4* Siebel [1.28]; *5* Stöter [1.29]

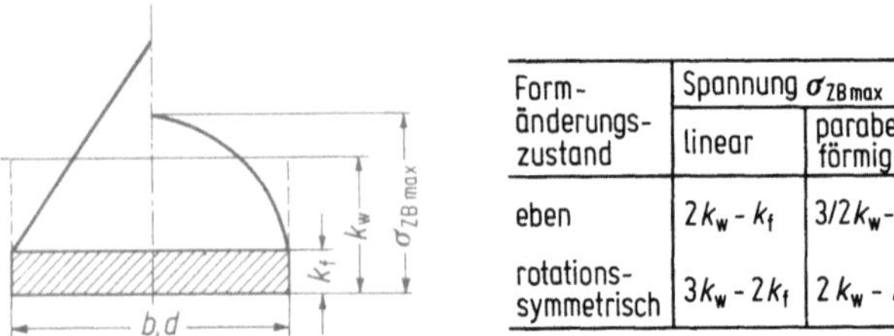

Form-änderungs-zustand	Spannung σ_zBmax	
	linear	parabel-förmig
eben	$2k_\mathrm{w} - k_\mathrm{f}$	$3/2\,k_\mathrm{w} - k_\mathrm{f}/2$
rotations-symmetrisch	$3k_\mathrm{w} - 2k_\mathrm{f}$	$2\,k_\mathrm{w} - k_\mathrm{f}$

Bild 1.30. Umformwiderstand und maximale Druckspannung beim Stauchen.

Bild 1.29 zeigt den bezogenen Umformwiderstand $k_\mathrm{w}/k_\mathrm{f}$ nach Angaben mehrerer Autoren in Abhängigkeit von b/h bzw. d/h.

Wenn der Umformwiderstand — z. B. aus Messungen oder berechnet aus Bild 1.31 als $k_\mathrm{w} = F/A_\mathrm{m}$ — bekannt ist und ein bestimmter Spannungsverlauf als gültig angenommen wird, lassen sich die Druckspannungswerte, insbesondere die maximale Druckspannung, berechnen. Bei Annahme einer linearen Spannungsverteilung erhält man für einen ebenen Stauchvorgang (Bild 1.30):

$$k_\mathrm{w} \cdot b = k_\mathrm{f} \cdot b + \frac{1}{2} \cdot b\,(\sigma_\mathrm{zB\,max} - k_\mathrm{f}),$$

$$\sigma_\mathrm{zB\,max} = 2\,k_\mathrm{w} - k_\mathrm{f}. \tag{1.31}$$

Die entsprechenden Werte für eine parabelförmige Spannungsverteilung und für den rotationssymmetrischen Stauchvorgang sind in Bild 1.30 angegeben. Da die tatsächliche Spannungsverteilung zwischen der linearen und parabelförmigen liegt, wird die Maximalspannung von den dort genannten Werten eingegrenzt.

Umformkraft

Die Kraft beim Stauchen ist vor allem abhängig von $k_\mathrm{f}, \vartheta_\mathrm{S0}, \dot{\varphi}, m_\mathrm{R}, d/h$ und m. Für $\varphi < 1{,}0$ und b/h bzw. $d/h < 2$ ist mit hinreichender Genauigkeit die Formel für das homogene Stauchen anzuwenden:

$$F \approx k_\mathrm{f} \cdot A_\mathrm{B}, \tag{1.32}$$

sonst gilt

$$F = k_\mathrm{w} \cdot A_\mathrm{B}, \tag{1.33}$$

wobei k_w mit Hilfe von Bild 1.29 und der Fließkurve des Werkstoffes ermittelt wird.

Wenn man k_f und m_R als konstant ansieht, läßt sich die Größtkraft F_l in Abhängigkeit von der Höhe h_l und der Masse angeben (Bild 1.31). Das Schaubild gilt für übliche Geschwindigkeiten und eine bestimmte Anfangstemperatur.

Bei großen Schmiedestücken wird die Umformgeschwindigkeit $\dot\varphi = v/h$ klein. Andererseits ist der Temperaturverlust dann vernachlässigbar. Aus diesen Gründen dürfen an kleinen Werkstücken gemessene Kraftwerte nicht dem Verhältnis der Berührflächen entsprechend auf größere Werkstücke übertragen werden.

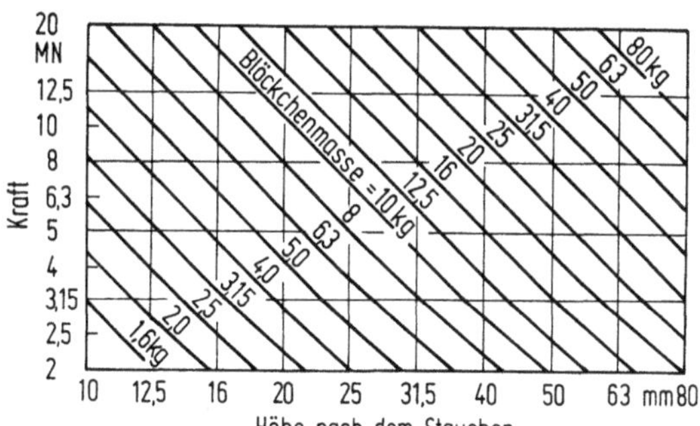

Bild 1.31. Schaubild zur überschläglichen Berechnung der Kraft beim Stauchen von Blöcken aus unlegiertem und schwach legiertem Stahl in Kurbelpressen und hydraulischen Pressen nach [1.30] ($\vartheta_{\mathrm{S}0} = 1200\,°\mathrm{C}$).

Umformarbeit

Die Umformarbeit wird durch Integration der Kraft-Weg-Kurve oder mit Hilfe des mittleren Umformwiderstandes berechnet, den man aus der k_w-Kurve bestimmt (Siebelscher Ansatz).

$$W_\mathrm{u} = k_{\mathrm{wm}} \cdot V \cdot \bar\varphi = w \cdot V = \int_{s}^{s_1} F \cdot \mathrm{d}s, \tag{1.34}$$

$$k_{\mathrm{wm}} = \frac{1}{\varphi_1} \int_{0}^{\varphi_1} k_\mathrm{w} \cdot \mathrm{d}\varphi, \tag{1.35}$$

$$w = \frac{W}{V} = \int_{0}^{\varphi} k_\mathrm{w} \cdot \mathrm{d}\varphi. \tag{1.36}$$

h	$\|\varphi\|=$ $\left\|\ln\dfrac{h_1}{h_0}\right\|$	$A_\mathrm{m}=\dfrac{V}{h}$ [mm²]	d [mm] 1.)	$\dfrac{d}{h}$	k_f 2.) $\left[\dfrac{N}{mm^2}\right]$	k_w 3.) $\left[\dfrac{N}{mm^2}\right]$	F [kN]
100	0,18	7680	99,0	1,00	60	66	500
80	0,40	9610	110,5	1,40	60	72	690
60	0,70	12800	125,0	2,13	50	65	830
40	1,10	19200	156,0	3,90	50	75	1450
30	1,40	25600	180,0	6,00	50	100	2500

Bild 1.32. Berechnung von k_w und k_{wm} für das Stauchen eines Abschnitts 80×120 mm aus C 15 auf $h_1 = 30$ mm in einer hydraulischen Presse ($v_0 = 100$ mm/s; $\dot\varphi_0 = v_0/h_0 \approx 1\,s^{-1}$; $\dot\varphi_1 = v_1/h_1 \approx 3\,s^{-1}$; $\vartheta_{\mathrm{S}_0} = 1200\,°\mathrm{C}$).
1 Annahme: Abschnitt ist zylindrisch geworden; *2* siehe Bild 1.19 und *3* berechnet nach Bild 1.29

Die Kraft-Weg-Kurve läßt sich zeichnen, indem man aus Bild 1.31 die Kraftwerte
für unterschiedliche Höhen abliest. Den Anfangsbereich der Kurve erhält man nach
Gl. (1.32) (Bild 1.32).

1.3.2.2 Ebenes Stauchen von Körpern mit keilförmigem Querschnitt

Beim Stauchen eines Körpers mit keilförmigem Querschnitt ist die Fließscheide im
Vergleich mit einem Körper konstanter Dicke zum dünneren Rand verschoben.
Der Spannungsverlauf entspricht demjenigen beim Stauchen zwischen ebenen parallelen Flächen. In erster Näherung kann er durch zwei Geraden wiedergegeben
werden, wenn man für die Schubspannung voraussetzt $\tau_B = m_R \cdot k_f / \sqrt{3}$ (Bild 1.33)

$$\sigma_{zBl} = -\frac{k_f}{m_R}\left[1 + \frac{2m_R}{\sqrt{3}\,\alpha}\cdot\ln\frac{h}{h_{1l}}\right], \tag{1.37}$$

$$\sigma_{zBr} = -\frac{k_f}{m_R}\left[1 + \frac{2m_r}{\sqrt{3}\,\alpha}\cdot\ln\frac{h_{1r}}{h}\right]. \tag{1.38}$$

Die Lage der Fließscheide folgt aus der Bedingung $\sigma_{zBl} = \sigma_{zBr}$:

$$h_{Fl} = \sqrt{h_{1l}\cdot h_{1r}}\,. \tag{1.39}$$

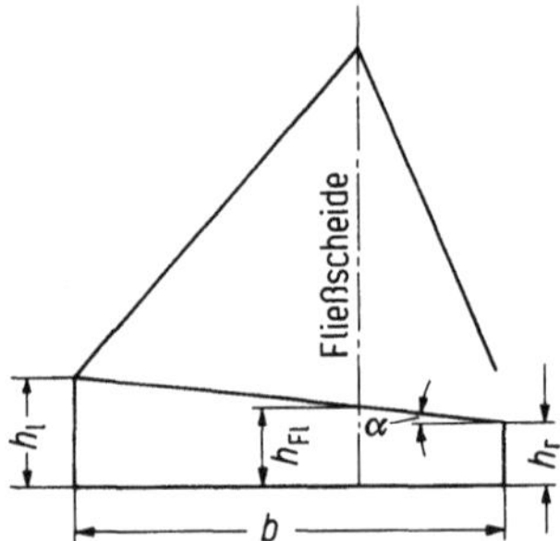

Bild 1.33. Normalspannungsverlauf beim Stauchen
eines Körpers mit keilförmigem Querschnitt
(l = linker, r = rechter Bereich)

1.3.2.3 Stauchen eines Quaders

Beim Stauchen eines Quaders endlicher Länge liegt ein dreiachsiger Formände-
rungs- und Spannungszustand vor. Der ursprüngliche Grundriß bleibt infolge
unterschiedlicher Reibschubspannungen in x- und y-Richtung nicht erhalten, sondern geht bei hinreichender Höhenabnahme und $\mu \neq 0$ in einen kreisförmigen Umriß über. Durch die Fließscheiden — die Mittelebenen des Quaders und von den
Eckpunkten ausgehende Flächen — werden Felder mit jeweils einer bevorzugten
Bewegungsrichtung abgegrenzt (Bild 1.34). Während sich die Punkte auf den Mittelebenen nur in Richtung der x-Achse oder der y-Achse bewegen, haben alle übrigen
Punkte Geschwindigkeitskomponenten in beiden Achsrichtungen. Schreitet man
von der x-Achse ausgehend parallel zur y-Achse vorwärts, so wird die y-Kompo-
nente mit zunehmender Entfernung von der Achse größer und umgekehrt. Ob die
von der Ecke ausgehende Fläche als Fließscheide angesehen werden kann, ist noch
nicht endgültig geklärt. Nach Bild 1.34 lassen sich zumindest für Teilabschnitte des
Umformvorgangs Flächen angeben, deren Punkte sich nur in dieser bewegen.

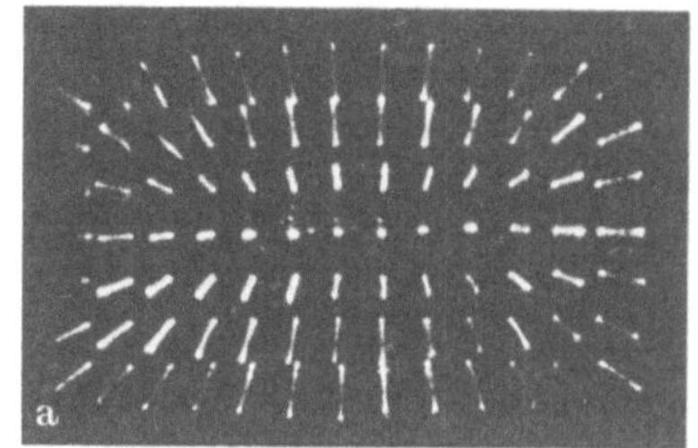

Bild 1.34. Bahnlinien und Spannungen beim
Stauchen eines Quaders.
a) Bahnlinien beim Stauchen eines
Körpers aus Plastilin (Leuchtrasterverfahren); b) Fließscheiden; c) Spannungsverteilung

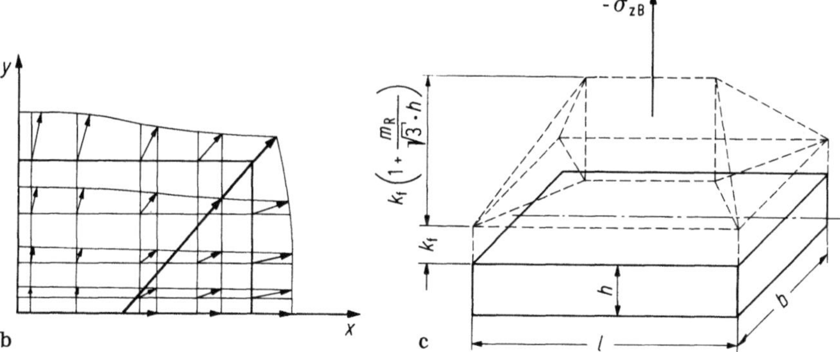

Die Spannungen im mittleren Bereich sind wie beim ebenen Stauchen zu berechnen. Mit $\tau_B = m_R / \sqrt{3} \cdot k_f$ erhält man eine dachförmige Spannungsverteilung. In der Mitte des Quaders gilt in Querrichtung:

$$\sigma_{zB} = -k_f\left[1 + \frac{2m_R\cdot\left(\frac{b}{2}-y\right)}{\sqrt{3}\,h}\right], \tag{1.40}$$

$$\sigma_{zB\,max} = -k_f\left[1 + \frac{m_R}{\sqrt{3}}\cdot\frac{b}{h}\right]. \tag{1.41}$$

Die Werkstoffbewegungen lassen sich experimentell — z. B. bei Verwendung von Modellwerkstoffen mit Hilfe des Leuchtrasterverfahrens [1.23] — auch bei Körpern mit anderen als rechteckigen Grundrissen feststellen (Bild 1.35). Anhand der daraus

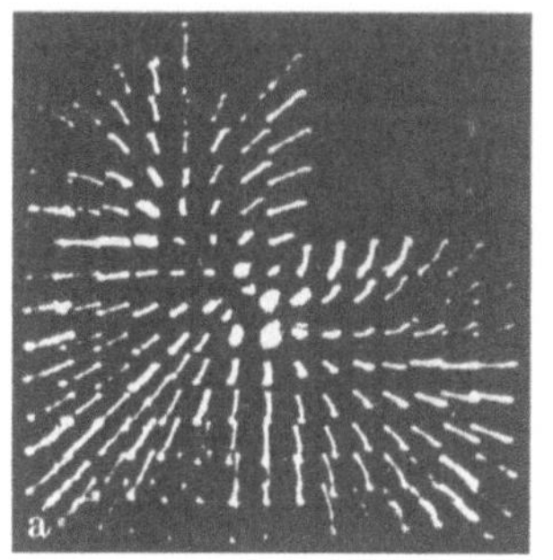

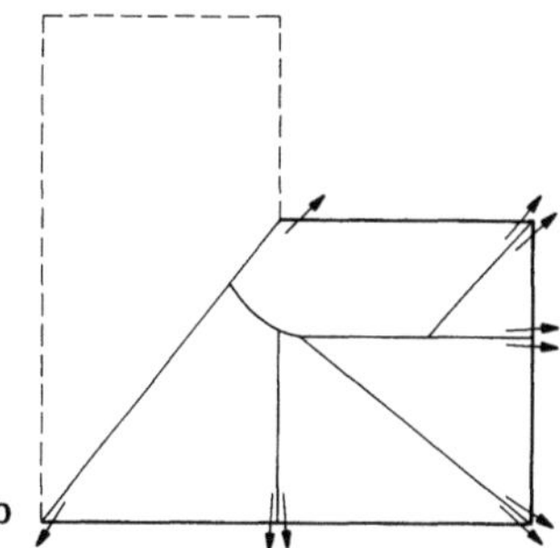

Bild 1.35. Stauchen eines Körpers mit L-förmigem Grundriß.
a) Stofffluß (Plastilin, Leuchtrasterverfahren); b) Fließscheiden

abzuleitenden Fließscheidenbilder sind auch Aussagen über die Linien der maximalen Druckspannungen möglich.

1.3.3 Formpressen

1.3.3.1 Bewegungszustand

Die *Bahnlinien* werden beim Formpressen vor allem von der Gestalt der Gravur, der Gestalt und den Abmessungen der Ausgangs- bzw. Zwischenform, den Abmessungen und der Lage des Gratspalts sowie von der Reibung an Gravurwänden und Gratbahn bestimmt. Bild 1.36 gibt Bahnlinien für ebenes Umformen von Modellwerkstoffen wieder. Ein Vergleich mit Versuchsergebnissen, die beim Warmumformen von Stahl gewonnen wurden, zeigt trotz des fehlenden Temperatureinflusses bei Modellversuchen mit Plastilin eine befriedigende Übereinstimmung.

In der ersten und zweiten Phase des Formpressens (s. Tabelle 1.6) sind die Bahnkurven der Werkstoffteilchen hyperbelähnlich wie beim Stauchen zwischen ebenen Bahnen. In der dritten und vierten Phase kommt es zu grundsätzlichen Abweichungen, da beim Ausfüllen von Gravurhöhlungen eine Richtungsumkehr sowohl in z-Richtung (Steigen) als auch in geringerem Maße in x-Richtung auftreten kann.

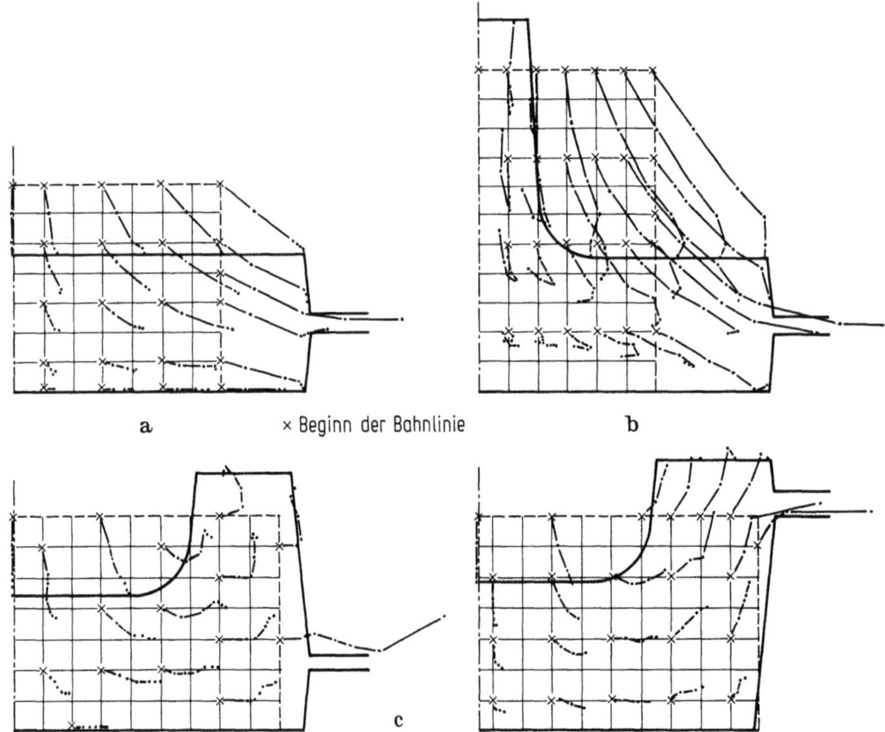

Bild 1.36. Bahnlinien beim Formpressen mit Grat nach [1.23, 1.40].
a) Breitendes Umformen; b) steigendes Umformen; c) Einfluß der Gratspaltlage beim Pressen eines U-Querschnitts

Für homogene Umformung lassen sich die Bahnlinien bestimmter Punkte analytisch bestimmen. Beim ebenen Stauchen ohne Reibung folgen aus der Volumenkonstanz hyperbolische Bahnlinien [1.23]:

$$\dot\varphi_x + \dot\varphi_y + \dot\varphi_z = 0. \tag{1.42}$$

Wegen $\dot\varphi_y = 0$ ist:

$$\dot\varphi_z = -\dot\varphi_x = \frac{\mathrm{d}h}{\mathrm{d}r}\cdot\frac{1}{h} = \frac{v_W}{h_0 - v_W\cdot t}.$$

(Bei konstanter Werkzeuggeschwindigkeit gilt $h = h_0 - v_w\cdot t$.)

Mit $\dot\varphi_x = \dfrac{\mathrm{d}x}{x\cdot\mathrm{d}t} = \dfrac{\dot x}{x}$ und $\dot\varphi_z = \dfrac{\mathrm{d}z}{z\cdot\mathrm{d}t} = \dfrac{\dot z}{z}$ wird

$$\frac{\dot x}{x} = \frac{v_w}{h_0 - v_w\cdot t}, \quad \frac{\dot z}{z} = -\frac{v_w}{h_0 - v_w t}.$$

Zur Zeit $t = 0$ hat das betrachtete Werkstoffteilchen die Lage x_0, y_0. Dann folgt durch Integration

$$x = x_0\cdot\frac{h_0}{h}, \quad z = z_0\frac{h}{h_0}. \tag{1.43}$$

Die Teilchen bewegen sich auf Hyperbeln

$$x\cdot z = x_0\cdot z_0 = \text{const.} \tag{1.44}$$

Das ebene Fließen um die Kante eines Dornes und das Eindringen in einen Hohlraum der Gravur (Steigen) erfolgt bei homogener Formänderung dagegen nach einer logarithmischen Kurve [1.31]. Während der Bewegung des Werkzeugs um den Weg $(-\mathrm{d}z)$, verringert sich die Höhe des Schmiedestücks auf $(h_0 - \mathrm{d}z)$ (Bild 1.37).

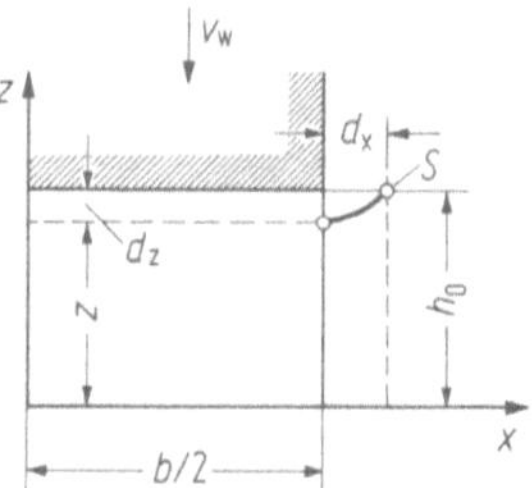

Bild 1.37. Bahnlinie beim Fließen um eine Kante

Der Werkstoff wird zur Seite verdrängt. Da sich die Länge des Werkstücks nicht ändert, folgt aus der Volumenkonstanz

$$\frac{b}{2}(-\mathrm{d}z) = z\cdot\mathrm{d}x,$$

$$\frac{-b}{2}\frac{\mathrm{d}z}{z} = \mathrm{d}x,$$

$$x = \frac{-b}{2}\ln z + \ln C.$$

Für $z = h_0$ und $x = \dfrac{b}{2}$ wird:

$$\frac{b}{2} = \frac{-b}{2} \ln h_0 + \ln C,$$

$$x = \frac{b}{2}\left(\ln \frac{h_0}{z} + 1\right). \tag{1.45}$$

Diese Funktion beschreibt die Lage des Punktes S in Abhängigkeit von z. Bei axialsymmetrischem Stofffluß wird:

$$x = \frac{b}{2}\left(\frac{1}{2}\ln \frac{h_0}{z} + 1\right). \tag{1.46}$$

Die *Geschwindigkeit* der Werkstoffteilchen nimmt in der Phase 4 gegenüber der Werkzeuggeschwindigkeit stark zu. Im Gratspalt und beim Steigen in Hohlräume werden Werte erreicht, die mehrfach größer sind als die größte Werkzeuggeschwindigkeit (Bild 1.38).

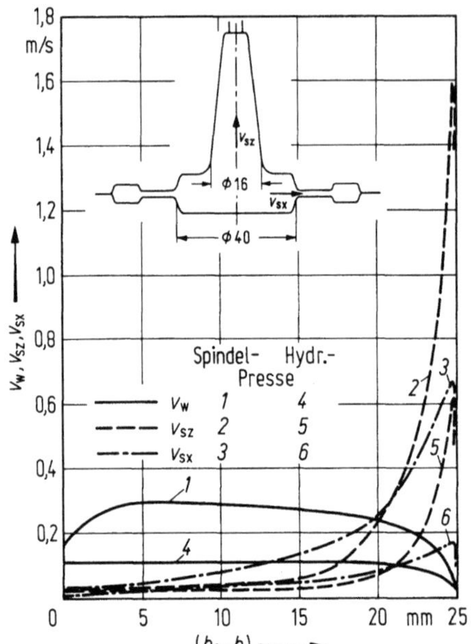

Bild 1.38. Geschwindigkeiten beim Formpressen nach [1.29]

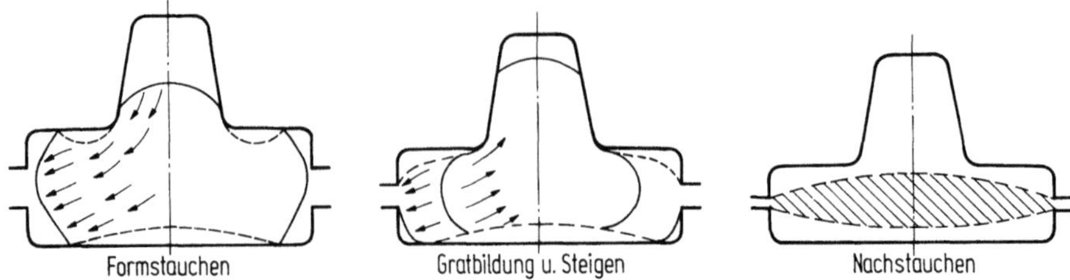

Bild 1.39: Fließscheiden und Sprungflächen beim Formpressen mit Grat

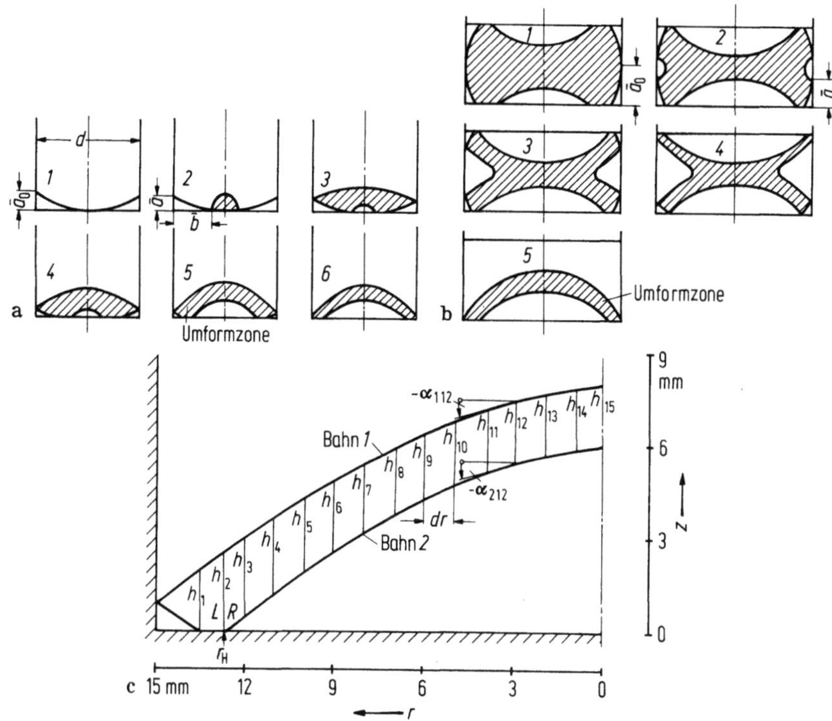

Bild 1.40. Umformzonen beim Kantenfüllen nach [1.32].
a) Steigendes Umformen; b) breitendes Umformen; c) Zerlegung der Umformzone zum Zwecke der Kraftberechnung

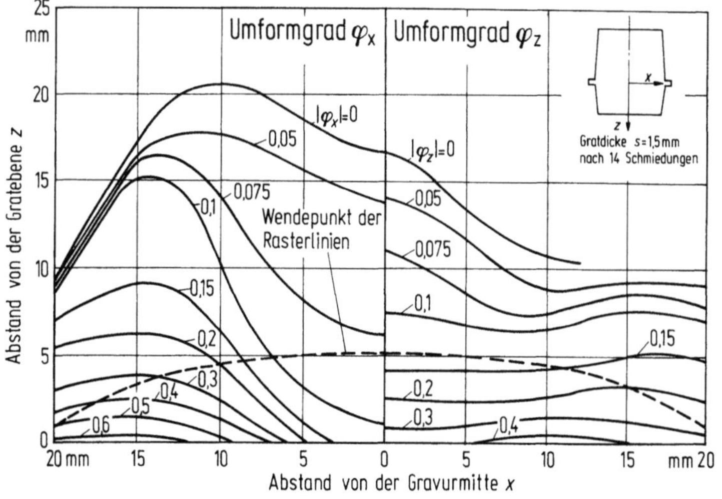

Bild 1.41. Linien gleicher Umformgrade nach [1.4]

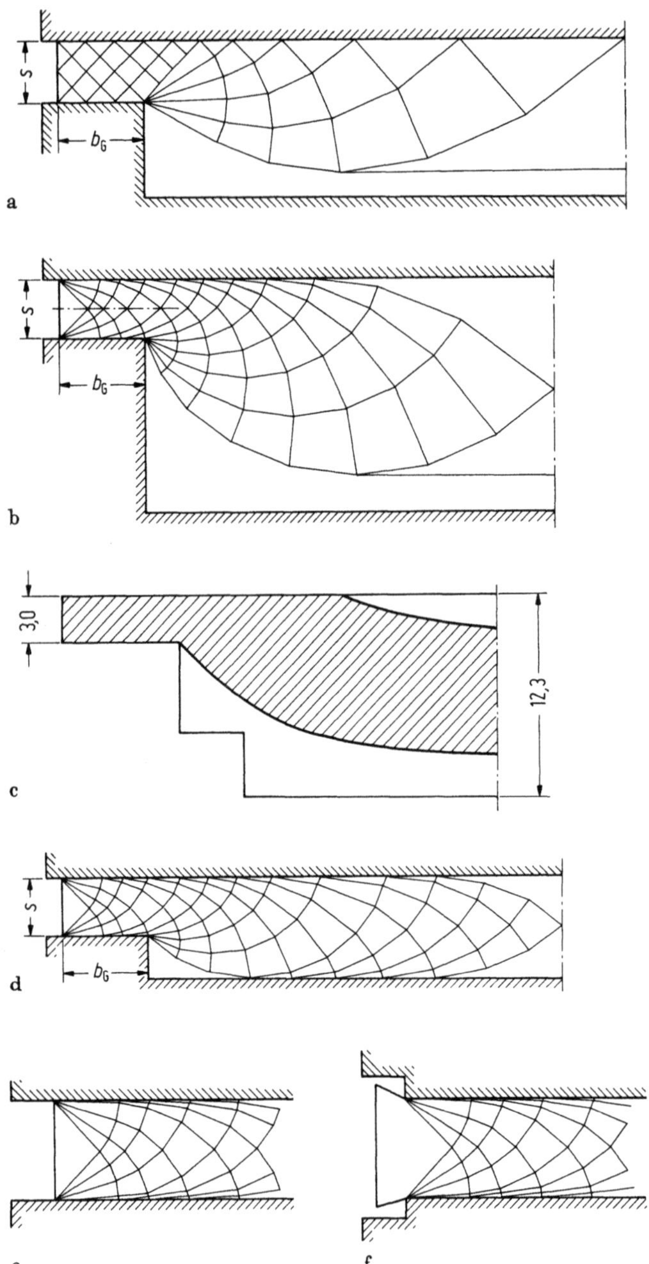

Bild 1.42. Nach der Gleitlinientheorie berechnete Umformzonen [1.33].
a) Tiefe Gravur, $\tau_B = 0$; b) tiefe Gravur, $\tau_B = \tau_f$; c) tiefe Gravur, experimentell ermittelt [1.44];
d) flache Gravur, $\tau_B = \tau_f$;e) Gratspalt, $\tau_B = 0$; f) Gratspalt, $\tau_B = \tau_f$

Die Bewegungs-Verhältnisse beim Formpressen lassen sich mittels Sprungflächen und Fließscheiden übersichtlicher darstellen. Diese Flächen sind jedoch nicht körperfest, sondern ändern ihre Lage während des Umformens (Bild 1.39).

Beim Füllen von Kanten entstehen die in Bild 1.40 gezeigten Formänderungszonen. Die erforderlichen Druckspannungen sind für gleiche Abrundungshalbmesser beim „steigenden" Umformen größer als beim „breitenden Umformen" [1.32].

Nach dem Ausfüllen der Gravurhohlräume und Kanten bildet sich während des Nachstauchens eine um die Gratebene verteilte Umformzone aus. Tatsächlich gibt es jedoch keine scharf begrenzte Formänderungszone, sondern nur einen Bereich großer Formänderungen, der allmählich in Ruhezonen übergeht, wie Bild 1.41 anhand der Linien gleichen Umformgrades zeigt. Nach der Gleitlinientheorie erhält man übrigens eine recht gute Übereinstimmung mit experimentell beobachteten Formänderungszonen (Bild 1.42). Zum Zwecke der Berechnung hat man verschiedene geometrisch einfache Näherungen an die experimentell ermittelten Zonen vorgeschlagen (Bild 1.43). Die Annahme einer scheibenförmigen Formänderungszone beim Nachstauchen stimmt nicht mit der Erfahrung überein und führt bei Berechnungen zu überhöhten Spannungen. Am nächsten kommt die linsenförmige Formänderungszone den Versuchsergebnissen; die Vorschläge von Toth, Altan und Zünkler sind jedoch kaum ungünstiger.

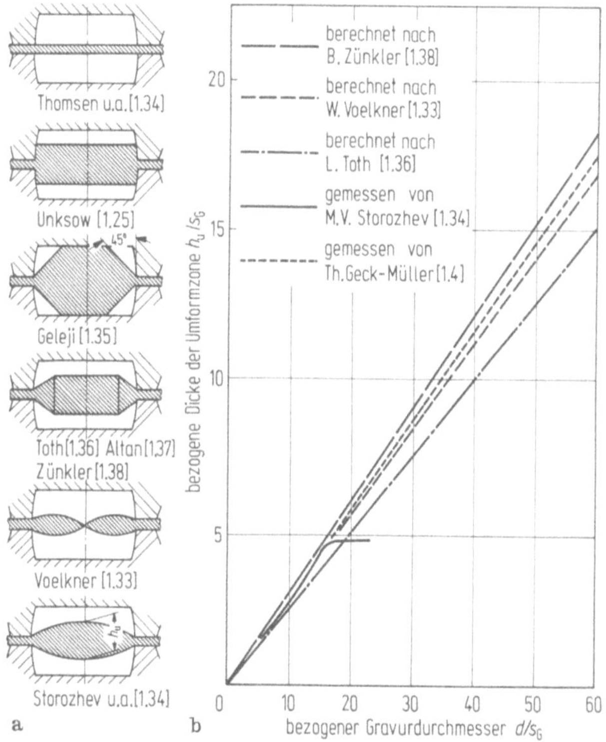

Bild 1.43. Umformzonen in der Endphase des Formpressens mit Grat.
a) Angenommene oder nach der Gleitlinientheorie berechnete Umformzonen; b) Dickenabmessung der Umformzone

1.3.3.2 Formänderungszustand

Mit Hilfe von Fremd- oder Eigenmarkierungen im Werkstoff lassen sich die Formänderungen von Volumenelementen zu bestimmten Zeiten des Umformvorgangs kenntlich machen (Bild 1.44). Das verformte Liniennetz gibt die Formänderungen

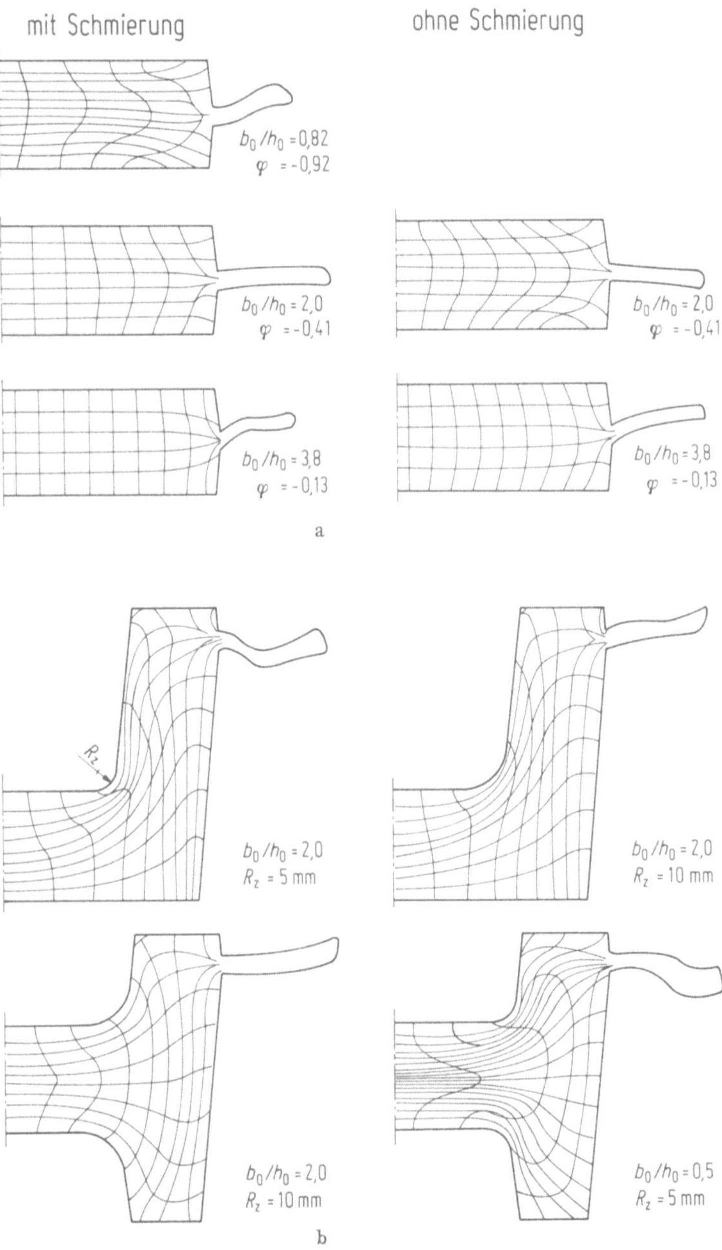

Bild 1.44. Formänderungen beim Formpressen mit Grat nach [1.40].
a) Einfluß der Ausgangsform und der Reibung; b) Einfluß der Gravurform

nur näherungsweise wieder, da diese in plastizitätsmechanischer Betrachtung die Dehnungen und Schiebungen an Volumenelementen mit infinitesimalen Abmessungen sind. Die größten Formänderungen stellt man im Gratspalt, am Einlauf in den Gratspalt und beim Umfließen von Kanten fest.

1.3.3.3 Spannungszustand

In der Endphase des Formpressens ist der Spannungsverlauf $\sigma_{zB}(x)$ ähnlich wie beim Stauchen, d. h. angenähert parabelförmig. Den Spannungen auf das Werkstück entsprechen überall gleich große Spannungen auf das Werkzeug, während beim Ausfüllen der Gravur das Werkzeug in den Gravurhohlräumen nicht belastet wird.

Die Spannungskurve über einen Querschnitt des Schmiedestücks wird durch drei Werte gekennzeichnet: Die Randspannung ($= k_f$), die Spannung am Übergang von der Gratbahn zur Gravur (maximale Druckspannung an der Gratbahn $\sigma_{zG\,max}$ und die Spannung in der Gravurmitte $\sigma_{zB\,max}$ (Bild 1.45).

Die Normal-Druckspannung an der Gratbahn läßt sich nach Siebel berechnen

$$\sigma_{zG} = -k_f\left(1 + 2\,\mu\,\frac{x}{h_G}\right) \text{ und} \tag{1.46.1 a}$$

$$\sigma_{zG\,max} = -k_f\left(1 + 2\,\mu\cdot\frac{b_G}{z_G}\right), \tag{1.46.1 b}$$

x = Abstand vom Rand, h_G = Höhe des Grates.

Nach Stöter ist $2\,\mu$ gleich 0,92 zu setzen [1.29].

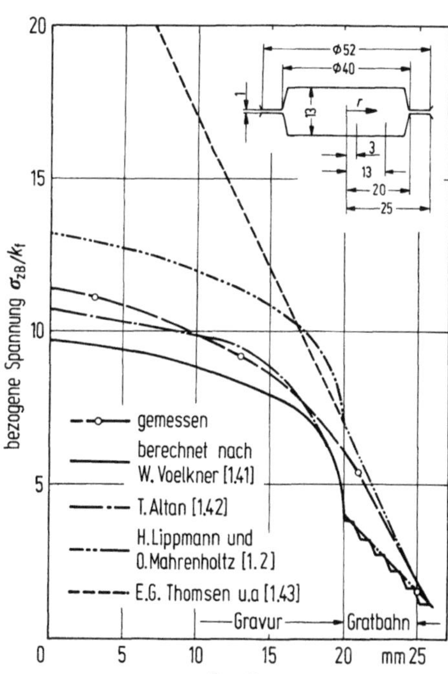

Bild 1.45. Gemessene und berechnete Verteilung der Druckspannungen σ_{zB} nach [1.4]

Eine überschlägliche Berechnung von $\sigma_{zB\,max}$ ist nach Gl. (1.32) möglich, wenn die Fließspannung k_f und der Umformwiderstand k_w (z. B. aus Bild 1.54) bekannt sind.

Zur Berechnung der Normalspannungsverteilung am Ende der Umformung nach der elementaren Plastizitätstheorie wird die Formänderungszone in Streifen oder Röhren unterteilt. Sie wird entweder von den Gravurflächen und der Gratbahn begrenzt oder von der Gratbahn und Sprungflächen: der zwischen diesen liegende Werkstoff wird plastisch, der außerhalb liegende Werkstoff elastisch verformt bzw. als elastisch verformt angesehen.

Die verschiedenen Ansätze zur Berechnung von σ_{zB} unterscheiden sich in der Wahl der Formänderungszone (Bild 1.43) und des Ansatzes für die Schubspannungen an den Berührflächen ($\tau_B = \mu \cdot \sigma$; $\tau_B = c \cdot x$; $\tau_B = $ const). An den Sprungflächen ist $\tau = \tau_f$.

Für den Fall des Gleitens an der Gravurwand gilt nach Lippmann und Mahrenholtz für rotationssymmetrisches Umformen [1.2] (Bild 1.40):

$$\left(\frac{d\sigma_{zB}}{dr}\right) + \frac{1}{h_i}\left[\tan(\nu_{1i} - \alpha_{1i}) + \tan(\nu_{2i} + \alpha_{2i}) + \tan\alpha_{1i} - \tan\alpha_{2i}\right]\sigma_{zBi}$$
$$= -\frac{k_f}{h_i}\left[\tan(\nu_{1i} - \alpha_{1i}) + \tan(\nu_{2i} + \alpha_{2i})\right], \tag{1.47}$$

α_{1i}, α_{2i} Neigungswinkel der Randlinien „1" und „2" der Umformzone an der Stelle h_i,

ν Reibwinkel.

Durch Knickstellen in der Begrenzungslinie der Formänderungszone wird ein Sprung $\Delta\sigma_{zB}$ bewirkt:

$$\Delta\sigma_{zB} = -\frac{k_f}{4}\,\text{sgn}\,\nu_s\,|\,\Delta\tan\alpha_1 + \Delta\tan\alpha_2\,|, \tag{1.48}$$

$$\text{sgn}\,\nu_s = \begin{cases} 1 \text{ für } \nu_s > 0 \\ 0 \text{ für } \nu_s = 0 \\ 1 \text{ für } \nu_s < 0 \end{cases}.$$

Wenn die Schubspannung den Wert der Schubfließspannung $\tau_f = k_f/2$ erreicht, verändert sich die Gleichung wie folgt:

a) Haften an beiden Bahnen:

$$\left(\frac{d\sigma_{zB}}{dr}\right)_i = \frac{k_f}{2\,h_i}\left[-(1 + \tan^2\alpha_{1i}) - (1 + \tan^2\alpha_{2i})\right] - \frac{k_f}{h_i}\left[\tan\alpha_{2i} - \tan\alpha_{1i}\right]; \tag{1.49}$$

b) Haften an der oberen Bahn „1", Gleiten an der unteren Bahn „2":

$$\left(\frac{d\sigma_{zB}}{dr}\right)_i + \frac{1}{h_i}\left[\tan(\nu_{2i} + \alpha_{2i}) - \tan\alpha_{2i}\right]\sigma_{zBi}$$
$$= -\frac{k_f}{h_i}\left[\tan(\nu_{2i} + \alpha_{2i}) + \frac{1 + \tan^2\alpha_{1i}}{2} - \tan\alpha_{1i}\right]; \tag{1.50}$$

c) Gleiten an der oberen Bahn „1", Haften an der unteren Bahn „2":

$$\left(\frac{\mathrm{d}\sigma_{zB}}{\mathrm{d}r}\right)_i + \frac{1}{h_i}\left[\tan(v_{1i}-\alpha_{1i})+\tan\alpha_{1i}\right]\sigma_{zBi}$$

$$= -\frac{k_f}{h_i}\left[\tan(v_{1i}-\alpha_{1i})+\frac{1+\tan^2\alpha_{2i}}{2}+\tan\alpha_{2i}\right]. \tag{1.51}$$

Diese Gleichungen lassen sich numerisch lösen (Beispiele s. [1.32, 1.47]).

Die Größe der Spannung σ_{zB} ist außer von der Fließspannung, der Reibung (insbesondere an der Gratbahn) und der Art der Gravur (flach oder tief) vor allem von den Gratspaltabmessungen (b_G/s_G, s_G) und dem Werkstoffüberschuß $\Delta V_{ü}$ abhängig.

Den Einfluß von b_G/s_G und s_G auf die Spannung am Innenrand der Gratbahn σ_{zB} und den erforderlichen Werkstoffüberschuß zeigt Bild 1.46. σ_{zB} nimmt bei konstanter Gratspaltdicke mit b_G zu, bei konstanter Gratbahnbreite im betrachteten Bereich mit zunehmender Gratdicke ab. Der erforderliche Werkstoffüberschuß wird einerseits um so kleiner, je größer das Gratbahnverhältnis bei s_G = const — dabei wird σ_{zB} größer. Er wird andererseits bei b_G/s_G = const um so kleiner, je mehr s_G verringert wird; in diesem Falle wird σ_{zB} überraschenderweise ebenfalls geringer.

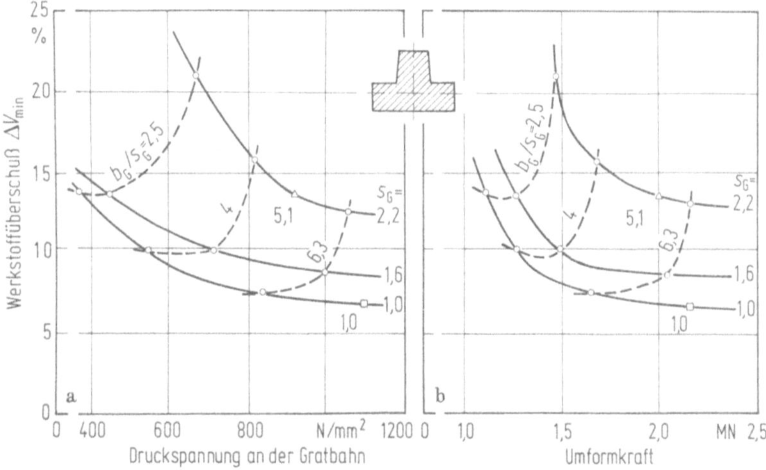

Bild 1.46. Zusammenhang zwischen Druckspannung σ_{zB} am Übergang von der Gratbahn zur Gravur (a) bzw. Umformkraft (b) und Werkstoffüberschuß sowie Gratspaltabmessungen nach [1.44] (Schmieden in einer Kurbelpresse)

Zum Verständnis dieser Zusammenhänge ist eine Betrachtung des Überschußvolumens beim Gesenkschmieden erforderlich. Der Werkstoffüberschuß ist ein Wesensmerkmal des Formpressens mit Grat; er ist dadurch bedingt, daß die Ausgangs- oder Zwischenformen nicht wirtschaftlich mit der erforderlichen Genauigkeit hergestellt und positioniert werden können, damit in jedem Querschnitt die gerade erforderliche Werkstoffmenge vorhanden ist. Man läßt daher gewisse Volumenschwankungen insgesamt und in jedem Querschnitt zu, die durch Verdrängen in den Gratspalt ausgeglichen werden können. Der Gratspalt macht jedoch einen zusätzlichen Volumenanteil ΔV_{min} erforderlich, da ein Teil des Werkstoffs durch den Gratspalt bereits vor dem vollständigen Füllen der Gravur entweicht. ΔV_{min} ist der Anteil des Werkstoffüberschusses, der mindestens vorhanden sein muß, damit die Gravur voll wird. Dieser Anteil kann durch die Gestalt der Ausgangs- bzw. Zwischenform und die Gratspaltabmessungen beeinflußt werden. $\Delta V'$ ist der zugelassene Schwankungsanteil des Volumens, der im günstigsten Fall gleich Null ist. Damit setzt sich das Volumen der Endform aus folgenden gedanklich zu unterscheidenden Anteilen zusammen:

$$V_{\text{ges}} = V_S + \Delta V_{\min} + \Delta V' \tag{1.52}$$

$V_S = $ Volumen des Schmiedestücks (ohne Grat),
$\Delta V_{\min} = f(\text{Gestalt}, b_G/s_G, s_G)$,

$\Delta V_{\min}$ wird mit b_G/s_G geringer, allerdings bei steigenden Drücken, weil der Gleitwiderstand an der Gratbahn den Werkstoff zwingt, die Gravurhohlräume auszufüllen. $\Delta V_{\min}$ wird auch mit abnehmender Gratspaltdicke s_G geringer bei kleiner werdendem Druck, da der Gratspalt früher „geschlossen" ist. Die in Bild 1.46 dargestellten Zusammenhänge gelten nur für den Fall $\Delta V' = 0$.

In der Praxis lassen sich die hier beschriebenen Abhängigkeiten nur teilweise nutzen, da stets ein Anteil $\Delta V'$ vorhanden ist (ließe sich $\Delta V'$ in wirtschaftlicher Weise gleich Null machen, so könnte man ohne Schwierigkeiten im geschlossenen Gesenk schmieden).

Nach Bild 1.53 erhöht ein Werkstoffüberschuß, der nach dem Füllen der Gravur verdrängt werden muß, die Spannungen und zwar um so mehr, je geringer die Gratdicke.

1.3.3.4 Umformkraft und Umformwiderstand

Die Umformkraft hat beim Formpressen mit und ohne Grat einen typischen überproportional ansteigenden Verlauf über dem Umformweg: nach Bild 1.47 beträgt die Umformkraft bei 80% des Umformweges s_1 erst das 0,3 bis 0,4fache ihres Endwertes F_1. Der steile Anstieg der Kraft gegen Ende der Umformung wird vor allem durch den Widerstand beim Ausfüllen von Kanten der Gravur und die Wirkung des sich verengenden Gratspalts hervorgerufen. Das Bild stellt normierte Kraft-Weg-Verläufe beim Formpressen mit Grat in Kurbelpressen dar: Ausgehend von gemessenen Kraft-Weg-Kurven wurden die jeweiligen Umformkräfte und -wege auf ihre Größtwerte bezogen, um die für verschiedene Werkstücke geltenden Kraft-

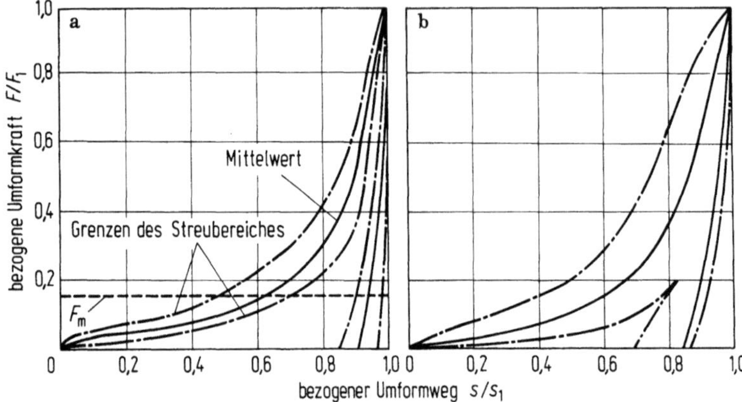

Bild 1.47. Normierte Kraft-Weg-Verläufe beim Formpressen mit Grat in Kurbelpressen nach [1.4].
a) Querschnittsvorbilden; b) Endformen (beachte $s_{1E} < s_{1Q}$)

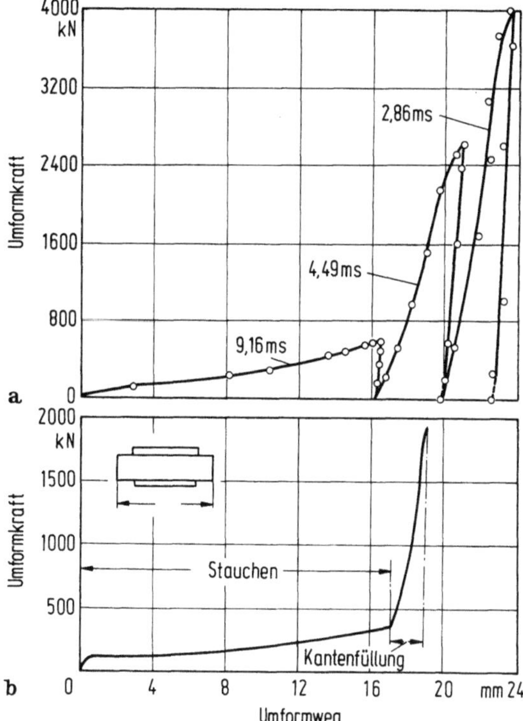

Bild 1.48. Kraft-Weg-Verlauf.
a) Schmieden eines Kardankreuzes im Hammer mit drei Schlägen nach [1.45] ($\vartheta_S = 1200\ °C$); b) Formpressen ohne Grat in einer Kurbelpresse nach [1.32] ($\vartheta_S = 1200\ °C$)

Weg-Verläufe vergleichbar zu machen. Die Kurven von fast 30 GesenkschmiedeVorgängen liegen innerhalb eines verhältnismäßig schmalen Streubereiches. Die Kraft-Weg-Kurven beim Gesenkschmieden unterscheiden sich danach vor allem durch die Größe des Umformwegs und der Endkraft, dagegen nur wenig in der Kurvenform.

Der Charakter der Kraft-Weg-Kurven ist nach Bild 1.48 auch beim Schmieden im Hammer und beim Formpressen ohne Grat nicht wesentlich anders.

Für die mittlere Kraft

$$F_\mathrm{m} = \frac{1}{s_1} \int\limits_0^{s_1} F \cdot \mathrm{d}s \tag{1.53}$$

gilt nach [1.4] $0{,}12 < F_\mathrm{m}/F_1 < 0{,}22$ beim Querschnittsvorbilden und $0{,}11 < F_\mathrm{m}/F_1 < 0{,}20$ beim Endformen.

Für die weiteren Betrachtungen wird statt der Umformkraft der Umformwiderstand, d. h. die auf die projizierte Fläche des Schmiedestücks ohne Gratbahn bezogene Kraft

$$k_\mathrm{w} = F/A_\mathrm{ps}$$

herangezogen, damit man vom Einfluß der Fläche auf die Kraft unabhängig wird. Im folgenden wird vornehmlich der Endwert k_w1 betrachtet, was im Hinblick auf die Feststellungen über den Kraftverlauf gerechtfertigt ist.

Grundsätzlich unterliegen Umformkraft und Umformwiderstand beim Form-pressen mit Grat der Wirkung sämtlicher in Tabelle 1.1 aufgeführter Einflußgrößen. Die Bedeutung einiger dieser Größen geht aus Bild 1.49 hervor.

Für das dargestellte Schmiedestück wurden die in der Unterschrift angegebenen Werte X_a der Einflußgrößen angenommen und mit ihnen der Umformwiderstand k_{w1a} berechnet. Anschließend wurde k_{w1} nach der im Bild genannten Formel derart bestimmt, daß jeweils eine Einflußgröße verändert wurde, während die übrigen konstant blieben. Es wirken sich vor allem die Eigenschaften des Grates — Gratdicke und Fließspannung im Grat — auf k_{w1} aus, während z. B. die Dicke der Formänderungszone und die Fließspannung des Werkstücks weniger wichtig sind, solange die Abweichungen vom Ausgangswert nicht zu groß werden. Erst wenn z. B. $\mu = 0{,}5 \cdot \mu_a = 0{,}15$ würde, ginge k_{w1} auf 70% zurück.

Die Bedeutung der Gratdicke zeigt auch Bild 1.50. Hiernach steigt k_w beim Schmieden in Kurbelpressen mit abnehmender Gratdicke an. Rechnet man nach Siebel mit

$$k_w = k_f \left(1 + \frac{\mu \cdot d}{3 \cdot h} \right), \tag{1.54}$$

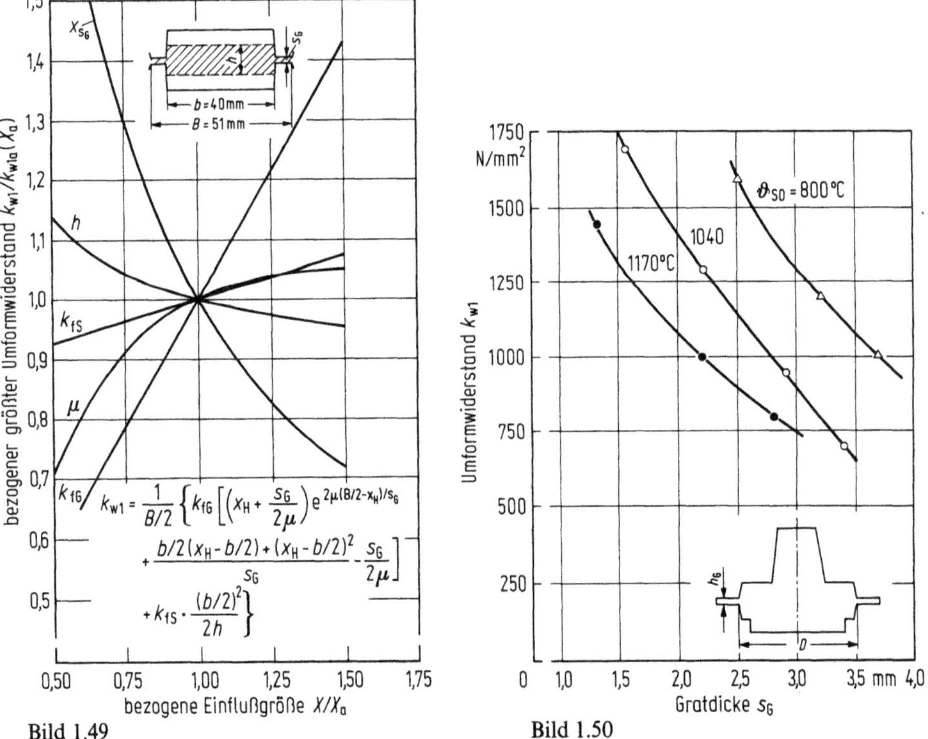

Bild 1.49   Bild 1.50

Bild 1.49. Abhängigkeit des bezogenen größten Umformwiderstandes von verschiedenen Einflußgrößen nach [1.4] (ebene Formänderung).
Bezugswerte der Einflußgrößen: $s_{Ga} = 1{,}4$ mm; $(b_G/S_G)_a = 4$; $h_a = 7$ mm; $k_{fSa} = 150$ N/mm²; $k_{fGa} = 110$ N/mm²; $\mu_a = 0{,}3 = $ const; $x_H = $ Grenze des Haftbereiches

Bild 1.50. Einfluß der Gratdicke auf den größten Umformwiderstand beim Formpressen mit Grat in Kurbelpressen nach [1.4]

wobei d der Gratdurchmesser und $h = s_G$ ist, dann muß k_w parabelförmig zunehmen, wie es übrigens auch in Bild 1.49 der Fall ist. Tatsächlich ist mit einem zusätzlichen Temperatureinfluß zu rechnen: je dünner der Grat, desto niedriger die Temperatur. Beim Schmieden im Hammer wurde dagegen kein Einfluß der Gratdicke im betrachteten Bereich festgestellt [1.45]; dem entsprechen die unterschiedlichen Grattemperaturen beim Schmieden in Hammer und Presse (Abschn. 1.4.3.1, Bild 1.5). Man kann daraus folgern, daß ein dünner Grat beim Schmieden in Kurbelpressen schwieriger herstellbar ist als im Hammer. Berechnungen nach dem Schrankenverfahren über den Einfluß der Gratdicke, des Gratbahnverhältnisses und der Werkstückdicke bestätigen die obigen Feststellungen [1.46].

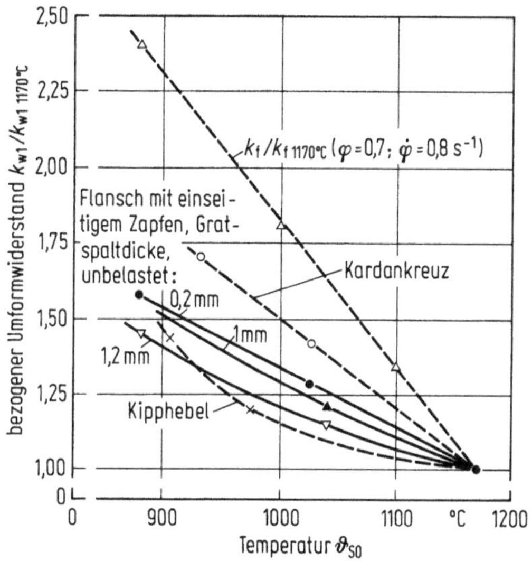

Bild 1.51. Einfluß der Temperatur auf den bezogenen Umformwiderstand beim Formpressen mit Grat in einer Kurbelpresse nach [1.4] (Endformen ohne Querschnittsvorbilden; Gratspaltdicke im unbelasteten Zustand bei allen Temperaturen gleich; tatsächliche Gratspaltdicke wegen unterschiedlicher Kraft veränderlich)

Mit zunehmender Anfangstemperatur nimmt k_w ab, jedoch nicht in gleichem Verhältnis wie die Fließspannung k_f (Bild 1.51). Dieser Unterschied ist auf die veränderliche tatsächliche Gratspaltdicke zurückzuführen: Infolge der mit abnehmender Temperatur größer werdenden Kräfte werden die Auffederung und damit auch die Gratspaltdicke größer. Das Ergebnis dieser Wechselwirkung zwischen ϑ_{S0}, F_1 und s_{G1} ist in Bild 1.52 in einem Rechenschaubild zusammengefaßt. Als Beispiel ist die Ermittlung der Kraft dargestellt, die sich bei einer Änderung der Anfangstemperatur von 1170 °C auf 880 °C einstellt.

Ein zunehmender Werkstoffüberschuß $\Delta V_{\ddot u}$ hat ebenfalls — auch beim Formpressen mit Grat — höhere Kräfte zur Folge (Bild 1.53).

In Bild 1.54 ist der Einfluß von leicht angebbaren Merkmalen der Werkstückgestalt bzw. -größe auf k_{w1} für den Fall des Gesenkschmiedens in Kurbelpressen gezeigt als Ergebnis von Messungen in Schmiedebetrieben [1.4], die eine gleichartige

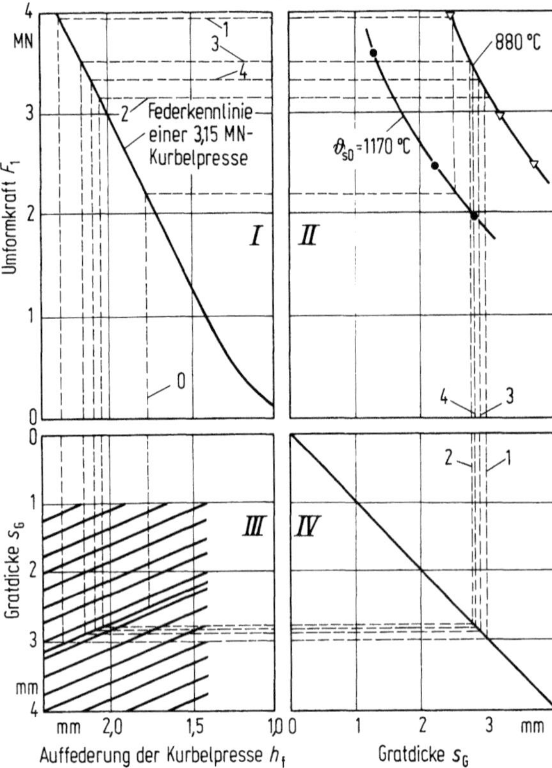

Bild 1.52. Wechselwirkung von Temperatur- und Gratdickenänderungen auf die Umformkraft beim Formpressen mit Grat in Kurbelpressen nach [1.4]

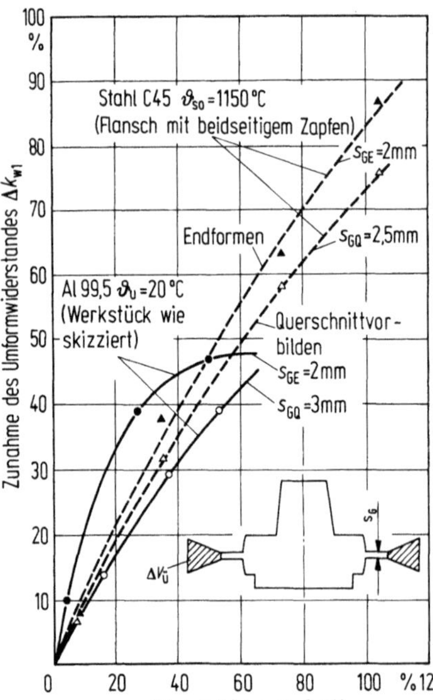

Bild 1.53. Einfluß des Werkstoffüberschusses auf die Zunahme des größten Umformwiderstandes nach [1.4] (Schmierstoff: Graphit in Fett)

Untersuchung von Neuberger und Pannasch bestätigen und erweitern [1.47]. Es handelt sich um Durchschnittswerte von jeweils 150 bis 200 Einzelmessungen während des Schmiedens in einem Gesenk. Der angegebene Größtwert k_{w1} wurde in etwa zwei Drittel der Fälle beim Querschnittsvorbilden beobachtet, da der Endwert der Gratdicke offenbar mit Rücksicht auf die Abkühlung des Grates schon in dieser Gravur erreicht wurde. Mit abnehmender mittlerer Dicke des Schmiedestückes

$$h_{\mathrm{m}} = \frac{m_{\mathrm{S}}}{A_{\mathrm{PS}} \cdot \varrho} \,, \qquad (1.55)$$

m_{S} Masse des Schmiedestücks ohne Grat,
A_{PS} projizierte Fläche des Schmiedestücks ohne Grat

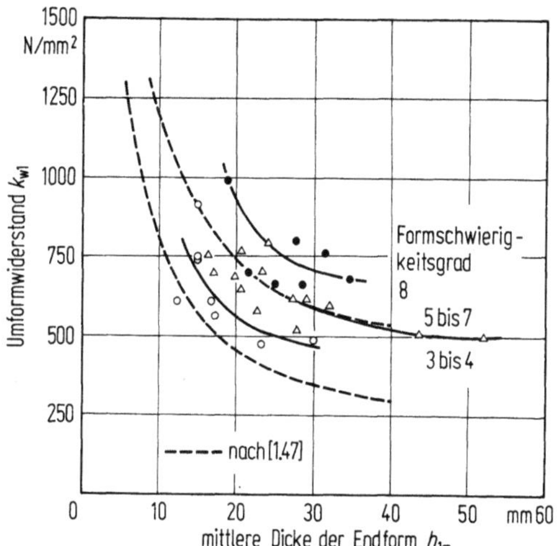

Bild 1.54. Umformwiderstand k_{w1} beim Gesenkschmieden in Kurbelpressen nach [1.4] (Schmiedestück-Gewichte: 0,2 bis 15 kg; unlegierter und schwach legierter Stahl; Umformtemperatur im Mittel: 1100 °C)

steigt k_{w1} als Folge abnehmender Temperatur progressiv an. Der Einfluß der Werkstückgestalt wird durch den in Abschn. 1.2.6 erläuterten Formfaktor erfaßt. Ob sich die Form unmittelbar auf k_w auswirkt oder mittelbar, indem z. B. in Abhängigkeit von der Gestalt die Gratspaltabmessungen gewählt werden, geht aus den Ergebnissen nicht hervor.

Die Ergebnisse gelten allerdings nur für Schmiedebedingungen, wie sie während der Messungen vorgelegen haben. Eine Übertragung auf andere Bedingungen ist nur unter Beachtung der dabei entstehenden Rückwirkungen möglich, die sich anhand der Tabelle 1.1 abschätzen lassen. So ist z. B. beim Schmieden schwerer Schmiedestücke eine der geringeren Umformgeschwindigkeit (größere Dickenabmessungen bei etwa gleichen Auftreffgeschwindigkeiten) entsprechende Fließspannung anzusetzen. Immerhin ermöglicht diese Methode eine überschlägliche Bestimmung der zu erwartenden Endkräfte mit einer Genauigkeit von ± 15%.

Die größte Umformkraft ergibt sich mit dem Umformwiderstand nach Bild 1.54 zu

$$F_1 = A_{\mathrm{PS}} \cdot k_{w1} \,. \qquad (1.56)$$

Die so ermittelten Endkräfte scheinen verläßlicher zu sein als die Ergebnisse der im
Schrifttum genannten Formeln und graphischen Rechenverfahren, da vergleichende Berechnungen keine oder nur teilweise Übereinstimmung mit gemessenen Werten ergaben [1.4]. Eine Formel zur Berechnung der Umformkraft und des Umform-

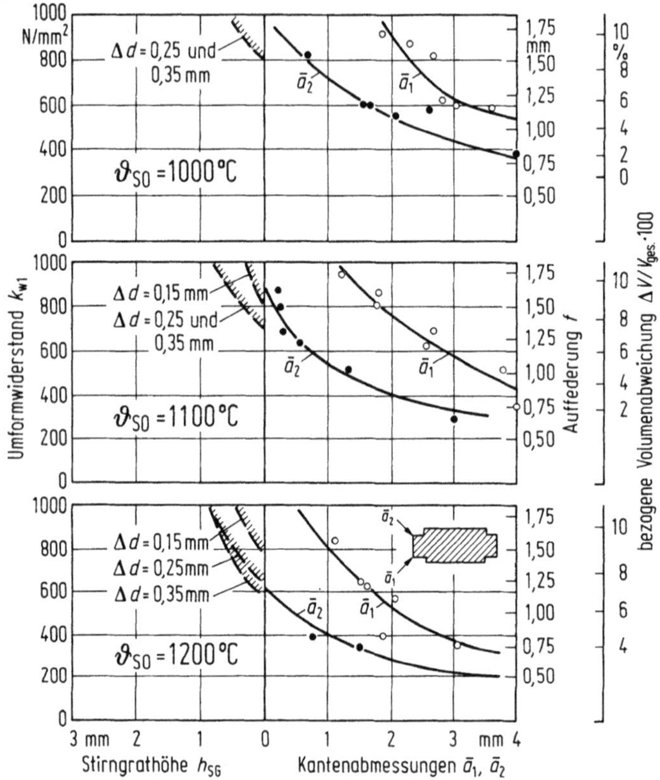

Bild 1.55. Umformwiderstand und Stirngrathöhe beim Formpressen ohne Grat nach [1.32]
(Werkstoff: Stahl C 15; Schmierstoff: Graphit in Fett; $\Delta d/2$ Führungsspiel im Werkzeug)

widerstandes — dies läßt sich aus Bild 1.49 und dem stärkeren Temperatureinfluß
im Gratspalt folgern — sollte unter allen Umständen die Kraftanteile von Grat und
Schmiedestück gesondert erfassen.

So bestehen gegenwärtig zwei sinnvolle Wege zur Vorausberechnung der Kräfte
beim Formpressen: die überschlägliche Berechnung unter Heranziehung von Meß-
ergebnissen oder die Ermittlung der Spannungsverteilung unter sorgfältiger Beachtung der Einflußgrößen mit anschließender Integration.

Die in Bild 1.54 dargestellten oder anders berechneten Werte sind — wie erwähnt — Mittelwerte. Infolge von Einflüssen, die nicht durch die mittlere Dicke
und den Formschwierigkeitsgrad erfaßt werden, erhält man Streubänder, deren
Grenzkurven etwa um ±15% von den gezeichneten mittleren Kurven abweichen.
Infolge von systematischen und unsystematischen Änderungen der Einflußgrößen
während der Fertigung — z. B. der Schmiedetemperatur, der Gratspaltdicke, des

Einsatzgewichtes — sind die eingezeichneten k_{w1}-Werte mit einer zusätzlichen Streubreite von etwa ± 15% behaftet. Die Kräfte, die sich nach Bild 1.54 unter Zugrundelegung der mittleren Kurven ergeben, können demnach um ± 30% von den tatsächlichen Werten abweichen.

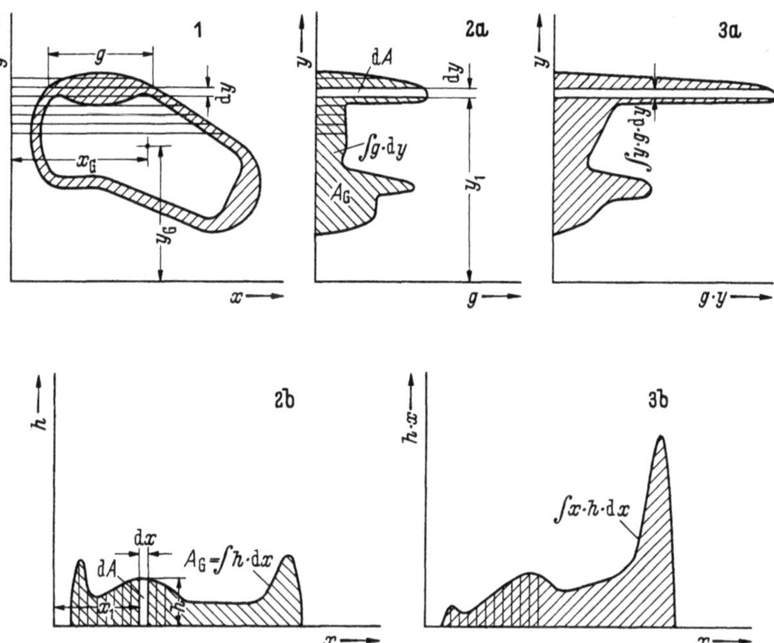

Bild 1.56. Graphisch-rechnerisches Verfahren zur Ermittlung des Gratflächenschwerpunktes

1. Zeichne die Gravur im $x - y$-Koordinatensystem einschließlich der Gratbahn (Feld 1).
2. Unterteile die gesamte Fläche in Abschnitte von der Höhe dy (Feld 1).
3. Trage die Abschnitte g in einem weiteren System $y \ldots g$ auf (Feld 2 a).
4. Planimetriere die Gratfläche A_G aus (Feld 2 a).
5. Bilde die Produkte $g \cdot y_1$ usf.
6. Trage die Produkte $g \cdot y_1$ im System $y \ldots (g \cdot y)$ auf (Feld 3 a).
7. Planimetriere die Fläche $y \cdot g \cdot dy$ aus.
8. Der Quotient $\dfrac{\int y \cdot g \cdot \mathrm{d}y}{A_G}$ ist das gesuchte y_G .

Für unsymmetrische Stücke wird dieser Rechengang in gleicher Weise für x_G entsprechend Feld 2 b und 3 b durchgeführt. Die Abschnitte h werden parallel zur y-Achse aus Feld 1 entnommen

Beim Formpressen ohne Grat wird k_{w1} — wie Versuche zeigten — vornehmlich von den Abrundungshalbmessern der Gravurkanten und dem Verhältnis des Volumens der Ausgangsform zum Gravurvolumen sowie der Werkstückgestalt, bestimmt (Bild 1.55). Das Ausfüllen der unteren Kanten der Gravur verlangt größere Druckkräfte als das der oberen.

Die Unterschiede zwischen dem Formpressen mit und ohne Grat sind, außer durch den fehlenden Gratspalt, durch die verschiedene Wirkung des Werkstoffüberschusses bedingt: beim Formpressen ohne Grat kann nur ein geringer Werkstoffüberschuß entsprechend der Auffederung der Maschine zugelassen werden (Werkstoffüberschuß $\Delta V_{\ddot{u}}=(0,01$ bis $0,03)\cdot V_E$ gegenüber $\Delta V_{\ddot{u}}=(0,1$ bis $1,0)\,V_E$ beim Formpressen mit Grat). Bei guter Abstimmung von Einsatzvolumen und Gravurvolumen erfordert das Formpressen ohne Grat geringere Kräfte als das Formpressen mit Grat. Für den Zusammenhang zwischen k_w und $\Delta V_{\ddot{u}}$ gilt nach [1.32] wegen

$$\Delta V_{\ddot{u}}=f\cdot A_{PS}-\Delta V_1 \text{ und } c=\frac{F}{f}=\frac{k_w\cdot A_{pW0}}{f}:$$

$$k_w=\frac{c\cdot V_W}{A_{pW0}^2}\left[\frac{\Delta V_{\ddot{u}}}{V_W}+\frac{\Delta V_1}{V_W}\right], \qquad (1.57)$$

c = Gesamtfederzahl von Presse und Werkzeug,
V_W = Gravurvolumen,
A_{pW0} = projizierte Fläche des Oberwerkzeuges,
$\Delta V_{\ddot{u}}$ = Volumenüberschuß,
ΔV_1 = nichtausgefülltes Gravurvolumen.

1.3.3.5 Kraftangriffspunkt und -richtung

Kraftangriffspunkt und -richtung bestimmen die Schrägstellung und die Verschiebung des Obergesenkes und damit die Gleichmäßigkeit der Dickenabmessungen und den Versatz. Damit diese Fehler vermieden werden, soll die Kraft durch den Schwerpunkt des Bärs oder Stößels der Maschine gehen.

Der Angriffspunkt und die Wirklinie der Umformkraft lassen sich angeben, indem man die Resultierende aller in den einzelnen Abschnitten bzw. Querschnitten der Gravur wirkenden Teilkräfte bestimmt. Der Angriffspunkt und die Wirklinie der Kraft liegen für ein bestimmtes Schmiedestück nicht fest, sondern ändern ihre Lage während des Umformens — auch während eines einzelnen Schlages. Erfahrungsgemäß hat der Grat den größten Einfluß auf die Lage des Kraftangriffspunktes, der vielfach praktisch mit dem Flächenschwerpunkt des Grates zusammenfällt. Da es darauf ankommt, die Kippmomente so klein wie möglich zu halten, wird die Gravur so in den Block gelegt, daß am Ende der Umformung die Abweichung des Kraftangriffspunktes von der Mittellinie der Maschine ein Minimum wird. Zu Beginn der Umformung darf der Abstand größer sein, da die Kraft dann nur einen Bruchteil der Kraft am Ende des Vorganges beträgt.

In erster Näherung stimmt der Kraftangriffspunkt mit dem Flächenschwerpunkt überein. Die Abweichungen hiervon sind um so größer, je unterschiedlicher bei unsymmetrischen Werkstücken die Dicken der Formelemente sind, da sich dann die Teilkräfte anders zueinander verhalten als die Teilflächen. Die Lage des Gratflächenschwerpunktes wird nach bekannten graphischen oder rechnerischen Verfahren bestimmt. Die Form bzw. die Abmessungen der Gratbahn sind in den Gesenkzeichnungen enthalten (Bild 1.56).

Im allgemeinen ergibt sich kein großer Fehler, wenn der Schwerpunkt der gesamten Projektionsfläche von Schmiedestück und Grat ermittelt wird.

Manche Schmiedestücke lassen sich oft in einfache Teilflächen zerlegen, deren Teilschwerpunkte sich leicht angeben lassen; nach dem Schwerpunktsatz ist der Gesamtflächen-Schwerpunkt danach ohne weiteres zu bestimmen (Bild 1.57).

An Formelementen mit keilförmigen Querschnitten wird der Kraftangriffspunkt zur dünneren Seite hin verschoben; die Kraftrichtung weicht von der Schlagrichtung ab (vergl. Abschn. 1.3.2.2).

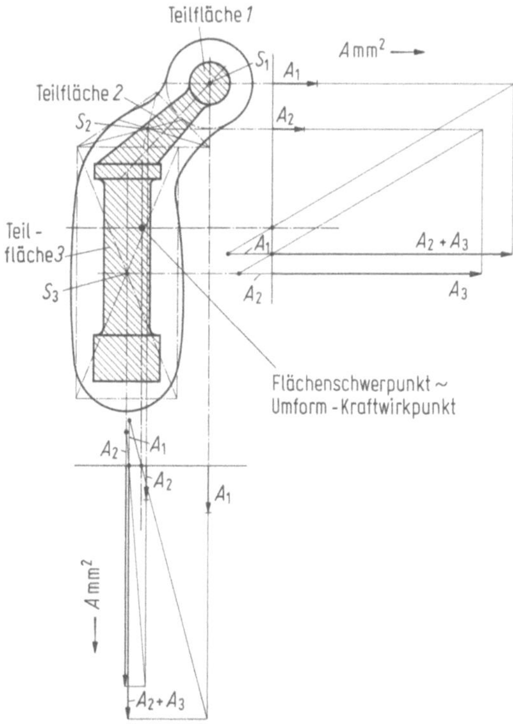

Bild 1.57. Bestimmung des Umform-Kraftangriffspunktes aus Teilflächenschwerpunkten nach [1.49]. A_1, A_2, A_3 Teilflächen; S_1, S_2, S_3 Teilflächenschwerpunkte

1.3.3.6 Umformarbeit

Die Umformarbeit läßt sich durch Integration der Kraft-Weg-Kurve oder mit Hilfe des Siebelschen Ansatzes nach Gl. (1.34) berechnen. Der mittlere Umformwiderstand k_{wm} wird häufig mit Hilfe des Umformwirkungsgrades η_F aus der mittleren Fließspannung ermittelt:

$$k_{wm} = \frac{k_{fm}}{\eta_F}. \tag{1.58}$$

η_F wird aufgrund von experimentellen Ergebnissen geschätzt. Beim Stauchen eines Rechtkantprofils in einem Gesenk ohne Gratspalt ist $\eta_F = 0{,}75$, beim Formpressen mit Grat $\eta_F = 0{,}4$ bis $0{,}25$.

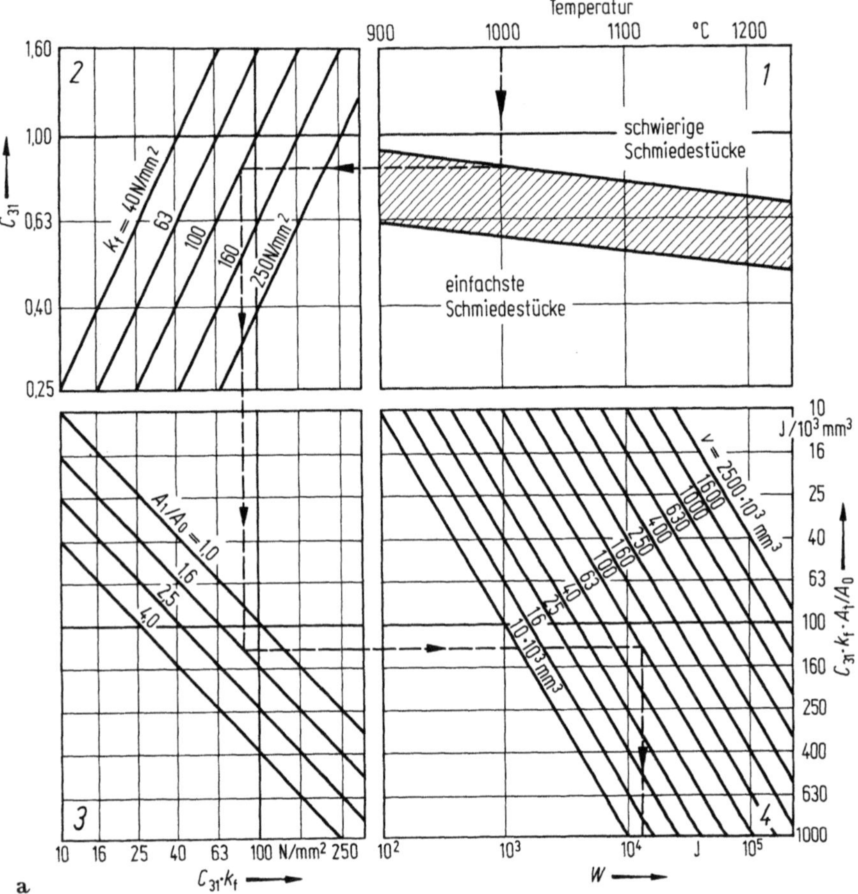

Bild 1.58. Nomogramme zur Ermittlung der Umformarbeit.
a) Lange Schmiedestücke; b) rotationssymmetrische, kleine Schmiedestücke

Statt $\bar{\varphi}$ wird häufig φ_{max} in Gl. (1.34) eingesetzt:

$$\varphi_{\text{max}} = \ln \frac{h_{\text{mE}}}{h_{\text{mA}}}. \tag{1.59}$$

Dieser Ansatz ist jedoch fragwürdig, da sich die mittlere Höhe nicht ändert, wenn die projizierte Fläche und das in der Gravur eingeschlossene Volumen konstant bleiben, d. h. nur die Querschnittsform geändert wird, wie es angenähert beim Schmieden einer Zwischenform in der Endgravur der Fall ist. Richtiger ist es, das Werkstück in Formelemente zu unterteilen, für diese die Umformgrade zu berechnen und daraus einen Mittelwert zu bilden.

Die Feststellung von $\bar{\varphi}$ und k_{wm} wird durch Nomogramme erleichtert, die auf der Annahme beruhen, daß für Gruppen ähnlicher Endformen ein konstantes Verhältnis $k_{\text{wm}}/k_{\text{fa}}$ bestehe und φ_1 etwa gleich sei (Bild 1.58).

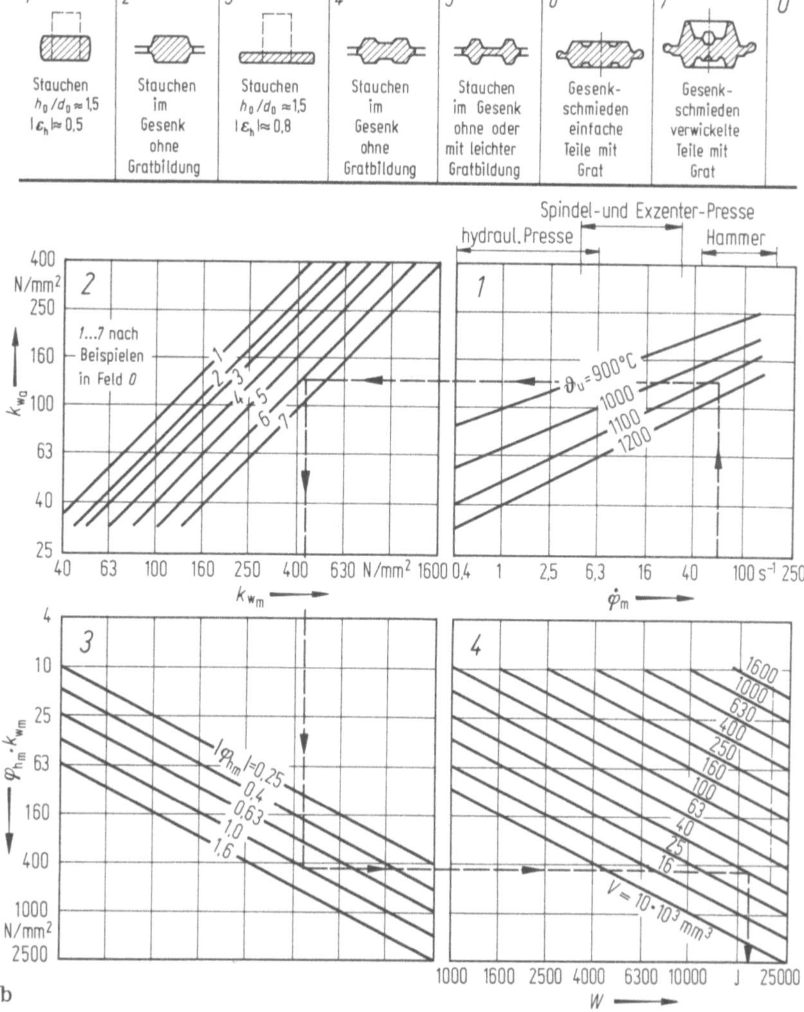

Wenn die Endumformkraft bekannt ist, läßt sich die Umformarbeit auch nach Gl. (1.53) abschätzen.

$$W_u = F_m \cdot s_1 \, ,$$

wobei sowohl für das Querschnittsvorbilden als auch für das Endformen $F_m \approx (0{,}1$ bis $0{,}2)\, F_1$ gilt.

2 Werkstoffe und Halbzeug

Als Werkstoffe für Gesenkschmiedestücke sind grundsätzlich alle knetbaren Metalle geeignet [2.1]. Technische Bedeutung haben heute vor allem unlegierte und legierte Stähle, weiter Magnesium, Aluminium, Titan, Kupfer, Nickel bzw. ihre Legierungen, daneben in bisher sehr begrenztem Umfang hochwarmfeste Werkstoffe wie Niob, Tantal, Molybdän, Wolfram und deren Legierungen. Auch Werkstoffe mit geringem Umformvermögen können durch Formpressen von gesinterten Zwischenformen im Gesenk umgeformt werden.

Die wichtigsten Werkstoffe für Gesenkschmiedestücke werden in den folgenden Abschnitten beschrieben, wobei nach einer allgemeinen Kennzeichnung des Werkstoffes, seiner Eigenschaften, seiner Anwendung und seines Umformverhaltens werkstoffspezifische Angaben über Verfahren, Werkzeuge und Maschinen zusammengefaßt werden. Die Eigenschaften der Schmiedestücke werden in Kapitel 8 behandelt. Wegen weiterer Einzelheiten über die erwähnten Werkstoffe und anderer hier nicht besprochener wird auf das Schrifttum verwiesen [2.2 – 2.10].

2.1 Vergleich des Umformverhaltens

Nach [2.10] lassen sich die Werkstoffe nach ihrer Schmiedbarkeit — gekennzeichnet durch Umformvermögen und Fließspannung — wie folgt ordnen: Al-Leg., Cu-Leg., Mg-Leg., unlegierte und legierte Baustähle, ferritische nicht rostende Stähle, austenitische nicht rostende Stähle, Ti-Leg., Fe-Basis-Leg., Ni-Basis-Leg., Co-Basis-Leg., Nb-Leg., Ta-Leg., W-Leg., Be-Leg.

Das Umformverhalten metallischer Werkstoffe wird im allgemeinen mit zunehmender Temperatur günstiger. Die obere Temperaturgrenze wird vor allem durch die Solidus-Temperatur bestimmt — die Temperatur, bei der ein Werkstoff zu schmelzen beginnt. Daneben können auch Phasenumwandlungen (z. B. bei Titanlegierungen) oder chemische Reaktionen (z. B. starke Zunderbildung, Entkohlung oder Korngrenzenoxidation) und Grobkornbildung die maximale Schmiedetemperatur festlegen. Nach unten wird der Temperaturbereich in der Regel durch die Rekristallisations-Temperatur oder durch Phasenumwandlungen (z. B. α-γ-Umwandlung bei Stahl) begrenzt. Häufig wird der Bereich der Schmiedetemperatur wegen der mit abnehmender Temperatur stark ansteigenden Fließspannung oder wegen des ungünstigen Einflusses niedriger Schmiedetemperaturen auf die Eigenschaften (z. B. Grobkornbildung bei Stahl) weiter eingeengt.

Bild 2.1, in dem die Temperaturbereiche für verschiedene Werkstoffgruppen angegeben sind, vermittelt eine Vorstellung über den Bereich der Schmiedetemperaturen für jeweils eine Werkstoffklasse. Rückschlüsse auf die Schmiedetemperatur für einen bestimmten Werkstoff können daraus nicht ohne weiteres gezogen werden. Das Bild zeigt auch, daß Schmiede-, Werkzeug- und Schmierschichttemperatur bei Al- und Mg-Legierungen relativ eng beieinander liegen, woraus sich starke Rückwirkungen auf die bei diesen Werkstoffgruppen angewandte Technologie ergeben. Fertigungsablauf und Wahl der Maschinenart werden von der Lage der Schmiedestücktemperatur zur Solidustemperatur mitbestimmt (z. B. wird die Solidus-Temperatur u. U. überschritten, wenn Aluminium-Legierungen mit großen Umformgraden je Schlag und kurzzeitig aufeinanderfolgenden Schlägen im Ham-

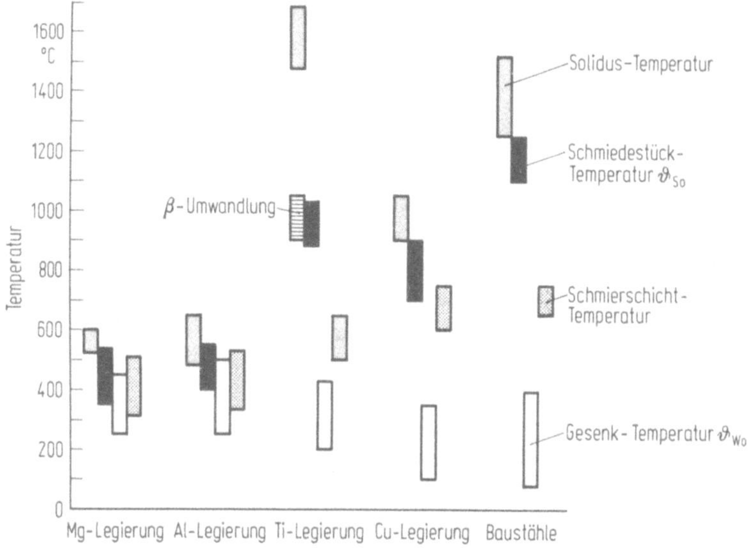

Bild 2.1. Schmiedestück- und Werkzeugtemperaturbereiche beim Gesenkschmieden

mer geschmiedet werden). Die Schmiedestücktemperatur ist auch für die Grundtemperatur des Werkzeugs und damit für die Wahl des Werkzeugstoffs maßgebend. Das Verhältnis von Schmiedestücktemperatur zu Werkzeugtemperatur hat schließlich wegen der dadurch gegebenen Abkühlung des Schmiedestücks bzw. Anwärmung der Werkzeuge Rückwirkungen auf die mögliche Druckberührzeit und damit auf die Maschinenauswahl (hydraulische Pressen sind für das Schmieden von Magnesium- und Aluminium-Liegerungen ohne weiteres anwendbar, für das Schmieden von Stählen dagegen nur bedingt geeignet).

Die günstigen Temperaturbereiche im Hinblick auf das Umformvermögen lassen sich durch Verdrehversuche (Anzahl der Umdrehungen bis zum Bruch) oder anhand der Bruchdehnung oder Einschnürung bei Zug- oder Schlagzugversuchen beurteilen [2.11].

In Bild 2.2 sind die Fließspannungen einiger häufig verwendeter Werkstoffe bei den jeweiligen Schmiedetemperaturen verglichen. Aus der Größe der k_f-Werte und

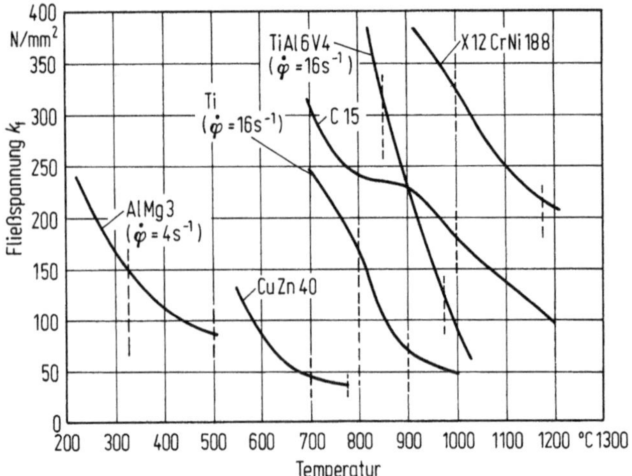

Bild 2.2. Fließspannungen metallischer Werkstoffe ($\varphi=0{,}5$; $\dot\varphi=8\ s^{-1}$)

dem Kurvenverlauf erhält man Hinweise über die Schwierigkeiten beim Schmieden (steiler Anstieg der Fließspannung mit abnehmender Temperatur bedeutet enge Temperatur-Bereiche beim Schmieden). Folgerungen für die Druckspannungen und Kräfte lassen sich jedoch aus dieser Darstellung nur bedingt ziehen, da zum Teil verschiedene Umformbedingungen (z. B. Umformgeschwindigkeit) angewendet werden und unterschiedliche Reibverhältnisse vorliegen (s. Tab. 1.5).

Einige für das thermische Verhalten wichtige Werkstoff-Kennwerte sind in Tabelle 2.1 angegeben.

Wenn man vor der Aufgabe steht, eine noch wenig bekannte Legierung zu schmieden, wird man zuerst den Bereich der Schmiedetemperatur (Solidus-Temperatur, Rekristallisations-Temperatur, Temperatur von Phasenumwandlungen, Abhängigkeit des Formänderungsvermögens und der Fließspannung von der Temperatur) feststellen. Aus der absoluten Höhe der Schmiedetemperatur, der Größe des Temperaturbereiches und seiner Lage zur Solidus-Temperatur sowie dem Verhält-

Tabelle 2.1. Eigenschaften von Metallen

	Dichte g/cm³	E-Modul N/mm²	Schmelz- temp. °C	spez. Wärme kJ/kg °C	Wärme- leit- fähigkeit W/cm °C	Längen-Aus- deh.-Koeff. mm/mm °C
Aluminium (Al 99,5)	2,7	70 000	660	0,95 (20 bis 100 °C)	2,3 (20 °C)	24×10^{-6} (20 bis 100 °C)
Kupfer (unlegiert)	8,9	120 000	1083	0,39 (20 bis 100 °C)	3,9 (20 °C)	$16{,}8\times10^{-6}$ (20 bis 300 °C)
Magnesium- Leg.	1,8	42 000 bis 45 000	610 bis 650	1,05 (20 bis 100 °C)	1,7 (20 °C)	26×10^{-6} (10 bis 100 °C)
Stahl (unlegiert)	7,8	210 000		0,46 (20 bis 100 °C)	0,68 (20 °C)	$12{,}5\times10^{-6}$ (0 bis 100 °C)
Titan	4,5	110 000	1800	0,59 (0 bis 500 °C)	0,17 (20 °C)	$9{,}1\times10^{-6}$ (20 bis 200 °C)

nis von Schmiedetemperatur zu Werkzeugtemperatur ergeben sich dann wichtige
Hinweise für die Gestaltung des Fertigungsablaufes, der Werkzeuge und der Maschinenauswahl.

2.2 Werkstoffarten

2.2.1 Unlegierte und legierte Baustähle

Stahl ist der wichtigste Werkstoff für Gesenkschmiedestücke. Seine Bedeutung liegt
darin, daß eine große Zahl genormter Stahlsorten mit unterschiedlichen Eigenschaften verfügbar ist und daß er sich durch Legierungszusätze und Wärmebehandlung
unterschiedlichen Anforderungen an Härte, Streckgrenze, Zugfestigkeit, Bruchdehnung, Zähigkeit, Dauerschwingfestigkeit, Warmfestigkeit, Zerspanbarkeit und Korrosionsbeständigkeit anpassen läßt.

Für Gesenkschmiedestücke werden je nach Verwendungszweck Baustähle ohne
Qualitätsanforderungen nach DIN 17 100 für Schmiedestücke geringer bis mittlerer
Festigkeit und Zähigkeit sowie unlegierte und legierte Einsatzstähle nach DIN
17 210 für Werkstücke, die auf Verschleiß beansprucht werden, Vergütungsstähle
(Qualitäts- und Edelstähle) nach DIN 17 200, Nitrierstähle nach DIN 17 211, Stähle
für das Flamm- und Induktionshärten nach DIN 17 212 und Werkstoffe aus den
übrigen in Tabelle 2.2 aufgeführten Stahlarten verwendet. In Tabelle 2.3 ist eine

Tabelle 2.2. Stahlarten für Gesenkschmiedestücke

Bezeichnung	DIN	Merkmale	σ_B N/mm²	δ %
Allg. Baustähle	17 100	Verwendung üblicherweise im kalt- oder warmumgeformten Zustand oder nach Normal- glühen	350 bis 800	28 bis 10
Alterungsbeständige Stähle	17 135	Geringe Veränderung der Zä- higkeit mit der Zeit		
Vergütungsstähle	17 200	Eignung zum Härten und An- lassen	500 bis 1500	20 bis 10
Einsatzstähle	17 210	Große Oberflächenhärte nach Aufkohlen bei hoher Zähigkeit des Kerns	500 bis 1500	16 bis 7
Nitrierstähle	17 211	Vergütungsstähle mit Leg.-Ele- menten, die Nitridbildung in der Oberflächenschicht verbes- sern	650 bis 1500	14 bis 8
Stähle für das Flamm- u. Induk- tionshärten	17 212	Härtbarkeit der Randzone ohne nennenswerte Beeinflus- sung der Eigenschaften des Kerns	500 bis 1300	20 bis 10
Warmfeste und Hochwarmfeste Stähle	17 240	Beanspruchungstemperatur 300 bis 500 °C Beanspruchungstemperatur 500 bis 650 °C		
Nichtrostende Stähle	17 440	Besondere Beständigkeit gegen chemisch angreifende Stoffe		

Tabelle 2.3. Stähle für Gesenkschmiedestücke (Auswahl)

1. Allgemeine Baustähle nach DIN 17100

Lfd. Nr.	DIN-Bezeichnung	Werkst. Nr.	Schmelzen-Analyse (Höchstgehalte)[1] C	N	Beispiele für die Verwendung
1	St 33-2	1.0033	0,30		Für untergeordnete Zwecke, Beschläge, wenig beanspruchte ruhende Bauteile
2	R St 34-2	1.0108	0,15	0,007	Hebel, Flansche, Bolzen, Ringe, Zapfen, Büchsen
3	R St 37-2	1.0114	0,17	0,007	Flansche, Naben, Bremspedale, Hebel, Stoßringe, leichte Schwungscheiben
4	R St 42-2	1.0134	0,23	0,007	Lagerdeckel, Laufringe, gering beanspruchte ungehärtete Zahnräder, ferner Teile wie lfd. Nr. 2 u. 3
5	St 52-3	1.0841	$\leqq 0{,}20$	0,009	Anhängeflansch, -maul, Fußplatte, Kugelpfanne, Kolben, Stempelkopf
6	St 50-2	1.0532	$\approx 0{,}30$	0,007	Naben, Schwungräder, Ausgleichsantriebsgehäuse, Hebel, Gegengewichte für Kurbelwellen, Schwingen, Dichtungsringe, Zentrierbüchsen, Zugstangen, gering belastete ungehärtete Zahnräder
7	St 60-2	1.0542	$\approx 0{,}40$	0,007	Kupplungsmuffen, Gleitbüchsen, Steckachsen, Gabelköpfe, verschiedene Hebel, Zahnräder
8	St 70-2	1.0632	$\approx 0{,}50$	0,007	Lenkstockhebel, Zahnräder, Federschaken, Zinkenspitze

[1] P_{max} u. $S_{max} = 0{,}050$ mit Ausnahme von lfd. Nr. 5: P_{max} u. $S_{max} = 0{,}045$

2. Einsatzstähle nach DIN 17210

Lfd. Nr.	DIN-Bezeichnung	Werkst. Nr.	Schmelzen-Analyse [1]					Beispiele für die Verwendung
			C	Si	Mn	Cr		
9	C 10	1.0301	0,07 0,13	0,15 0,35	0,30 0,60			Teile für Einsatzhärtung, bei denen keine hohe Kernfestigkeit gefordert wird, wie Nockenwellen, Steuerwellen, Naben, Einrückmuttern, Kurbelscheiben, Hebel, Mitnehmer, Meßzeuge, Laufrollen, Transportbügel
10	C 15	1.0401	0,12 0,18	0,15 0,35	0,30 0,60			
11	Ck 10	1.1121	0,07 0,13	0,15 0,35	0,30 0,60			Wie C 10 und C 15, wenn hohe Ansprüche an Gleichmäßigkeit, Freisein von nichtmetallischen Einschlüssen und Oberflächenbeschaffenheit gestellt werden
12	Ck 15	1.1141	0,12 0,18	0,15 0,35	0,30 0,60			
13	16 MnCr 5	1.7131	0,14 0,19	0,15 0,40	1,00 1,30	0,80 1,10		Zahnräder und Ritzel, Getriebewellen, Schalträder, Schaltmuffen, Mitnehmerringe, Schiebehülsen, Schieberäder, Ausgleichsgehäusehälften, Lenkwellen, Nockenwellen, Meßzeuge u. a. m.
14	20 MnCr 5	1.7147	0,17 0,22	0,15 0,40	1,10 1,40	1,00 1,30		Wie 16 MnCr 5 vornehmlich für Getriebeteile, Achsantriebsteile
15	20 MoCr 4	1.7321	0,17 0,22	0,15 0,40	0,60 0,90	0,30 0,50	0,40 0,50 Mo	Getriebeteile
16	25 MoCr 4	1.7325	0,23 0,29	0,15 0,40	0,60 0,90	0,40 0,60	0,40 0,50 Mo	Achskörper, Getriebeteile
17	15 CrNi 6	1.5919	0,12 0,17	0,15 0,40	0,40 0,60	1,40 1,70	1,40 1,70 Ni	Hochbeanspruchte Getrieberäder und -wellen kleinerer Abmessungen
18	17 CrNiMo 6	1.6587	0,14 0,19	0,15 0,40	0,40 0,60	1,50 1,80	1,40 1,70 Ni	Wie 15 CrNi 6 für hochbelastete Getriebeteile größerer Abmessungen

[1] Qualitätsstähle P_{max} u. $S_{max} = 0{,}045$; Edelstähle P_{max} u. $S_{max} = 0{,}035$

Tabelle 2.3. (Fortsetzung)

3. Vergütungsstähle nach DIN 17200

Lfd. Nr.	DIN-Bezeichnung	Werkst. Nr.	Schmelzen-Analyse [1]				Beispiele für die Verwendung
			C	Si	Mn	Cr	
19	C 35	1.0501	0,32 0,39	0,15 0,35	0,50 0,80		Ausgleichsgehäuse und Ausgleichsgehäusedeckel, Tragrohre, Radnaben, Kurbelzapfenlager und Lagerdeckel, Treibstangen, Hinterachskörper, Flansche, Hebel, Bremshebel
20	C 45	1.0503	0,42 0,50	0,15 0,35	0,50 0,80		Kurbelwellen für Fahrzeugantriebe, Hinterachsteile, Nockenwellen, Radnaben, Lenkschenkel, Schwungräder, Ausgleichgehäuse, Pleuelstangen, Kurbelscheiben, Bolzen, Zahnräder
21	C 60	1.0601	0,57 0,65	0,15 0,35	0,60 0,90		Ausgleichsgehäusehälften, Achse, Kupplungsscheibe, -rad
22	Ck 35	1.1181	0,32 0,39	0,15 0,35	0,50 0,80		Wie C 35, wenn hohe Ansprüche an Gleichmäßigkeit, Freiheit von nichtmetallischen Einschlüssen und Oberflächenbeschaffenheit gestellt werden
23	Ck 45	1.1191	0,42 0,50	0,15 0,35	0,50 0,80		Wie C 45, wenn hohe Ansprüche an Gleichmäßigkeit, Freiheit von nichtmetallischen Einschlüssen und Oberflächenbeschaffenheit gestellt werden, Achsschenkel, Lenkhebel

24	Ck 60	1.1221	0,57 0,65	0,15 0,35	0,60 0,90			Kurbelzapfen, Kupplungsteile, Wellen, Zahnräder
25	34 Cr 4	1.7033	0,30 0,37	0,15 0,40	0,60 0,90	0,90 1,20		Kurbelwellen, Hebelwellen, Lenkhebel, Mitnehmer, Schalthülsen, Achsschenkel
26	41 Cr 4	1.7035	0,38 0,45	0,15 0,40	0,50 0,80	0,90 1,20		Wie 34 Cr 4, ferner Pleuelstangen, Hebel, Vorderachsen, Achsschenkel, Hinterachshälften, Spurhebel
27	50 CrV 4	1.8159	0,47 0,55	0,15 0,40	0,70 1,10	0,9 1,2	0,1 bis 0,2 V	Hinterachswellen, Seitenwellen, Mitnehmer, Verbindungsmuffen, Lenkhebel
28	25 CrMo 4	1.7218	0,22 0,29	0,15 0,40	0,50 0,80	0,90 1,20	0,15 bis 0,30 Mo	Achsschenkel, Flansch, Druckrolle
29	34 CrMo 4	1.7220	0,30 0,37	0,15 0,40	0,50 0,80	0,90 1,20	0,15 bis 0,30 Mo	Kurbelwellen, Achsschenkel, Hinterachstrichter, Getrieberäder
30	42 CrMo 4	1.7225	0,38 0,45	0,15 0,40	0,50 0,80	0,90 1,20	0,15 bis 0,30 Mo	Kugelbolzen, Hinterachswellen, Keilwellen, Lenkachsschenkel, Lenkhebel, Vorderachsen, Seitenwellen, Pleuelstangen, Ritzel

[1] Qualitätsstähle: P_{max} u. $S_{max} = 0,045$; Edelstähle: P_{max} u. $S_{max} = 0,035$

Auswahl der wichtigsten Stahlwerkstoffe für Gesenkschmiedestücke mit Beispielen für ihre Verwendung zusammengestellt. Die Wahl eines bestimmten Stahles für ein Schmiedestück ist nach den Festigkeitseigenschaften (Härtbarkeit abhängig in erster Linie vom C-Gehalt), der Verteilung der Festigkeitseigenschaften (Härtewerte über dem Querschnitt) und der Einhärtbarkeit (abhängig vom C-Gehalt, von Art und Menge der Legierungselemente, Austenitkorngröße und Abschreckmedium) vorzunehmen. Werkstücke ohne Wärmebehandlung werden zweckmäßig aus Stählen nach DIN 17 100 hergestellt. Wenn Schmiedestücke aus der Schmiedewärme gesteuert abgekühlt werden sollen, verwendet man auch mikrolegierte Edelstähle anstelle von Vergütungsstählen (z. B. 49 MnVS 3 statt Ck 45); vergl. Abschn. 6.4.

Wenn bei Torsions- und Biegebeanspruchungen nur die Randzonen hohe Festigkeitswerte aufweisen müssen, ist eine Durchvergütung nicht nötig (Beispiel: Pkw-Kurbelwellen werden aus Ck 45 statt aus legierten Stählen geschmiedet).

Die unlegierten und legierten Baustähle haben bei Raumtemperatur ein kubisch-raumzentriertes Gefüge (Ferrit, α-Gefüge), bei höheren Temperaturen ein kubisch-flächenzentriertes Gefüge (Austenit, γ-Gefüge). Bei Schmiedetemperatur ist nur eine Phase vorhanden. Oberhalb 700 bis 750 °C kommt es zu starker Oxidation und Entkohlung.

Die Baustähle haben einen Legierungsspielraum von 0,1 bis 1% C zur Erreichung von Härte und Festigkeit. Bis zu 5% Cr, Mo, V, Ni und andere Legierungselemente werden zugesetzt, um Härtbarkeit, Warmfestigkeit, Wärmewechselbeständigkeit, Dauerschwingfestigkeit, Korngröße und Bearbeitbarkeit zu beeinflussen.

Bei hochlegierten Stählen nehmen die Fließspannungen merklich zu, während das Umformvermögen geringer ist. Dadurch ergeben sich höhere Werkzeugbelastungen und ein erschwerter Fertigungsablauf. Die Mindestabmessungen, Toleranzen und Bearbeitungszugaben sind aus diesem Grunde vom Werkstoff abhängig.

Unlegierte Vergütungsstähle lassen sich auf Zugfestigkeiten zwischen 500 und 900 N/mm² bringen bei Bruchdehnungen zwischen 11 und 20% je nach C-Gehalt und Wärmebehandlung; bei legierten Vergütungsstählen sind es 800 bis 1500 N/mm² Zugfestigkeit (Streckgrenze 550 bis 900 N/mm²) bei 8 bis 12% Bruchdehnung[1]. Bei den Einsatzstählen — Aufkohlen im Pulver, im Salzbad oder im Gasstrom — richtet sich die Härte in der aufgekohlten Schicht sowie im Kern ebenfalls nach der Zusammensetzung des Grundwerkstoffes, ferner nach der Einsatzdauer, der Art der Aufkohlung und der Wärmebehandlung. Hierbei lassen sich die Werkstückeigenschaften weitgehend den Beanspruchungen anpassen.

Unlegierte und niedriglegierte Baustähle haben bei den jeweiligen Schmiedetemperaturen ein ähnliches Umformverhalten, jedoch erfordern die Stähle mit hohem Kohlenstoffgehalt niedrigere Umformtemperaturen, wodurch die Fließspannung höher liegt (Bild 2.3, Tabelle 2.4). Das Umformvermögen wird u. a. durch Zusätze von Schwefel beeinträchtigt. Die Eignung eines Stahls nach DIN 17 100 zur Verarbeitung zu Gesenkschmiedestücken wird durch Angabe des Buchstabens P gekennzeichnet, z. B. UP St 37-2.

---

[1] Wegen weiterer Einzelheiten wird auf die Werkstoffnormen (s. a. [2.3]) und die Stahl-Eisen-Werkstoffblätter 350, 400, 470, 490, 830, 850 (Verlag Stahleisen, Düsseldorf) verwiesen. Aus diesen sind auch Angaben über die mechanischen Eigenschaften der Baustähle zu entnehmen.

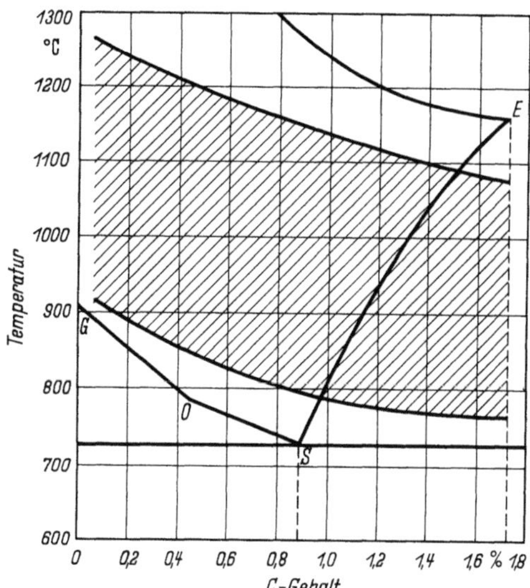

Bild 2.3. Bereich der Schmiedetemperaturen bei Kohlenstoffstahl

Als Ausgangsmaterial beim Gesenkschmieden wird meist gewalzter Stahl verwendet: Stäbe bis Φ 50 mm, Knüppel: $\square$ 50 bis 130 mm, Vorblöcke: $\square$ 130 bis 400 mm, Vorbrammen ($b = 600$ bis 2000 mm, $h = 40$ bis 200 mm), Breit-Flach-Stahl ($b = 151$ bis 1200 mm, $h = 5$ bis 6 mm). Für Schmiedestücke, die teilweise unbearbeitet bleiben, wird auch gezogenes Material benutzt (z. B. Motorenventile). Zur Zeit werden Versuche mit stranggegossenem Material gemacht. Erprobt wird auch die Verwendung von gesinterten Ausgangsformen (s. Abschn. 3.3.4).

Tabelle 2.4. Schmiedetemperaturen von Stahl

Stahl, niedriger C-Gehalt	900 bis 1250 °C
Stahl, mittlerer C-Gehalt	850 bis 1200 °C
Stahl, hoher C-Gehalt	800 bis 1150 °C
Stahl, Mangan-legiert	850 bis 1200 °C
Stahl, Nickel-legiert	850 bis 1150 °C
Stahl, Nickel-Chrom-legiert	870 bis 1150 °C
Stahl, Chrom-legiert	870 bis 1150 °C
Stahl, nichtrostend	750 bis 1150 °C

Beim Wärmen sind gewisse Regeln zu beachten, die in erster Linie die Aufheizzeiten betreffen. Bei den Kohlenstoffstählen bestehen hier im allgemeinen keine besonderen Schwierigkeiten, dagegen weisen die legierten Stähle eine Anwärm- und Abkühlempfindlichkeit auf, die in der Regel mit zunehmendem Gehalt an Legierungsbestandteilen zunimmt.

Die Abhängigkeit des mittleren Längenausdehnungskoeffizienten α (zwischen 0 und ϑ °C) von der Temperatur für verschiedene Stähle ist in Bild 2.4 dargestellt. Das Schwindmaß Δl_ϑ errechnet sich aus dem Produkt:

$$\Delta l_\vartheta = \alpha \cdot \vartheta \cdot 10^{-4} \%. \tag{2.1}$$

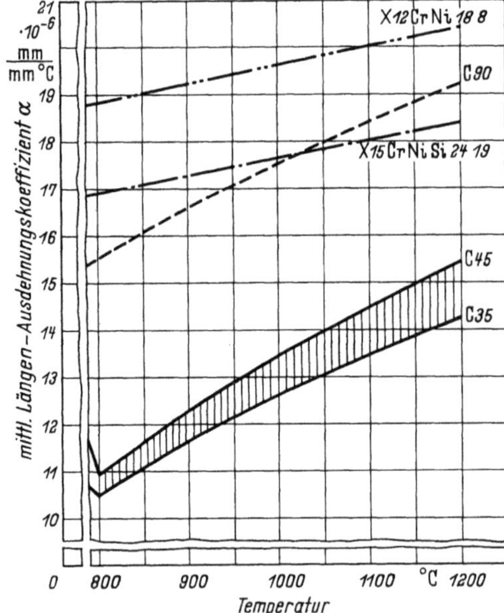

Bild 2.4 Mittlerer Längenausdehnungskoeffizient zwischen 20 und ϑ °C für verschiedene Stahlsorten nach [2.12]

Tabelle 2.5 gibt für 800, 950 und 1100 °C einige danach ausgerechnete Werte für das Schwindmaß. Es zeigt sich, daß wegen der starken Schwankung das Arbeiten im Gesenkbau mit einer einzigen Zahl für das Schwindmaß den wahren Verhältnissen nicht gerecht wird. Die Wahl falscher Werte sowie Abweichungen von den zugrunde gelegten Ablegetemperaturen beeinflussen unmittelbar die Maßgenauigkeit der Gesenkschmiedestücke (s. hierzu 4.5).

Weitere für das mechanische und thermische Verhalten von Stählen wichtige Werkstoff-Kennwerte sind in Tabelle 2.6 zusammengestellt.

Tabelle 2.5. Schwindmaße verschiedener Stahlwerkstoffe bei Ablegetemperaturen zwischen 800 und 1100 °C nach [2.12]

Werkstoff	Schwindmaß $\Delta l_\vartheta = \alpha \cdot \vartheta \cdot 10^{-4}$ (ϑ = Ablegetemperatur)		
	800 °C	950 °C	1100 °C
C 35	0,84%	1,16%	1,48%
C 45	0,88%	1,22%	1,60%
C 90	1,24%	1,62%	2,03%
X 12 CrNi 18 8	1,50%	1,85%	2,20%

2.2.2 Nichtrostende Stähle

Da sich die nichtrostenden Stähle in ihrer Schmiedbarkeit von den legierten Baustählen unterscheiden, werden sie hier gesondert behandelt. Sie haben je nach Zusammensetzung ein ferritisches, halb-austenitisches oder austenitisches Gefüge (Bild 2.5, Tab. 2.7).

Tabelle 2.6. Werkstoff-Kennwerte von Stählen

a C 35; b X 40 CrMoV 51 (HRC = 47 bei 20 °C); c 57 NiCrMoV 77

Temperatur	Streckgrenze			E-Modul			Spez. Wärmekapazität			Mittl. Längen-Ausdehn.-Koeff. zw. 20 u. ϑ °C			Wärmeleitfähigkeit			Dichte		
°C	N/mm²			kN/mm²			kJ/kg °C			mm/mm °C			W/m °C			g/cm³		
	a	b [2]	c [3]	a	b [2]	c	a	b	c [1]	a	b [2]	c [1]	a	b	c	a	b	c [1]
20	430	1350	910	210	222		0,475	0,475					33	36		7,85		7,83
100		1280	890	208	217			0,511			11,4	12,16	35	37		7,82		7,8
200		1200	870	202	210		0,500	0,552		12,9	11,9	12,83	36	39,5		7,80		7,77
300		1130	850	195	203			0,595			12,2	13,32	35	38,2		7,77		7,73
400		1020	770	185	193		0,540	0,637		13,9	12,5	13,72	34	37,8		7,73		7,70
500		880	600	175	183			0,693			12,9	14,08		37,1		7,69		7,67
600		570	330	165	170		0,59	0,780		14,6	13,1	14,46	31	36,4		7,66		7,63
700		150	100		158						13,3	14,81		35,7		7,61		7,59
800					143		0,69			13	13,5	12,13				7,61		7,61
900					127						11,5	12,64				7,57		7,57
1000							0,68			13,5		13,66				7,52		7,52

[1] Nach [2.13];
[2] Nach [4.1];
[3] Nach [1.29] (55 NiCrMoV 6; σ_B = 1130 N/mm² bei 20 °C).

Tabelle 2.7. Nichtrostende Stähle nach DIN 17400 (Auswahl)

($Si_{max} = 1{,}0$; $P_{max} = 0{,}045$; $S_{max} = 0{,}03$)

Bezeichnung	Werkstoff Nr.	Legierungsbestandteile %				Solidus-Temp.	Rekrist.-Temp.	Schmiede-Temp.	σ_B (bei 20 °C geglüht)	$\sigma_{0,2}$ bei 20 °C
		C	Cr	Mo	Ni	°C	°C	°C	N/mm²	N/mm²
ferritisch X 7 Cr 13	1.400	$\leq 0{,}08$	12 bis 14			1370 bis 1480		750 bis 1150	450 bis 650	250
X 40 Cr 13	1.4034	0,40 bis 0,50	12 bis 14					800 bis 1100	≤ 800	
X 8 Cr 17	1.4016	$\leq 0{,}10$	15,5 bis 17,5					750 bis 1050	450 bis 600	270
austenitisch X 15 CrNi 18 9	1.4301	$\leq 0{,}07$	17,0 bis 20		8,5 bis 10,0	≈ 1310	840 bis 930	750 bis 1150	500 bis 700	185
X 5 CrNiMo 18 10	1.4401	$\leq 0{,}07$	16,5 bis 18,5	2,0 bis 2,5	10,5 bis 13,5			750 bis 1150	500 bis 700	205
X 5 CrNiMo 18 12	1.4436	$\leq 0{,}07$	16,5 bis 18,5	2,5 bis 3,0	11,5 bis 14			750 bis 1150	500 bis 700	205

Das Gefüge *ferritischer* nichtrostender Stähle wandelt sich bei langsamer Abkühlung bei etwa 810 °C von Austenit in Ferrit um; bei schnellem Abkühlen entsteht im Bereich von 150 bis 250 °C Martensit. Oberhalb von 1100 °C kann sich je nach Zusammensetzung δ-Ferrit bilden, der das Umformvermögen herabsetzt.

Diese Stähle werden für hochfeste verschleißbeständige Werkstücke und bei Langzeit-Beanspruchung unter hoher Temperatur angewendet, z. B. in der chemischen Technik, im Schiffbau und in der Kerntechnik.

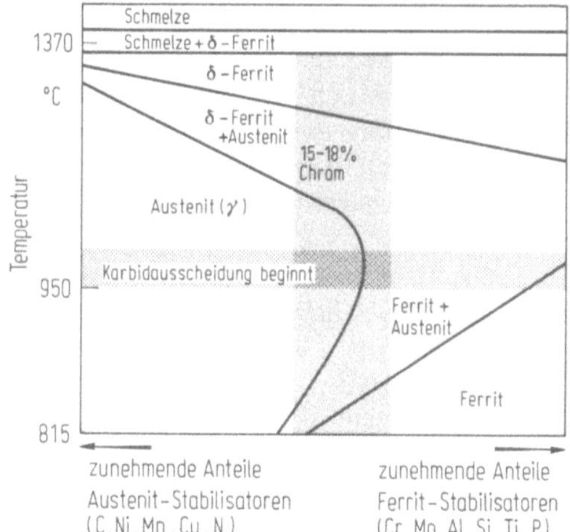

Bild 2.5. Schematisches Konstitutionsschaubild von nichtrostenden Stählen nach [2.8]

Sie verhalten sich beim Schmieden ähnlich wie niedrig legierte Stähle. Die größte Schmiedetemperatur ist jedoch wegen der Bildung von δ-Ferrit um 50 bis 150 °C geringer und die Kräfte sind 1,2- bis 2,0mal so groß.

Austenitische nichtrostende Stähle erfahren keine Gefügeänderung, sie müssen jedoch zwischen 800 und 500 °C schnell abgekühlt werden, um Ausscheiden von Chrom-Karbiden zu vermeiden. Oberhalb 1200 °C bildet sich δ-Ferrit.

Die Legierungen verfestigen sich auch noch bei Umformtemperatur; der Bereich der Schmiedetemperatur ist enger als bei unlegierten Baustählen, wenn sich δ-Ferrit bilden kann. Die Umformarbeit ist 2- bis 3mal so groß wie bei unlegiertem Stahl. Wegen fehlender Zunderbildung neigen die Schmiedestücke zum Haften am Gesenk. Als Schmierstoff wird meist Graphit in Öl verwendet. Man glüht auch die Gesenke, damit eine als Trennschicht wirkende Zunderschicht auf der Gesenkoberfläche entsteht.

Die *halbaustenitischen* Stähle mit etwa 16% Cr und 5 bis 7% Ni haben bis zu Temperaturen von − 70 °C ein austenitisches Gefüge, das sich jedoch unter bestimmten Bedingungen beim Abkühlen in Martensit umwandelt. Eine weitere Zunahme der Festigkeit wird durch Ausscheidungshärten — z. B. von Titankarbid oder Al-reichen Phasen bei etwa 950 °C — erreicht. Diese Temperatur begrenzt der Schmiedebereich nach unten. Die Umformkräfte sind 1,3- bis 1,5mal so groß wie bei unlegiertem Stahl. Die Schmierung ist ähnlich wie bei austenitischen rostfreien Stählen.

2.2.3 Magnesiumlegierungen

Magnesium hat ein dichtgepacktes hexagonales Kristallgitter, das keine Umwandlungen erfährt. Bei Schmiedetemperatur ist im allgemeinen nur eine Phase vorhanden. Magnesium oxydiert langsam und wird bei Temperaturen über 480 °C pyrophor.

Dieses Metall wird nur als Legierung — mit Al, Zn, Mn, Th, Zr u. a. — verwendet. Die üblichen Magnesium-Knetlegierungen ([2.14], Tab. 2.8) haben Zugfestigkeiten von 230 bis 320 N/mm² bei 16 bis 10% Bruchdehnung. Für gering beanspruchte Werkstücke wird vielfach die Legierung MgAl 3 Zn benutzt. Im Fahrzeug- und Flugzeugbau verwendet man hochfeste aushärtbare Legierungen, z. B. MgAl 8 Zn oder MgZn 6 Zr, die im ausgehärteten Zustand Zugfestigkeiten von 340 bis 370 N/mm² aufweisen. Die Korrosionsbeständigkeit von Mg-Legierungen ist geringer als die von Al-Legierungen.

Gepreßte oder gewalzte Magnesium-Legierungen sind gut schmiedbar, besonders in hydraulischen Pressen. Dagegen bilden sich bei Vorhandensein von Grobkorn leicht Risse, wenn in Hämmern umgeformt wird. Hämmer werden deswegen nur selten zum Schmieden von Magnesium-Legierungen benutzt. Auch beim Schmieden in Pressen können im Gratspalt wegen der großen Werkstoffgeschwindigkeit Risse entstehen.

Aus Bild 2.2 läßt sich die Größe der Fließspannungen im Vergleich mit der anderer Werkstoffe ablesen. Als Richtwert für die mittlere Druckspannung kann beim Schmieden von Teilen mit dünnen Böden bei 450 °C ein Umformwiderstand $k_{w1} = 400$ N/mm² gelten.

Die Zähigkeitswerte (Bruchdehnung) und die Gleichmäßigkeit aller mechanischen Eigenschaften bei Raumtemperatur sind vom Schmiedevorgang, vom Faserverlauf und der jeweiligen Querschnittsgröße abhängig: mit dem Umformgrad und kleiner werdender Korngröße nimmt die Festigkeit zu. Angestrebt wird eine geringe und gleichmäßige Korngröße, die sich bei einer während des Umformvorgangs abnehmenden Schmiedetemperatur (zwecks Vermeidung von Rekristallisation und Kornwachstum) ergibt. Die Schmiedetemperatur darf nur wenig streuen, da die Korngröße schon bei geringen Temperaturunterschieden variieren kann. Nach dem Schmieden werden Teile aus Magnesium-Legierungen in Wasser abgeschreckt, um Rekristallisation und Kornwachstum zu verhindern.

Das Ausgangsmaterial wird im allgemeinen in Form von stranggepreßten Stäben geliefert, bei kleineren Abmessungen auch in Form von Walzstäben. Gelegentlich werden auch stranggegossene Blöcke direkt verschmiedet. Die Schmiedetemperatur liegt mindestens 50 °C unter der Solidus-Temperatur. Die untere Grenze wird durch die Gefahr der Rißbildung gezogen. Die Anfangstemperatur ist in Abhängigkeit von der Gestalt des Schmiedestückes, der erforderlichen Umformarbeit und der Anzahl der Schmiedearbeitsgänge zu wählen. Bei einigen Legierungen sind niedrigschmelzende Eutektoide zu berücksichtigen.

Beim Wärmen — in brennstoff- oder elektrisch beheizten Öfen — ist auf gleichmäßige Temperaturen zu achten. Für Temperaturen über 480 °C wird eine neutrale oder reduzierende Ofenatmosphäre erforderlich.

Die Gesenke werden mit Hilfe von thermostatisch geregelten Gasbrennern annähernd auf Schmiedetemperatur vorgewärmt und gehalten. Zu hohe Gesenktem-

Tabelle 2.8. Magnesium-Knetlegierungen nach DIN 1729, Bl. 1 (Auswahl)

Bezeichnung	Legierungsbestandteile %				Solidus-Temp.[1]	Rekrist.-Temp.[1]	Schmiede-Temp.[1,2,3]	Gesenk-Temp.[2] ϑ_{wo}	σ_B (bei 20 °C)[1]	$\sigma_{0,2}$ (bei 20 °C)[1]
	Al	Zn	Mn		°C	°C	°C	°C	N/mm²	N/mm²
MgAl 3 Zn	2,5 bis 3,5	0,5 bis 1,5	0,15 bis 0,4		605	205	300 bis 400	280 bis 380	260	170
MgAl 6 Zn	5,5 bis 7,0	0,5 bis 1,5	0,15 bis 0,4		525	290	310 bis 400	290 bis 370	290	175
MgAl 8 Zn	7,8 bis 9,2	0,2 bis 0,8	0,12 bis 0,3		490	340	310 bis 400	210 bis 240	345	240
MgZn 6 Zr		4,8 bis 6,2		0,45 bis 0,80 Zr	520	315	280 bis 380	220 bis 310	310	210
H M 21 A[4] (warmfeste, aushärtbare Legierung)			0,8	2 Th	605		400 bis 550	370 bis 450	230	140

[1] nach [2.8];   [2] nach [2.9];   [3] nach [2.10];   [4] US-Bezeichnung

peraturen sind wegen Schwierigkeiten beim Füllen der Gravur, zu niedrige wegen
der Gefahr der Rißbildung zu vermeiden. Die Gesenkstandmengen sind größer als
beim Schmieden der meisten anderen Metalle. Wegen der geringen Gesenktemperaturen (die in Bild 2.1 angegebenen Anfangstemperaturen ϑ_{W0} ändern sich beim
Schmieden nur durch Reibungswärme) benutzt man niedrig legierte Gesenkstähle
[2.15]. Die Gesenke werden durch Druckstrahlläppen poliert.

Als Schmierstoff wird meist Graphit in Öl oder Wasser in gleichmäßiger dünner
Schicht aufgetragen. Die Gratbahn sollte nicht geschmiert werden, damit der Gleitwiderstand erhalten bleibt.

Gesenkschmiedestücke aus Magnesium-Legierungen werden wegen ihrer Sprö-
digkeit durch Kaltsägen entgratet. Warmabgraten ist möglich, wird aber wegen der
Gefahr von Verformungen nur bei Schmiedestücken mit großen Querschnitten angewendet.

Die Schmiedestücke werden durch Strahlen vom Schmierstoff gereinigt und anschließend gebeizt.

2.2.4 Aluminium und Aluminiumlegierungen

Aluminium [2.16 – 2.20] hat ein kubisch-flächenzentriertes Kristallgitter, das keine
Phasenumwandlungen erfährt. Bei Schmiedetemperatur ist meist nur eine Phase
vorhanden.

Gesenkschmiedestücke aus Reinaluminium (Al 99,9 nach DIN 1712, Bl. 3) werden bei hohen Ansprüchen an die Korrosionsbeständigkeit, z. B. im Hochspan-
nungs-Freileitungsbau (Klemmstücke usw.), verwendet. Hauptsächlich werden jedoch Gesenkschmiedestücke für den Fahrzeug- und Flugzeugbau aus hochfesten
aushärtbaren Aluminium-Knetlegierungen hergestellt (DIN 1725 Bl. 1 und
DIN 1749). Mit diesen Legierungen lassen sich Zugfestigkeiten von 300 bis 550 N/
mm² bei Bruchdehnungen > 10% erreichen (Tab. 2.9). Gesenkschmiedestücke aus
Al-Legierungen können bis zu Temperaturen von 100 °C, einige Legierungen bis zu
250 °C verwendet werden.

Aluminiumlegierungen sind gut schmiedbar, da die Werkzeuge auf Umformtemperatur erwärmt werden können (isothermes Schmieden). Die Fließspannung
ist stark abhängig von der Zusammensetzung der Legierungen und der Temperatur.
Daher ist der Temperaturbereich beim Schmieden häufig eingeengt.

Das Umformvermögen nimmt nach Überschreiten der Rekristallisationstempe-
ratur stark zu. Nach Erreichen eines Maximums wird es zunächst geringfügig durch
Kornwachstum, dann erheblich durch beginnendes Schmelzen beeinträchtigt.

Ausgangsmaterial beim Schmieden von Aluminiumlegierungen sind aus strang-
gegossenen Blöcken stranggepreßte oder gewalzte Stäbe und Profile.

Die Stäbe werden meist durch Sägen getrennt und in gas- oder elektrisch beheizten Öfen erwärmt. Die Temperatur des Ofens soll auf ± 5 °C konstant gehalten
werden.

Die Schmiedetemperatur soll mindestens 50 °C unter der Solidustemperatur
liegen. Da keine Abkühlung durch Wärmeabgabe an das kältere Werkzeug erfolgt,
ist darauf zu achten, daß diese Temperaturgrenze auch während des Schmiedens
nicht überschritten wird. Schwierigkeiten treten vor allem bei kurzzeitigen Schmiedevorgängen mit großen Umformgraden auf, insbesondere bei Legierungen, die

Tabelle 2.9. Aluminium-Knetlegierungen nach DIN 1725, Bl. 1 (Auswahl)

	Bezeichnung	Werkst.-Nr.	Legierungselemente %	Mg	Si	Cu	Mn	Zn	Solidus-Temp.[1] °C	Rekrist.-Temp.[1] °C	Schmiede-Temp.[1,2,3] °C	°C	σ_B (bei 20 °C)[1] N/mm²	$\sigma_{0,2}$ (bei 20 °C)[1] N/mm²
	Al 99,9	3.0305	nicht aushärtbar	0,5 bis 0,6					646	260	300 bis 550	(H: 430; HP: 450)[4]	> 40	
	AlMg 3	3.3535	nicht aushärtbar	2,6 bis 3,4			≤ 0,5		593		320 bis 510		> 180	80
	AlMgSi 1	3.2315	kalt u. warm aushärtbar	0,6 bis 1,2	0,75 bis 1,3		0,4 bis 1,0						> 200	100
hochfeste Legierungen	AlCuMg 1	3.1325	kalt aushärtbar	0,4 bis 1,0		3,5 bis 4,5	0,3 bis 1,0						> 380	230
	AlCuMg 2	3.1355	kalt aushärtbar	1,2 bis 1,8		4,0 bis 4,8	0,3 bis 0,9		502	260	380 bis 480	(H: 420; HP: 450	bis 500	bis 400
	AlCuSiMn	3.1255	warm aushärtbar	0,2 bis 1,2	0,5 bis 1,2	3,9 bis 5,0	0,4 bis 1,2		510	260	380 bis 480	(H: 420; HP: 450)	440 bis 500	390 bis 400
	AlZnMg 1	3.4335	kalt u. warm aushärtbar	1,0 bis 1,4			0,1 bis 0,5	4,0 bis 5,0						
höchstfeste Legierungen	AlZnMgCu 0,5	3.4345	warm aushärtbar	2,6 bis 3,6		0,5 bis 1,0	0,1 bis 0,4	4,3 bis 5,2	482	205	380 bis 450	(H: 380; HP: 400)	480 bis 550	400 bis 480
	AlZnMgCu 1,5	3.4365	warm aushärtbar	2,1 bis 2,9		1,2 bis 2,0	0,3	5,1	476	205	360 bis 450	(H: 380; HP: 400)	500 bis 560	420 bis 500

[1] Nach [2.8];   [2] Nach [2.9];   [3] Nach [2.10];   [4] H = Hammer, HP = Hydr. Presse.

große Fließspannungen aufweisen. Die Umformwiderstände liegen in der Regel zwischen 500 bis 550 N/mm².

Beim Gesenkschmieden mit kleinen Formänderungen bei verhältnismäßig niedrigen Temperaturen im letzten Abschnitt des Schmiedens besteht die Gefahr starken Kornwachstums (besonders bei AlCuSiMn).

Die Gesenktemperatur liegt beim Schmieden in hydraulischen Pressen etwa 30 °C unter Schmiedestücktemperatur (400 bis 430 °C); beim Schmieden in Hämmern und Kurbelpressen genügt ein Vorwärmen der Gesenke auf etwa 200 °C. Die Gesenkwerkstoffe werden nach Stahleinsatzliste 190-58 [2.15] gewählt. Der Verschleiß der Gesenke ist verhältnismäßig gering. Die Gesenke sind vor dem Schmieden auf eine Oberflächenrauheit von 0,1 μm zu polieren. Das Schwindmaß beträgt 1 – 1,5%.

Da Aluminium keine trennende Oxidschicht bildet, ist der Reibwert groß. Als Schmierstoff wird meist Graphit in Öl oder Wasser verwendet, bei schwer schmiedbaren Werkstoffen bzw. Werkstücken auch mit Zusätzen von Seife. Der Schmierstoff wird auf Schmiedestück und Gesenk aufgetragen.

Kleinere Schmiedestücke mit einfacher Gestalt aus gut umformbaren Legierungen werden in Hämmern und mechanischen Pressen geschmiedet, große und verwickelt geformte Schmiedestücke sowie schwer umformbare Legierungen in hydraulischen Pressen, bei denen Druck und Druckberührzeit vorgewählt werden können. Üblicherweise werden zwei Gravuren (zum Querschnittsvorbilden und Endformen) verwendet.

Die Schmiedestücke werden im allgemeine kalt entgratet; nur bei großen Schmiedestücken in geringen Stückzahlen wird der Grat durch Kaltsägen entfernt.

Nach dem Schmieden werden die Stücke durch Ätzen von Schmierstoffresten und Oxiden gereinigt.

Beim Wärmebehandeln — das aus Lösungsglühen, Abschrecken und anschließendem Aushärten besteht — können als Folge des Abschreckens Eigenspannungen auftreten. Durch Abschrecken in kochendem Wasser oder durch Kaltprägen lassen sie sich beseitigen oder verringern.

Al-Legierungen lassen sich gut spanend bearbeiten. Schweißen unter Schutzgas ist möglich, jedoch verlieren die meisten Al-Legierungen in der Schweißzone einen Teil ihrer Festigkeit, mit Ausnahme von Al zu Mg 1, das wieder aushärtet. Daher sollte man Schweißnähte an wenig beanspruchte Stellen legen.

2.2.5 Titan und Titanlegierungen

Der Werkstoff Titan kann in zwei Gitterarten vorliegen: als dichtgepacktes hexagonales Gitter (α) und als kubisch-raumzentriertes Gitter (β). Das β-Gefüge ist bei Rein-Titan oberhalb 885 °C beständig; beim Abkühlen bildet sich $\alpha + \beta$-Gefüge und anschließend α-Gefüge. Durch Legierungselemente können die Phasen bei Raumtemperatur stabilisiert werden. Man erhält so drei Typen von Titanlegierungen: α-, $\alpha + \beta$- und β-Legierungen (Bild 2.6, Tab. 2.10). Eine Wärmebehandlung ist durch teilweises Umwandeln der „instabilen" β-Phase in α-Phase möglich, die feindispers in der restlichen β-Phase verteilt ist. α-Legierungen haben eine mittlere Festigkeit und sind nicht oder mäßig aushärtbar; die übrigen Legierungstypen erreichen hohe Festigkeitswerte [2.21 – 2.24].

Tabelle 2.10. Titan-Knetlegierungen (Auswahl)

Bezeichnung	Werkstoff-Nr.	Legier.-typ	Legierungsbestandteile % Al	V	Mo	Sn	Solidus-Temp.[1] °C	Umwandl.-Temp.[4] °C	Rekrist.-Temp.[1] °C	Schmiede-Temp.[1,2,3] ϑ_s °C	σ_B (bei 20 °C)[4] N/mm²	$\sigma_{0,2}$ (bei 20 °C)[4] N/mm²
Ti	3.7025	α					1660 bis 1690	885[6] bis 900	650	800 bis 900	300 bis 750	200 bis 500
TiAl 5 Sn 2	3.7115	α	4,0 bis 6,0			2,0 bis 3,0	1550	1040 ±15	705 bis 760	810 bis 1030	> 810	> 770
TiAl 8 Mo 1 V 1		α	7,5 bis 8,5	0,75 bis 1,25	0,75 bis 1,25		1540	1040 ±15	705	930 bis 1010	> 910	> 840
TiAl 6 V 4	3.7165	$\alpha + \beta$	5,5 bis 6,75	3,5 bis 4,5			1595	990 ±15		840 bis 980	910 bis 1200	840 bis 1000
TiAl 7 Mo 4		$\alpha + \beta$	6,5 bis 7,3		3,5 bis 4,5		1540	1040 ±15		900 bis 990	1100 bis 1300	1000 bis 1200
TiV 13 Cr 11 Al 3		β	2,5 bis 3,5	12,5 bis 14,5		10 bis 12 Cr	1482		730	800 bis 1010	1300[5]	> 1200[5]

[1] Nach [2.8];   [2] Nach [2.9];   [3] Nach [2.10];   [4] Nach [2.25];   [5] ausgehärtet;   [6] abhängig vom Reinheitsgrad

Titan hat von allen bekannten Metallen das günstigste Verhältnis von Gewicht zu Festigkeit. Es ist äußerst korrosionsbeständig. Verwendet werden Titanlegierungen u. a. im Flugzeugbau (z. B. Verdichterschaufeln, Fahrwerksteile, Verbindungselemente, Beschlagteile) im Fahrzeugbau (Fahrwerks- und Motorenteile) und in der chemischen Industrie (Armaturen). Die Festigkeit beträgt bei TiAl 6 V 4 bis zu 1050 N/mm², bei TiV 13 Cr 11 Al 13 bis zu 1400 N/mm². Bruchdehnung und Kerbschlagzähigkeit sind sehr von den Schmiedebedingungen abhängig wegen deren Einfluß auf das Gefüge. Titan-Legierungen können bis zu Temperaturen von 300 bis 500 °C angewendet werden.

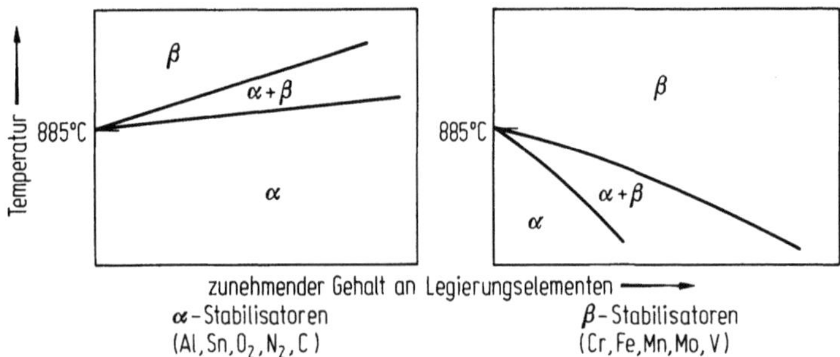

Bild 2.6. Gefügearten und Legierungselemente von Titan nach [2.8]

α- und $\alpha + \beta$-Legierungen sind im allgemeinen gut schmiedbar. Weil die Fließspannung stark von der Umformgeschwindigkeit und der Temperatur abhängt, ist jedoch der Bereich der Schmiedetemperatur klein. Wegen der schlechten Wärmeleitfähigkeit und der großen Reibwerte besteht die Gefahr örtlicher Überhitzungen.

Titanlegierungen werden im Vakuumlichtbogenofen aus Abschmelzelektroden erschmolzen, zu Blöcken und anschließend zu Stäben gewalzt.

Alle Oberflächenfehler müssen vor dem Schmieden durch Drehen oder Schleifen entfernt werden. Die Rohteile werden durch Sägen oder Trennschleifen hergestellt. Zum Schutz gegen Verunreinigungen durch O_2, N_2 und H_2 ist entweder Wärmen im Vakuum, unter Schutzgas oder unter Glasüberzügen (Bor-Silikat-Glas oder Soda-Barium-Glas) nötig. Bei Temperaturen über 540 °C bilden O_2 und N_2 α-reiche, spröde Schichten an der Oberfläche, die später durch Beizen mit Flußsäure zu entfernen sind. Die Ofenatmosphäre soll neutral oder leicht oxidierend sein, um Wasserstoffaufnahme zu verhindern (H_2 dringt schnell in das Werkstoffinnere ein). Die Ofentemperatur ist auf ± 5 °C konstant zu halten.

In der Regel wird im $\alpha + \beta$-Bereich geschmiedet. Wenn die Temperatur der β-Umwandlung überschritten wird, entsteht ein grobes Korn mit geringer Zähigkeit und großer Streubreite der Eigenschaften. $\alpha + \beta$-Titan kann jedoch anfangs oberhalb der Umwandlungstemperatur (β-Schmieden) umgeformt werden (besseres Umformvermögen, kleinere Fließspannungen), wenn anschließend noch eine etwa 50%ige Höhenabnahme im $\alpha + \beta$-Gebiet folgt. Man erreicht so eine bessere Zähigkeit als beim ausschließlichen Schmieden im $\alpha + \beta$-Bereich. Voraussetzung ist ein gleichmäßiger Umformgrad im ganzen Schmiedestück, so daß dieses Verfahren nur bei verhältnismäßig einfach gestalteten Werkstücken möglich ist.

Die Werkzeugtemperatur beträgt beim Schmieden in Hämmern und Kurbelpressen etwa 200 bis 360 °C, in hydraulischen Pressen etwa 430 °C.

Da die Gravur wegen ungünstiger Gleiteigenschaften schwerer gefüllt wird als bei Stahl, sind möglichst große Radien anzuwenden oder mehr Schmiedestufen erforderlich. Die Gesenke — meist aus den Stählen X 38 CrMoV 51 oder X 37 CrMoW 51 — sollen eine hohe Oberflächengüte besitzen. Pressengesenke werden auf 47 bis 55 HRC vergütet; der Verschleiß ist verhältnismäßig groß. Zur Schmierung dienen Glasschichten auf dem Rohteil und zusätzlich Graphit- oder MoS_2-Schichten auf der Gravur. Da das Schwindmaß von Titanteilen < 1% ist, lassen sich Gesenke für Schmiedestücke aus Stahl nicht verwenden. Zum Schmieden von Titanliegerungen werden Hämmer oder Pressen benutzt. Damit die Temperatur der β-Umwandlung nicht überschritten wird, dürfen die Schlagfolgezeiten nicht zu kurz (Temperaturausgleich) und die Umformgrade nicht zu groß werden. Andererseits kann eine zu starke Abkühlung zu vorzeitiger Ausscheidung von α-Kristallen führen. Für große Schmiedestücke verwendet man im allgemeinen hydraulische Pressen.

Große Schmiedestücke in geringen Stückzahlen werden durch Kaltsägen entgratet, sonst wird warm abgegratet. Da der Grat beim Erkalten brüchig wird, ist ein Schutzschirm am Oberwerkzeug anzubringen.

Die Nachbehandlung erfolgt durch Schleifen, Rißprüfen und Entfernen der Oxidschichten durch Strahlen mit Zirkonsand und Beizen zum Entfernen der Diffusionszone.

Die Zerspanbarkeit von Ti-Legierungen ist ungünstiger als bei Stahl. Das Schweißen dieser Werkstoffe erfolgt zweckmäßig durch Elektronenstrahlschweißen.

2.2.6 Kupfer und Kupferlegierungen

Gesenkschmiedestücke aus Kupfer und Kupferlegierungen werden überwiegend im Armaturenbau, als Ausrüstungsteile in der Elektrotechnik, im Fahrzeugbau sowie in der Feinwerktechnik verwendet. Sie sind sehr korrosionsbeständig und haben gute bzw. ausreichende elektrische Leitfähigkeit. Die Schmiedestücke besitzen ein feinkörniges, lunker- und porenfreies Gefüge (geringer Ausschußanteil), größere Festigkeit als Gußteile, enge Toleranzen und glatte Oberflächen (i. a. besser als bei Gußstücken), die günstig für Oberflächenbehandlungen sind [2.26 – 2.34].

Elektrolyt-Kupfer wird vor allem für Teile der Elektrotechnik benutzt, die nach dem Warmumformen die gleiche Festigkeit haben wie weichgeglühtes Kupfer. Durch Kaltumformen kann die Härte auf HB 90 gesteigert werden (Tab. 2.11).

Die wichtigsten Kupfer-Knetlegierungen sind die Messinge, aus denen 1972 etwa 25 000 t Gesenkschmiedestücke hergestellt wurden mit Stückgewichten bis zu 12 kg.

Die Legierungen CuZn 40 und CuZn 37 haben nach dem Umformen Zugfestigkeiten von 400 bis 450 N/mm² bei Bruchdehnungen von 20 bis 25%.

Anstelle von CuZn 40 werden häufig die besser zerspanbaren Legierungen CuZn 38 Pb 2 oder CuZn 40 Pb 2 verwendet. Die Umformtemperaturen müssen wegen des Bleigehaltes niedriger sein, wodurch die Umformkräfte steigen.

Cu-Al-Legierungen werden wegen guter Korrosionsbeständigkeit in der chemischen Industrie verwendet (CuAl 10 Ni 5 Si 5). Aushärtbar sind Cu-Ni-Si-Legie-

Tabelle 2.11. Kupferknetlegierungen nach DIN 17 660, 17 665 und 17 666 (Auswahl)

Bezeichnung	Werkst.-Nr.	Legierungsbestandteile %			Solidus-Temp.[1]	Schmiede-Temp.	σ_B (bei 20 °C)[1]	$\sigma_{0,2}$ (bei 20 °C)[1]
		Cu	Zn	Al	°C	°C	N/mm²	N/mm²
E-Cu		99,9			1065	750 bis 850	220	80
CuZn 37	2.0321	63	37		900 bis 915	780 bis 850	290 bis 610	200 bis 580
CuZn 40	2.0360	60,5	39,5		900	700 bis 780	> 380	160
CuZn 39 Pb 3	2.0401	58	39	3 Pb	890 bis 895	650 bis 750	360 bis 500	250 bis 390
CuAl 10 Fe	2.0936	89,5		9,5 / 1 Fe	1030	760 bis 870	550	300
CuAl 10 FeSNi 5		80		10 / 5 Fe / 5 Ni	1030	810 bis 900	700	400
CuNi 2 Si	2.0855	97		2 Ni / 1 Si		820 bis 870	600	500

[1] Nach [2.8]

rungen, die zur Vermeidung der Si-Oxidation unter Schutzgas zu wärmen sind. Sie werden nach dem Schmieden abgeschreckt, um Ni_2Si in Lösung zu halten und anschließend bei 470 °C 2 bis 3 Stunden angelassen. Kupferlegierungen mit Zusätzen von Fe, Mn oder Ni erreichen Festigkeiten bis zu 800 N/mm² bei 10 bis 20% Bruchdehnung.

Legierungen, die aus β-Kristallen bestehen, lassen sich gut umformen, α-Mischkristalle (bei Cu-Gehalten > 63%) sind schwerer umformbar. Im allgemeinen genügen ein bis zwei Schläge in nur einer Gravur, sofern der dann entstehende umfangreiche Grat wieder eingeschmolzen werden kann; sonst ist das Schmieden in nur einer Gravur wegen des großen Werkstoffverlustes unwirtschaftlich.

Das Ausgangsmaterial für Gesenkschmiedestücke aus Kupferlegierungen sind stranggepreßte oder gewalzte Rund- oder Profilstäbe oder Rohre. Die Abschnitte werden in Kaltkreissäge-Automaten abgetrennt, anschließend entgratet und von anhaftenden Spänen gesäubert. Der Schnittverlust beträgt 4 bis 8%. Scheren wird für Stäbe bis 65 mm Durchmesser angewendet (Scheren unter Gegendruck).

Die Schmiedetemperatur soll möglichst niedrig sein. Wichtig ist die Konstanz der Temperatur im Hinblick auf die Genauigkeit (Schwindung 1,8 – 2%). Gewärmt wird meist in gasbeheizten Öfen, bei Temperaturen über 700 °C unter Schutzgas oder induktiv. Die Wärmzeiten sollten zwecks Vermeiden von Kornwachstum und Oxidation kurz sein.

Die Werkzeuge bestehen meist aus den Stählen X 38 CrMoV 51 und X 37 CrMoW 51. Kleine Hammergesenke bis zu 100 mm Kantenlänge werden auf 400 bis 430 HB vergütet, große auf 340 bis 380 HB. Für kleine Pressengesenke betragen die Härtewerte 480 bis 510 HB, für große 340 bis 380 HB. Die Gesenke werden auf 150 bis 300 °C vorgewärmt, wobei die höheren Temperaturen für hohe Schmiedetemperaturen gelten. Als Schmierstoff wird meist Graphit in Wasser benutzt.

Geschmiedet wird meist in Spindel- und Kurbelpressen sowie in Hydraulischen Pressen.

Die Schmiedestücke werden bei Raumtemperatur entgratet und anschließend gebeizt.

2.2.7 Hochwarmfeste Legierungen auf Eisen-, Kobalt- und Nickelbasis

Die hochwarmfesten Legierungen auf Fe-, Co- und Ni-Basis haben ein kubisch-flächenzentriertes Gefüge, das keine Gefügeänderungen erfährt. Bei Schmiedetemperatur ist eine Phase (γ) vorhanden. Die Legierungen oxidieren nur langsam.

Hochwarmfeste Legierungen auf Eisenbasis werden vornehmlich für Teile von Düsentriebwerken verwendet, Kobaltlegierungen vor allem für Triebwerkschaufeln und Nickel-Legierungen für Triebwerks- und andere Flugzeugteile. Die Nickel-Legierungen haben zur Zeit die größte Verbreitung (Tab. 2.12), [2.35 – 2.37].

Diese Werkstoffe erreichen ihre Festigkeit

a) durch Mischkristallhärten: lösliche Elemente (Cr, Ni, Mo bei Eisenlegierungen; Cr, Mo, Nb bei Co-Legierungen) werden in das Gitter eingebaut, wodurch die Festigkeit zunimmt.

b) Ausscheidungshärten: intermetallische Verbindungen (vor allem mit Al und Ti), die bei niedrigen Temperaturen nicht völlig im Grundwerkstoff löslich sind, werden beim Abkühlen ausgeschieden.

Tabelle 2.12. Fe- und Ni-Basis-Legierungen (nach [2.8 – 2.10])

Bezeichnung	Legierungsbestandteile %							Sonstige	Schmiede-Temp. ϑ_s °C
	C	Fe	Ni	Co	Cr	Mo	W		
X 5 NiCrTi 2615	0,08	Rest	26		15	1,25		2 Ti; 0,15 Al; 0,3 V	900 bis 1150
X 45 CrNiW 18 9	0,30	Rest	9,0		19	1,25	1,25	0,3 Ti; 0,4 Nb+Ta	900 bis 1150 (650 bis 900) [1]
Hastelloy Alloy W	0,10	5,0	Rest	1,5	5,0	25		0,25 V	850 bis 1230
Inconel Alloy 718	0,04	18,0	Rest		19,3	3		0,6 Al; 0,8 Ti; 5,2 Nb	900 bis 1200
Nimonic 80 A	0,10	0,5	Rest		20,5			0,2 Al; 0,35 Ti	
Waspalloy	0,06	1,0	Rest	13,5	19,5	4,2		1,2 Al; 3 Ti; 0,08 B; 0,09 Zr	950 bis 1200
Inconel 700	0,12		Rest	28,5	15	3,8		3 Al; 0,7 Fe; 2,2 Ti	
René 41	0,09		Rest	11	19	9,6		1,5 Al; 3,2 Ti	1050 bis 1200
Udimet 700	0,09		Rest	18,5	15,0	5,2		4,2 Al; 0,5 Fe; 3,5 Ti	1050 bis 1200
Astroloy	0,06		Rest	15,5	15,5	5,3	8,5	4,5 Al; 0,2 Fe; 3,6 Ti; 0,05 Zr	

[1] Temperatur beim Warm-Kalt-Umformen ($\varepsilon_h = 0,25$ bis 0,50). Wird zur Erzielung höherer Festigkeiten angewendet.

Alle Legierungen sind wegen ihrer hohen Warmfestigkeit schwierig zu schmieden. Die Fließspannung der Fe-Legierungen ist ähnlich wie bei rostfreien Stählen, der Bereich der Schmiede-Temperatur jedoch enger. Kobalt- und Nickel-Legierungen haben größere Fließspannungen; Kobalt-Legierungen verfestigen sich auch noch bei Schmiedetemperaturen. Kobalt-Legierungen mit hohem Kohlenstoffgehalt und dementsprechend hohen Anteilen an Karbiden können nicht geschmiedet werden, es sei denn durch Pulverschmieden.

Alle Legierungen sind empfindlich gegen Schwankungen der Zusammensetzung, die Schmiedbarkeit, Korngröße und Eigenschaften des geschmiedeten Stückes stark beeinflussen können. Ebenso wichtig ist die Reinheit, d. h. das Fehlen von unerwünschten Legierungselementen. Aus diesem Grunde werden die hochwarmfesten Legierungen im Vakuum erschmolzen. Das Halbzeug wird meist in Form warmgewalzter Stäbe oder gestauchter Blöcke geliefert.

Umformvermögen und Eigenschaften nach dem Umformen (Korngröße, Zähigkeit, Dauerschwingfestigkeit) werden weiter in starkem Maße von Schmiedetemperatur und Umformgrad beeinflußt (grobes Korn setzt Zähigkeit und Dauerschwingfestigkeit herab). Beide bestimmen die Korngröße, da keine Umwandlungen stattfinden. Deshalb ist der Temperaturbereich genau festzulegen und einzuhalten. Allgemeine Angaben über die Schmiedetemperaturen sind nicht möglich, sie müssen für jede Legierung gesondert festgestellt werden. Gewärmt wird normalerweise in widerstandsbeheizten Öfen im Hinblick auf die Temperaturkonstanz ($\pm 5\,°$C). Schutzgas ist wünschenswert, wegen der großen Zunderbeständigkeit aber nicht unbedingt erforderlich. Mit Rücksicht auf den Temperaturausgleich soll langsam gewärmt werden.

Die Ausgangsformen werden bei kleinen Abmessungen durch Scheren (starker Messerverschleiß), sonst durch Trennschleifen erzeugt.

Die Gesenke werden beim Schmieden im Hammer auf 150 bis 250 °C, beim Schmieden in hydraulischen Pressen auf etwa 550 °C vorgewärmt. Als Werkstoffe werden z. B. die Warmarbeitsstähle X 38CrMoV 51 und X 32 CrMoW 51 verwendet mit Härtewerten von 47 bis 56 HRC. Die niedrigen Werte gelten für schwierige Schmiedestücke. In hydraulischen Pressen werden wegen der hohen Gesenktemperaturen (ϑ_{W1} bis zu 950 °C) auch Nickel-Basis-Legierungen (713 C oder René 41) für Einsätze benutzt. Die Gravuren sind gut zu polieren, da die erreichbare Oberflächengüte am Schmiedestück wegen der geringen Zunderbildung hoch ist. Die Standmengen der Gesenke sind gering. Als Schmierstoff wird Graphit in Wasser oder Öl verwendet.

Für Schmiedestücke bis zu 10 kg werden Kurbelpressen bevorzugt, bei größeren Gewichten Hämmer, für sehr große Schmiedestücke hydraulische Pressen.

Nach dem Schmieden müssen Zunder und Schmierstoffe entfernt werden (Salzbad-Entzundern, Beizen und Strahlen; s. Abschn. 6).

2.3 Fehler am Halbzeug und Eingangsprüfung

Soweit Gesenkschmiedestücke hochbeanspruchte Konstruktionsteile sind, ist für sie ein einwandfreier Werkstoff unbedingte Voraussetzung. Von Werkstoffen für hochwertige Schmiedestücke sind zu verlangen:

1. Einhaltung der vorgeschriebenen Analyse und des Herstellverfahrens (Schmelzen, Gießen, Walzen oder Schmieden, Putzen) sowie des gewünschten Gefügezustandes, d. h. Freisein von Gefüge-Anomalien (Inhomogenitäten; Überhitzungsgefüge; beim Schleifen entstandene Abschreckgefüge, die beim Scheren zu Rissen führen können). Hiervon sowie von der Warmbehandlung hängen die mechanischen und technologischen Eigenschaften der fertigen Schmiedestücke und das Verhalten bei der Fertigung (Fließspannung, Kaltscherbarkeit, Durchhärtbarkeit) ab.
2. Weitgehend Freisein von Oberflächenfehlern, wie Riefen, Schuppen, Überwalzungen, Rissen[2], entsprechend den Möglichkeiten der angewandten Verfahren. Nähere Hinweise über Erscheinungsform und Ursachen der Fehler von gewalzten Stahlerzeugnissen sind [2.38] zu entnehmen. Die dort beschriebenen Walzdrahtfehler können in gleicher oder ähnlicher Form an gewalzten Stäben oder Knüppeln auftreten.
3. Weitgehend Freisein von Schlackeneinschlüssen, keramischen Einschlüssen und anderen inneren Fehlern — Poren, Gasblasen und Flocken — im Rahmen der bei der Erschmelzung und Weiterverarbeitung durch Walzen gegebenen Möglichkeiten.

Diese Anforderungen werden von den verschiedenen Erschmelzungsarten mehr oder weniger erfüllt.

Die folgenden Angaben über die Prüfung des Ausgangsmaterials gelten zunächst für Stähle. Sie gelten teilweise auch für andere Werkstoffe.

Qualitäts- und Edelstähle werden heute vom Stahlwerk im allgemeinen mit Werkstattest geliefert. Hierin ist die Schmelzenanalyse angegeben. Viele Betriebe verzichten daher auf eine chemische Eingangskontrolle, andere führen jedoch Stichprobenuntersuchungen durch, z. B. zur Kontrolle des C-Gehaltes. Wie sich der Betrieb hier entscheidet, hängt von seinem Schmiedeprogramm und seinem Vertrauensverhältnis zum Werkstofflieferanten ab. Zum Feststellen von anderen Werkstofffehlern werden folgende Prüfungen empfohlen [2.39]:

1. Prüfen auf äußerlich erkennbare Oberflächenfehler durch Betrachten mit dem Auge, notfalls nach Abbeizen des Walzzunders.
2. Stauchprobe zum Sichtbarmachen von feinen Oberflächenfehlern und zum Prüfen der Stauchbarkeit.
3. Bruchprobe zum Prüfen auf Lunker und Flocken.
4. Rotbruchprobe zum Prüfen auf Rotbruchanfälligkeit (700 . . . 900°).
5. Makroskopische und mikroskopische Prüfung auf Einschlüsse [2.40, 2.41].
6. Schwefelabdruck nach Baumann zum Nachweis von Schwefel- und Phosphorseigerungen und Feststellen der Seigerungszonen [2.42].
7. Mikroskopische Prüfung auf Korngröße [2.43].
8. Ermittlung der Randentkohlung.
9. Schleiffunkenprobe als Kontrolle, wenn der Verdacht auf Werkstoffverwechslungen besteht [2.44]. Hierzu stehen heute auch andere Prüfverfahren zur Verfügung (magnetinduktive Prüfverfahren und Spektralprüfung).

---

[2] Mitunter ist es erforderlich, die gewalzte Oberflächenschicht, z. B. durch Abdrehen bzw. Schälen, ganz zu entfernen, wenn am Schmiedestück die sichere Ausschaltung aller Oberflächenfehler verlangt wird.

10. Mechanisch-technologische Prüfungen (Zugversuch, Härteprüfung, Kerbschlagbiegeversuch [3] usw. [2.45, 2.46]).
11. Prüfen auf Einhalten der Abmessungs- und Formtoleranzen.

Neben diesen einfachen Prüfungen, die auch in kleinen Betrieben ohne großen Aufwand möglich sind, können weitere, allerdings aufwendigere Eingangsprüfungen angewandt werden. Es sei hier auf metallographische Gefügeuntersuchungen und zerstörungsfreie Prüfverfahren — wie Ultraschallprüfung, magnetische Rißprüfung oder Wirbelstrom-Prüfverfahren — hingewiesen [2.47 – 2.49].

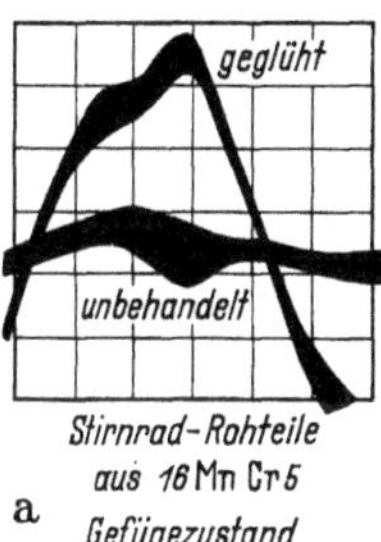

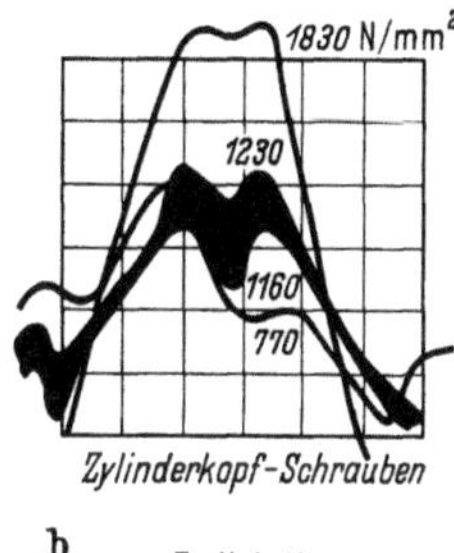

Bild 2.7. Beispiele für Ergebnisse von magnetinduktiven Prüfungen.
a) Prüfung auf Gefügezustand; b) Prüfung auf Festigkeit

Magnetinduktive Prüfgeräte, die besonders häufig in Gesenkschmiedebetrieben verwendet werden, sprechen sowohl auf Unterschiede der Legierung als auch des Gefügezustandes an und eignen sich dadurch zur Sortentrennung — auch Schmelzentrennung — von Walzmaterial und Schmiedestücken sowie zur Serienprüfung auf gleichmäßige Wärmebehandlung (innerhalb einer Schmelze) und schließlich auch zum Bestimmen der Tiefe einsatzgehärteter oder abgekohlter Schichten. Bild 2.7 zeigt zwei Beispiele von Magnatest-Kurven, wie sie auf dem Bildschirm des Gerätes entstehen. Dieses hat wie auch alle anderen Verfahren der zerstörungsfreien Werkstoffprüfung den Vorteil, sich ohne Schwierigkeiten in den Fertigungsablauf einordnen und auch automatisieren zu lassen [2.50, 2.51]. Subjektive, vom Prüfer herrührende Fehler werden mit großer Sicherheit ausgeschaltet.

Mit Rücksicht auf die Wärmebehandlung zum Verbessern der Werkstoffeigenschaften durch Vergüten, hat die Härtbarkeitsprüfung in der Werkstoffeingangskontrolle eine große Bedeutung. Zur Ermittlung der günstigsten Wärmebehandlung genügt es in den meisten Fällen, aus einer neuen Schmelze eine Reihe von Schmiedestücken vorab durch Fertigung einschließlich Wärmebehandlung laufen zu lassen, diese zu prüfen und danach die Daten für die Behandlung der gesamten Schmelze festzulegen.

Genauere Hinweise erhält man jedoch durch Prüfen der Härtbarkeit [4] mit einem definierten Prüfverfahren, z. B. dem Stirnabschreckversuch nach Jominy [2.52, 2.53] oder mit Härtebruchproben. Beim Stirnabschreckversuch wird eine zylindri-

---

[3] DIN 50 145, 50 146, 50 125, 50 351, 50 103, 50 115.

[4] Unter Härtbarkeit versteht man die Fähigkeit eines Stahles, durch Abschrecken von Härtetemperatur oberflächlich oder durchgreifend eine stark gesteigerte Härte durch Bilden von Martensit oder Zwischenstufengefüge anzunehmen. Von Interesse sind die erreichbare Höchsthärte und der Härte-Tiefe-Verlauf (Einhärtung), der in starkem Maße vom Umwandlungsverhalten abhängig ist.

sche Probe $\phi\ 25 \times 100$ mm an einer Stirnseite abgeschreckt. Als Maß für die Härtbarkeit gilt der Härteverlauf auf einer Mantellinie in Abhängigkeit vom Abstand zu der betreffenden Stirnseite. Dieser Versuch ergibt bei Einhaltung der vorgeschriebenen Bedingungen reproduzierbare Ergebnisse, aus denen Rückschlüsse auf die zweckmäßige Steuerung des Härte- und — bei anschließendem Anlassen — Vergütungsprozesses gezogen werden können. Er stellt einen Ausschnitt aus dem Zeit-Temperatur-Umwandlungsschaubild für kontinuierliche Abkühlung [2.54] dar und ist geeignet, diesem zu größerer allgemeiner Anwendbarkeit zu verhelfen.

Auch die Wärmebehandlung zur Erzielung günstiger Zerspanbarkeitseigenschaften (Standzeitverhalten, Schnittkraft, Oberflächengüte, Spanbildung) erfordert bereits nach Werkstoffeingang Versuche zum Festlegen der Temperaturen und Zeiten für das Glühen.

2.4 Sorten- und Schmelzentrennung

Bei der Vielzahl der heute verwendeten Werkstoffarten — eine mittlere Kundenschmiede hat ständig 20 bis 25 Werkstoffsorten und Abmessungen auf Lager, das sind 80 bis 200 Stapel und mehr — kommt der Kennzeichnung der Werkstoffe im Lager eine große Bedeutung zu. Diese erfolgt durch Farbmarkierungen an den Stangen- bzw. Knüppelenden zur Unterscheidung der Sorten. Während z. B. für Mg- und Al-Legierungen in DIN 1729 bzw. DIN 1725 Farbmarkierungen empfohlen werden, bleibt es bei anderen Werkstoffen jedem Betrieb überlassen, je nach Sortenprogramm ein geeignetes System hierzu aufzustellen. Bei den erhöhten Ansprüchen an die Werkstoffe ist heute in vielen Fällen auch eine Trennung nach Schmelzen erforderlich, wenn ständig gleiche Teile (z. B. für den Fahrzeugbau) geschmiedet werden und einwandfreie Ergebnisse bei der Wärmebehandlung erzielt werden sollen. Bewährt hat sich hierzu die Farbkennzeichnung auf der gesamten Länge des Knüppels oder der Stange. Nach dem Trennen, Wärmen und Gesenkschmieden muß dann eine erneute Kennzeichnung mit der gleichen Farbe erfolgen. Je nach Größe der Teile wird man nur den Kasten oder aber jedes einzelne Stück zeichnen.

Ist eine Schmelze restlos durch die Fertigung gelaufen, so kann die gleiche Farbe zur Kennzeichnung einer neuen Schmelze benutzt werden. Vor der Auslieferung an den die Teile fertig bearbeitenden Kunden muß die Schmelze an geeigneter Stelle bei jedem einzelnen Schmiedestück so gekennzeichnet werden, daß sie auch bei später auftretenden Schadensfällen einwandfrei anzugeben ist. Dieser Beitrag der Gesenkschmieden zur Qualitätssicherung erfordert große Sorgfalt und einen nicht unerheblichen organisatorischen Aufwand. Wegen der Produzentenhaftung sind die genannten Maßnahmen jedoch zumindest bei Sicherheitsteilen unerläßlich.

3 Gesenkschmiede-Verfahren

Gesenkschmieden ist ein stufenweiser Formenwandel, der in einer Folge von Verfahrensschritten aus einer Ausgangsform einfacher Gestalt die gewünschte Endform erzeugt. Die stufenweise Annäherung an die Endform trägt dem Umformvermögen der Werkstoffe, dem Fließverhalten des Werkstoffes, dem sparsamen Werkstoffeinsatz und der schonenden Behandlung der Werkzeuge Rechnung. Die Verfahrensschritte werden in den folgenden Abschnitten im Hinblick auf ihre Formgebungsmöglichkeiten und Begrenzungen beschrieben.

3.1 Verfahrensschritte beim Gesenkschmieden

3.1.1 Arbeitsablauf

Am Beginn des Gesenkschmiedens stehen Ausgangsformen, die meist von gewalzten oder gepreßten Erzeugnissen — durch Trennen von Halbzeug — hergestellt werden.

Die folgenden Fertigungsschritte beim Gesenkschmieden werden unter dem Begriff „Zwischenformen" zusammengefaßt (Bild 3.1 u. 3.2).

Massenverteilung bedeutet die Herstellung einer Zwischenform, deren Querschnittsflächen denen der Endform angepaßt sind

Durch *Biegen* oder *Verdrehen* sollen die Hauptachsen von Zwischen- und Endform zur Deckung gebracht werden

Querschnittsvorbilden bezweckt eine Annäherung der Zwischenform an die Endform.

Zwecke der Zwischenformung sind fehlerfreies Gesenkschmieden, Durchschmieden im Hinblick auf Gefüge und Faserverlauf, Werkstoffeinsparung und Schonung der Werkzeuge.

Durch *Endformen* werden die endgültigen Formen und Abmessungen des Schmiedestücks hergestellt.

Die entgratete Endform wird in der Regel durch *Nachformen* (Abgraten, Biegen, Verdrehen) weiterbearbeitet.

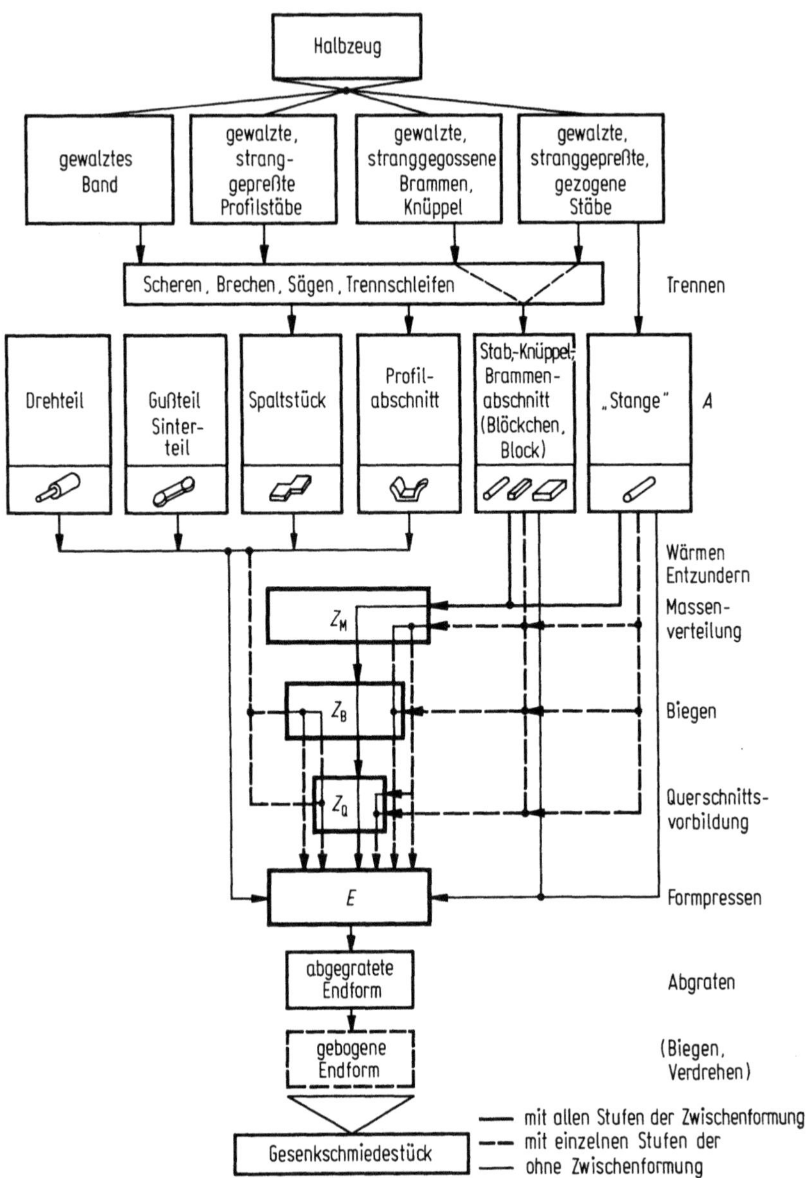

Bild 3.1. Arbeitsablauf beim Gesenkschmieden nach [3.1]. A Ausgangsform; Z_M Zwischenform der Massenverteilung; Z_B Zwischenform des Biegens; Z_Q Zwischenform der Querschnittsvorbildung; E Endform

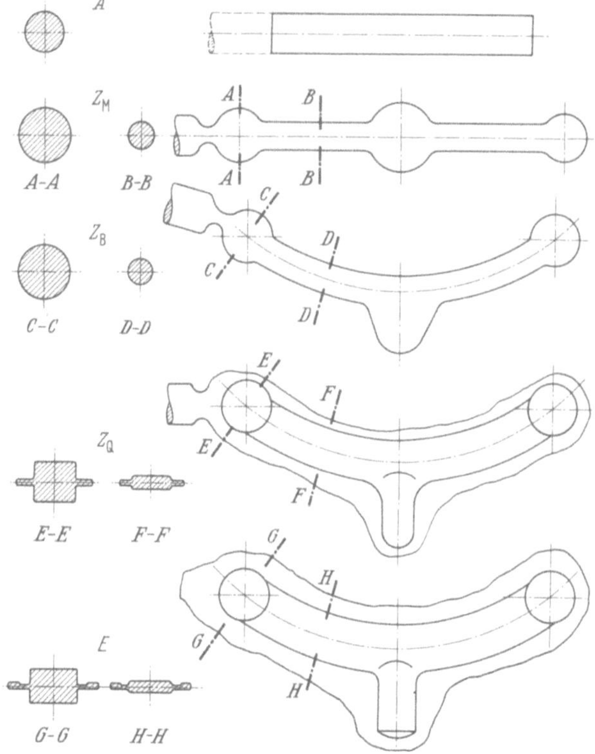

Bild 3.2. Fertigungsgang beim Gesenkschmieden nach [3.2]

3.1.2 Ausgangsformen

Als Halbzeug für das Gesenkschmieden von Stahl verwendet man (Bild 3.1):
  gewalzte Stäbe oder Stababschnitte
  gewalzte Knüppel (Kantenlänge $\geqq 50$ mm; abgerundete
      Kanten und ballige Seitenflächen). Knüppel werden
      gewählt, wenn sie billiger sind als Rundstäbe.
  gewalzte Brammen
  gewalztes Band (Spaltstücke)

Außer gewalztem Halbzeug werden auch stranggepreßte oder stranggegossene Rund- und Profilstäbe (vor allem bei NE-Metallen) — letztere zur Einsparung einer Massenverteilung — in Sonderfällen auch gezogenes Halbzeug, z. B. für das Schmieden von Motorventilen benutzt, wenn der Schaft nicht umgeformt wird.

Die Ausgangsformen werden meist durch Trennen von Halbzeug erzeugt (s. Abschn. 6.1). Daneben ist beim Schmieden in Hämmern und Waagerechtstauchmaschinen das *Schmieden von der Stange* üblich (Bild 3.3). Hierbei werden Stangen von etwa 2 m Anfangslänge einseitig erwärmt, während das andere Ende als Handhabe dient. Nach dem Abschmieden eines oder mehrerer Teile wird der Stangenrest zum Wiedererwärmen in den Ofen zurückgelegt. Mit Rücksicht auf das Stangengewicht läßt sich dieses Verfahren bis zu Durchmessern von etwa 50 mm anwenden.

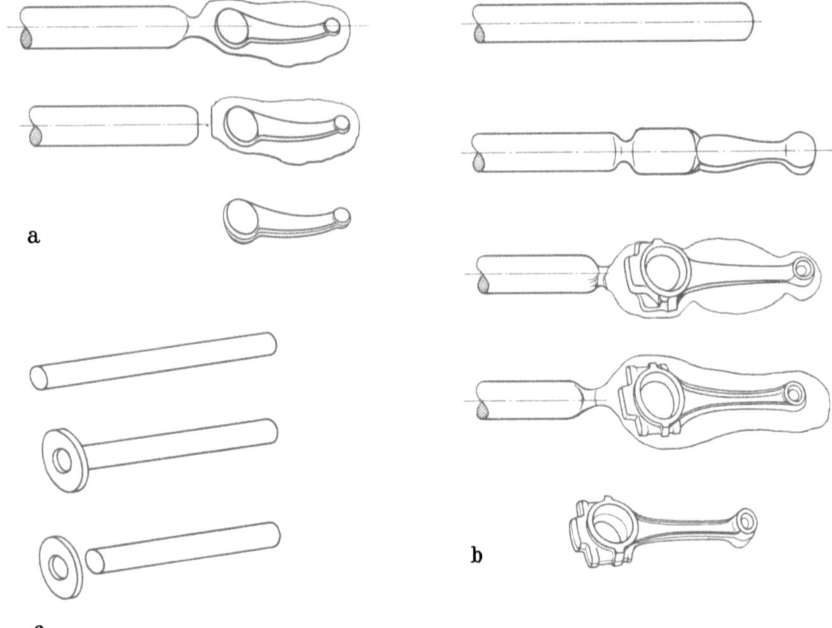

Bild 3.3. Schmieden von der Stange nach [3.1].
a) Ohne Zwischenformung unter dem Hammer; b) mit Zwischenformung unter dem Hammer; c) ohne Zwischenformung auf der Waagerechtstauchmaschine

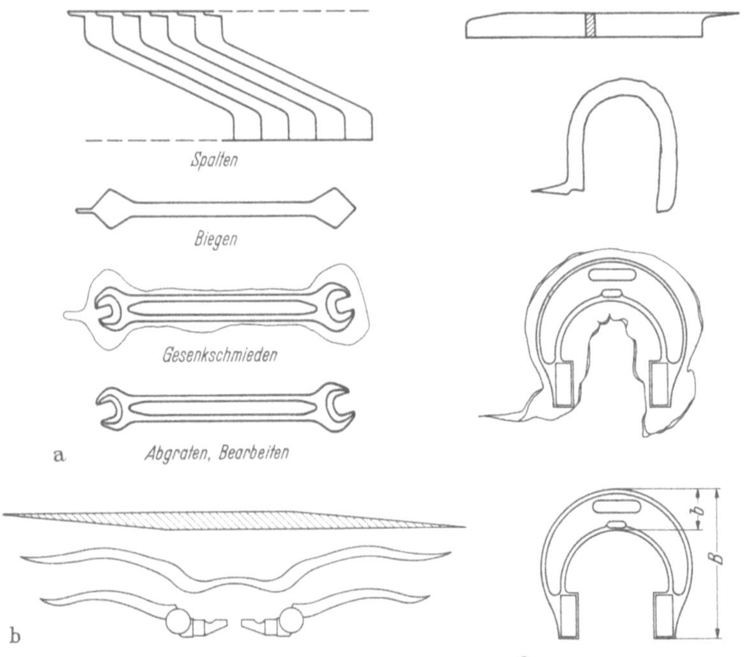

Bild 3.4. Schmieden vom Spaltstück.
a) Schraubenschlüssel; b) Kombinationszangenschenkel; c) Rachenlehre

Flache Werkstücke, in der Hauptsache Handwerkzeuge, werden häufig aus sog. Spaltstücken geschmiedet, die durch Abschneiden vom Band entstehen und eine Kombination von Trennen und Massenverteilen darstellen (Bild 3.4). Dabei wird der Faserverlauf allerdings durchschnitten, so daß Spaltstücke nicht zu hochbeanspruchten Konstruktionsteilen für den Maschinen- und Fahrzeugbau verschmiedet werden. Vorteile beim Verwenden von Spaltstücken sind der sehr geringe Werkstoffverbrauch durch eng bemessene Zugaben, verlustloses Trennen infolge des Flächenschlusses, Fortfall der Massenverteilung, d. h. kurze Schmiedezeiten und große Mengenleistungen (z. B. 500 bis 600 mittlere Schraubenschlüssel je Stunde).

Die Spaltstückform bestimmt man aus dem Massenverteilungsschaubild (s. Abschn. 3.1.4), das vereinfacht in Bild 3.5 dargestellt ist.

Zur Ermittlung der Streifenbreite geht man vom größten mittleren Querschnitt A_{max} aus und macht die Länge l_{max} dieses Abschnitts (im vorliegenden Fall l_2) gleich der Teilstreifenbreite b_2 (Bild 3.6 a, b). Da nach Bild 3.6 a der Streifenvorschub H für die Breiten aller Teilstreifen gleich ist, gelten für deren Rauminhalte die Gleichungen:

$$V_1 = H \cdot b_1' \cdot s,$$
$$V_2' = H \cdot b_2' \cdot s,$$
$$\dotfill$$
$$V_n = H \cdot b_n' \cdot s$$

(s = Streifendicke). $\hfill$ (3.1)

Daraus ergibt sich allgemein für einen beliebigen Abschnitt:

$$\frac{V_n}{V_{max}} = \frac{b'_n}{b'_{max}}. \hfill (3.2)$$

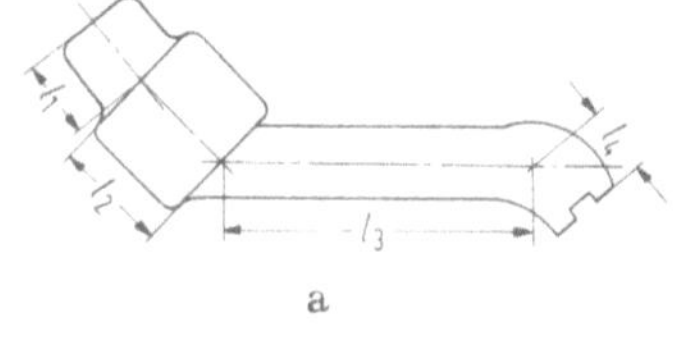

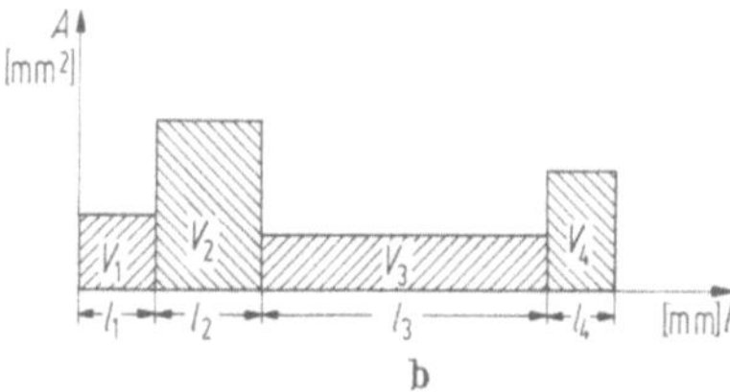

Bild 3.5. Schmiedestück
und Massenverteilungsschaubild.
a) Schmiedestück;
b) Massenverteilungsschaubild;
l_1 bis l_4 : Abschnittlängen;
V_1 bis V_4 : Teilvolumina

Bild 3.6. Entwurf eines Spaltstücks nach [3.3].
a) Streifenaufteilung und Konstruktion der Schnittlinie;
b) Umrechnung auf gegebene Abmessungen

Die Teilstreifenbreite errechnet sich daraus zu

$$b'_n = \frac{V_n}{V_{max}} \cdot b'_{max} \; . \tag{3.3}$$

Die Gesamtbreite des Streifens ist gleich der Summe der Teilstreifenbreiten

$$B' = b'_1 + b'_2 + \ldots\ldots + b'_n \; . \tag{3.4}$$

Die Schnittlinie erhält man, indem man von den Punkten B und C aus Kreise mit den Teillängen l_1 und l_3 (Bild 3.6 a) schlägt; dadurch ergeben sich A und D. Von D aus findet man in gleicher Weise E. Da im allgemeinen die errechnete Breite B' nicht mit genormten Flachstahlabmessungen übereinstimmt, kann man durch Umrechnen oder -zeichnen auf eine benachbarte Breite übergehen, wie aus (Bild 3.6 b) ersichtlich ist. Für die Konstruktion der Schnittlinie $ABCDE$ gilt das oben Gesagte. Hierbei hat man die Freiheit, verschiedene Spaltstückformen bei gleicher Massenverteilung konstruieren zu können, wie Bild 3.7 für vierteilige Massenverteilung zeigt.

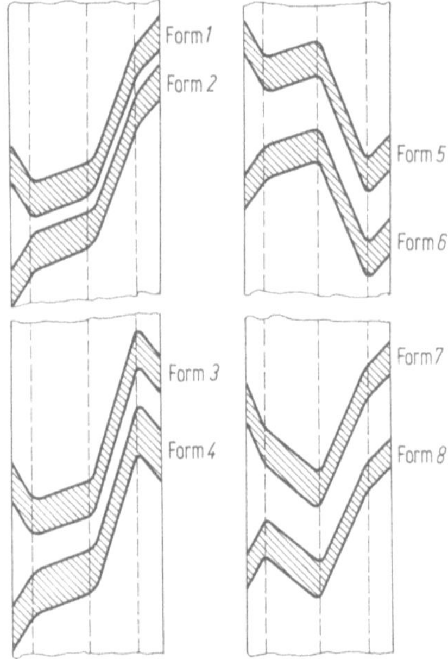

Bild 3.7. Mögliche Spaltstückformen bei 4teiliger Massenverteilung nach [3.3]

Die Dicke des Flachstahls s liegt aus schmiedetechnischen Rücksichten meist schon von vornherein fest. (Das Gesenk soll möglichst ohne Steigen ausgefüllt werden.)
Dann ist der Vorschub H nach der Beziehung

$$H = \frac{V_n}{s \cdot b_n} \tag{3.5}$$

zu berechnen. Dieser darf bestimmte Mindestgrößen allerdings nicht unterschreiten, damit die Schnittbreite $h = H \cdot \cos \alpha$ (Bild 3.6) nicht zu klein wird (in der Regel $h \geqq s$).

In Sonderfällen werden Ausgangsformen einzeln durch Gießen, Sintern oder Drehen (bei Präzisionsschmiedestücken, z. B. Zahnrädern mit fertiger Verzahnung) hergestellt, gelegentlich auch durch Schweißen, z. B. Elektronenstrahlschweißen von Titan-Teilen, um die Massenverteilung zu sparen oder um sehr genaue Massenverteilungsformen zu erhalten. Die *Lage der Ausgangsform* in der Gravur beeinflußt den Faserverlauf im Schmiedestück. In dynamisch beanspruchten Werkstücken sollten die „Fasern" nicht senkrecht zur Richtung der größten Zugbeanspruchungen austreten.

Die *Masse der Ausgangsform* m_A[1] setzt sich zusammen aus den Massen der Endform m_E und den Zuschlägen für Grat m_G und Abbrand (Zunder) m_Z:

$$m_A = m_E + m_G + m_Z. \tag{3.6}$$

Die Masse der Endform ist anhand der Schmiedestückzeichnung oder aus dem Massenverteilungsschaubild zu berechnen. Ist ein Modell vorhanden, kann sie durch Wägen und Umrechnen der entsprechenden Dichten ermittelt werden.

Verschiedene Rechenverfahren für die Vorausbestimmung der Zuschläge für Grat und Abbrand [4.19] haben den Nachteil, daß stets einige Größen geschätzt werden müssen. Sie sind daher im ganzen nicht genauer als Richtwerte [3.2], mit denen zum Teil befriedigende Ergebnisse erzielt werden können. Bei höheren Anforderungen an die Genauigkeit sind Untersuchungsergebnisse über den Zusammenhang zwischen Gratmasse und Gratspaltabmessungen heranzuziehen [1.44] (s. Abschn. 1.3.3.3).

Für den praktischen Gebrauch ist eine übersichtliche Zusammenstellung von Richtwerten in Form eines Schaubildes zweckmäßig, das auch die möglichen Streubereiche erkennen läßt. Der Benutzer schätzt mit zunehmender Übung genauer und hält nicht deshalb an Zahlenwerten fest, weil er nicht übersehen kann, wie weit von diesen abgewichen werden darf, um den Verhältnissen eines bestimmten Schmiedestückes gerecht zu werden.

Das in Bild 3.8 dargestellte Arbeitsschaubild zur Ermittlung des Massenverhältnisses m_A/m_E entstand aufgrund von Messungen an über 500 Teilen verschiedener Form und verschiedener Masse [3.2]. Es enthält 4 Felder für verschiedene Schmiedestückformen nach der Formenordnung (Bild 8.1), die mit zunehmender Masse der Endform schmaler werden und abfallen. Diese Aufteilung berücksichtigt den Schwierigkeitsgrad der Schmiedestücke. Feld 3 ist nochmals unterteilt, da die Werte für schwierige Scheibenformen (Formenklasse 2) nur in der unteren Hälfte liegen. Pleuelstangen nehmen etwa die Mitte von Feld 3 ein. Diese kennzeichnen den mittleren Schwierigkeitsgrad von Langformen.

Beim Benutzen des Schaubildes muß der Einfluß der Zwischenformung berücksichtigt werden. Die zugrunde gelegten Massenverhältnisse entsprechen kleineren und mittleren Losgrößen, bei denen aus wirtschaftlichen Gründen nicht immer alle Möglichkeiten der Zwischenformung genutzt werden können. Wird bei größeren Losen eine sehr sorgfältige Zwischenformung vorgenommen, können gegebenenfalls auch niedrigere Massenverhältnisse gewählt werden. Dasselbe gilt auch für Fälle, in denen der Werkstoff durch gleichzeitiges Schmieden mehrerer Teile (Mehrfachschmieden) mit gemeinsamem Grat besser ausgenutzt wird. Hier hat es der Benutzer in der Hand, aufgrund eigener Erfahrungen das Arbeitsschaubild für seine Zwecke abzuwandeln.

Je nach Form des Gesenkschmiedestückes muß der Zuschlag für Grat und Abbrand mehr oder weniger gleichmäßig am ganzen Umfang verteilt werden. An Stel-

---

[1] Im Sprachgebrauch wird m_A als Einsatzmasse und m_E als Schmiedestückmasse bezeichnet. Die obige Bezeichnung entspricht jedoch der in diesem Buche benutzten Terminologie.

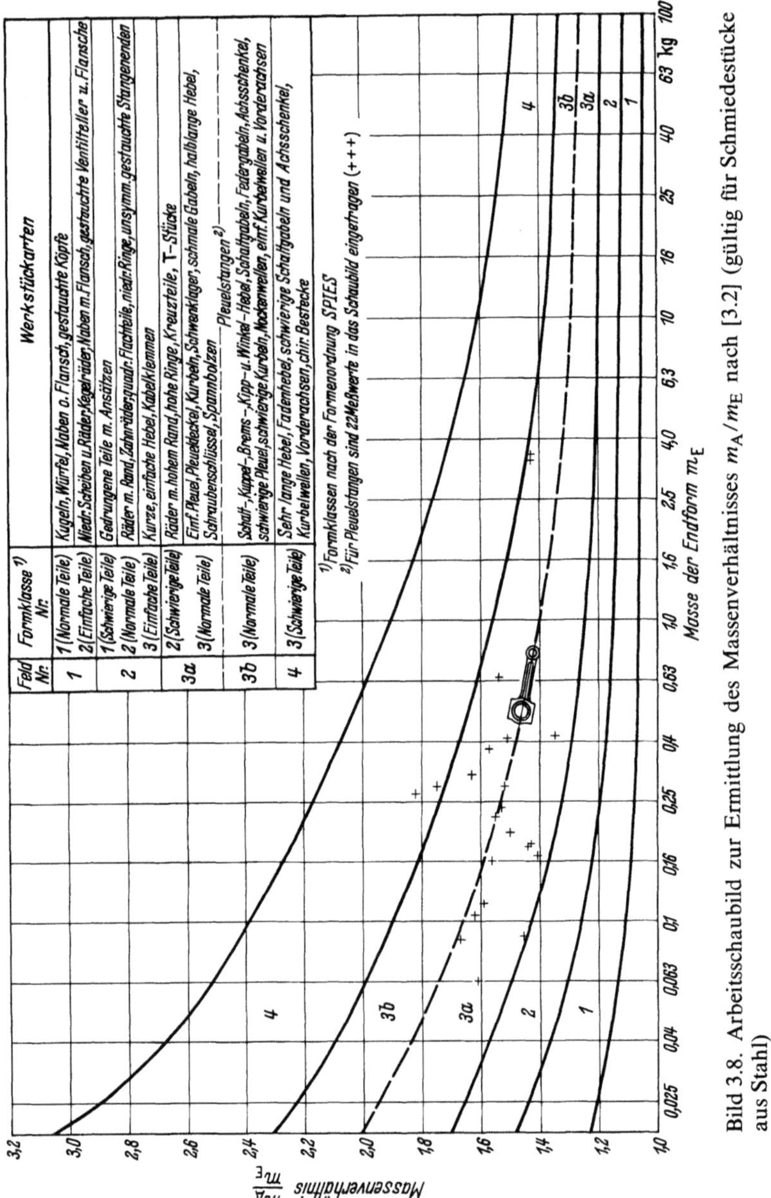

Feld Nr.	Formklasse[1] Nr.	Werkstückarten
1	1 (Normale Teile)	Kugeln, Würfel, Naben o. Flansch, gestauchte Köpfe
	2 (Einfache Teile)	Niedr. Scheiben u. Räder, Kegelräder, Naben m. Flansch, gestauchte Ventilteller u. Flansche
2	1 (Schwierige Teile)	Gedrungene Teile m. Ansätzen
	2 (Normale Teile)	Räder m. Rand, Zahnräder, quadr. Flachteile, niedr. Ringe, unsymm. gestauchte Stangenenden
	3 (Einfache Teile)	Kurze, einfache Hebel, Kabelklemmen
3a	2 (Schwierige Teile)	Räder m. hohem Rand, hohe Ringe, Kreuzteile, T-Stücke
	3 (Normale Teile)	Einf. Pleuel, Pleueldeckel, Kurbeln, Schwenklager, schmale Gabeln, halblange Hebel, Schraubenschlüssel, Spannbolzen — Pleuelstangen[2]
3b	3 (Normale Teile)	Schalt-, Kuppel-, Brems-, Kipp- u. Winkel-Hebel, Schaltgabeln, Federgabeln, Achsschenkel, schwierige Pleuel, schwierige Kurbeln, Nockenwellen, einf. Kurbelwellen u. Vorderachsen
4	3 (Schwierige Teile)	Sehr lange Hebel, Fadenhebel, schwierige Schaltgabeln und Achsschenkel, Kurbelwellen, Vorderachsen, chir. Bestecke

Bild 3.8. Arbeitsschaubild zur Ermittlung des Massenverhältnisses m_A/m_E nach [3.2] (gültig für Schmiedestücke aus Stahl)

len stärkerer Querschnittsänderungen und stärkerer Umformung (z. B. dort, wo der Werkstoff steigen muß) entsteht mehr Grat als an Partien mit gleichmäßigem Querschnitt und geringer Umformung (Bild 3.41).

3.1.3 Entzundern

Nach dem Wärmen der Ausgangsformen (Abschn. 6.2) ist beim Schmieden von Stahl der auf der Oberfläche haftende Zunder sorgfältig zu entfernen:

a) durch spezielle Entzunderungsverfahren wie Bürsten (mühsam und zeitaufwendig), mechanisch wirkenden Entzunderungsvorrichtungen, die z. B. mit Hilfe von Ketten oder Walzen den Zunder von Stäben entfernen sollen bzw. hydraulisch arbeitenden Anlagen, in denen Druckwasser von etwa 100 bar auf die erwärmten Abschnitte gesprüht wird;

b) durch einen Umformvorgang [3.4] (Bild 3.9). Hierbei genügen Umformgrade von 0,05 bis 0,2 bei Baustählen (kleine Werte bei hohen Temperaturen [6.23]). Der Zunder muß von Mantel- und Stirnflächen eines Abschnitts entfernt werden. Durch Stauchen in Richtung der Achse werden zwar die Mantelflächen gut entzundert, jedoch nicht die Stirnflächen. Beim Stauchen eines Knüppelabschnittes quer zur Längsachse in Diagonalrichtung, platzt der Zunder an allen Flächen ab, jedoch ist das Stück schwierig zu halten und muß zweimal umgeformt werden. Günstig ist das Formstauchen in Prismen. Auch durch Reckwalzen wird ein Abschnitt gut entzundert.

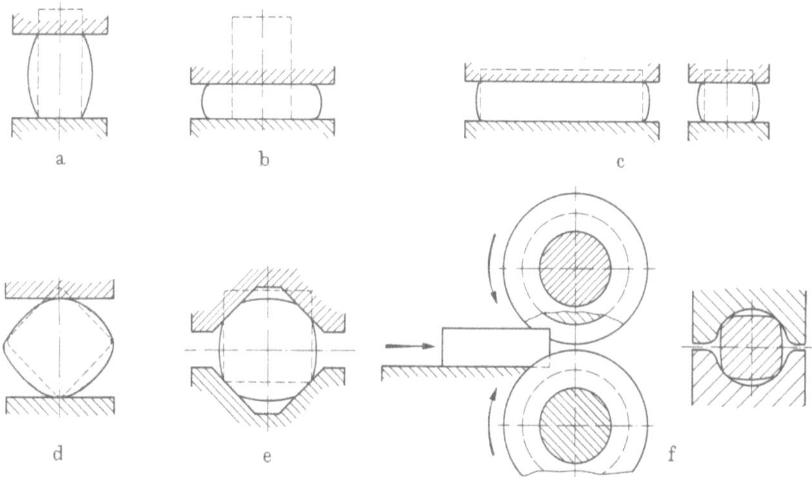

Bild 3.9. Entzundern durch Umformen nach [3.4].
a) Tonnenstauchen; b) Flachstauchen; c) Stauchen senkrecht zur Längsachse zwischen ebenen Bahnen; d) Stauchen senkrecht zur Längsachse in diagonaler Richtung; e) Stauchen in Prismen; f) Walzen

3.1.4 Massenverteilung

3.1.4.1 Massenverteilungsform und Massenverteilungsschaubild

Zweck der Massenverteilung ist die Herstellung einer Zwischenform, deren Querschnittsflächen denen der Endform entsprechen.

Bei Gesenkschmiedestücken der Formenklassen 1 und 2 nach Bild 8.1 ohne ausgesprochene Längsache $\perp$ Umformrichtung ist die Massenverteilung unwichtiger als bei den Langformen (Formenklasse 3), denn bei den üblichen Ausgangsformen (kurze Abschnitte von Knüppeln oder Stangen) fließt der Werkstoff nach allen Seiten und füllt die Hohlform gleichmäßig aus. Sind jedoch in Umformrichtung hohe

Naben, Zapfen usw. vorhanden, so kann auch hier auf eine Massenverteilung ggf. nicht verzichtet werden (hierzu Bild 3.58 a und b). Unerläßlich ist diese jedoch bei Langformen mit wechselnden Querschnitten.

Zum Entwurf der Zwischenform Z_M dient das *Massenverteilungsschaubild.* An der Zeichnung der Endform wird in passenden Abständen die Größe der senkrecht zur Längsachse liegenden Querschnitte A_E gemessen und über der Länge l aufgetragen; dabei sind die Querschnitte von Seitenschrägen und Rundungen zu berücksichtigen. Die Meßpunkte werden durch einen Kurvenzug verbunden. Die Fläche unter der Kurve stellt das Volumen der Endform V_E dar; daraus ist auch das Gewicht zu errechnen (Bild 3.10). Bei bekanntem Gewicht dient diese Rechnung zum Überprüfen des Massenverteilungsschaubildes.

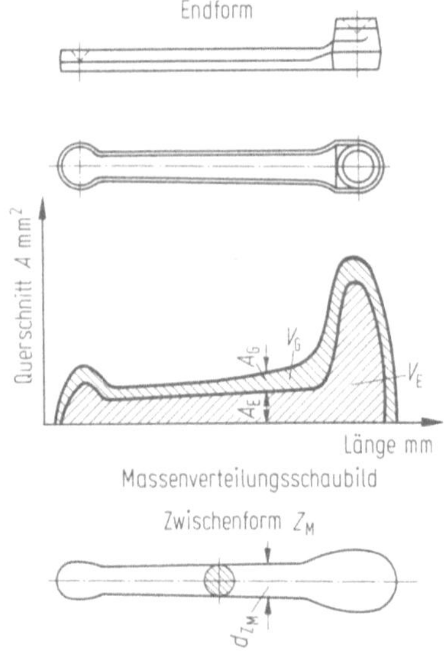

Bild 3.10. Konstruktion der Massenverteilungszwischenform Z_M für eine Fahrradtretkurbel mit Hilfe des Massenverteilungsschaubildes nach [3.2].

$A_{ZM} = A_E + A_G$; $V_{ZM} = V_E + V_G$

Anschließend werden die erforderlichen Gratquerschnitte A_G in das Schaubild eingetragen und ebenfalls durch einen Kurvenzug verbunden. Damit sind die Querschnitte der Zwischenform $A_{ZM} = A_E + A_G$ bekannt; die Zwischenform läßt sich damit konstruieren (Bild 3.10 unten).

Beim Herstellen durch Recken und Rollen, Walzen oder Anstauchen auf Waagerecht-Stauchmaschinen werden zweckmäßigerweise runde Zwischenformquerschnitte gewählt. Damit liegt auch die Werkzeuggestaltung in den Grundzügen bereits fest. Welches der verschiedenen Verfahren zur Massenverteilung (Bild 3.12) benutzt wird, hängt von der Betriebseinrichtung, den vorhandenen Werkstoffabmessungen, Rücksichten auf den Faserverlauf usw. ab.

In der oben beschriebenen Weise lassen sich die Zwischenformen der Grundform 311 und 312 (Bild 8.1), Teile mit symmetrisch zur Hauptachse liegenden Nebenformelementen, entwerfen. Bei Werkstücken mit Gabelungen (Grundform 313) müssen die Querschnitte der Gabelschenkel zusammengefaßt werden; auch ist der breite Gratspiegel zwischen den Schenkeln zu berücksichtigen. Sind die Gabelungen geschlossen (z. B. Pleuelstange mit angeschmiedetem Deckel), wird die Zwischenform nach Bild 3.10 konstruiert; bei Teilen mit einseitig offener Gabelung ist dagegen eine Verbesserung der Zwischenform — in Bild 3.11 Verbreiterung und Verkürzung — notwendig. Ohne diese würde der Werkstoff am Ende der Schenkel zu stark in den Grat abfließen und die Gravur nicht mehr ausfüllen.

An Zwischenformen für Schmiedestücke mit unsymmetrisch angeordneten Nebenformelementen (Grundform 314) wird der Werkstoff im allgemeinen zunächst symmetrisch um die Längsachse verteilt; nur bei größeren Vorsprüngen ist eine unsymmetrische Massenverteilungs-Zwischenform erforderlich. Bei Teilen mit sehr langen Vorsprüngen wird das Nebenformelement parallel zur Hauptachse mit dem Schmiedestück zusammengelegt; nach dem Gesenkschmieden und Abgraten muß dann das Biegen in die richtige Lage erfolgen. Hierzu wird auf Bild 3.34 verwiesen.

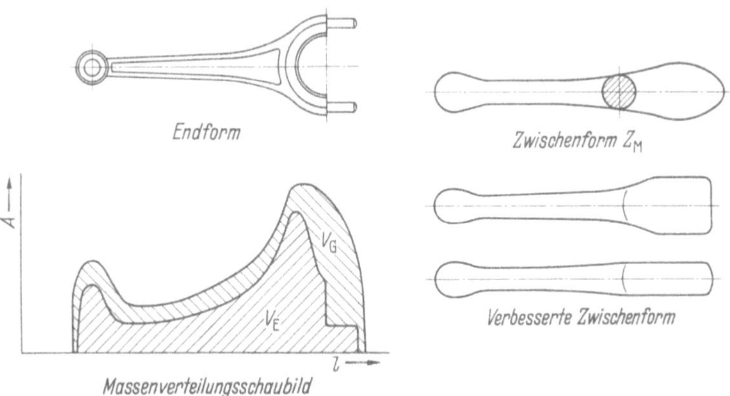

Bild 3.11. Massenverteilung für eine offene Pleuelstange mit verbesserter Zwischenform Z_M nach [3.2]

Die Massenverteilung ist durch *Stoffverdrängen* und *Stoffanhäufen* möglich. Die wichtigsten Verfahren des Stoffverdrängens sind heute Reckwalzen und Fließpressen. Stoffanhäufen wird vor allem durch Stauchen erreicht (Bild 3.12).

Es sei darauf hingewiesen, daß die hier beschriebenen Verfahren auch zum Endformen einfach gestalteter Werkstücke dienen; so das Anstauchen im Gesenk, das Elektro-Formstauchen, das Warmfließpressen und das Reckwalzen.

3.1.4.2 Stauchen, Anstauchen, Formstauchen

Durch *Stauchen* wird eine Werkstückabmessung zwischen meist ebenen parallelen Wirkflächen (Stauchbahnen) vermindert, die dazu senkrechten Abmessungen werden vergrößert. Formstauchen und Anstauchen im Gesenk ist Stauchen in Werkzeugen, die es teilweise oder ganz umschließen, ohne daß Grat entsteht.

Anstauchen ist örtliches Stoffanhäufen — an einem Ende oder in der Mitte eines Stabes — vor allem beim Schmieden in Waagerechtstauchmaschinen oder Elektrostauchmaschinen angewendet. Ein Sonderfall ist das Anstauchen von Rohren zum Herstellen von Flanschen. Das Verhältnis h_0/s_0 (h_0 = anzustauchende Länge des Rohres, s_0 = Wanddicke) darf hierbei bestimmte Werte nicht überschreiten. Beim

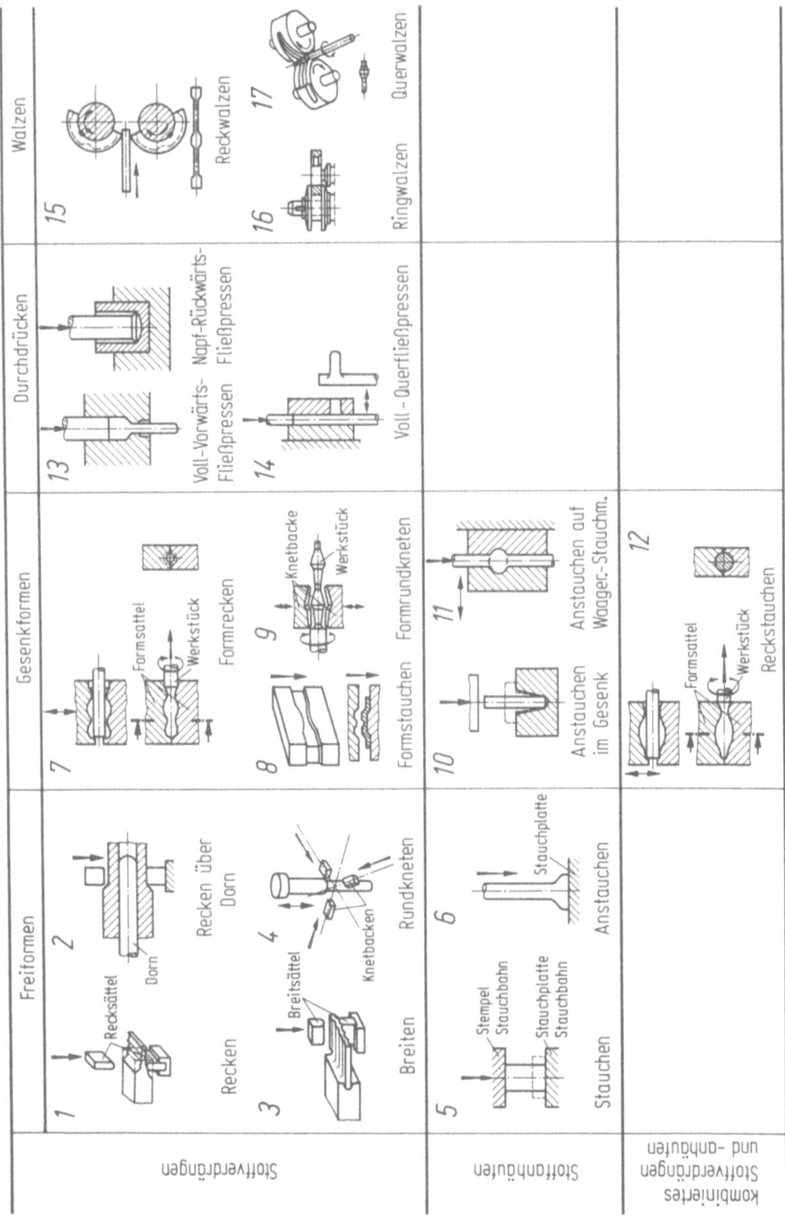

Bild 3.12. Schmiedeverfahren für Querschnittsänderungen nach [3.1]

Anstauchen im Gesenk ist auf einwandfreies Füllen der Gravur, möglichst geringe Gratbildung, Vermeiden von Falten und günstigen Faserverlauf zu achten.

Beim *Anstauchen in Elektro-Stauchmaschinen* — einer Kombination von Widerstandserwärmungsanlage und hydraulischer Presse — wird ein Stabende zwischen zwei Elektroden, der Stauchplatte und einer ringförmigen Mantelelektrode gespannt (Bild 3.13). Nach Erreichen der Stauchtemperatur wird das erwärmte

Stangenende durch Druck auf das kalte Ende angestaucht, wobei die Knickkraft den kritischen Wert nicht erreicht. Unter stetigem Vorschieben gelangt neuer Werkstoff zwischen die beiden Elektroden, so daß das Stauchverhältnis nur durch den Vorschubweg begrenzt wird, da die zwischen Stauchplatte und Stabführung befindliche Werkstoffmenge niemals das kritische Längen-Durchmesser-Verhältnis überschreitet.

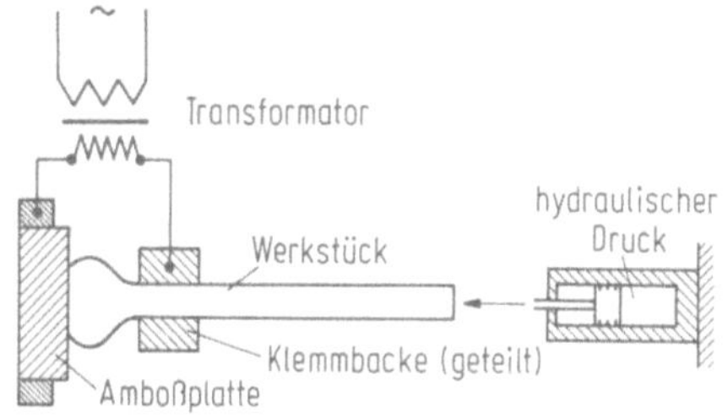

Bild 3.13. Prinzip des Elektrostauchens

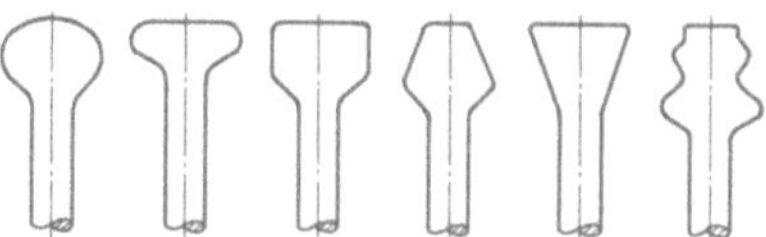

Bild 3.14. Stauchformen beim Elektrostauchen nach [3.1]

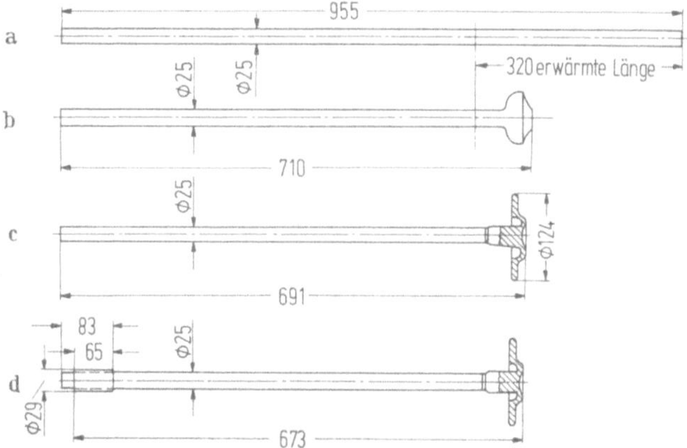

Bild 3.15. Herstellung einer Hinterachswelle nach [3.5].
a) Ausgangsform; b) Zwischenform (Elektrostauchmaschine); c) Endform des Flansches (Spindelpresse); d) Endform des Keilwellenendes (Elektrostauchmaschine)

Bild 3.16. Massenverteilung durch Formstauchen nach [3.6].
a) Ausgangsform; b) Massenverteilungsform (Formstauchen); c) Endform

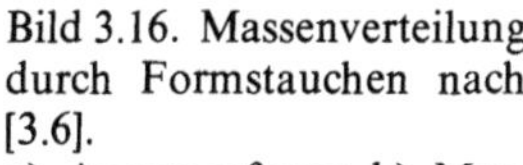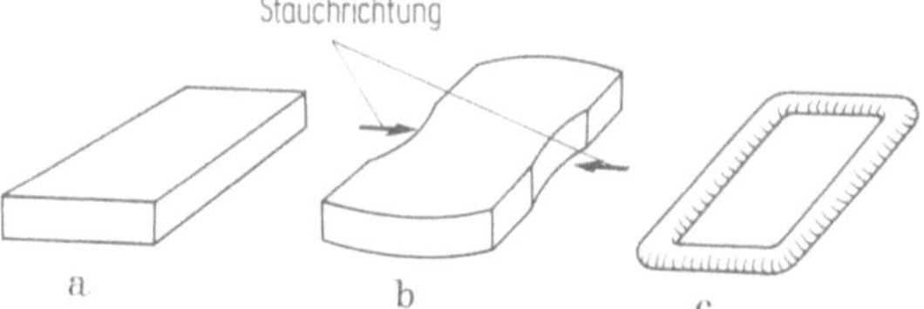

Das Verfahren wird zum Massenverteilen beim Schmieden z. B. von Motorenventilen und Hinterachswellen angewendet (Bild 3.14 u. 3.15). Beim Elektroformstauchen werden meist zylindrische Köpfe in Werkzeugen angestaucht (Torsionsfederstäbe, Keilwellenenden) (Bild 3.15 d).

Ein Beispiel für die Anwendung des *Formstauchens* ist in Bild 3.16 dargestellt. Nach dem Eindrücken der Längsseiten erhält man in der Endgravur eine angenäherte rechteckige Kontur. Eine quaderförmige Zwischenform würde dagegen einen angenähert ellipsenförmigen Umriß annehmen (s. Bild 1.34).

Man benutzt das Stauchen zum

Entzundern (h_0/h_1 klein) (s. Abschn.3.1.2),
Massenverteilen für Schmiedestücke der Formenklasse 1 und 2 ($h/d \leqq 2$),
Flachstauchen (φ, h_0/h_1 groß).

Die Grenzen des Verfahrens werden vom

Stauchverhältnis $s = l_0/d_0$ — Grenze gegen Ausknicken — und von der bezogenen Höhen(Längen)-änderung $\varepsilon_h = (h_1 - h_0)/h_0$ — Grenze gegen unzulässige Werkzeugbeanspruchung — gezogen.

Dagegen spielt der Stauchgrad $\varphi = \ln h_1/h_0$ — Grenze des Formänderungsvermögens — nur bei schwer umformbaren Werkstoffen eine Rolle, es sei denn, das Halbzeug habe Riefen, Überwalzungen oder andere Oberflächenfehler (s. Abschn. 2.3).

Die in einer Stauchstufe erzielbare Höhenabnahme wird begrenzt durch die Instabilität schlanker Abschnitte, die bei Überschreiten bestimmter Längen-Durchmesser-Verhältnisse zum Ausknicken oder zur Parallelverschiebung der Flächen und damit zu unsymmetrischen Formen und geknicktem Faserverlauf führt.

Diese Fehler werden vermieden, wenn die folgenden Regeln beachtet werden (die Zahlenwerte gelten für Stähle):

1. Freies Stauchen oder Anstauchen (Endflächen sauber geschert; Winkel zwischen Stirnfläche und Stabachse $< 1°$ [3.7, 3.8] (Bild 3.17).

   Abschnitt beidseitig frei: $l_0/d_0 < 2 + 0,01\, d_0 < 2,5$;
   einseitig eingespannter Stab: $l_0/d_0 < 2,2 + 0,01 \cdot d_0 < 2,8$;
   beidseitig „eingespannter" Stab: $l_0/d_0 < 2,3 + 0,01 \cdot d_0 < 3$.   ($d_0$ in mm)

2. Einstauchen in eine zylindrische Gravur.

   Beim Einstauchen in eine zylindrische Gravur wird das Ausknicken zwar nicht verhindert aber in erträglichen Grenzen gehalten, wenn $d_1/d_0 < 1,5$ und die außerhalb der Gravur liegende Länge $l_0' \leqq d_0$; dann kann $l_0/d_0 \leqq 6$ sein

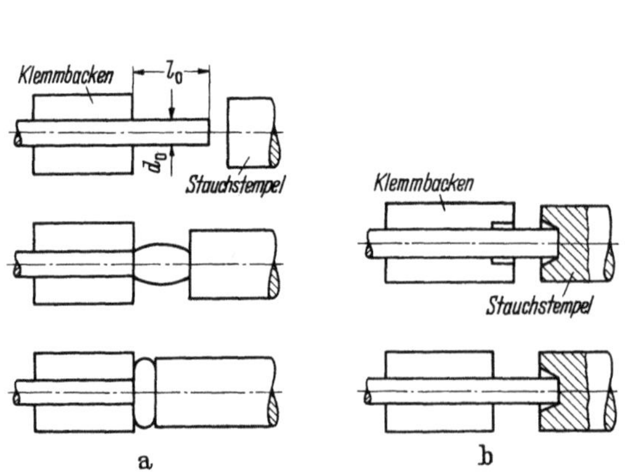

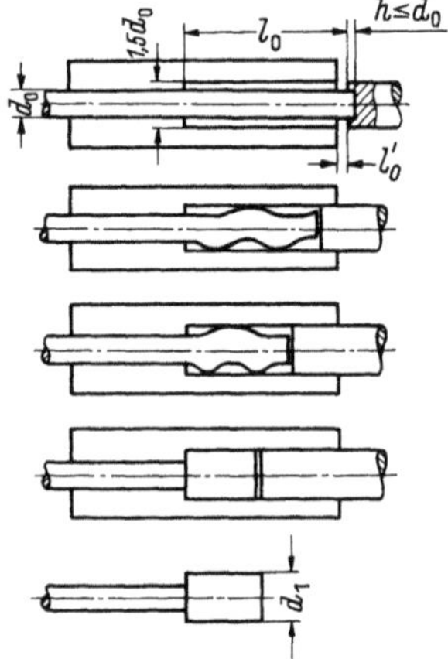

Bild 3.17. Anstauchen. a) Einseitig eingespannter Stab; b) beidseitig eingespannter Stab

Bild 3.18. Anstauchen von Stangenlängen für $d_1 < 1,5\, d_0$

(Bild 3.18). Durch wiederholtes Anstauchen erreicht man größere Durchmesser-Höhen-Verhältnisse, wobei die gleichen Regeln für jede Stauchstufe gelten, solange $l_n/d_n > 2$ bis 2,5 (Bild 3.19). Die Stauchgravur kann auch im Stempel liegen.

3. Anstauchen in einer kegeligen Gravur (angewendet beim Schmieden in Waagerecht-Stauchmaschinen) Bild 3.20.

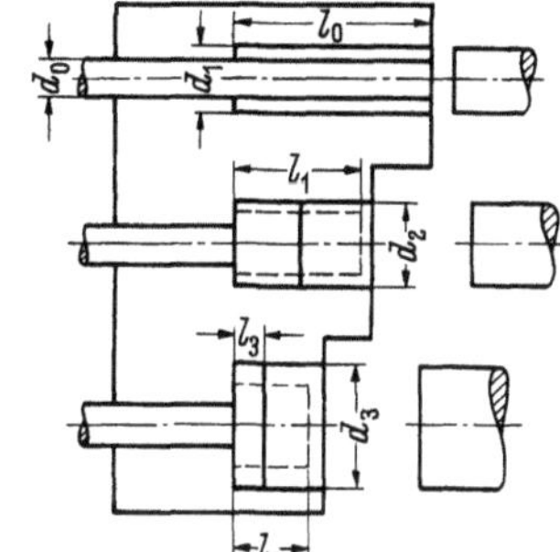

Bild 3.19. Anstauchen größerer Köpfe.
1 $l_0 = 6\,d_0$, $d_1 = 1,5\,d_0$;
2 $l_1 = 4\,d_0$, $d_2 = 1,5\,d_1$;
3 $l_2 = 2,5\,d_0$, $d_3 > 1,5\,d_2$

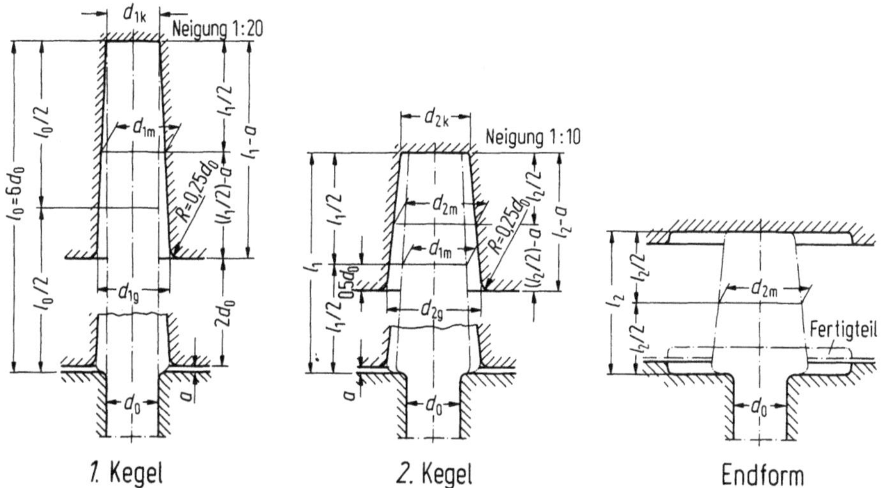

Bild 3.20. Beispiel für das Anstauchen in einer kegeligen Gravur nach [3.9]

Beim kegeligen Anstauchen löst sich der Stauchstempel leicht ab, der Werkstoff wird gleichmäßig umgeformt und dort angehäuft, wo er beim Endformen erforderlich ist.

Nach Conrads wird die Stauchlänge in jeder Stauchstufe gleich $2 \cdot d_0$ gewählt [3.9]. Damit erhält man die Anzahl der Stauchstufen zu $n = l_0/2 \cdot d_0$. Für den letzten Stauchkegel vor dem Fertigschmieden soll gelten:

$$l_n \le \frac{l_{n-1}}{2} + \frac{d_0}{2}. \tag{3.7}$$

Die Kegelneigungen werden wie folgt gewählt:

1 : 10 letzte Zwischenform vor dem Endformen;
1 : 20 vorletzte Zwischenform vor dem Endformen;
1 : 50 drittletzte Zwischenform vor dem Endformen;
1 : 100 viertletzte und vorhergehende Zwischenformen vor dem Endformen.

Weitere Erläuterungen enthält das in Bild 3.20 gezeigte Beispiel. Die Länge l_1 ergibt sich nach dem vorn genannten Hinweis zu ($l_0 - 2\,d_0$). Der mittlere Durchmesser d_{1m} wird aus dem Volumen und der Länge l_1 berechnet.

Damit erhält man

$$d_{1k} = d_{1m} - \frac{l_1}{2} \cdot 0{,}2, \tag{3.8 a}$$

$$d_{1g} = d_{1m} + \left(\frac{l_1}{2} - a \right) \cdot 0{,}2. \tag{3.8 b}$$

Der Abstand a zwischen Stempel und Klemmbacke soll eine Überlastung der Werkzeuge verhindern.

3.1.4.3 Recken und Formrecken

Recken ist eine schrittweise querschnittsvermindernde Umformung (Vorschub < Rechtsattelbreite) zwischen nichtformgebundenen Recksätteln zum Herstellen von Stäben mit quadratischen, rechteckigen oder polygonalen Querschnitten, wobei der Werkstoff überwiegend in Längsrichtung verdrängt wird. Beim Recken wird zunächst die Stabhöhe vermindert, dann nach Drehen des Stabes die Schmalseite des Stabes zurückgestaucht. Die Schlagenergie ist dabei sorgfältig zu dosieren. Mögliche Querschnittsverhältnisse $A_0/A_1 > 4$ bis 5.

Formrecken ist Recken zwischen Formsätteln, deren Wirkflächen in einer Richtung gekrümmt sind, unter ständigem Drehen um die Werkstücklängsachse.

Breiten ist schrittweises Vermindern der Dicke eines Werkstückes, wobei der Stoff überweigend in Querrichtung verdrängt wird.

Zum Recken benutzt man häufig schnellschlagende Lufthämmer oder andere Oberdruckhämmer. Hämmer mit pneumatischem oder hydraulischem Bäraufzug sind ebenfalls zum Reckschmieden geeignet, indem eine geringe Fallhöhe gewählt wird. Ein Vorteil des Reckens sind die einfachen, universell verwendbaren Werkzeuge, aber das Recken erfordert geübte Schmiede; die Stückleistung ist gering. Aus beiden Gründen geht die Anwendung dieses Verfahrens zurück. Nur bei kleinen Stückzahlen bleibt es wirtschaftlich, sonst ersetzt man es durch Reckwalzen oder Fließpressen. Bei langen, schweren Teilen, die in kleineren Stückzahlen verlangt werden, kann eine selbsttätig arbeitende hydraulische Reckanlage wirtschaftlich sein. Das Rohteil wird von einem Manipulator gehalten, die Stößelbewegung von einem Kopierlineal gesteuert (Bild 7.13). Man spart den Reckschmied und erreicht eine größere Genauigkeit.

3.1.4.4 Reckstauchen

Reckstauchen (Rollen) dient zur Querschnittsverminderung und einer gleichzeitigen geringfügigen Querschnittsvergrößerung an benachbarten Teilen eines Stabes oder

Stababschnittes. Der Vorgang wird in schnellschlagenden Hämmern, meist Lufthämmern, u. U. auch in Exzenterpressen ausgeführt, wobei der Stab nach jedem Schlag um 90° gedreht wird. Beim ersten Schlag entsteht ein ellipsenartiger Querschnitt, jedoch ohne Grat, nach dem Drehen um 90° wiederum ein Kreisquerschnitt.

Das Reckstauchen wird im allgemeinen zum Zwischenformen benutzt, in Einzelfällen auch zum Fertigschmieden, z. B. von Gelenkbolzen. Das Reckstauchen wird bei großen Serien häufig durch Reckwalzen ersetzt, z. B. beim Schmieden von Pleuelstangen (Stückleistung bei Anwendung des Walzens etwa 2,5fach).

3.1.4.5 Rundkneten

Rundkneten ist Recken von Stäben oder Rohren mit zwei oder mehreren gleichzeitig radial wirkenden, den zu vermindernden Querschnitt ganz oder zu einem großen Teil umschließenden weggebundenen Werkzeugen, die relativ zum Werkstück umlaufen.

Formkneten ist Rundkneten mit Formwerkzeugen bestimmter Außen- oder Innenform. Die Abmessungen werden in zwei Richtungen verkleinert und in der dritten Richtung gestreckt. Es findet keine Breitung wie beim Recken statt. Das Werkstück wird von einem umlaufenden Spannkopf geführt, der auch die Vorschubbewegung ausführt. Die Hublage der Hämmer ist verstellbar, so daß Wellen mit abgestuften Absätzen, Bunden und schlanke Kegel mit Toleranzen von $\pm 0,2$ mm hergestellt werden können. Beim Rundkneten von Rohren werden Dorne verwendet; Innenprofile lassen sich durch Schmieden über Dorne mit einer Genauigkeit von $\pm 0,1$ mm fertigen. Die Durchmesserabnahmen je Durchgang betragen etwa 10 bis 12 mm, die Vorschubgeschwindigkeiten 50 bis 300 mm/s.

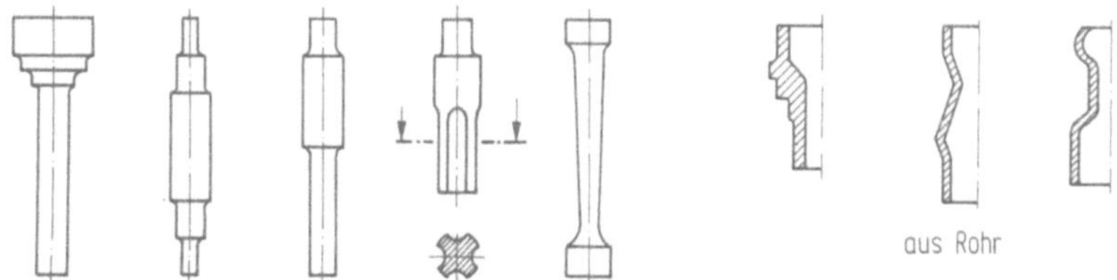

Bild 3.21. Warmrundkneten: Formenordnung

Die Formgebungsmöglichkeiten gehen aus der Formenordnung nach Bild 3.21 hervor. Es lassen sich rotationssymmetrische, langgestreckte Körper mit unterschiedlichen Querschnitten herstellen, wobei Querschnittszunahmen in beiden Richtungen möglich sind, anders als beim Fließpressen. Im Vergleich zum Recken ist die Genauigkeit wesentlich größer. Allerdings bleibt die Anwendung wegen der teuren Maschinen auf Spezialfälle beschränkt.

Es werden sowohl Endformen als auch Zwischenformen, z. B. für Turbinenschaufeln, durch Rundkneten gefertigt. Die Maschinen werden entweder nach Anschlägen oder Bezugsformstücken (Schablonen) oder mittels einer NC-Steuerung gesteuert. Die Steuerprogramme werden z. T. bereits maschinell hergestellt [3.10].

3.1.4.6 Warmfließpressen

Das Warmfließpressen wird vornehmlich als Voll-Vorwärts-, Hohl-Vorwärts-, Napf-Rückwärts- und Querfließpressen ausgeführt (Bild 3.22).

Im Gegensatz zum Kaltfließpressen muß der Schaft beim Warmfließpressen auf der ganzen Länge im Werkzeug geführt werden, damit er beim Ausstoßen nicht vom Auswerfer angestaucht wird. Zu diesem Zweck ist eine exakte Abstimmung

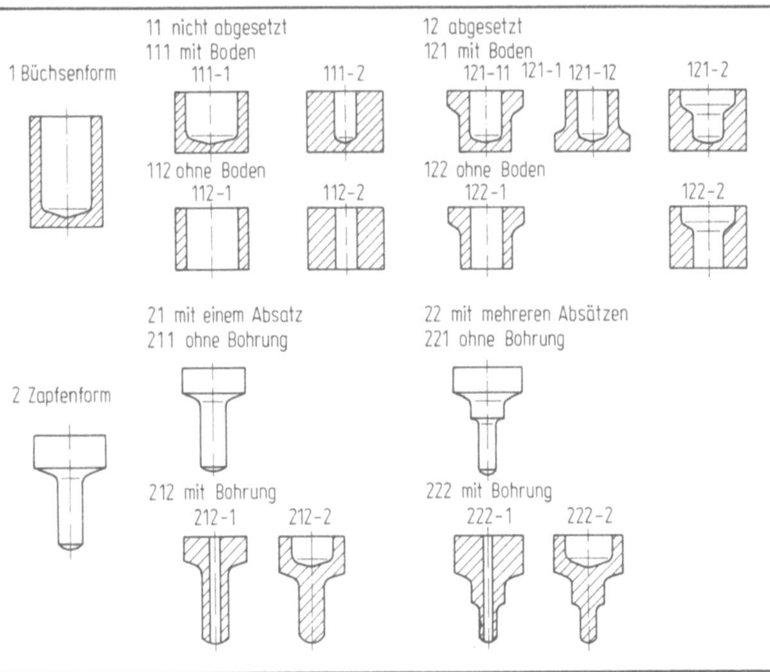

Bild 3.22. Durch Warmfließpressen herstellbare Grundformen nach [3.13]

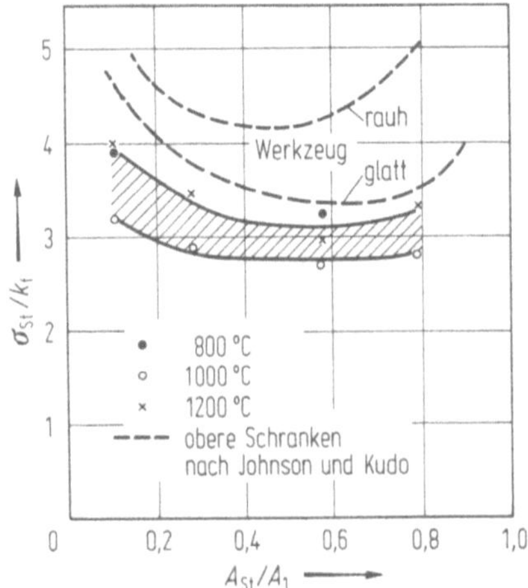

Bild 3.23. Bezogene mittlere Stempelkräfte beim Rückwärtshohlfließpressen nach [3.12]

von Stempel- und Auswerferbewegung nötig. Die Werkzeuge erhalten eine einfache oder doppelte Armierung (Armierung aus 56 NiCrMo V7, $\sigma_B = 1500 - 1600 \text{ N/mm}^2$; Büchse aus (G) X 37 CrMoW 51, $\sigma_B = 1600 \text{ N/mm}^2$; Stempel aus S 6-5-2, HRC = 60). Angaben über die zu erwartenden Kräfte werden u. a. von Grotz [3.11] und in Bild 3.23 angegeben.

Das Warmfließpressen wird vor allem zum Zwischenformen in Kurbelpressen vorgenommen (Bild 3.24 u. 3.25); außerdem werden auch hydraulische Pressen zum Fließpressen in Kombination mit Hämmern zum Fertigschmieden des Flansches verwendet. Hierfür eignen sich auch die sog. Schmiedeschlagpressen, in denen die Arbeitsweise von hydraulischer Presse und Hammer kombiniert ist.

3.1.4.7 Dornen

Durch *Dornen* werden nicht durchgehende Hohlräume mit beliebigem Querschnitt geformt, wobei der Stempel den Werkstoff im wesentlichen quer zur Umformrichtung verdrängt, d. h. Endhöhe $\approx$ Anfangshöhe. Voraussetzungen hierfür sind (Bild 3.26):

a) $A_{St} = A_1 - A_0$,   (3.9)

b) Dornkraft < Stauchkraft, da andernfalls das Rohteil zuerst gestaucht und dann durch Rückwärtsfließpressen umgeformt würde:

$$\bar{\sigma}_{St} \cdot A_{St} < k_f \cdot A_0 ,$$ (3.10)

$$\frac{\bar{\sigma}_{St}}{k_f} < \frac{A_0}{A_{St}} \quad \text{oder} \quad \bar{\sigma}_{Wz} \cdot F_0 < k_f \cdot F_0 ,$$ (3.11)

daraus folgt

$$\frac{\bar{\sigma}_{Wz}}{k_f} < 1 .$$

Angewendet wird das Verfahren vor allem beim Schmieden in Waagerechtstauch-maschinen.

3.1.4.8 Reckwalzen und Querwalzen

Reckwalzen ist Längswalzen in Walzwerkzeugen, deren Profil sich in Umfangsrichtung ändert. Die ursprünglich zum Recken, Breiten und Anspitzen einfacher Schmiedestücke mit gleichbleibendem Querschnitt (z. B. Gabelzinken, Schaufel-blätter, Pflugschare, Propellerblätter u. a.) verwendeten Reckwalzen werden heute vor allem zum Herstellen von Massenverteilungs-Zwischenformen benutzt. Diese können mit ihren in Längsrichtung veränderlichen Querschnitten bei ausreichenden Stückzahlen schneller, gleichmäßiger (Werkstoffersparnis) und mit geringerer Ab-kühlung (Endformung in einer Wärme) gewalzt als gereckt oder gerollt werden.

Im Gegensatz zu gewalztem Halbzeug haben die auf Schmiedewalzen herge-stellten Teile nur verhältnismäßig geringe Längen; zum Walzen benutzt man daher überwiegend das Rücklaufverfahren. Hierbei wird das Werkstück durch den Walz-spalt gegen einen Anschlag geschoben, anschließend von den Walzen gefaßt und zurückbewegt. Die Gesamtumformung erfolgt in mehreren Stichen; die Werkzeuge hierzu sind als Segmente nebeneinander auf den Walzen angebracht. Neben dem

1 Stauchen		2 Dornen	3 Vorwärtsfließpressen		4 Fertigschmieden			Werkstückart	Zeichnungen typischer Schmiedestücke
Stauchen zw. flachen oder profilierten Bahnen	zweimaliges Stauchen zw. flachen Bahnen	im geschlossenen Werkzeug	im geschlossenen Werkzeug	im Gesenk mit Gratspalt	geschl. Gesenk bei senkrechter	Gesenk mit Gratspalt bei senkrechter	Gesenk mit Gratspalt bei waagerechter Lage des Schmiedestücks	Charakteristik	
(+)*	—	—	+	—	—	—	—	Einfache Stücke mit Schaft. Zylindrische Verdickung mit ebener Stirnseite. Allmähliche Übergänge.	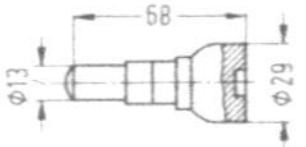 68; Ø13; Ø29
(+)*	—	—	+	—	+	—	—	Einfache Stücke mit Schaft. Kopfteil gestuft.	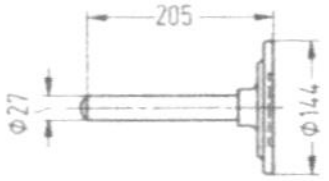 205; Ø27; Ø144
(+)*	—	—	+	—	—	+	—	Schaftförmige Stücke mit kegeliger, sphärischer und verwickelt geformter Verdickung sowie Schmiedestücke mit einfach geformter Verdickung.	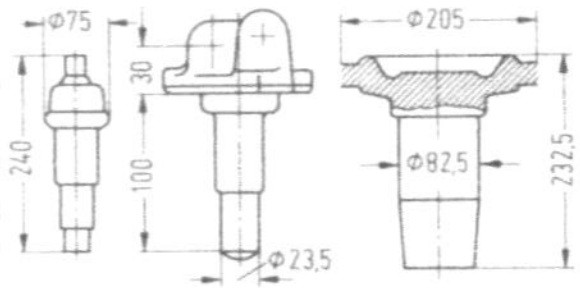 Ø75; 240; Ø23,5; 30; 100; Ø205; Ø82,5; 232,5
—	+	—	+	—	—	+	—	Schaftförmige Stücke mit verwickelt geformtem Kopf.	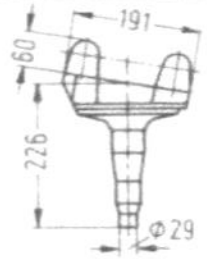 191; 60; 226; Ø29
(+)*	—	—	+	—	—	—	+	Schaftförmige Stücke mit verwickelt geformtem Kopf, der eine Teilung in der Schaftebene verlangt.	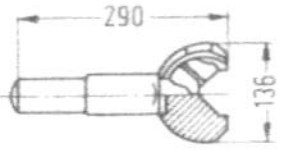 290; 136; Ø29

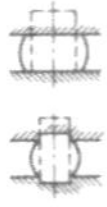

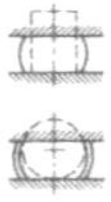

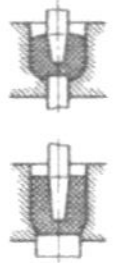

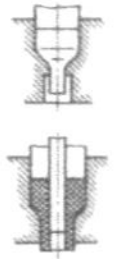

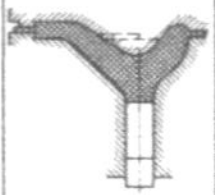

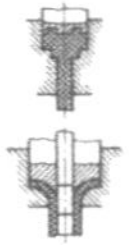

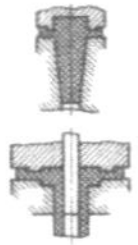

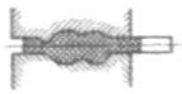

+	−	−	−	+	−	+	−	Schaftförmige Stücke mit verwickelt geformtem Kopf, der ausgeprägte Quervorsprünge aufweist. 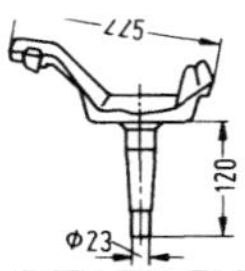
(+)*	−	+	+	−	−	−	−	Hohle Stücke (Rotationskörper) Zylindrische Verdickung mit flacher Stirnseite und weichem Übergang zum Schaft. 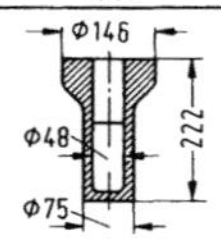
(+)*	−	+	+	−	+	−	−	Hohle Stücke (Rotationskörper) mit zylindrischer Verdickung. 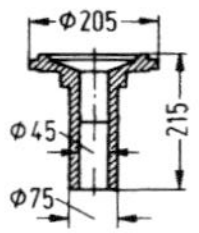
+	−	+	+	−	−	+	−	Hohle Stücke mit verwickelt geformter Verdickung.
−	+	+	+	−	−	+	−	

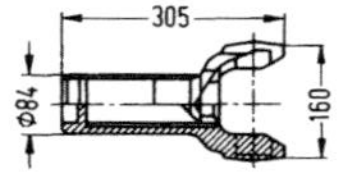

*Die in Klammern gesetzten Stauchvorgänge sind nicht unbedingt nötig

Bild 3.24. Anwendung des Warmfließpressens beim Gesenkschmieden nach [3.14]

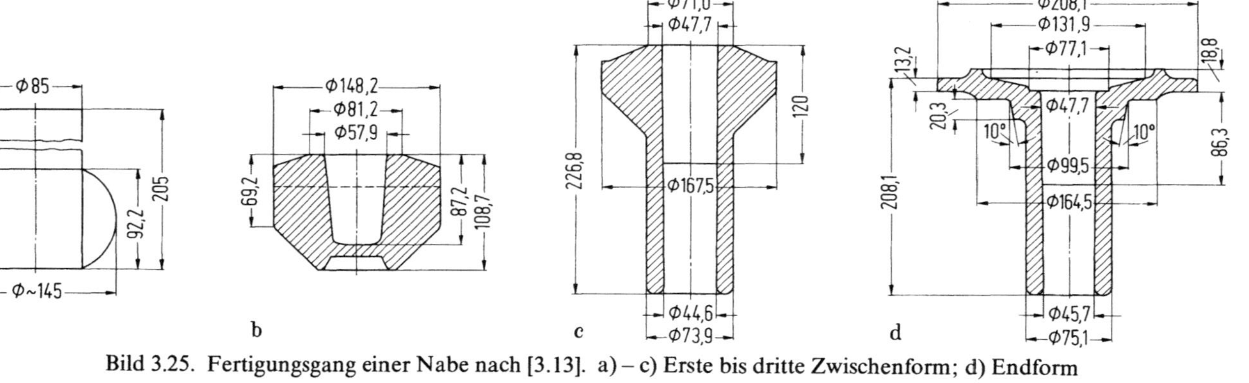

Bild 3.25. Fertigungsgang einer Nabe nach [3.13]. a) – c) Erste bis dritte Zwischenform; d) Endform

Rücklaufverfahren wird das *Durchlaufverfahren* (kein Zangenende nötig) angewendet.

Die Stückleistung beträgt bei manuell beschickten Reckwalzen 100 – 300 Stück/h, bei selbsttätigen Walzen 200 – 300 Stück/h. Die wirtschaftliche Mindest-Losgröße liegt bei 2000 bis 5000 Stück.

Durch Reckwalzen lassen sich Teile der Formengruppe 31, Grundform 311, 312, 314 (Bild 8.1), daneben auch die gestreckten Zwischenformen der Teile mit gekrümmter Hauptachse nach Formengruppe 32 und 33 herstellen. Einen Überblick über die auf Schmiedewalzen zu erzeugenden Formen vermittelt Bild 3.27 unter Verwendung der Ordnungsgesichtspunkte Querschnitts-Form und -Fläche [3.2].

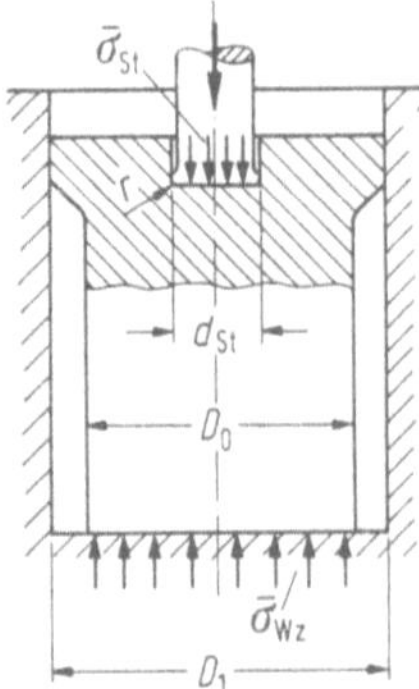

Bild 3.26. Dornen

Walzwerkzeug	Profilquerschnitt	Beispiele
Eingeschnittene Gravuren mit stetig wechselndem Querschnitt	Form gleichbleibend, Fläche stetig veränderlich	
Eingeschnittene Gravuren mit sprungartig wechselndem Querschnitt	Form und Fläche stetig veränderlich	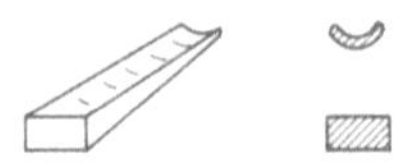
	Form gleichbleibend, Fläche sprungartig veränderlich	
	Form und Fläche sprungartig veränderlich	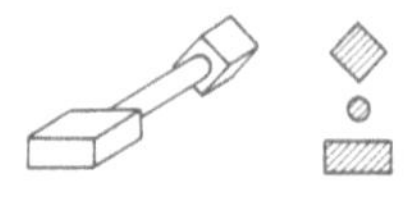

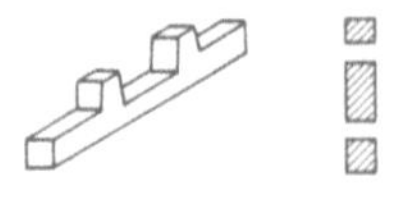

Bild 3.27. Formungsmöglichkeiten auf Schmiedewalzen nach [3.2]

Herstellbar sind

a) einseitig stetig oder sprunghaft abnehmende Querschnittsflächen,
b) beidseitig stetig oder sprunghaft abnehmende Querschnittsflächen (ggf. Doppelstücke von Teilen der Gruppe a bilden),
c) beidseitig stetig oder sprunghaft zunehmende Querschnittsflächen,
d) mehrfach zu- und abnehmende Querschnittsflächen.

Die Querschnitte sind meist kreisförmig, oval, quadratisch, rechteckig oder rautenförmig.

Es gilt, diese Formen in möglichst wenig Stichen mit möglichst großer Genauigkeit der Teillängen zu walzen. Letztere vergrößern sich infolge der Streckung von Stich zu Stich. Hierbei sind in erster Linie die Höhenabnahme und die Breitung, in zweiter Linie die Voreilung und das Schwinden des Werkstoffes von Einfluß. Insbesondere Querschnittsänderungen beeinflussen die Vorgänge im Walzspalt, wodurch wiederum eine Rückwirkung auf die Abmessungen der gewalzten Teile eintritt. Sprunghafte Querschnittsübergänge können nicht gewalzt werden, wenn die Schulterwinkel $\alpha > 60 - 70°$ je nach Querschnittsabnahme und Kaliberform sind; die Übergänge sind gut abzurunden.

Wegen des Abwälzvorgangs und der Voreilung $\varkappa$ ist die Werkstückform gegenüber der Werkzeugform verzerrt, so daß diese korrigiert werden muß. Die bezogene Voreilung ist:

$$\varkappa = \frac{v_{Sl} - v_{Wz}}{v_{Wz}} \tag{3.12}$$

(v_{Sl} Geschwindigkeit des Werkstücks am Austritt aus dem Walzspalt,
v_{Wz} Umfangsgeschwindigkeit im Wälzkreisdurchmesser).

Walzfehler sind Krümmung der Längsachse, Verdrehung um die Längsachse, unvollständige Gravurfüllung, ungleichmäßige Breitung (Gratbildung) und Walzfalten.

Das Querschnittsverhältnis in einem Stich (Durchgang) beträgt $A_n/A_{n+1} = 1{,}2$ bis $1{,}6$, je nach Querschnittsform, Werkstoff und Walzendurchmesser. Die Anzahl der Walzstiche liegt üblicherweise zwischen 1 und 6. Günstig ist die Kaliberfolge Kreis oder Quadrat–Oval–Kreis oder Quadrat.

Beim Entwurf gewalzter Zwischenformen geht man vom Massenverteilungs-Schaubild aus. Die Zwischenform ist danach unter Verwendung sanfter Querschnittsübergänge (kleine

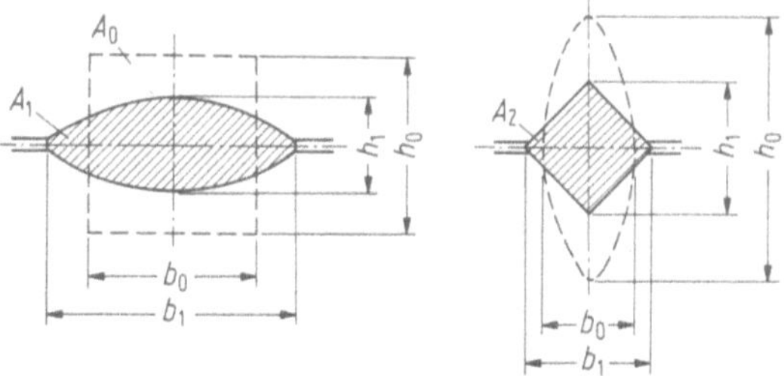

Bild 3.28. Steckkaliberfolge Vierkant – Oval – Vierkant nach [3.2].
A_0 Ausgangsquerschnitt (quadratisch); A_1 Querschnitt des ersten Stiches (oval); A_2 Querschnitt des zweiten Stiches (quadratisch)

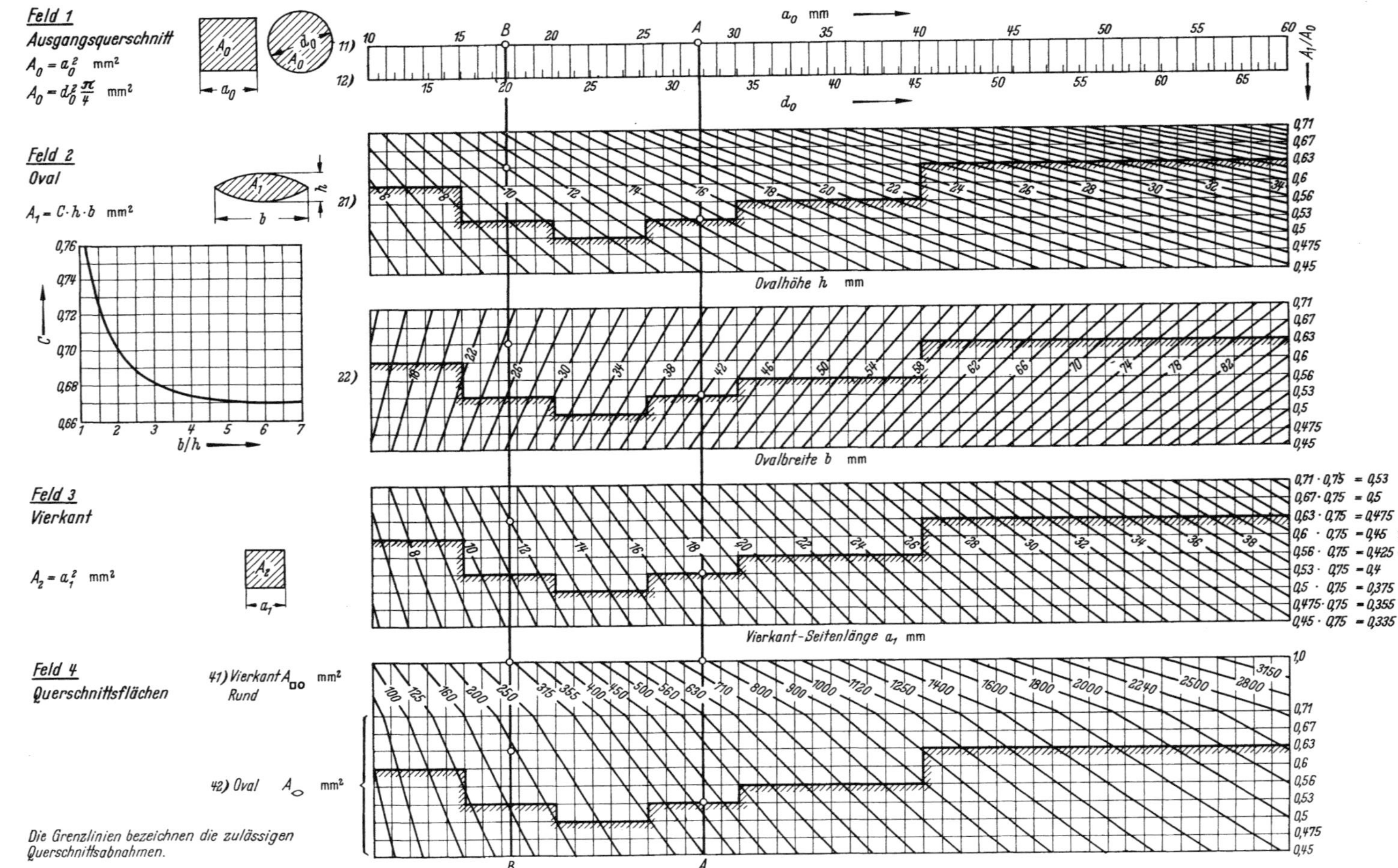

Feld 1
Ausgangsquerschnitt
$A_0 = a_0^2$ mm²
$A_0 = d_0^2 \frac{\pi}{4}$ mm²
11)
12)
A_0
a_0
d_0
A_0
a_0 mm
d_0
A_1/A_0
10 15 20 25 30 35 40 45 50 55 60
15 20 25 30 35 40 45 50 55 60 65
B
A
Feld 2
Oval
$A_1 = C \cdot h \cdot b$ mm²
21)
A_1
h
b
Ovalhöhe h mm
0,71 0,67 0,63 0,6 0,56 0,53 0,5 0,475 0,45
C
b/h
0,76 0,74 0,72 0,70 0,68 0,66
1 2 3 4 5 6 7
22)
Ovalbreite b mm
0,71 0,67 0,63 0,6 0,56 0,53 0,5 0,475 0,45
Feld 3
Vierkant
$A_2 = a_1^2$ mm²
A_2
a_1
Vierkant-Seitenlänge a_1 mm
A_2/A_1
0,71 · 0,75 = 0,53
0,67 · 0,75 = 0,5
0,63 · 0,75 = 0,475
0,6 · 0,75 = 0,45
0,56 · 0,75 = 0,425
0,53 · 0,75 = 0,4
0,5 · 0,75 = 0,375
0,475 · 0,75 = 0,355
0,45 · 0,75 = 0,335
Feld 4
Querschnittsflächen
41) Vierkant $A_{□0}$ mm²
Rund
42) Oval $A_○$ mm²
100 125 160 200 250 315 355 400 450 500 560 630 710 800 900 1000 1120 1250 1400 1600 1800 2000 2240 2500 2800 3150
1,0 0,71 0,67 0,63 0,6 0,56 0,53 0,5 0,475 0,45
B
A
Die Grenzlinien bezeichnen die zulässigen Querschnittsabnahmen.

**Anleitung zur Benutzung des Schaubildes für die Streckkaliberreihe
Vierkant – Oval – Vierkant**

Das Schaubild dient zur Bestimmung der Kalibermaße und Querschnittsflächen der Streckkaliberreihe Vierkant (Rund) – Oval – Vierkant (Rund). Links neben dem Schaubild stehen die Gleichungen zur Prüfung der Tafelwerte, rechts sind die Querschnittsminderungsfaktoren angegeben.

Die eingezeichneten Grenzen der Querschnittsminderung gelten für Kohlenstoffstähle; bei legierten Stählen darf nicht bis zu diesen Grenzen vorgegangen werden, um eine Überbeanspruchung des Werkstoffes zu vermeiden. Auch beim Walzen von Kohlenstoffstählen sollte man bei den letzten Stichen oberhalb der Grenzen bleiben, damit die Werkstücke saubere Oberflächen behalten.

Beginnend mit dem Ausgangsquerschnitt in Leiter 11 bzw. 12 liest man an einer senkrechten Linie die Ovalhöhe und Ovalbreite in den Feldern 21 und 22 sowie die Vierkantseitenlänge in Feld 3 ab. Aus Leiter 41 ist der Ausgangsquerschnitt, aus Feld 42 der Ovalquerschnitt zu entnehmen. Der einmal gewählte Querschnitssminderungsfaktor A_1/A_0 muß in allen Feldern beibehalten werden. Ist der gewünschte Endquerschnitt nach zwei Stichen noch nicht erreicht, so beginnt man erneut in Leiter 11 und bestimmt die weiteren Stiche.

Beispiel:

Gegeben: Ausgangsquerschnitt $A_A = A_0 = 784$ mm²; $a_0 = 28$ mm

Gewünscht: Zwischenformquerschnitt $A_Z = 144$ mm²; $a_Z = 12$ mm

Lösung: Von $a_0 = 28$ mm² in Leiter 11 Senkrechte $A – A$ zeichnen. In Feld 21 und 22 bei Querschnittsminderungsfaktor $A_1/A_0 = 0{,}53$ ablesen:

1. Stich Oval $h_1 = 14{,}3$ mm; $b_1 = 42$ mm
Ovalquerschnitt $A_1 = 415$ mm² (aus Feld 42)

2. Stich Vierkant $a_1 = 17{,}6$ mm (aus Feld 3)
Mit $a_1 = 17{,}6$ mm erneut in Leiter 11 beginnen; Senkrechte $B – B$ zeichnen, geringere Querschnittsabnahme wählen. ($A_1/A_0 = 0{,}63$)

3. Stich Oval $h_1 = 11{,}2$ mm; $b_1 = 24{,}8$ mm
Ovalquerschnitt $A_1 = 195$ mm² (aus Feld 42)

4. Stich Vierkant $a_1 = a_Z = 12$ mm (aus Feld 3)

Neigungswinkel und große Rundungen) festzulegen. Die Gefahr, daß sich durch kleine Änderungen von Breitung oder Voreilung Walzfehler ergeben, wird dadurch weitgehend ausgeschaltet. Weiterhin unterteilt man die Zwischenform Z_M in Abschnitte mit gleichbleibendem und solche mit wechselndem Querschnitt (s. auch Bild 3.27).

Die Ausgangsform wird nach dem größten Querschnitt gewählt[2]; sie muß um ein Zangenende verlängert werden. Ist dieses nicht gleichzeitig ein Teil der gewählten Zwischenform, wie z. B. die Masse für das große Auge einer Pleuelstange, so bedeutet das einen unvermeidlichen Werkstoffverlust.

Nach Berechnung des Volumens für jeden Teilabschnitt der kalten Zwischenform läßt sich die Profilfolge und die Anzahl der Walzstiche bestimmen. Hierbei bedient man sich zweckmäßigerweise der Streckkaliberfolge Vierkant–Oval–Vierkant (Bild 3.28). Diese verhindert wie andere Streckkaliberfolgen eine unerwünschte Breitung und ein Verdrehen oder Verkanten des Walzstabes und erlaubt große Querschnittsabnahmen bis > 50% bei der Stichfolge Vierkant–Oval[3] und bis $\approx 30\%$ bei der Stichfolge Oval–Vierkant. Zur schnellen und einfachen Bestimmung einer derartigen Stichfolge dient das Arbeitsschaubild 3.29. Es enthält auch Kreisquerschnitte, die bei Ausgangs- und Endformen häufig vorkommen, und gilt für Walztemperaturen zwischen 1100 und 1200 °C. Bei diesen Temperaturen werden die Kaliber gerade gefüllt. Zur Ermittlung der Breitung bei anderen Kaliberfolgen, insbesondere bei rechteckigen Querschnitten, dient die von Siebel für Walztemperaturen über 1000 °C angegebene Näherungsformel:

$$\Delta b = 0{,}35 \cdot l_d \cdot \frac{\Delta h}{h_0} \approx 0{,}35 \sqrt{r \cdot \Delta h} \cdot \frac{\Delta h}{h_0}, \tag{3.13}$$

Δb Breitung, l_d gedrückte Länge, Δh Höhenänderung,
h_0 Anfangshöhe, r Walzenradius.

Infolge der Voreilung würden die Teilabschnitte des Walzstabes länger als die Bogenlängen der erzeugenden Gravurabschnitte, wenn die letzteren nicht entsprechend verkürzt werden. Außerdem darf auch das Schrumpfen oder Schwinden beim Abkühlen des Walzstabes nicht vernachlässigt werden[4].
Beide Einflüsse werden durch die Beziehung

$$l_w = l_s \frac{1 + \alpha \cdot t}{1 + \varkappa} \tag{3.15}$$

(l_s Abschnittslänge am Werkstück, l_w Bogenlänge des Gravurabschnittes, α Wärmedehnzahl, $\varkappa$ bezogene Voreilung)
erfaßt. Das Maß l_w ist die auf dem Gravurgrund[5] abzutragende Teillänge. Schwierigkeiten bereitet hierbei das Einsetzen richtiger Werte für $\varkappa$. Einen Anhalt hierfür vermögen die Werte in Tabelle 3.1[6] zu geben, die beim Walzen der in Bild 3.30 gezeigten Zwischenform gemessen

---

[2] Hierbei sind die Walzstahl-Maßtoleranzen zu berücksichtigen: Der Stab muß auch am größten Querschnitt von den Walzen erfaßt werden.

[3] Unter einem Oval versteht der Walzwerker einen linsenförmigen, von zwei Kreisbögen begrenzten Querschnitt. Dieser kann nach der Beziehung

$$A_{oval} = C \cdot b \cdot h \tag{3.14}$$

berechnet werden. Der Beiwert C ist abhängig vom Verhältnis b/h aus einer Kurve in Bild 3.29 zu entnehmen.

[4] Die Volumenrechnung wurde für das kalte Werkstück vorgenommen (s. oben). Die Wärmedehnung muß auch bei der Gravurbreite und -tiefe berücksichtigt werden.

[5] In der Praxis ist es teilweise üblich, die Längenabschnitte auf dem äußeren Umfang der Walzwerkzeuge abzutragen in der Annahme, daß dadurch Längenänderungen am Walzstück infolge Voreilung und Wärmedehnung ausgeglichen werden. Das trifft jedoch nur selten zu; erfahrungsgemäß führt diese Handhabung zu erheblichen Längenabweichungen, weil die wirklichen Einflüsse (Querschnittsabnahme, Walztemperatur) nicht erfaßt werden.

[6] Hierin sind vergleichsweise Werte für das Walzen von Blei bei Raumtemperatur aufgeführt. Blei kann demnach unter Umständen bei Beachtung der Abweichungen als Modellwerkstoff dienen.

Tabelle 3.1. Bezogene Voreilung und Breitung beim Profilwalzen nach [3.2]

Stich-bezeichnungen Profilfolge	Quer-schnitts-verhältnis $\dfrac{A_n}{A_{n-1}}$	Ausgangs-tempe-ratur [1] ϑ_0 °C	End-tempe-ratur [2] ϑ_1 °C	Bezogene Voreilung $\varkappa$	Breitungs-verhältnis $\dfrac{b_n}{b_{n-1}}$	Bezogene Voreilung bei Blei $\vartheta = 20$ °C
1. Stich Rund-Oval	$\approx 0,5$	920	880	0,055	1,46	0,040
		1020	970	0,060	1,48	
		1120	1030	0,059	1,47	
		1200	1130	0,028	1,29	
2. Stich Oval-Vierkant	$\approx 0,75$	1020	990	0,048	1,77	0,050
		1120	1060	0,045	1,66	
		1200	1130	0,038	1,56	
3. Stich Vierkant-Oval	$\approx 0,71$	1020	970	0,066	1,57	0,064
		1120	1030	0,063	1,61	
		1200	1130	0,053	1,54	
4. Stich Oval-Rund	$\approx 0,75$	1120	1010	0,030	1,09	0,033
		1200	1100	0,027	1,06	

[1] Vor dem ersten Stich;   [2] nach dem n-ten Stich

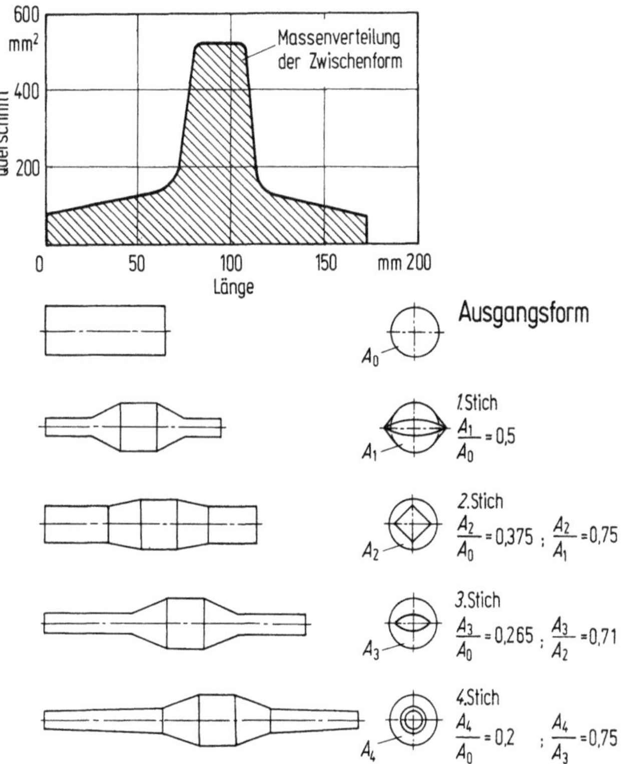

Bild 3.30. Entwurf der Stichfolge für die Zwischenform einer Schaltgabel nach [3.2]

wurden. Diese Werte gelten zunächst nur beim Walzen ähnlicher Profile. Der Einfluß der Temperatur ist danach beträchtlich; es gilt daher, die Walztemperaturen in der vorgesehenen Höhe möglichst genau einzuhalten. Auch der Temperaturabfall während der Stichfolge muß berücksichtigt werden. Für das behandelte Beispiel ist er aus Bild 3.31 zu ersehen.

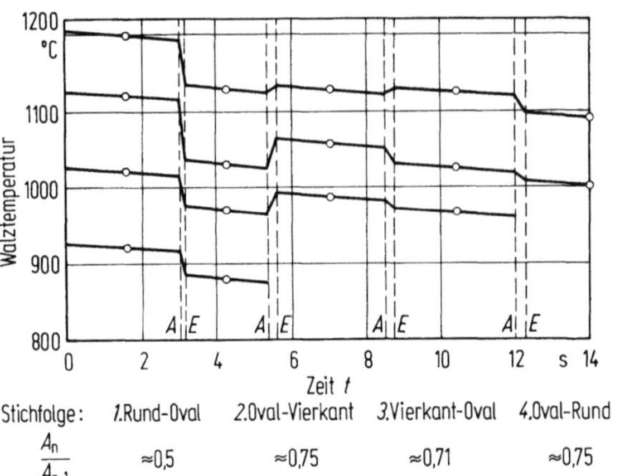

Bild 3.31. Temperaturverlauf während der Stichfolge nach Bild 3.30 (nach [3.2])

Trotz sorgfältiger Vorausbestimmung der Gravurabmessungen lassen sich kleine Längenabweichungen der Werkstückteilabschnitte nicht ganz vermeiden, denn die verwendeten Größen — Breitung, Voreilung und Wärmeausdehnung — sind unvorhersehbaren Schwankungen unterworfen. Es hat sich daher als zweckmäßig erwiesen, die Gravuren für die verschiedenen Stiche nacheinander herzustellen und jede Gravur erst zu erproben, ehe die nächstfolgende fertiggestellt wird. Dieses zunächst umständlich erscheinende Verfahren hat den Vorteil, daß ein etwaiger Fehler sofort erkannt wird. Geschieht das nicht, so vergrößert sich der Fehler von Stich zu Stich und erfordert unter Umständen erhebliche Änderungen an den fertigen Werkzeugen. Bei deren Erprobung ist unbedingt darauf zu achten, daß alle später zu erwartenden Betriebsbedingungen genau eingehalten werden. Das gilt besonders hinsichtlich der Walztemperatur.

Walzprofile mit stetigen Querschnittsänderungen, wie Kegel, Keile und andere Teile mit gleichbleibenden oder sich geringfügig ändernden Neigungen in Längsrichtung, erfordern Gravuren, deren Grund in Form einer Spirale verläuft. Die geometrische Forderung nach gleichbleibender Neigung erfüllt die logarithmische Spirale. Sie läßt sich verhältnismäßig einfach konstruieren; ihre Herstellung bereitet dagegen gewisse Schwierigkeiten, weil die Längenänderung der Polstrahlen nicht konstant ist. Die archimedische Spirale ergibt am Werkstück eine konkav gekrümmte Mantellinie. Sie ist schwieriger zu konstruieren, aber leichter herzustellen, da der Werkzeugvorschub mit der Winkeldrehung des Walzsegments verbunden werden kann.

Beim Walzen von Endformen mit starken und langen Neigungen (z. B. Turbinenschaufeln, lange, keglige Hebel) ist unbedingt die logarithmische Spirale zu verwenden; beim Walzen von Zwischenformen mit meist kleineren Neigungen und kürzeren Abschnittslängen sind die Unterschiede zwischen beiden Spiralenarten vernachlässigbar klein.

Wie bei Walzprofilen mit wechselnden Querschnitten muß auch die Voreilung und Wärmedehnung bei Profilen mit stetiger Querschnittsänderung nach Gl. (3.15) berücksichtigt werden. Die sich damit ergebenden Neigungswinkel bzw. Abschnittslängen sind in der Konstruktion der Spirale zugrunde zu legen. Da sich zugleich mit der Querschnittsabnahme auch die Voreilung über der Werkstücklänge ändert, ist hierfür ein mittlerer Wert, der der Querschnittsabnahme auf halber Länge entspricht, zu wählen.

Querwalzen von Formteilen ist Druckumformen von rotationssymmetrischen Rohteilen zwischen gegenläufig bewegten Walzwerkzeugen (Walzen, Walzbacken, Walzsegmente), die sich auf der Oberfläche des Werkstücks abwälzen (Bild 3.32).

Durch Querwalzen werden wellenartige Ausgangsformen zwischen Flachbakken (wie beim Gewindewalzen) oder zwischen zwei bzw. drei Walzen geformt, deren Achsen mit der Werkstückachse parallel sind. Man unterscheidet:

a) Durchlaufwalzen zwischen rotierenden, schrägstehenden Walzen mit meist spiraligen Walzrippen,

b) Einstechwalzen zwischen rotierenden, parallelen Walzen mit keilförmigen Walzrippen (s. Bild 3.32 a),

c) Einstechwalzen zwischen rotierenden Walzen und (meist feststehender) Segmentbacke (Walzwerkzeug auf der Innenseite),

d) Einstechwalzen zwischen Flachbacken (s. Bild 3.32 b).

Am Walzwerkzeug sind u. a. festzulegen (Bild 3.33) der Keilwinkel γ zwischen den formgebenden Werkzeugflächen und der Achse (etwa 5°) und der Flankenwinkel α (etwa 20 – 25°), die Länge von Einstich-, Umform- und Kalibrierzone.

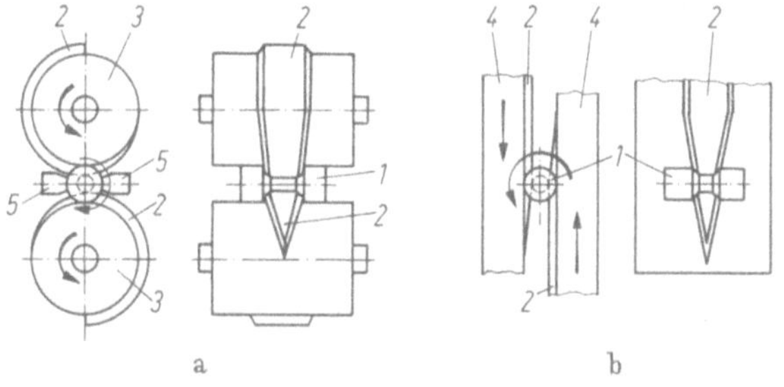

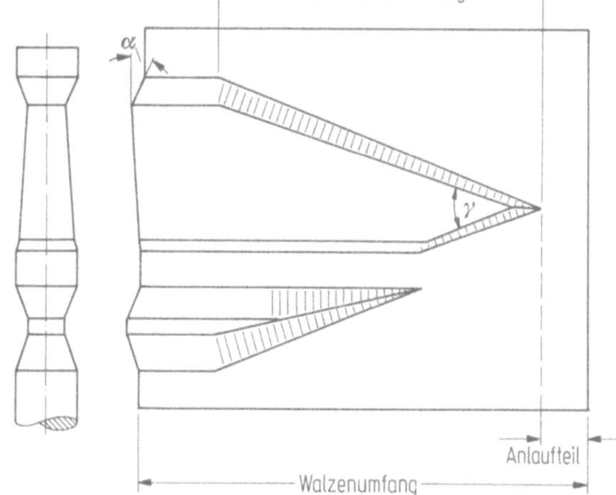

Bild 3.32. Prinzip des Querwalzens.
1 Werkstück; *2* Walzrippe;
3 Walze; *4* Flachbacke;
5 Führungslineal

Bild 3.33. Werkzeuge zum Querwalzen

Die Winkel γ und α bestimmen zusammen mit der Querschnittsabnahme die Zugspannungen im Schmiedestück. Bisher ist man noch auf Versuche zur endgültigen Festlegung der Werkzeuge angewiesen. Der Walzdurchmesser ist unter Berücksichtigung der Abstandsänderung unter Last und der Durchmesservergrößerung infolge der Erwärmung zu berechnen. Die Walztemperatur beträgt im allgemeinen 1100 bis 1200 °C. Zur Verringerung des Wärmeübergangs und der Walzarbeit soll der Durchmesser im mittleren Teil der Walzgravur kleiner sein, wobei das Maß $a_K = 0{,}2 - 0{,}3$ mm gewählt wird. Das mögliche Querschnittsverhältnis beträgt $A_n/A_{n+1} = 2{,}2$ bis 5, der kleinste Durchmesser ist $d_{1\,min} = (0{,}25$ bis $0{,}5)\,d_0$; ($d_{1\,min} \gtrsim 5$ bis 6 mm).

Man erreicht durch Querwalzen eine größere Formgenauigkeit als beim Reckwalzen. Bisher verfügbare Maschinen setzen jedoch wegen ihrer großen Investitionskosten große Stückzahlen voraus.

Größere Einschlüsse im Kern und Kernseigerungen des Ausgangsmaterials können — vor allem bei großen Querschnittsabnahmen — zu Innenrissen führen. Auf folgende Faktoren ist besonders zu achten: Festlegen und Einhalten der Umformtemperatur für jede Stahlgüte, konstante Wärm- und Haltezeiten vor dem Walzen, kurze Werkzeuge, um die Zahl der Überwalzungen klein zu halten, Berücksichtigung der geometrischen Form wegen der möglichen Bildung von Kernrissen, die außerdem vom Werkstoff, vom Umformgrad, den Querschnittsübergängen und der Werkzeuglänge abhängig ist. Weitere mögliche Fehler sind: relative Verdrehung der Querschnitte, Einschnürung quer zur Walzachse, axiale Stauchungen.

3.1.5 Biegen

Biegen ist die Krümmungsänderung einer Werkstückachse senkrecht zu ihrer ursprünglichen Richtung. Man unterscheidet *freies Biegen, Gesenkbiegen* und *Durchsetzen* (einseitiges Verschieben von Teilmassen aus der gegebenen Achse, angewendet u. a. bei Schmiedestücken mit einseitigen Nebenformelementen).

Beim Durchsetzen handelt es sich um ein Schubumformen. Darin stimmt es mit dem Verdrehen überein, das eine Richtungsänderung um eine Achse bewirkt. Infolge der Richtungsänderung kommt es zu einer Streckung und als Folge davon zu örtlichen Querschnittsänderungen.

Der Biegevorgang kann vor dem Querschnittsvorbilden (bzw. Endformen) gemeinsam mit dem Querschnittsvorbilden (Endformen) oder nach dem Endformen (z. B. bei sperrigen Hebeln) vorgenommen werden (Bild 3.34).

Werkstücke, deren Längsachse nur in einer Ebene gekrümmt ist, können ohne Biege-Zwischenform hergestellt werden, wenn es möglich ist, die Biegeebene parallel zur Werkzeugbewegung zu legen. Zu diesem Zweck muß aber das Querschnittsvorbildungs- oder Endwerkzeug mit gekrümmter Trennfläche ausgeführt werden, wodurch erheblich höhere Kosten entstehen als bei Werkzeugen mit ebener Trennfläche. Um festzustellen, welches Verfahren wirtschaftlicher ist, muß man diese Mehrkosten [7] den Kosten für ein verhältnismäßig einfaches Biegewerkzeug und für den zusätzlichen Arbeitsgang des Biegens gegenüberstellen. In gleicher Weise kann man auch bei Werkstücken, deren Längsachse in mehreren Ebenen gekrümmt ist, ein Biegewerkzeug sparen; für die weiteren Biegungen sind aber besondere Zwischenformen und entsprechende Werkzeuge erforderlich. Die Entscheidung, ob eine Biege-Zwischenform in den Fertigungsablauf einzuschalten ist oder nicht, ist

---

[7] Zuzüglich Mehrkosten für das ebenfalls mit gekrümmter Schnittfläche auszuführende Abgratwerkzeug.

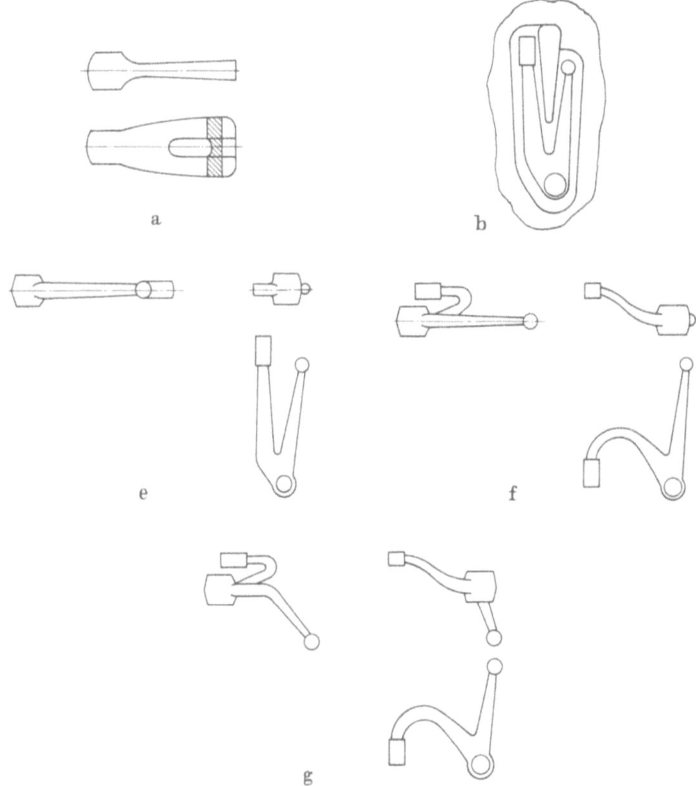

Bild 3.34. Mehrfach gebogener Hebel nach [3.15].
a) Massenverteilung; b) Gesenkschmieden in Vorschmiedegravur (die beiden Arme sind zusammengelegt und werden gestreckt geschmiedet, so daß sich kleine, billige Gesenke mit ebener Teilfläche ergeben. Zwischen beiden Armen ist die Gratfläche freigefräst, damit der verdrängte Werkstoff sich dort ungehindert sammeln kann); c) Warmabgraten (nicht gezeigt); d) Gesenkschmieden in Endgravur (nicht gezeigt); e) Warmabgraten; f) Abbiegen des ersten Armes; g) Abbiegen des zweiten Armes; h) Richten des gesamten Hebels (nicht gezeigt)

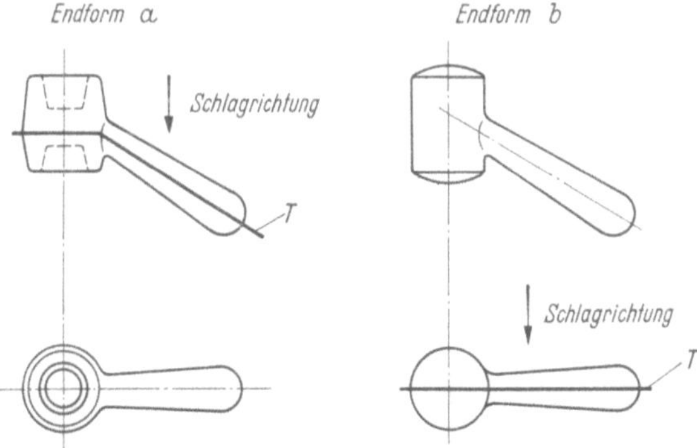

Bild 3.35. Gesenkschmieden eines Hebels mit Nabe in verschiedenen Richtungen nach [3.2].
a) Trennflächen gekrümmt, keine Biegezwischenform; b) Trennfläche eben, mit Biegezwischenform

unter Umständen auch von der späteren spanenden Bearbeitung des Gesenkschmiedestückes abhängig. Die Nabe des nach Bild 3.35 a ohne Biege-Zwischenform hergestellten Hebels hat z. B. ebene Stirnflächen und ein gut vorgeschmiedetes Loch; das ist für das spätere Bohren mitunter günstiger. Es muß aber in Kauf genommen werden, daß die Mantelfläche der Nabe die Form eines Doppelkegels hat. Wird eine zylindrische Mantelfläche gefordert, so schmiedet man mit Biege-Zwischenform und in einem Endwerkzeug mit ebener Trennfläche (Bild 3.35 b); die Aushebeschräge befindet sich dann an der Stirnseite der Nabe, und es kann kein Loch vorgeschmiedet werden. Ein weiteres Beispiel hierzu ist das Schmieden von Gabelköpfen. Will man die Seitenschräge auf den beiden Wangen der Gabel zwecks besserer Bearbeitbarkeit (gleichmäßige Schnittiefe!) vermeiden, so werden sie gestreckt geschmiedet und nach der Endformung gebogen (Bild 3.36).

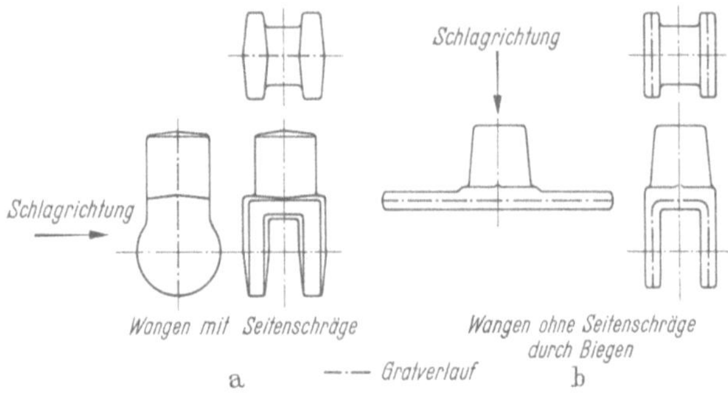

Bild 3.36. Gesenkschmieden von Gabelköpfen mit und ohne Seitenschräge auf den Wangen nach [3.16].
a) Wangen mit Seitenschräge, Kopf zylindrisch; b) Wangen ohne Seitenschräge durch Gestrecktschmieden und Biegen, Kopf kegelig

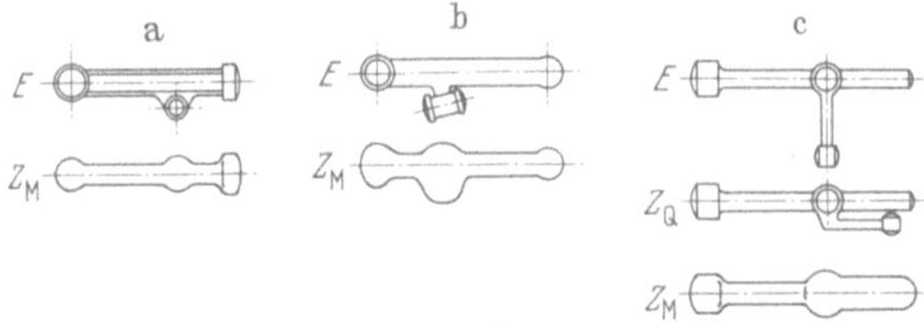

Bild 3.37. Massenverteilungszwischenformen Z_M für Werkstücke mit einseitigen Vorsprüngen.
a) Kleiner Vorsprung; b) großer Vorsprung (Zwischenform durchgesetzt); c) sehr langer Vorsprung (E = Endform, Z_Q = Zwischenform zur Querschnittsvorbildung)

Biege-Zwischenformen braucht man auch für einen Teil der Werkstücke mit gerader Längsachse und unsymmetrischen Nebenformelementen, denn der zunächst symmetrisch um die Längsachse angesammelte Werkstoff muß auf eine Seite verlagert werden (Bild 3.37 b).

Besondere Bedeutung gewinnt die Biege-Zwischenform für Gesenkschmiedestücke mit *mehrfach in einer Ebene* gebogener Längsachse, zu denen die Kurbeln und Kurbelwellen gehören. In Bild 3.38 sind hierfür zugleich mit den Biege-Zwi-

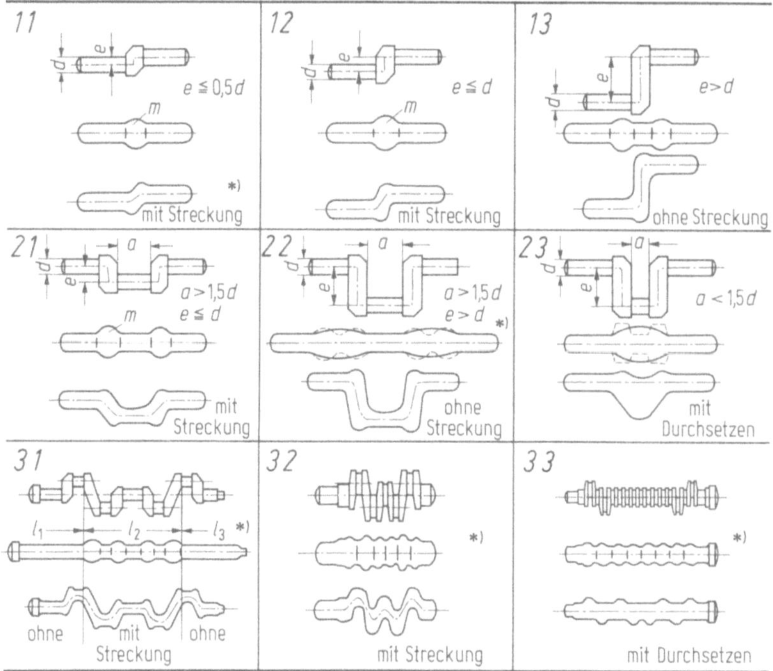

Bild 3.38. Massenverteilungs- und Biegezwischenformen für Werkstücke mit mehreren Biegestellen in einer Ebene, insbesondere Kurbeln und Kurbelwellen nach [4.19]

schenformen Z_B auch die Massenverteilungs-Zwischenformen Z_M aufgeführt. Hierbei sind drei Arten von Biege-Zwischenformen zu unterscheiden:

1. Biege-Zwischenformen ohne wesentliche Querschnittsänderung,
2. Biege-Zwischenformen mit Querschnittsabnahme durch gleichzeitiges Strecken des Werkstoffes,
3. Biege-Zwischenformen zum Durchsetzen.

Das erste Biegeverfahren wird für Kurbeln mit größeren Achsabständen l benutzt (Beispiele 13 und 22) [8]. Für Kurbeln mit verhältnismäßig kleinen Achsabständen zieht man dagegen das zweite Verfahren — Biegen und Strecken — vor (Beispiele 11, 12, 21, 32), bei dem die Abschnitte für die Kurbelwangen aus der dort angesammelten Werkstoffmasse m gestreckt werden. Das Durchsetzen — Biegeverfahren 3 — wird bei Werkstücken mit besonders engen Kröpfungen und kleinen Achsabständen vielfach angewandt (Beispiele 23 und 33).

Die in Bild 3.38 dargestellten Zwischenformen müssen den Besonderheiten des Werkstücks angepaßt werden. Mitunter kann man auf die Zwischenform Z_M verzichten (z. B. 22, 32, 33), wenn sich nämlich für diese nur geringe Querschnittsunter-

---

[8] Die gestrichelten Umrisse im Beispiel 22 entsprechen der Zwischenform Z_M, die sich zunächst aus der reinen Massenverteilung ergäbe. Praktisch kann man hier die nebeneinanderliegenden Teilmassen zu einer einzigen zusammenfassen. Dies gilt auch für Beispiel 23.

schiede ergeben; man biegt dann unmittelbar die Ausgangsform. Beim Biegen mehrfach gekröpfter langer Wellen (Beispiel 31) streckt sich der in der Mitte liegende Werkstoff, weil die äußeren Teile von den Vorsprüngen des Biegewerkzeuges festgehalten werden. Als Biegewerkzeuge werden entweder — bei größeren Teilen — besondere Gesenke, z. B. zum Biegen von Kurbelwellenzwischenformen, auf schweren mechanischen oder hydraulischen Pressen oder — bei kleineren Teilen — Biegegravuren eines Hammergesenkes für mehrere Arbeitsstufen verwandt. Bild 3.39 zeigt zwei Ausführungsformen von Biegegravuren für das Biegen mit und ohne Streckung.

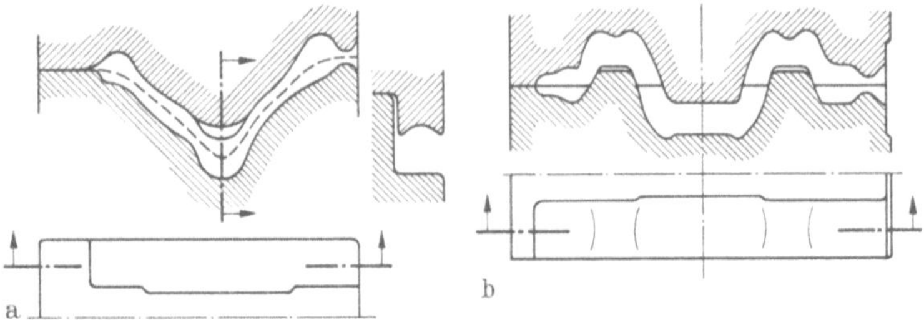

Bild 3.39. Beispiel für Biegegravuren nach [4.19].
a) Biegen ohne Streckung; b) Biegen mit Streckung

Bei der Konstruktion der Biegezwischenformen und der dem Biegen vorausgehenden Massenverteilungsform genügt es vielfach, die Bogenlänge der Hauptachse als Länge der gestreckten Biegeform einzusetzen. Nur bei langen und stark gekrümmten Teilen ist die Verschiebung der ungelängten Faser von der Mittellinie zur Innenkante zu berücksichtigen. Als Näherungswert für den Abstand davon verwende man den Wert $b/3$ (Bild 3.40 a). ($b =$ Breite des Querschnitts; bei runden Teilen d). Bei Schmiedestücken mit sehr kleinen Krümmungshalbmessern verteilt man das Volumen des Krümmungsabschnitts gleichmäßig auf die gestreckte Länge des Krümmungsbogens und bringt den Werkstoff beim Biegen in die richtige Lage (Bild 3.40 b).

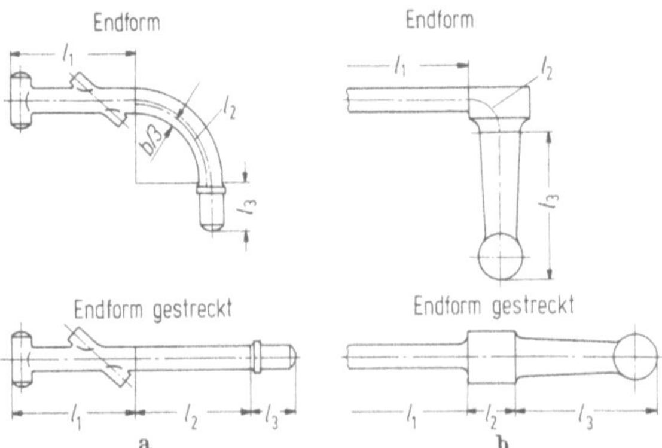

Bild 3.40. Umzeichnen von Schmiedestücken mit gekrümmter Hauptachse in die gestreckte Form.
a) Großer Krümmungshalbmesser; b) kleiner Krümmungshalbmesser

Bei Teilen mit mehrfach gekrümmter Hauptachse (Kurbeln, Kurbelwellen usw.) muß zur Konstruktion der Massenverteilungsform unterschieden werden, ob das anschließende Biegen nach Bild 3.38

1. ohne wesentliche Querschnittsänderung,
2. mit Querschnittsverkleinerung durch gleichzeitiges Strecken oder
3. durch einseitige Werkstoffverlagerung — Durchsetzen — erfolgt.

Bei Biegeart 1 muß das Massenverteilungsschaubild für die gestreckte Endform (Bild 3.38, Fall 13 und 22), bei Biegeart 2 und 3 über der Länge der gebogenen Endform gezeichnet werden (Bild 3.38, Fall 11, 12, 21, 23, 32, 33). Verschiedene Biegearten können auch an einem Gesenkschmiedestück auftreten. Bei der Konstruktion der Zwischenform Z_M ist das entsprechend zu berücksichtigen (Bild 3.38, Fall 31).

Das Vorgehen für eine genauere Festlegung der Biegezwischenform werde für das in Bild 3.41 dargestellte Beispiel beschrieben. Die Aufgabe erfordert

a) die Gestaltung der Biegezwischenform,
b) die Gestaltung der vorhergehenden Zwischenform (Massenverteilungsform, Ausgangsform),
c) die Festlegung der Lage der Massenverteilungs(Ausgangs-)form in der Biegegravur.

Die erste Teilaufgabe wird entsprechend der Forderung gelöst, daß die Verbindungslinien der Flächenschwerpunkte von Biegeform und der folgenden Querschnittsvorbildungs- bzw. Endform zusammenfallen sollen. Durch die Verbindungslinie der Flächenschwerpunkte (mittlere Faser) der Endform bzw. Querschnittsvorbildungsform ist demnach die mittlere Faser der Biegeform gegeben. Da die Endform im Beispiel in zwei Ebenen gebogen ist, muß die mittlere Faser gestreckt werden (Bild 3.41 c). Auf den Normalen der mittleren Faser werden danach punktweise die Durchmesser der Kreisflächen bzw. die Kantenlängen der Quadrate symmetrisch aufgetragen, die den Querschnitten der Endform einschließlich des Gratanteils flächengleich sind. Es wird hier angenommen, daß die Massenverteilungsform beim Biegen auf der Gravur gleitet, so daß kein nennenswertes Strecken eintritt (Bild 3.41 b). Die Krümmungsmittelpunkte der Biegeform (O_1, O_2, O_3) sollen möglichst weit außerhalb der Gratbahn der folgenden Gravur liegen. Die so ermittelte Biegezwischenform ist zu korrigieren, wenn die Radien zu klein sind oder die Querschnitte zum Teil außerhalb der folgenden Gravur liegen. Gewichtsvergrößerungen sollten jedoch unter 3% bleiben. Gewichtsvergrößerungen an einer Stelle sind durch Verringerungen an einer benachbarten oder gegenüberliegenden Stelle auszugleichen.

Durch Strecken der neutralen Faser, d. h. der beim Biegen ungelängt bleibenden Faser erhält man die Massenverteilungsform. Die neutrale Faser kann mit Hilfe eines Schaubilds konstruiert werden [3.17]. Die Massenverteilungsform ist, falls erforderlich — z. B. bei der beabsichtigten Herstellung durch Rollen — in eine zur Längsachse symmetrische Form zu bringen (Bild 3.41 d). Bild 3.41 e zeigt schließlich die Biegegravur für die Herstellung der Biegezwischenform aus der Massenverteilungsform.

Bei kleinen Krümmungsradien und Abrundungshalbmessern der Endform (z. B. bei Kurbelwellen) ist es nicht möglich, eine auf die beschriebene Weise ermittelte Biegezwischenform fehlerfrei fertig zu schmieden. Es ist dann eine unvollständige Biegeform zu entwickeln, die in der Vorschmiedegravur fertig gebogen wird (Bild 3.42).

3.1.6 Querschnittsvorbilden und Endformen

Durch *Querschnittsvorbilden* werden die Querschnitte der Massenverteilungs- oder Biegezwischenform den Querschnitten der Endform soweit angenähert, daß sie in der Endgravur die endgültigen Abmessungen und Formen bei verhältnismäßig geringen Formänderungen erhalten. Das Querschnittsvorbilden erfolgt durch Formpressen mit oder ohne Grat. Dabei werden scharfkantige Übergänge vermieden und Einzelheiten der Endform vernachlässigt bzw. mit großen Radien ausgeführt, um die Gravurfüllung zu erleichtern. Das Querschnittsvorbilden hat mehrere Gründe:

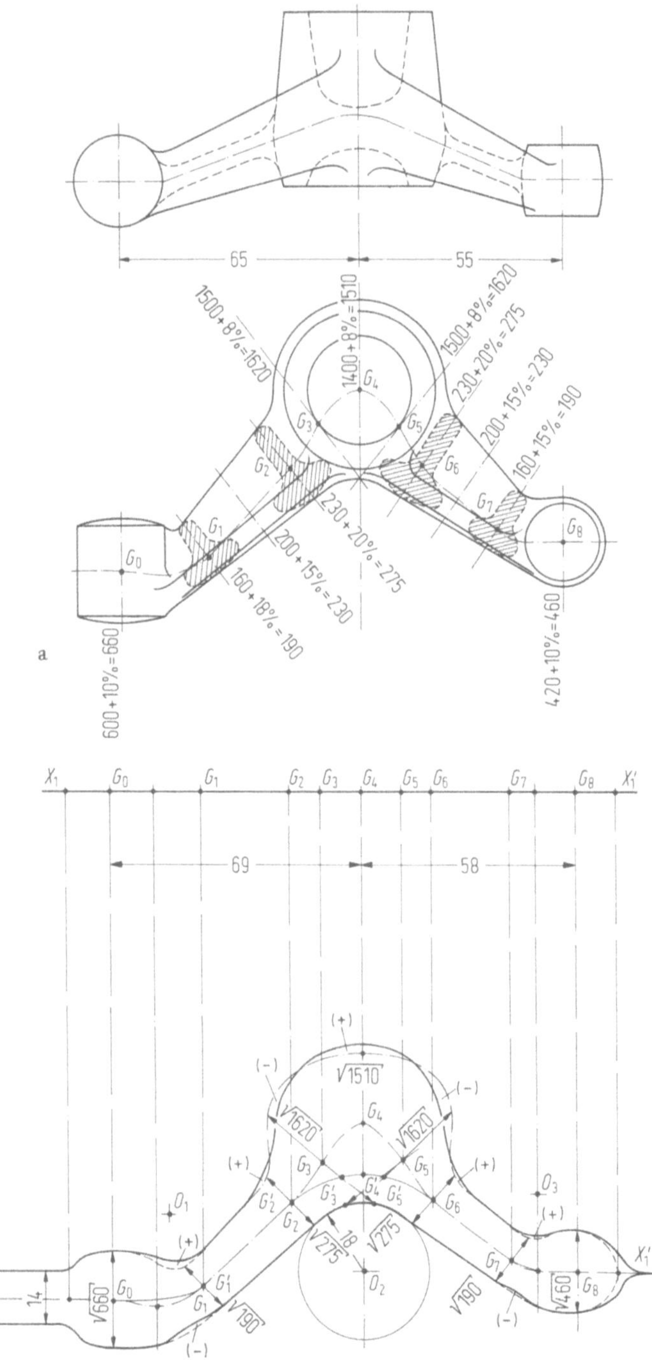

Bild 3.41. Konstruktion einer Biegezwischenform nach [3.17].
a) Endform; b) Biegezwischenform; c) Konstruktion der mittleren und der neutralen Faser der
Biegezwischenform; d) Massenverteilungsform; e) Biegegravur

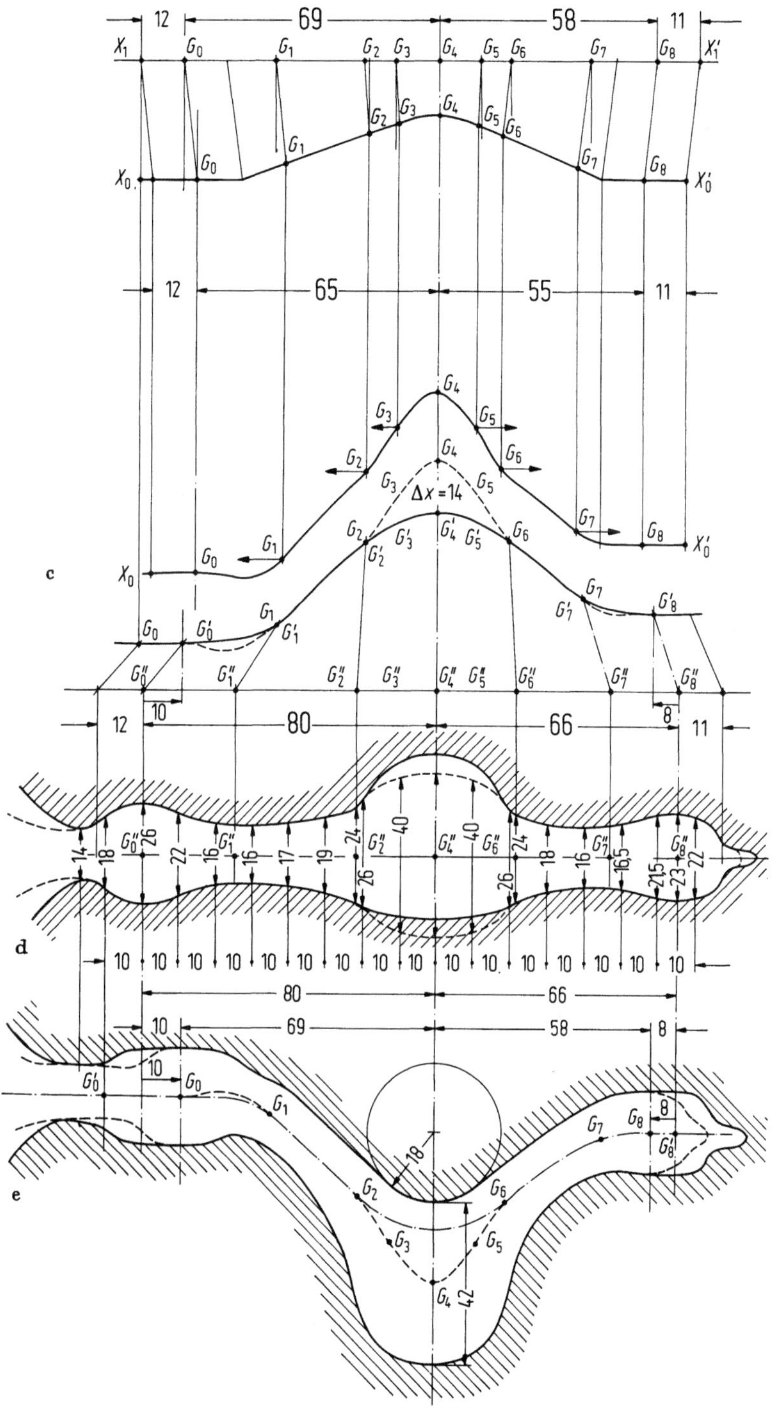
12
69
58
11
X_1 G_0 G_1 G_2 G_3 G_4 G_5 G_6 G_7 G_8 X_1'
G_2 G_3 G_4 G_5 G_6
G_1
G_0
G_7 G_8
X_0 X_0'
12
65
55
11
G_4
G_3 G_5
G_4
G_2 G_6
G_3 G_5
$\Delta x = 14$
G_2 G_4' G_5' G_6
G_2'
G_7
G_0 G_1 G_8 X_0'
c X_0
G_7' G_8'
G_0 G_0' G_1'
G_1
G_0'' G_1'' G_2'' G_3'' G_4'' G_5'' G_6'' G_7'' G_8''
12 10
80
66
8 11
G_0'' 26 22 16 G_1'' 16 17 19 24 G_2'' 40 G_4'' 40 G_6'' 24 18 16 G_7'' 16,5 G_8'' 22
14 18 26 215 23
d
10 10 10 10 10 10 10 10 10 10 10 10 10 10
80
66
10
69
58
8
10
G_0' G_0
G_1
G_7 G_8 8
18
G_8'
e G_2 G_6
G_3 G_5
G_4 42

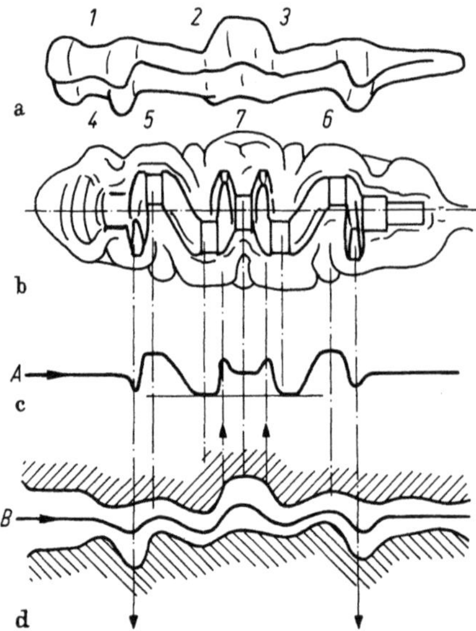

Bild 3.42. Biegezwischenform für eine
Kurbelwelle nach [3.17].
a) Biegezwischenform; b) Endform;
c) mittlere Faser der Endform;
d) mittlere Faser der Biegezwischenform

Verringern des Gratanteils — vor allem, wenn eine Gravur durch Steigen ge-
füllt werden muß,
Vermeiden von Schmiedefehlern, besonders wenn scharfe Kanten und große
Querschnittswechsel an der Endform verlangt werden,
Verringern der Umformkräfte beim Fertigschmieden,
Vermindern des Verschleißes der Endgravur.

Das Querschnittsvorbilden ist in der Regel beim Schmieden in Kurbelpressen erforderlich, während man beim Schmieden in Hämmern vielfach darauf verzichten
kann, weil die Gravur nicht in einem Vorgang, sondern durch mehrere Schläge gefüllt wird.

Bei der Gestaltung der Zwischenformen zum Querschnittsvorbilden sind die
folgenden Regeln zu beachten:

*1. Querschnittsgröße der Zwischenform Z_Q: Die Querschnitte der Zwischenform
Z_Q sollen ebenso groß wie die der Endform einschließlich Grat sein.* Dies bedeutet
Volumengleichheit von Zwischenform und Endform innerhalb des Grates. Eine
Ausnahme bilden Werkstücke mit besonders großem Werkstoffüberschuß, bei denen die Zwischenform Z_Q entgratet wird (Bild 3.45). In solchen Fällen muß das
Volumen der Zwischenform so viel größer sein, daß sich beim Schmieden der Endform wieder ein genügend breiter Grat bilden kann.

Die Befürchtung, daß die Endform infolge des Gesenkverschleißes beim
Schmieden nicht vollständig ausgefüllt werden könnte, ist im allgemeinen unbe-
gründet, denn bei anfänglicher Querschnittsgleichheit nehmen die Querschnitte der
Zwischenform schneller zu als die der Endform, weil das Zwischenformwerkzeug
höher beansprucht wird und schneller verschleißt. Im umgekehrten Fall ist die Zwischenform nicht richtig gestaltet worden.

*2. Form der Querschnitte: Die Querschnitte der Zwischenform Z_Q sollen in Rich-
tung der Werkzeugbewegung höher und quer dazu schmaler als die der Endform sein*

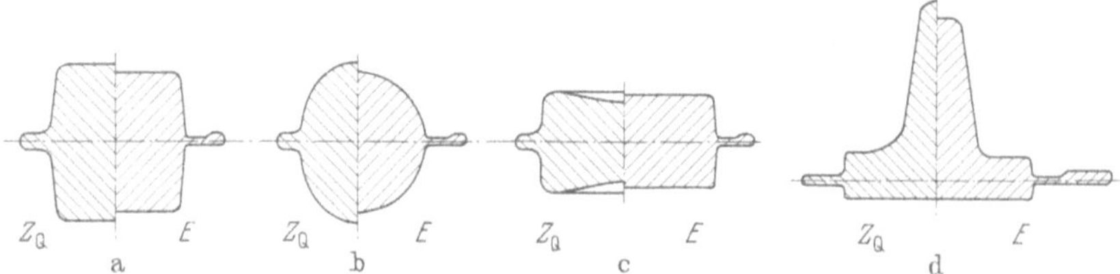

Bild 3.43. Beispiele für die zweckmäßige Gestaltung von Zwischenformen Z_Q nach [3.18]

(Bild 3.43). Die Gratdicke wird dagegen, vor allem beim Schmieden in Kurbelpressen, für Endformen und Querschnittsvorbilden gleich gewählt — u. U. beim Endformen sogar größer — damit die Umformkräfte nicht zu groß werden.

Die zweite Regel entstand aus der Feststellung, daß das Endwerkzeug dann am wenigsten auf Verschleiß beansprucht wird, wenn sich der Werkstoff beim Stauchen ohne gleitende Reibung an die Gravurwand anlegt [3.21, 3.22]. Bei einem Versuchsschmiedestück ergab sich bei Beachtung der zweiten Regel eine Verschleißminderung von 40 bzw. 70%. Die aus einer richtig geschmiedeten Zwischenform geschmiedeten Endformen zeigten außerdem kaum Verschleißspuren, während die Endformen andernfalls starken Riefen- und Flächenverschleiß aufwiesen [3.22].

3. Die Halbmesser aller konkaven Rundungen der Zwischenform Z_Q sollen größer als die der Endform sein. Dadurch soll ein möglichst ungehemmter Werkstofffluß in alle Teile des Zwischenformwerkzeuges erreicht werden. Auch der Übergangshalbmesser zum Grat muß größer als der der Endform sein, weil sich sonst am Gesenkschmiedestück Falten bilden können (Bild 3.43). Ein geeigneter Zwischenformhalbmesser für ein Werkstück mit scharf gebogener Hauptachse ist in Bild 3.44 ersichtlich. Die Anwendung der obigen Gestaltungsregeln auf ein Gabelpleuel zeigt Bild 3.45; hierbei muß allerdings die Zwischenform entgratet werden, weil ein verhältnismäßig breiter Grat an dem sehr schmalen und hohen Schaft entsteht.

Besondere Sorgfalt erfordert der Entwurf der Zwischenformen für Werkstücke mit *H-förmigen Querschnitten,* zu denen auch die gegabelten Teile gehören (Bild 3.46). Grundsätzlich ist von einer Ausgangsform oder Massenverteilungs-Zwischenform mit rechteckigem Querschnitt auszugehen, die etwas schmaler als die Endform ist [3.21]. Niedrige H-Querschnitte mit einem Maßverhältnis von $h/b < 2$ können ohne Querschnittsvorbildung geschmiedet werden. Bei höheren Rippen ist

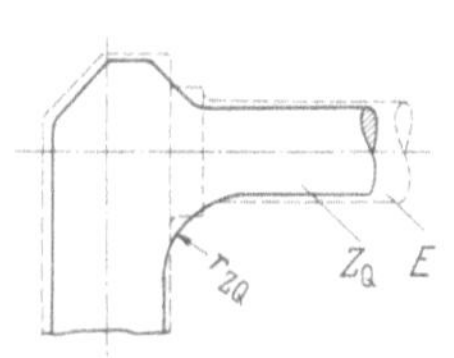

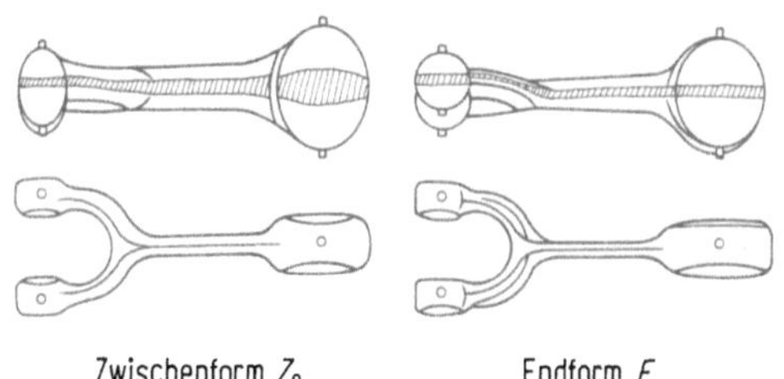

Bild 3.44. Zwischenform für Schmiedestück mit scharf gekrümmter Hauptachse

Bild 3.45. Ausgeführte Zwischenform Z_Q (abgegratet) und Endform E für ein Gabelpleuel nach [3.2, 3.18]

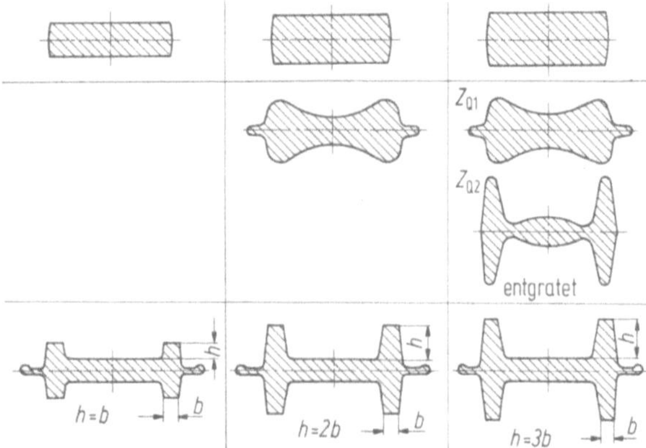

Bild 3.46. Zwischenformen zum Gesenkschmieden von *H*-Profilen nach [3.2, 3.18]

jedoch unbedingt eine Zwischenform Z_Q vorzusehen. Die von Kaessberg [3.21] vor-geschlagenen zwei Zwischenformen (Bild 3.46 rechts) sind für die Entlastung der Werkzeuge zweifellos günstig, denn die Zwischenform Z_{Q2} hat höhere Rippen als die Endform, so daß diese im Endwerkzeug gestaucht werden. Man wird dieses Ver-fahren jedoch nur bei sehr hohen und schmalen Rippen anwenden, weil außer dem zusätzlichen Werkzeug auch ein Abgraten der Zwischenform Z_{Q2} erforderlich ist.

Die beschriebenen Zwischenformen für H-Profile können sinngemäß für Schei-ben mit Rand und für Ringe angewendet werden.

Die Füllung eines Gravurquerschnitts wird schließlich von der Größe des ört-lichen Gratanteils beeinflußt. Bei rotationssymmetrischen Schmiedestücken wird das Überschußvolumen (s. Bild 3.8) gleichmäßig auf alle Querschnitte verteilt, bei unsymmetrischen und bei langgestreckten Schmiedestücken ist der Gratanteil je nach Querschnittsform und -größe unterschiedlich festzulegen in Zusammenhang mit der Bemessung des Gratspalts, der gleichfalls in Abhängigkeit vom Querschnitt verschieden sein kann. Feingliedrige und dünne Querschnitte erfordern größere re-lative Gratanteile als ungegliederte und große. Im Beispiel nach Bild 3.41 sind die Gratanteile in den Armen 12 bis 15%, in den Augen 8 bis 10% und in den Übergän-gen 18 bis 20%, bei einem Gesamtanteil der Gratmasse von 12 bis 15%.

Zum *Endformen einfacher Werkstücke* werden auch manche Massenverteil-ungsverfahren benutzt, so das Form- und Reckstauchen, das Rundkneten, Fließ-pressen, Reckwalzen und Ringwalzen.

Ringwalzen ist ein Verfahren zum Herstellen von Ringen — insbesondere innen oder außen profilierten Ringen (Bild 3.47). Man geht dabei von geschmiedeten Rin-

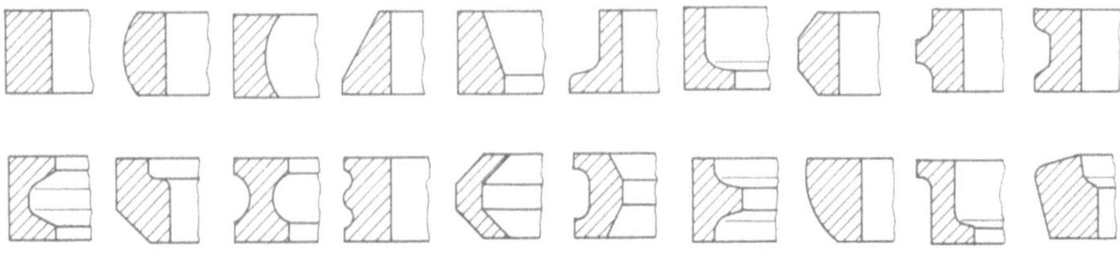

Bild 3.47. Typische Formen gewalzter Ringe nach [3.19]

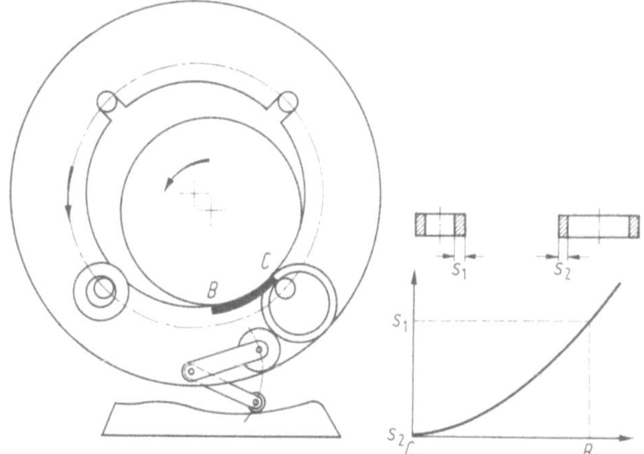

Bild 3.48. Walzablauf beim Ringwalzen

gen aus, die durch Stauchen, Dornen und Formpressen sowie Lochen hergestellt werden. Das Auswalzen der Ringe auf dem Kleinringwalzwerk erfolgt zwischen einer Tellerwalze, die auf der Königswelle sitzt und einem Walzdorn, der in einem exzentrisch zur Königswelle umlaufenden Walztisch angeordnet ist. Beim Umlaufen von Tellerwalze und Walztisch verengt sich der Walzspalt (Bild 3.48).

Der Formänderungsvorgang besteht aus einem radialen Stauchen im Walzspalt und einem tangentialen Strecken (Vergrößern des Durchmessers). Dabei entstehen Relativbewegungen

zwischen Werkstück und Walze in tangentialer Richtung infolge der Streckung, infolge der Breitung in z-Richtung, die jedoch verhältnismäßig gering bleibt.

Zum Ausgleich dieser Relativbewegungen sind die Zwischenformen entsprechend zu gestalten (Bild 3.49). Hierbei ist besonders auf gutes Füllen der Kanten zu achten.

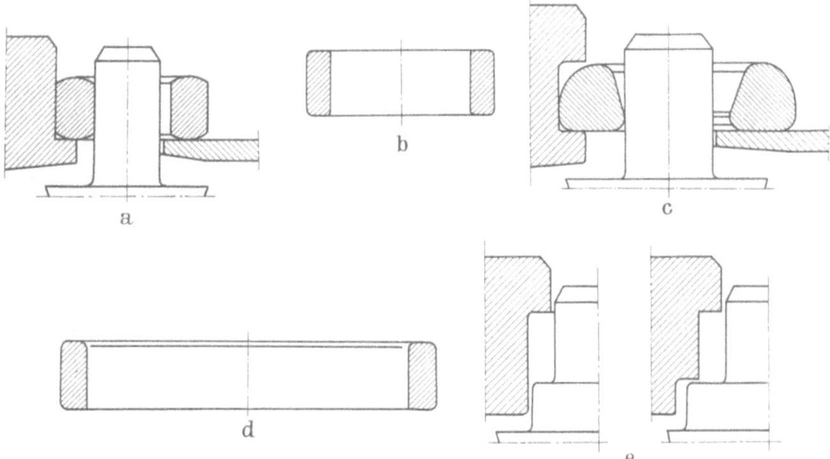

Bild 3.49. Ausgangsformen und Werkzeuge für Ringe mit Rechteckquerschnitt nach [3.20].
a) Walzen des Ringes; b) ohne Kaliber; c) Walzen des Ringes; d) im Kaliber; e) weitere mögliche Kaliberformen

3.1.7 Abgraten und Lochen

Das *Abgraten* dient zum Entfernen des Grates, das *Lochen* zum Ausschneiden eines
Innengrates (Spiegels) (Bild 3.50). Abgraten ist Geschlossenschneiden am äußeren
Umriß des Schmiedestücks; Lochen ist Geschlossenschneiden an einer inneren Be-
randung.

Das Abgraten wird bei kleinen Schmiedestücken kalt vorgenommen, bei großen
und solchen aus empfindlichen Werkstoffen warm nach dem letzten Schmiedear-
beitsgang schon mit Rücksicht auf die Kräfte. Beim Kaltabgraten können Span-
nungsrisse entstehen, die sich ins Innere fortsetzen. Hinsichtlich der Stückleistung

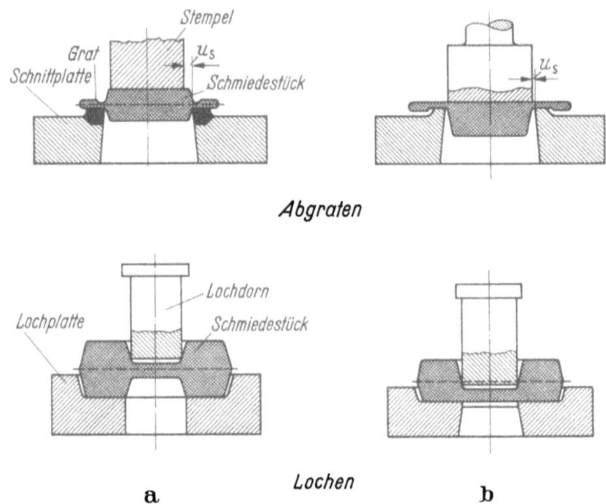

Bild 3.50. Abgraten und Lochen von Gesenkschmiedestücken.
a) Nur Schnittplatte bzw. Lochstempel schneiden, großer Schneidspalt u; b) Schnittplatte und
Stempel schneiden, kleiner Schneidspalt u

ist das Kaltabgraten dem Warmabgraten überlegen. Die Bindung an den Arbeitstakt der Schmiedemaschine entfällt. Auf einer Presse lassen sich daher die Schmiedestücke von mehreren Maschinen oder Maschinengruppen abgraten. Sauberere,
glattere Schnittflächen ergeben sich beim Warmabgraten, auch wenn infolge Gesenkverschleiß die Gratdicke unmittelbar am Schmiedestück größer als vorgesehen
wird. Beim Kaltabgraten entstehen in derartigen Fällen meist unsaubere Seitenflächen, die jedoch bei dem in der Regel zum Säubern von Zunder anschließendem
Bestrahlen mit Stahlkorn geglättet werden.

An großen Schmiedestücken aus NE-Metallen wird der Grat auch durch Sägen
mit Bandsägen entfernt.

Zum Abgraten werden im allgemeinen zwei Werkzeugteile benutzt: die
Schneidplatte mit einer dem Umriß des Schmiedestücks entsprechenden Öffnung
und den Schneidkanten sowie der Abgratstempel, welcher der Schmiedestückform
angepaßt ist, damit sie nicht beschädigt wird. Im allgemeinen schneidet nur die
Schneidplatte.

Beim Lochstempel sind Schneidteil und Kraftübertragung kombiniert (Hinweise über Werkstoffe s. Abschn. 4.4, über Gestaltung s. Abschn. 4.5.6).

Die Berechnung der Kräfte beim Abgraten und Lochen erfolgt aus Schnittfläche und Scherfestigkeit. Hierbei ist zu beachten, daß die Schnittfläche durch Verschleiß des Schmiedegesenkes zunimmt, da der Grat dann dichter am Schmiedestück abgeschert wird. Auch können die Schnittflächen bei versetzten Stücken wesentlich größer werden, da z. T. in das Stück hineingeschnitten wird.

Sind an einem Gesenkschmiedestück mehrere Arbeitsgänge — Abgraten und Lochen, Richten oder Biegen — erforderlich, so werden hierzu entweder Folgewerkzeuge oder Verbundwerkzeuge verwendet. Folgewerkzeuge werden nach

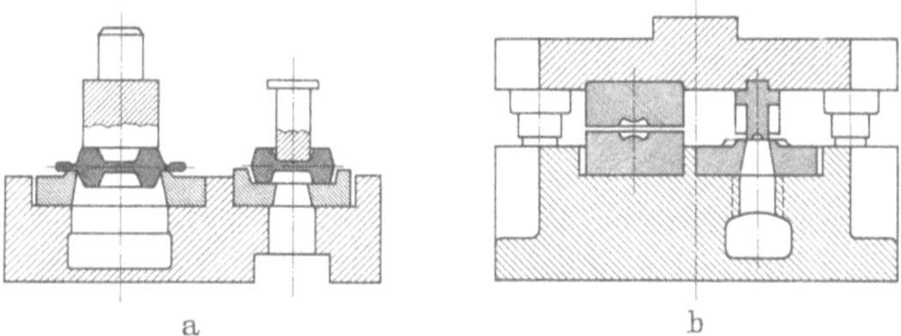

Bild 3.51. Folgewerkzeuge für Abgratpressen. a) Abgraten – Lochen; b) Abgraten – Richten

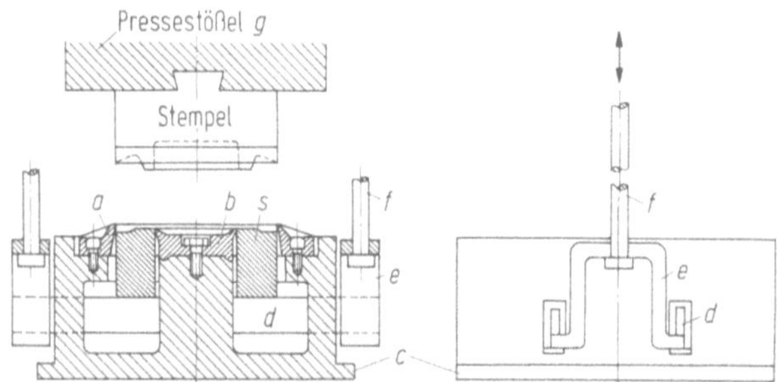

Bild 3.52. Verbundwerkzeug für gleichzeitiges Abgraten und Lochen nach [3.21].
a Äußeres Schnittwerkzeug, b inneres Schnittwerkzeug, c gegossener Kasten mit Stützdorn, s Abstreifer auf Querholm d, durch Bügel e und Bogen f mit Pressenstößel g verbunden

Bild 3.51 auf gemeinsamen Haltern oder Halteplatten montiert. Das Lochen läßt sich auch gleichzeitig mit dem Abgraten in einem Werkzeug vornehmen (Bild 3.52). Für das Abgraten und Lochen von gedrungenen ganz oder teilweise zylindrischen Teilen, wurde ein Verbundwerkzeug entwickelt, das gleichzeitig durch einen Ziehvorgang die Seitenschräge beseitigt (Bild 3.53). Die Werkstücke müssen mit gebrochener Gesenkteilung geschmiedet sein. Der Vorteil paralleler Mantelflächen läßt sich jedoch auch bei Werkstücken wie dem in Bild 3.53 c gezeigten Außenkörper nutzen. Ein einziger von oben wirkender Stempel übernimmt die Funktion des Abgrat-, Loch- und Ziehstempels. Das Verfahren erfordert eine Presse mit großem Hub. Als Vorteile sind zu nennen: geringere Werkzeugkosten, kürzere Fertigungszeiten, Werkstoffeinsparung am Schmiedestück durch Fortfall der Schrägen.

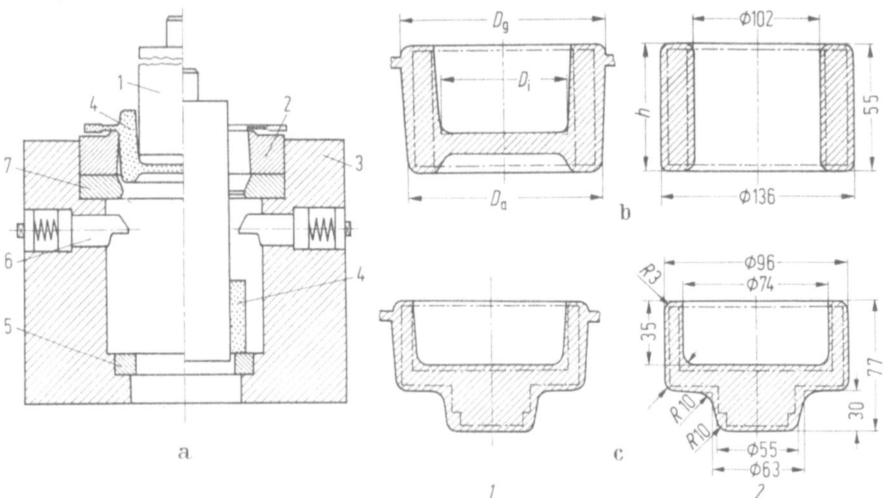

Bild 3.53. Verbundwerkzeug zum Abgraten, Lochen und Ziehen nach [3.24].
a) Werkzeug (*1* Abgrat-, Loch- und Ziehstempel, *2* Schnittplatte, *3* Werkzeuggrundplatte, *4* Schmiedestück, *5* Lochplatte, *6* Abstreifer, *7* Ziehring); b) Ring (*1* vor, *2* nach Abgraten, Lochen und Ziehen); c) Außenkörper

3.1.8 Nachformen

Unter dem Begriff „*Nachformen*" sollen Umformvorgänge verstanden werden, die sich an das Warmabgraten anschließen und in der ersten Umformwärme oder nach einem Zwischenwärmen vorgenommen werden. (Umformvorgänge bei Raumtemperatur s. Abschn. 6.6).

Zu dieser Gruppe von Arbeitsgängen gehören:

Nachpressen — eine Teilumformung am Schmiedestück, zum Erzeugen
     von Unterschneidungen,
Warmprägen (Kalibrieren),
Biegen,
Richten,
Verdrehen.

Das *Nachpressen* wird z. B. in hydraulisch betätigten Sonderwerkzeugen vorgenommen (Bild 3.54). Hierbei erhalten die Schmiedestücke (Seilscheiben, Laufräder, Doppelräder) Endformen, die folgende Vorteile bieten:

Ersparnis an Werkstoff- und Bearbeitungskosten,
engere Maßabweichungen in den nachgeformten Teilen,
Herstellen von Schmiedestücken mit Unterschneidungen und einem beanspruchungsgünstigen Faserverlauf.

Für das *Warmprägen* (Kalibrieren) aus der Schmiedewärme oder nach einem erneuten Anwärmen auf 600 bis 800 °C werden umschließende genaue Werkzeuge benutzt, mit denen die Maßgenauigkeit verbessert und das Stück gerichtet wird. Beim Warmprägen langer Teile können beträchtliche Längenänderungen auftreten, z. B. beim Prägen der Auflager von LKW-Achsen bis zu 5 mm je Seite. Durch Rich-

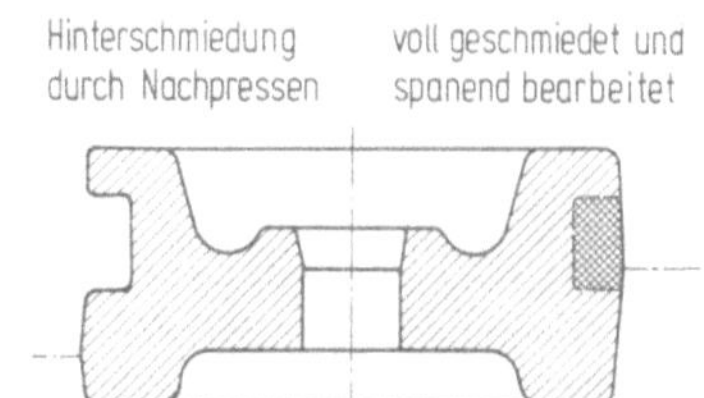

Bild 3.54. Nachpressen eines Laufrades nach [3.25]

ten (Beseitigen unbeabsichtigter Krümmungen, Durchbiegungen, Mittenabwei-
chungen, Verdrehungen, die aus verschiedenen Ursachen entstehen) sind Richtgesenke auf Hämmern oder Pressen geeignet. Häufig erfolgt das Richten im Endge-
senk. Das erhöht jedoch den Verschleiß und wirkt sich hemmend auf den Ferti-
gungsfluß aus. Besondere Richtgesenke umschließen das Schmiedestück nicht völlig; es entsteht kein Grat.

Für das *Biegen* nach dem Abgraten, z. B. von Hebeln, gelten entsprechende Gesichtspunkte wie für das Biegen während der Zwischenformung. Das Schmiedege-
senk hat in diesem Fall eine ebene Teilung.

Durch *Verdrehen* wird ebenfalls die gegenseitige Lage von Teilen eines Werkstücks geändert (z. B. bei sechshübigen Kurbelwellen). Auch hierbei bestimmt die
einfachere Herstellbarkeit der Gesenke und die Möglichkeit des Lösens aus dem
Gesenk die Wahl des Verfahrens.

3.2 Festlegen der Umformstufen

Festlegen der Umformstufen bedeutet: Von der *Fertigform* her *Endform*, Zwischenformen zum *Querschnittsvorbilden*, *Biegen* und *Massenverteilen* sowie *Ausgangsform*
so festzulegen, daß bei der Realisierung des Schmiedestücks durch den Schmiedevorgang einwandfreie und wirtschaftlich zu fertigende Werkstücke entstehen. Dabei
ist auch die *Nachbehandlung* und die *spanende Bearbeitung* in die Betrachtung ein-
zubeziehen. Fast immer gibt es mehrere Wege — wenn auch ihre Zahl im konkreten Fall durch die Gegebenheiten des jeweiligen Schmiedebetriebs eingeschränkt ist
— so daß die Aufgabe darin besteht, die *optimalen Zwischenformen* aus einer Vielzahl von möglichen zu finden. Obgleich Erfahrungen hierbei unerläßlich sind, lassen sich doch Grundregeln angeben, die ein systematisches Vorgehen ermöglichen.

Die Lösung dieser Aufgabe beeinflußt *Werkstoffbedarf*, *Ausschußquote*, erforderliche *Umformkraft* und *Umformarbeit* (Maschinengröße), *Werkzeugbeanspruchung* (Standmenge) und *Mengenleistung*. Tabelle 3.2 zeigt den Planungsablauf.

Ob die Stufen 3, 4 und 5 der Tab. 2 nötig sind, ist abhängig von:

der Größe des Schmiedestücks: Bei kleinen, einfachen Teilen verzichtet man
u. U. ganz auf eine Zwischenformung;

der Gestalt des Schmiedestücks: Hohe, schmale Rippen und kleine Rundungen
z. B. erfordern meist eine Querschnittsvorbildung;

der Maschinenart: Beim Schmieden in Kurbelpressen ist meist eine Querschnittsvorbildung nötig, während das gleiche Stück im Hammer u. U. ohne
diese gefertigt werden kann;

Tabelle 3.2. Planungsablauf beim Festlegen der Umformstufen

---

0 Fertigform (Werkstoff, Stückzahl)

1 Endform
1.1 Gestalt der Endform: Mindestabmessungen, Schrägen, Radien nach DIN 7523
1.2 Toleranzen nach DIN 7526
1.3 Masse der Endform

2 Schmiedeform (z. B. Mehrfachschmiedestück, gestreckte Zwischenform bei gebogener Endform)

3 Querschnittsvorbildungsform
3.1 Gestalt
3.2 Örtliches Gratvolumen im Zusammenhang mit den Gratspaltabmessungen und unter
Berücksichtigung von Spannungen und Kräften

4 Biegeform
4.1 Verlauf der mittleren Faser (Verbindungslinie der Flächenschwerpunkte der Querschnittsvorbildungsform)
4.2 Querschnittsgröße unter Berücksichtigung der Querschnittsänderungen beim Biegen

5 Massenverteilungsform
5.1 Ermitteln der neutralen Faser der Biegeform
5.2 Massenverteilungsschaubild über der Längsachse
5.3 Massenverteilungsschaubild über Querachse bei unsymmetrischen Querschnitten
5.4 Stauch-, Reckwalz-, Fließpreßzwischenform

6 Ausgangsform
6.1 Art und Gestalt
6.2 Abmessungen unter Berücksichtigung der toleranzbedingten Querschnittsstreuungen
6.3 Einsatzvolumen

---

der Losgröße: Bei kleinen Serien ist ein Querschnittsvorbilden wegen der teuren Werkzeuge trotz größeren Werkstoffaufwandes oft nicht lohnend;
dem Werkstoff;
der geforderten Genauigkeit.

Die Aufgaben der Zwischenformung werden in zunehmendem Maße rechnerge-
stützt gelöst; in Sonderfällen, z. B. bei Turbinenschaufeln, ausschließlich von einem

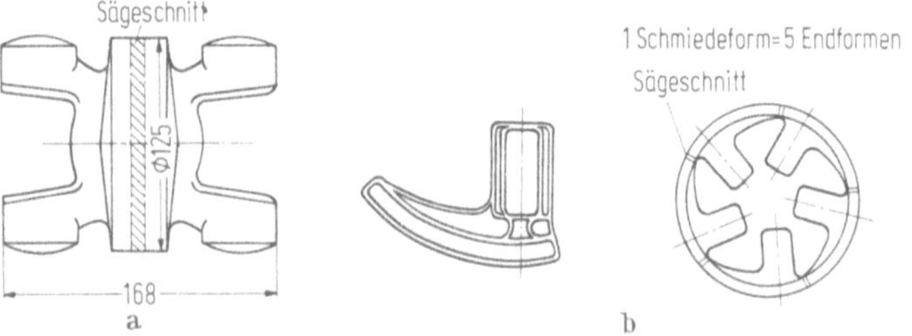

Bild 3.55. Mehrfachschmieden mit Trennen durch Sägeschnitt nach [3.21].
a) Gabelflansch (Flansch nach Sägen ohne Schräge); b) Fünffachschmiedung

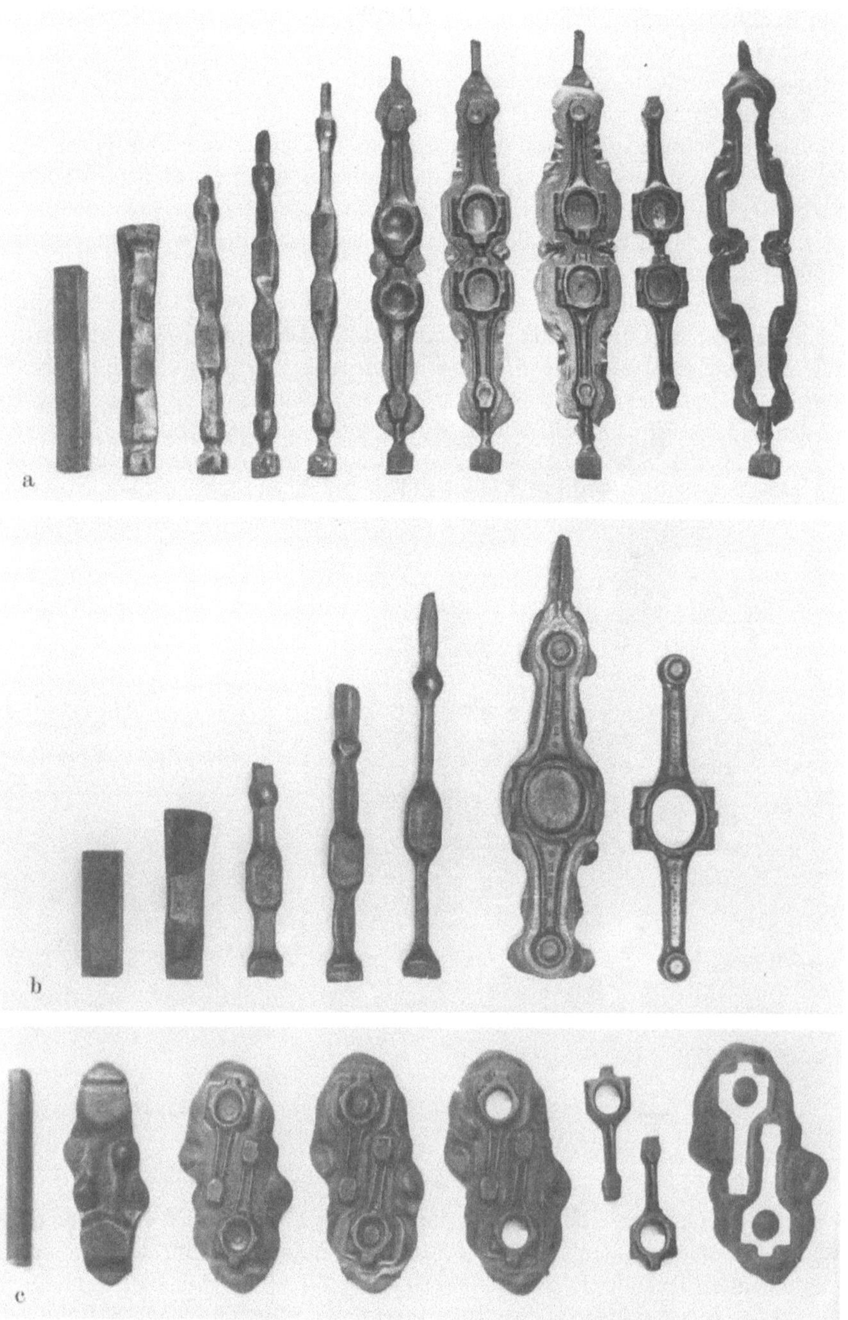

Bild 3.56. Mehrfachschmieden von Pleueln (Eumuco AG für Maschinenbau)
a), b) Pleuel in Reihe liegend; c) Pleuel nebeneinander liegend

Rechner ausgeführt [3.26]. Für allgemeine Schmiedestücke werden Teilaufgaben vom Rechner übernommen, so die Berechnung der Stückmasse, der Massenverteilungsform, die Ermittlung der günstigsten Gratspaltabmessungen sowie die Untersuchung des Einflusses unterschiedlicher Gratspaltwerte auf die Kraft [3.27].

Bis auf die „Schmiedeform" sind alle hier genannten Begriffe bereits erläutert worden. Als Schmiedeform soll die tatsächlich im Gesenk gefertigte Form bezeichnet werden. Sie unterscheidet sich von der Endform, wenn ein Mehrfach-Schmiedestück oder ein gekrümmtes Schmiedestück mit gerader Achse geschmiedet wird. Speziell beim Mehrfach-Schmieden unterscheidet sich die Zwischenformung von der des Einzelstücks.

Das Schmieden in *Mehrfach-Gesenken* ist auf Schmiedestücke mit relativ kleiner Masse (< 3 kg) beschränkt. Man erreicht dadurch eine größere Stückleistung; eine symmetrische oder angenähert symmetrische und damit schmiedetechnisch günstige Gestalt der Schmiedeform, wenn unsymmetrische Endformen verlangt werden; eine vereinfachte Massenverteilung; einen mittigen Kraftangriff sowie eine Verringerung der Wärmeabgabe, was vor allem bei Schmiedestücken kleiner Masse bedeutsam ist (Bild 3.55). Häufig wird auch die Werkstoffausnutzung verbessert,

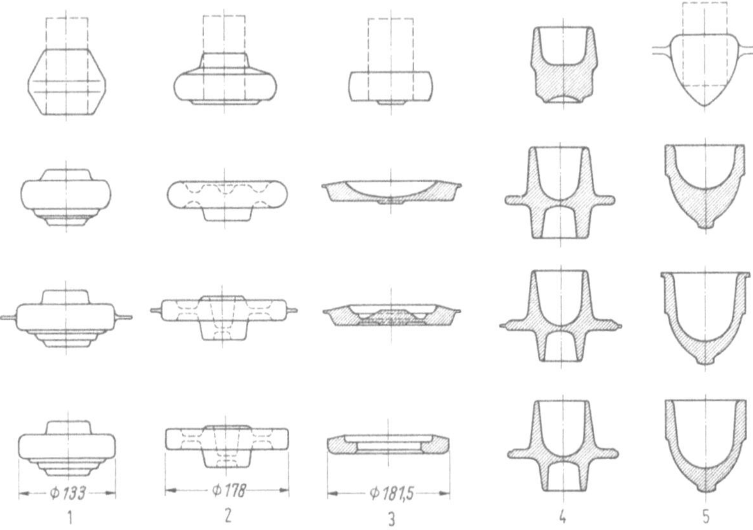

Bild 3.57. Herstellung von Werkstücken der Formenklasse 2 nach [4.19].
1) bis 3) Zahnradrohteile; 4) Nabe; 5) Kopf

wenn z. B. bei kleinen Abmessungen der Endform keine Zwischenformung möglich ist. Die Maschinen lassen sich besser ausnutzen, indem die Zahl der gemeinsam zu schmiedenden Teile der Pressennennkraft angepaßt wird. Schließlich kann auch die Anzahl der Ausgangsdurchmesser verringert und dadurch die Lagerhaltung vereinfacht werden.

Die Schmiedestücke können beim Mehrfach-Schmieden hintereinander oder nebeneinander angeordnet sein. Die Endformen werden entweder beim Abgraten oder durch Sägen getrennt (Bild 3.55 a).

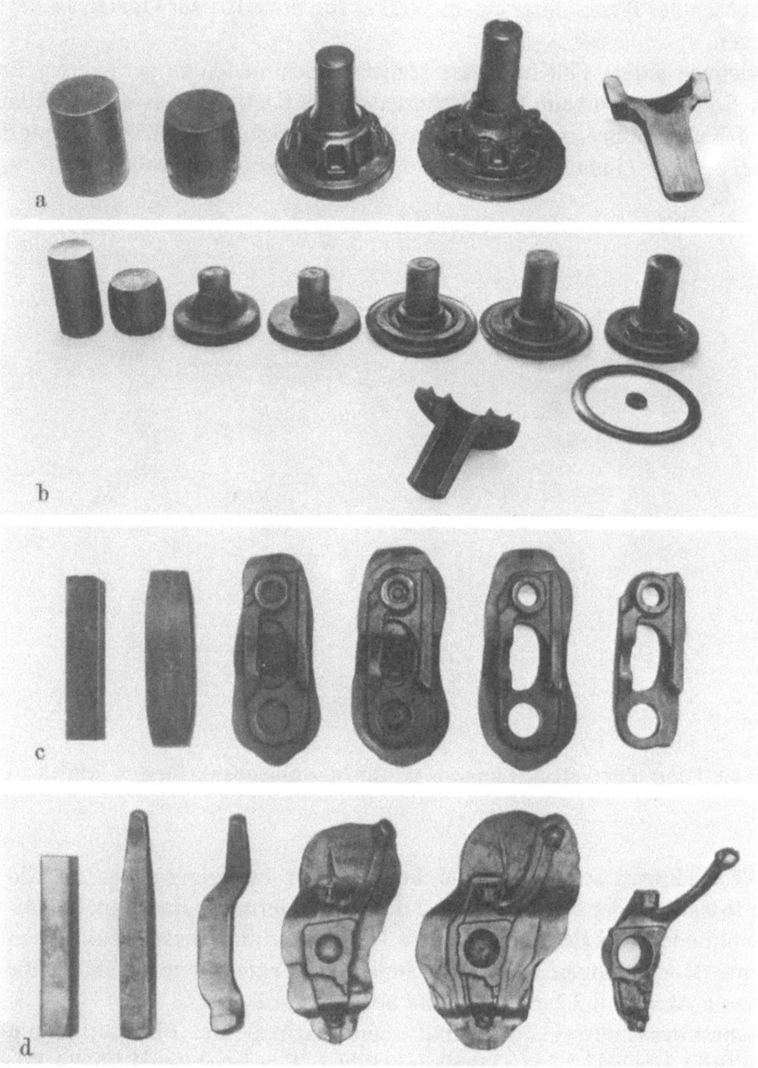

Bild 3.58. Fertigungsstufen von Gesenkschmiedestücken der Formenklasse 3 (Eumuco AG für Maschinenbau).
a) Flanschwelle; b) Flanschbüchse; c) Kettenlasche; d) Achsschenkel

Als Beispiel für das einreihige Schmieden seien Kreuzgelenke genannt, von denen drei bis fünf Schmiedestücke in einem Gesenk hergestellt werden. Achsschenkel können als Doppelstück mit spiegelbildlicher Lage in Reihe geschmiedet werden, Pleuel werden als Doppelstück in Reihe geschmiedet, wobei die Massenverteilung durch Reckwalzen in zwei bis drei Stichen sowie Schmieden in Vor- und Fertiggesenk erfolgt (Bild 3.56 a und b). Statt dessen ist es auch möglich, die Pleuel nebeneinander liegend unter Verzicht auf eine Massenverteilung durch Walzen herzustellen (Bild 3.56 c). Die Massenverteilung erfolgt dann durch Formstauchen, wobei die Achsen der Pleuel unter einem Winkel von etwa 10° zur Querachse der Maschine liegen.

Nicht in jedem Fall führt das Mehrfach-Schmieden zu geringerem Einsatzgewicht. So lassen sich beim Einzelschmieden von Kreuzstücken in einer teilautomatisierten Kurbelpresse gegenüber dem Mehrfach-Schmieden 25% Werkstoff einsparen bei besserer Genauigkeit und geringerer Bearbeitungszugabe [3.28].

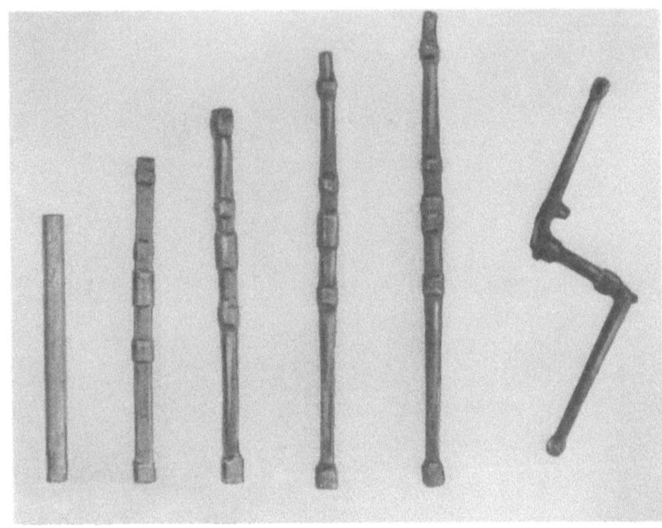

Bild 3.59. Fahrradtretkurbel (Eumuco AG für Maschinenbau) (Biegezwischenform nicht gezeigt)

Abschließend seien bewährte Beispiele für Fertigungsgänge in Bild 3.57 für Schmiedestücke der Formenklasse 2 dargestellt, ferner in den Bildern 3.58 und 3.59 für Schmiedestücke der Formenklasse 3. Weiter wird in diesem Zusammenhang auf folgende Darstellungen an anderen Stellen des Textes hingewiesen, die die Ausführungen in Abschnitt 3.2 ergänzen und abrunden sollen:

Schraubenschlüssel, Zangenhälfte und Rachenlehre (Bild 3.4), Hohlwelle und Nabe (Bild 3.24 und 3.25), Gabelkopf (Bild 3.36), Einzelpleuel (Bild 4.21), Doppelpleuel (Bild 4.34), Hebel (Bild 3.2, 3.34, 4.2), Kurbelwelle (Bild 3.38), Achsschenkel (Bild 3.24 u. 4.35).

3.3 Spezielle Verfahren

Spezielle Verfahren mit begrenztem Anwendungsbereich sind in Tabelle 3.3 zusammengestellt.

3.3.1 Genauschmieden

Genauschmieden ist Gesenkschmieden mit einer Fertigungsgenauigkeit hinsichtlich der Maßabweichungen, der Annäherung an die Fertigform und der Oberflächengü-

Tabelle 3.3. Spezielle Schmiedeverfahren und ihre Zielsetzung

| Verfahren | Merkmal | Werkstoffeinsparung | Einsparung von Verfahrensschritten beim Umformen | Einsparung spanender Bearbeitung | | | bessere mechanische Eigenschaften |
				bessere Anpassung an Fertigform	engere Toleranzen	bessere Oberfläche	
1. Genauschmieden	Schmiedegüte „D"[2]			×	×		
2. Präzisionsschmieden	Schmiedegüte „C" bis „B"[2]			××	××	××	
3. Formpressen ohne Grat	Schmieden in geschloss. Gesenken	××					
4. Pulverschmieden (i. a. in Kombination mit 3.)	gesint. Rohteil	××	×		×		
5. Halbwarmschmieden von Stahl	Werkstück-temp. 600 bis 900 °C				×	×	×
in Komb. mit 3.		×			×	×	
in Komb. mit 3. u. 4.		×			×	×	
6. Isothermes Schmieden[1]	Werkzeug-temp.≈ Werkstück-temp.			××			
7. Schmieden im Zustand der Superplastizität (i. a. in Kombination mit 3.)	wie 6.; sehr geringe Umformgeschwindigkeit	×	×	××			
8. Flüssigpressen	Pressen im teigigen Zustand		×	×			
9. Partielles Schmieden	Abschnittsweise Herstellung d. Schmiedestücks			×			
10. Thermomechanische Bearbeitung	Kombination von Umformung und Gefügeveränderung						×

[1] Speziell beim Schmieden von Titan.
[2] Schmiedegüten, die sich bei sinngemäßer Erweiterung des Toleranzsystems nach DIN 7526 ergeben.

te, die über die normenmäßig festgelegten Werte so weit hinausgeht, daß mindestens ein Arbeitsgang beim Fertigbearbeiten gespart wird. In der Regel werden nur einzelne Abmessungen von Genauschmiedestücken enger toleriert als nach Schmiedegüte E (DIN 7526).

Die Forderungen nach engen Toleranzen, Annäherung an die Fertigform und hoher Oberflächengüte treten teils allein, teils kombiniert auf. Der Verfahrensab-

Tabelle 3.4. Maßnahmen zum Verbessern der Genauigkeit von Gesenkschmiedestücken

	Ausgangsform, Trennen	Wärmen	Verfahren	Werkzeug	Maschine
1. Maß- abweichungen 1.1 Form- gebundene Maße (l, b, d)		b) Temp.- Konstanz Ofen- Regelung Konstanter Takt	d) gleichblei- bende End- temperatur Konstanter Takt Zwischen- wärmen e) Zwischen- formen Kalibrieren	Fertigungsge- nauigkeit Geringer Verschleiß	
1.2 Nicht form- gebundene Maße (h)	a) Massedosie- rung, eingeengte Halbzeug- toleranzen, vorbereitetes (z. B. geschäl- tes) Halbzeug volumengenau- es Scheren	Wie b)	wie d) Zwischenab- graten		Geringe Auffede- rung
1.3 Versatz				Einbauge- nauigkeit Befestigung	Geringes Führungs- spiel
2. Abweichungen End-/Fertigform 2.1 Kleine Boden- dicke	wie a)		wie e)		
2.2 Schmale Rippen			wie e)	Schmierung	
2.3 Kleine Abrun- dungshalb- messer				geringer Kantenverschleiß	
2.4 Kleine Schrägen				Auswerfer	
3. Oberflächenfehler		c) Zunder- armes Wärmen	Entzunde- rung	Säuberung d. Gravur Geringer Verschleiß d. Gravur	

lauf beim „Genauschmieden" unterscheidet sich im Prinzip nicht von dem des üblichen Gesenkschmiedens. Notwendig ist eine erhöhte Sorgfalt auf allen Stufen des Fertigungsganges zur Vermeidung der in Tabelle 3.4 aufgezählten Fehlerquellen [3.29].

Die bessere Annäherung der Endform an die Fertigform durch geringere Bodendicken, dünnere Rippen, kleinere Abrundungshalbmesser usw. hat z. B. eine höhere Beanspruchung der Werkzeuge zur Folge. Deshalb müssen Fertigungsgang und Werkzeuge meist entsprechend geändert werden: man wird z. B. zusätzliche

Zwischenformungen einführen oder ein Zwischenabgraten, um die Werkstoffmasse zu dosieren oder ein Zwischenwärmen.

Das im Bild 3.60 dargestellte Genauschmiedestück ohne Seitenschrägen aus einer Aluminium-Legierung ist Teil einer als Wabenkonstruktion ausgeführten Flugzeugtür. Üblicherweise sind die Seitenflächen eines solchen Gesenkschmiedestückes mit Schrägen versehen, die jedoch eine spanende Bearbeitung nötig machen, weil die äußeren und inneren Flächen der Flansche zur Befestigung dienen. Durch Vermeiden der Seitenschrägen läßt sich eine spanende Bearbeitung umgehen, abgesehen vom Räumen und Bohren der Befestigungslöcher.

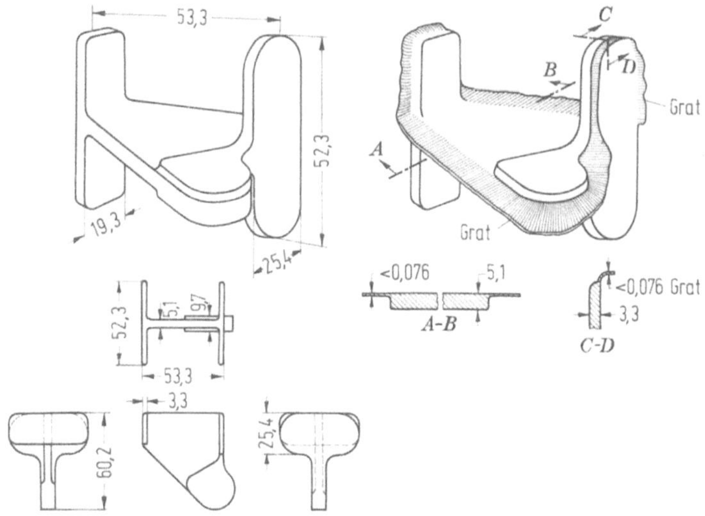

Bild 3.60. Genauschmiedestück ohne Seitenschrägen aus einer Aluminiumlegierung nach [3.30]

Das Genauschmiedestück unterscheidet sich in folgenden Merkmalen von der üblichen Ausführung:

der Schrägenwinkel ist gleich 0°; die Toleranzen sind gegenüber der Normalausführung verringert; so sind die Längen- und Breitentoleranzen nur halb so groß, wobei auch noch die Versatztoleranz in diesen Toleranzen enthalten ist. Die Dickentoleranz wurde auf ⅔ der bisherigen Werte reduziert.

Die Herstellverfahren sind für die übliche und die genauere Ausführung prinzipiell gleich. Das Verfahren zum Herstellen des Genauschmiedestückes kann als Zwischenstufe zwischen dem Formpressen ohne Grat und mit Grat angesehen werden. Um das Gesenk zu entlasten, hat man am Steg einen Grat vorgesehen, dessen Dicke jedoch möglichst gering gehalten wird. Notwendig ist eine enge Gewichtskontrolle der Zwischenform, damit es beim Schmieden in der Endgravur zu keiner Überlastung kommt und die Gratbreite und -dicke möglichst gering gehalten werden können. Der Grat muß nach dem Schmieden durch Sägen entfernt werden.

Das Schmiedestück ohne Schräge mit verringerten Bodendicken und engeren Toleranzen nach Bild 3.61 ist Teil eines Flugzeugfensters aus einer Aluminiumlegierung. Die Beanspruchung dieses Bauteils besteht aus einer komplexen Zug- und Verdrehbeanspruchung, die etwa den Spannungen in der Rumpfschale des Flugzeugs entspricht. Als übliches Schmiedestück mit großen Schrägen erfordert das Bauteil eine fast allseitige Bearbeitung. Eine Wertanalyse ergibt Kostenvorteile für ein Genauschmiedestück, bei dem eine Bearbeitung bis auf die Herstellung der Befestigungslöcher vermieden werden kann. Außerdem wird bei einem Verzicht auf eine spanende Bearbeitung ein günstigeres mechanisches Verhalten gegenüber Dauerbeanspruchung und Spannungsrißkorrosion erreicht, da keine Fasern angeschnitten werden.

Die Schrägen sind beim Genauschmiedestück von 5 auf 1,5° verringert, die kleinste Rippenbreite von 6,35 auf 3,05 mm, ferner sind Radien und Dicke des Stücks verkleinert. Die Toleranzen für Länge und Breite sind dagegen nicht kleiner als bei der üblichen Ausführung, während der Versatz eingeengt ist und erhöhte Anforderungen an die Ebenheit gestellt werden. Zu beachten ist ferner die Forderung nach einem genauen und glatten Abgraten, da ein Gratansatz weder außen noch innen vorhanden sein darf.

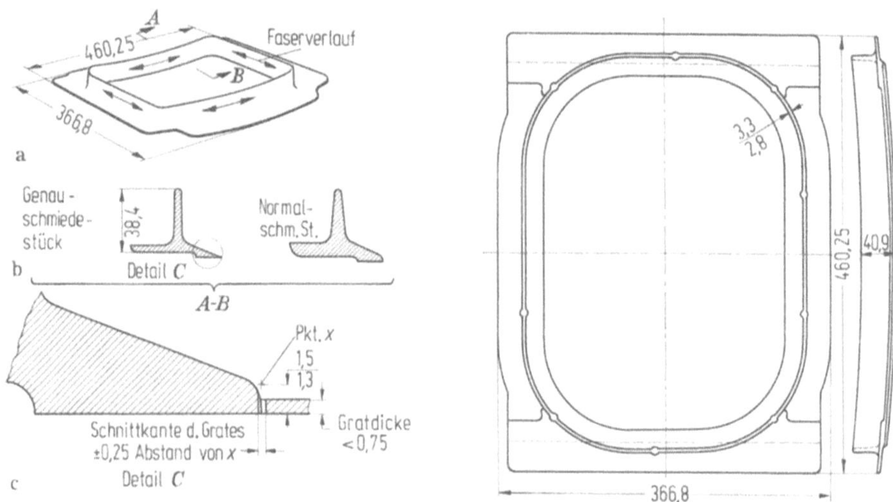

Bild 3.61. Genauschmiedestück aus einer Aluminiumliegerung nach [3.30]

Die Fertigungsverfahren sind auch hier nahezu gleich: Massenverteilung durch Stauchen eines Blockes, Auslochen und Ringwalzen dienen zum Erzeugen des gewünschten Faserverlaufes, der im Ausgangsblock parallel zur Achse verläuft, nach dem Stauchen eine radiale Richtung und nach dem Walzen einen tangentialen Verlauf hat. An das Ringwalzen schließt sich der eigentliche Schmiedevorgang durch Querschnittsvorbilden, Fertigschmieden und Abgraten an. Abgesehen von den notwendigen Änderungen der Werkzeuge, der genaueren Massenverteilung mit Rücksicht auf die Vermeidung von Falten an den Rundungen und der größeren Umformmaschine, die durch die geringeren Dickenabmessungen bedingt ist (80 statt 50 MN), ergeben sich keine weiteren Änderungen.

Ein Sonderfall des Genauschmiedens ist das *Präzisionsschmieden.*
Präzisionsschmieden bedeutet Herstellen von *einbaufertigen Werkstücken* mit einer Genauigkeit, die sonst nur durch spanende Bearbeitungsgänge erreicht wird (Bild 3.62). Hohe Anforderungen an Maß- und Formgenauigkeit sowie Oberflächengüte treten kombiniert auf, und zwar nicht nur für einzelne Abmessungen oder einzelne Flächen, sondern für das gesamte Werkstück oder wesentliche Teile davon, z. B. das Blatt einer Turbinenschaufel. Insofern unterscheidet sich dieses Verfahren vom Genauschmieden, wenn auch die Übergänge fließend sind. Die erreichbaren Maßtoleranzen entsprechen etwa der (fiktiven) Schmiedegüte *C* und *B* (Tab. 3.5).

Beim Präzisionsschmieden sind in noch stärkerem Maße die Forderungen nach Tab. 3.4 einzuhalten. Notwendig ist u. a.

1. Eine hohe Fertigungsgenauigkeit der Gravur, die mindestens ISO-Qualität IT8 betragen soll.

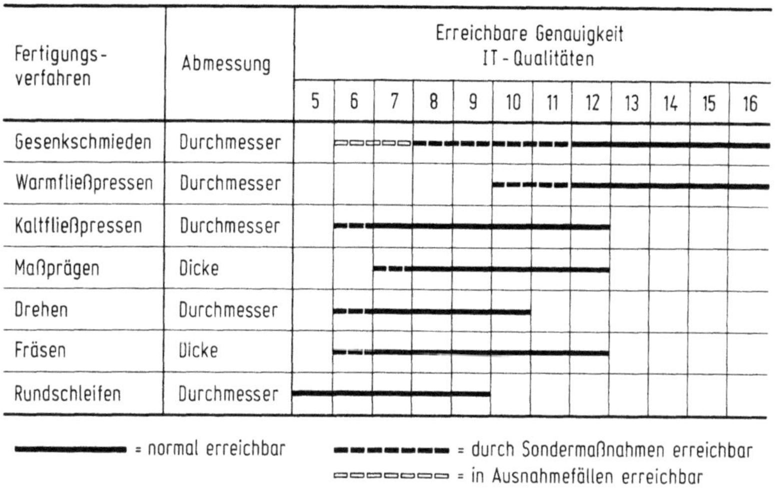

Fertigungs- verfahren	Abmessung	Erreichbare Genauigkeit IT-Qualitäten											
		5	6	7	8	9	10	11	12	13	14	15	16
Gesenkschmieden	Durchmesser												
Warmfließpressen	Durchmesser												
Kaltfließpressen	Durchmesser												
Maßprägen	Dicke												
Drehen	Durchmesser												
Fräsen	Dicke												
Rundschleifen	Durchmesser												

▬▬▬▬▬ = normal erreichbar   ▬ ▬ ▬ ▬ = durch Sondermaßnahmen erreichbar
▭▭▭▭▭▭ = in Ausnahmefällen erreichbar

Bild 3.62. Erreichbare Genauigkeiten bei verschiedenen umformenden und spanenden Fertigungsverfahren nach [3.31]

Tabelle 3.5. Beispiele für Toleranzen bei der Warmumformung nach [3.31]

Schmiedegüte	DIN 7526 F	DIN 7526 E	Sondervereinbarung	Präzisions- schmiedestücke	Turbinenschaufeln
Beispiele	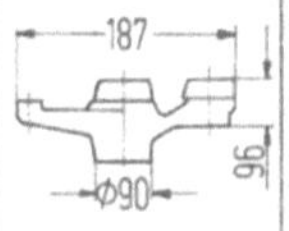	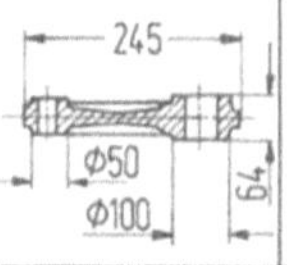	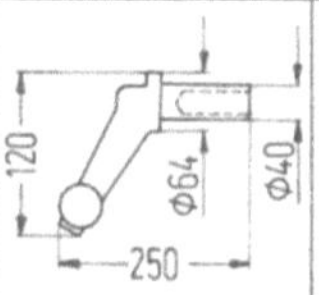	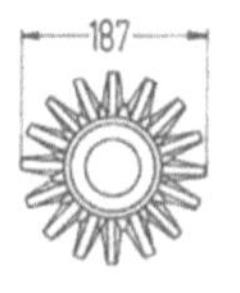	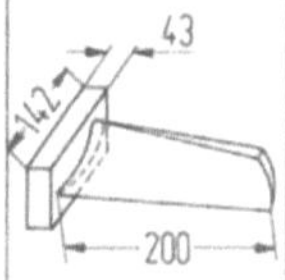
Masse kg	4,3	3,25	3,5	3,9	4,5
Stoffschwierigkeit	$M1$	$M1$	$M1$	$M1$	$M1$
Feingliedrigkeit	$S3$	$S3$	$S3$	$S3$	$S3$
Länge mm	187	245	250	$\varnothing$187	Blatt 200
Längen-Toleranz mm	+2,1 -1,1	+1,3 -0,7	+0,8 -0,4	$\varnothing$±0,5 Zahn+0,03	Fußbreite ±1,0 Profilform 0,12..0,20
Dicken-Toleranz mm	+1,7 -0,8	+1,1 -0,5	+0,7 -0,3	+0,9 -0,5	Blattprofile 0,3..0,6
Oberflächen- Fehlertiefe µm	≈800	≈500	≈300	—	—
Rauhtiefe R_t µm	—	—	—	15	8..12

2. Herabsetzen des Werkzeugverschleißes durch Wahl geeigneter Gesenkwerkstoffe. Vermeiden von Zunderbildung durch Schnellerwärmen der Rohteile bzw. Wärmen unter Schutzgas oder Umformen im halbwarmen Bereich sowie gute Abstimmung von Zwischen- und Endform.
3. Einhalten enger Temperatur-Toleranzen für Werkzeug und Werkstück.
4. Verwenden volumengenauer Rohteile mit sauberer, fehlerfreier Oberfläche, die u. U. spanend erzeugt werden muß.

Oxidation und Entkohlung sind beim Wärmen, Schmieden und Wärmebehandeln zu vermeiden. Die Schmiedestücke werden im allgemeinen zur Verbesserung der Oberflächengüte nach dem Schmieden und Wärmebehandeln gebeizt und anschließend poliert [3.26, 3.31].

3.3.2 Formpressen ohne Grat

Formpressen ohne Grat ist Gesenkformen in geschlossenen Werkzeugen, aus denen kein Werkstoff entweichen kann (Bild 3.63). Es ist deshalb das wirksamste Verfahren zum Einsparen von Werkstoff beim Gesenkschmieden [3.32 u. 3.33].

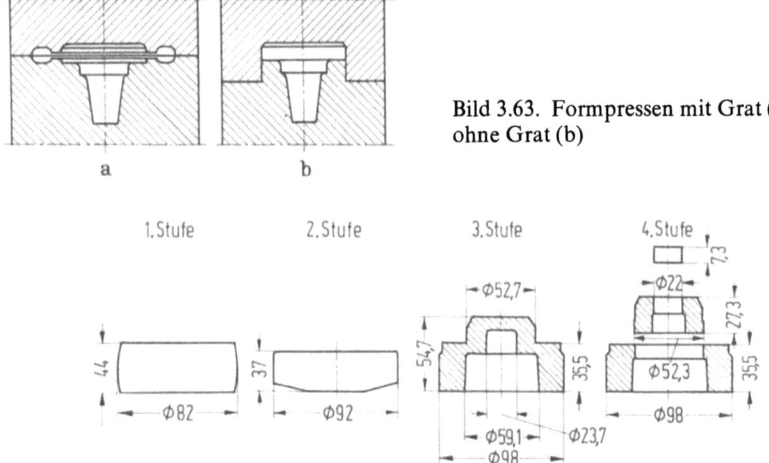

Bild 3.63. Formpressen mit Grat (a) und ohne Grat (b)

Bild 3.64. Herstellung einer Kugelnabe und eines Gelenkstücks aus einem gemeinsamen Rohteil in einer Mehrstufenpresse nach [3.34] ($d_0 = 55 \pm 0,4$; eingeengte Toleranz der Ausgangsform)

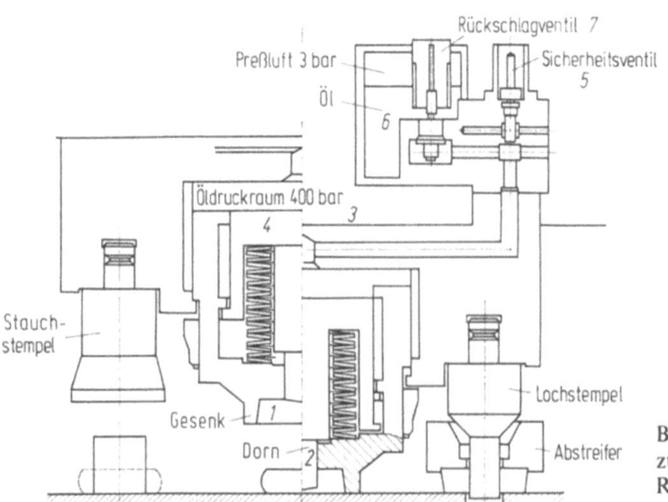

Bild 3.65. Werkzeug zum Schmieden von Rohteilen mit Volumenausgleich nach [3.35]

Man benutzt dieses Verfahren u. a. beim Schmieden in Mehrstufenpressen zum Herstellen von meist scheibenförmigen rotationssymmetrischen Werkstücken, z. B. Kugellagerringen, Zahnradrohteilen, Naben (Bild 3.64). Größere Schmiedestücke werden nach diesem Verfahren meist in Kurbelpressen gefertigt.

Beim Formpressen ohne Grat sind folgende Voraussetzungen zu erfüllen:

1. Volumengleichheit von erwärmter Ausgangs-(Zwischen-)form und Endgravur (z. B. mittels Massedosierung beim Trennen oder Zwischenabgraten) oder aber Anbringen von Ausgleichsräumen in der Endgravur (Bild 3.65 u. 3.66). Die zulässige Gewichtsabweichung beträgt etwa 0,5 bis 2%, wenn nicht im Werkzeug eine Möglichkeit zur Aufnahme eines Volumenüberschusses vorgesehen ist. Der Um-

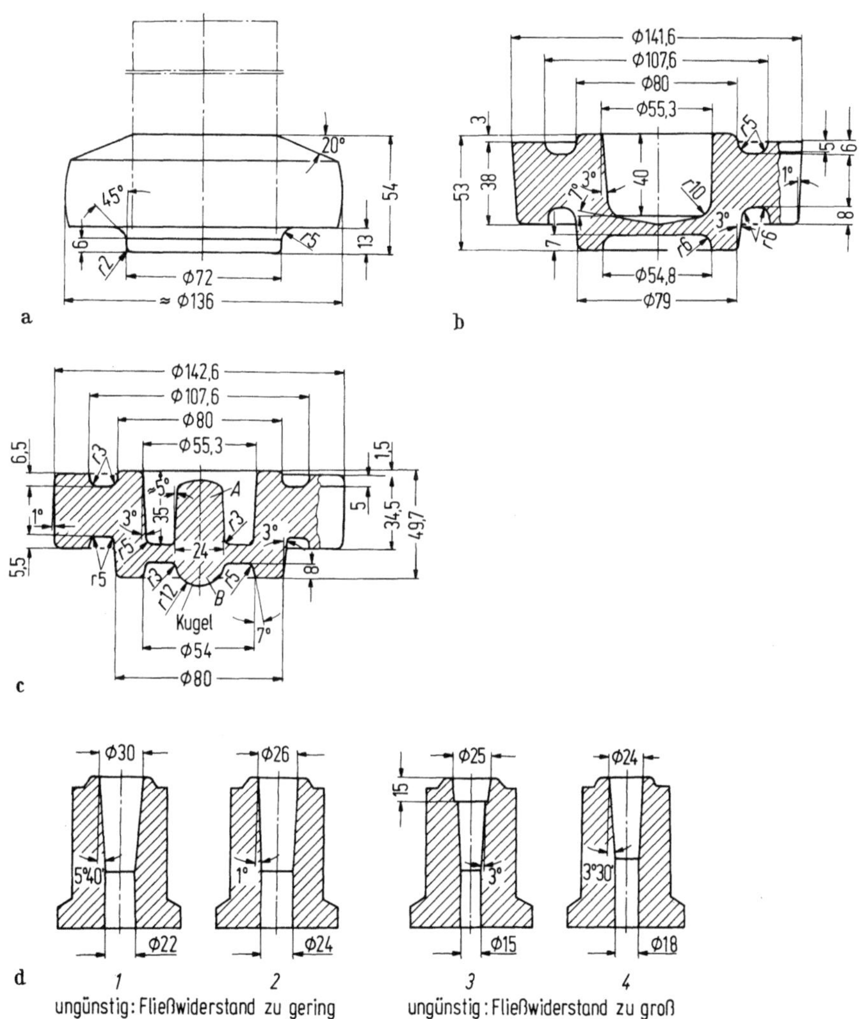

Bild 3.66. Zwischenformen beim Formpressen eines Zahnradrohteils ohne Grat nach [3.36].
a) Nach dem Formstauchen; b) nach dem Querschnittsvorbilden; c) Endform; d) Werkzeugeinsätze zur Aufnahme des Werkstoffüberschusses

formwiderstand in Abhängigkeit vom Volumenüberschuß und der Maschinensteifigkeit ist in Abschnitt 1.3.3.4 dargestellt [3.37].
2. Gleichheit entsprechender Querschnitte von Zwischenform und Endgravur bei langgestreckten Werkstücken, deren Achse senkrecht zur Umformrichtung liegt, d. h. es darf kein *örtlicher* Volumenüberschuß oder -mangel auftreten. Diese Forderung bedingt eine sorgfältige Massenverteilung.
3. Genaues Positionieren in der Endgravur, so daß die Achsen von Zwischen- und Endformen übereinstimmen. Dafür sind ggf. Zentrieransätze vorzusehen. Die Zwischenformen dürfen keine Winkelabweichungen aufweisen (Standwinkel der Blöckchen 90°) (Bild 3.67).
4. Abstimmen der Fließvorgänge: durch geeignete Zwischenformung ist z. B. das Auftreten von Stirngrat zu vermeiden (Bild 3.66 a). Wenn die Werkzeuge für die Aufnahme eines Überschußvolumens vorgesehen sind, darf dieses erst nach dem Füllen der Gravur in die Ausgleichsräume verdrängt werden.

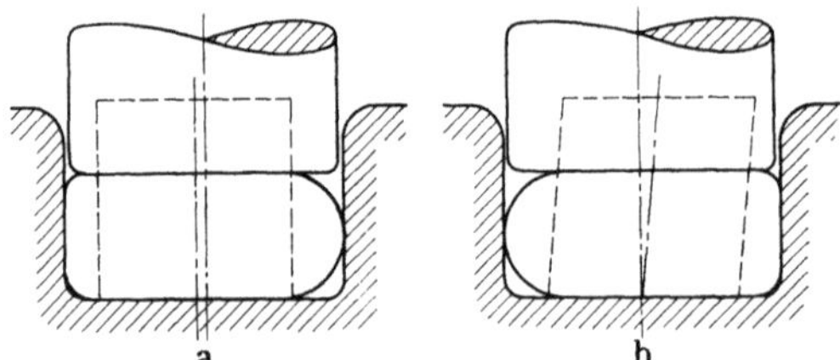

Bild 3.67. Positionierfehler beim Formpressen ohne Grat
a) Außermittiges Einlegen des Ausgangsteils;
b) Winkelabweichung des Ausgangsteils

Der Werkstoffeinsparung gegenüber dem Formpressen mit Grat steht demnach ein größerer Aufwand beim Herstellen der Ausgangs- und Zwischenformen gegenüber: Beim Formpressen mit Grat werden Gewichtsabweichungen des Ausgangsmaterials erst beim Endformen beseitigt, beim Formpressen ohne Grat dagegen durch genaueres Trennen oder während des Zwischenformens. Für die Herstellung der Zwischenformen langgestreckter Werkstücke reicht die Genauigkeit des Rollens und Reckwalzens im allgemeinen nicht aus. Dagegen haben z. B. gesinterte Rohteile die geforderte Konstanz der Masse (s. Abschn. 3.3.3).

Vorteile des Verfahrens:

Einsparung von 10 bis 30% des Einsatzgewichtes, ggf. auch mehr (s. Beispiel in Bild 3.68);

kein Abgraten;

geringere Umformkräfte, vor allem bei kleinen Schmiedestücken mit großem Verhältnis von Gratbahnfläche zu Gravurfläche;

bessere mechanische Eigenschaften durch Fortfall des Gratansatzes.

Nachteile:

Volumenkonstanz erforderlich;

sorgfältige Massenverteilung;

Empfindlichkeit gegen Zentrierfehler;

Stirngratbildung;

Streuung der Dickenmaße.

Das Verfahren wird auch in Kombination mit dem Schmieden im Gesenk mit Gratspalt (Bild 3.69)

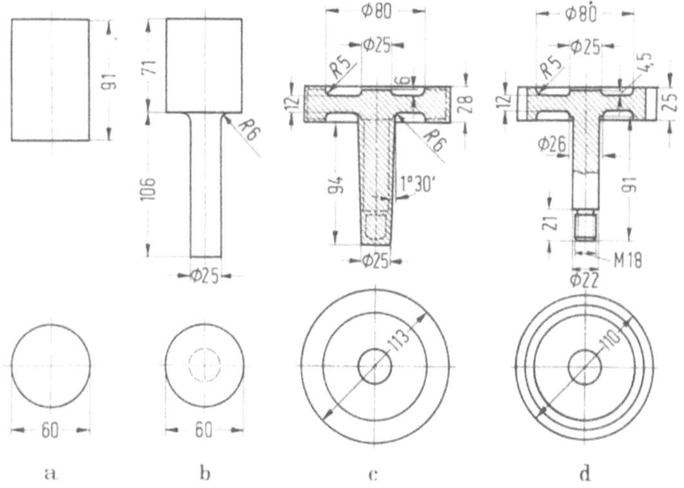

	Schmieden	
	mit Grat (Hammer)	ohne Grat (Kurbelpresse)
m_A	3,6	2,0 kg
m_S	2,6	1,95 kg
m_F	1,6	1,6 kg
F	25	6 MN

Bild 3.68. Herstellen eines Schaftritzels durch Formpressen ohne Grat und Vergleich mit dem Schmieden im Gesenk mit Gratspalt nach [3.38].
a) Ausgangsform; b) Fließpreßform; c) Endform; d) Fertigform

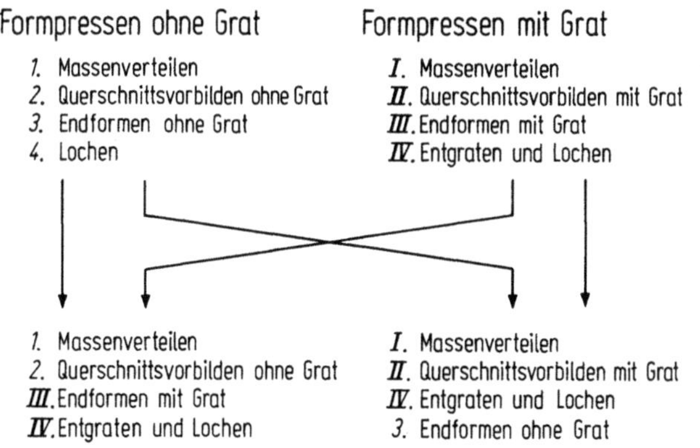

Bild 3.69. Kombination von Formpressen mit und ohne Grat nach [3.34]

entweder Querschnittsvorbilden ohne Grat und Fertigschmieden mit Grat zum Erreichen konstanter Dickenmaße oder
Querschnittsvorbilden mit Grat, Entgraten, Fertigschmieden ohne Grat
angewendet. Bei der ersten Variante wird der Volumenüberschuß in Dickenrichtung aufgenommen und dann in den Grat verdrängt, im zweiten Fall eine volumengenaue Zwischenform hergestellt.

3.3.3 Sinterschmieden

Pulver- oder Sinterschmieden bedeutet Formpressen von pulvermetallurgisch hergestellten Ausgangsformen. Die Ausgangsformen werden isostatisch — d. h. durch allseitigen Druck — oder einachsig vorverdichtet (relative Dichte $\approx 80\%$) und anschließend gesintert (Stahlpulver bei 1200 bis 1300 °C), um die notwendige Festigkeit zu erreichen. Man versucht aber auch mit Erfolg den zusätzlichen Sintervorgang auf eine meist induktive Kurzzeiterwärmung im Zusammenhang mit dem Wärmen vor dem Umformen zu beschränken.

Im allgemeinen unterscheidet man drei Verfahrensvarianten:

Heißpressen: Nachpressen eines Pulverteils bei hohen Temperaturen mit
                          geringen Umformgraden (überwiegend Verdichten);
Pulverschmieden: Schmieden eines nicht gesinterten Rohteils;
Sinterschmieden: Schmieden eines gesinterten Rohteils.

Zum Schmieden von Werkstücken aus Kupfer- und Aluminiumlegierungen mit Unterschneidungen und bis zu vier Höhlungen senkrecht zur Umformrichtung werden mehrfach geteilte Werkzeuge verwendet. Die horizontalen Bewegungen werden durch ein am Stößel angelenktes Hebelsystem bewirkt. Versuchsweise wird dieses Verfahren auch zum Schmieden von Stahl bei Temperaturen von 700 – 900 °C angewendet (vgl. Abschn. 3.3.4).

Die Hauptteile des Werkzeuges sind Matrize, Preßstempel und Aushebestempel. Bei feststehendem Aushebestempel und „schwimmender" [9] Matrize läßt sich die Entstehung von Stirngrat vermeiden und eine gleichmäßige Kantenfüllung erreichen. Bei langgestreckten Gravuren ist ein elastisches Aufweiten in der Gravurmitte durch ein Übergreifen des Oberwerkzeugs zu verhindern. Durch Formpressen ohne Grat erhält die massengenaue Vorform die gewünschte Gestalt und wird bis zur theoretisch möglichen Dichte gepreßt.

Die mechanischen Eigenschaften sind stark von der Dichte abhängig. Dennoch genügen die dynamischen Eigenschaften bei Schmiedestücken aus Stahl oft nicht, auch wenn die theoretisch mögliche Dichte annähernd erreicht ist [3.39]. Dies liegt einerseits an den verbleibenden restlichen Poren, die als Mikrokerben wirken, andererseits aber vor allem am hohen Sauerstoffgehalt des Pulvers, der durch Oxidbildung eine dichtere Verbindung und Verschweißung der Körner verhindert. Der O_2-Gehalt von Stahl-Pulver ist bereits zehnmal so hoch wie der von üblichem Stahl. Die Oxidhäute entstehen schon bei der Pulverherstellung beim Versprühen der Schmelze, besonders bei chrom- und manganhaltigen Stählen. Des weiteren wird beim Schmieden Sauerstoff aufgenommen. Wenn es jedoch gelingt, die Sauerstoff-

---

[9] Auf Federn abgestützte, bewegliche Matrize. Ergibt geringere Wandreibung zwischen Pulverwerkstoff und Matrize und führt zu gleichmäßiger Dichte im Werkstück.

aufnahme während der Warmphase niedrig zu halten, z. B. durch Kurzzeiterwärmung, Kapselung und/oder Arbeiten unter Schutzgas, erhält man Werkstücke mit günstigen Zähigkeitseigenschaften [3.40].

Als Werkstoff wird entweder unlegiertes Pulver (Mischung der reinen Legierungskomponenten) oder legiertes Pulver verwendet. Unlegiertes Pulver hat niedrige k_f-Werte, jedoch ein inhomogenes Gefüge infolge unvollkommener Diffusion. Graphit wird wegen der härtesteigernden Wirkung meist als Pulver zugesetzt [3.41].

Das Durchmesserverhältnis d_1/d_0 sollte beim Schmieden < 1,4 bleiben, damit keine Risse entstehen. Der zulässige Umformgrad nimmt mit der Sinterzeit und -Temperatur zu. Die Umformtemperaturen liegen zwischen 850 und 1100 °C. Die Fließspannung eines Pulverteils ist geringer als die eines massiven Stahlteils; der Umformwiderstand beträgt etwa 400 bis 600 N/mm² je nach der relativen Dichte (niedrige Dichten erhöhen jedoch die Oxidationsneigung) [3.42].

Das Wärmen erfolgt heute meist unter Schutzgas, das in den Poren verbleibt, so daß beim Schmieden u. U. keine Schutzgaszuführung nötig ist. Um während des Schmiedens die Verdichtungsfähigkeit des porösen Werkstoffes zu erhalten und poröse Oberflächen am Schmiedestück zu vermeiden, ist das Werkzeug auf hohe Temperaturen vorzuwärmen.

Bisher sind überwiegend rotationssymmetrische Teile (Lagerschalen, Kegelräder, Tellerräder, Naben, Getrieberäder) aber auch Pleuel bis zu einem Gewicht von 2 kg versuchsweise hergestellt worden. Daneben kommt das Verfahren für Schmiedestücke aus hochfesten und hochschmelzenden Werkstoffen in Frage.

Besondere Vorteile sind die günstigere Herstellbarkeit der Zwischenformen aus Pulver, die größere Genauigkeit, die Werkstoffeinsparung, die Massenkonstanz (Massenschwankungen < ±0,5%) und der kürzere Schmiedevorgang [3.43].

Pulver- oder Sinterschmieden scheint gegenwärtig aussichtsreich bei Werkstücken, die eine große Zerspanungsarbeit erfordern und keine allzu hohe Beanspruchung ertragen müssen. Allerdings erscheint wegen der hohen Pulverpreise — kohlenstoffarmes Stahlpulver kostet etwa 10 bis 30% mehr als vergleichbarer warmgewalzter Stahl — z. Z. nur in Sonderfällen eine wirtschaftliche Anwendung möglich.

3.3.4 Halbwarmschmieden

Halbwarmschmieden ist Schmieden in einem Temperaturbereich, daß bei den gegebenen Umformbedingungen die Vorteile sowohl des Warm- als auch des Kaltschmiedens im wesentlichen genutzt werden können. Die Schmiedetemperatur beeinflußt des Umformverhalten des Werkstückstoffs und die Gebrauchseigenschaften des Werkstücks (Bild 3.70). Gegenüber dem Warmschmieden ist aufgrund der höheren Fließspannung mit größeren Preßkräften und damit auch einer höheren Belastung von Umformwerkzeug und -maschine zu rechnen. Andererseits lassen sich größere Werkstückgenauigkeiten (Maß- und Oberflächengüte) erzielen. Die für einen Halbwarmschmiedevorgang zu wählende Temperatur stellt damit immer einen Kompromiß dar. Sie wird nach unten hin durch die Größe der Preßkraft und das Formänderungsvermögen des Werkstückstoffs, nach oben hin durch die Oxidation (Zunderbildung) des umzuformenden Werkstoffs begrenzt. Für Stahl ist aus diesem Grunde für das Halbwarmumformen ein Temperaturbereich von 450 bis 900 °C anzugeben [3.44, 3.45].

Ein Phosphatieren der Rohteile, wie beim Kaltfließpressen von Stahl, ist bei diesen Temperaturen nicht nötig. Für das Halbwarmschmieden sind Schmierstoffe mit niedrigem Reibwert, guter Benetzungsfähigkeit und Haftung erforderlich, die

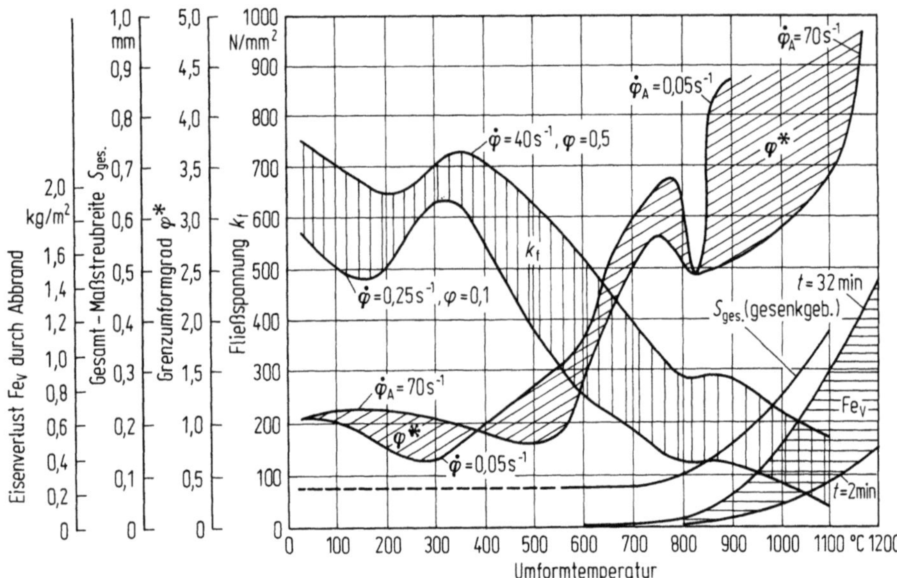

Bild 3.70. Einfluß der Umformtemperatur auf die Umform- und Werkstückeigenschaften nach [3.44]. Werkstoff: Ck 15

sich nicht zersetzen. Als geeignet haben sich hier besonders Schmierstoffe auf Graphitbasis erwiesen [3.46]. Oberhalb 500 °C oxidiert Graphit; dann ist nur Werkzeugschmierung möglich, da das Werkzeug in der Regel derartige Temperaturen nicht oder höchstens nur kurzzeitig erreicht und dann nur unter Luftabschluß während des Schmiedevorgangs. Niedrige Reibwerte und gute Verschleißeigenschaften weisen auch Schmierstoffe auf Bleimonoxidbasis (PbO) auf [3.47]; diese Stoffe sind jedoch gesundheitsschädlich. Nach neuesten Untersuchungen zeigen ähnlich gute Eigenschaften auch Schmierstoffe aus Molybdändisulfid (MoS_2) bzw. Graphit und Boroxid (B_2O_3) oder Schmierstoffe mit Borax ($Na_2B_4O_7$) als billiger Trägerkomponente, der Wismuttrioxid (Bi_2O_3) beigemischt ist [3.47].

Als Werkzeugwerkstoffe kommen für Stempel der Schnellstahl S 6-5-2, für Gesenke 5%iger Cr-Mo-V-Stahl und für Armierungen der Werkstoff 56 NiCrMoV 7 in Frage. Die Werkzeugwerkstoffe dürfen keine Einschlüsse besitzen und sollen eine gleichmäßige Karbidverteilung aufweisen. Sie sind mehrfach anzulassen und riefenfrei zu bearbeiten. Durch große Übergangsradien und kleine Kegelwinkel lassen sich Spannungskonzentrationen vermeiden. Von der Maschine sind Steifigkeit und Führungsgenauigkeit wie beim Kaltfließpressen zu fordern.

Die mechanischen Eigenschaften der gepreßten Teile sind abhängig vom Umformgrad, der Temperatur, der Umform- und der Abkühlungsgeschwindigkeit. Die Toleranzen betragen etwa 0,2 bis 0,3 mm bei einem Durchmesser von 50 mm und 0,4 bis 0,8 mm für Dickenmaße. Die Rauhtiefe ist abhängig vom Schmierstoff und liegt im allgemeinen zwischen 10 und 60 μm. Zugfestigkeit und Streckgrenze sind 1,1 bis 1,5mal so groß wie bei normalgeglühten Werkstoffen. Das Halbwarmschmieden ist bisher in der praktischen Anwendung im wesentlichen auf Fließpreß- und Stauchvorgänge beschränkt.

3.3.5 Sonstige Verfahren

Isothermes Schmieden ist Formpressen bei Gesenktemperaturen, die annähernd mit der Werkstücktemperatur übereinstimmen, wie es beim Schmieden von Magnesium- und Aluminiumlegierungen üblich ist. Unter dem Begriff „Isothermes Schmieden" versteht man allerdings nur ein Umformen in höheren Temperaturbereichen, vor allem das Schmieden von Titanlegierungen. Das Verfahren setzt hochwarmfeste Gesenkwerkstoffe (Nickelbasislegierungen), eine Beheizung der Gesenke und ihre Wärmeisolierung gegenüber der Umformmaschine voraus. Es wird bisher in wenigen Fällen für die Herstellung von Flugzeugbauteilen angewendet [3.48, 3.49].

Das Formpressen im *superplastischen Zustand* erfolgt in einem bestimmten Temperatur- und Umformgeschwindigkeitsbereich, in dem sehr große Formänderungen ($\varphi \approx 7$, $\varepsilon_1 \approx 1000$) bei sehr niedrigen Fließspannungen möglich sind. Für das Gesenkformen ist weniger das große Umformvermögen als die geringe Fließspannung bedeutsam. Superplastisches Verhalten zeigen in der Regel zweiphasige Legierungen mit annähernd gleichen Volumenanteilen in bestimmten Temperaturbereichen bei sehr geringen Umformgeschwindigkeiten. Aus diesem Grunde sind die Anwendungsmöglichkeiten begrenzt [3.50, 3.51].

Flüssigpressen [10] ist Formpressen von Metallen im teigigen Zustand. Hierbei werden flüssige Metalle — überwiegend Kupferlegierungen, aber auch Stähle — in eine Dauerform (= Untergesenk) gegossen und mit einem Stempel belastet, so daß es unter Druck erstarrt. Dadurch erhält man ein porenfreies Gefüge. Dieses Verfahren ist vor allem in der UdSSR, aber auch in den USA entwickelt worden. Über seine industrielle Nutzung ist jedoch wenig bekannt [3.52, 3.53, 3.65].

Ein verwandtes Verfahren ist das Schmieden von gegossenen Zwischenformen, nach deren vollständiger Erstarrung möglichst unter Ausnutzung der Gießwärme. Bekannt geworden ist eine Versuchsfertigung für Stahlschmiedestücke in den USA [3.54, 3.55]. Ebenfalls in den USA wurde eine mehrstufige Gieß- und Schmiedemaschine für Schmiedestücke aus Leichtmetallen und Messing entwickelt.

Partielles Schmieden ist teilweises Formpressen großer Schmiedestücke, um auf diese Weise die notwendige Maschinengröße zu verringern. So werden z. B. große scheibenartige Werkstücke mit zwei nacheinander wirkenden konzentrischen Stempeln hergestellt oder Rippenplatten schrittweise gefertigt [3.56, 3.57].

Thermomechanisches Bearbeiten bedeutet eine Kombination von Umformen und Gefügeumwandlung. Hierzu gehört z. B. das Umformen von Stahl bei Temperaturen, die nur wenig über A_{c3} liegen mit anschließender Rekristallisation, um einen sehr feinkörnigen Austenit zu erzeugen, der in ein ebenfalls feinkörniges Sekundärgefüge umgewandelt werden kann. Die Festigkeitseigenschaften lassen sich so verbessern, ohne daß die Zähigkeitswerte nennenswert beeinträchtigt werden [3.58 bis 3.60].

Weitergehende Eigenschaftsverbesserungen sind möglich, wenn bei noch niedrigeren Temperaturen umgeformt und der umgeformte metastabile Austenit ohne Rekristallisation umgewandelt wird (Austenitformhärten). Die Anwendung dieses Verfahrens beim Formpressen ist jedoch bisher an den großen Fließspannungen gescheitert.

Bei diesen Verfahren entstehen Eigenspannungen im Werkstück, die es erheblich vorbelasten können [3.61].

---

[10] Squeeze casting

Durch *Kombination* der aufgezählten Verfahren, z. B. des Pulver- und Halbwarmschmiedens oder des isothermen und des Pulverschmiedens ergeben sich weitere Verfahrensvarianten.

3.4 Schmieden in Waagerecht-Stauchmaschinen

Art und Folge der Fertigungsschritte beim Schmieden in Waagerecht-Stauchmaschinen ergeben sich aus der Wirkungsweise der Maschine als liegende Kurbelpresse mit zwei Bewegungen (Abschn. 5.1.3.3) und der daraus folgenden zweifachen Teilung der Werkzeuge (Abschn. 4.1). Die Klemmbacken dienen vornehmlich zum

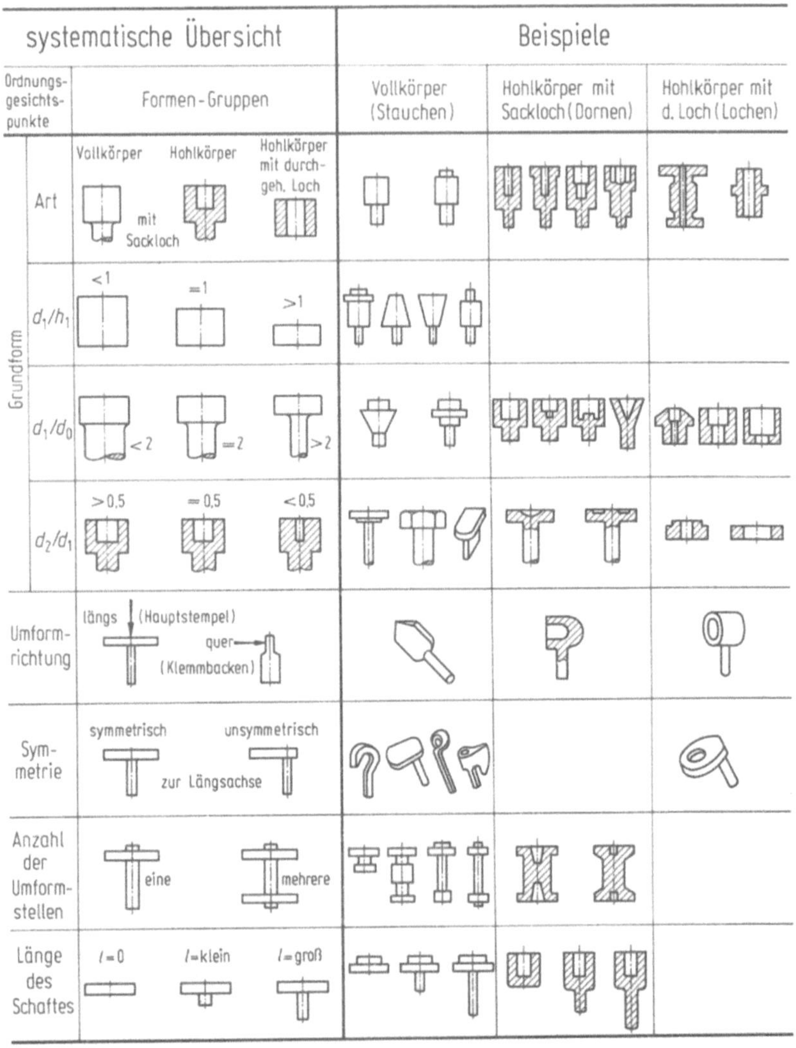

systematische Übersicht		Beispiele		
Ordnungsgesichtspunkte	Formen-Gruppen	Vollkörper (Stauchen)	Hohlkörper mit Sackloch (Dornen)	Hohlkörper mit d. Loch (Lochen)
Grundform — Art	Vollkörper · Hohlkörper mit Sackloch · Hohlkörper mit durchgeh. Loch			
d_1/h_1	<1 · $=1$ · >1			
d_1/d_0	<2 · $=2$ · >2			
d_2/d_1	$>0{,}5$ · $=0{,}5$ · $<0{,}5$			
Umformrichtung	längs (Hauptstempel) · quer (Klemmbacken)			
Symmetrie	symmetrisch · unsymmetrisch zur Längsachse			
Anzahl der Umformstellen	eine · mehrere			
Länge des Schaftes	$l=0$ · $l=$ klein · $l=$ groß			

Bild 3.71. Maschinengebundene Formenordnung für Waagerechtstauchmaschinen nach [3.12]

Spannen des Stabes und Schließen des Gravurhohlraumes, können aber auch zum Umformen herangezogen werden. Der Umformvorgang wird im allgemeinen mit den im Stößel der Maschine befestigten Stempeln vorgenommen. Die Klemmbakken sind bei heutigen Maschinen meist horizontal geteilt, so daß die Gravuren in einem Klemmbackensatz nebeneinander liegen.

Das Ausgangsmaterial besteht aus Stäben (Schmieden von der Stange), auf Länge geschnittenen Abschnitten, die ein- oder beidseitig umgeformt werden oder vorgeschmiedeten Stücken. Daraus ergeben sich im wesentlichen folgenden Verfahrensschritte:

a) Anstauchen — zylindrisch oder kegelig (Abschn. 3.1.4.2),

b) Dornen (Abschn. 3.1.4.7),

c) Biegen mit Hauptstempel oder Klemmbacke (Abschn. 3.1.5),

d) Formpressen mit oder ohne Grat meist mit dem Stößel aber auch mit den Klemmbacken (Abschn. 3.1.6),

e) Abgraten, Lochen, Abschneiden (Abschn. 3.1.7).

Die herstellbaren Formen (Bild 3.71) gehören meist zur Gruppe 1 oder 2 der Formenordnung nach Spies (Schmieden von der Stange) oder zur Formengruppe 31 (Langformen mit gerader Achse) (Bild 8.1). Mit Waagerecht-Stauchmaschinen ist die Herstellung von Schmiedestücken mit Unterschneidungen und Höhlungen sowie geringer Schräge möglich. Dadurch entstehen bei geeigneten Schmiedestücken geringere Bearbeitungskosten; allerdings sind die Maschinen- und Werkzeugkosten größer als beim Schmieden in Hämmern und Pressen.

Das Anstauchen erfolgt je nach Längen-Durchmesser-Verhältnis des anzustauchenden Stababschnittes und dem Durchmesserverhältnis von Ausgangs- und Zwi-

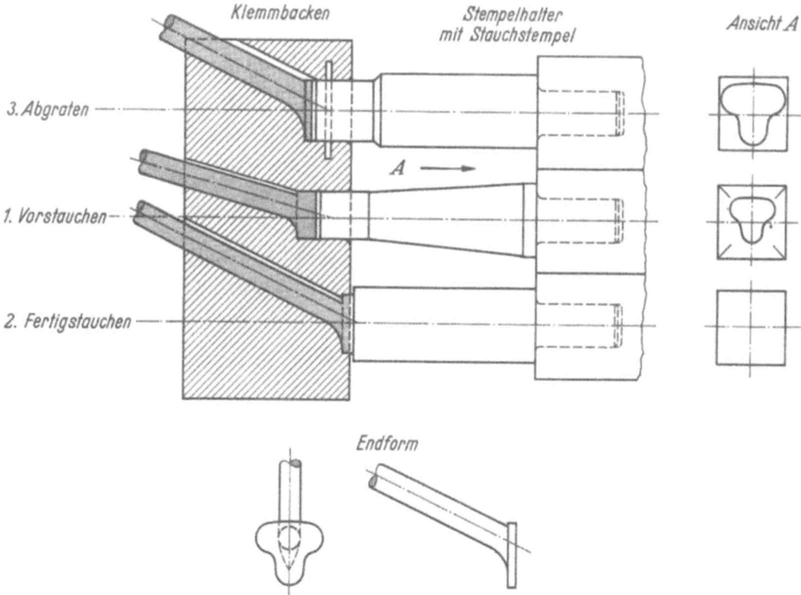

Bild 3.72. Außermittiges und winkliges Schmieden auf Waagerechtstauchmaschinen

schenform in eine zylindrische oder kegelige Gravur, damit das Ausknicken des Stabes vermieden bzw. in Grenzen gehalten wird (s. Abschn. 3.1.4.2).

Bei entsprechender Werkzeuggestaltung sind auch winklige und außermittige Anstauchungen möglich (Bild 3.72). Schmiedestücke, die vom Stangenabschnitt geschmiedet und auf beiden Stirnseiten hohl gestaucht werden, müssen nach dem Umformen der einen Seite gewendet und auf einen genau in die Höhlung passenden Haltedorn gesteckt werden (Bild 3.73). Mit Hilfe von gleitenden Einsätzen in den Klemmbacken lassen sich auch Abschnitte in der Mitte des Stabes anstauchen. Beim Dornen ist darauf zu achten, daß $d_1/d_0 < 1,5$ wenn die ungestützte Länge des Stabes $> 2\,d$ ist. Die Gesamttiefe der Höhlung ist auf etwa $4\,d_1$ begrenzt.

Abgraten, Abschneiden und Lochen dienen zum Entfernen eines Werkstoff-Überschusses bzw. Trennen von der Stange.

Abgraten:	mit Hauptschlitten;
Abschneiden:	durch Klemmbacke;
Lochen:	mit Hauptschlitten. Sonderfall: Ausstoßen eines „Spiegels" wenn möglich derart, daß gleichzeitig das Teil von der Stange getrennt wird (verlustloses Lochen). Nach Bild 3.74 muß hierfür der Stabdurchmesser geringfügig kleiner gehalten werden als der Lochdurchmesser. Der Lochstempel schiebt den an der nicht geklemmten Stange sitzenden „Spiegel" zurück, der beim nächsten Schmieden wieder angestaucht wird.

In Bild 3.75 sind als Beispiel die Umformstufen für das Schmieden eines Achsstummels dargestellt [3.62]: Entzundern — Vordornen (I) — Rückwärtsfließpressen (II) — Lochen (III) — Vorwärts-Hohlfließpressen (IV).

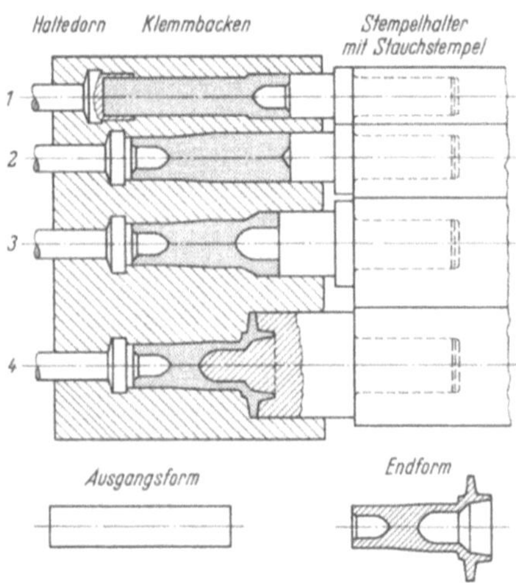

Bild 3.73. Schmieden mit Haltedorn auf Waagerechtstauchmaschinen

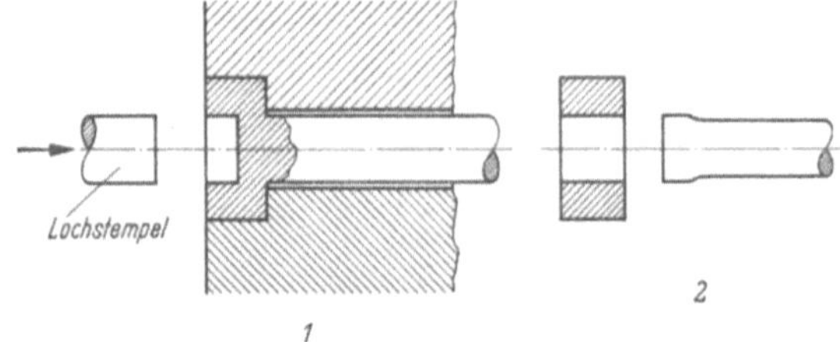

Bild 3.74. Verlustloses Schmieden von Ringen auf Waagerechtstauchmaschinen.
1) Lochvorgang; 2) Schmiedestück und ausgestoßenes Reststück mit Stange

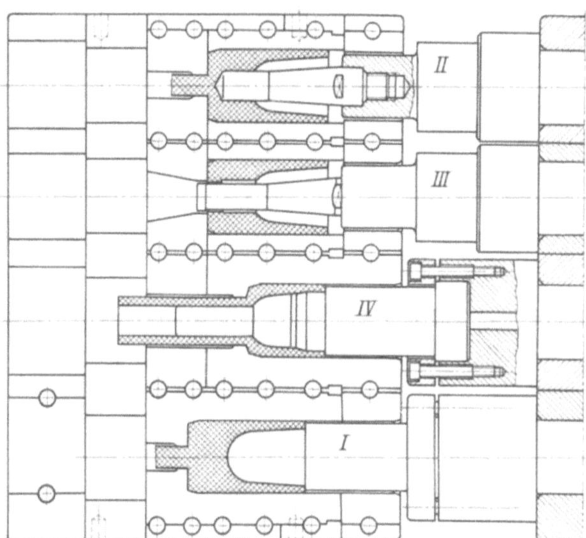

Bild 3.75. Werkzeugsatz und Umformstufen für Achsstummel nach [3.62]

Die gescherten Knüppelabschnitte (75 × 180 mm) wiegen 7,55 kg ± 2 bis 5%. Da gratlos geschmiedet wird, muß im Werkzeug die Möglichkeit zum Volumenausgleich gegeben sein: bei den Arbeitsgängen I und II durch Öffnen der Klemmbakken.

3.5 Fehler beim Gesenkschmieden

Fehler am Schmiedestück als Folge des Schmiedevorgangs — weitere Fehlerquellen sind nicht einwandfreies Vormaterial (Abschn. 2) sowie unsachgemäße Nachbehandlung, z. B. Wärmebehandlungsfehler — (s. Abschn. 6.4) lassen sich einteilen in:

1. Oberflächenmarkierungen oder -risse, meist verursacht durch Fehler beim Herstellen der Ausgangs- oder Zwischenformen.

a) Markierungen an der Endform infolge von Oberflächenfehlern auf Ausgangs- oder Zwischenformen z. B. entstanden beim Scherschneiden oder Zwischenabgraten;
b) Überlappungen durch Umlegen von Zwischengrat — meist entstanden durch übermäßiges Breiten z. B. beim Reckwalzen oder Rollen (Bild 3.76);
c) Stichbildung infolge von
scharfen Kanten in Verbindung mit unzweckmäßigen Abmessungen der Zwischenform beim Steigen; der Werkstoff hebt sich beim Umfließen der Kante von dieser ab, die entstehende Höhlung wird zugedrückt (Bild 3.77).
scharfen Ecken und Kanten an Biegezwischenformen, weil der zwischen beiden Schenkeln abfließende Werkstoff sich nicht verbindet (Bild 3.78). Derartige Fal-

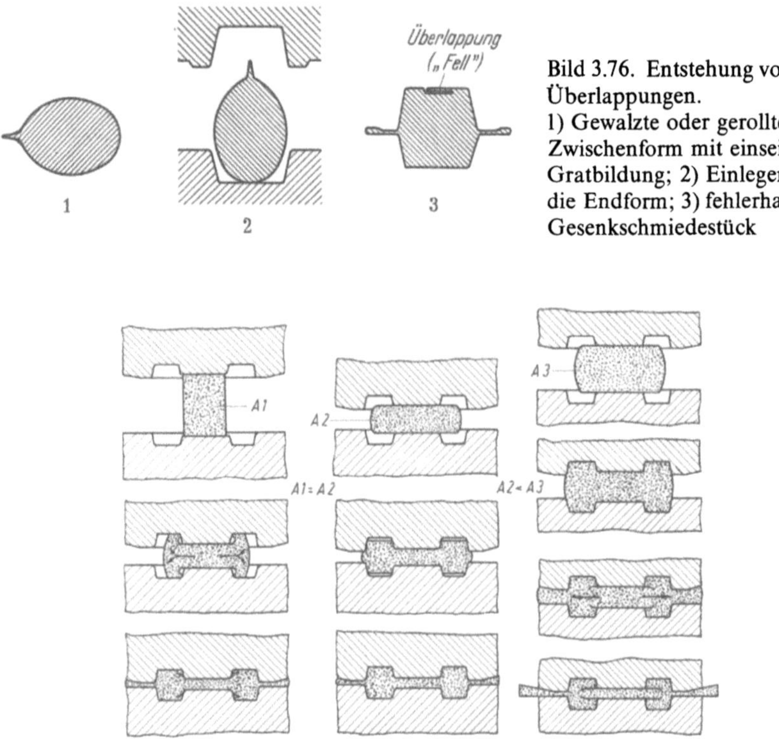

Bild 3.76. Entstehung von Überlappungen.
1) Gewalzte oder gerollte Zwischenform mit einseitiger Gratbildung; 2) Einlegen in die Endform; 3) fehlerhaftes Gesenkschmiedestück

Bild 3.77. Schmieden von H-Profilen mit Ausgangsformen verschiedener Querschnittsform und -größe nach [3.2].
a) Falsch; b) richtig; c) falsch

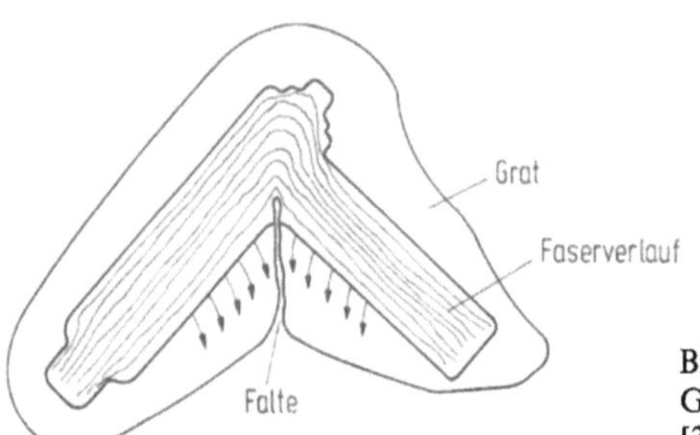

Bild 3.78. Entstehung einer Falte durch Gratstauung (sogenannter Stich nach [3.63]).

ten setzen sich oft bis ins Innere des Werkstücks hinein fort. Sie lassen sich vermeiden, wenn die Zwischenform eine sog. „Schwimmhaut" erhält (Bild 3.79);
zu großem Volumen des Rohteils; wenn die Gravur vor Erreichen der Endlage gefüllt ist, muß der Werkstoff aus der Mitte durch den Flanschquerschnitt nach außen verdrängt werden (Bild 3.77 c); Abhilfe ist u. U. durch Verlegen des Grates möglich;

d) Abdrücke von Rissen im Gesenk.

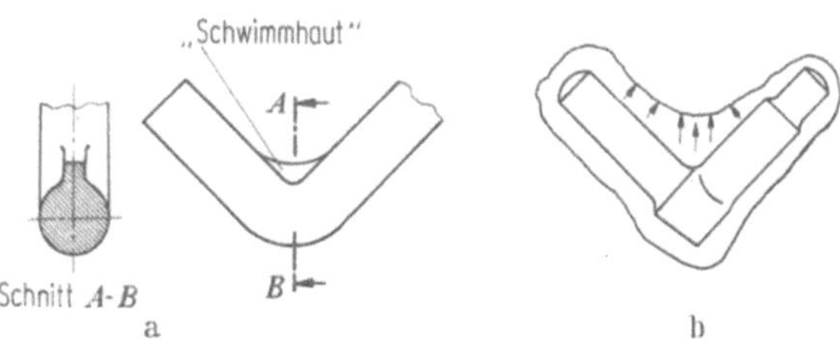

Bild 3.79. Biegezwischenform mit „Schwimmhaut" zur Verhinderung der Faltenbildung nach [3.64].
a) Biegeform; b) Querschnittsvorbildungs-(End-)form

2. Nicht ausgefüllte Schmiedestücke als Folge ungenügenden Rohteilvolumens, ungünstiger Zwischenformen, ungenauer Positionierung, unzweckmäßiger Gratspaltabmessungen oder hoher Gasdrücke des Schmierstoffs.

3. Fehler des Werkstückgefüges: mangelhafter Faserverlauf.

Sofern die genannten Schäden bei der spanenden Bearbeitung entfernt werden, führen sie nicht zum Unbrauchbarwerden des Schmiedestücks. Die hier nicht besprochenen Maß- und Formabweichungen werden in Abschn. 8.2 behandelt.

4 Werkzeuge zum Gesenkschmieden

Gesenke [1] — die Werkzeuge zum Gesenkschmieden — sind maß- und formgebundene Hohlformwerkzeuge, die Abmessungen und Form des herzustellenden Schmiedestücks ganz oder teilweise als Gegenform enthalten (analoger Formspeicher). Aus diesem Grunde ist es notwendig, sie mit der erforderlichen Genauigkeit zu fertigen und diese während des Gebrauchs aufrechtzuerhalten.

Wegen der Beanspruchungen beim Schmieden entstehen jedoch Schäden am Werkzeug, die seine Standmenge — die Anzahl der in ihm herstellbaren Schmiedestücke — begrenzen. Werkstoffauswahl, Herstellverfahren, Wärme- und Oberflächenbehandlung, aber auch die Gestaltung werden entscheidend von dem Gesichtspunkt bestimmt, die Standmenge in möglichst wirtschaftlicher Weise auf die Fertigungsmenge abzustimmen. Dieser Gedankengang liegt der folgenden Behandlung der Schmiedewerkzeuge zugrunde.

4.1 Arten und Benennungen

Nach der Anzahl der Teilungen unterscheidet man Gesenke mit einer oder mehreren *Teilfugen* (Bild 4.1). In den üblichen Gesenken mit einer Teilung lassen sich — anders als in Gesenken mit mehreren Teilfugen — z. B. Werkzeugen für Waagerecht-Stauchmaschinen — keine Schmiedestücke mit Unterschneidungen herstellen.

Die Anzahl der in einem Gesenkblock bzw. -halter vorhandenen unterschiedlichen Gravuren führt zur Gliederung in *Ein- und Mehrstufengesenke* (Bild 4.2). Gesenke, die gleiche Gravuren zwecks Steigerung der Mengenleistung mehrfach enthalten, werden als *Mehrfachgesenke* bezeichnet (ein Mehrstufengesenk kann gleichzeitig auch Mehrfachgesenk sein).

In *Vollgesenken* sind die Gravuren unmittelbar in den Gesenkblock eingearbeitet, in *Einsatzgesenken* dagegen in Gesenkeinsätze, die in einem Gesenkhalter befestigt werden. In diesem Fall braucht nur der Gesenkeinsatz aus hochwertigem Werkzeugstahl zu bestehen, während für den Halter ein geringwertigerer Werkstoff genügt.

Die Benennungen der an Schmiedegesenken vorkommenden Merkmale sind in Bild 4.3 angegeben.

---

[1] Der Name „Gesenk" erinnert an die ursprüngliche Herstellungsweise: Die Hohlform wurde durch Einsenken eines Stahlkörpers mit der Gegenform in den schmiedewarmen Gesenkblock erzeugt.

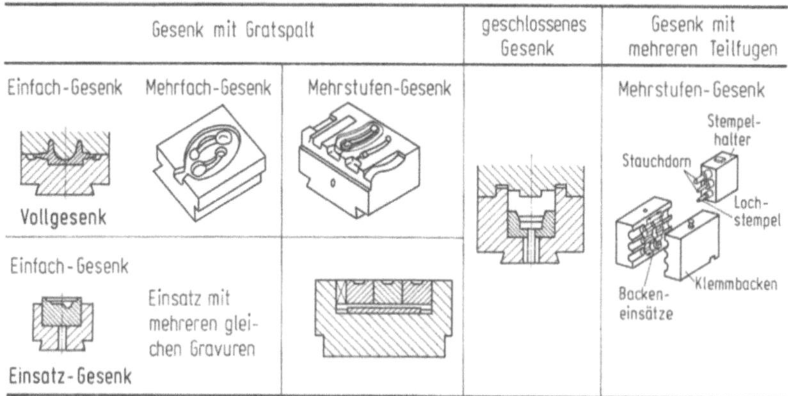

Bild 4.1. Gesenkarten

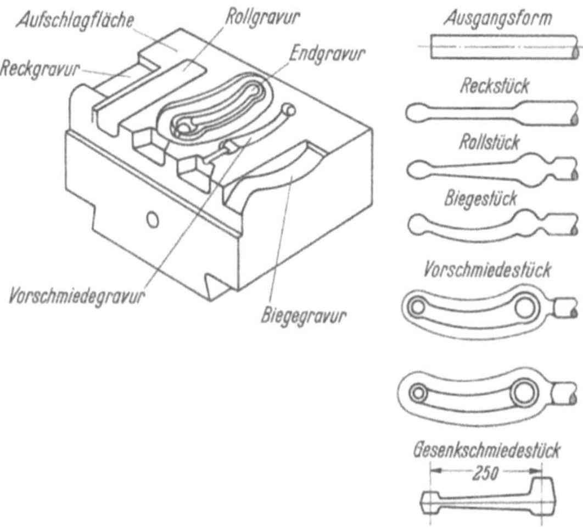

Bild 4.2. Mehrstufengesenk für Hebel mit Fertigungsgang nach [4.19]

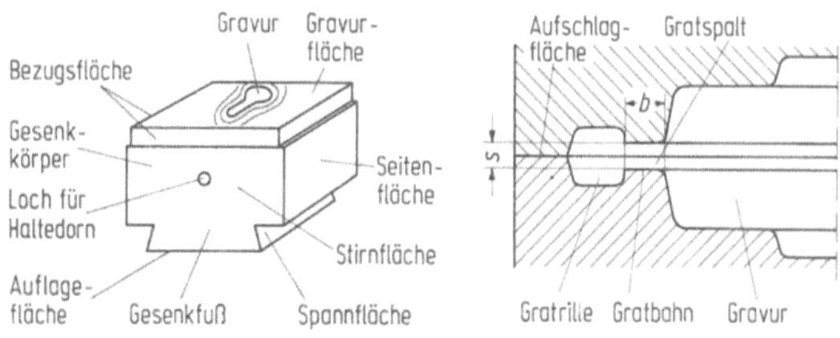

Bild 4.3. Merkmale eines Gesenks

Werkzeuge für Formstauchen, Rollen, Biegen, Formpressen und Richten, die sämtlich Hohlformen enthalten, unterscheiden sich im Prinzip nicht voneinander. Abweichende Werkzeuge sind für das Warmfließpressen, Reckwalzen, Abgraten und Lochen erforderlich.

4.2 Beanspruchung von Schmiedegesenken

Schmiedegesenke sind kombinierten thermischen und mechanischen Beanspruchungen ausgesetzt [2]. Die thermische Beanspruchung infolge des Wärmeübergangs vom Schmiedestück auf das Werkzeug kann sich in zweifacher Hinsicht ungünstig auswirken:

Die Festigkeitseigenschaften des Gesenkwerkstoffs werden durch die Spitzentemperaturen in der Oberflächenschicht beeinträchtigt, wenn diese die Anlaßtemperatur überschreiten.

Durch das Temperaturgefälle im Gesenk entstehen während des Schmiedens in den Oberflächenschichten des Werkzeugs Druckspannungen, beim Abkühlen Zugspannungen. Änderungen der Gesenkdauertemperatur führen darüber hinaus zu Vorspannungsänderungen von Gesenkeinsätzen.

Die Gefahr der Warmrißbildung läßt sich anhand der Darstellung in Bild 4.4 abschätzen [4.1]. Es zeigt die Streckgrenze des Gesenkwerkstoffs, die Druckspannungen in der Oberflächenschicht des Werkzeugs für den ein- und zweiachsigen

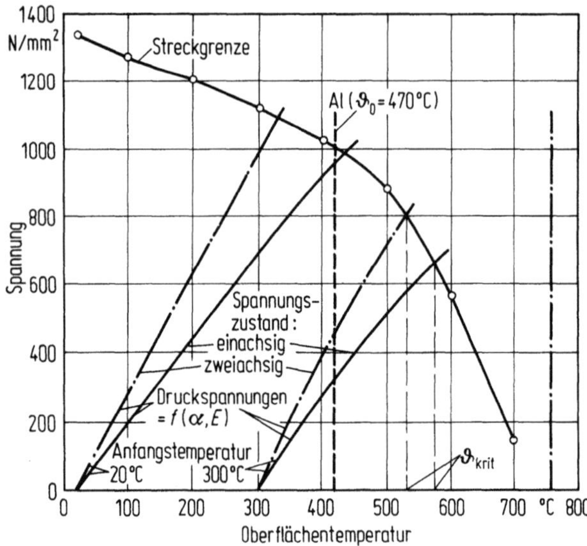

Bild 4.4. Streckgrenze und Druckspannungen in der Oberflächenschicht des Stahls X 40 CrMoV 51 in Abhängigkeit von der Oberflächentemperatur nach [4.1] $\vartheta_{W0} = 300\ °C$; Härte im Einbauzustand 47 HRC. – – – Oberflächentemp. bei Schmieden von Al-Legierungen, – · – max. Oberflächentemp. bei Schmieden von Stahl

---

[2] Vgl. Kap. 1.

Spannungszustand jeweils in Abhängigkeit von der Temperatur und die Spitzentemperaturen der Gesenkoberfläche (vgl. Bild 1.9). Die Druckspannungen lassen sich näherungsweise nach dem Hookeschen Gesetz berechnen, wenn anstelle der Dehnung die bezogene Längenänderung α ($\vartheta_{W1} - \vartheta_{W0}$) und für den E-Modul der bei ϑ_{W1} gültige Wert (vgl. Tab. 2.6) eingesetzt wird. Für den einachsigen Spannungszustand erhält man:

$$\sigma = \alpha \cdot (\vartheta_{W1} - \vartheta_{W0}) \cdot E \tag{4.1}$$

und für den zweiachsigen Spannungszustand

$$\sigma = \frac{\alpha \cdot (\vartheta_{W1} - \vartheta_{W0}) \cdot E}{1 - \nu}, \tag{4.2}$$

$$\nu = \frac{E}{2\,G} - 1 : \text{Querzahl.}$$

Plastische Verformungen sind nach Bild 4.4 zu erwarten, wenn die Druckspannungskurve die Streckgrenze erreicht. Wenn die Oberflächentemperatur höher liegt als die Temperatur des Schnittpunktes, ist die Gefahr einer Warmrißbildung gegeben.

Den Wärmewechselspannungen überlagern sich mechanisch bedingte Spannungen, die ebenso wie die temperaturbedingten Spannungen von Ort zu Ort verschieden sind. Die direkte Belastung der Gravuroberfläche durch die Umformspan-

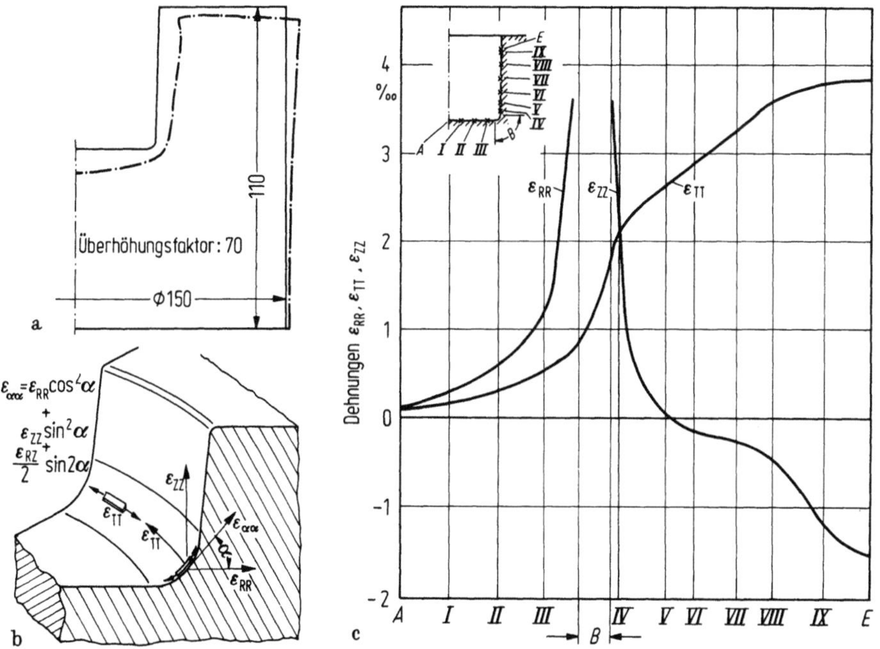

Bild 4.5. Formänderungen eines Gesenks durch die Normalspannung σ_n (vergleiche Bild 4.6 a) nach [4.2]
a) Verformung der Gesenkkontur; b) Dehnungen in der Gesenkoberfläche; c) Dehnungen über dem abgewickelten Gravurumriß

nungen — Drucknormal- und Schubspannungen (s. Abschn. 1.3.3) — verursacht radiale und tangentiale Dehnungen sowie axiale Stauchungen im Gesenkblock (Bild 4.5 a). In der Umgebung von Hohlkehlen werden die axialen Stauchungen durch Längenänderungen infolge Biegung überlagert, so daß sich dort resultierende Dehnungen ergeben (Bild 4.5 b und c).

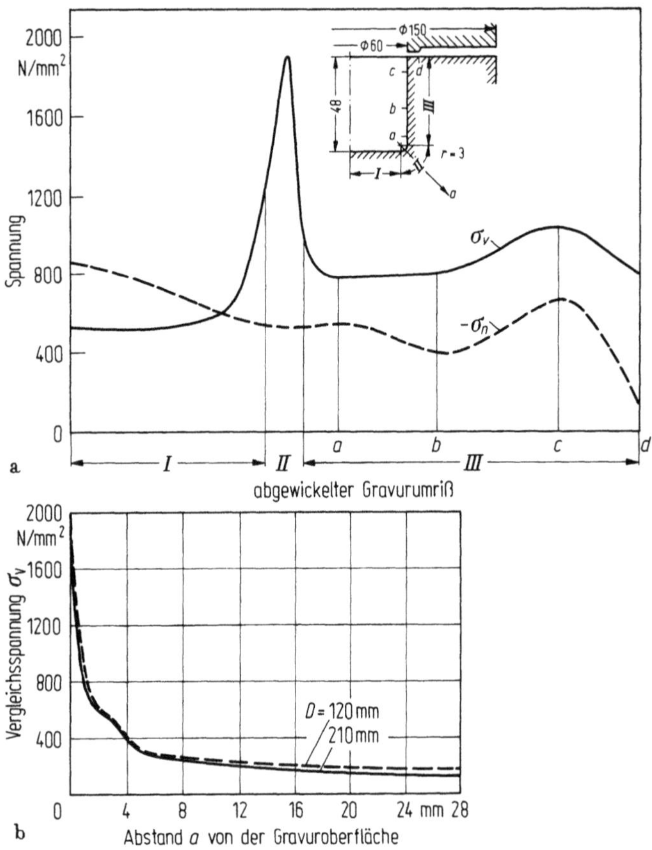

Bild 4.6. Spannungen in Schmiedegesenken ($h_W = 110$ mm) nach [4.2]
a) Vergleichs- und Normalspannung über dem abgewickelten Gravurumriß; b) Vergleichsspannung in Abhängigkeit vom Abstand von der Gravur-Oberfläche

In Bild 4.6 a ist die Vergleichsspannung σ_v in der Gravuroberfläche über dem abgewickelten Gravurumriß dargestellt. Sie weist in der Hohlkehle ein Maximum auf, anders als die Drucknormalspannung σ_n. Ein weiteres relatives Maximum ist unterhalb der Gravurkante vorhanden, da hier der in den Gratspalt fließende Werkstoff auf die Gravurwand drückt. Die Vergleichsspannungen nehmen mit zunehmendem Abstand von der Gravuroberfläche rasch ab (Bild 4.6 b).

Damit ergibt sich ein resultierendes Spannungsfeld in Schmiedegesenken aus der Überlagerung eines thermisch und eines mechanisch bedingten Spannungsfeldes. Für das Verhalten des Gesenkwerkstoffs spielt u. U. auch der mehr oder weniger stoßartige Charakter der Belastung eine Rolle.

Durch Gleiten des Werkstück-Werkstoffs auf der Gesenkoberfläche unter Druck wird schließlich eine Verschleißbeanspruchung hervorgerufen.

4.3 Gesenkschäden und Standmengen

4.3.1 Schäden an Gesenken

Die beschriebenen Beanspruchungen führen zu verschiedenartigen Schäden an den Gesenken: Verschleiß, plastischen Verformungen, Wärmewechselrissen, Rißbildung infolge mechanischer Wechselbeanspruchung und Gesenkbrüchen. Die Gesenkschäden treten örtlich an den Stellen der größten Beanspruchung auf, wobei je nach Art der Gravur und des Schmiedevorgangs meist eine Schadensart überwiegt und die Standmenge bestimmt (Bild 4.7, Tab. 4.1).

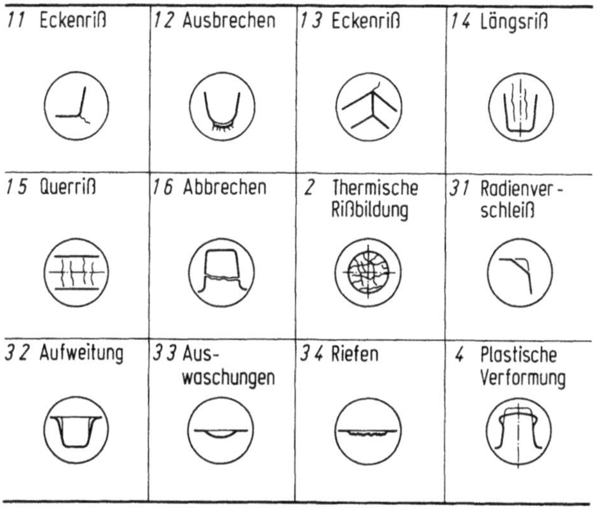

11 Eckenriß	12 Ausbrechen	13 Eckenriß	14 Längsriß
15 Querriß	16 Abbrechen	2 Thermische Rißbildung	31 Radienverschleiß
32 Aufweitung	33 Auswaschungen	34 Riefen	4 Plastische Verformung

Bild 4.7 Schematische Darstellung von Gesenkschäden nach [4.3]
11 bis *16* mechanisch bedingte Rißbildung; *2* thermisch bedingte Rißbildung; *31* bis *34* Verschleiß; *4* plastische Verformung

Der *Verschleiß* — die unerwünschte Veränderung der Oberfläche durch Lostrennen kleiner Teilchen infolge mechanischer Ursachen (DIN 50 320) findet vor allem an konvexen Kanten und der Gratbahn statt, da hier die Gleitwege zwischen Werkstück und Werkzeug besonders groß sind (Bild 4.8). Nach Aufnahmen mit dem Raster-Elektronenmikroskop werden Oxide vom Werkstück auf das Gesenk und zurück auf das Werkstück übertragen. Dabei findet ein von Ort zu Ort unterschiedlicher Abtrag statt (Bild 4.9). Der Verschleißwiderstand wird bestimmt durch die Oberflächenhärte des Gesenks (Gesenkwerkstoff, Wärmebehandlung, Oberflä-

Tabelle 4.1. Schadensarten an Gesenken und ihre Ursachen (in Anlehnung an [4.4]; erwiesene oder vermutete Zusammenhänge sind durch einen Punkt gekennzeichnet)

Schadensarten					Mögliche Ursachen
Verschleiß	Plastische Verformung	Wärmerisse	Mechanische Rißbildung	Gesenkbrüche	
●	●		●		Masse des Schmiedestücks
●	●	●	●	●	Gestalt des Schmiedestücks
●	●	●	●	●	Temperatur d. Schmiedestücks, Erwärmungsart
●					
●	●	●	●	●	Schmiedeverfahren
●	●	●	●	●	Abweichung v. vorgeschrieb. Arbeitsablauf
			●	●	nicht spannungsgerechte Ausbildung der Gesenke
			●	●	mangelhafte Herstellgenauigkeit
		●	●		Oberflächenbeschaffenheit der Gravur
●	●	●			Gesenktemperatur
●	●	●	●	●	chemische Zusammensetzung des Gesenkwerkstoffs
●	●	●	●	●	Festigkeitseigenschaften des Gesenkwerkstoffs
●	●				Anlaßbeständigkeit des Gesenkwerkstoffs
●		●	●	●	Gefügeausbildung des Gesenkwerkstoffs
		●	●	●	unzureichende Zähigkeit des Gesenkwerkstoffs
		●			unzureichende Temperaturwechselbeständigkeit des Gesenkwerkstoffs

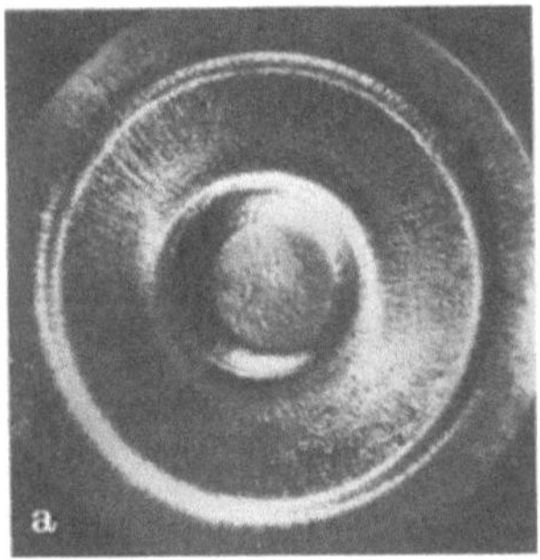
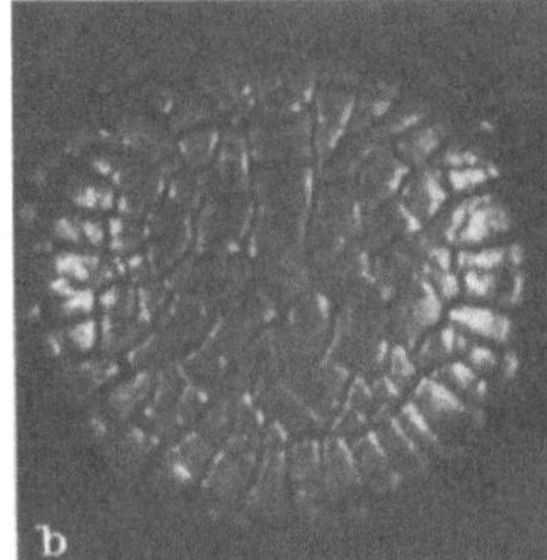
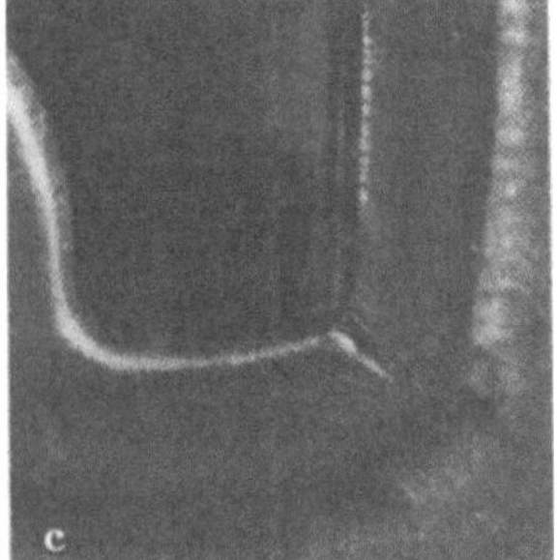

Bild 4.8. Gesenkschäden
a) Verschleißzonen; b) Wärmewechselrisse; c) Risse an einer Hohlkehle

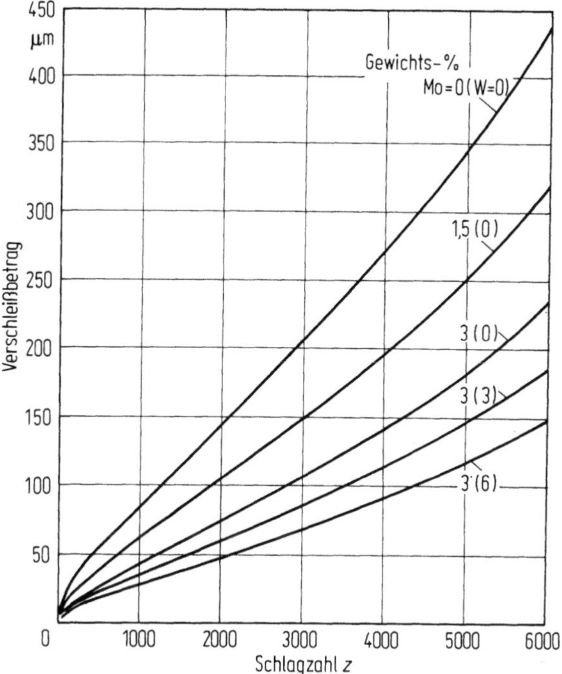

Bild 4.9. Verschleißkurven — Änderung eines Gesenkmaßes in Abhängigkeit von der Schlagzahl — von Gesenkstählen mit unterschiedlichen Molybdän- und Wolframgehalten nach [4.4]

chenbehandlung), die während des Schmiedens nicht beeinträchtigt werden darf, d. h. die Wirktemperatur muß unter der Anlaßtemperatur bleiben.

Verformungen treten vor allem an Stempeln, Dornen und dornartigen Vorsprüngen der Gravur, an konvexen Gravurkanten und an der Gratbahn durch Stauchen auf. Daneben kann es zu Dehnungen der Gravur senkrecht zur Schlagrichtung kommen und bei großen Breiten-Dicken-Verhältnissen des Werkstücks (z. B. Turbinenschaufeln) zu Verformungen des Gravurgrundes. Die Ursachen dieser Schäden sind zu hohe Belastungen im Verhältnis zur Warmstreckgrenze des Gesenkwerkstoffs. Mögliche Gegenmaßnahmen sind: Kühlen der Gravur, kürzere Berührzeiten, geringere Belastung (bessere Zwischenformung, Änderung der Gratspaltabmessungen), Wahl eines Gesenkwerkstoffs mit größerer Warmfestigkeit (bei gleicher Warmfestigkeit hat die Werkstoffart kaum Einfluß).

Die meist netzartigen *Wärmewechselrisse* (Bild 4.8 b) entstehen durch unterschiedliche Dehnungen infolge des Temperaturgefälles im Gesenk, die an der Gravuroberfläche hohe Spannungen verursachen. Sie hängen vornehmlich von der Wechselfestigkeit und der Wärmeleitfähigkeit des Werkstoffs sowie der Temperaturdifferenz $(\vartheta_{W1} - \vartheta_{W0})$ ab. Die Warmrißbildung wird herabgesetzt oder beseitigt, indem man die Temperaturdifferenz verringert (die Werkzeuge vorwärmt, sie in den Pausen warmhält) — man erhöht zwar ϑ_{W1}, verringert aber die Amplitude $(\vartheta_{W1} - \vartheta_{W0})$ — und die Warmfestigkeit des Gesenkstahls so hoch wählt, daß $\vartheta_{W1} < \vartheta_{krit}$. Wesentlich ist die Wahl eines Werkstoffes, der bei der gewünschten Festigkeit eine ausreichende Zähigkeit besitzt. Oft läßt sich diese Forderung durch richtige Wärmebehandlung des Werkzeugs erfüllen. In einem zähen Gesenkstahl ist die Ausbreitungsgeschwindigkeit der Risse geringer als in einem spröden. Es bilden sich zwar auch dann noch Warmrisse, jedoch führen diese wegen der kleinen Fortpflanzungsgeschwindigkeit oft nicht zum unmittelbaren Ausfall des Gesenks.

Dauerrisse (Bild 4.8 c) können an Stellen hoher Spannungskonzentration infolge Kerbwirkungen entstehen, vor allem bei Biegebeanspruchungen der Gravur. Derartige Beanspruchungen können durch die Form des Schmiedestücks bedingt sein, aber auch durch harte Schläge — z. B. beim Schmieden mit zu niedriger Temperatur — hervorgerufen oder begünstigt werden. Werkstoffe für derartige Gesenke müssen eine möglichst große Zähigkeit besitzen. Die mechanische Rißbildung ist auch abhängig von der Sprungtemperatur der Kerbschlagzähigkeit. Daneben spielt die Höhe der A_1-Temperatur eine Rolle im Hinblick auf die Martensitbildung. Je höher diese Temperatur, um so geringer ist die Gefahr der Rißbildung.

Gesenkbrüche treten auf, wenn bei einwandfreiem Gesenkwerkstoff die Beanspruchungen ungewöhnlich hoch oder bei einwandfreien betrieblichen Verhältnissen die Eigenschaften des Gesenkwerkstoffs unzureichend sind [4.4]. Wenn ein Gesenk bricht, weil der Werkstoff versagt, liegen entweder innere Werkstoffehler vor — z. B. Lunker und Flocken — oder der Werkstoffzustand ist ungenügend. Im letzteren Fall ist meist die Zähigkeit entweder aus metallurgischen Gründen oder wegen der Wahl eines unzweckmäßigen Werkstoffs zu gering. Es kann aber auch ein an sich brauchbarer Werkstoff in ungeeigneter Weise behandelt worden sein. Bei der Wahl des Gesenkstahls sollte man darauf achten, daß die Anlaßtemperatur über 500 °C liegt. Metallurgische Möglichkeiten zum Erzielen ausreichender Zähigkeit sind sorgfältiges Erschmelzen und Gießen, sachgemäßes Schmieden und richtige Wärmebehandlung. Viele Gesenkbrüche haben ihre Ursache in einer unzureichenden Auflage des Gesenkblocks oder Einsatzes im Halter.

4.3.2 Standmengenverhalten von Schmiedegesenken

Die Beschädigungen der Gravur begrenzen ihre Standmenge — die bis zum Unbrauchbarwerden in einer Gravur herstellbare Anzahl von Schmiedestücken — dadurch, daß entweder die Toleranz des herzustellenden Schmiedestücks überschritten oder der einwandfreie Ablauf des Schmiedevorgangs unmöglich wird, z. B. weil sich die Schmiedestücke nicht einwandfrei aus der Gravur heben lassen. Etwa 70% aller Gesenktypen werden durch Verschleiß unbrauchbar (41% durch Kantenverschleiß, 18% durch Gravurausweitung), 25% durch mechanisch bedingte Rißbildung (21% durch Risse in Hohlkehlen), der Rest durch Verformung und thermische Rißbildung [4.3]. Die Schadensarten beeinflussen die Standmenge in unterschiedlicher Weise (Bild 4.10). So bringt ein Gesenk, das wegen Gravurausweitung ausgebaut werden muß, im Mittel fast doppelt so viele Schmiedestücke wie ein wegen Rißbildung in Hohlkehlen ausfallendes.

Bei Standmengenuntersuchungen fallen große Streuungen der Standmengen von Gesenken gleicher Art auf, die — soweit erkennbar — unter gleichen Bedingungen abgeschmiedet wurden (Bild 4.11 a). Es ist bisher nicht gelungen, die Ursachen der Streuungen vollständig anzugeben. Die Streuung der Standmengen zeigte sich z. B. auch an nachgesetzten Blöcken, die vor der erneuten Verwendung auf

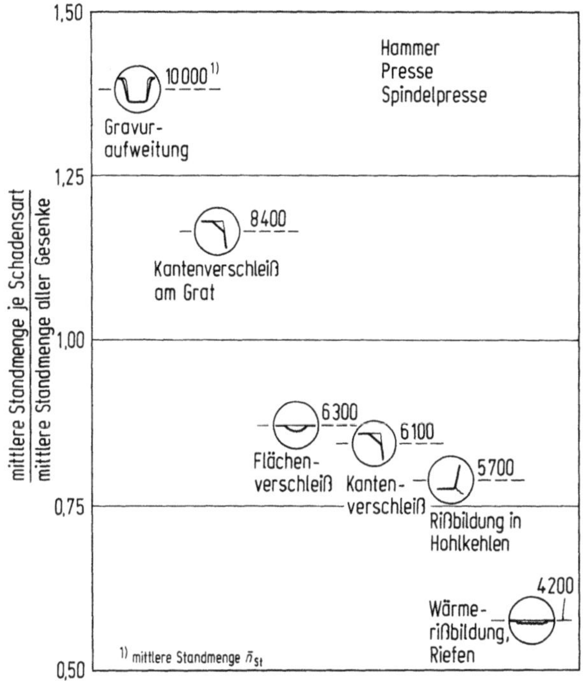

Bild 4.10. Standmenge von Gesenken zum Schmieden von Werkstücken aus Stählen und Hauptschadensarten nach [4.3]

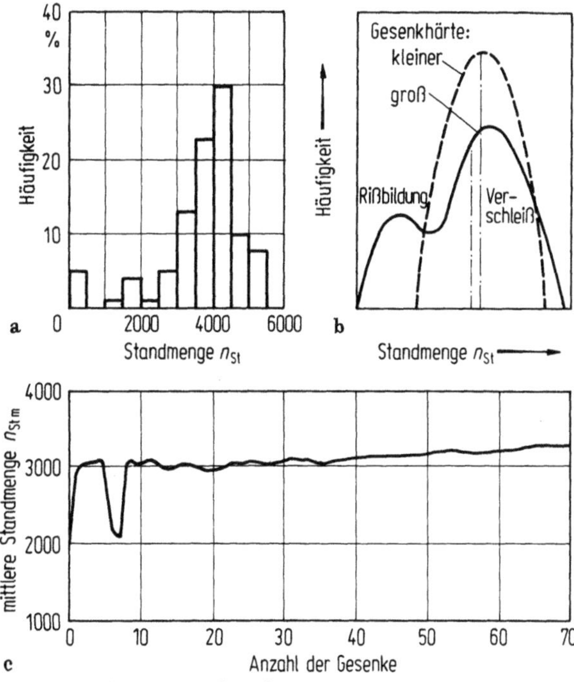

Bild 4.11. Häufigkeitsverteilungen von Standmengen
a) Beispiel einer Häufigkeitsverteilung nach [4.5]; b) Häufigkeitsverteilung bei unterschiedlichen Schadensursachen (schematisch); c) mittlere Standmenge für das Beispiel 4.11 a

Rißfreiheit geprüft waren und die gleiche Grundhärte hatten, obwohl man in diesen Fällen die Eigenschaften des Gesenks als unveränderlich ansehen kann. Dies läßt darauf schließen, daß die Ursachen der Streuungen vor allem in Schwankungen des Schmiedevorgangs zu suchen sind.

Die Häufigkeitsverteilungen der Standmengen können verschiedene Formen haben (Bild 4.11 b). Eine Kurve mit zwei Maxima deutet darauf hin, daß unterschiedliche Ursachen die Größe der Standmenge bestimmen. Im Beispiel ist das erste Maximum in der Häufigkeitsverteilung durch Rißbildung bedingt, das zweite durch Verschleiß. Größere Festigkeit bzw. Härte erhöht zwar den Verschleißwiderstand des Gesenkwerkstoffs, andererseits aber auch die Rißempfindlichkeit, so daß ein Teil der Gesenke vorzeitig durch Risse ausgefallen ist. Verringerte Festigkeit setzt den Verschleißwiderstand herab, beseitigt aber andererseits die Rißneigung, so daß die geringere Gesenkhärte in diesem Fall zu einer größeren mittleren Standmenge des Kollektivs führt.

Wegen der großen Streuungen sind sichere Aussagen über die Wirkung einer Maßnahme zum Verbessern von Standmengen im allgemeinen erst nach dem Abschmieden von 5 bis 10 Gesenken möglich (Bild 4.11 c), wobei vorausgesetzt wird, daß die übrigen Einflußgrößen konstant bleiben und der „Versuchseffekt" — das bewußt oder unbewußt sorgfältige Arbeiten der Schmiedemannschaft bei einer Versuchsschmiedung — ausgeschaltet wird [4.6]. (Die in Bild 4.11 c angegebene mittlere Standmenge n_{Stm} ist der Mittelwert der Einzelstandmenge n_{St} eines Gesenktyps:

$$n_{\mathrm{Stm}} = \frac{1}{m} \sum_{1}^{m} n_{\mathrm{St}}).$$

4.3.3 Wirkung der Einflußgrößen auf Gesenkschäden und Standmengen

Obgleich die Standmengen von Gesenken von zahlreichen Einflußgrößen abhängen und Standmengenangaben mit großen Streuungen behaftet sind, lassen sich manche Aussagen inzwischen als gesichert ansehen. Gegliedert nach werkstück-, verfahrens-, maschinen- und werkzeugabhängigen Einflußgrößen werden die allgemeinen Abhängigkeiten der Gesenkschäden und der Standmengen beim Gesenkschmieden von Stahl im Überblick betrachtet (Bild 4.12). Die hier angegebenen mittleren Standmengen $\bar{n}_{\mathrm{St}}$ sind Mittelwerte aller Gesenktypen einer Merkmalsklasse — z. B. aller Hammergesenke für Schmiedestücke mit Einsatzmassen zwischen 1,8 und 2,25 kg: $\bar{n}_{\mathrm{St}} = \frac{1}{p} \sum_{1}^{p} n_{\mathrm{Stm}}$.

Eine unmittelbare Übertragung der Mittelwerte auf den Einzelfall ist nicht möglich; man beachte z. B. die relativ geringen mittleren Standmengen beim Schmieden in Kurbelpressen nach Bild 4.13 und die um ein Mehrfaches größeren Einzelwerte (s. hierzu auch Bild 4.17).

Viele der im folgenden genannten Größen beeinflussen die Standmenge indirekt, indem sie sich auf einige Haupteinflüsse auswirken:

1. die Gesenktemperatur,
2. die mechanische Beanspruchung des Gesenks,
3. die Eigenspannungen im Gesenkblock.

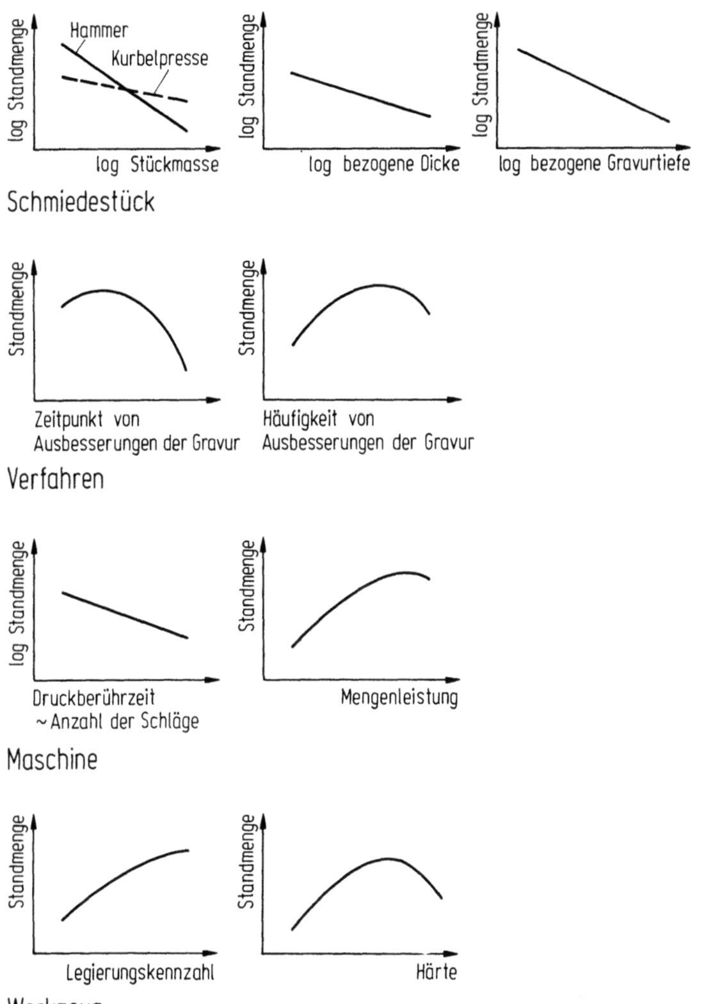

Bild 4.12. Abhängigkeit der Standmenge von schmiedestück-, verfahrens-, maschinen- und werkzeugbedingten Einflußgrößen (schematisch)

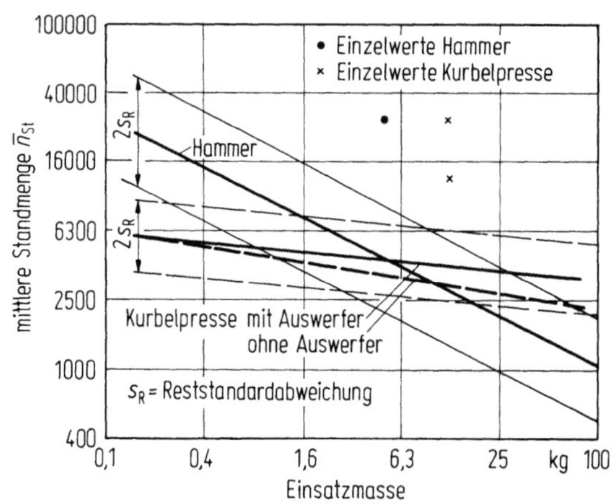

Bild 4.13. Einsatzmasse und Standmenge nach [4.3]

Werkstückabhängige Einflußgrößen

Werkstückmasse: Mit zunehmender Werkstückmasse nimmt die Standmenge ab (Bild 4.13), obwohl der Umformwiderstand die gleiche Tendenz hat, d. h. man sollte geringeren Verschleiß und Rißbildung erwarten. Dem steht einmal die geringere Festigkeit größerer Gesenkblöcke entgegen. Für das Schmieden im Hammer zeigten Untersuchungen darüber hinaus, daß die Standmenge ebenso wie die Anzahl der Schläge etwa proportional $m_s^{1/3}$ ist [4.6], d. h. die Hammergröße wird im Verhältnis zur Werkstückmasse kleiner; infolge der größeren Schlagzahl werden Druckberührzeit und Belastung der Gesenke größer.

Beim Schmieden in Kurbelpressen nimmt die Standmenge mit zunehmender Stückmasse ebenfalls ab, aber weniger als beim Schmieden in Hämmern. Diese Abhängigkeit kann mit der größer werdenden Wärmebelastung des Gesenks bei größeren Stückmassen erklärt werden [4.7].

Die *Gestalt des Schmiedestücks* beeinflußt die Gesenkschäden und Standmengen wegen ihrer Auswirkung auf die Beanspruchungen der Gesenke. Während sich der Feingliedrigkeitsfaktor $S = V_s / V_H^3$ nicht zur Beschreibung des Gestalteinflusses eignet, da die Standmenge kaum von ihm abhängt, besteht zwischen der bezogenen Gravurtiefe

$$h_{w\,max} / \sqrt{l_w \cdot b_w} \qquad (h_{w\,max} = \text{größte Tiefe der Gravur,}$$
$$l_w,\ b_w = \text{größte Länge bzw. Breite der Gravur)}$$

und der Standmenge ein deutlicher Zusammenhang (Bild 4.14). Die Abnahme der mittleren Standmenge mit der bezogenen Gravurtiefe läßt sich u. a. dadurch erklären, daß die Spannungen im Gravurgrundradius mit zunehmender Gravurtiefe größer werden.

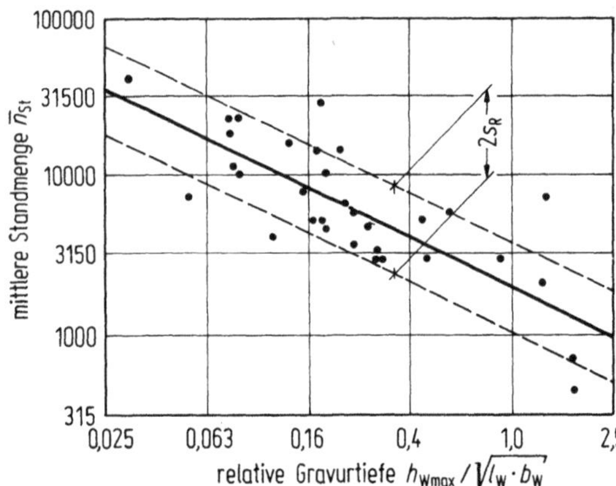

Bild 4.14. Relative maximale Gravurtiefe und mittlere Standmenge nach [4.3] (Hammergesenke; Schmiedestückmassen von 0,63 bis 4 kg)

Bei Blockmassen < 200 kg sollte das Wolfram-Äquivalent [4] Werte von 7 bis 9 nicht überschreiten, da dann die Zähigkeit nicht mehr ausreicht. Bei Blockmassen > 200 kg entsteht beim Härten höher legierter Stähle leicht Zwischenstufengefüge

---

[3] Siehe DIN 7526 u. Abschn. 8.2.1.
[4] Die Gewichtsanteile von W und Mo lassen sich im Hinblick auf ihre verschleißhemmende Wirkung im Verhältnis 2 : 1 austauschen (vgl. Gl. 4.3).

anstelle von Martensit, das im angelassenen Zustand keine ausreichende Zähigkeit besitzt. Aus diesem Grunde sollten große Blöcke weniger Legierungselemente enthalten (Wolfram-Äquivalent 2 bis 4).

Zunehmende *Abrundungsradien* führen zu größeren Standmengen [4.6]: kleine konvexe Radien verschleißen rasch und werden verformt, kleine konkave Radien haben leicht Kerbrisse zur Folge (Bild 4.7).

Geringe *Gesenkschrägen* können „Kleber" verursachen — besonders wenn keine Auswerfer vorhanden sind — und dadurch zu einer erhöhten Wärmebelastung der Gesenke führen.

Verfahrensabhängige Einflußgrößen

Im allgemeinen wird die Standmenge verbessert, wenn die Stücke gleichmäßig auf Schmiedetemperatur erwärmt sind. Abnehmende *Schmiedetemperaturen* erhöhen wegen dadurch bedingter steigender Drücke die Gefahr von Rissen und plastischer Verformung. Es ist jedoch zu berücksichtigen, daß mit sinkender Umformtemperatur sowohl die Temperaturspitzen als auch die mittlere Gesenktemperatur kleiner werden.

Nach Betriebserfahrungen ist der Verschleiß um so geringer, je besser die Entzunderung der Ausgangs- und Zwischenformen. In diesem Zusammenhang ist auch die Art der Erwärmungs-Anlagen (gas-, ölbeheizt, induktiv) von Bedeutung, sofern sie unterschiedliche Zundermengen hervorrufen.

Schmiedeverfahren mit langer *Berührdauer* — z. B. das Warmfließpressen — führen zu hohen Werkzeugtemperaturen. Dementsprechend sind Verschleiß und Schäden durch Verformung groß. Die Standmengen liegen daher beim Warmfließpressen nur im Bereich von 2000 bis 6000 Stück.

Mit besserer *Zwischenformung* nimmt die Standmenge zu. Vor allem der Verschleiß in der Endgravur wird verringert, da hier die Formänderungen und damit die Gleitwege kleiner werden. Besseres Zwischenformen ist eine der Ursachen für die größeren Standmengen, die in der Regel beim Schmieden in Kurbelpressen gegenüber Hämmern erzielt werden (für Kurbelpressen ist meist eine Zwischengravur zum Querschnittsvorbilden nötig, auf die man beim Schmieden im Hammer oft verzichten kann).

Kleber, d. h. in der Gravur hängenbleibende Schmiedestücke, erwärmen das Gesenk über die normale Betriebstemperatur und setzen seine Festigkeit herab. Sie entstehen besonders bei tiefen Gravuren, geringen Gesenkschrägen, fehlerhafter Herstellung der Gravur (z. B. durch Elektrodenverschleiß beim Erodieren) und Verformungen der Gravur vor allem an den Kanten. Als Gegenmaßnahme kommen in Frage: große Schrägen — soweit möglich, Auswerfer, Treibmittel im Schmierstoff.

Kühlung: hochlegierte Gesenkstähle müssen wegen ihrer schlechten Wärmeleitfähigkeit bei kurzen Stückfolgezeiten gekühlt werden, um die mittlere Gesenktemperatur und die Temperaturspitzen niedrig zu halten. Dabei ist auf die Gefahr von Wärmewechselrissen zu achten. In Mehrstufenpressen werden die Gesenke ständig mit Wasser gekühlt (Kühlwassermenge bis zu 300 l/min).

Der Einfluß des *Schmierstoffs* auf die Standmenge kann nicht eindeutig beschrieben werden. Schmierung kann wegen des stärkeren Gleitens, das durch den Schmierstoff bewirkt wird, den Verschleiß vergrößern. Besonders bei einfachen

Gravuren werden deshalb durch Anwenden von Schmierstoffen keine größeren
Standmengen erzielt. In komplizierten Gravuren hemmen die Schmierstoffe die
Kleberbildung, erleichtern das Lösen aus der Gravur und tragen durch diese Effek-
te zur Verbesserung der Standmengen bei.

Die *Behandlung einer Gravur im Schmiedebetrieb* hat einen großen Einfluß auf
die Standmengen. So wird bei überwachten Versuchen häufig eine 1,5- bis 2mal so
große Standmenge erreicht wie im normalen Betrieb. Ungleichmäßigkeiten beim
Schmieden (wechselnde Taktzeiten, zeitweise Mehrproduktion der Schmiedemannschaft, nicht ausreichende Schmiedetemperaturen, unnötig harte Schläge) senken die Standmenge. Bei ununterbrochenem Arbeiten mit „Springern" liegen die
Standmengen höher. Die negativen Auswirkungen der Arbeitsweise lassen sich
durch eine vom Ofen bestimmte Taktvorgabe zum Teil vermeiden. Rechtzeitige
Nacharbeit der Gravur — etwa bei $\frac{1}{3}$ bis $\frac{1}{2}$ der zu erwartenden Standmenge erhöht
die Standmenge (Bild 4.15 a). Auch mit der Anzahl der Nacharbeitsgänge nimmt

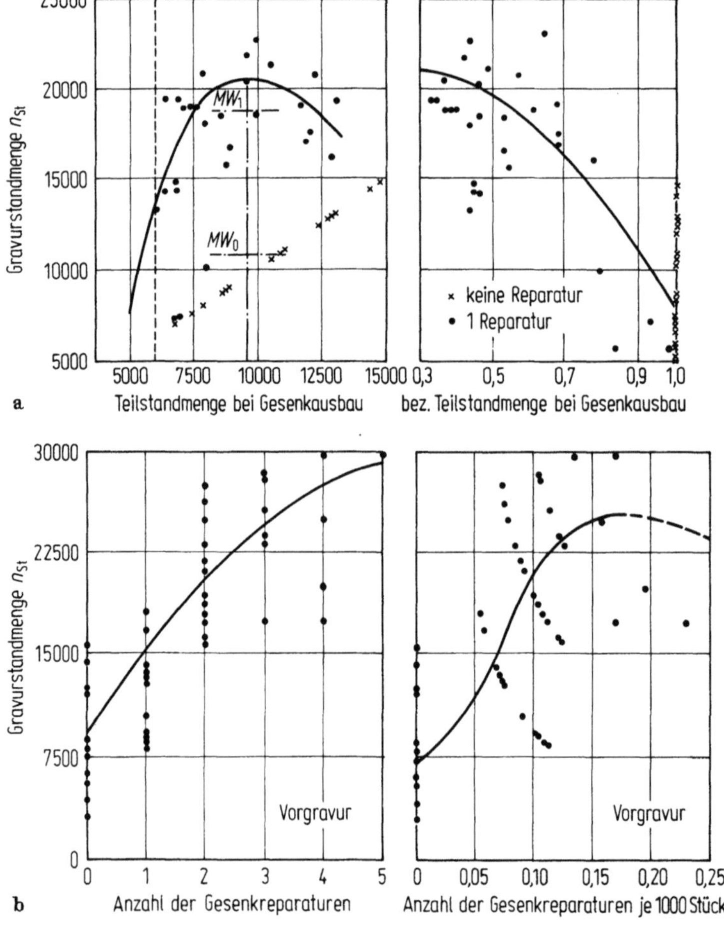

Bild 4.15. Reparaturzeitpunkt (a), Reparaturhäufigkeit (b) und Gravurstandmenge nach [4.3]
(Beispiel-Achsschenkel). MW_0 = Mittelwert der Standmenge ohne Gesenkreparatur, MW_1 =
Mittelwert der Standmenge bei 1 Gesenkreparatur

die Standmenge zu (Bild 4.15 b). Zu häufiges Nacharbeiten kann jedoch das Erreichen der Toleranzgrenze beschleunigen.

Maschinenabhängige Einflußgrößen

Die *Maschinenart* wirkt sich über die Berührdauer auf die Temperatur der Gesenke aus. In diesem Zusammenhang ist die Anzahl der Schläge je Gravur zu berücksichtigen. Weiter ist der mehr oder weniger stoßartige Charakter der Belastung wesentlich für das Verhalten von Gesenken in Hämmern und Pressen. Ein Vergleich von Gesenk-Standmengen verschiedener Maschinenarten ist allerdings prinzipiell schwierig, weil wegen der unterschiedlichen Beanspruchung meist verschiedene Gesenkwerkstoffe in Hämmern und Pressen verwendet werden.

Mechanisierung führt zu gleichmäßigeren Arbeitsbedingungen, die die Standmengen günstig beeinflussen. Hämmer mit Programmsteuerung sollen eine um 50% größere Standmenge haben.

Auswerfer verbessern im allgemeinen die Standmenge, mechanische Auswerfer an Kurbelpressen wegen ihrer schnelleren Wirkung u. U. mehr als hydraulisch betätigte (Bild 4.13).

Stückfolgezeit: bei kurzen Stückfolgezeiten nehmen die Standmengen wegen der höheren Gesenk-Dauertemperaturen ab.

Werkzeugabhängige Einflußgrößen

Zusammensetzung des Gesenkwerkstoffs: Ein Legierungs-Kennwert faßt — unter Zugrundelegung theoretisch oder versuchstechnisch gefundener Gesetzmäßigkeiten — die Legierungselemente eines Gesenkwerkstoffs im Hinblick auf ihre verschleißhemmende Wirkung in einer Zahl zusammen, z. B.:

$$\text{Legierungskennwert} = 0.5\,Cr + 1\,W + 2\,Mo + 6\,V \qquad (4.3)$$

(Cr, W, Mo, V = Massen-Anteile der Legierungselemente).

Der Verschleiß nimmt mit größer werdendem Legierungskennwert ab (Bild 4.16). Bei Hammergesenken werden die Standmengen bei großen Legierungskennwerten jedoch wieder geringer, da die Gesenke dann zur Rißbildung neigen.

Das *Gefüge* von Gesenkwerkstoffen besteht meist aus 2 Bestandteilen: dem Grundwerkstoff mit ausreichender Festigkeit und harten Einlagerungen (Cr-, Mo-,

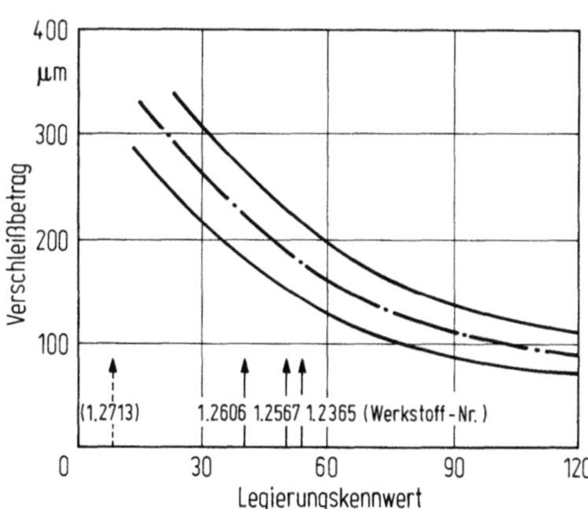

Bild 4.16. Einfluß der Zusammensetzung von Gesenkstählen auf den Verschleiß nach [4.8] (Leg.-Kennwert = 2[Cr] + 5[W] + 10[Mo] + 40[V], [ ] = Massenprozent)

V- und W-Karbide), die die Verschleißbeständigkeit erhöhen. Wichtig ist nicht nur die Menge, sondern auch die Form und Größe der Karbide (bei großen Karbiden nimmt die Bruchgefahr zu). Besonders bei hoher mechanischer Beanspruchung ist ein feines Korn im Hinblick auf die Kerbschlagzähigkeit nötig. Die Festigkeit ist mit Rücksicht auf eine hohe Kerbschlagzähigkeit in solchen Fällen geringer zu wählen.

Makro- und Mikroseigerungen bilden zusammen mit gestreckten Einschlüssen eine Faserstruktur mit verringerter Zähigkeit quer zur Faserrichtung. Derartige Stähle sind rißempfindlicher als homogene Werkstoffe. Seigerungsarme Stähle (z. B. ESU-Stähle) sollen daher größere Standmengen ergeben [4.9].

Wärmebehandlung: Ein zweifaches Anlassen beeinflußt die Standmenge günstig, wenn nach dem ersten Abschrecken noch Restaustenit vorhanden ist, der durch eine zweite Wärmebehandlung umgewandelt wird. Zweifaches Anlassen ist jedoch nur sinnvoll bei Stählen, die zur Bildung von Restaustenit neigen (z. B. Stahl 2365). Diese Eigenschaft ist abhängig von den Legierungselementen und den Härtebedingungen. Stähle, die keinen Restaustenit bilden (z. B. 2713 und 2714) brauchen nicht zweimal angelassen zu werden, vorausgesetzt, daß die Anlaßzeit ausreicht.

Härte: Der Verschleiß nimmt mit zunehmender Härte ab, solange die Betriebstemperatur des Gesenks unter der Anlaßtemperatur bleibt (Bild 4.17 a) [4.5]. Wenn das Gesenk jedoch einer kombinierten Beanspruchung ausgesetzt ist, kann sich ein kleinerer Härtewert als optimal erweisen (Bild 4.17 b).

Oberflächengüte und -beschaffenheit: Die Rauheit der Gravur-Oberfläche (gefräst, geschliffen, poliert) hat im Rauhheitsbereich von 0,1 bis 50 µm keinen Einfluß auf das Verschleißverhalten — es sei denn mittelbar dadurch, daß sich die ersten Schmiedestücke aus einer glatten Gravur leichter lösen und dadurch deren Wärmebelastung geringer halten — da nach dem Schmieden einiger Stücke die zunächst vorhandene Oberfläche verändert ist. Sofern eine reine Verschleißbeanspruchung und flache Gravuren vorliegen, ist eine Behandlung der Oberfläche z. B. durch Hartverchromen, Nitrieren oder Borieren günstig.

Auflage der Werkzeuge: Gesenke müssen stets voll aufliegen, da sonst die Gefahr von Gesenkbrüchen besteht; die Befestigungen dürfen sich nicht lockern.

Einbautemperatur: Gesenke sollen vor Schmiedebeginn in Wärmgruben oder Öfen gleichmäßig — d. h. genügend lange — durchgewärmt werden, damit sie von Anfang an im Bereich der größten Zähigkeit arbeiten. (Das Vorwärmen der Gesenke durch Auflegen von warmen Schmiedestücken oder Blöckchen ist unbedingt zu vermeiden, da die Oberflächenschichten hierbei über die Anlaßtemperatur erwärmt werden.) Hammergesenke erfordern höhere Zähigkeit und damit höhere Vorwärmtemperaturen als Pressengesenke mit vergleichbarer Härte. Beim Beginn des Schmiedens sollten die Gesenkblöcke in jedem Fall eine gleichmäßige Temperatur von etwa 200 °C haben (damit keine Wärmespannungen entstehen), auch wenn die Betriebstemperaturen später niedriger liegen.

Gesenktemperatur während des Schmiedens: Wichtig ist eine konstante mittlere Gesenktemperatur. Aus diesem Grunde sind die Werkzeuge auch in den Betriebspausen warmzuhalten, z. B. mit Gasbrennern, deren Flammen jedoch nicht auf die Gravur gerichtet sein dürfen oder elektrisch beheizten Warmhaltevorrichtungen.

Unterbrechungen des Schmiedens mit ein- oder mehrmaligem Abstellen der Gesenke können die Standmenge um 20 bis 30% gegenüber dem ununterbrochenen Ab-

schmieden verringern wegen der beim Abkühlen und Wiederanwärmen entstehenden Wärmespannungen. Abhilfe ist möglich durch Entspannen der Gesenke nach
dem Ausbau (24 bis 48 h bei 300 °C).

Das *Herstellverfahren* hat bei einwandfreier Fertigung eine untergeordnete Bedeutung für die Standmenge. Gegossene Gesenke sind homogen und isotrop; Risse
dringen daher nicht so tief in den Werkstoff ein wie in Gesenken aus geschmiedeten
Blöcken. Gegossene Gesenke enthalten darüber hinaus Primärkarbide, die beim

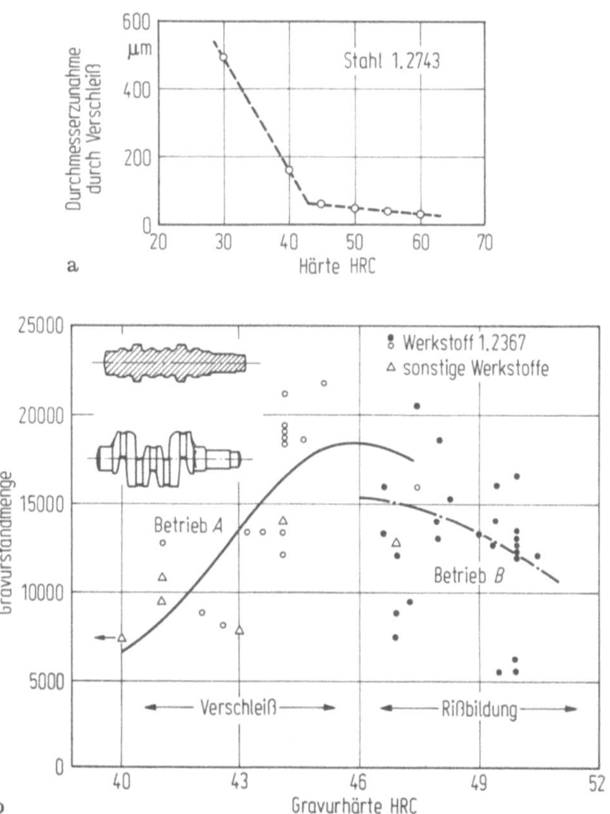

Bild 4.17. Einfluß der Härte auf Verschleiß und Standmenge
a) Verschleißbetrag in Abhängigkeit von der Härte nach [4.10]; b) Einfluß der Gravurhärte
auf die Standmenge gleichartiger Kurbelwellengravuren nach [4.3] (Schmieden in Kurbelpressen)

Wärmebehandeln nicht in Lösung gehen, so daß auch die Verschleißbeständigkeit
etwas besser ist, wenn auch die Zähigkeit geringer bleibt. Allgemein werden jedoch
keine oder nur geringfügig höhere Standmengen festgestellt als bei Gravuren in geschmiedeten Blöcken. Zwischen gefrästen und funkenerodierten Gesenken wurde
kein Unterschied im Verschleißverhalten beobachtet [4.11]. Die gefräste Gravur
läßt u. U. das Werkstück besser los, weil bei ungünstiger Elektrodengestaltung
Unterschnitte infolge Elektrodenverschleiß entstehen können, die zu Klebern führen. Dies ist aber eine Frage der Elektrodengestaltung.

Nachsetzen: An nachgesetzten Gravuren werden oft geringere Standmengen festgestellt, wahrscheinlich weil die Gravuren in den Bereich der kleiner werdenden Kernhärte gelangen.

4.3.4 Wege zum Erhöhen der Standmengen

Größere Standmengen sind sowohl durch geringere Gesenkbeanspruchungen als auch durch erhöhte Widerstandsfähigkeit des Gesenkwerkstoffs zu erreichen. Wenn man vor der Aufgabe steht, die Standmenge eines Gesenks zu verbessern, sollte man in folgenden Schritten vorgehen:

1. Feststellen der Erliegensursache: Werden die Gesenke durch Verschleiß, mechanische Rißbildung, Wärmewechselrisse oder Brüche unbrauchbar?
2. Überprüfen der Herstellgenauigkeit der Gesenke, damit der Toleranzbereich voll ausgenutzt werden kann.
3. Feststellen der Beanspruchung: Die Art des Erliegens läßt Rückschlüsse auf die Beanspruchung zu. Messungen von Kräften und Temperaturen können weitere Hinweise geben.
4. Überprüfen des Schmiedeverfahrens im Hinblick auf geringere Beanspruchung der Werkzeuge. Hierbei sind z. B. folgende Fragen zu beantworten:
   a) Ist die Einsatzmasse optimal?
   b) Sind die Gratspaltabmessungen günstig?
   c) Liegen die Gesenke voll auf?
   d) Werden die Gesenke genügend gekühlt?
   e) Treten häufig Kleber auf?
   f) Ist der Schmiedeablauf gleichmäßig?
5. Anpassen des Gesenkwerkstoffs an den vorliegenden Belastungsfall.

Jede Schadensart erfordert andere Gegenmaßnahmen, die zum Teil einander widersprechen. Wenn mehrere Schadensarten an einem Gesenk auftreten, muß im allgemeinen ein Kompromiß zwischen entgegengesetzten Forderungen geschlossen werden. So verlangt z. B. die Verschleißbeständigkeit eine große Härte, die Beständigkeit gegen mechanische Ermüdung größtmögliche Kerbschlagzähigkeit. Weiter ist zu prüfen, ob die Standmenge der Losgröße angepaßt ist. Wenn enge Toleranzen gefordert werden, kann es auch bei geringen Losgrößen notwendig sein, alle Möglichkeiten zu nutzen, um Gesenkschäden klein zu halten. Entscheidend ist in jedem Fall nicht die maximale Standmenge, sondern der minimale Werkzeugkostenanteil: da Maßnahmen zum Erhöhen der Standmengen meist Mehrkosten verursachen, ist stets zu prüfen, ob diese sich bezahlt machen.

4.4 Gesenkstähle

Die als Gesenkwerkstoffe verwendeten Warmarbeitsstähle [4.12, 4.13] sind für Gesenkdauertemperaturen über 200 °C vorgesehen. Sie enthalten als Hauptlegierungskomponenten die Elemente Cr, Mo, W, V, Ni — in einigen Fällen auch Co — bei Kohlenstoffgehalten zwischen 0,3 bis 0,6%. Die wesentlichen Wirkungen der Legierungselemente sind in Tabelle 4.2 genannt.

Die drei wichtigsten Gruppen von Gesenkstählen sind NiCrMo-Stähle für Gesenke unter schlagartiger Beanspruchung (vor allem Vollgesenke), CrMoV-Stähle (Mo anstelle des früher verwendeten W), die sich durch hohe Warmrißbeständigkeit auszeichnen und WCrV-Stähle mit der höchsten Warmbeständigkeit (Anlaßbeständigkeit). Die Anlaßbeständigkeit nimmt in der angegebenen Reihenfolge zu, die Zähigkeit ab.

Tabelle 4.2. Wirkung der Legierungselemente auf die Eigenschaften von Warmarbeitsstählen (die eingetragenen Elemente beeinflussen die Eigenschaften positiv)

	Nicht karbidbildende Elemente	Karbidbildende Elemente
Durchhärtbarkeit	Mn	
Warmhärte bzw. Warmfestigkeit	Co	W, Mo, V
Warmverschleißwiderstand		Cr, W, Mo, V
Anlaßbeständigkeit	Co	Cr, W, Mo, V
Zähigkeit	Ni	
Temperaturwechselbeständigkeit		
Maßbeständigkeit		

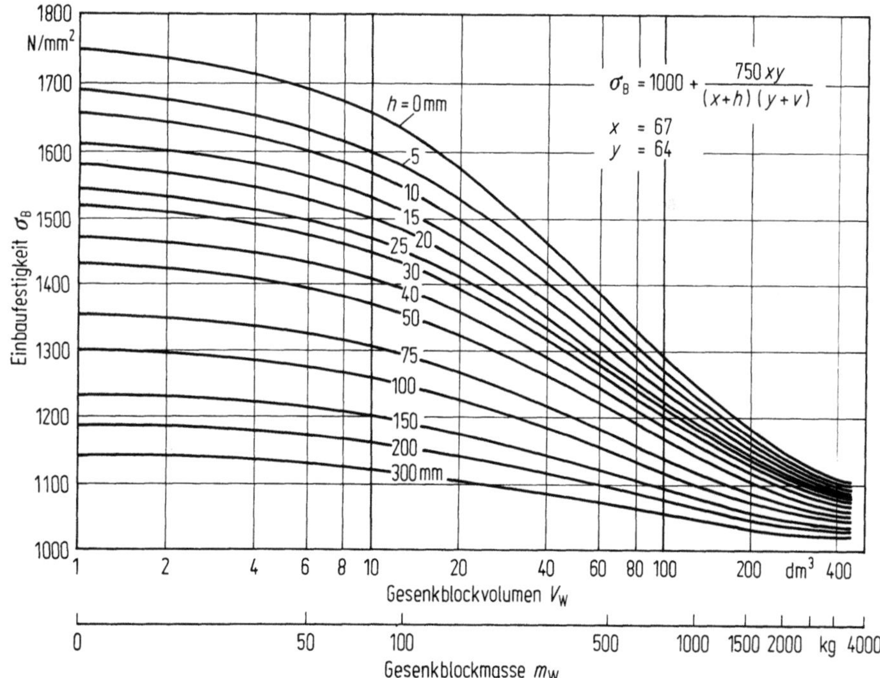

Bild 4.18. Schaubild zur Bestimmung der Einbaufestigkeit von Hammergesenken nach [4.18] σ_B = Einbaufestigkeit, V_W = Gesenkblockvolumen, m_W = Gesenkblockmasse, h = Gravurtiefe

Tabelle 4.3. Chemische Zusammensetzung, Temperaturen für die Wärmebehandlung sowie Härte im weichgeglühten Zustand gebräuchlicher Warmarbeitsstähle nach [4.14]

Stahlsorte		Chemische Zusammensetzung (Anhaltsangaben)								Temperatur für das Weichglühen	Härte nach dem Weichglühen HB	Härten	
Kurzname	Werkstoff-Nr.	% C	% Si	% Mn	% Cr	% Mo	% Ni	% V	% W	°C	<	von °C	in
55 NiCrMoV 6	1.2713	0,55	0,3	0,6	0,7	0,3	1,7	0,1	–	650 bis 700	240	830 bis 870	Öl
56 NiCrMoV 7	1.2714	0,55	0,3	0,7	1,0	0,5	1,7	0,1	–	650 bis 700	250	860 bis 900 830 bis 870	Luft Öl
X 38 CrMoV 5 1	1.2343	0,38	1,0	0,4	5,3	1,1	–	0,4	–	750 bis 800	240	1000 bis 1040	Luft, Öl, Warmbad von 500 bis 550 °C
X 40 CrMoV 5 1	1.2344	0,40	1,0	0,4	5,3	1,4	–	1,0	–	750 bis 800	240	1020 bis 1060	Luft, Öl, Warmbad von 500 bis 550 °C
X 32 CrMoV 3 3	1.2365	0,32	0,3	0,3	3,0	2,8	–	0,5	–	750 bis 800	230	1020 bis 1060	Öl, Warmbad von 500 bis 550 °C
X 30 WCrV 5 3	1.2567	0,30	0,2	0,3	2,4	–	–	0,6	4,3	750 bis 800	240	1060 bis 1100	Öl, Warmbad von 500 bis 550 °C

Tabelle 4.4. Anwendung der Stähle nach Tabelle 4.3 nach [4.14]

Stahlsorte		Verwendungszweck für		Allgemeine Kennzeichnung der Stähle	Wasserkühlbarkeit der Stähle im Einsatz
Kurzname	Werkstoff-Nr.	Werkzeuge der Stahlumformung	Werkzeuge der Nichteisenmetallverarbeitung		
55 NiCrMoV 6	1.2713	Hammergesenke für mittlere und kleinere Abmessungen		Mittlerer Widerstand gegen Warmverschleiß; beste Zähigkeit	ja
56 NiCrMoV 7	1.2714	Hammergesenke bis zu größten Abmessungen, besonders auch bei schwierigen Gravuren; Gesenkeinsätze	Gesenke bis zu größten Abmessungen	Mittlerer Widerstand gegen Warmverschleiß; beste Zähigkeit	ja
X 38 CrMoV 5 1	1.2343	Gesenke und Gesenkeinsätze für Hämmer u. Pressen bei hoher Wärmebeanspruchung; Werkzg. für Waag.-Stauch-Masch.	Gesenke u. Gesenkeinsätze	Guter Widerstand gegen Warmverschleiß, sehr gute Zähigkeit auch bei größeren Querschnitten	ja
X 40 CrMoV 5 1	1.2344	Wie Stahl 1.2343	Wie 1.2343	Wie Stahl 1.2343, jedoch mit erhöhtem Warmverschleißwiderstand	ja
X 32 CrMoV 3 3	1.2365	Gesenkeinsätze, Werkzeuge für die Schrauben- und Nietenfertigung, Werkzeuge für Waag.-Stauch.-Maschinen, wegen der besseren Zähigkeit wesentlich häufiger eingesetzt als Stahl 1.2567	Gesenke, Gesenkeinsätze, Dorne, Stempel	Sehr guter Widerstand gegen Warmverschleiß; gute Zähigkeit bei nicht zu großen Querschnitten	ja
X 30 WCrV 5 3	1.2567	Wie Stahl 1.2365; hochwärmebeanspruchte Werkzeuge	Wie Stahl 1.2365	Sehr guter Widerstand gegen Warmverschleiß; jedoch geringere Zähigkeit, besonders bei großen Querschnitten	nein

Man versucht, aus Wirtschaftlichkeitsgründen mit möglichst wenigen Stahlarten auszukommen, da sich gezeigt hat, daß geringfügige Legierungsunterschiede das Standmengenverhalten kaum beeinflussen. So nennt die neueste Ausgabe des Stahl-Eisen-Werkstoffblattes 250-70 [4.14] nur noch 6 Werkstoffe gegenüber 17 in der vorangegangenen Ausgabe (Tab. 4.3). Außer den dort erwähnten Stählen wird noch der Werkstoff 1.2606 (X 40 CrMoW 51) häufig verwendet; der Stahl 1.2365 (X 32 CrMoV 33) wurde inzwischen weiterentwickelt zum Stahl 1.2367 (X 40 CrMoV 53), der eine sehr gute Verschleißbeständigkeit besitzt.

Die Auswahl des Werkstoffs und der Einbaufestigkeit wird vor allem von folgenden Gesichtspunkten bestimmt [4.15, 4.16]:

Art der Maschine (Hämmer mit stoßartiger Beanspruchung der Gesenke — Pressen mit hoher thermischer Beanspruchung;
daher größere Festigkeit bei Pressengesenken: $\sigma_B = 1400$ bis $1800\,\text{N}/\text{mm}^2$. Hammergesenke: $\sigma_B = 1150$ bis $1450\,\text{N}/\text{mm}^2$).
Gestalt (Tiefe und Kompliziertheit) sowie Größe der Gravur: tiefe Gravuren und große Gesenkblöcke erfordern zähe, durchhärtende Stähle. Die Gesenkblockfestigkeit muß mit zunehmender Blockgröße und Gravurtiefe kleiner gewählt werden. Richtwerte für Hammergesenke sind in Bild 4.18 aufgrund systematischer Beobachtungen in Gesenkschmiedebetrieben dargestellt.
Schmiedestückwerkstoff (z. B. Stahl oder Al-Legierung);
Schmiedetemperatur;

Tabelle 4.5. Werkstoffe für Abgratwerkzeuge

Verwendung			Werkstoff Kurzname	Werkstoff-Nr.
Warmabgraten	ungepanzert		C 67 W 3	1.1744
			60 MnSi 4	1.2826
			45 WCrV 77	1.2547
			55 NiCrMoV 6	1.2713
			56 NiCrMoV 7	1.2714
	gepanzert	Grundwerkstoff	C 45	1.0503
			C 45 W 3	1.1730
		Auftragswerkstoff	X 30 CrWV 53	1.2567
			X 30 WCrCoV 93	1.2662
			X 110 CoCrW 63 27	1.8877
Kaltabgraten	ungepanzert		C 70 W 2	1.1620
			C 85 W 2	1.1630
			105 WCr 6	1.2419
			X 210 CrW 12	1.2436
	gepanzert	Grundwerkstoff	C 45	1.0503
		Auftragswerkstoff	X 35 CrMo 17	1.4122
			X 30 WCrV 93	1.2581
			S 2-9-1	1.3346

Auftragsgröße (bei kleinen, nicht wiederkehrenden Aufträgen wird zweckmäßig ein vergüteter Gesenkblock im unteren Festigkeitsbereich gewählt);
Toleranzen des Schmiedestückes;
Herstellmöglichkeiten (Bearbeiten im vergüteten Zustand möglich oder nicht);
Kosten des Gesenkwerkstoffs im Verhältnis zur erreichbaren Standmenge.

In Tabelle 4.4 sind Anwendungsfälle für übliche Gesenkstähle angegeben.

Warmarbeitsstähle werden in Elektroöfen erschmolzen und durch Schmieden oder Walzen zu Stäben, Scheiben und Blöcken umgeformt. Durch Umschmelzen — Elektroschlacke-Umschmelzen (ESU-Verfahren), Umschmelzen im Vakuum-Lichtbogen-Ofen eines im Elektroofen erschmolzenen Blocks erreicht man einen seigerungs- und einschlußarmen sowie lunkerfreien Block mit homogenen Eigenschaften, der sich besonders für Gesenke mit hohen Anforderungen an die Zähigkeit (bei Gefahr von Dauerbrüchen) eignet.

In der Regel werden Gesenkstähle im weichgeglühten Zustand geliefert. Vergütete Blöcke haben mit Rücksicht auf die spanende Bearbeitung Zugfestigkeiten $< 1400 \, \mathrm{N/mm^2}$.

Für Werkzeuge zum Warmabgraten verwendet man vorzugsweise legierte Stähle, die meist durch Auftragschweißen auf einen Grundwerkstoff mit etwa 0,45% C aufgetragen werden. Auch Schnittplatten zum Kaltabgraten werden durch Auftragschweißen gepanzert, wenn dies von der Stückzahl her zweckmäßig ist ([4.17], Tab. 4.5).

4.5 Gestaltung der Schmiedegesenke

4.5.1 Äußere Form

Die äußere Form der Gesenke wird durch die Blockabmessungen, die Spannflächen (Befestigungsschwalben, Gesenkfüße), die Bezugsflächen für die richtige Lage der Gravur sowie gegebenenfalls durch Gesenkführungen bestimmt.

Die *Blockabmessungen* richten sich nach der einzuarbeitenden Gravur. In Abhängigkeit von der Gravurtiefe h_W müssen bestimmte Mindestwanddicken a eingehalten werden. Diese sind aus Tabelle 4.6 zu ersehen, die auch Werte für den Abstand zweier Gravuren in Mehrstufengesenken enthält. Hierbei ist jeweils das Maß h_W der flacheren Gravur zugrunde zu legen. Werden in Gesenke Ausnehmungen zum Halten des Zangenendes oder zur Minderung des Werkstoffverlustes beim Schmieden von der Stange eingearbeitet (Bild 4.2), so sollte die Wanddicke an diesen Stellen etwa das 0,7fache der Werte von Spalte A betragen. Beim gleichzeitigen Schmieden mehrerer gleicher Teile in Mehrfachgesenken sollte der Abstand zwischen den einzelnen Gravuren entsprechend dem 0,6fachen Betrag der gleichen Werte gewählt werden.

Die Wahl ausreichender Mindestwanddicken (Bild 4.19) allein führt noch nicht zu zweckmäßigen Gesenkblockabmessungen. Es müssen vielmehr ausreichende Stoßflächen (gegebenenfalls auch zusätzliche Flächen für Führungen) vorhanden

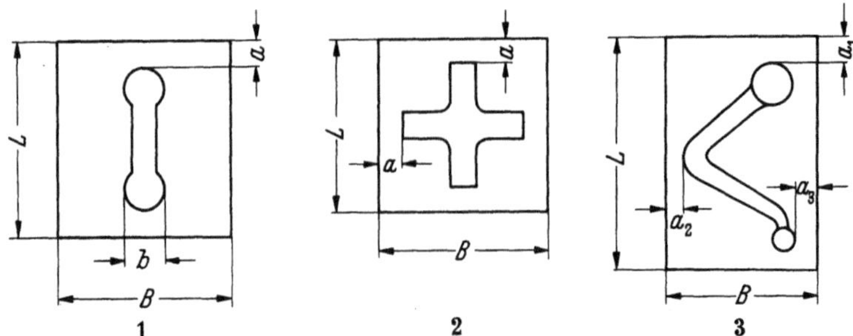

Bild 4.19. Mindestwanddicke *a*, Breite *B* und Länge *L* von Gesenkblöcken bei verschiedenen Schmiedestückformen
1) Schmiedestück mit ausgeprägter Längsachse; Maß *a* bestimmend für *L*; $B \approx 3$ bis 3,5 *b*; 2) kreuzförmiges Schmiedestück; *a* bestimmend für $L = B$; 3) gebogener Hebel mit wechselnder Gravurtiefe *h*; *B* und *L* abhängig von verschiedenen Maßen a_1, a_2, a_3

sein. Der Erfahrungswert für Hammergesenke [4.20], eine Aufschlagfläche

$$A_w = (2,5 \text{ bis } 3,0) \cdot 10^4 \, \frac{m_B}{1000 \, [\text{kg}]} \, [\text{mm}^2] \tag{4.4}$$

m_B Bärmasse einschließlich Obergesenk in kg

vorzusehen, führt auch bei harten Prellschlägen (Bärverzögerung > 1000 g) zu Druckspannungen, die bei vorschriftsmäßig gehärteten Gesenkwerkstoffen unter der Streckgrenze liegen. Werden die Aufschlagflächen zu klein gewählt, kommt es zu bleibenden Verformungen, die sich unmittelbar auf die Maßgenauigkeit der Schmiedestücke auswirken (Dicke nimmt ab). Bei Gesenkschmiedestücken mit ausgeprägter Längsachse erhält man nach Bild 4.19 auch ausreichende Stoßflächen, wenn die Blockbreite etwa das 2,5- bis 3,5fache der Schmiedestückbreite beträgt (größere Werte für kleinere Schmiedestücke).

Außer der Gesenkblockbreite und -länge ist auch die Blockhöhe zu bestimmen. Diese wird wiederum in Abhängigkeit von der größten Gravurtiefe nach Tab. 4.6, Spalte c, gewählt. Hierin sind Mindestwerte angegeben; sollen die Blöcke zwecks besserer Ausnutzung mehrmals nachgesetzt [5] werden, muß die Anfangshöhe entsprechend vergrößert werden. Je Nachsetzen muß der Block um 10 bis 25 mm, gegebenenfalls auch mehr, abgehobelt werden, damit einwandfreier Werkstoff an die Gravuroberfläche kommt.

Gesenkblöcke werden bis zu viermal nachgesetzt. Während die in Tabelle 4.6 angegebenen Werte für die Mindestwanddicken durch Spannungs- und Verformungsrechnungen [4.2] bestätigt werden, können die Blockhöhen wahrscheinlich geringer gewählt werden. Bisher liegen jedoch nur Einzelergebnisse vor, die einer Ergänzung bedürfen.

Die so ermittelten Abmessungen müssen anschließend an die in Werksnormen festgelegten Gesenkabmessungen angepaßt werden. Dabei ist zu berücksichtigen, daß die nach obigen Angaben ermittelten Abmessungen Mindestwerte darstellen. Es empfiehlt sich daher in der Regel eine Anpassung an größere Blöcke.

---

[5] Nachsetzen ist das völlige Neueinarbeiten einer Gravur nach Unbrauchbarwerden der vorhergehenden.

Tabelle 4.6. Mindestwanddicken und -blockhöhen von Schmiedegesenken für Hämmer nach [4.19, 4.20]

Gravurtiefe h_w mm	Mindestwanddicke a mm zwischen		Mindest-Gesenkblockhöhe H mm
	Gravur und Außenkante	Gravur und Gravur	
	a	b	c
6	12	10	100
10	20	16	100
16	32	25	125
25	40	32	160
40	56	40	200
63	80	56	250
100	110	80	315
125	130	100	355
160	160	110	400

Letztere sind wiederum mit den Anschlußmaßnahmen der Hämmer — Gesenkfugen und Gesenkfüße — abzustimmen. Bei scheibenförmigen Schmiedestücken werden vorteilhaft zylindrische Gesenkblöcke verwendet; hierdurch lassen sich beträchtliche Mengen teuren Werkzeugstahles einsparen.

Zur Sicherung der genauen Lage der Gravur zu den Anlageflächen beim Herstellen und zum Ausrichten beim Werkzeugeinbau, erhalten die Gesenkblöcke mindestens an zwei rechtwinklig zueinander stehenden Kanten Bezugsflächen. Je nach äußerer Beschaffenheit des Rohblocks werden diese möglichst mit einem Span 2 bis 5 mm tief entsprechend Bild 4.3 angearbeitet. Je nach Blockgröße genügt eine Breite von etwa 40 bis 80 mm. Die Spannflächen (Schwalben) laufen parallel zur Längsbezugsfläche. Über ihre Ausführung — mit oder ohne Neigung, Breite der Gesenkfüße usw. — werden in Abschnitt 4.7 Angaben gemacht.

In vielen Fällen werden Gesenke bzw. Gesenkeinsätze oder Gesenkhalter mit zusätzlichen Führungen versehen, die das genaue Aufeinandertreffen der beiden Hälften bewirken sollen. Sie vermögen diesen Zweck jedoch nur in Verbindung mit guten, kräftigen Maschinenführungen zu erfüllen; allein sind sie zu schwach, um die besonders bei außermittigem Schmieden auftretenden waagerechten Kraftkomponenten aufzunehmen.

Für Gesenke werden Bolzen-, Leisten-, Ecken- oder Rundführungen angewendet (Bild 4.20). Flachführungen (Leisten- und Eckenführungen) und Rundführungen werden in der Regel aus dem Block durch Hobeln, Fräsen oder Drehen unter erheblichem Zeitaufwand und Werkstoffverlust herausgearbeitet. Außerdem muß der Querschnitt entsprechend größer gewählt werden, wodurch wiederum zusätzlich Werkstoff benötigt wird. Für Leisten- und Eckenführungen kann der Platzbedarf aus Tabelle 4.7 entnommen werden [6]; diese Werte gelten sinngemäß auch für die geringsten Breiten von Rundführungen. Gegebenenfalls lassen sich auch die

---

[6] Die Gesenkblöcke vergrößern sich nicht ganz um diese Maße, da immer noch eine ausreichende Mindestwanddicke a vorhanden ist, selbst wenn die Fläche innerhalb der Führungen weitgehend für die Gravur ausgenutzt wird.

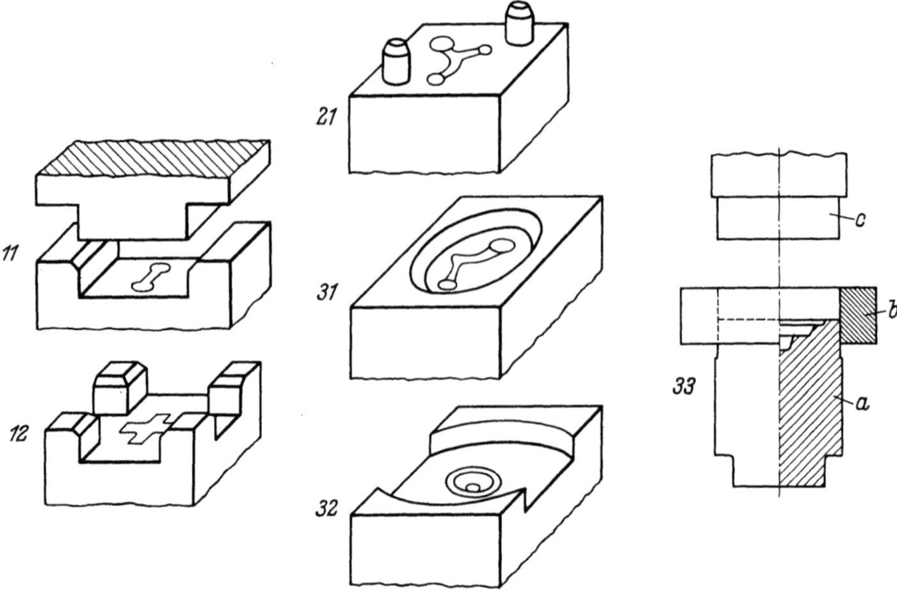

Bild 4.20. Führungen für Gesenke und Gesenkhalter
Flachführungen: *11* Leistenführung, *12* Eckenführung; Bolzenführung: *21;* Rundführungen:
31 geschlossene Form, *32* offene Form, *33* geschrumpfte Rundführung (*a* Untergesenk, *b* auf-
geschrumpfter Führungsring, *c* Obergesenk mit Führungsfläche)

Tabelle 4.7. Abmessungen von Leistenführungen
an Gesenken nach [4.20]

Länge der Führungsleisten mm	Breite mm	Höhe mm
bis 200	30	20
über 200 ... 300	40	25
über 300 ... 450	50 ... 60	30

Führungsleisten breiter ausbilden und zur Aufnahme von Gravuren der Zwischenformung verwenden (Bild 4.21). Der Block ist dann nicht größer als bei ebener Teilung ohne Leistenführung. An zylindrischen Gesenkblöcken lassen sich geschlossene Rundführungen in wirtschaftlicher Weise auch durch Aufschrumpfen eines Ringes herstellen (Bild 4.20). Der Außendurchmesser des Führungsringes soll möglichst das 1,6fache des Innendurchmessers betragen. Bei einer Passung H8-u7 ergibt
sich damit eine Fugenpressung von 50 bis 70 N/mm² [7]. Wird das Durchmesserverhältnis wesentlich kleiner, verringert sich die Haftkraft entsprechend [8].

Bolzenführungen werden nach Tabelle 4.8 ausgeführt. Der Bolzendurchmesser
richtet sich nach der Gesenkbreite. Die Höhe h liegt zwischen 1 bis 1,5 d; sie soll so

---

[7] Hierbei Übermaß 1‰.
[8] Für genaue Berechnungen siehe DIN 7190.

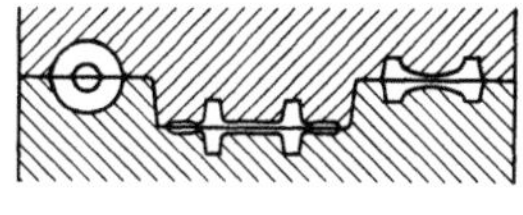

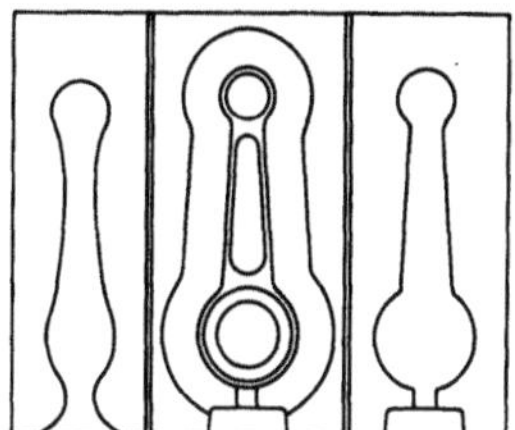

Bild 4.21. Gesenk für drei Arbeitsstufen mit Leistenführung ohne Werkstoffmehrbedarf

Tabelle 4.8. Führungsbolzen für Gesenke nach [4.20]

Gesenkbreite mm	Bolzendurchmesser d mm
bis 200	60
über 200 bis 300	70
über 300 bis 400	80
über 400 bis 500	90
über 500 bis 600	100
über 600 bis 800	120
über 800 bis 1000	140

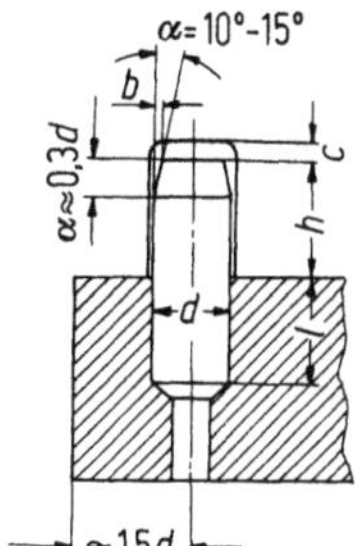

groß sein, daß die Führung bereits faßt, bevor das Obergesenk das Schmiedegut berührt. Diese Forderung gilt allgemein für alle Gesenkführungen. Die Einsatzlänge des Bolzens im Untergesenk soll 1,5 bis 2 d betragen [9], der freie Raum c im Obergesenk 0,15 d. Das Maß b gibt an, um welchen Betrag das Oberwerkzeug seitlich versetzt auftreffen darf. Die Bohrungen für die Bolzen müssen in einem Arbeitsgang in die lagegenau miteinander verspannten Gesenkhälften eingearbeitet werden. Das Spiel zwischen Bolzen und Bohrung soll je nach Gesenkgröße 0,2 – 0,5 mm betragen. Leisten-, Ecken- und Rundführungen werden je nach Größe und Anforderungen an die Genauigkeit mit 0,25 bis 1 mm Spiel ausgeführt. Gute Führung wird mit zylindrischen Rundführungen bei engen Spielen erzielt. Besonders enge Führungen sind erforderlich beim Schmieden ohne Gratspalt (Führungsspiele [4.21]), damit kein Stirngrat entsteht. Kegelige Führungen sind unwirksam, weil eine Führung erst beim Aufschlagen der Stoßflächen erfolgt [10].

Alle Gesenkführungen lassen Lageverschiebungen der Werkzeuge schnell erkennen und berichtigen. Soweit möglich, sollte man jedoch wegen des Mehraufwandes an Fertigungszeit und Werkstoff darauf verzichten. Einwandfreie Maschinenführungen im Verein mit sorgfältiger Fertigungsüberwachung dürften in den meisten Fällen zu Gesenkschmiedestücken mit geringem Versatz führen.

---

[9] Einpressen mit Übermaß ≈ 1‰; bei Bolzen < ϕ 80 mm 2‰.
[10] Bei Pressengesenken werden auch Rundführungen mit Neigung 1 : 40 verwendet.

Gesenkeinsätze [11] ersparen teuren Gesenkstahl und erleichtern wegen ihres geringen Gewichtes die Handhabung beim Herstellen der Gravur; auch lassen sie sich auf hohe Festigkeit vergüten. Mit Hilfe von Gesenkeinsätzen lassen sich darüber hinaus Trennfugen an rißgefährdeten Hohlkehlen vorsehen.

Nach Bild 4.22 können die Gesenkeinsätze entweder mit der Oberkante des Halters [12] abschließen oder über diese hinausragen. Die Oberkante darf nicht überstehen, wenn im Halter selbst weitere Gravuren, z. B. für Zwischenformung (Biegen,

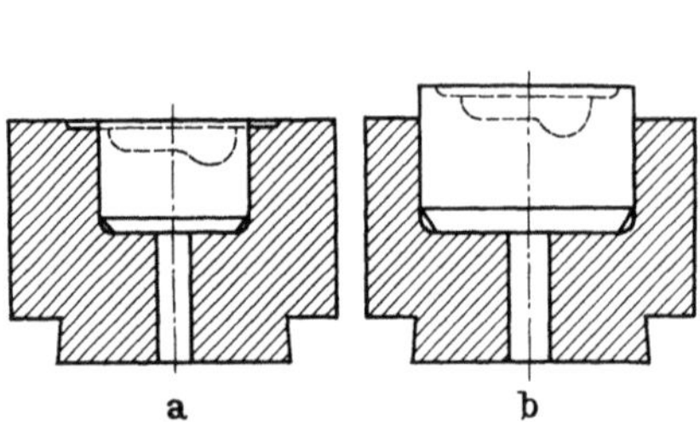

Bild 4.22. Gesenkeinsätze im Halter
a) Mit Oberkante des Halters abschließend;
b) überstehend

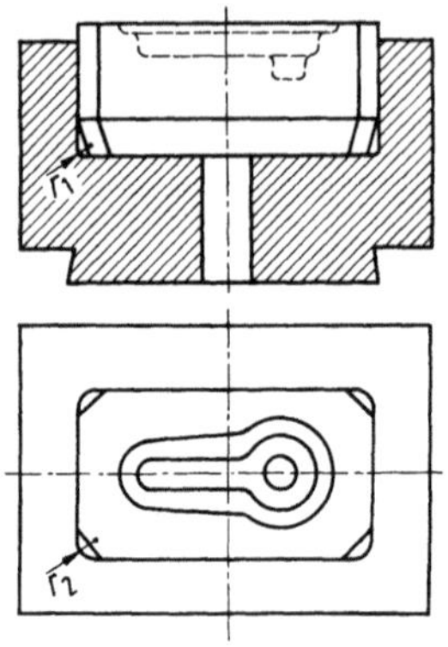

Bild 4.23. Rechteckige Gesenkeinsätze
r_1, r_2 Abrundungsradien der Innenkanten

Rollen), eingearbeitet sind oder wenn beim Schmieden viel Grat entsteht. In beiden Fällen liegen die Stoßflächen im Gesenkhalter; dieser nimmt auch einen Teil der Gratbahn auf. Der Einsatz selbst kann verhältnismäßig klein sein (Tab. 4.9). Nachteilig ist hierbei, daß seine Höhe jeweils genau an die Höhe des Gesenkhalters angepaßt werden muß. Da neue Gesenkeinsätze sich unter Einwirkung der Schmiedekräfte in größerem Maße setzen (bleibend zusammendrücken) als schon mehrfach benutzte Halter, werden unter Umständen die Dickentoleranzen des Schmiedestücks überschritten.

Bei überstehenden Gesenkeinsätzen wirkt sich das Setzen praktisch nicht auf das Schmiedestück aus. Ihre Höhe ist unabhängig vom Gesenkhalter; beim Nachsetzen der Gravur — das kann bei Einsätzen in gleicher Weise geschehen wie bei ganzen Gesenkblöcken — können genormte Einlagen zum Höhenausgleich verwendet werden. Mehrere Gesenkeinsätze nebeneinander (Bild 4.24) sollten immer überstehend ausgeführt werden.

Überstehende Gesenkeinsätze müssen allerdings verhältnismäßig groß sein, da sie sowohl ausreichende Stoßflächen aufweisen, als auch die gesamte Gratbahn aufnehmen müssen. Gesenkeinsätze werden je nach Schmiedestückform entweder rund oder rechteckig (Bild 4.23 u. 4.24) ausgeführt; runde Einsätze sind leichter her-

---

[11] Gesenkeinsätze sind Blöcke mit vollständiger Gravur sowie ggf. Gratbahn und Stoßfläche, die in einem Werkzeughalter eingesetzt werden. Hierzu VDI-Richtlinie 5-3180: „Gesenk- und Gravureinsätze für Schmiedegesenke" und [4.22].

[12] Der Halter kann aus unlegiertem oder leicht legiertem Stahl bestehen; er sollte auf eine Zugfestigkeit von 800 bis 1100 N/mm² vergütet sein.

Tabelle 4.9. Normreihe für zylindrische Gesenkeinsätze nach [4.23]

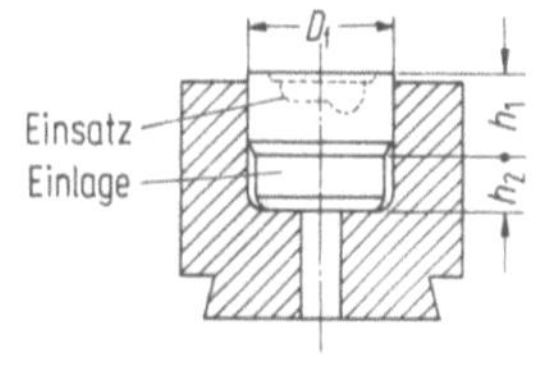

Einsatz		Höhe der Einlage h_2	Tiefe der Bohrung im Halter h_0
Fugendurchmesser D_f	Höhe h_1		
mm	mm	mm	mm
100	50	30	70
	63	15	
	80		
	100		
125	50	30	70
	63	15	
	80		
	100		
160	63	30	90
	80	15	
	100		
	125		
200	63	30	90
	80	15	
	100		
	125		
250	80	45	110
	100	15	
	125		
	160		

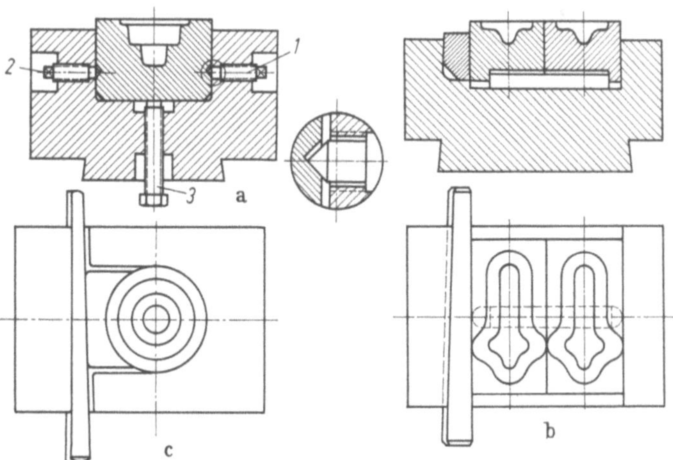

Bild 4.24. Befestigung von Gesenkeinsätzen
a) Mit Schrauben (*1, 2* Halteschrauben; *3* Löseschraube); b) mit Keil (Lagesicherung in Querrichtung durch Stein); c) mit Keil und Druckstück

zustellen. Sämtliche Innenkanten der Halter (r_1, r_2) müssen gut abgerundet sein; die Kanten der Einsätze sind entsprechend abzuschrägen. Die Befestigung im Halter erfolgt entweder

> rein kraftschlüssig (zylindrische Einsätze, Bild 4.22),
> rein formschlüssig (Halten der Einsätze mit Schrauben, Bild 4.24),
> kraft- und formschlüssig (rechteckige, eingeschrumpfte Einsätze, Bild 4.23; Befestigung mit Keilen, Bild 4.24 b, c).

Sie muß Lageänderungen durch Verschieben oder Verdrehen sicher verhindern. Rein formschlüssige Befestigungen sind vornehmlich für Pressen geeignet; bei Hammergesenken sind kraftschlüssige oder kraft- und formschlüssige Befestigungen vorzuziehen. Kraftschlüssige Befestigungen werden durch Preßpassungen erzielt [4.23]. Für Gesenkeinsätze ist die Passung H 8-u7 geeignet. Im allgemeinen wird jedoch zweckmäßigerweise bei Dauerpreßpassungen das Istmaß der Bohrung der Bestimmung der Einsatzabmessungen zugrunde gelegt. Dieses wird aus mindestens 4 Messungen (je 2 an der Oberkante und am Grunde der Bohrung um 90° versetzt) ermittelt. Das Übermaß selbst wird wie folgt gewählt:

1. Leichte Preßpassung für gering beanspruchte Gesenkeinsätze und solche, die zusätzlich eine formschlüssige Befestigung haben, mit Nennmaßen über 80 mm. Bezogenes Kleinstübermaß:

$$\beta = U_{\mathrm{k}}/D_{\mathrm{f}} = 0{,}0005, \text{ d. h. } 0{,}5\text{‰ von } D_{\mathrm{f}} \ (U_{\mathrm{k}} \text{ kleinstes Übermaß, } D_{\mathrm{f}} \text{ Fugendurchmesser}), \text{ Fugenpressung } {}^{13} p_{\mathrm{f}} = 20 \text{ bis } 40 \text{ N/mm}^2.$$

2. Feste Preßpassung für hoch beanspruchte Gesenkeinsätze ohne zusätzliche formschlüssige Befestigung mit Nennmaßen über 80 mm:

$$\beta = \frac{U_{\mathrm{k}}}{D_{\mathrm{f}}} = 0{,}001, \text{ d. h. } 1{,}0\text{‰ von } D_{\mathrm{f}},$$

$$p_{\mathrm{f}} = 50 \text{ bis } 70 \text{ N/mm}^2.$$

3. Für Gravureinsätze [14] mit Nennmaßen unter 80 mm:

$$\beta = \frac{U_{\mathrm{k}}}{D_{\mathrm{f}}} = 0{,}002, \text{ d. h. } 2{,}0\text{‰ von } D_{\mathrm{f}},$$

$$p_{\mathrm{f}} = 15 \text{ bis } 25 \text{ N/mm}^2.$$

Zu diesen Werten kommt noch die Fertigungstoleranz der Einsätze hinzu, die bei Nennmaßen bis 250 mm zu IT7, darüber zu IT8 gewählt werden sollte.

Angenähert gilt

> für Gravureinsätze mit $D_{\mathrm{f}} < 80$ mm: Kleinstübermaß $U_{\mathrm{k}} = 2\text{‰}$ von D_{f}, Größtübermaß $U_{\mathrm{g}} = 2\text{‰}$ von $D_{\mathrm{f}} + 0{,}025$ mm;
> für Gesenkeinsätze über 80 mm Nennmaß bei lichter Passung $U_{\mathrm{k}} = 0{,}5\text{‰}$ von D_{f}, $U_{\mathrm{g}} = 0{,}75\text{‰}$ von D_{f} und
> bei fester Passung $U_{\mathrm{k}} = 1{,}0\text{‰}$ von D_{f}, $U_{\mathrm{g}} = 1{,}25\text{‰}$ von D_{f}.

---

[13] Die Fugenpressungen gelten für ein Verhältnis Außendurchmesser/Fugendurchmesser = 1,6.

[14] Gravureinsätze sind Teile der Gravur selbst (z. B. Zapfen, Dorne)

Der Einbau der Einsätze in die Halter mit Querpreßpassung erfolgt entweder durch Unterkühlen des Einsatzes in flüssigem Stickstoff (– 196 °C) oder Anwärmen des Halters (Bild 4.25). Die Schrumpftemperaturen betragen bei $\beta = 1{,}25‰$ etwa 250 °C. Kleinere Gravureinsätze werden entweder unter Ausnutzung der Anlaßwärme eingeschrumpft oder bei Raumtemperatur mit Längspassung eingesetzt. Das Lösen erfolgt am sichersten durch Auspressen mit einem Dorn [15] in einer hydraulischen Presse. Die Halter haben hierzu ausreichend große Bohrungen (Bild 4.25).

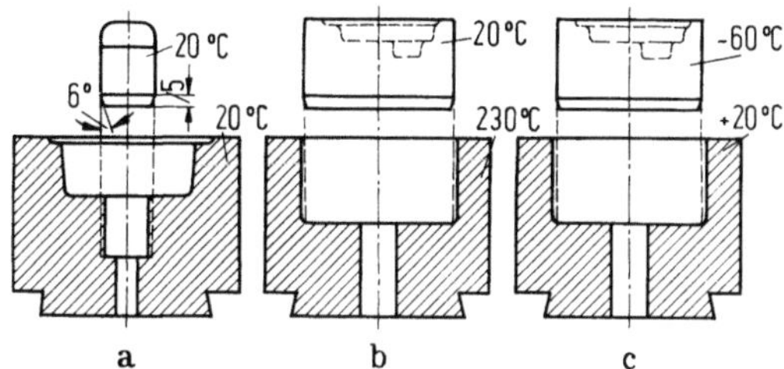

Bild 4.25. Einsätze mit kraftschlüssiger Befestigung
a) Durch Längspreßpassung bei Raumtemperatur; b) durch Erwärmung des Gesenkhalters;
c) durch Unterkühlen des Einsatzes

Damit Kaltverschweißungen (Fressen) vermieden werden, müssen die Preßflächen vor dem Schrumpfen unbedingt geschmiert werden. Für warm eingeschrumpfte Einsätze kommen hierfür Öle mit Flammpunkt über 300° (Din 6552, Gruppe B) in Betracht. Auch eine Beimischung von Graphit oder Molybdändisulfid zum Öl hat sich bewährt [4.24].

4.5.2 Gravur

Die Gestaltung der Hohlform (Gravur) steht in unmittelbarem Zusammenhang mit der Gestaltung der End- und Zwischenformen (s. Abschn. 3.1 und 8.1.2). Die Gravurformen entsprechen der Endform des Schmiedestücks (Endgravur) oder einer Zwischenform (Reck-, Roll-, Stauch-, Biege-, Querschnittvorbildungs-, Präge-, Richtgravur). Sie unterscheiden sich von den Schmiedestücken bzw. deren Zwischenformen jedoch durch die Schwindmaßzugabe: die Gravurabmessungen müssen um die Schwindung des Schmiedestücks von der Ablegetemperatur bis auf Raumtemperatur größer sein als die Abmessungen der Endform bei Raumtemperatur.

$$l_{\mathrm{W}} = l_{\mathrm{S0}} \cdot (1 + \alpha_{\mathrm{Sm}} \cdot \vartheta_{\mathrm{S1m}}), \tag{4.5 a}$$

bzw.

$$l_{\mathrm{W}} = l_{\mathrm{S0}} \cdot (1 + \Delta l_{\vartheta}). \tag{4.5 b}$$

Beim Entwurf von Gravuren für Präzisionsschmiedestücke ist auch die Änderung der Gesenkabmessungen infolge der Erwärmung der Gesenke zu berücksichti-

---

[15] Bei größeren Dornlängen hat sich eine Unterteilung in kürzere, zähhart vergütete Stücke bewährt (geringeres Aufstauchen!).

gen, die in der Formel 4.5 vernachlässigt wird:

$$l_W = l_{S0}\,(l + \alpha_S \cdot \vartheta_{S1m} - \alpha_W \cdot \vartheta_{W1m}). \tag{4.6}$$

Werte für α_S und α_W und $\Delta l\vartheta$ werden in Tabelle 2.5 und 2.6 angegeben.

Der Kleinstwert eines Gesenkmaßes l_{W0} errechnet sich aus dem entsprechenden Kleinstmaß des Schmiedestücks K, dem Schwindmaß Δl_ϑ und der Eigenstreuung des Schmiedeverfahrens T_E nach der Beziehung:

$$l_{W0} = l_W + \frac{T_E}{2} = K\,(1 + \Delta l_\vartheta) + \frac{T_E}{2}. \tag{4.7}$$

Es darf diesen Wert höchstens um das Maß der Gesenkherstelltoleranz überschreiten, denn im Rahmen der gegebenen Schmiedetoleranz T läßt sich ein um so größerer Betrag W für die Gesenkmaßänderung nutzen, wenn die ersten Gesenkschmiedestücke mit Kleinstmaß K anfallen. Dies gilt zunächst unter der Voraussetzung, daß die Schwankung der Teillose T_E, in die Einflüsse der Arbeitsführung (Schwankungen von Temperatur, Einsatzgewicht, Schlagstärke usw.) eingehen, unverändert bleibt, und daß alle in einem Gesenk geschmiedeten Teile innerhalb der Toleranz T liegen sollen (Bild 4.26). T_E gilt für die Streubreite $\pm 3\,s$, d. h. 99,8% aller Teile werden damit erfaßt. Wird das Anfangsmaß l_{W0} falsch bestimmt oder im Rahmen der Gesenkherstellgenauigkeit nach l'_{W0} verschoben, so vermindert sich die zulässige Gesenkmaßänderung von W_1 auf $W'_1 = l_{W1} - l'_{W0}$ (l_{W1} = Gesenkmaß bei Beendigung der Gesenklebensdauer). Es kommt also darauf an, l_{W0} möglichst genau zu bestimmen und im Rahmen einer engen Gesenkherstelltoleranz T_0 einzuhalten. Je nach Anforderung an Genauigkeit und Standmenge soll T_0 das 0,2- bis 0,4fache von T betragen, d. h. etwa 2 bis 4 ISO-Qualitäten genauer sein. Wenn die Schmiedetoleranzen zwischen IT 10 und 16 liegen, müssen die Gesenke demnach mit Genauigkeiten von IT 7 bis IT 12 hergestellt werden. Tabelle 4.13 gibt einen Überblick über die Genauigkeit der üblichen Herstellverfahren.

Die Eigenstreuung T_E ist kein fester Wert, sie hängt von der Arbeitsführung beim Gesenkschmieden ab und ist bei gleichbleibender Fertigung kleiner als bei häufig wechselnden. Messungen an Schmiedestücken ergaben, daß T_E $(0,15 - 0,8)\,T$ betragen kann. Liegen keine Meßwerte aus dem eigenen Betrieb vor, so sollte mit $T_E = (0,6 - 0,7)\,T$ gerechnet werden.

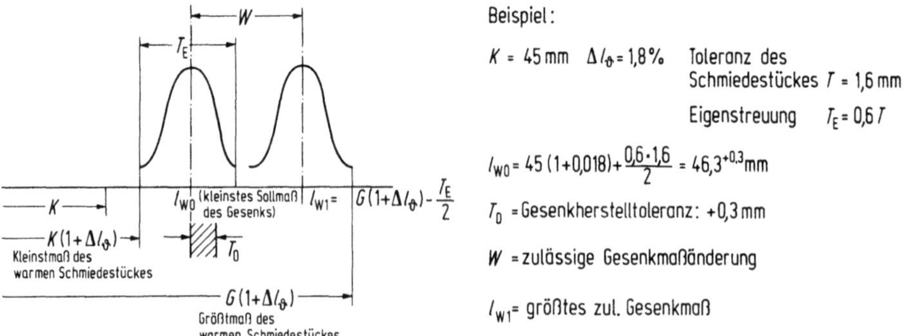

Bild 4.26. Ermittlung der Gravurabmessungen von Schmiedegesenken

Die *Gratspaltformen* gehen aus Bild 4.27 hervor. Im allgemeinen wird ein Gratspalt mit rechteckigem Querschnitt angewendet. Die Gratdicke wird nach Vieregge [4.25] aus folgender Zahlenwertgleichung berechnet:

$$s = 0{,}017\,x + \frac{1}{\sqrt{x+5}}\,. \tag{4.8}$$

Man erhält s in mm, wenn für x der größte Durchmesser d bzw. die größte Breite b der Gravur in mm eingesetzt wird.

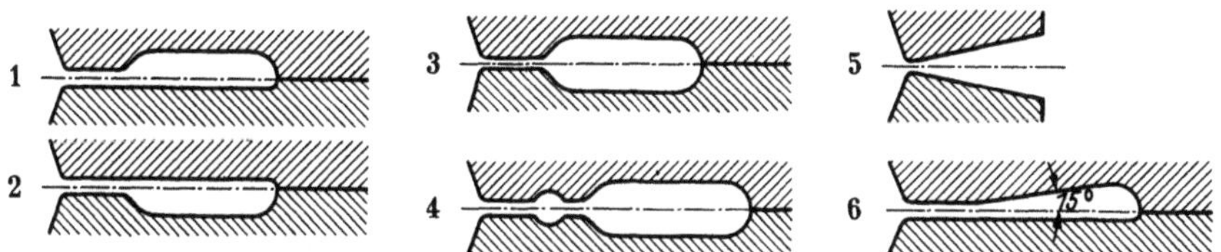

Bild 4.27. Gestaltung von Gratbahn und Gratrille.
1 Gratrille im Obergesenk, *2* Gratrille im Untergesenk, *3* Gratrille im Ober- und Untergesenk, *4* Gratbahn mit Staurille, *5* Kegeliger Gratspalt, *6* abgewandeltes Gratrillenprofil

Das Gratbahnverhältnis wird nach demselben Verfasser aus folgender Zahlenwertgleichung bestimmt:

$$\frac{b}{s} = \frac{30}{\sqrt[3]{x\left[1+\dfrac{2\,x^2}{h\,(2\,r_{\mathrm{h}}+x)}\right]}}\,, \tag{4.9}$$

x, h und r_{h} sind in mm einzusetzen.

h ist die größte Dickenabmessung an einem Schmiedestück, r_{h} der Abstand eines Formelementes senkrecht zur Schlagrichtung von der Querschnittsmitte (wenn mehrere Formelemente vorhanden sind, ist jenes zu wählen, das den größten b/s-Wert ergibt. Wenn der Querschnitt eine konstante Dicke besitzt, wird r_{h} gleich Null gesetzt). Für eine bestimmte Querschnittsform sind in Bild 4.28 die Gratspaltabmessungen nach Formeln mehrerer Verfasser verglichen. Bild 4. 29 enthält Richtwerte für die Gratspaltabmessungen in Abhängigkeit von der Stückmasse.

Die Gratdicke der *Vorgravur* ist — besonders beim Schmieden in Pressen — *gleich* der Gratdicke der *Endgravur* zu wählen, da sonst die Druckspannungen beim Schmieden in der Endgravur wegen des erkaltenden Grates zu groß werden (siehe Abschn. 1.2.3). Je nach Gestalt von Zwischen- und Endgravur kann es jedoch ungünstig sein, wenn der Grat in der Endgravur dicker gewählt wird als in der Vorgravur, da dann zuviel Werkstoff in den Gratspalt fließt und die Gravur nicht voll wird.

Die *Gratrille* muß so groß sein, daß der überschüssige Werkstoff nach dem Verlassen des Gratspaltes darin Platz findet. Unnötig breite Gratrillen sind zu vermeiden, da sie u. U. die Stoßflächen verkleinern (Gefahr von Verformungen).

Gratrillen der Form 1 nach Bild 4.27 werden in der überwiegenden Zahl der Fälle verwendet. Muß ein Schmiedestück mit Rücksicht auf die Lage des Grates um 180° in seiner Längsachse gedreht abgegratet werden, ist die Form 2 mit Gratrille im Untergesenk günstiger; das Teil läßt sich so leichter in den Abgratschnitt einlegen. Gratrillen der Form 3 empfehlen sich, wenn das Gratvolumen (V_{Gr} = Quer-

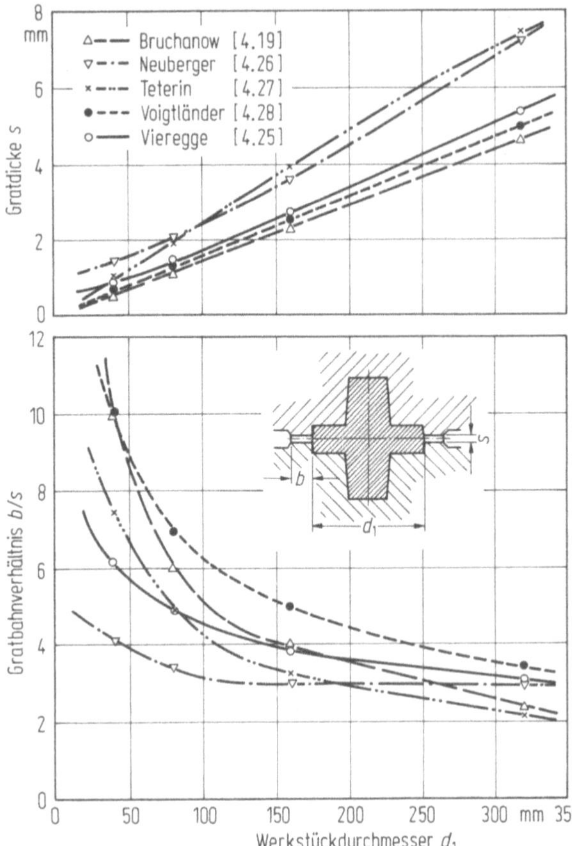

Bild 4.28. Gratspaltabmessungen abhängig von der Größe des Werkstücks nach [4.25]

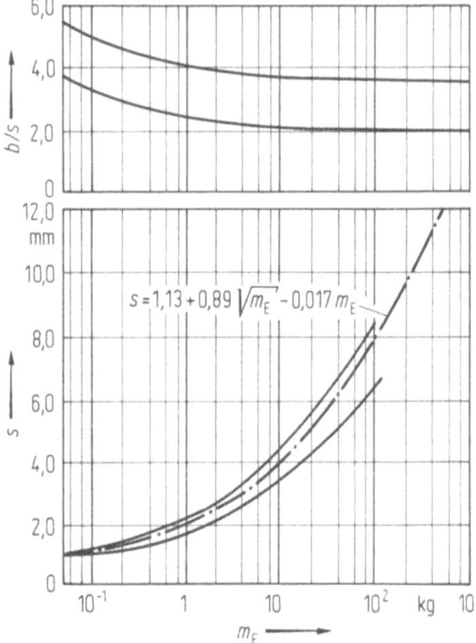

Bild 4.29. Gratspaltabmessungen in Abhängigkeit von der Stückmasse nach [4.25]

schnitt der Gratrille mal mittlere Gratlänge) größer sein muß und die Stoßflächen nicht unnötig verkleinert werden sollen. Form 6 stellt eine andere Ausführung des Gratrillenprofils dar. Gemäß Bild 4.30 kann der Grat entweder auf Ober- und Untergesenk verteilt oder in der Regel ganz ins Obergesenk verlegt werden. Im letzten Fall entfällt das Hobeln oder Fräsen der Fläche *A*.

Die Teilfugen von Werkzeugen *ohne Gratspalt* liegen an der Außenkante der Gravur in Schlagrichtung, im Gegensatz zum Gesenk mit Gratspalt (Bild 4.31). Das

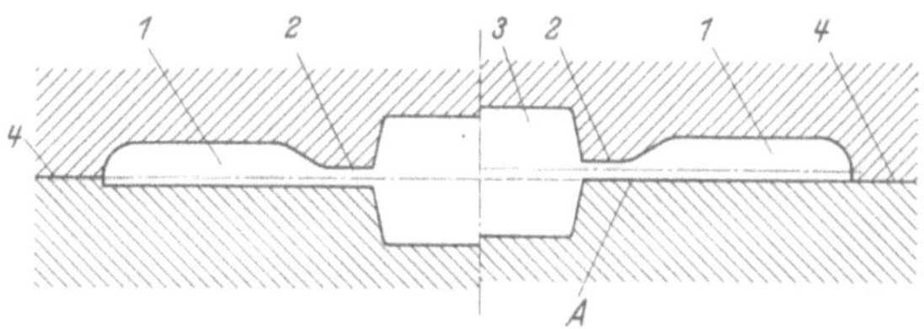

Bild 4.30. Lage von Gratbahn und Gratrille im Gesenk
1 Gratrille *2* Gratbahn *3* Gravur *4* Stoßflächen; links: Gratdicke auf Ober- und Untergesenk gleichmäßig verteilt; rechts: Grat nur im Obergesenk

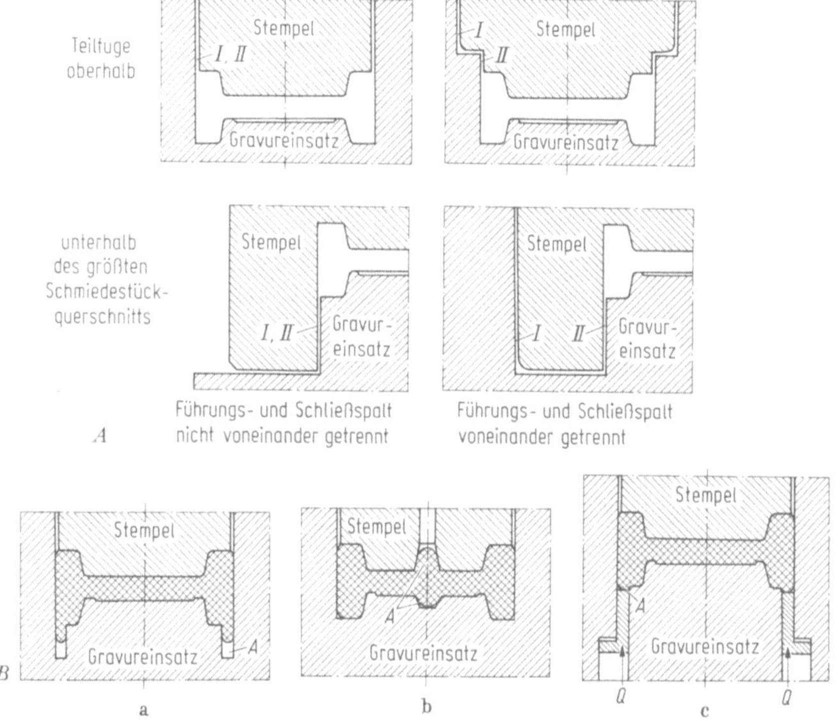

Bild 4.31. Gesenk ohne Gratspalt nach [4.21]
A) Teilfugenanordnung und -gestaltung — I Führungsspalt, II Schließspalt; B) Anordnung und Gestaltung von Ausgleichsräumen *A*. a) überschüssiger Werkstoff nachträglich spanend zu entfernen; b) überschüssiger Werkstoff beim Lochen zu entfernen; c) veränderlicher Ausgleichsraum

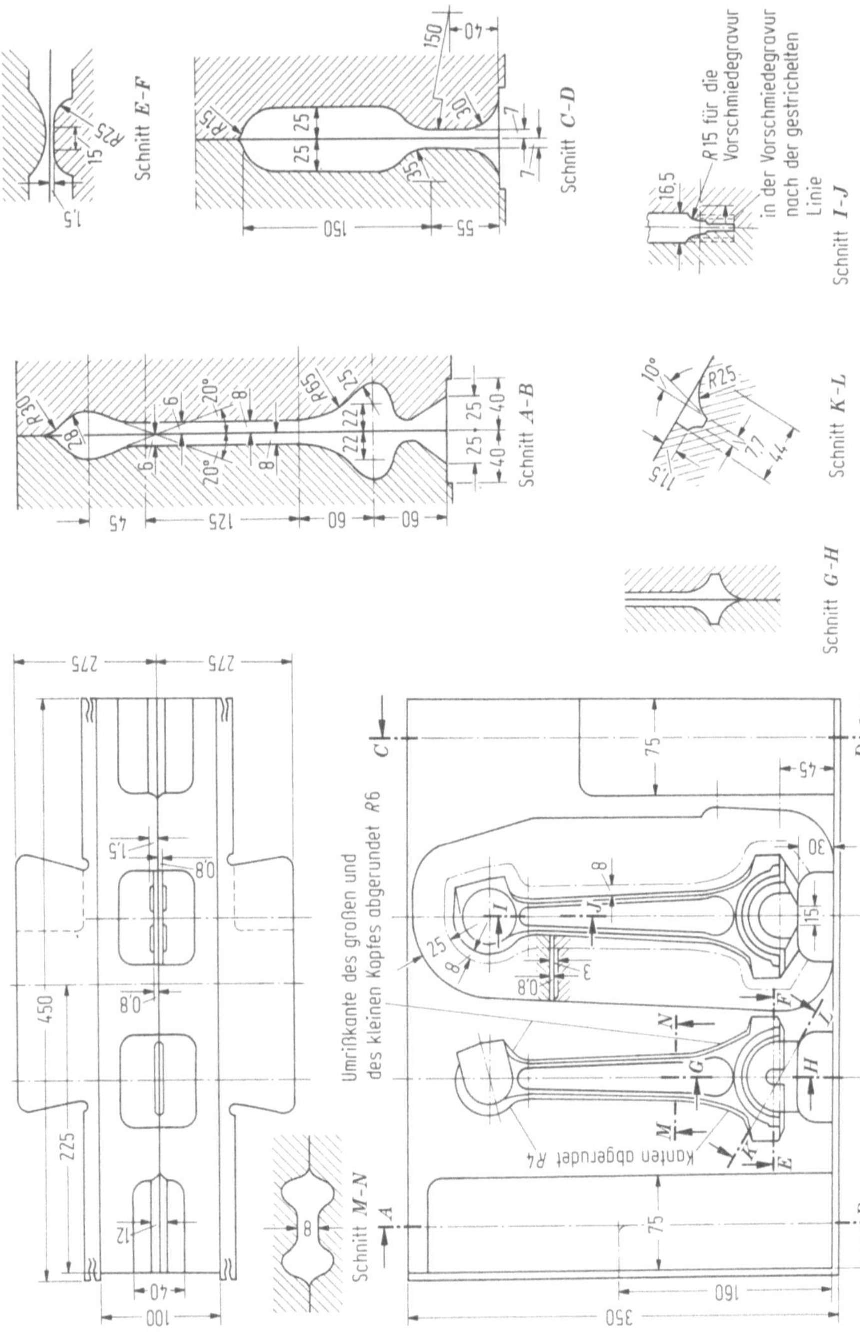

Bild 4.32. Zeichnung eines Hammergesenks nach [4.19]

Oberwerkzeug wird hier im Unterwerkzeug geführt. Dadurch entsteht ein Spalt an der Ober- oder Unterseite des Stücks, der meist einen mehr oder weniger großen Stirngrat am Stück zur Folge hat. Das Führungsspiel der beiden Werkzeugteile wird vor allem von Temperaturschwankungen beider Gesenkhälften bestimmt.

In Bild 4.32 ist als Beispiel die Werkstattzeichnung eines Gesenks wiedergegeben, welche die Umsetzung der verschiedenen Gestaltungsrichtlinien in die praktische Ausführung zeigt.

4.5.3 Lage der Gravuren

Beim Umformen eines Schmiedestücks im Gesenk wirkt der vom Bären oder Pressenstößel ausgeübten Kraft F_I — in der gemeinsamen Schwerlinie von Bär und Obergesenk angreifend — vom Werkstück her eine Kraft F_{II} entgegen. Wenn die nicht notwendigerweise parallel zur Umformrichtung liegenden Wirklinien der gleich großen Kräfte F_I und F_{II} nicht durch den Schwerpunkt des Stößels gehen, wird auf diesen ein Kippmoment ausgeübt. Die Durchstoßpunkte der Kraftwirklinien in einer Ebene senkrecht zur Umformrichtung $Q - Q$[16] werden als Kraftwirkpunkte bezeichnet:

W_I = Schlag-Kraftwirkpunkt,
W_{II} = Umform-Kraftwirkpunkt (Bild 4.33).

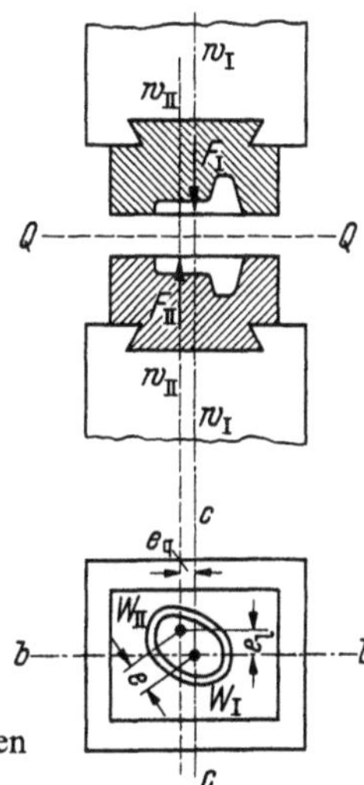

Bild 4.33. Kraftwirklinien und -punkte beim Gesenkschmieden

Der Abstand e mit $F_{II} = F_I$ multipliziert ergibt das Kippmoment M_k. Durch Zerlegen von e in Anteile für die Längs- und Querrichtung e_l und e_q lassen sich die Kippmomente in den beiden Hauptrichtungen errechnen:

um Querachse $b \ldots b$ $M_{kq} = F_I \cdot e_l$,   (4.10 a)

um Längsachse $c \ldots c$ $M_{kl} = F_{II} \cdot e_q$.   (4.10 b)

---

[16] Die Ebene $Q - Q$ entspricht der Teilfläche der Gesenkhälften, wenn diese eben ist.

Infolge der großen Kräfte können die Kippmomente auch bei kleinen Außermittigkeiten große Beträge erreichen. Da hierdurch Führungen und Gestelle sehr beansprucht werden — das wirkt sich auch auf den Versatz aus — muß für die richtige Lage der Gravur im Block gesorgt werden. Hierzu muß zunächst die Lage des Punktes W_{II} für jede Gravur bekannt sein. In W_{II} kann man sich die Resultierende aller Teilkräfte angreifend denken (s. Abschn. 1.3.3.5).

Bei Gesenken mit einer Gravur wird es immer möglich sein, die Kraftwirkpunkte W_I und W_{II} zusammenfallen zu lassen. In Mehrstufengesenken legt man die Endgravur — wenn möglich — in die Gesenkmitte, so daß das Maß e klein wird, die Gravuren, in denen die geringsten Kräfte auftreten, dagegen am weitesten nach außen. Beim Schmieden in Pressen mit mechanischem Werkstücktransport muß man von dieser Regel abweichen. Man braucht dann Maschinen, die auch außerhalb der Pressenmitte mit der vollen Kraft belastbar sind (s. Tischbelastungsschaubild 5.22).

4.5.4 Ausstoßer

In zunehmendem Maße werden Ausstoßer nicht nur in Pressen, sondern auch in Hämmern verwendet, z. B. beim Warmfließpressen, beim Formpressen ohne Grat, beim Schmieden in tiefen Gravuren, um die Gesenkschrägen verkleinern zu können und die Berührzeit im Hinblick auf höhere Standmengen zu verkürzen. Unerläßlich sind Ausstoßer bei automatisierten Schmiedevorgängen, damit die Schmiedestücke für den Weitertransport rechtzeitig in die richtige Lage gelangen.

Die Auswerferstifte dürfen im allgemeinen nur dann am Schmiedestück angreifen, wenn dessen gesamte Fläche belastet wird, andernfalls besteht die Gefahr von Beschädigungen. Auswerferstifte, die am Grat angreifen, sind so groß zu bemessen, daß dieser nicht verbogen oder durchstoßen wird.

4.5.5 Werkzeugsätze

Werkzeugsätze enthalten sämtliche Einzelwerkzeuge einer Maschine in einbaufertigem Zustand, so daß sie als Ganzes in die Maschine eingeschoben und befestigt werden können. Die Fertigungsgenauigkeit wird verbessert, die Rüstzeiten werden verkürzt.

Werkzeugsätze bestehen aus einem Halter mit Anlageflächen für die Einsätze, den Spannelementen, Auswerferstiften (wenn erforderlich) und Führungssäulen zur Lagesicherung von Ober- und Unterteil. Für die Halter werden im allgemeinen die Stähle 2713 und 2714 verwendet. Die Bilder 4.34 und 4.35 zeigen Werkzeugsätze für Gesenkschmiede-Exzenterpressen. Werkzeugsätze für Waagerecht-Stauchmaschinen sind z. B. in [4.30 und 4.31] beschrieben.

4.5.6 Sonstige Werkzeuge

Neben Werkzeugen zum Formpressen werden in Schmiedebetrieben weitere Werkzeuge benutzt: Werkzeuge zum Warmfließpressen [4.29], Walzwerkzeuge für Reckwalzen, Abgrat- und Lochwerkzeuge.

Werkzeuge für Reckwalzen

Die Werkzeuge für Reckwalzen bestehen aus schalenartigen Segmenten, die gegen einen Längskeil auf der Walze gespannt werden (Bild 7.12). Die Segmente haben — je nach der Länge des Stückes — einen Zentriwinkel von 175° (volle Umdrehung der Walzen) 115° oder 85° (halbe Umdrehung der Walzen).

Als Werkstoffe eignen sich z. B. 56 NiCrMoV 7 und X 32 CrMoV 33, die man auf 1500 bis 1600 bzw. 1700 bis 1800 N/mm^2 vergütet. Die Walzwerkzeuge können auf Dreh- oder Fräsmaschinen (meist aus nahtlosen geschmiedeten Ringen) hergestellt werden.

Abgratwerkzeuge

Abgratwerkzeuge bestehen aus der ein- oder mehrteiligen Schneidplatte und dem Stempel (Bild 3.50). Geschlossene Schneidplatten sind billiger herzustellen als zu-

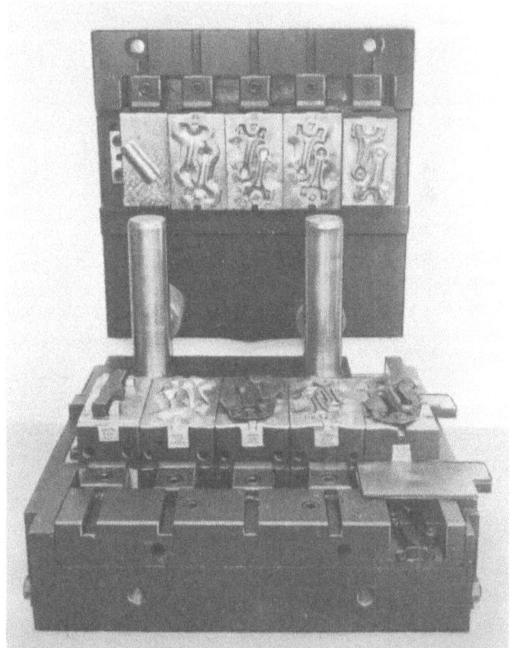

Bild 4.34. Werkzeugsatz für eine Gesenkschmiede-Exzenterpresse (Werkbild: Eumuco)

Tabelle 4.10. Schneidpalt u_s beim Lochen von Gesenkschmiedestücken

Dicke des durchzulochenden Werkstoffs s mm	Schneidspalt u_s mm für	
	Warmlochen	Kaltlochen
4	0,2	0,3
8	0,4	0,6
12	0,6	0,9
16	0,8	1,2
20	1,0	1,5

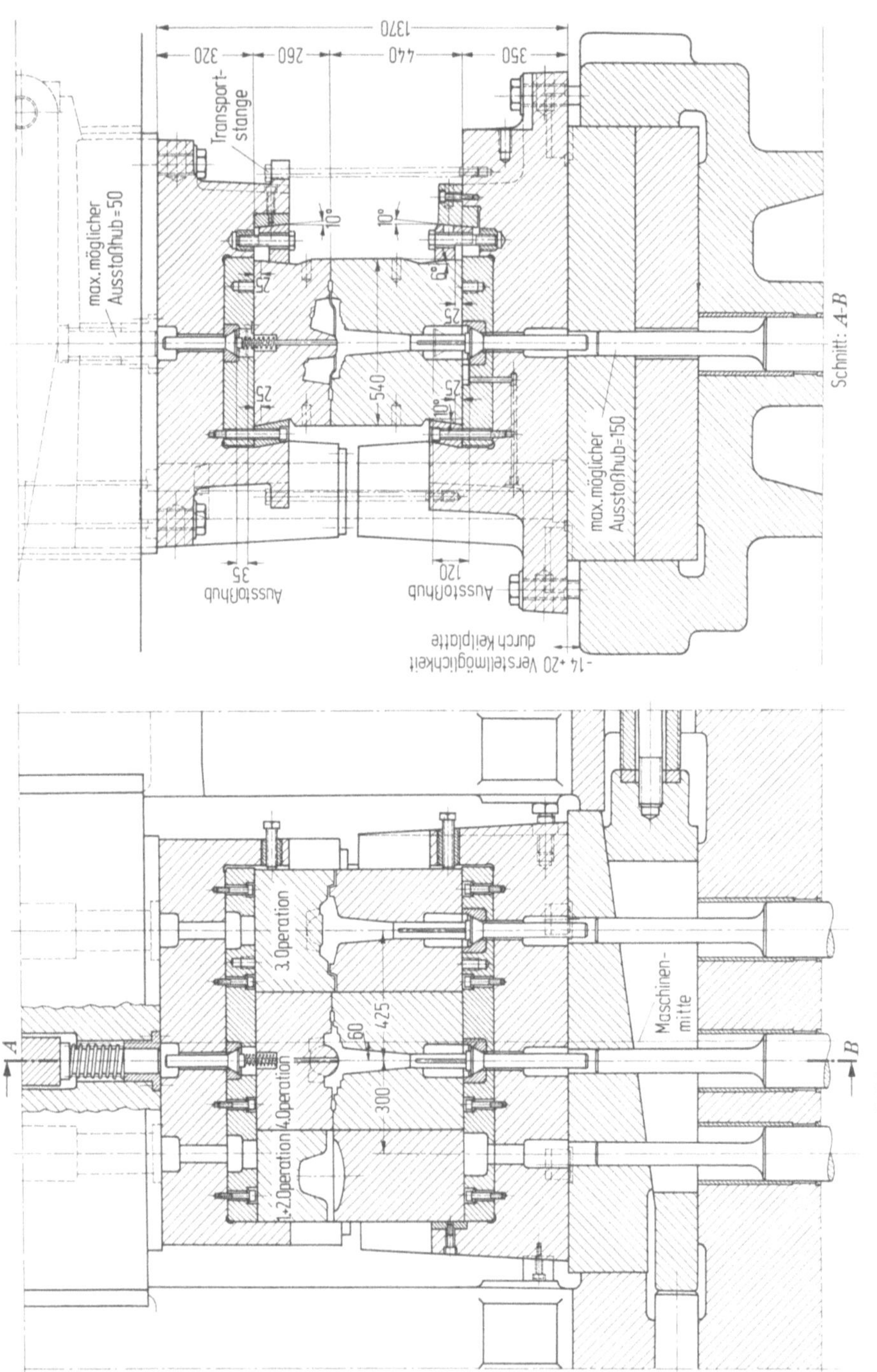

Bild 4.35. Werkzeugsatz für LKW-Achsschenkel nach [4.29] (Werkbild: Hasenclever)

Tabelle 4.11. Größe des Schneidspalts zwischen Stempel und Schneidplatte nach [4.19]

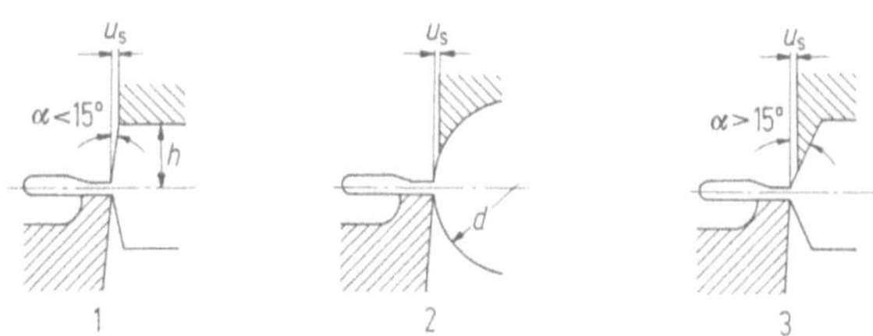

Form 1		Form 2		Form 3
h mm	u_s mm	d mm	u_s mm	u_s mm
bis 5	0,3	bis 20	0,3	0,3
> 5 bis 10	0,5	> 20 bis 30	0,5	
> 10 bis 20	0,8	> 30 bis 45	0,8	
> 20 bis 25	1,0	> 45 bis 60	1,0	
> 25 bis 30	1,2	> 60 bis 70	1,2	
> 30	1,5	> 70	1,5	

Tabelle 4.12. Abmessungen von Schneid- und Lochplatten

b mm	B mm	H mm	l mm	L mm	B_1 mm	H_1 mm
bis 30	160	50	bis 100	160	125	40
> 30 bis 70	200	50	101 bis 130	250	160	40
> 70 bis 120	250	50	131 bis 250	400	200	40
> 120 bis 185	315	63	251 bis 350	500	250	50
> 185 bis 270	400	63	351 bis 450	630	350	50
> 270 bis 370	500	63	451 bis 630	800	450	50
> 370 bis 500	630	80	631 bis 800	1000	560	63

l = Schmiedestücklänge $\quad$ L = Schneid(Loch)plattenlänge $\quad$ H = Schneid(Loch)plattendicke
b = Schmiedestückbreite $\quad$ B = Schneid(Loch)plattenbreite

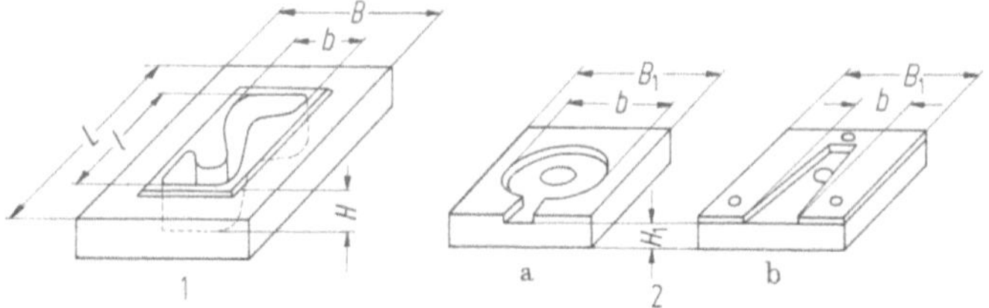

1 Schneidplatte; $\quad$ *2* Lochplatte; a) aus dem vollen gearbeitet, b) gebaut

sammengesetzte. Sehr große Schneidplatten werden aus härtetechnisch günstigeren kleineren Teilen in einem Halter zusammengebaut. Die Stempel bestehen aus einem Druck- und einem Spannteil. Werkstoffe für Warm- und Kalt-Abgratwerkzeuge sind in Tabelle 4.5 genannt.

Die Größe des Schneidspaltes ist für Lochwerkzeuge in Tabelle 4.10, für Schneidplatten in Tabelle 4.11 angegeben. Schneidplatten und Lochstempel werden

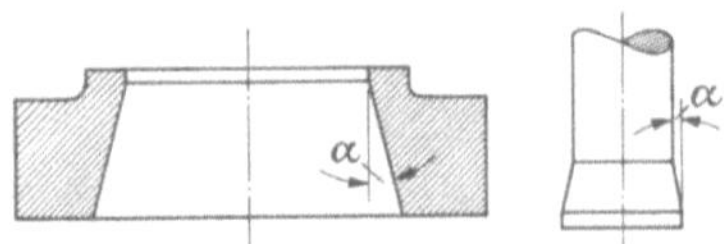

Bild 4.36. Gestaltung der Schneidkanten
von Schneidplatten und Lochstempeln
α = Freiwinkel

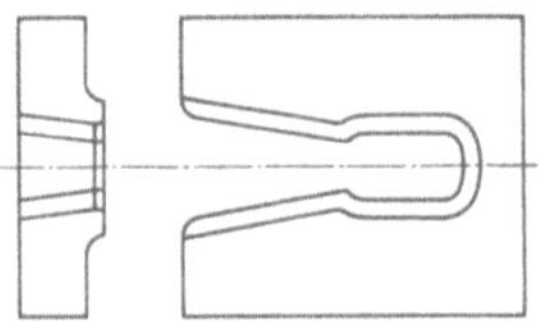

Bild 4.37. Offener Abgratschnitt

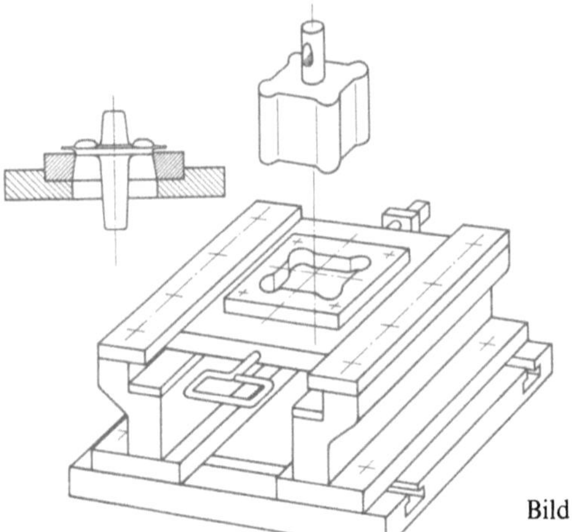

Bild 4.38. Schiebeschnitt zum Abgraten
von Schmiedestücken mit Schaft

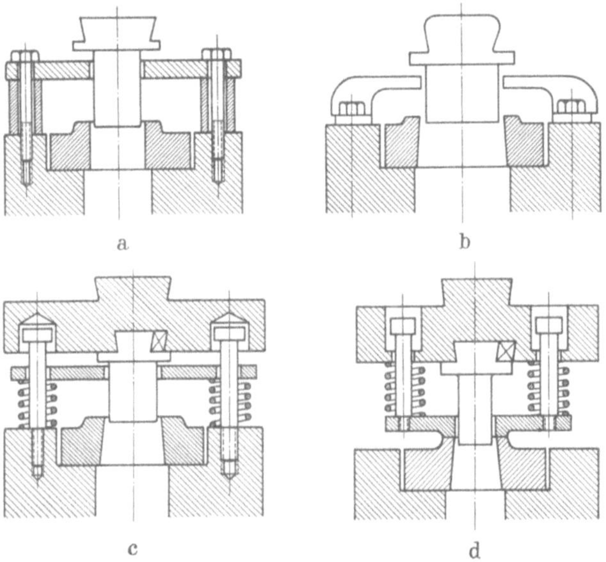

Bild 4.39. Verschiedene Ausführungen von Gratabstreifern nach [4.19]
a) Geschlossener fester Abstreifer mit Abstandsrohren für kleine Teile; b) geteilter fester Abstreifer (einzelne Finger) für größere Teile; c) gefederter Abstreifer auf Schnittplatte für hohe
Gesenkschmiedestücke; c) gefederter Abstreifer auf Stempelplatte für besonders hohe Schmiedestücke

gemäß Bild 4.36 mit einer je nach Größe 5 bis 10 mm breiten Schneidkante ohne
Freiwinkel ausgeführt, damit sich beim Nachschleifen die Abmessungen des
Schneidkantenumrisses nicht ändern und die Kanten weniger verschleißen. Erst einige mm unter der Schneidkante setzt der Freiwinkel an. Die äußeren Abmessungen von Schneid- und Lochplatten werden in Tabelle 4.12 genannt.

Zum Abgraten von nur teilweise umgeformten Schmiedestücken benutzt man
offene Abgratwerkzeuge (Bild 4.37), für hohe Werkstücke Schiebewerkzeuge
(Bild 4.38), da sich die Schmiedestücke wegen des begrenzten Abstandes zwischen
Schneidplatte und Stempel sonst nicht oder nur schwer einlegen ließen. Zum Entfernen des Grates vom Stempel dienen Abstreifer (Bild 4.39). Auch beim Lochen
sind oft Abstreifer nötig, um das Schmiedestück zurückzuhalten.

Die Befestigung von Schneidplatten ist in VDI-Richtlinie 3183 beschrieben.
Zwecks schnelleren Einrichtens werden die Abgratwerkzeuge meist außerhalb der
Presse in Halter, Spannplattensätze oder Führungsgestelle eingebaut. Schneidplatten werden durch Umrißfräsen, Brennschneiden (mit Propangas, damit die Trennflächen nicht aufgekohlt werden) oder elektroerosives Trennen gefertigt.

4.6 Herstellen von Gesenken

Der Fertigungsablauf beim Herstellen von Gesenken ist in Bild 4.40 schematisch
dargestellt.

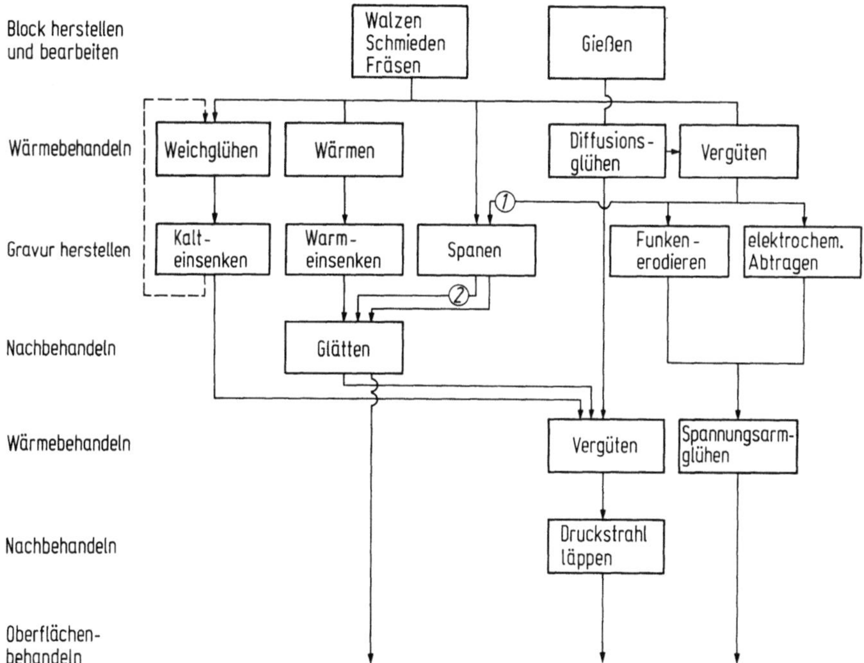

Bild 4.40. Arbeitsfolge beim Herstellen von Gesenken
1 Vergüten vor Einarbeiten der Gravur ($\sigma_B < 1400\,\text{N/mm}^2$; vielfach als vergüteter Block oder
Stab bezogen, d. h. vor dem Fräsen des Blocks vergütet); *2* Vergüten nach Einarbeiten der
Gravur

4.6.1 Herstellen des Gesenkblocks

Der Gesenkblock wird entweder unmittelbar durch Gießen erzeugt oder durch Walzen bzw. Schmieden eines gegossenen Blocks. Kleine und mittlere Gesenkblökke werden von gewalzten oder geschmiedeten Stäben abgetrennt, größere einzeln geschmiedet [4.32]. Durch Vakuum-Umschmelzen oder Elektroschlacke-Umschmelzen lassen sich Blöcke höchster Reinheit in bezug auf Oxid-, Sulfid- (< 0,005%) und Karbideinschlüsse herstellen. Ihr Gefüge ist homogen und weist stark verringerte Seigerungen und Einschlüsse auf. Ein Querschnittsverhältnis $A_0/A_1 = 3{,}5$ bis 4,0 beim Umformen ist im allgemeinen ausreichend.

Die äußere Form des Blocks — Gravurfläche, Spannfläche (Grundfläche, Schwalben), Bezugsflächen — wird durch Drehen, Hobeln oder Fräsen erzeugt [4.33]. Je nach der Art des Verfahrens zur Fertigung der Gravur und der angestrebten Gesenkfestigkeit ist der Block vor ($\sigma_B < 1400\ \mathrm{N/mm^2}$) oder nach der äußeren Bearbeitung zu vergüten. Die äußere Bearbeitung der Gesenkblöcke ist im wesentlichen eine Schruppaufgabe, wobei die Spanschicht in möglichst kurzer Zeit abzutragen ist. Sehr leistungsfähig ist das Planfräsen mit hartmetallbestückten Messerköpfen; hierbei ist auf ausreichende Maschinennutzung zu achten, da außer der Fräsmaschine eine Messerkopfschleifmaschine erforderlich ist. Die Gravurfläche wird vor dem Herstellen der Gravur geschliffen.

4.6.2 Herstellen der Gravuren

4.6.2.1 Vergleich der Verfahren

Beim Herstellen der Arbeitsflächen von Hohlformwerkzeugen gilt es:

1. vertiefte bzw. erhabene Formen durch Werkstoffabtragen oder -verdrängen zu erzeugen,
2. Oberflächen mit bestimmter Feingestalt und Mikrostruktur und
3. ausreichende Maß- und Formgenauigkeit zu erreichen [4.34].

Diese Forderungen lassen sich durch verschiedene Verfahren allein oder in Kombination — wenn z. B. die Genauigkeit nicht ausreicht — verwirklichen (Bild 4.41):

Gießen und Nachformfräsen oder Funkenerodieren oder elektrochemisches Abtragen,
Einsenken,
Fräsen von Hand, Nachformfräsen,
Funkenerodieren,
elektrochemisches Abtragen.

Keines der genannten Verfahren ist den übrigen unter allen Umständen überlegen, vielmehr ist das wirtschaftlichste Verfahren in Abhängigkeit von der Anzahl der Gesenke, ihrer Größe und Gestalt, dem Werkstoff und seiner Festigkeit, der erforderlichen Genauigkeit und Oberflächengüte zu ermitteln (Tab. 4.13). Die Standmengen der Werkzeuge werden durch das Herstellverfahren der Gravur nicht nennenswert beeinflußt.

Die Wirtschaftlichkeit der Gesenkherstellung hängt insgesamt entscheidend von der geschickten, der Betriebseinrichtung angepaßten Kopplung der verschiedenen Verfahren in den einzelnen Stufen der Gesenkherstellung — äußere Bearbeitung,

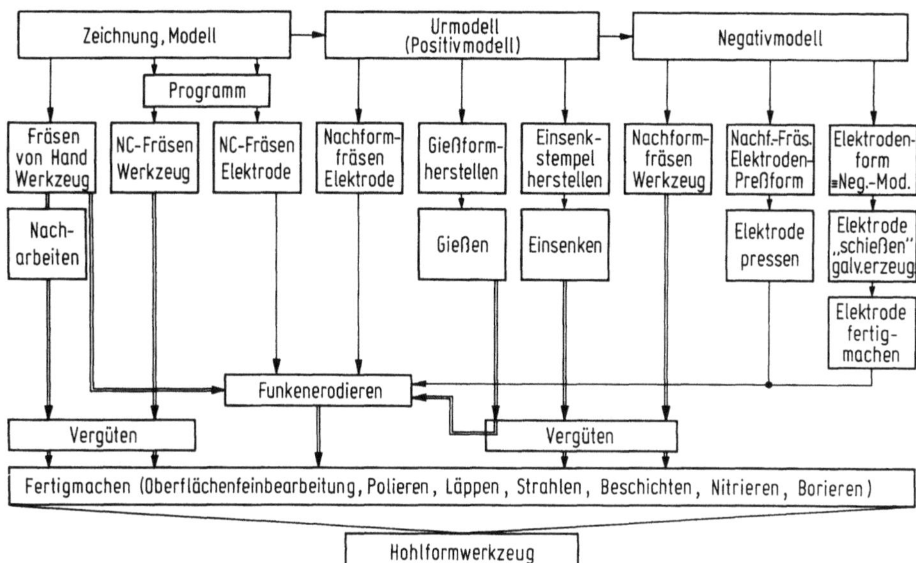

Bild 4.41. Wege zum Bearbeiten der Innenformen von Hohlformwerkzeugen nach [4.34]

innere Bearbeitung, Oberflächenfeinbearbeitung — ab. In allen Stufen muß Zeit gespart werden, besonders muß Handarbeit wegen des ständig zunehmenden Mangels an guten Graveuren auf ein Mindestmaß beschränkt bleiben.

Das Fräsen von Hand kommt daher für die Herstellung von Einzelgesenken in Frage. Einsenken und NC-Fräsen sowie elektrochemisches Abtragen sind Verfahren mit speziellen Anwendungsbereichen, wobei das letztere in Zukunft größere Bedeutung erlangen kann. Gegenwärtig ist das Kalteinsenken wegen der erforderlichen hohen Stempeldrücke auf kleine und flache Gravuren beschränkt, das NC-Fräsen vor allem auf das Herstellen von Elektroden für spezielle Werkstücke, für die der Konstrukteur Steuerstreifen zur Verfügung stellen kann (Turbinenschaufeln) und das elektrochemische Abtragen auf Gesenke, die in größeren Stückzahlen verlangt werden. Das NC-Fräsen hat für die direkte Anwendung eine zu kleine Abtragsleistung; es eignet sich vor allem für die Bearbeitung von weichen Stoffen, z. B. Graphit.

Als generell anwendbare Verfahren stehen gegenwärtig das Nachformfräsen (teil- oder vollselbsttätig), das Funkenerodieren sowie bedingt das Gießen mit Nacharbeiten durch Funkenabtragen oder Nachformfräsen miteinander in Konkurrenz. Die Funkenerosion kommt bei kleinen und mittleren Gravuren in Frage, dagegen werden große Innenformen zweckmäßig gefräst. Voraussetzung für die wirtschaftliche Anwendung der Funkenerosion ist außerdem das Vorliegen von nicht zu einfachen Gravurformen. Das Nachformfräsen ist im allgemeinen zweckmäßig bei kleinen Werkzeugen mit einfacher Gravur und bei großen Gravuren.

Die Entscheidung zugunsten des einen oder anderen Verfahrens hängt stark von den betrieblichen Umständen ab und kann nur aufgrund einer genauen Kostenrechnung getroffen werden [4.36 bis 4.39]. Wegen der veränderlichen Kostenfaktoren können fremde Untersuchungen nur die Methode angeben.

Tabelle 4.13. Merkmale und Kennwerte von Verfahren zum Herstellen von Hohlform-Werkzeugen nach [4.35]

Merkmale, Kennwerte / Verfahren	Bearbeitb. Werkstoff (V, G, Festigk.) V: vergütet, G: geglüht	Stoffabtragsleistung $\dot{V}$ cm³/min	Maßungenauigkeit μm	Oberflächenbeschaffenheit R_t μm	Erforderl. Einricht. ——— Kap. Invest. [a]	Erforderl. Hilfsmittel, Art, Werkstoff, Aufwand [a]	Automatisierungsgrad [a]
Genaugießen	StG	–	< 100 bis 1000 (K u. M-Wz)	< 25	Gießerei	Pos.-Modell Kunstst., Keramik, Wachs ●●	○
Kalteinsenken	St. σ_B < 600 bis 700	< 1 bis > 10	< 10	< 5	Hydr. Einsenkpresse ●●●	Einsenkstempel Werkzeugstahl ●●●●	●
Warmeinsenken	St.	< 10 bis > 50	< 50	< 15	Hydr. Einsenkpr., Hammer ●●●	Einsenkstempel, Werkzeugstahl ●●●●	● P ○ H
Drehen	St (G, V) σ_B < 1400	≈16 bis ≈500	≈10	< 2	Drehmasch. ●●(●)	Schablonen, Tuschierrahmen) ●(●)	●(●)
Fräsen	St (G, V) σ_B < 1400	≈1 bis ≈400	≈200	> 15 Riefen > 200	Fräsmasch. ●●(●)	Schablonen, (Tuschierrahmen) ●●(●)	○
Automatisch Nachformfräsen	St (G, V) σ_B < 1400	≈1 bis ≈180	≈100	> 15 Riefen > 200	Nachform-Fräsmasch. ●●●●	Pos.-Modell, Schablonen (Tuschierrahmen) ●●●	●●●
Ätzen	St (V)	< 1	< 5	< 2	Hydr. Presse, Chem. Einr. ●●(●)	Formstempel, Werkzeug stahl ●●●	○
Funkenerosion	St (V)	1,5/100 A ≈5		< 5	Erodiermaschine ●●●(●)	Elektroden, Graphit, Kupfer ●●●	●●●
Elektrochem. Abtragen	St (V)	2/100 A	≈10	< 2	Abtrag-Maschine ●●●(●)	Elektrode Kupfer ●●●●	●●●

[a] Die Anzahl der Punkte entspricht dem Aufwand bzw. dem Automatisierungsgrad

Bei allen Verfahren, mit Ausnahme des Fräsens von Hand, führt die Gesenkherstellung über ein Urmodell, nach dem formgebundene Werkzeuge (Gießform, Einsenkstempel, Elektrode) hergestellt oder von dem formfreie Werkzeuge gesteuert werden (Nachformfräsen). Diese zusätzliche Fehlerquelle läßt sich durch die elektronische Datenverarbeitung umgehen.

So zeichnet sich in der Herstellung von Gesenken folgende Entwicklung ab:

1. Digitale Beschreibung des Werkstücks (der Kontur) unter Anwendung von Bildschirmgeräten;
2. rechnergestützte Konstruktion der Werkzeuge (Konturverzerrung der Gravur);
3. rechnergestützte Fertigung von Elektroden oder Nachformmodellen mittels NC-Bearbeitung;
4. Prüfen der Gravur mit Hilfe numerisch gesteuerter Prüfmaschinen.

4.6.2.2 Gießen

Gegossene Gesenke können

a) einbaufertig (keine Bearbeitungszugabe auf der Gravur, 3 – 5 mm Bearbeitungszugabe auf Auflage- und Spannflächen),
b) mit gleichmäßiger Bearbeitungszugabe von 0,3 bis 2 mm auf der Gravur (kleinere Werte bei Fertigbearbeiten durch Funkenerosion und größere bei Fertigbearbeiten durch Nachformfräsen),
c) als Werkzeugrohteile mit etwa 5 mm Bearbeitungszugabe und nur teilweise vorgegossener Gravur geliefert werden.

Die Variante a) erfordert einen großen Aufwand bis zur Fertigungsreife infolge des Verzugs. Sie lohnt deshalb nur bei großen Zahlen gleicher Gesenke. Die Variante c) bringt nur Kostenvorteile bei gebrochener Gesenkteilung.

Bei den Varianten a) und b) wendet man als Gießverfahren meist Weiterentwicklungen des Shaw-Verfahrens an [4.40]: die Gießformen werden aus höchstschmelzenden feuerfesten Stoffen mit Äthylsilikat als Bindemittel hergestellt. Nach dem Abbinden werden die Formen geflämmt, so daß sich ein Netz feiner Risse bildet, durch das Gase beim Gießen entweichen können. Es kommt darauf an, Reaktionen zwischen Stahl und Formstoff, Verunreinigungen, Lunkerbildung, Seigerungen, Oberflächenentkohlung und Zunderbildung zu vermeiden. Die Modelle bestehen aus Kunststoffen, Stahl oder Aluminium-Legierungen. Nach Modellkorrekturen erreicht man folgende Toleranzen [4.41]:

Abmessungen < 100 mm: ±0,2 mm,
Abmessungen > 100 mm: ±0,2%

und Rauhtiefen von etwa 40 µm.

Gegossene Gesenke haben ein gleichmäßigeres Gefüge als geschmiedete Blökke, sofern diese ohne besondere Maßnahmen vergossen werden. Diese Vorteile entfallen jedoch beim Vergleich mit Blöcken, die nach dem ESU-Verfahren o. ä. hergestellt werden. Höher legierte Warmarbeitsstähle lassen sich ohne Schwierigkeiten vergießen (z. B. G-X 40 CrMoV 51, G-X 40 CrMoV 53, G-X 32 CrMoV 33). Die Einbaufestigkeit wird etwas niedriger gewählt als bei geschmiedeten Werkzeugen. Bei richtiger Wärmebehandlung können gegossene Gesenke auch in Hämmern verwendet werden.

Vorteile gegossener Gesenke sind in manchen Fällen niedrigere Werkstoff- und Bearbeitungskosten, u. U. ein langsameres Fortschreiten von Rissen im Vergleich mit geschmiedeten Gesenkblöcken sowie die Entlastung des Werkzeugbaues [4.42]. Nachteilig ist der Verzug beim Wärmebehandeln und die größere Empfindlichkeit gegenüber Temperaturunterschieden.

Da die Auflage- und Spannflächen nach der Gravur ausgerichtet werden müssen, gießt man außerhalb der Gravur Koordinatenlinien oder Nocken als Bezugspunkte an.

4.6.2.3 Einsenken

Das Einsenken kann warm — d. h. bei Schmiedetemperatur — oder kalt erfolgen.

Das heute nur noch selten angewendete *Warmeinsenken* [4.43, 4.44] eignet sich zum Herstellen von Gravuren einschließlich der Gratbahn in Gesenkeinsätzen, die anschließend nur noch einer äußeren Bearbeitung bedürfen. Der aus Warmarbeitsstahl, z. B. 30 WCrV 179 — vergütet auf HRC 52 bis 54 — bestehende hochglanzpolierte Stempel sowie der zu schmiedende Block werden in je einen Halter eingesetzt. Die Abmessungen des Einsenkstempels müssen um das Schwindmaß des Schmiedestücks und das Schwindmaß des warmgeschmiedeten Einsatzes vergrößert werden.

Da der Erfolg des Verfahrens von der einwandfreien Oberflächenbeschaffenheit der geschmiedeten Gravur abhängt, wird die Gravurfläche des Blocks geschliffen und beim Wärmen vor Zunderbildung geschützt, z. B. mit einer ebenfalls geschliffenen nicht zu dünnen Platte. Der sich am Rand bildende Zunder schützt die Gravurfläche völlig vor Verzunderung. Der Stempel wird in der Regel im unteren Halter nach Bild 4.42 befestigt. Der auf genaue Temperatur gebrachte Block wird in den oberen Halter eingesetzt. Schon nach dem ersten Schlag sitzt er wegen der größeren Seitenschräge im oberen Halter im unteren auf dem Meisterstempel fest, so daß die Oberfläche gegen Zutritt von Luftsauerstoff geschützt ist. Nach dem Schmieden kühlt der Einsatz in Gußspäne oder altes Einsatzpulver verpackt ab, wird abgegratet, weichgeglüht und äußerlich bearbeitet. Das Warmeinsenken erfordert keine besondere Maschine. Erfahrungsgemäß wird zum Schmieden eines Einsatzes mit Gratbahn entsprechend Bild 4.42 etwa die dreifache Umformarbeit wie zum Schmieden des betreffenden Stückes benötigt.

Bei Betrachtung der Wirtschaftlichkeit müssen die Kosten für den Meisterstempel, die Halter sowie das Schmieden selbst zuzüglich Nacharbeit eingesetzt werden. Erfahrungsgemäß lassen sich mit einem Stempel bis zu 100 Gravuren schmieden.

Das *Kalteinsenken* [4.45, 4.46] führt zwar zu größerer Genauigkeit, ist aber wegen der hohen Druckspannungen — 2000 bis 3000 N/mm² — auf Teile mit Grundrißflächen bis etwa $1{,}5 \cdot 10^4$ mm² und flache Gravuren beschränkt, da die Preßkräfte der zur Verfügung stehenden Kalteinsenkpressen 30 MN nicht überschreiten. Diese Sondermaschinen sind wegen der sehr niedrigen Einsenkgeschwindigkeiten — 0,003 bis 0,2 mm/s je nach Einsenkbarkeit der Werkzeugstähle sowie Größe und Form der Einsenkung — erforderlich. Als Werkstoffe für kalteingesenkte Werkzeuge eignen sich am besten Stähle mit niedrigem C-Gehalt (um 0,1%). Mit wachsendem Gehalt an Kohlenstoff und Legierungsbestandteilen nimmt die Einsenkbarkeit schnell ab; sie beträgt bei den üblicherweise verwendeten Gesenkstählen (z. B.

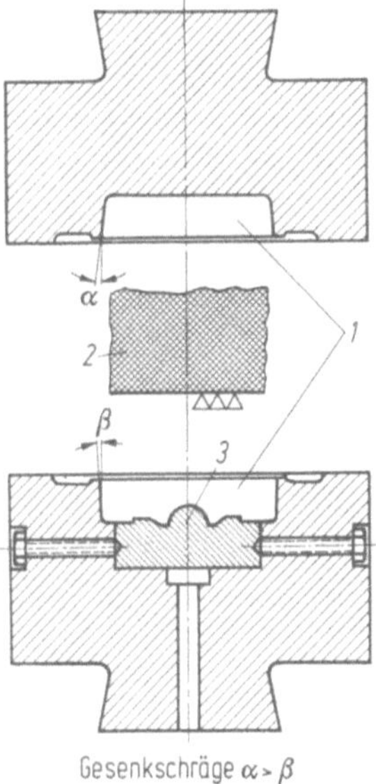

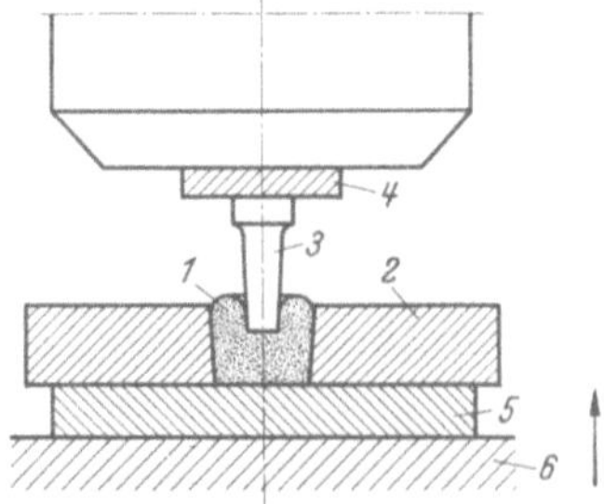

Bild 4.43. Werkzeuganordnung beim Kalteinsenken (schematisch)
1 Gesenkblock, *2* Haltering (vergütet), *3* Einsenkstempel, *4* und *5* gehärtete Unterlegplatten, *6* Preßkolben

◄ Bild 4.42. Halter zum Schmieden von Gesenkeinsätzen nach [4.43]
1 Aussparungen für Meisterstempel und Rohteil für Einsatz, *2* Rohteil, *3* Meisterstempel

55 NiCrMoV 6) nur 13% derjenigen des genannten weichen C-Stahles. Man muß daher entweder mit Zwischenglühungen arbeiten — dies verteuert die Herstellung und beeinträchtigt die Oberflächengüte — oder die Werkzeuge aus gut einsenkbaren Stählen herstellen und anschließend einsatzhärten.

Zum Kalteinsenken wird der geglühte, an der Gravurfläche feingeschliffene Block in einen Haltering, dessen Außendurchmesser mindestens das 2,5fache des Blockdurchmessers betragen soll, eingelegt (Bild 4.43). Zur Verminderung der Reibung soll die Gravurfläche oder der Einsenkstempel verkupfert werden; für Schmierung mit einem druckbeständigen Schmiermittel ist zu sorgen. Nach dem Einsenken wird die Gravurfläche ebengehobelt, gefräst oder geschliffen, da sie sich durch Einziehen oder Wulstbilden verformt. Die Stempel bestehen aus legierten Stählen mit hoher Zähigkeit und Härte bis > 60 HRC.

4.6.2.4 Spanende Verfahren

Rotationssymmetrische Gravuren und Gravurteile werden durch Bohren und Drehen — vielfach NC-Drehen — hergestellt (Bild 4.44), nicht rotationssymmetrische Hohlformen gefräst, sofern spanende Verfahren benutzt werden.

Das Fräsen ist das universellste Verfahren der Abspantechnik in bezug auf die Geometrie; alle Arbeitsflächen lassen sich damit entweder ungebunden (nach An-

Bild 4.44. Herstellung einer rotationssymmetrischen Hohlform
1, 2, 8 Ausgebohrte Volumina; *3* bis *6* ausgedrehte Volumina (Schruppen); *7* ausgedrehte Schlichtzugabe

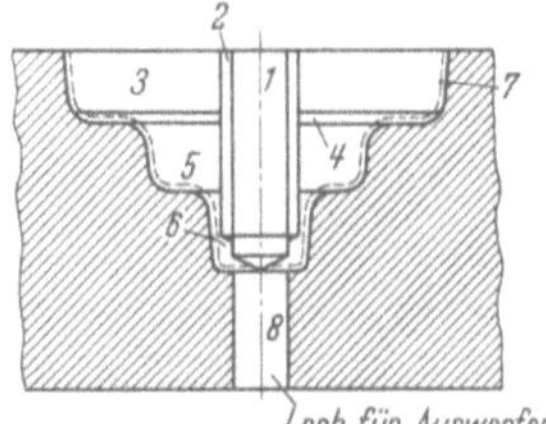

riß und Schablone) oder gebunden (an Vorrichtung, Modell, NC-Datenspeicher) erzeugen. Die abgespante Werkstoffmenge hängt stark von der Geometrie der Gravur
ab, wovon wiederum die Art des Schaftfräsers (Kugel, Zylinder, Kegel — kurz und
steif oder lang und biegeweich) und das anzuwendende Fräsverfahren (Innenum-
rißfräsen, Zeilenfräsen, Art des Frässchnittes) abhängig sind sowie von der Spanschichtaufteilung (Bild 4.45 u. 4.46).

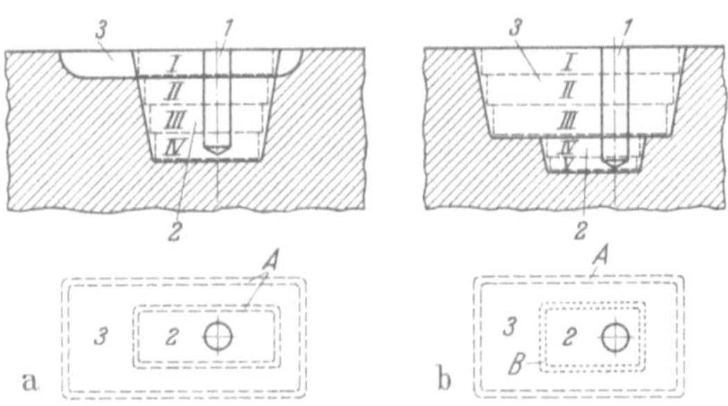

Bild 4.45. Aufteilung einer auszufräsenden Gravur in Spanschichten
a Reihenfolge: Volumen *1 – 2 – 3*; b Reihenfolge: Volumen *1 – 3 – 2*; *A, B* Anrisse; *I – V* abge-
hobene einzelne Spanschichten

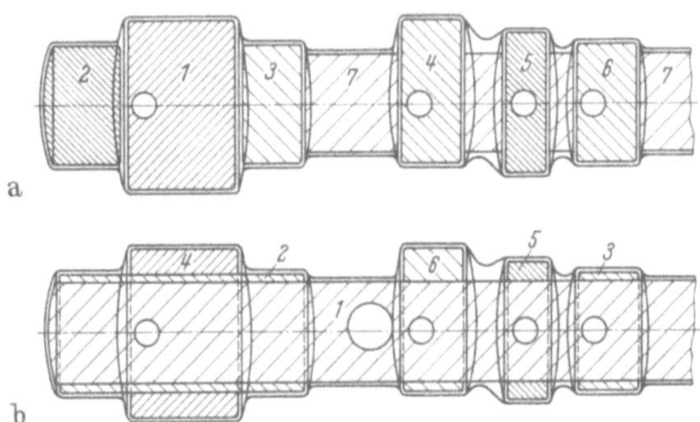

Bild 4.46. Spanschichtenaufteilung an einem Nockenwellengesenk nach [4.49]
a) Ausfräsen Abschnitt für Abschnitt; b) Ausfräsen der langen, halbrunden Partie *1* mit
Schruppfräser und Nacharbeiten der einzelnen Abschnitte mit Kegelfräser

Das Fräsen ist bei Festigkeiten mit $\sigma_B > 1400\,\text{N}/\text{mm}^2$ nicht mehr anwendbar.
Kennzeichnend für alle gefrästen Flächen auch nach dem Schlichten ist die Riefig-
keit, die einen großen Aufwand für die Oberflächenfeinbearbeitung erfordert; die
zweckmäßige Wahl der Zeilenrichtung ist hierbei entscheidend.

Das *Fräsen von Hand* ist das älteste spanende Verfahren zum Herstellen von
nicht rotationssymmetrischen Gravuren. Es kommt für die Einzel- und Erstferti-
gung von Gesenken in Frage. Der Frässchlitten wird dabei in drei Richtungen von
Hand bewegt und die Gravur nach Anriß und Querschnittsschablonen vorgefräst.
Dazu ist das Anreißen der Mittellinien von den Bezugskanten ausgehend und des
Umrisses nötig. Ferner braucht man Tiefenschablonen, deren Lage auf dem Umriß

genau zu bezeichnen ist. Die Teilvolumina werden in mehreren Schichten abgetragen, die der Leistung von Maschine und Werkzeug angepaßt sind. Die Aufteilung der Hohlformen in Abschnitte und Schichten, die sich nacheinander herausarbeiten lassen, wird *Spanschichtaufteilung* genannt. Es kommt darauf an, möglichst viel Werkstoff mit Schruppfräsern zu zerspanen. Für das Eindringen in die Tiefe ist der Wendelbohrer das geeignetste Werkzeug.

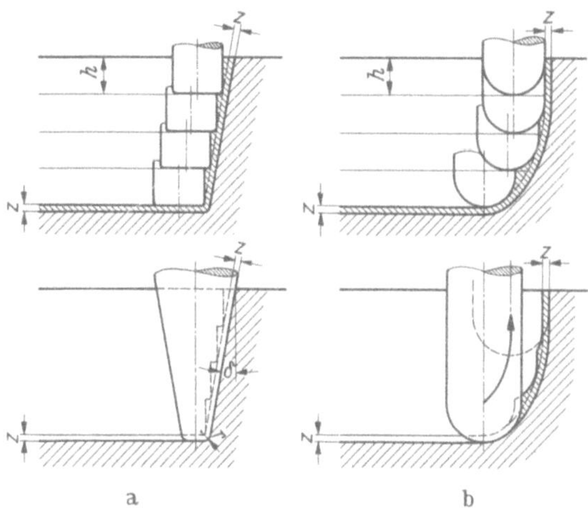

Bild 4.47. Vorfräsen und Schlichten von Hohlformen verschiedenen Querschnitts nach [4.49] a) Ebene Seitenfläche; Vorfräsen: zylindrischer Schaftfräser mit ebener Stirn; Schlichten: kegeliger Schaftfräser, Kegel entsprechend Wandneigung; b) gekrümmte Seitenfläche; Vorfräsen: zylindrischer Schaftfräser mit Halbrundstirn; Schlichten: mit gleichem Werkzeug arbeiten von unten nach oben, zerspanungstechnisch günstig. z Schlichtzugabe, δ Neigungswinkel

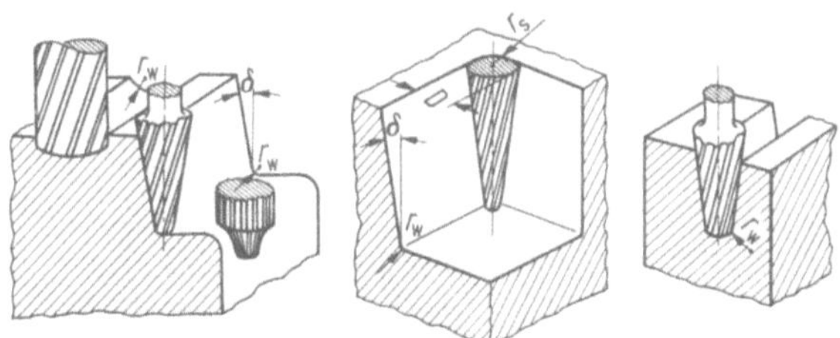

Bild 4.48 Beziehung zwischen Gravur- und Fräserform nach [4.49] δ Seitenschräge, r_w Rundungshalbmesser der waagerechten Hohlkehlen, r_s Rundungshalbmesser der senkrechten Hohlkehlen, D Fräserdurchmesser

Je nach Querschnittsform der Gravur und geometrischer Form des benutzten Fräsers bleibt nach dem Schruppen an den Gesenkwänden eine Schlichtzugabe stehen (Bild 4.47). Diese beträgt bei tiefen Gravuren, die mit wenig biegesteifen Werkzeugen bearbeitet werden müssen, ungefähr 1 mm, bei einfachen flachen Gravuren ungefähr 0,5 mm. Bei harten und zähen Werkstoffen soll das Vorfräsen der Gravur schon mit großer Annäherung an die Endform zur Erleichterung des Schlichtens erfolgen. Hierbei lassen sich hohe Flächenleistungen bei großen Fräsbreiten (Kegelfräser) erzielen. Gleichzeitig werden dadurch Absätze an der Gravurwand vermieden. Bei gekrümmten Flächen verlangt diese Arbeitsweise eine enge Formbindung des Schneidteiles an die Gravurform (Bild 4.48).

In den meisten Fällen folgt dem Schlichten zum Glätten der Seitenflächen und Ausarbeiten von Rundungen, Ecken und Kanten ein Feinschlichten, bei dem eine Schlichtzugabe von 0,1 bis 0,2 mm abgehoben wird. Hohe Oberflächengüten lassen sich hierbei nur mit genau rundlaufenden Werkzeugen erzielen.

Die genannten Aufgaben stellen hohe Ansprüche an die Werkzeuge. Diese müssen steif sein, sich leicht und sicher spannen und lösen lassen, einen einwandfreien Anschliff haben [4.51, 4.52] und verschleißfest sein. Die Schneidteilformen für Gesenkfräser mit zylindrischem und kegeligem Schneidteil und Zylinderschaft bzw. Kegelschaft, sind in DIN 1889 genormt. Die Schneiden sollen stark gedrallt sein, da die Werkzeuge dann ruhiger arbeiten.

Beim *Nachformfräsen* [4.47] ist die Werkzeugbewegung durch das Bezugsformstück (Modell) gebunden oder begrenzt (Bild 4.49). Gebunden bedeutet, daß der Taster — dieser steuert die Werkzeugbewegung — beim Fräsen dauernd am Modell anliegt. Begrenzt heißt, der Taster begrenzt nur die waagerechte Werkzeugbewegung; das Ausfräsen erfolgt schichtweise. Dadurch wird die Zerspanleistung vergrößert, da die beim formgebundenen Fräsen unvermeidlichen Leerwege zu Beginn der Arbeit entfallen. Es ergibt sich hieraus, daß das formgebundene Fräsen vornehmlich für das Fertigfräsen, das formbegrenzte Fräsen dagegen für das Vorfräsen geeignet ist. Beide Grundverfahren lassen sich auf verschiedene Weise ausführen (Bild 4.50):

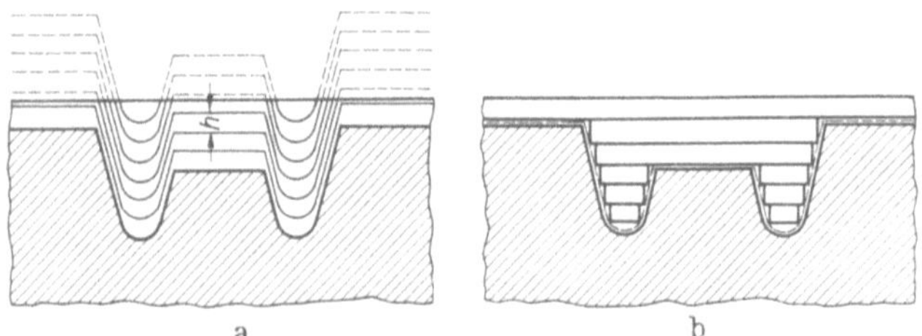

Bild 4.49. Nachformfräsen von Hohlformen nach [4.50]
a) formgebunden; b) formbegrenzt

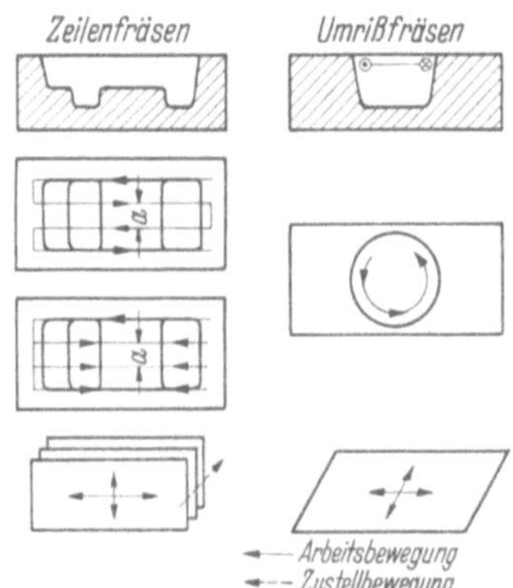

Bild 4.50. Verschiedene Arbeitsweisen beim Nachformfräsen nach [4.50]. *a* Zeilenabstand

1. durch Zeilenfräsen,
2. durch Umrißfräsen.

Das Umrißfräsen ist vornehmlich beim Fertigfräsen von Gravuren mit glatten Wänden und ebenem Grund günstig. Das Zeilenfräsen ist das umfassendere Verfahren: es dient im wesentlichen zum formgebundenen Schlichten und Feinschlichten vorgefräster, vielfach gegliederter Hohlformen und zum meist formbegrenzten Vorfräsen. Damit Leerwege vermieden werden, muß die Zeilenlänge der Abmessung der jeweils bearbeiteten Gravurpartie angepaßt werden.

Selbsttätige Nachformfräsmaschinen können ohne Bedienung, d. h. auch nachts arbeiten. Gleichzeitiges Fräsen mehrerer gleicher Gravuren sowie spiegelbildliches Fräsen sind möglich.

Die zum Nachformen benötigten Bezugsformstücke werden aus verschiedenen Werkstoffen nach unterschiedlichen Verfahren hergestellt, meist aus Stahl, Leichtmetall, Hartholz oder Kunststoffen. Daneben gibt es Abformverfahren unter Verwendung eines Positivs als Modell (z. B. Metallspritzen oder Hintergießen mit schwindungsarmen Gießharzen).

4.6.2.5 Funkenerosives Senken

Durch Funkenerodieren lassen sich vergütete und hochwarmfeste Werkstoffe verzugs- und rißfrei mit Rauhtiefen $R_t = 2$ bis $4\,\mu$m und Maßgenauigkeiten bis zu $\pm 0{,}05$ mm bearbeiten [4.53, 4.54].

Funkenerosives Gravieren ist ein elektrothermisches Abtragen durch Überschlag elektrischer Funken zwischen einer Formelektrode und dem Gesenkblock in einem Dielektrikum, die Temperaturen in der Größenordnung von 4000 bis 20 000 °C erzeugen, so daß kleinste Metallteilchen verdampfen, in der umgebenden Flüssigkeit abkühlen und fortgespült werden (Bild 4.51). Es entsteht so eine Gravurfläche aus einer Vielzahl von überlagerten Kugelkalotten. Die aufgehärtete Randzone geht in ein Umwandlungsgefüge und anschließend in das Grundgefüge über. Auswirkungen des Verfahrens auf die Standmenge wurden bei einwandfreier Werkzeugherstellung nicht festgestellt [4.9].

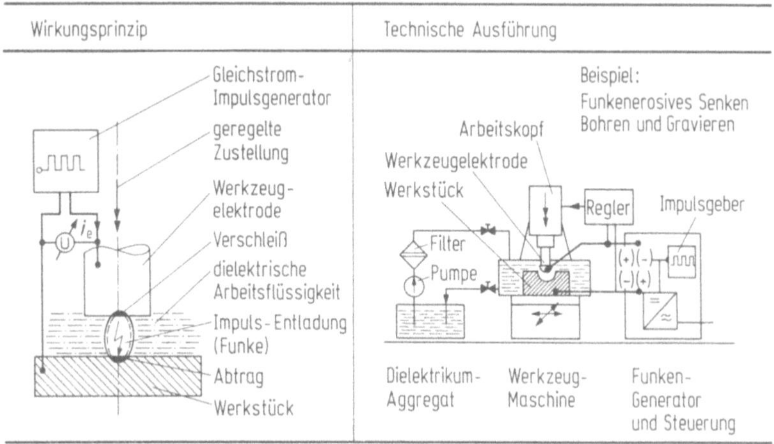

Bild 4.51. Funkenerosives Senken nach [4.57]

Aufwand und Arbeitsergebnis sind abhängig von der elektrischen und thermischen Leitfähigkeit des Werkstoffs (um so besser, je niedriger der Schmelzpunkt) und der Wärmeleitfähigkeit.

Die Maschinen bestehen aus drei Baugruppen: der Bearbeitungsmaschine (mit Arbeitskopf, Werkzeugträger und Spanntisch), dem Generator und der Flüssigkeitsversorgung (Vorratsbehälter, Pumpe, Filter, Kühlung). Als Dielektrika werden Petroleum oder spezielle Flüssigkeiten verwendet [4.55].

Die wichtigsten Leistungskenngrößen sind Abtragsleistung und relativer Elektrodenverschleiß in Abhängigkeit von der erzeugten Oberflächengüte.

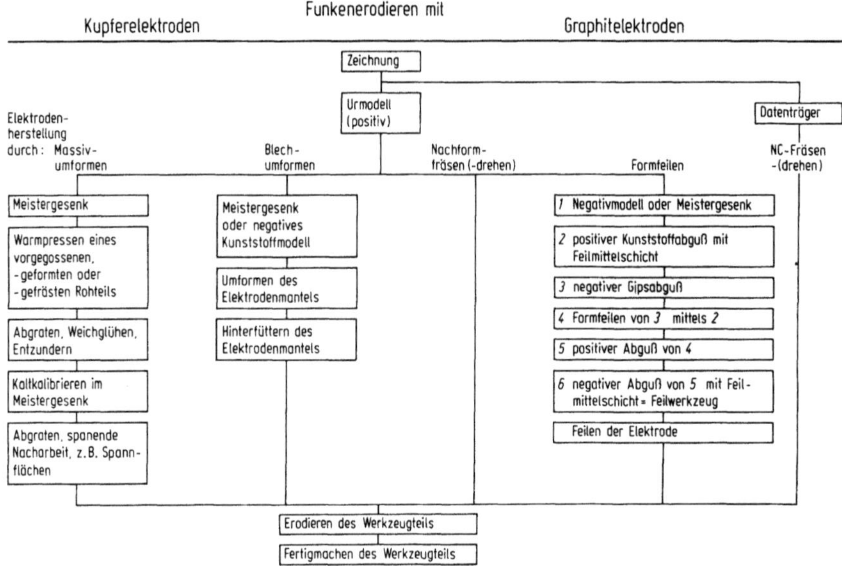

Bild 4.52. Möglichkeiten zum Herstellen von Hohlformwerkzeugen mit Hilfe der Funkenerosion (positiv: entspricht Schmiedestück, negativ entspricht Gesenk)

Die Elektroden werden im allgemeinen nach zwei Verfahren hergestellt (Bild 4.52):

a) Aus 3 bis 4 mm dicken Kupferblechen bei flachen und großen Gravuren durch Warmschmieden, Weichglühen und Kaltkalibrieren in Meistergesenken. Maßabstufungen werden durch Abätzen der Elektroden und Maßkorrektur der Meisterform für die letzte Elektrode erzeugt;

b) meist aus Graphitblöcken durch Nachformfräsen oder Feilen [17]. Graphit hat sehr gute elektrische und thermische Wärmeleitfähigkeit sowie einen hohen Schmelzpunkt und damit geringen Elektrodenverschleiß. Die Fräsmaschine sollte höhere Schnittgeschwindigkeiten und Vorschübe besitzen als beim Fräsen von Stahl.

---

[17] Eine Negativform mit Übermaß und rauher Oberfläche wird unter Druck mit geringer Oszillation gegen den Graphitblock gedrückt; durch die oszillierende Bewegung arbeitet sich die Form in den Graphitblock ein.

Je nach dem relativen Elektrodenverschleiß sind mehrere — meist zwei bis drei — Elektroden nötig, die in der Maschine rotatorisch und axial ausgerichtet werden müssen. Der örtlich unterschiedliche Elektrodenverschleiß ist durch Verbessern der Elektroden zu berücksichtigen. In Zukunft ist mit einer zunehmenden Anwendung von numerisch gesteuerten Fräsmaschinen zur Elektrodenherstellung zu rechnen.

Das Nachsetzen von Gravuren ist nach dem Abschleifen einer etwa 5 mm dikken Schicht wie beim Fräsen bis zu dreimal zweckmäßig. Die Wirtschaftlichkeit des Verfahrens kann durch mehrkanaliges Erodieren (gleichzeitiges Herstellen mehrerer Gravuren in einer Maschine) und durch Mehrschichtbetrieb (ohne Aufsicht bei zusätzlichen Sicherheitsmaßnahmen möglich) verbessert werden. Beim Betrieb von Funkenerosionsmaschinen sind Sicherheitsmaßnahmen zu beachten (Berührungsschutz spannungsführender Bauteile, Verhüten von Bränden der Bearbeitungsflüssigkeit durch Temperaturkontrollen, Beachten der Explosionsgefahr in Filtern, die sich mit Kohlenstoff anreichern, Verhüten von Gesundheitsgefahren durch toxische Dämpfe des Arbeitsmediums mittels Absaugvorrichtung). Ferner ist für eine umweltschützende Beseitigung des Elektrodenschlamms zu sorgen.

4.6.2.6 Elektrochemisches Senken

Das elektrochemische Senken ähnelt in seiner Kinematik dem elektroerosiven Senken. Auch hier ist das Werkzeug als Gegenform der herzustellenden Gravur ausgebildet. Das Prinzip des elektrochemischen Abtragens beruht auf der anodischen Auflösung des metallischen Werkstoffs in einer wäßrigen Elektrolytlösung (Bild 4.53). Besondere Vorteile sind der fehlender Verschleiß der Werkzeugelektrode und die hohe Oberflächengüte bei großen Abtragsleistungen. Die Festigkeit eines Werkstoffs wirkt sich nicht auf die erreichbare Abtragsleistung aus. Bedingt durch das Prinzip des Verfahrens bildet sich zwischen Elektrode und Gesenk ein Spalt, der im Gegensatz zur Elektroerosion bei gleichen Bearbeitungsvorgängen unterschiedlich groß sein kann und dessen Größe von den Bearbeitungsbedingungen, der Gesenkform, dem Gesenkwerkstoff und dem Elektrolyten abhängt. Um eine bestimmte Raumform erzeugen zu können, muß daher die Elektrode gegen-

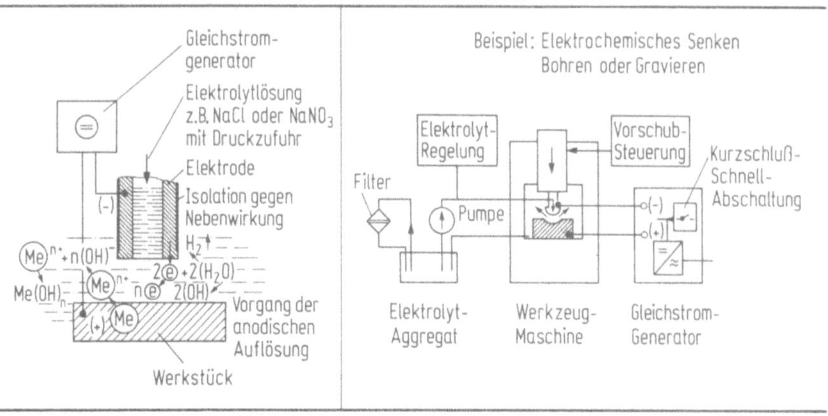

Bild 4.53. Elektro-chemisches Senken nach [4.57]

über der zu erzeugenden Form korrigiert werden. Aus diesem Grunde ist die Herstellung der Elektroden teuer. Nachteile des Verfahrens sind die hohen Investitionskosten, hohe Kosten für Entwicklung und Erprobung der Werkzeuge und der Vorrichtungen für die Elektrolytzufuhr sowie hohe Betriebskosten (elektrische Energie, Elektrolytverbrauch und -aufbereitung). Daher lohnt sich das elektrochemische Abtragen bisher nur bei großen Stückzahlen von gleichen Gesenken (mindestens zweischichtige Auslastung der Anlage).

Die Anlagen bestehen aus der Maschine, die die Elektrode unabhängig von der Belastung durch den Elektrolytdruck (≈ 20 bar) mit konstanter Vorschubgeschwindigkeit führen muß, dem Generator und der Elektrolytversorgung (Hochdruckpumpe, Behälter, Wärmeaustauscher mit Temperaturregelung, Filter und Klärzentrifuge). Auf die erforderlichen Sicherheitseinrichtungen (sofortiges Abschalten der Stromzufuhr bei Kurzschluß) und die Probleme der Abwasserreinigung und Schlammbeseitigung sei auch hier hingewiesen.

4.6.3 Wärmebehandeln von Gesenken

Durch Wärmebehandeln [4.58, 4.59] erhält ein Gesenk die erforderlichen Festigkeits- und Zähigkeitseigenschaften, entweder vor dem Herstellen der Gravur (Funkenerodieren; elektrochemisches Abtragen; Fräsen, wenn die Gesenkfestigkeit $\sigma_B < 1400\ \text{N/mm}^2$) oder nachher (Einsenken; Fräsen, wenn $\sigma_B > 1400\ \text{N/mm}^2$ sein soll). Gegossene Gesenke sind zunächst zu homogenisieren, um eine gleichmäßige Verteilung der Karbide zu erhalten.

Der Erfolg der Wärmebehandlung hängt von der richtigen Wahl der Temperaturen, der Wärm- bzw. Abkühlgeschwindigkeiten und der Haltezeiten beim Austenitisieren, Härten und Anlassen ab. Das Austenitisieren bezweckt außer der Gefügeumwandlung die Auflösung der Karbide und einen Konzentrationsausgleich der Legierungselemente. Ein spannungsarmes Durchwärmen wird durch stufenweises Wärmen erreicht. Da Temperatur und Zeit in ihrer Wirkung beim Austenitisieren in Grenzen austauschbar sind (s. u.), werden Gesenke mit großer Masse bei längeren Haltezeiten (wegen der Durchwärmung) bei verhältnismäßig niedrigen Temperaturen austenitisiert.

Beim Härten wird eine möglichst vollständige Martensitbildung angestrebt. Die hierfür verfügbaren Zeiten sind den ZTU-Schaubildern zu entnehmen [4.60]. Der Martensitpunkt soll im ganzen Querschnitt möglichst gleichzeitig durchlaufen werden, um Verzug und Spannungen gering zu halten.

Auch beim Anlassen sind Anlaßzeit und -temperatur in ihrer Wirkung auf die Härte über den Anlaßparameter P gekoppelt, so daß Gesenke mit großer Masse bei längerer Haltezeit aber niedrigerer Temperatur behandelt werden können:

$$P = T\,(20 + \log t_h) \qquad (T \text{ in } K,\ t_h \text{ in } h). \tag{4.11}$$

Die vom Werkstoff abhängigen Temperaturen und Zeiten beim Wärmebehandeln sind z. B. im Stahl-Eisen-Werkstoffblatt 250-63 angegeben. Für den Stahl X 38CrMoV 51 sei als Beispiel ein Wärmebehandlungsablauf genannt, wie er sich als zweckmäßig erwiesen hat:

1. Wärmen im elektrischen Ofen unter Schutzgas oder im Vakuumofen oder im Salzbad zur Vermeidung von Entkohlung und Verzunderung.

	Wärmgeschwindigkeit °C/h	Haltezeit: [min je mm Blockdicke]
Wärmen auf 550 °C:	100	3
Wärmen auf 850 °C:	100	1,2
Wärmen auf 1030 °C:	100	0,6

2. Härten im Luftstrom; Abkühlen auf 150 °C.
3. Anlassen im elektrisch beheizten Ofen auf 550 bis 600 °C mit 100 °C/h. Haltezeit: 6 min/mm Blockdicke, danach Abkühlen an Luft auf Raumtemperatur.
4. Härteprüfung.
5. Zweites Anlassen bei Stählen, die nach dem Härten Restaustenit enthalten, aus dem sich beim ersten Anlassen Martensit ausscheidet, der dann durch nochmaliges Glühen angelassen werden muß. Bei richtiger Härte, Dauer wie unter 3., aber Temperatur 40 bis 50 °C geringer. Liegt die Härte zu hoch, dann Dauer wie unter 3., jedoch Temperatur 15 bis 10 °C über der Anlaßtemperatur.

Im Hinblick auf hohe Standmengen sollten Gesenke, die im vergüteten Zustand bearbeitet werden, nach dem Herstellen der Gravur entspannt werden (24 bis 48 h bei 300 °C); auch nach jedem Nachgravieren ist ein erneutes Entspannen angebracht.

4.6.4 Nachbearbeiten der Gravuroberfläche

Die Nachbearbeitung der Gravur durch Schleifen, Schmirgeln und Läppen [4.61] soll die Rauhtiefe auf Werte < 10 μm verringern, ohne die Abmessungen merklich zu beeinflussen. Nach dem Funkenerodieren und elektrochemischen Abtragen ist eine Nacharbeit meist nicht mehr erforderlich.

Zum Feinbearbeiten von Hand durch Schleifen und Polierschleifen benutzt man Hartmetallhandfräser, Schleifstifte, Schmirgelleinen, Polierscheiben usw. Der Zeitaufwand hierfür ist verhältnismäßig groß; die noch abzutragende Werkstoffschicht ist 0,1 bis 0,2 mm dick.

Beim Strahlläppen werden lose Schleifkörner (Si-Karbid, Quarzmehl) mit Korngrößen von 20 bis 50 μm, die gleichmäßig in einer Läppflüssigkeit verteilt sind, mit Druckluft von 6 bis 7 bar in einem Strahl unter etwa 45° gegen die Oberfläche geschleudert. Die Spitzen der Oberflächenfeinstruktur lassen sich dadurch auch an stark gegliederten Flächen schnell und gleichmäßig abtragen. Besonders vorteilhaft ist das Strahlläppen nach dem Vergüten, da der anhaftende Zunder in wenigen Augenblicken entfernt wird. Bei einer Ausgangsrauhheit von nicht mehr als ≈ 15 μm lassen sich Rauhheiten von ≈ 2 bis 3 μm erzielen.

Das Trockenstrahlen dient zum Entfernen von Härtezunder. Das Strahlmittel mit Korngrößen zwischen 200 bis 300 μm wird mittels Druckluft von 4 bis 7 bar senkrecht auf die Gravur geschleudert. Man erreicht Rauhtiefen von 8 bis 10 μm.

4.6.5 Oberflächenbehandlung

Gesenke, die durch Verschleiß und nicht durch Ermüdungsrisse oder plastische Verformung unbrauchbar werden, können durch Beschichten der Oberfläche oder durch Ändern der Stoffeigenschaften in der Oberflächenschicht einen höheren Ver-

Tabelle 4.14. Verfahren zum Erzeugen verschleißfester Gesenkoberflächen (in Anlehnung an [4.62])

Verfahren	Kurzbeschreibung des Verfahrens	Ergebnis der Behandlung	Vorteile	Nachteile	Anwendung und Ergebnisse
1. Hartverchromen [4.63, 4.64]	Elektrolytische Abscheidung von Chrom Badtemperatur etwa 50°; anschließend 18 bis 20 h Glühen bei 200 bis 220 °C	Schichtdicke 0,02 bis 0,1 mm HV = 750 bis 1000	Ausgezeichneter Verschleißwiderstand der feinkristallinen Chromschicht bei gleitender Reibung; vermindertes Kleben der Schmiedestücke	Besondere Einrichtungen zum Hartverchromen erforderlich	Standmenge bis zu dreimal höher [4.65] wenig geeignet bei Schlagbeanspruchung und hoher Kantenpressung
2. Auftragschweißen	Ausarbeiten der Schweißstellen um etwa 2 mm. Vorwärmen: ≈400 °C Hartlegierungen auf Zwischenlage (3 Lagen) auftragen. Entspannen bei 450 bis 520 °C/8 h oder Abkühlen im Ofen, Nacherodieren	Schichtdicke: etwa 2 mm	Verbesserung des Verschleißverhaltens	Unterschiedliche Ausdehnungskoeffizienten von Grund- und Auftragswerkstoff	
3. Plasmaspritzen	Werkstoff wird im Bogenplasma aufgeschmolzen und durch den Plasmastrahl auf das Werkstück geschleudert		Dichte, fest haftende und homogene Schichten; hohe Verschleißfestigkeit; hohe Hitzebeständigkeit; geringe Erwärmung beim Aufspritzen führt zu keiner Gefügeänderung und nur zu geringen Maßänderungen		Großer gerätetechnischer Aufwand und Beachtung verfahrenstechnischer Besonderheiten haben bisher eine industrielle Anwendung verhindert; beachtliche Standmengenerhöhungen bei Versuchswerkzeugen

4. Oberflächenhärten [4.66 bis 4.68]	Induktives Härten der Oberfläche; Abschrekken durch Wärmeabgabe an den Gesenkblock; Entspannen zum Abbau von Härtespannungen				
5. Aufkohlen		HRC=60	erhöhter Verschleißwiderstand		bei einfachen Gesenken (z. B. für Wälzlagerringe)
6. Nitrieren	Diffusion von N_2 in die Oberflächenschicht (durch Glühen bei 800 °C wird die Schicht aufgelöst)				
6.1. Badnitrieren in belüfteten Ti-Tiegeln (Tenifer-Verfahren) [4.69 – 71]	Nitrieren im Salzbad bei 500 bis 580 °C; Behandlungsdauer 1,5 bis 3 h	5 bis 15 μm dicke Verbindungszone aus Karbiden u. Nitriden 0,2 bis 1 mm dicke Diffusionszone HV = 1000 bis 1500	Steigerung der Härte und der Verschleißfestigkeit; Verringerung der Reibung; Verbesserung der Korrosionsbeständigkeit	Probleme des Umweltschutzes bei der Beseitigung der giftigen Badrückstände an den Werkstücken und im Salzbad (Cyanide und Cyanate)	Nur anwendbar, wenn Anlaßtemperatur > 500 °C; Standmenge 1,5- bis 3mal höher
6.2. Ionitrieren [4.72]	Nitrieren durch Diffusion von atomarem Stickstoff in die Werkstückoberfläche unter Glimmentladungsbedingungen; Ionitriertemperatur: 350 bis 580 °C	Nitrierhärtetiefen bis zu 1 mm	wie 6.1.		
7. Borieren [4.73 – 4.75]	Diffusion von B in die Oberflächenschicht, z. B. durch Glühen in Borabgebendem Pulver bei 900 bis 1000 °C	Boriertiefe: 0,1 bis 0,3 mm HV = 1400 bis 2500	Die borierte Schicht ist empfindlich gegen Stoßbeanspruchung		Standmenge bis zweimal größer; bei Walzwerkzeugen bis zu fünfmal größer

schleißwiderstand erhalten. In Tabelle 4.14 sind Verfahren aufgeführt, die mit Erfolg für Schmiedegesenke angewendet worden sind, z. B.:

> Beschichten: Hartverchromen, Auftragsschweißen, Plasmaspritzen;
> Stoffeigenschaftändern durch
> > Umlagern von Stoffteilchen: Oberflächenhärten;
> > Einbringen von Stoffteilchen: Aufkohlen, Nitrieren, Borieren.

4.6.6 Ausbessern von Gesenken

Geringfügige Schäden an der Gravur — Riefen, Risse, Verformungen — werden von Hand oder durch Strahlläppen beseitigt [4.76]. Infolge von Rissen oder Verschleiß unbrauchbar gewordener Gravuren können durch Ausfräsen und anschließendes Auftragsschweißen ausgebessert werden. Rißstellen müssen dabei unbedingt bis zum Rißgrund ausgefräst werden. Zum Auftragsschweißen verwendet man entweder artgleiche Legierungen, d. h. Elektrodenwerkstoffe, die mit dem Grundwerkstoff übereinstimmen oder — bei Verschleiß als Versagenursache — hochwarmfeste Werkstoffe, die eine größere Verschleißbeständigkeit besitzen als die üblichen Gesenkwerkstoffe.

4.6.7 Prüfen von Gesenken

Die Kontrolle der Gravurabmessungen bereitet insofern Schwierigkeiten, als Innenmaße in Hohlformen mit abgerundeten Kanten und Ecken schlecht zu messen sind. Mit Hilfe von Abformmassen lassen sie sich zwar in leichter meßbare Außenmaße umwandeln, jedoch kommt hierdurch ein neuer Ungenauigkeitseinfluß hinzu. Soll das Meßergebnis nicht grob verfälscht werden, so muß die Genauigkeit des Abformverfahrens größer [18] sein als die Herstellgenauigkeit. Diese Forderung wird für Genauigkeiten um IT 10/11 von Modellgips und kalt in die Gravur geschlagenem oder gedrücktem Blei erfüllt; für bessere Genauigkeiten — bis IT 7/8 — muß auf niedrigschmelzende Legierungen (z. B. 50,0 Bi; 26,7 Pb; 13,3 Sn; 10,0 Cd; Schmelzpunkt 70°) oder plastische Massen zurückgegriffen werden. Bei allen Stoffen ist die Maßänderung durch Wachsen oder Schwinden zu berücksichtigen [4.77].

Entsprechend der bekannten Regel sollten die Gravur- bzw. Abdruckmaße mit 5 bis 10facher Genauigkeit gemessen werden. Für Gesenke mit Herstellgenauigkeiten zwischen 0,1 und 1 mm sind demnach Meßgeräte mit Genauigkeiten von 0,01 bis 0,1 mm zu verwenden. Das hat aber praktisch nur einen Sinn, wenn die Bezugspunkte [19] genau festgelegt sind.

Zur unmittelbaren Prüfung von Gravuren wurden Vorrichtungen entwickelt, die nach dem Nachformprinzip arbeiten: ein Fühler, der an einem Meistergesenk entlang geführt wird, steuert einen Meßfühler, der den Abstand von der Oberfläche des zu prüfenden Gesenks angibt [4.78].

---

[18] Die Abformgenauigkeit soll mindestens doppelt so groß sein, d. h. $T_G = 0,5$ mm; Abformgenauigkeit $= 0,25$ mm.

[19] Die Maßgenauigkeit einer Hohlform läßt sich nur durch Abstandsmessungen zwischen ausgezeichneten Punkten bestimmen, für die Prüfung der Formgenauigkeit an Abdrücken sind Profilprojektoren gut geeignet.

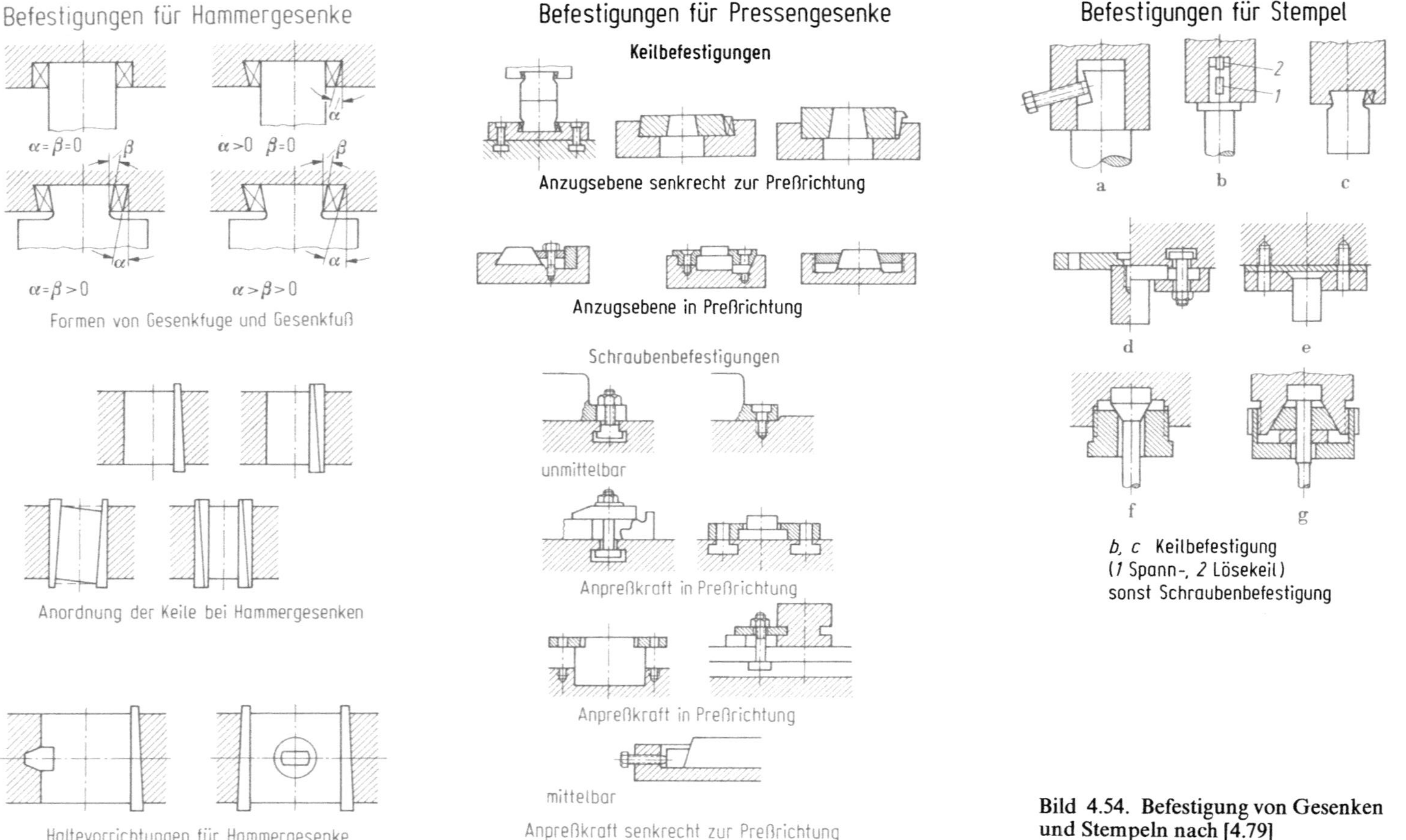

Bild 4.54. Befestigung von Gesenken und Stempeln nach [4.79]

Die Entwicklung geht jedoch zu numerisch gesteuerten Prüfeinrichtungen. Hierbei wird der zum Herstellen der Gravur benutzte Datenträger auch zur Steuerung der Prüfmaschine verwendet, die den Unterschied zwischen Soll- und Istmaß feststellt.

4.7 Einbau und Befestigen von Gesenken

Umformwerkzeuge müssen fest, sicher und lagegenau eingebaut werden.

Hammergesenke werden mit Keilen befestigt, da diese die Gesenke in Hämmern zuverlässiger halten als Schrauben. Die Befestigungen sollen einerseits unbeabsichtigte Lageänderungen der Werkzeuge — z. B. das sog. Wandern von Hammergesenken — verhindern, andererseits ein Verstellen der Werkzeuge in Längs- und Querrichtung zulassen. Um die Austauschbarkeit zu gewährleisten, und um Gesenkfüße und -Keile wirtschaftlich bearbeiten zu können, empfiehlt es sich, die Abmessungen von Gesenkfugen, -Füßen und Haltesteinen zu normen.

Bild 4.54 zeigt 4 mögliche Formen von Gesenkfugen und -Füßen. Bei der Form A ist $\alpha = \beta = 0$, wobei für α ein Toleranzmaß von $\pm 0{,}5°$ zweckmäßig ist. Form A und B sind am einfachsten zu bearbeiten, jedoch kann das Obergesenk aus der Halterung herausfallen, wenn die Verkeilung nicht einwandfrei ist. Bei Form D sind die Neigungswinkel α und β verschieden groß. Die Ausführung mit $\alpha = 7°$ und $\beta = 5°$

Bild 4.55. Werkzeughalter mit Schnellwechselplatten (Werkbild Eumuco)

hat sich bewährt. Dadurch wird ein zwangsläufiges Aufliegen des Gesenkfußes und der Keile gewährleistet.

Die Befestigung mit Keilen kann ein- oder beidseitig sein. Die Keilabmessungen ergeben sich aus den Abmessungen der Gesenkfugen und Füße, der Keilanzug beträgt 1 : 1000.

Haltevorrichtungen sollen das Wandern der Gesenke infolge freier Querkräfte verhindern.

Die schwere Arbeit beim Festschlagen und Lösen der Keile kann mit Keilrammen erleichtert werden [4.80]. In einzelnen Schmieden werden Schraubkeile erfolgreich angewendet [4.81]. Nachteilig ist ihre große Breite.

Wegen der geringeren Stoßbeanspruchungen werden Werkzeuge in Pressen meist mit Schrauben befestigt.

Für Pressen werden möglichst voreingestellte Gesenksätze mit Säulenführungen verwendet, die in der Maschine nur noch befestigt werden müssen. Die Rüstzeiten lassen sich mit Schnellwechselplatten noch weiter verkürzen (Bild 4.55).

Der Einbau schwerer Gesenke wird durch Gabelstapler und Hubwagen oder spezielle Schnellwechselwagen erleichtert, die die Werkzeuge auf die Tischhöhe der Maschine heben.

4.8 Kühlen und Schmieren von Gesenken

4.8.1 Eigenschaften von Kühlmitteln, Schmierstoffen und Treibmitteln

Zur Unterstützung des Schmiedevorgangs und zur Schonung der Gesenke werden vor dem Schmieden häufig

Kühlmittel zur Wärmeabfuhr aus den Gesenken,
Schmierstoffe zum Erzeugen von Trenn- und Schmierschichten beim Umformen,
Treibmittel zum leichteren Lösen der Schmiedestücke aus der Gravur

auf das Gesenk oder das Schmiedestück aufgebracht. Diese Stoffe müssen neben ihren spezifischen Aufgaben zusätzliche Anforderungen erfüllen:

Sie dürfen weder auf Gesenk noch Schmiedestück korrodierend wirken,
sie müssen unschädlich und sollen nicht belästigend (z. B. durch Rauchentwicklung und Geruchsbelästigung) sein,
sie sollen möglichst keine oder allenfalls nur leicht entfernbare Rückstände im Gesenk und auf dem Schmiedestück hinterlassen,
sie sollen sprühbar sein, damit eine Automatisierung des Schmiervorgangs möglich ist,
sie müssen wirtschaftlich sein.

In Bild 4.56 ist das Wirkungsgefüge von Kühlmitteln, Schmierstoffen und Treibmitteln dargestellt, das die wesentlichen kausalen Zusammenhänge, Wechselwirkungen und Rückwirkungen aufzeigen soll, die zwischen ihnen und den Größen des Umformvorganges bestehen. Eine Zusammenfassung der inzwischen sehr umfangreichen Literatur über Schmierung und Schmierstoffe findet man in [4.82 bis 4.84].

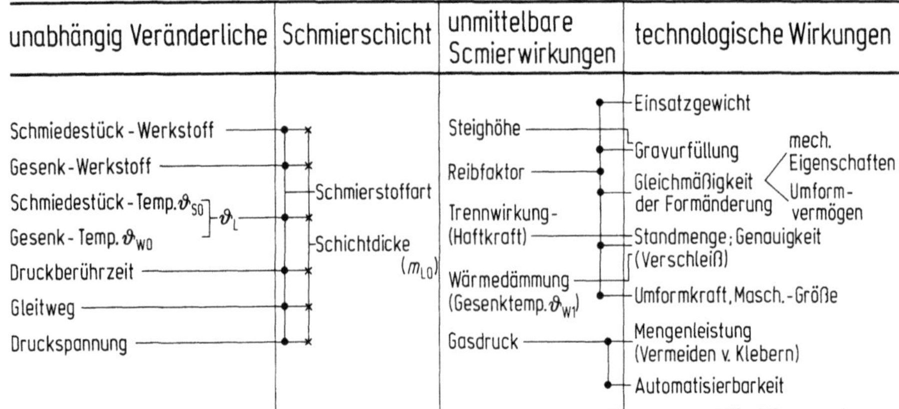

Bild 4.56. Wirkungsgefüge der Schmierschicht: Unabhängige Veränderliche bestimmen Schmierstoffart und Schichtdicke bzw. Schmierstoffmenge m_{L0}. Davon abhängige unmittelbare Schmierwirkungen rufen technologische Wirkungen hervor

Die Auswahl der Kühlmittel, Schmierstoffe und Treibmittel ist u. a. abhängig vom Schmiedestückwerkstoff. Bei Aluminium und Magnesium muß man wegen der hohen Gesenktemperaturen oft einen Schmierstoff mit Öl als Träger verwenden. Wegen der fehlenden Zunderschicht neigen diese Werkstoffe zum Kleben und Fressen. Der Schmiedevorgang muß bei großen Umformgraden zum Schmieren unterbrochen werden. Bei Präzisionsschmiedestücken aus Titanlegierungen sind Gläser im Hinblick auf den Oberflächenschutz erforderlich.

Beim Schmieden von Stahl verzichtet man auf Kühl-, Schmier- und Treibmittel, wenn flache Gravuren und geringe Gesenktemperaturen (Schmieden im Hammer) vorliegen. Kühlmittel werden bei hoher Temperaturbelastung (kurze Schlagfolgezeiten, lange Druckberührzeiten) angewendet, Schmierstoffe beim Schmieden in Pressen, Treibmittel bei tiefen Gravuren.

Bei nichtrostenden Stählen sind Schmierstoffe zum Vermeiden von Verschweißungen wegen der fehlenden Zunderschicht erforderlich.

4.8.2 Kühlmittel

Als Kühlmittel der Gesenke beim Schmieden kommen Luft, Luft-Wasser-Gemische, Wasser und Wasser mit Netzmittelzusätzen (z. B. Seifen) in Frage. Die Kühlwirkung nimmt in der angegebenen Reihenfolge zu. Netzmittel sind erforderlich, wenn die Gesenktemperatur so hoch liegt, daß eine Dampfhaut beim Aufsprühen entsteht (Leidenfrostsches Phänomen). Die Kühlwirkung ist abhängig:

von der Art des Kühlmittels,

vom Sprühvorgang (Menge, Sprühdauer, Auftreffgeschwindigkeit, Abstand und Lage der Sprühdüsen),

vom Gesenk (Oberflächentemperatur, Gesenkwerkstoff, Blockgröße, Gravurform).

Außer durch Netzmittel kann die Dampfhautbildung durch große Auftreffgeschwindigkeiten des Sprühstrahls unterdrückt werden. Andere Zusätze als Netzmittel (Schmierstoffe, Treibmittel) verringern die Kühlwirkung. Daher sollte man — abgesehen von wirtschaftlichen Gründen — zunächst kühlen, bevor Schmierstoffe aufgetragen werden.

4.8.3 Die Schmierschicht

Gesenkschmierstoffe bestehen in der Regel aus

einem *Feststoffanteil* (Tab. 4.15), der nach Art, Teilchengröße und Konzentration verschieden sein kann (meist Graphit, daneben Molybdändisulfid und Gläser, Alkaliphosphate, Wasserglas + Graphit);
einem *Schmierstoffträger* (z. B. Wasser, Öl, Fett);
Additiven, die z. B. die Dispergierbarkeit der Feststoffe und die Benetzung der Gesenkoberfläche verbessern sollen.

Die Schmierwirkungen sind eine Funktion von Dicke und Gleichmäßigkeit der Schmierschicht, die bei sprühbaren Schmierstoffen vor allem von der Sprühdauer, der Gesenktemperatur, der Konzentration des Schmierstoffs im Träger und der Schmierstoffart abhängig ist.

Tabelle 4.15. Feststoffe in Gesenkschmierstoffen

Feststoff	übliche Teilchengröße	Konzentration [1] im Trägerstoff
Kolloidaler Graphit	1 μm	
Halbkoll. Graphit	bis 40 μm	
MoS$_2$	1 μm	
ZnS	1 bis 3 μm	bis etwa 20%
WS$_2$		
BN	1 bis 5 μm	

[1] Bei pastenförmigen (nicht sprühbaren) Schmierstoffen können die Werte um das 3- bis 4fache höher liegen.

Die Schmierschicht beim Gesenkschmieden kann abweichend vom Kaltumformen im allgemeinen nicht vorab auf das Werkstück aufgetragen werden, da die Ausgangsform vor dem Schmieden erwärmt wird. Sie muß u. U. vor jedem Umformvorgang innerhalb weniger Sekunden erneuert werden. Lediglich Schmierstoffe auf Glasbasis werden vor dem Wärmen auf die Werkstücke aufgesprüht, damit sie einen Schutzfilm gegen Oxidation bilden. Die glasartigen Substanzen erweichen bei Umformtemperatur und bilden einen hochviskosen Überzug, der beim Umformen als Schmierschicht dient.

Die Schmierschicht wird anhand der bezogenen Schmierstoffmenge m_L (Gewicht je Flächeneinheit) und qualitativ nach ihrer Gleichmäßigkeit beurteilt, da sich gezeigt hat, daß ungleichmäßige Schmierschichten u. U. ungünstiger sind als fehlende Schmierung: der Reibwert wird stellenweise herabgesetzt; dadurch kommt es zu stärkerem Gleiten auch über völlig ungeschützte Stellen des Gesenks). m_L nimmt nach [4.85] zu

mit der Sprühzeit bis zum Erreichen eines Maximums, das etwa bei Sprühzeiten von 1 bis 3 s erreicht wird. Bei längeren Sprühzeiten steigt die Schichtdicke nicht mehr an, weil ein Teil des vorher aufgetragenen Schmierstoffs wieder abgespült wird (Bild 4.57);
überproportional mit der Fetstoffkonzentration;
mit fallender Gesenktemperatur ϑ_{W0} (im Bereich von 200 – 500 °C).

Die Gleichmäßigkeit wird bei großen Konzentrationen geringer, sie wird von der Temperatur kaum beeinflußt, durch Treibmittel mit Kohlenwasserstoffen verschlechtert. Bild 4.57 zeigt die Bedingungen für das Erzeugen bestimmter Schichtdicken. Die *erforderlichen* Schichtdicken müssen anhand der Schmierwirkungen festgestellt werden (Bild 4.58). Bei $m_L > 0{,}5$ mg/cm² wird die Schmierwirkung kaum noch verbessert. Dieser Wert wird allerdings bei höheren Gesenktemperaturen nicht mehr erreicht bzw. erst mittels großer Schmierstoffkonzentrationen und längerer Sprühzeiten.

Schmierstoffe sind sparsam zu benutzen, um ein leichteres Orientieren der Gleitebenen im Feststoff zu gewährleisten. Deshalb hat es sich als sinnvoll erwiesen, öfter kleinere Mengen als einmal eine größere Menge Schmierstoff aufzutragen, die leicht zu Rückständen in tiefen Gravuren führen und damit das Steigen des Werkstoffes behindern kann.

Das gleichmäßige Auftragen des Schmierstoffes wird durch Vorsprünge und Vertiefungen der Gravur und hohe Oberflächentemperaturen der Werkzeuge erschwert.

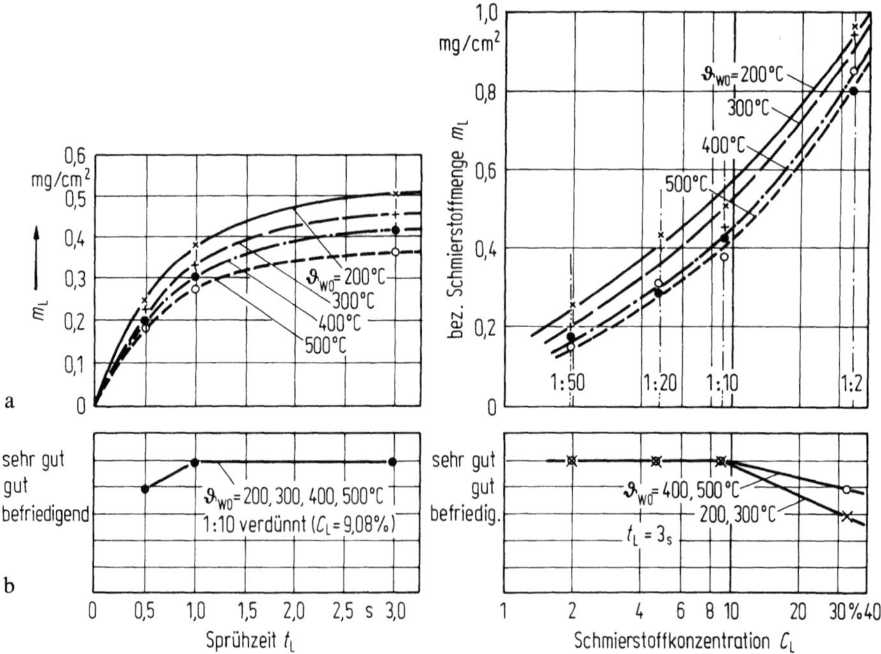

Bild 4.57. Schmierschichtgüte in Abhängigkeit von Sprühzeit und Konzentration nach [4.85].
a) Bezogene Schmierstoffmenge, b) Gleichmäßigkeit der Schmierschicht

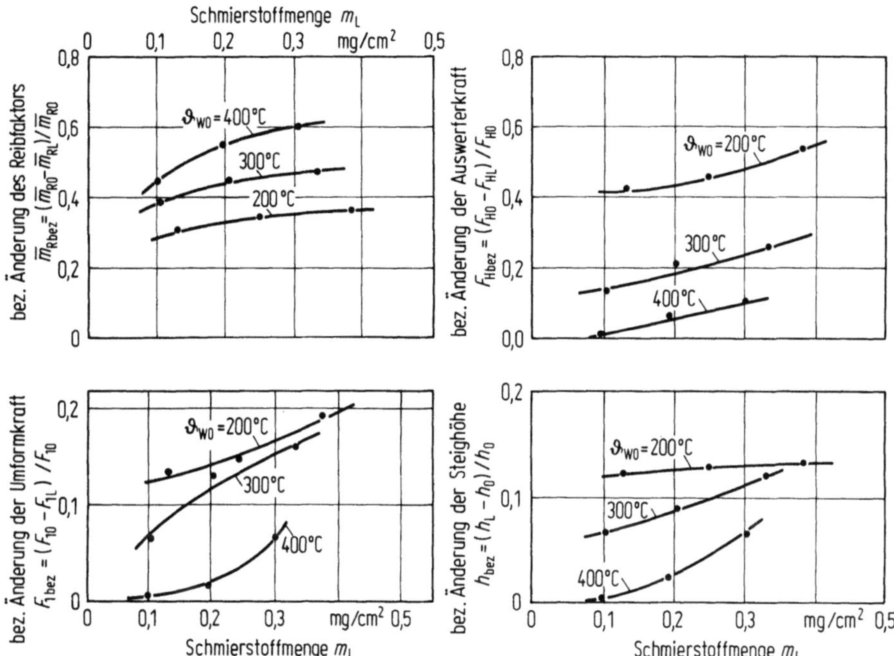

Bild 4.58. Schmierwirkungen in Abhängigkeit von der Schmierstoffmenge nach [4.85]. Schmierstoff: Graphit-Wasser Dispersion

Das Auftragen von mehr oder weniger viskosen Schmierstoffen von Hand ist noch weit verbreitet, obgleich erwiesen ist, daß dieses Verfahren gegenüber dem Aufsprühen zahlreiche Nachteile aufweist. Abgesehen von der Gefährdung des Bedienungspersonals ist es nicht möglich, eine gleichmäßige Schmierschicht zu erzeugen. Insbesondere werden schwer zugängliche Teile der Gravur ungenügend geschmiert, was die Kleberneigung erhöht. Schmierstoffanhäufungen können sich andererseits auf dem Schmiedestück abzeichnen sowie unter hohem Druck explosionsartig verdampfen und verbrennen und somit zur Rißbildung im Gesenk beitragen.

Eine Mechanisierung des Kühl- und Schmiervorgangs ist mit Hilfe von Sprühpistolen möglich. Schmierstoffreste und abgeplatzte Zunderstückchen lassen sich mit Druckluft oder Wasser aus der Gravur entfernen. Im gleichen Arbeitsgang kann man anschließend Schmierstoffschichten gleichmäßiger Dicke erzeugen. Die aufgetragene Menge wird jedoch vom Bedienungspersonal subjektiv beeinflußt.

Um das Schmieren von Gesenken dem Fertigungsablauf optimal anzupassen, sind teil- oder vollselbsttätige Sprühanlagen notwendig, die abhängig vom zeitlichen Verlauf des Umformvorgangs von Hand oder mit dem Arbeitshub synchronisiert über Endschalter ausgelöst werden. Die Sprühdauer beträgt etwa 1 bis 2 s. Allerdings sind die Geräte nicht in der Lage, sich Störungen des Schmiedeablaufs anpassen zu können. Fest installierte Vorrichtungen sind weniger störanfällig als bewegliche.

4.8.4 Treibmittel

Als Treibmittel verwendet man gasbildende Substanzen (z. B. Sägemehl, Kohlen-
wasserstoffe als Zusätze zu Schmierstoffen, Kokillenlack), die langsam verbrennen
und am Ende des Umformvorgangs einen Gasdruck in der Gravur erzeugen. Die
Treibwirkung wird beurteilt nach der Größe des Gasdrucks in einem Versuchsge-
senk und vor allem nach der Haftkraft, die bei kombinierter Verwendung mit
Schmierstoffen trotz geringerer Gasdrücke oft geringer ist als bei fehlendem
Schmierstoff. Manche Treibmittel beeinträchtigen allerdings die Benetzung der Gesenkoberfläche und damit die Schmierwirkung. Zu Beginn und gegen Ende einer
Gesenkreise muß der Treibzusatz oft größer sein als bei eingeschmiedeten Gesenken.

5 Gesenkschmiedemaschinen

Gesenkschmiedemaschinen haben — wie andere Umformmaschinen — die Aufgabe, die Werkzeuge gegen die Wirkung der Umformkraft zu führen und in eine vorbestimmte Endlage zu bewegen und dabei die für die Umformung benötigte Energie bereitzustellen. Dieser Vorgang muß je nach Fertigungsaufgabe mehr oder weniger oft in der Zeiteinheit wiederholt werden.

Die Hauptbewegungen von Gesenkschmiedemaschinen sind meist geradlinige Hin- und Herbewegungen. Die Probleme bei der Konstruktion und im Betrieb werden vor allem durch die kurzzeitig wirkende große Umformkraft verursacht, die im allgemeinen einen schiefen dezentralen Stoß bewirkt (die Kraftanstiegszeit in der Endphase des Schmiedens liegt beim Hammer im Bereich von 1 ms, beim Schmieden in Kurbelpressen bei 10 ms, vgl. Bild 1.48). Hieraus ergibt sich die Notwendigkeit nach

einem Energiespeicher, der die Umformarbeit während der Umformzeit bereitstellt,

Maßnahmen zur Vermeidung von Längs-, Quer- und Drehversatz sowie der Winkelauffederung des Stößels,

Maßnahmen gegen die Schwingungsanregungen der Bauteile, die — abgesehen von der Beanspruchung der Maschine — Geräusche und Erschütterungen verursachen.

Vom Umformvorgang her und aus dem Schmiedebetrieb lassen sich weiterhin folgende wichtige Forderungen an Gesenkschmiedemaschinen ableiten:

große Arbeitsgenauigkeit,

große Mengenleistung (Verkürzen von Neben- und Rüstzeiten; Mechanisierung der Transportvorgänge),

Anpassung an den Menschen (Verbessern der Sicherheit, des Bedienungskomforts),

kurze Druckberührzeiten.

5.1 Bauarten

Bild 5.1 zeigt ein Ordnungsschema der Gesenkschmiedemaschinen. Die Einteilung der Preßmaschinen in energie-, kraft- und weggebundene Maschinen ist darin begründet, daß jeweils eine der drei Größen — maximale Energieabgabe, Größtkraft und Stößelhub — fest vorgegeben ist, während die beiden anderen sich je nach der Art des Umformvorganges innerhalb konstruktionsbedingter Grenzen frei einstel-

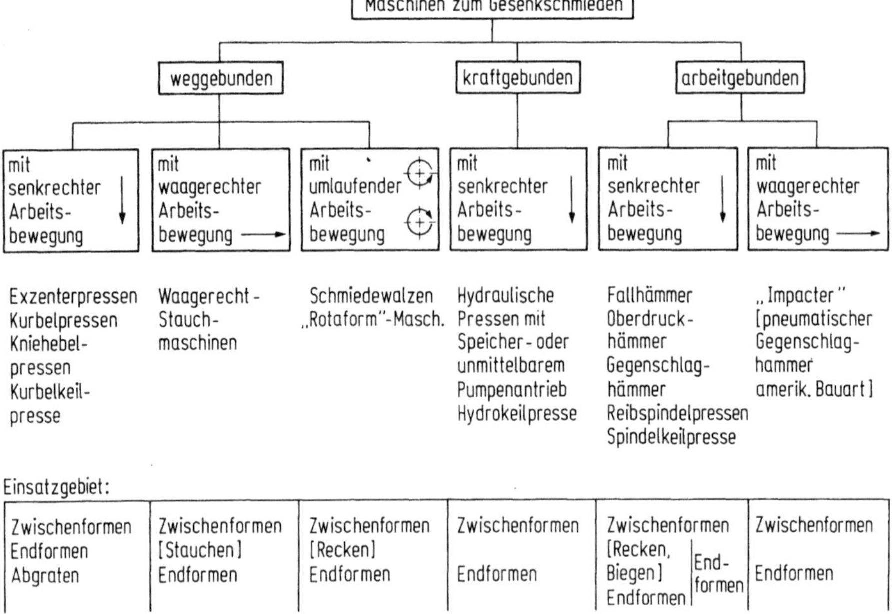

Bild 5.1. Einteilung und Einsatzgebiete von Gesenkschmiedemaschinen nach [5.1]

len: Bei energiegebundenen Maschinen ist die Energieabgabe ΔE bestimmt, bei kraftgebundenen Maschinen die Größtkraft $F_{\max}$, bei weggebundenen Maschinen der Stößelhub H.

Nach dem Anwendungszweck unterscheidet man Maschinen zum Endformen (z. B. Gesenkschmiedepressen), zum Zwischenformen (z. B. Vorstauchpressen) und zum Nachbehandeln (z. B. Abgratpressen).
Gesenkschmiedemaschinen bestehen aus den Baugruppen

Gestell mit den Führungen — Stößel oder Bär mit der Werkzeughalterung — Antrieb (Motor — Energiespeicher — Übertragungsglieder) — Steuerung — Ausrüstung.

In den meisten Fällen ist ein Fundament zur Unterstützung der Maschine und vielfach auch zum Schutz der Nachbarschaft gegen unzulässige Erschütterungen erforderlich.

Wegen der Kürze des Umformvorganges und der im Verhältnis zu den Nebenzeiten kurzen Hauptzeiten, haben die meisten Gesenkschmiedemaschinen einen oder mehrere (z. B. Oberdruckhämmer) Energiespeicher: Fallmasse ($m_{\mathrm{B}} \cdot g \cdot H$), Schwungradmasse ($\Theta\omega^2/2$) oder Druckspeicher (p · V).

5.1.1 Hämmer

5.1.1.1 Kinematik und Kinetik

Die Wirkungsweise von Hämmern beruht auf der Umsetzung der kinetischen Energie des Bären beim Auftreffen

$$E_0 = \frac{m_{\mathrm{B}} \cdot v_0^2}{2}, \qquad\qquad (5.1)$$

die dem Bär während des Hinhubes zugeführt wurde, in Umform- und Verlustarbeit.

a) Hin- und Rückhubvorgang
Die Bärgeschwindigkeit bis zum Beginn des Umformens ist bei Vernachlässigung der Reibung für

Fallhämmer: $\qquad v_B = \sqrt{2 \cdot g \cdot z}\ (z = \text{Weg-Koordinate})$, $\qquad$ (5.2 a)

Oberdruckhämmer: $\qquad v_B = \sqrt{2 \cdot a \cdot z}\ (a \approx 2{,}5\ g)$. $\qquad$ (5.2 b)

Bild 5.2 a zeigt die tatsächliche Bärgeschwindigkeit eines hydraulischen Oberdruckhammers.

Mit Rücksicht auf kurze Hin- und Rückhubzeiten wird der Hub von Fallhämmern auf 1 bis 1,6 m begrenzt; der Hub von Oberdruckhämmern beträgt etwa das 0,4fache dieser Werte. Die Auftreffgeschwindigkeiten liegen dann zwischen 4 bis 6 m/s.

Am Ende des Hinhubes ist die Auftreffenergie ohne die Reibverluste beim Fall:

Fallhammer: $\qquad E_0 = m_B \cdot g \cdot H$, $\qquad$ (5.3 a)

Oberdruckhämmer: $\qquad E_0 = (m_B \cdot g + p_m \cdot A_K) \cdot H$. $\qquad$ (5.3 b)

Nach Beendigung des Umformvorganges führt der Bär eine u. U. mehrmalige Rücksprungbewegung aus, bevor der Rückhub beginnt (Bild 5.2 b).

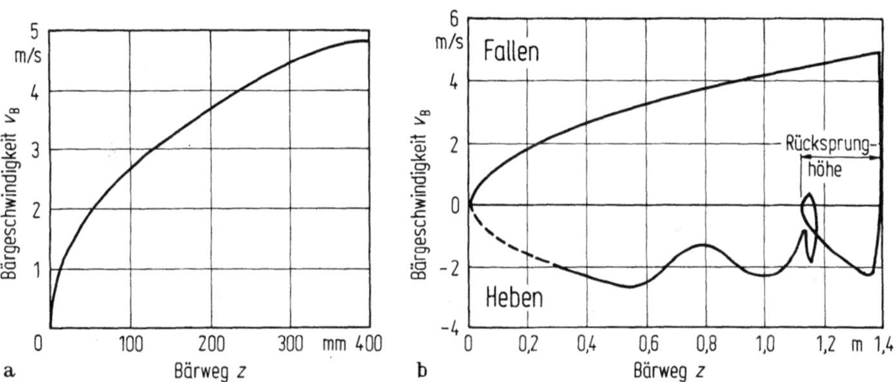

Bild 5.2. Bärgeschwindigkeit in Abhängigkeit vom Bärweg
a) Hydraulischer Oberdruckhammer ($E_0 = 25$ kJ); b) Fallhammer nach [5.4]

b) Umformvorgang
Der Umformvorgang in Hämmern wird von den Stoßgesetzen bestimmt. Hiernach wird die Auftreffenergie abhängig von der Stoßzahl k und dem Schabotteverhältnis $Q = m_S/m_B = 10$ bis 20 in Umformarbeit W_U und Verlustarbeit W_V (Rücksprung- und Schabotteverlust) umgesetzt.

$$k = \frac{I_1}{I_0} = \frac{v_{B1} - v_{S1}}{v_{S0} - v_{B0}} \quad (I_0, I_1 = \text{Impulse in der Umform- und Rücksprungperiode}). \qquad (5.4)$$

Beim Stauchen ist $k = 0{,}1$ bis 0,3, beim Gesenkschmieden $k \approx 0{,}6$.

Der Energieumsatz während des Umformens wird durch den Schlagwirkungsgrad gekennzeichnet: $\eta_S = f(k, Q, F)$. Nach Watermann [5.2] gilt für:

$$\text{Schabottehämmer: } \eta_S = \frac{W_U}{E_0} = \frac{1-k^2}{1+\dfrac{1}{Q^*}} - W_{St2} = 1 - \frac{1}{1-\varkappa}\left[\frac{1}{1+Q^*} + \frac{F_1^2}{2\,C_W \cdot E_0}\right].$$

(5.5 a)

$\varkappa = W_{St1}/W_V = $ Verlustziffer,
$W_{St2} = $ Stoßverlust in der Rücksprungperiode;
$Q^* = m_S^*/m_B$, $m_S^* = $ Ersatzmasse, abhängig von der Federzahl C_W zwischen Scha-
botte und Fundament,
$C_W = 0$: $m_S^* = m_S$; $C_W \rightarrow \infty$: $m_S^* = m_S + m_F$.

Gegenschlaghämmer: $\eta_S = 1 - 2\,k^2 - W_{St2}$.

(5.5 b)

Große Werte von Q^* und C_W sowie kleine Beträge von k und F_1 haben hohe
Schlagwirkungsgrade zur Folge (Bild 5.3 a).

Die Fundamentmasse und die Federung des Fundaments haben keinen Einfluß
auf η_S, wenn $(m_S + m_F)/m_B > 20$ ist. Bei außermittigen Schlägen treten zusätzliche
Verluste durch die Kippbewegung des Bären auf [5.2].

Die Bärgeschwindigkeit *beim Umformen* ist angenähert

$$v_B \approx v_0 \cdot \left[1 - \frac{(h_0 - h)^2}{(h_0 - h_1)^2}\right].$$

(5.6 a)

Aus der mittleren Bärgeschwindigkeit

$$v_{Bm} = \frac{1}{h_0 - h_1} \int_{h_1}^{h_0} v_B \cdot \mathrm{d}h = \frac{2}{3}\,v_0$$

(5.6 b)

errechnet sich die Umformzeit

$$t_U \approx \frac{3}{2}\,\frac{(h_0 - h_1)}{v_0}.$$

(5.7)

t_U liegt im allgemeinen zwischen 3 bis 10 ms, die Dauer eines Prellschlages zwischen
1 bis 2 ms.

c) Energiebilanz
Die Gesamtenergiebilanz umfaßt auch die Verluste während des Hin- und Rückhubes und während der Pausen zwischen den Schlägen (Bild 5.3 b).

$$\eta_{ges} = \eta_E \cdot \eta_A \cdot \eta_H \cdot \eta_F \cdot \eta_S$$

(5.8)

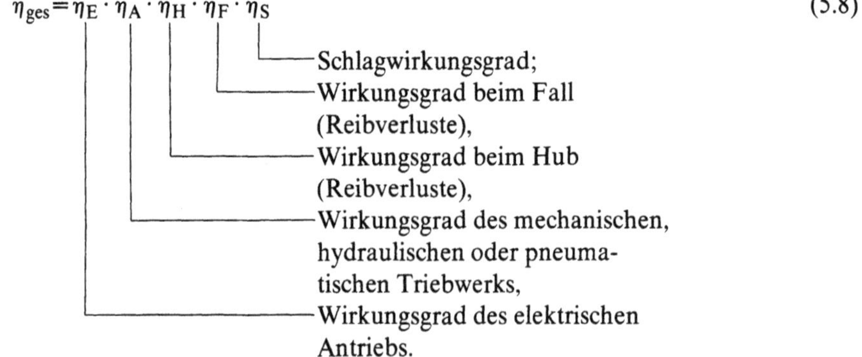

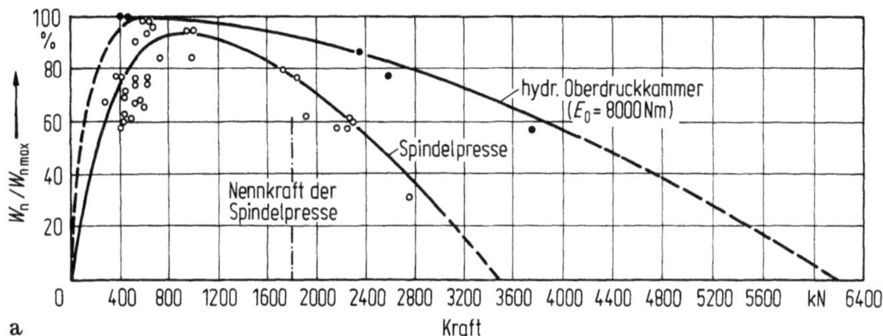

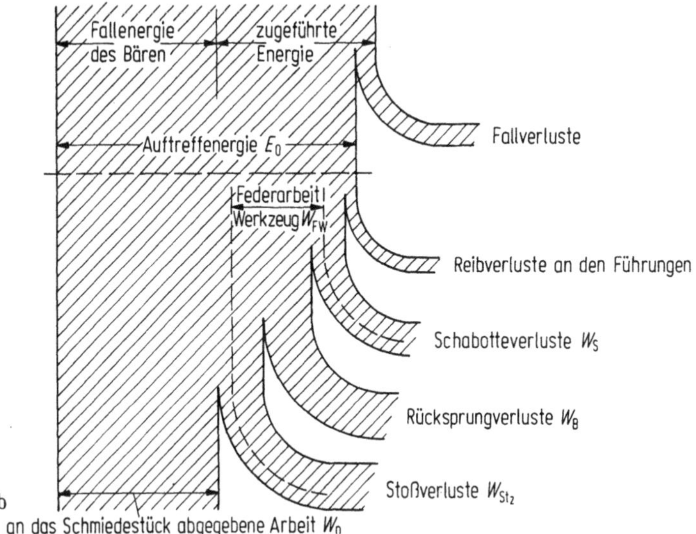

Bild 5.3. Wirkungsgrade von Hämmern
a) Bezogene Nutzarbeit $W_n / W_{n\,max}$ in Abhängigkeit von der Kraft nach [5.5]; b) Sankey-Diagramm nach [5.2]

Der Maschinenwirkungsgrad $\eta_M = \eta_E \cdot \eta_A \cdot \eta_H \cdot \eta_F$ beträgt für

hydraulisch angetriebene Hämmer:	0,6,
Luftgesenkhämmer:	0,45 bis 0,55,
pneumatisch angetriebene Oberdruckhämmer:	0,3 bis 0,5.

Die kurzen Schlagfolgezeiten von pneumatischen Oberdruckhämmern gleichen den Nachteil geringerer Schlagwirkungsgrade oft wieder aus, zumal die Energiekosten nur mit einem kleinen Anteil an den Stückkosten von Gesenkschmiedestücken beteiligt sind.

Zwischen Umformleistung und Antriebsleistung besteht kein direkter Zusammenhang, da der Antriebsmotor die beim Umformen abgegebene Energie während des Rückhubes und bei Oberdruckhämmern auch noch während des Hinhubes wieder ergänzen kann.

d) Beanspruchung des Hammers

Umformkraft: Ein typischer Kraftverlauf beim Schmieden im Hammer ist in Bild 5.4 a dargestellt. Die Maximalkraft wird vom elastischen Verhalten von Bär, Schabotte, Gesenk und vom Schmiedestück bestimmt. Q hat keinen erkennbaren Einfluß im Rahmen der üblichen Werte.

Prellschlagkraft: Eine rechnerische Bestimmung der Prellschlagkräfte ist nach einem Näherungsverfahren von Hassel und Göttert aufgrund der Theorie der Wellenausbreitung möglich [5.3]. Bild 5.4 b zeigt den Bereich der üblicherweise vorkommenden Werte in Abhängigkeit von der Auftreffenergie. Sie sind vor allem von der Gesenkfederzahl abhängig.

Rückhubkraft: In Fallhämmern kann bei ungünstiger Abstimmung von Rücksprungbewegung und Rückhubbeginn eine Rückhubkraft von (3 bis 5) $m_B \cdot g$ auftreten [5.4].

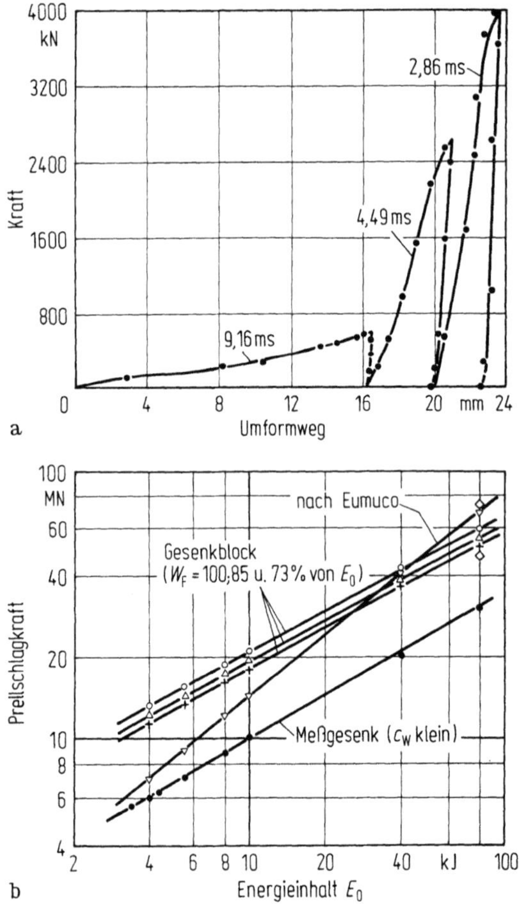

Bild 5.4. Kräfte beim Schmieden in Hämmern nach [5.5]
a) Kraft-Weg-Verlauf beim Gesenkschmieden eines Kardankreuzes ($E_0 = 8$ kJ); b) Prellschlagkraft in Abhängigkeit von der Auftreffenergie

Belastungsschema: Bei außermittigem Kraftangriff kippt der Bär um seinen Schwerpunkt bis zur Anlage an den Führungen. Diese erfahren eine Belastung durch ein Kräftepaar (Bild 5.5).

Spannungen und elastische Formänderungen im Gestell: Die Schabotte wird durch den Stoß unmittelbar belastet; die Stoßwellen durchlaufen die Ständer, die dadurch zu Schwingungen angeregt werden. Bei mittiger Belastung des Bären ergeben sich folgende Beanspruchungen der Ständer:

Längsschwingungen,
Biegeschwingungen der Schabotte regen über biegesteife Ecken Biegeschwingungen der Ständer in deren Eigenfrequenz an (Bild 5.6). Bei nachgiebiger Einspannung der Ständer entstehen die größten Spannungen an der oberen Querverbindung der Ständer, bei starrer Verbindung von Schabotte und Ständer in der oberen Ständerhälfte [5.6].

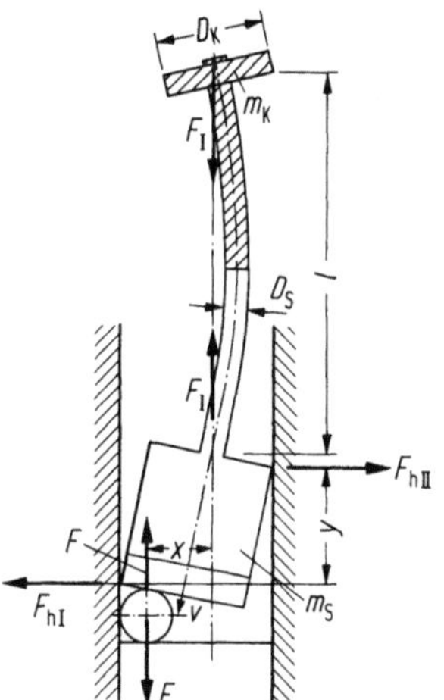

Bild 5.5. Belastung des Hammergestells bei außermittigem Kraftangriff

Bei außermittiger Belastung erzeugt der Querstoß des Bärs Biegeschwingungen der Ständer (Bild 5.6), deren Amplitude abhängig ist von der Außermittigkeit des Kraftangriffs, der Bärhöhe, dem Drehpunkt, dem Kippwinkel und den örtlichen Federzahlen von Führungen und Ständern.

Verschiebungen des Bären bei außermittigem Kraftangriff: Bei außermittigem Kraftangriff kippt der Bär infolge elastischer Verformungen der Führungsbahnen auch über das Führungsspiel hinaus [5.6].

5.1.1.2 Baugruppen

Die Berechnung und Gestaltung von Hammer-Bauteilen [5.8, 5.9] muß u. a. den Forderungen nach Arbeitsgenauigkeit, Dosierbarkeit der Schlagenergie, Zuverlässigkeit und möglichst geringer Geräuschentwicklung Rechnung tragen.

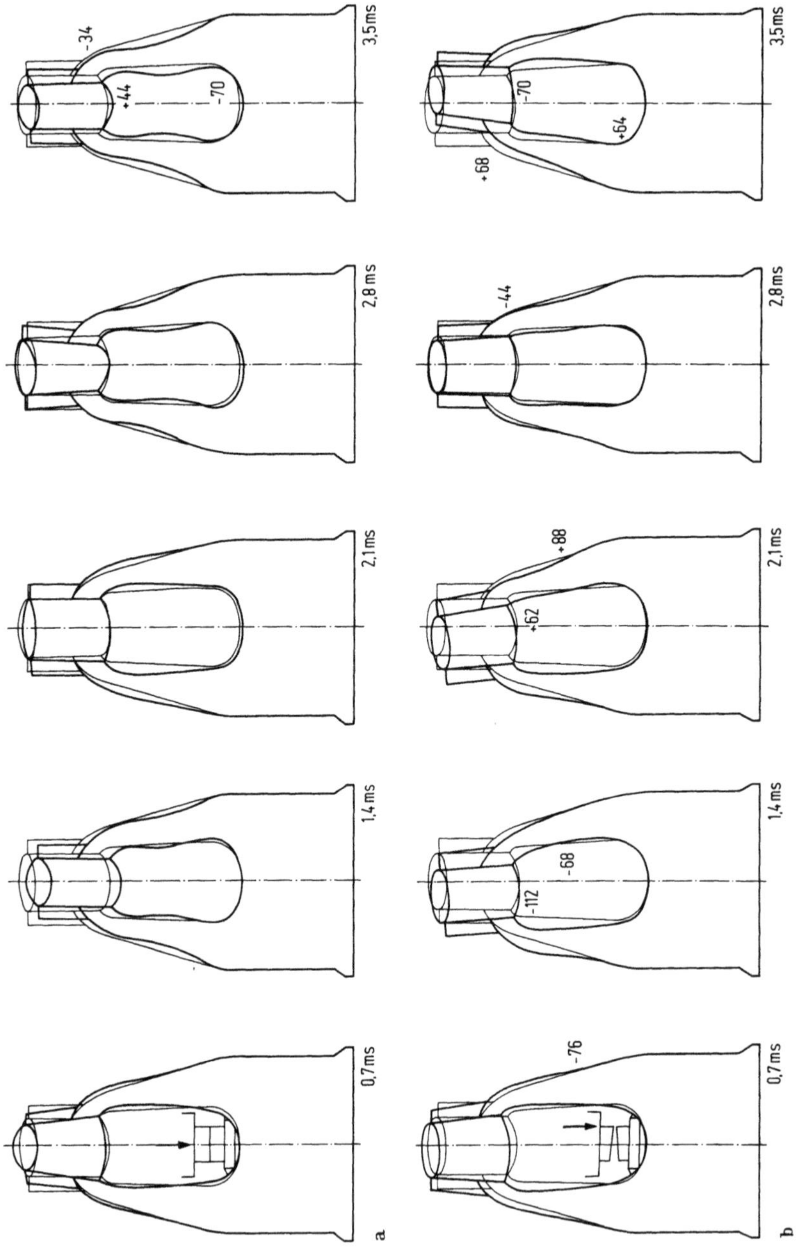

Bild 5.6. Verformung eines Hammergestells und größte Spannungen in N/mm² beim Prellschlag nach [5.7]
a) Mittige Belastung; b) außermittige Belastung

a) Gestell und Führungen
Gestell und Führungen sollen gegenseitige Verschiebungen der Gesenke in Längs-
und Querrichtung sowie Drehbewegungen um die senkrechte und die waagerechten
Achsen verhindern.

Ausführungsformen von Hammergestellen: einteilig (Bild 5.7 b), zweiteilig,
vierteilig (Schabotte, Ständer, Querhaupt) (Bild 5.7 a). Die Ständer mehrteiliger
Gestelle haben große Auflageflächen; sie werden mit Keilen gegen Verschieben gesichert und durch abgefederte Bolzen mit der Schabotte verbunden. In einteiligen
Gestellen treten größere Spannungen in den Ständern auf [5.6], jedoch sind die Verschiebungen der Ständer gegenüber der Schabotte und die Herstellkosten geringer.

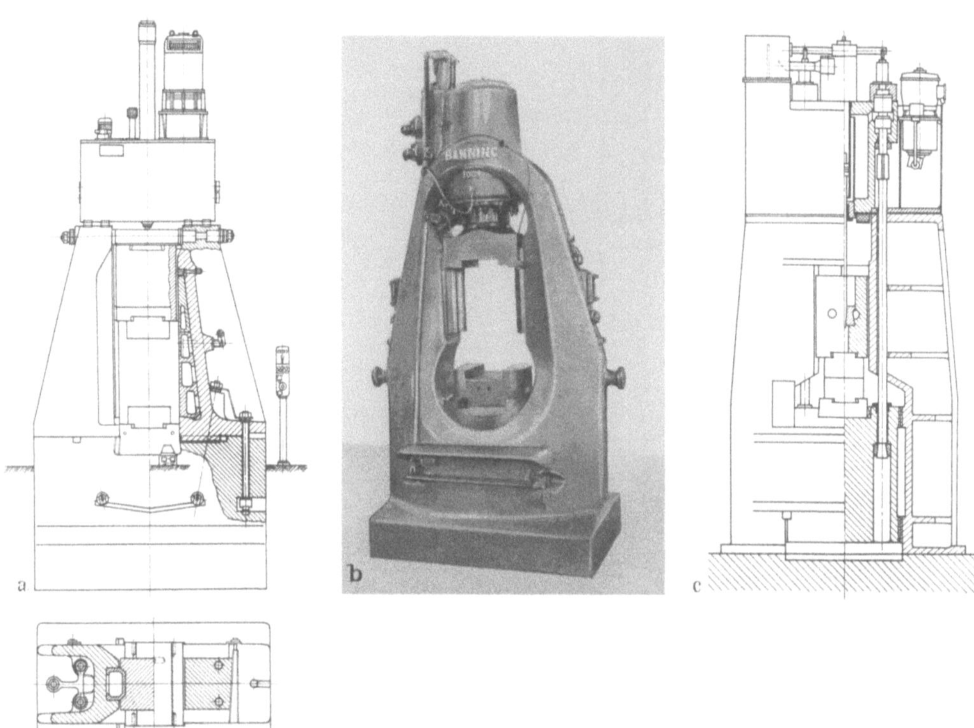

Bild 5.7. Schabottehämmer
a) Fallhammer mit hydraulischem Bäraufzug (Langenstein u. Schemann AG); b) Oberdruckhammer mit pneumatischem Antrieb (J. Banning AG); c) Oberdruckhammer mit hydraulischem Antrieb (Eumuco AG)

Das Gestell von Gegenschlaghämmern wird aus zwei (evtl. vier) durch Queranker
versteifte Ständer, einer Grundplatte und einem aufgesetzten Kopf gebildet
(Bild 5.8).

Q beeinflußt nach [5.4] die Umformkraft kaum, wohl aber die Schabottekraft
auf das Fundament und die Rücksprungbeschleunigung der Schabotte (Springen
des Schmiedestücks). Daher sollte Q bei *feststehender* Schabotte nicht kleiner als

10 bis 20 sein. Bei Schabottehämmern mit *nachgiebigen* Schabotten ist $Q = 3$ bis 5 (Bild 5.7 c).

Die Gestelle werden als Gußeisen-, Stahlguß- oder Schweißkonstruktion ausgeführt. Die Ständerquerschnitte sollten biegesteif gestaltet sein und eine geringe abstrahlende Oberfläche besitzen; darüber hinaus sind Resonanzschwingungen von Bär und Ständern zu vermeiden, damit die Geräuschabstrahlung möglichst niedrig bleibt [5.10].

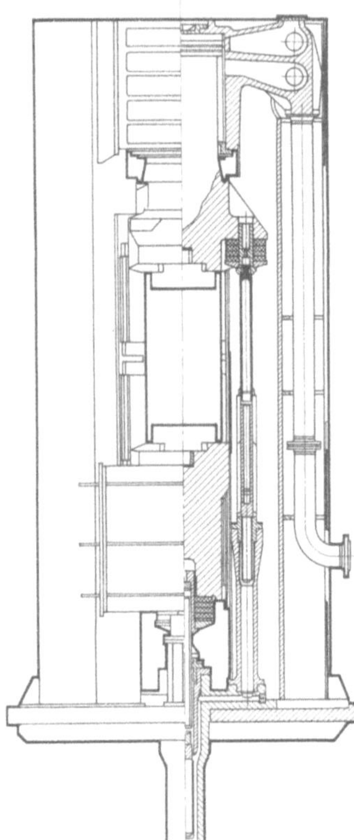

Bild 5.8. Gegenschlaghammer mit hydraulischer Bärkopplung (Bêché & Grohs)

Das Führungsspiel soll auch beim Erwärmen der Hammerteile konstant bleiben. Aus diesem Grund schneiden sich die Verlängerungen der Führungsflächen meist im Maschinenmittelpunkt (Bild 5.7 a). Das Führungsspiel beträgt etwa 0,1 mm je Fläche bei kleinen und 0,2 mm bei großen Hämmern. Das Nachstellen des Führungsspiels erfolgt entweder durch Hinterlegen oder durch Verschieben der Führungen mit Längs- und Querkeilen.

b) Bär- und Kolbenstange
Der Bär besteht aus einem spannungsfrei geglühten Schmiede- oder Stahlgußstück. Kolben, Kolbenstange und Bär bilden bei pneumatischen Oberdruckhämmern mit kurzem Hub ein einziges Stück (Bild 5.7 b). Bei hydraulischen Oberdruckhämmern

mit kleinem Kolbendurchmesser (wegen der höheren Drücke) wird eine dünne
Kolbenstange verwendet, die elastisch im Bär gelagert ist (Bild 5.7 a). Im Hinblick
auf kurze Schlagfolgezeiten sind die Bärhübe verhältnismäßig gering.

c) Antrieb

Fallhämmer gewinnen die Auftreffenergie allein aus der Beschleunigung der Bärmasse beim Fall. Huborgan: Riemen (Reib- oder Wickeltrieb) Brett, Kette, Kolbenstange (pneumatisch oder hydraulisch gehoben).

Oberdruckhämmer haben außer dem Bär einen zusätzlichen Energiespeicher:
Druckluft, Dampf oder Hydrauliköl. Der Bär wird beim Fall zusätzlich durch Ober-
druck beschleunigt. Die Druckluft wird u. U. zur Energieeinsparung vorgewärmt.
Der Druck beträgt bei pneumatischen Hämmern 6 bis 7 bar, bei hydraulischen Oberdruckhämmern 20 bis 200 bar. Bei Verwendung von feuerresistenten Hydraulikflüs-
sigkeiten sind geeignete Werkstoffe für Pumpen, Ventile, Dichtungen usw. vorzusehen.

Lufthämmer sind Oberdruckhämmer mit eingebautem Kolbenverdichter zum
Erzeugen der Druckluft.

d) Steuerung

Die Steuerung soll das Einstellen von Schlagenergie und Schlagfolgezeit ermöglichen
und das Umsteuern des Bären am Ende der Umformung bewirken. Ausführung als
elektro-pneumatische oder elektro-hydraulische Fußsteuerung mit in der Regel
zwei Schlagenergien. Die Schlagenergie ist vorwählbar. Bei Fallhämmern erreicht
man unterschiedliche Schlagenergien durch Verändern der Fallhöhe, bei Oberdruckhämmern durch Verändern der Zylinderfüllung. Die Steuersignale werden
wegabhängig oder zeitabhängig gegeben.

Programmsteuerungen für Programme von Schlägen mit stufenlos einstellbarer
Schlagenergie zwischen 0 und 100% und in weiten Grenzen wählbaren Schlagfolgezeiten sind bei allen modernen Hämmern möglich.

e) Fundament

Fundamente sollen den Stand der Maschinen sichern sowie eine gleichmäßige Belastung des Bodens und eine Dämpfung von Erschütterungen bewirken.

Ausführungsformen entweder als feste Gründung auf dem Baugrund oder in fe-
dernder Aufstellung. Flächenpressung, Eigenschwingungszahl und Bettungsziffer
des Baugrundes sind zu berücksichtigen. Beim schwingungsisolierten Fundament
wird der Fundamentblock auf Feder- und Dämpferelemente (Viskodämpfer) in
einer Fundamentwanne gesetzt. Der kurzzeitige Impuls des Hammerschlages mit
großer Kraftspitze wird in eine niedrig frequente Schwingung mit kleiner Reststör-
kraft umgewandelt. Das Fundament schwingt in der Eigenfrequenz des abgefeder-
ten Systems, die Dämpfer lassen die Schwingung von einem Schlag zum nächsten
abklingen [5.11].

Die Fundamentmasse ist in Abhängigkeit vom Schwingweg der Schabotte, der
Rücksprungbeschleunigung des Schmiedestücks, der Gestellbelastung und den zulässigen Erschütterungen festzulegen. Ausführung nach DIN 4025 mit $m_F \approx 80\, m_B$.
Nach neueren Messungen kann die Fundamentmasse jedoch kleiner sein [5.12], da
die Stoßkräfte nach DIN 4025 zu groß angenommen werden.

Bei federnden Fundamenten sind Masse, Frequenz und Dämpfung aufeinander abzustimmen. Frequenzen im Bereich der Gebäudefrequenzen von etwa 3 bis 5 Hz sind zu vermeiden.

Die Bewehrung des Fundaments erfolgt mit Zugstäben im unteren Teil des Fundaments, die u. U. vorzuspannen sind, damit der Beton nur auf Druck beansprucht wird [5.12].

Dämmschichten zwischen Schabotte und Fundament beeinflussen die Umformkraft nicht, setzen jedoch die Schabottekraft herab [5.4].

5.1.1.3 Beispiele ausgeführter Konstruktionen

Man unterscheidet die Hammerbauarten in Schabotte- und Gegenschlaghämmer: Schabottehämmer haben eine feststehende Schabotte (Bild 5.7 a, 5.7 b), Gegenschlaghämmer zwei gegeneinander bewegte Bären, so daß die Schlagkräfte sich teilweise oder vollständig innerhalb des Hammers aufheben (Bild 5.8). Die Masse von Gegenschlaghämmern kann daher um etwa 35% kleiner sein als die vergleichbarer Oberdruckhämmer. Auch die Fundamente können kleiner bleiben. Daher werden Hämmer mit $E_0 > 100\,kJ$ meist als Gegenschlaghämmer ausgeführt. Neben senkrechten gibt es waagerechte Bauarten, allerdings bisher nur für geringere Auftreffenergien.

Daneben entstehen Übergangsformen zwischen Schabotte- und Gegenschlaghämmern: die Schabotte wird zur Verminderung der Erschütterungen nachgiebig aufgehängt (Bild 5.7 c).

Nach Art des Antriebes unterscheidet man Fallhämmer (Riemen-, Brett-, Ketten-, Kolbenstangen-Hämmer) und Oberdruckhämmer. Luft(gesenk)hämmer sind Oberdruckhämmer mit einem im Hammergestell eingebauten Kompressor zur Erzeugung der Druckluft. Als Antrieb von Gegenschlaghämmern ist bisher nur der Oberdruckantrieb angewendet worden.

Fallhämmer werden u. a. für Auftreffenergien bis 160 kJ, Luftgesenkhämmer bis 15 kJ, Oberdruckhämmer bis 160 kJ und Gegenschlaghämmer bis 2500 kJ gebaut.

Beispiele von ausgeführten Hammerkonstruktionen sind in den Bildern 5.7 und 5.8 dargestellt. Einige Kennwerte dieser Maschinen zeigt Tabelle 5.1.

a) Fallhammer: Baugrößen $E_N = 6{,}3$ bis 160 kJ (Bild 5.7 a) [5.13]
Gestell: vierteilig; Ständer aus Gußeisen oder Stahlguß sind durch 3 abgefederte Schraubenbolzen mit der Schabotte verbunden und oben gegen Stahlplatte verkeilt. Der Hammerkopf ist elastisch auf der Kopfplatte gelagert. Hydraulisch betätigter Auswerfer in der Schabotte.
Führungen: Einfach-Prismenführung; Anlagefläche im Ständer geneigt, so daß Nachstellen durch senkrechtes Verschieben der Führungsleisten und Auswechseln der Zwischenlagen an der Stirnfläche der Leisten möglich wird.
Antrieb: ölhydraulisch; dreispindlige Schrauben-Pumpe mit konstanter Fördermenge (25 bar Betriebsdruck, 60 bis 70 bar Höchstdruck); Pumpenantrieb durch direkt gekoppelten Drehstrommotor; Kühlung oder Heizung der Hydraulikflüssigkeit. Kolbenstange mit Ringkolben, im Bär mit Gummipuffern gelagert; selbsttätiger Sicherheitsverschluß gegen Ölaustritt bei Bruch der Stange.
Steuerung: elektronisch oder elektro-hydraulisch; Auslösen der Schläge mit Fußschaltern für 2 vorwählbare Schlagenergien; Programmsteuerung für 6 Schläge — jeweils 6 Schlagenergien stehen zur Verfügung — und einstellbare Schlagfolgezeiten. Verzögerungsfreies Umsteuern des Bären nach dem Ende des Schlages unabhängig von der Bärlage.

Tabelle 5.1. Daten von Hammerbauarten (die ersten drei Hämmerarten stimmen im Arbeitsvermögen überein; der kleinste Gegenschlaghammer hat das gleiche Arbeitsvermögen wie die größten aufgeführten Schabottehämmer, damit ein direkter Vergleich der Kennwerte möglich ist. Die Maschinengrößen in den Tabellen 5.1, 5.2 und 5.4 sind direkt vergleichbar; s. a. Abschn. 5.4)

Kenngröße	Typ	Fallhammer (Typ K H) Langenstein u. Schemann AG			Pneumat. Oberdruck-Hammer (Typ GOA) Masch.-Fabr. J. Banning			Hydr. Oberdruck-hammer (Typ GF) Emuco AG f. Masch.-B.			Gegenschlag-Hammer (Typ DGK) Bêché & Grohs		
Arbeitsvermögen	kJ	16	40	100	16	40	100	16	40	100	100	250	630
Hub	mm	1000	1200	1400	440	520	740	450	500	600	1100	1400	1600
Bärmasse	t	1,6	3,35	7,2	0,7	1,76	4,5	1,3	3,36	9,1	8,8+9,7	27+31	75+83
Arbeitsraum lichte Führungs-weite × Bärtiefe	mm	550× 550	750× 700	1000× 960	450× 390	560× 530	800× 800	520× 540	700× 730	960× 1000	730× 1250	1010×	1400×
Schlagzahl (Vollschläge)	$\min^{-1}$	60	55	50	145	125	105	65	60	50	55	45	35
Motorleistung [a]	kW	22	50	2×60	16	34	63	20	50	100	75	140	270
Gesamtmasse	t	34	78	170	16	41	105	13,6	33,8	84,5	60	140	450
Bauhöhe über Flur	m	5,0	6,1	7,35	2,8	3,3	4,2	3,6	4,6	6,0	4,3	5,5	6,4

[a] Für pneumatischen Antrieb bei Kaltluft.

b) Oberdruckhammer mit pneumatischem Antrieb: Baugrößen $E_N = 2,5$ bis 250 kJ (Bild 5.7 b) [5.14 bis 5.16]

Gestell: einteilig aus GS 45 massiv gegossen; $G_S/G_B = 17 : 1$ oder $22 : 1$. Zylinderbüchse aus GGG mit gehärteten und geschliffenen Führungsflächen.

Führungen: Zweifach-Prismenführung mit gehärteten und geschliffenen Führungsflächen; Einstellen durch Hinterlegen.

Bär: Bär und Kolben bestehen aus einem Schmiedestück; Kolben innen konisch hohlgebohrt und innen und außen zur Vermeidung von Kerbspannungen geschliffen.

Antrieb: Druckluft oder Dampf (6 bis 8 bar, 250 °C); Expansionssteuerung; Unterseite des Kolbens wird ständig vom vollen Druck beaufschlagt.

Steuerung: Ölhydraulische Ventilsteuerung des oberen Luftraumes; Hilfssteuerung schwingungsisoliert neben dem Hammer aufgestellt. Auslösen der Schläge mit 3 Pedalen für unterschiedliche — einstellbare — Schlagenergien.

c) Oberdruckhammer mit hydraulischem Antrieb: Baugrößen $E_N = 8$ bis 160 kJ (Bild 5.7 c)

Gestell: einteiliges Stahlgußstück mit elastisch aufgesetztem Hammerkopf; nachgiebig im Hammergestell gelagerte Schabotte ($m_S/m_B = 3$). Die Schabotte ist an zwei Hydraulik-Kolben aufgehängt, deren Zylinder mit dem Drucköbehälter des Antriebs verbunden sind; dadurch Rückgewinn eines Teils der Schabotte-Energie. Das Hammerfundament kann kleiner sein als bei feststehender Schabotte. (Der Hammer kann auch mit feststehender Schabotte ausgeführt werden.)

Führungen: Zwei gerade Stirnflächen und ein mittleres Prisma.

Antrieb: Hydraulischer Schwingantrieb; direkter Antrieb der Pumpe durch Drehstrommotor; konstante Fördermenge bei einem Öldruck von 120 bis 180 bar. Biegeelastische Kolbenstange mit Ringkolben im Bär elastisch befestigt.

Steuerung: Wahlweise elektropneumatisch oder elektrohydraulisch.

d) Gegenschlaghammer: Baugrößen $E_N = 20$ bis 800 kJ (Bild 5.8) [5.17]

Gestell: Geschweißte Zwei-Ständer-Konstruktion mit Rippenversteifungen

Bär: Oberbär und Kolbenstange bestehen aus einem Stahlgußstück. Unterbär etwa 10% schwerer als Oberbär, damit die Bäre nicht infolge ihres Gewichts zusammenfahren können.

Antrieb: Druckluft- oder Dampfantrieb des Oberbären; hydraulische Kupplung der Bäre durch 2 seitliche, vom Oberbär betätigte Druckstempel, die lose in Tauchkolben liegen; diese verdrängen Hydraulikflüssigkeit in den Zylinder des Unterbären.

Steuerung: Hydraulisch betätigte Ventilsteuerung; Programmsteuerung möglich.

5.1.2 Spindelpressen

5.1.2.1 Kinematik und Kinetik

Spindelpressen gewinnen die Auftreffenergie zu etwa 90% aus der Rotationsenergie eines mit der Spindel verbundenen Schwungrades, zu etwa 10% aus der Energie des geradlinig bewegten Stößels. Schwungrad und Stößel geben ihre Energie beim Schlag vollständig ab und müssen für den Rückhub in entgegengesetzter Richtung beschleunigt werden. Die Beschleunigungsarbeit für den Hin- und Rückhub kann aus der Energieabgabe eines zweiten Schwungrades, von — einem oder mehreren — elektrischen bzw. hydraulischen Motoren oder einem hydraulischen Schubkolbenantrieb gedeckt werden, die das Spindel-Schwungrad während des Hubes beschleunigen.

a) Hin- und Rückhubvorgang

Die Geschwindigkeit des Stößels (ohne Schlupf und Reibung) ist beim Reibscheibenantrieb in Abhängigkeit vom Weg [5.18]:

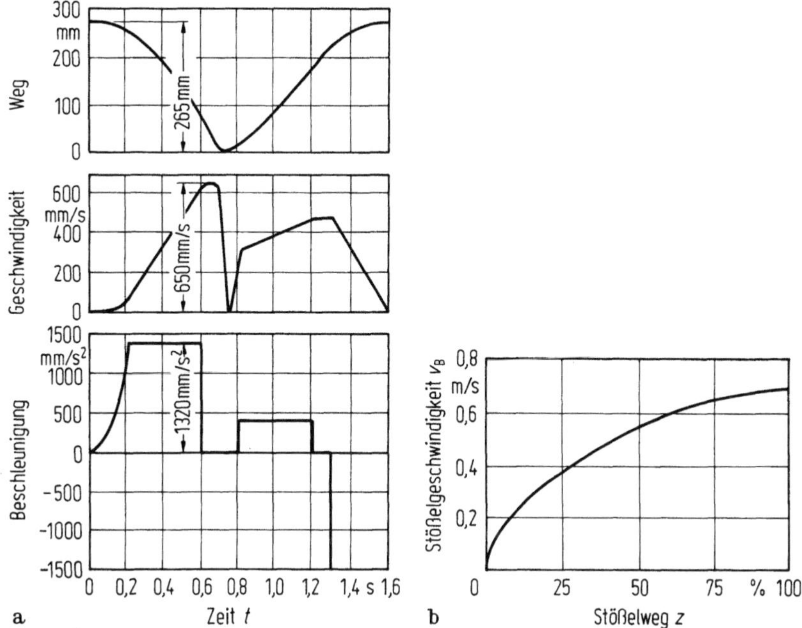

Bild 5.9. Weg, Geschwindigkeit und Beschleunigung des Stößels von Reibscheibenspindelpressen
a) Abhängigkeit von der Zeit nach [5.19]; b) Abhängigkeit vom Stößelweg

$$v_B(z) = \frac{\omega \cdot h_{Gew}}{2\,\pi \cdot R} \cdot z = \dot{z}, \tag{5.9}$$

ω Winkelgeschwindigkeit der Reibscheibe,
h_{Gew} Steigung der Gewindespindel,
R Halbmesser des Schwungrades.

Für die Abhängigkeit des Stößelweges, der Stößelgeschwindigkeit und -Beschleunigung von der Zeit ergibt sich (Bild 5.9):

$$y_B(t) = y_0 \cdot \exp\left(\frac{\omega \cdot h_{Gew}}{2\,\pi \cdot R} \cdot t\right), \tag{5.10 a}$$

$$v_B(t) = y_0 \cdot \frac{\omega \cdot h_{Gew}}{2\,\pi \cdot R} \exp\left(\frac{\omega \cdot h_{Gew}}{2\,\pi \cdot R} \cdot t\right), \tag{5.10 b}$$

$$a_B(t) = y_0 \cdot \frac{\omega^2 \cdot h_{Gew}^2}{4\,\pi^2 \cdot R^2} \cdot \exp\left(\frac{\omega \cdot h_{Gew}}{2\,\pi \cdot R} \cdot t\right). \tag{5.10 c}$$

Für Spindelpressen mit anderen Antriebssystemen erhält man ähnliche Kurven. Die Auftreffgeschwindigkeit von Spindelpressen liegt zwischen 0,5 und 1,0 m/s.
Auftreffenergie:

$$E_0 = \frac{\Theta \cdot \omega_0^2}{2} + \frac{m_B \cdot v_0^2}{2}. \tag{5.11}$$

b) Umformvorgang

Der Schlagwirkungsgrad wird durch Längsfederverluste W_{Fl}, Torsionsfederverluste W_{Ft} der Spindel und Reibverluste W_R an Spindel und Führungen bestimmt [5.2]:

$$\eta_S = \frac{W_U}{E_0} = \frac{E_0 - (W_{Fl} + W_{Ft} + W_R)}{E_0} = \frac{1}{1 + e' \cdot \mu_R} - \frac{F_1^2}{2\,W \cdot r'} \; ; \tag{5.12}$$

$$e' = \frac{D_m \cdot \pi}{h_{Gew} \cdot \cos \alpha} \, ,$$

D_m mittlerer Spindeldurchmesser,

α Steigungswinkel,

μ_R Spindelreibbeiwert $(0,05 - 0,15)$,

r' Verlustkennwert,

η_S ist stark von F_1 und μ_R abhängig (Bild 5.10 a).

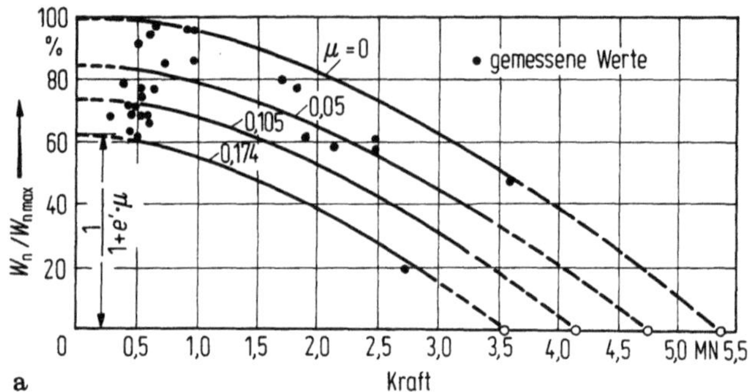

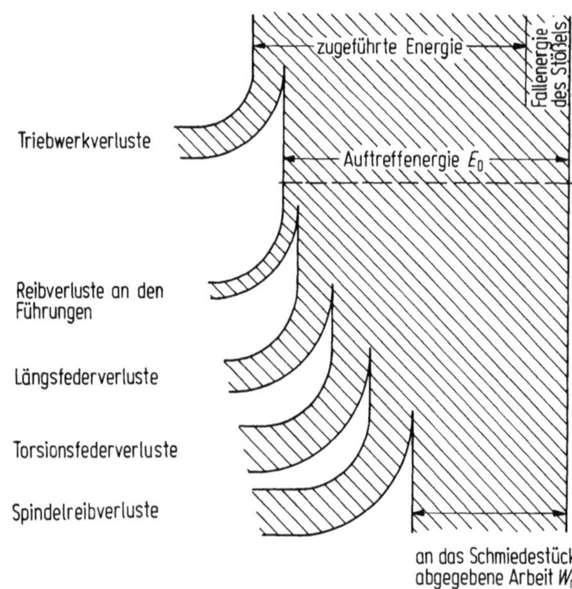

Bild 5.10. Wirkungsgrade von Spindelpressen
a) Bezogene Nutzarbeit $W_n / W_{n\,max}$ in Abhängigkeit von der Kraft bei unterschiedlichen Spindelreibbeiwerten nach [5.5]; b) Sankey-Diagramm nach [5.2].

Die Werkzeuggeschwindigkeit beim Umformen hat — wie im Hammer — einen angenähert parabolischen Verlauf.

Die Umformzeit ist umgekehrt proportional der Größtkraft:

$$t_U = \text{const}/F_1 . \tag{5.13}$$

Die Prellschlagzeit ist nach Klaprodt [5.20]:

$$t_{pr} = t_1 + t_2 = \frac{\pi}{2} \cdot \left(\sqrt{\frac{\Theta}{K_1}} + \sqrt{\frac{\Theta}{K_2}} \right) ; \tag{5.14}$$

t_1 Anfederzeit; t_2 Abfederzeit.

$K_1 = \tan(\alpha + \varphi)$, $K_2 = \tan(\alpha - \varphi)$; $\varphi = \text{Reibwinkel} \approx 3° \ 30'$.

Die Prellschlagzeiten liegen zwischen 20 bis 60 ms.

c) Energiebilanz

Außer den Verlusten während des Schlages entstehen Verluste während des Hin- und Rückhubes durch Reibung an Führungen und Spindel, durch Abbremsen des Schwungrades im oberen Umkehrpunkt und durch Verluste im Elektromotor (Bild 5.10 b). Wenn der Stößel von einem hydraulischen Kissen oder einem Federpaket abgefangen wird, läßt sich ein Teil der Rückhubarbeit wiedergewinnen.

d) Beanspruchung der Presse

Während die Ständer von Hämmern nicht unmittelbar von der Umformkraft belastet werden, liegt das Gestell einer Spindelpresse im direkten Kraftfluß. Daher muß die Größtkraft begrenzt werden. Die Prellschlagkraft, die sich aufgrund der elastischen Eigenschaften der Presse ergibt, wenn die Auftreffenergie vollständig in Federarbeit umgesetzt wird, beträgt normalerweise das Doppelte der Nennkraft. Die Pressen sind meist so ausgelegt, daß die Prellschlagkraft während 10% aller Belastungsfälle ertragen wird.

Die Belastungen führen zu einer Biegebeanspruchung von Tisch und Stößel, die Ständer werden gedehnt und verengen sich in der Mitte (Bild 5.11). Bei außermittiger Belastung kommt der Stößel an den Führungen zur Anlage und weitet den Ständer auf. Außerdem wird das Gestell seitlich gebogen. Das Gestell erfährt

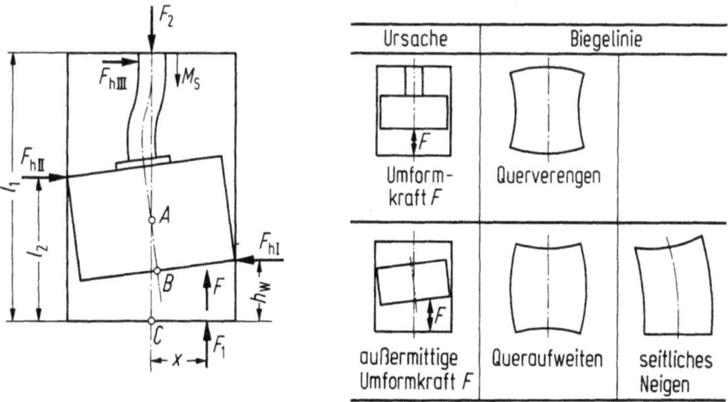

Bild 5.11. Belastungs- und Verformungsschema einer Spindelpresse nach [5.22]

schließlich eine Torsion um die Längsachse infolge des Drehstoßes beim Abbremsen des Schwungrades. Die Spindel wird auf Druck, Biegung und Torsion beansprucht [5.21]. Die Verformungen und Spannungen in Spindelpressen-Gestellen wurden u. a. von Watermann [5.22] und Kilp [5.23] analysiert.

Bei außermittigem Kraftangriff kippt der Stößel um seinen Schwerpunkt und wird seitlich ausgelenkt als Folge der Gestellbiegung, des Führungsspiels und der elastischen Verformung der Führungsbahnen [5.22].

5.1.2.2 Baugruppen

a) Gestell und Führungen
Das Gestell kleinerer Pressen wird meist zweiteilig aus Sondergußeisen oder Stahlguß oder als Schweißkonstruktion ausgeführt und in der Regel durch Zuganker verstärkt. Bei größeren Pressen ist das Gestell mehrfach geteilt (Tisch, zwei Ständer, Kopfstück) und durch Zuganker zusammengehalten. Die Führungsflächen sind radial angeordnet.

b) Stößel, Spindel und Schwungrad
Stößel entweder blockförmig oder rahmenförmig (Vincentpresse). Bei rahmenförmigem Stößel trägt das Spindelende eine Gesenkhälfte, die andere ist im Rahmen befestigt; der Kraftfluß erfolgt innerhalb des Rahmens, das Gestell wird nicht belastet; die Spindel wird jedoch auf Zug beansprucht im Gegensatz zum blockförmigen Stößel.

Spindel entweder ortsfest (Bild 5.12 c) oder längsbeweglich (Bild 5.12 a); meist drei- oder viergängig; Steigungswinkel etwa $12°$ bis $17°$; der Spindeldurchmesser wird überschlägig berechnet aus: $D \,[\text{mm}] \approx 100 \sqrt{F_N \,[\text{MN}]}$.

Längsbewegliche Spindeln werden oberhalb der Mutter nur durch Verdrehkräfte, unterhalb nur durch Druckkräfte beansprucht; ortsfeste Spindeln werden im gleichen Querschnitt sowohl durch Verdreh- als auch durch Druckkräfte belastet. Spindelmutter aus Al Bz oder Cu Zn 43. Kraftübertragung von Spindel auf Stößel über Bronze-Drucklager. Normalerweise haben die Pressen nur eine Spindel, eine neuere Konstruktion besitzt jedoch zwei gegenläufige Spindeln [5.19].

Schwungrad meist am oberen Ende der Spindel. Vincentpressen können untenliegende Spindel und Schwungrad erhalten. Bei Antrieb durch Hydrokolben Sitz des Schwungrades unmittelbar oberhalb des Stößels möglich.

Bei einer neuen Konstruktion wirkt die Spindel nicht direkt auf den Stößel, sondern bewegt nach dem Vorbild der „Keil"presse einen Keil („Spindelkeilpresse") [5.24], um außermittiges Schmieden zu ermöglichen.

c) Antrieb
Bei längsbeweglicher Spindel erfolgt der Antrieb durch Reibscheiben, Hydromotore (Schwungradbreite = Pressenhub + Ritzelbreite) oder Hydrozylinder. Ausführung des Reibscheibenantriebes mit zwei oder drei Scheiben. Im letzteren Fall sind zwei Rücklaufscheiben vorhanden, um den Schlupf beim Beschleunigen zu verringern. Die Seitenscheiben werden mittels Servomotor angepreßt. Bei ortsfester Spindel Antrieb durch α) kegelige Reibrollen, β) Elektro- oder Hydro-Motor, der sein Antriebsmoment über Zahnritzel oder Reibrollen auf das Schwungrad überträgt [5.25],

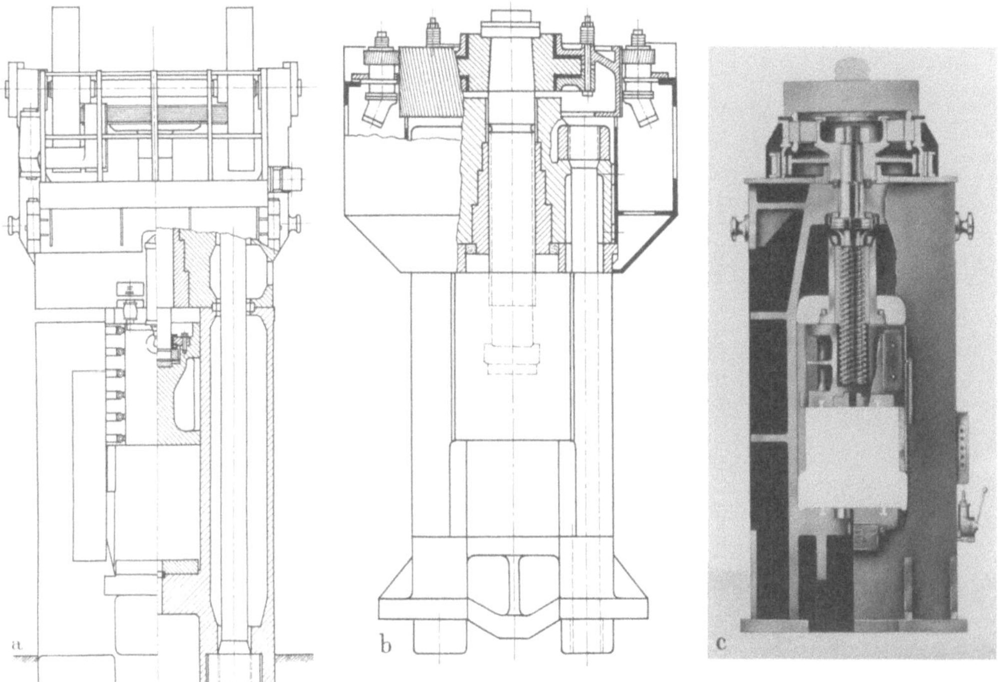

Bild 5.12. Spindelpressen
a) Dreischeibenpresse (Fr. Berrenberg, Maschinenfabrik); b) Spindelpresse mit Hydromotoren (Maschinenfabrik Hasenclever GmbH); c) Spindelpresse mit direktem elektrischen Antrieb (Maschinenfabrik Weingarten AG)

γ) Spezial-Reversier-Motor, dessen Läufer fest auf der Spindel sitzt [5.26], δ) Hydro-Zylinder, die die Spindelmutter längs verschieben.

Hydraulische oder elektropneumatische Bremsen können den Stößel in jeder Lage stillsetzen. Beim Hochlaufen wird der Stößel durch Federpakete oder hydraulische Dämpfer abgefangen.

d) Steuerung

Elektrohydraulische oder elektropneumatische Steuerung. Arbeitsvermögen kann entweder durch Einstellen der Hubgröße oder Begrenzen der Schwungraddrehzahl vorgewählt werden (bei Erreichen einer vorgewählten Drehzahl wird der Antrieb ausgekuppelt). Programmsteuerungen für mehrere Schläge sind möglich. Der Rückhub wird mittels Endschalter eingeleitet und beendet.

e) Ausrüstung

Begrenzung der Kraft zum Schutz des Gestells vor Überlastung mittels Rutschkupplung am Schwungrad: bei Überschreiten eines eingestellten Momentes beginnt das Schwungrad zu rutschen, so daß die Schwungradenergie nicht mehr auf die Werkzeuge übertragen wird.

Tabelle 5.2. Daten von Spindelpressen (die Maschinengrößen in den Tab. 5.1, 5.2 und 5.4 sind direkt vergleichbar; s. a. Abschn. 5.4)

Kenngröße	Typ	Drei-Scheiben-Presse (F. Berrenberg)			Spindelpresse mit hydr. Motor (Masch.-Fabr. Hasenclever AG)				Spindelpresse mit direktem elektrischem Antrieb (Maschinenfabrik Weingarten AG)		
Nennkraft	MN	5	12,5	31,5	5	12,5	31,5	80	5	12,5	85
(Prellschlagkraft)		(8)			(10)	(25)	(63)	(160)			
Arbeitsvermögen	kJ	25									2450
Hubzahl	min^{-1}	53	28		50 bis 75	30 bis 50	20 bis 32	12 bis 19	35 bis 43	26 bis 35	12 bis 15
Motorleistung	kW	45			35	90	220	560	25	75	1000
Tischabmessungen	mm	600× 800			750× 710	950× 1120	1320× 1700	1700× 2650	680× 700	850× 950	2100× 2200
Hub	mm	315	500		224	355	560	900		700	900
Gesamthöhe	m	3,9			3,4	4,8	7,2	11,2	4,9	6,3	10
Gesamtmasse	t				21	72	215	850	20	64	800

5.1.2.3 Beispiele ausgeführter Konstruktionen

Die wichtigsten Ordnungs-Merkmale von Spindelpressen sind die Bewegungsmöglichkeit der Spindel und die Art des Antriebes. Die Spindel kann entweder eine Drehbewegung *und* eine Längsbewegung ausführen (blockförmiger Stößel) oder ortsfest gelagert sein und nur eine Drehbewegung machen (blockförmiger oder rahmenförmiger Stößel).

a) Dreischeibenpresse; Baugrößen $F_N = 4$ bis 20 MN; (Bild 5.12 a, Tab. 5.2) [5.27].
Gestell: Pressentisch mit angegossenen Ständern und oberem Querhaupt aus Sondergußeisen; Verbindung durch zwei Zuganker; Kopf als Fangkorb ausgebildet.
Stößel: blockförmig aus Stahlguß.
Antrieb: zwei Reibscheiben; einzeln verschiebbar zum Ausgleich des Bandagenverschleißes; elektropneumatische Schwungradbremse; Schwungrad kann als Rutschrad ausgeführt werden. Die Energie des hochlaufenden Stößels wird teilweise in Federpaketen gespeichert und beim Abwärtshub wieder abgegeben.
Steuerung: elektropneumatisch; Schlagenergie und Schlagfolgezeit einstellbar; Programm mit zwei bis vier Schlägen unterschiedlicher Energie möglich.

b) Spindelpresse mit Hydro-Motoren; Baugrößen F_N bis 80 MN (Bild 5.12 b, Tab. 5.2).
Gestell: Stahl-Schweiß-Konstruktion.
Antrieb: Hydromotor; Hydraulikflüssigkeit aus ölhydraulischem Speicher, der unabhängig von der Maschine aufgestellt werden kann. Beim Rücklauf wird die Energie des Spindelschwungrades zurückgewonnen, indem der Motor als Pumpe arbeitet.
Steuerung: Hydraulisch; zwei Energiebeträge sind einstellbar.

c) Spindelpresse mit direktem elektrischen Antrieb der Spindel; Baugrößen $F_N = 1$ bis 80 MN (Bild 5.12 c, Tab. 5.2) [5.28].
Gestell: Stahl-Schweiß-Konstruktion; Prismenführungen nachstellbar durch Keilleisten.
Antrieb: Reversier-Motor direkt mit dem Schwungrad verbunden; elektro-pneumatische Bakkenbremse.
Steuerung: elektrisch; nach dem Aufschlag selbsttätige Umsteuerung; Hubgröße und Schlagenergie einstellbar; mechanische oder hydraulische Auswerfer.

5.1.3 Kurbel-(Exzenter)pressen

5.1.3.1 Kinematik und Kinetik

Bei Kurbelpressen werden Umform- und Verlustarbeit durch die Energieabgabe ΔE eines Schwungrades gedeckt, dessen Drehzahl von n_0 auf n_1 verringert wird (i. a. $n_1 \geqq 0{,}85\, n_0$ bei Dauerhubbetrieb). Die Energieangabe $\Delta E = E_0 - E_1$ paßt sich den jeweiligen Erfordernissen des Umformvorgangs an.

a) Hin- und Rückhubvorgang
Stößelweg: (in Abhängigkeit vom Kurbelwinkel α),

$$z = r \left[(1 - \cos \alpha) \pm \frac{\lambda}{2} \sin^2 \alpha \right], \tag{5.15}$$

$$\lambda = \text{Druckstangenverhältnis} = r/l_s = \frac{1}{4} \text{ bis } \frac{1}{10}.$$

Stößelgeschwindigkeit (in Abhängigkeit von Kurbelwinkel α und Stößelweg z ohne Schlupf und Reibung) (Bild 5.13 a):

$$v_B \approx \frac{H \cdot \pi \cdot n}{2 \cdot 30} \left[\sin \alpha \pm \frac{\lambda}{2} \sin 2\alpha \right] \approx \frac{H \cdot \pi \cdot n}{2 \cdot 30} \cdot \sin \alpha \tag{5.16}$$

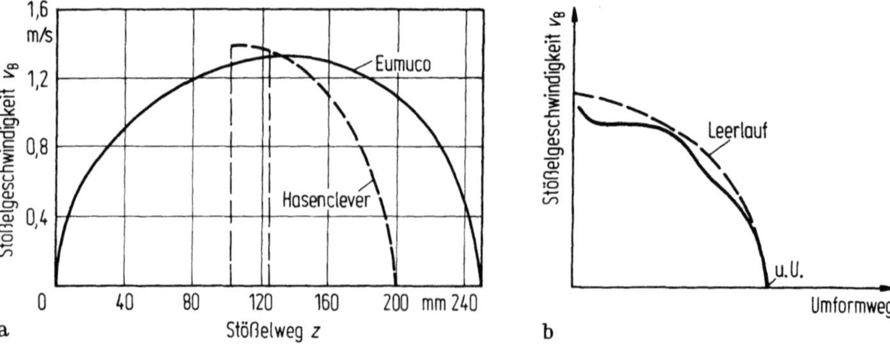

Bild 5.13. Stößelgeschwindigkeit von Kurbelpressen
a) Unbelastete Presse bei Einzelhub ($F_N = 10$ MN); b) belastete Presse

Die Maximal-Geschwindigkeit von Kurbelpressen beträgt etwa $1,2 - 1,5$ m/s.
Energieinhalt bei Hubbeginn:

$$E_0 = \frac{\Theta \cdot \omega_0^2}{2} \, . \tag{5.17}$$

b) Umformvorgang
Die Stößelgeschwindigkeit während des Umformens weicht wegen des Spielausgleichs, der Maschinenfederung und der Energieabgabe des Schwungrades von dem durch die Kinematik des Kurbeltriebs gegebenen Geschwindigkeitsverlauf ab (Bild 5.13 b).
Umformzeit:

$$t_U \approx \frac{30}{\pi \cdot n} \, \text{arc cos} \left[1 - \frac{2 \, (h_0 - h_1)}{H} \right] \quad (\approx 80 \text{ bis } 100 \text{ ms}) \tag{5.18}$$

Prellschlagzeit:

$$t_{pr} \approx \frac{60}{\pi \cdot n} \, \text{arc cos} \left[1 - \frac{2 f_{ges}}{H} \right] \quad (\approx 30 \text{ bis } 60 \text{ ms}) \tag{5.19}$$

$f_{ges} =$ Auffederung

Energieabgabe

$$\Delta E = E_0 - E_1 = \frac{\Theta \, (\omega_0^2 - \omega_1^2)}{2} \, . \tag{5.20}$$

Die übertragbare Kraft F_{St} ist durch die Gesetzmäßigkeiten des Kurbeltriebs bestimmt (Bild 5.14):

$$F_{St} = F_t \cdot \frac{\cos \beta}{\sin (\alpha + \beta)} \approx \frac{F_t}{\sin \alpha} \approx \frac{M}{r_{km} \cdot \sin \alpha} \, , \tag{5.21}$$

β Druckstangenwinkel, F_t Tangentialkraft an der Kurbelwelle,
r_{km} mittlerer Kupplungshalbmesser, α Kurbelwinkel.

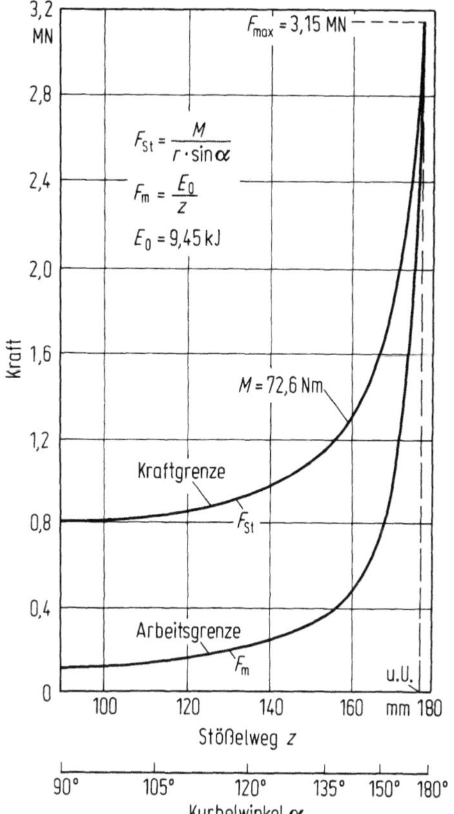

Bild 5.14. Kraft-Weg-Schaubild einer Kurbelpresse

In der Nähe des unteren Umkehrpunktes muß die Kraft mit Rücksicht auf Beanspruchung der Presse begrenzt werden. Der entsprechende Kurbelwinkel liegt für Gesenkschmiedekurbelpressen bei $\alpha = 3$ Grad vor u. U. Der Kleinstwert der übertragbaren Kraft beträgt etwa ⅓ bis ¼ F_N.

c) Energiebilanz

Die Gesamtarbeit während eines Hubes setzt sich zusammen aus: Kupplungsverlust W_K, Reibverlust an den Führungen und im Getriebe W_R, Federverlust W_F, Umformarbeit W_U und Beschleunigungsarbeit W_a beim Rückhub. W_R (während des Umformens) und W_F sind von der Umformkraft abhängig. Die Verlustanteile werden teilweise im Drehzahlschaubild sichtbar (Bild 5.15): bereits vor dem Beginn und noch nach Abschluß des Umformvorgangs nimmt die Drehzahl ab. Die Anfangsdrehzahl muß am Ende eines Arbeitsspiels wieder erreicht sein.

d) Belastung der Presse

Die zulässige Maximalkraft liegt etwa um 10 bis 30% über der Nennkraft. Belastung und Verformung des Gestells sowie Verschiebung des Stößels entsprechen im Prinzip den Verhältnissen bei Spindelpressen.

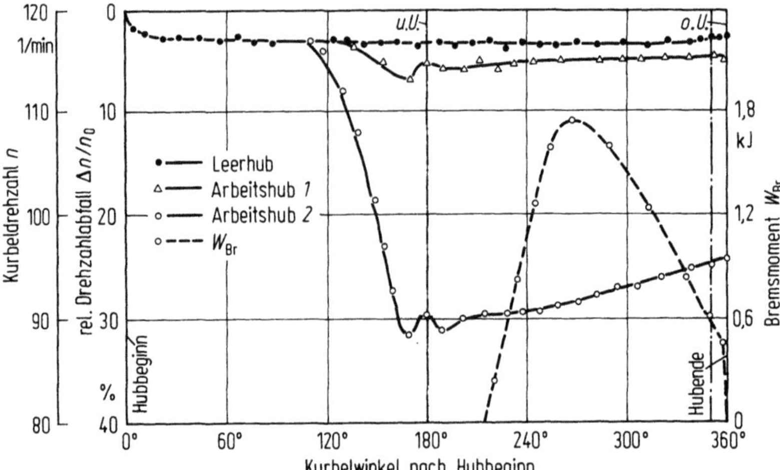

Bild 5.15. Drehzahlabfall einer 3,15 MN-Kurbelpresse im Leer- und Arbeitshub und Verlauf des Bremsmomentes beim Leerhub
Arbeitshübe beim Stauchen von Kupferproben:
1 $F_1 = 3,15$ MN, $W_U = 6,0$ kJ; *2* $F_1 = 3,0$ MN, $W_U = 68,6$ kJ

Tabelle 5.3. Auffederung von Kurbelpressen — Anteile der Baugruppen, bezogen auf die Gesamtauffederung der Kurbelpresse mit einer Druckstange ($= 100$); nach [5.30]

Pressenbauart	Ständer	Stößel und Druckstange	Exzenter- welle und Lager	rel. Ge- samtauf- federung
Kurbelpresse mit 1 Druckstange	33	30	37	100
Kurbelpresse mit Doppeldruckstange	31	21	33	85
Keilpresse	29	21	10	60

Die Auffederung setzt sich zusammen aus den Federwegen von Gestell, Stößel und Druckstange sowie Exzenterwelle und Lagern. Die Federzahl von Gesenkschmiede-Kurbelpressen beträgt etwa 4 bis 10 MN/mm je nach Nennkraft. Tabelle 5.3 zeigt die Aufteilung der Federwege.

5.1.3.2 Baugruppen

Einzelheiten zur Berechnung und Gestaltung von Kurbelpressen nennt Mäkelt [5.29].

a) Gestell und Führungen
Bei kleineren Pressen einteiliger Stahlgußrahmen, der mit Zugankern vorgespannt ist. Gestelle größerer Pressen bestehen aus vier Stahlguß- oder Schweißstücken (Tisch, Seitenständer, Traverse), die durch vorgespannte Zuganker zusammengehalten werden ($A_{Anker}/A_{Ständer} \approx 1/2{,}5$). Seitliche Ständeröffnungen im Hinblick auf

Anbau von Transporteinrichtungen. Führungen rechtwinklig an den Außenkanten des Stößels, oft über die Kurbelwelle hinaus nach oben verlängert. Führungsspiel etwa 0,2 mm je Seite.

b) Stößel

In der Regel aus Stahlguß; Druckstange einteilig mit nahezu der gleichen Breite wie der Stößel oder als Doppeldruckstange mit zwei Lagerstellen. Statt des Einpunkt-Längswellen-Antriebs wird auch der Zweipunkt-Querwellen-Antrieb zur Vergrößerung der Tischbelastungsfläche angewendet. Bei einer neueren Konstruktion [5.31] ist die Pleuelstange durch ein Druckstück ersetzt, das sich unten auf dem Stößel, oben auf der Traverse abstützt (Bild 5.16 b), während bei der Keilpresse die Kraftübertragung auf den Stößel durch einen Keil als Zwischenglied zwischen Druckstange und Stößel erfolgt, der sich auf der Traverse abstützt; die Druckstange ist hier aus dem unmittelbaren Kraftfluß herausgenommen und wirkt in horizontaler Richtung (Bild 5.16 a).

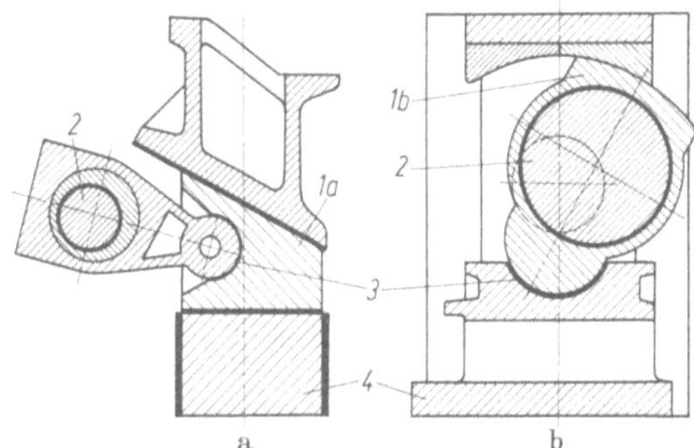

Bild 5.16. Stößelantrieb
a) Keilpresse (Eumuco AG für Maschinenbau); b) Druckring-Exzenterpresse (Maschinenfabrik Hasenclever). *1 a* Keil; *1 b* Druckring; *2* Exzenterwelle; *3* Druckpfanne; *4* Stößel

Das Gewicht des Stößels wird durch Druckluftzylinder ausgeglichen, um gleichmäßige Berührung im Pleuellager zu erreichen. Der Stößel wird in der Regel mit Wasser gekühlt. Verstellmöglichkeit von Tischhöhe oder Hublage des Stößels zum Einrichten der Werkzeuge; Hublagenverstellung mittels Exzenterbüchse am Exzenterwellen- oder Stößellager der Druckstange. Der Mechanismus einer Tischverstellung ist stärker durch Verschmutzung gefährdet.

c) Antrieb

Der Antriebsmotor treibt das Schwungrad, das meist auf der Vorlegewelle sitzt; die Einscheiben- oder Lamellenreibkupplung (bis etwa 40 MN eine Scheibe, darüber zwei; zweckmäßig mit eingesetzten Reibklötzen anstelle der schwierig zu wechselnden Beläge) ist entweder am Schwungrad oder auf der Exzenterwelle angeordnet (hierbei sind geringere Massen zu beschleunigen); Einscheiben- oder Lamellenreibbremse auf der Exzenterwelle, zur Geräuschminderung schalldämmend gekapselt. Als Motor werden Drehstrom-Asynchron-Motore verwendet; $P < 50$ kW: Stromkäfigläufer, $P > 50$ kW: Schleifringläufer-Motore.

d) Steuerung

Elektro-pneumatische Steuerung des Pressenhubes mit den Betriebsarten „Einhub-betrieb", „Dauerlauf" und „Einrichten". Steuerung der Auswerfer mit einstellbarem Hubbeginn und -Dauer.

e) Ausrüstung

Zur Ausrüstung gehören: elektromotorische Tisch- oder Stößelverstellung; Vorrichtung zum Lösen eines festgefahrenen Stößels; Auswerfer in Tisch und Stößel; Einrichtungen zur Überwachung von Umformkraft, Stromaufnahme des Antriebsmotors, Motortemperatur, Lagertemperaturen, Schmiermittelzufuhr, Druck der Druckluft, Überschneidungen von Kupplung und Bremse und Auswerferendlagenstellung; Überlastsicherungen gegen Überschreiten der Maximalkraft (Hublagenänderung), des Drehmoments (Rutschkupplung) und des Arbeitsvermögens bzw. des zulässigen Drehzahlabfalls (Messen der Schwungraddrehzahl).

5.1.3.3 Beispiele ausgeführter Konstruktionen

Gesenkschmiedepressen (Baugrößen von 3,15 bis 120 MN unterscheiden sich im wesentlichen durch die Kraftübertragung von der Exzenterwelle auf den Stößel: Druckstange, Druckring oder Keil (Tab. 5.4).

Neben den senkrechten Gesenkschmiedepressen gibt es Sonderausführungen — die Waagerecht-Stauchmaschinen — liegende Kurbelpressen mit einem zusätzlichen Klemmtrieb, die in der Hauptsache zum Anstauchen, Dornen und Lochen dienen (vgl. Abschn. 3.4). Schmieden von Werkstücken mit Unterschneidungen in dreiteiligen Werkzeugen ist möglich; Klemmbackenteilung senkrecht oder waagerecht; bei waagerechter Teilung ist der Werkzeugraum besser zugänglich; die Automatisierung wird erleichtert. Schwungrad mit Kupplung und Bremse sind meist auf der Vorgelegewelle angeordnet (Wirkungsweise wie bei Exzenterpresse nach Bild 5.17). Der Antrieb des Stauchschlittens wird über ein Kniehebelsystem von der Kurbelwelle abgeleitet.

Andere Ausführungen von Kurbelpressen werden für Vorschmiede- und Abgratoperationen verwendet. Diese Maschinen unterscheiden sich von Gesenkschmiedepressen durch ein bei gleicher Nennkraft größeres Arbeitsvermögen und einen größeren Nutzhub.

a) Gesenkschmiede-Exzenterpresse; Baugrößen F_N = 16 bis 100 MN (Bild 5.17 a)
Gestell: 4teiliges Stahlgußgestell mit 4 Zugankern.
Stößel: kastenförmig aus Stahlguß. Verstellen der Hublage mittels Exzenterbüchse am Stößellager des Pleuels.
Antrieb: Schwungrad und Ritzel auf Vorgelegewelle, Kupplung und Bremse auf Exzenterwelle, damit die zu beschleunigenden und abzubremsenden Massen gering bleiben. Betätigung der Bremse durch Steuerstange, die mit dem Kolben der Kupplung durch die hohlgebohrte Exzenterwelle hindurch verbunden ist: nur die Kupplung wird mit Druckluft beaufschlagt. Lösen der Kupplung wird durch Federn unterstützt.

b) Keilpresse; Baugrößen F_N bis 120 MN (Bild 5.17 b) [5.30]
Antrieb: Kurbelwelle auf der Rückseite der Maschine; Doppeldruckstange bewegt Keil mit einer Keilübersetzung von etwa 2 : 1; Schwungrad auf der Vorgelegewelle, Kupplung und Bremse auf der Kurbelwelle. Hublagenverstellung im Exzenterwellenlager der Druckstange.

Tabelle 5.4. Daten von Gesenkschmiedekurbelpressen (die Maschinengrößen in den Tab. 5.1, 5.2 und 5.4 sind direkt vergleichbar; s. a. Abschn. 5.4)

Typ / Kenngrößen	Exzenterpresse (Maschinenfabrik Hasenclever AG)				Keilpresse (Eumuco AG für Maschinenbau)				Waagerecht-Stauch-maschine (Maschinenfabrik Hasenclever AG)	
Nennkraft MN	6,3 (10 ° vor u. U.)	16	40	100	6,3	16	40	100	6,3	16
größte Klemmkraft MN			–				–		8	20
Arbeitsvermögen kJ je Hub					50 bis (100)	200 bis (400)	750 bis (1500)	2500 bis (5000)		
Hub (Stauchnutzhub) mm	180	280	315	450	190	250	330	410	325 (200)	450 (265)
Arbeitsraum lichte Führungsweite × Tischtiefe mm	675× 750	920× 1000	1370× 1800	1900× 2800	750× 1100	1050× 1450	1500× 1900	1900× 2400		
Hubzahl (Nutzhübe) min^{-1}	118	95	70	36	95	70	45	35	40	25
Motorleistung kW	36	70	185	600	40	75	200	500	36	82
Gesamtmasse t	38	100	283	930					52	145
Bauhöhe über Flur m	4,2	4,7	6,1	9,3	4,2	5,25	7,0	9,1	3,3	4,4

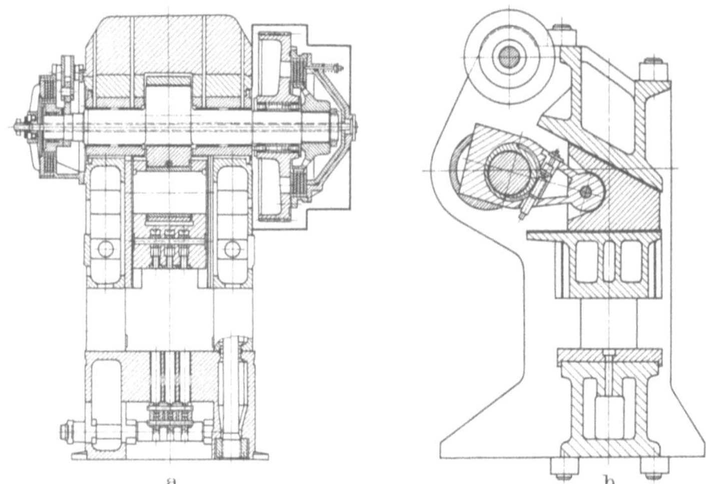

Bild 5.17. Gesenkschmiede-Exzenterpressen
a) Exzenterpresse (Maschinenfabrik Hasenclever); b) Keilpresse (Eumuco AG für Maschinenbau)

Vorteile dieser Pressenbauart: größere Tischfläche, geringere Bauhöhe, geringere Längs- und Winkelauffederung.

c) **Waagerecht-Stauchmaschine;** Baugrößen F_N bis 31,5 MN (Bild 5.18 a)

Klemmvorrichtung: Zangenbügel, der von zwei Zugstangen geschlossen wird; Bewegung durch Exzenter über Kniehebelsystem, das von der Kurbelwelle abgeleitet ist. Federbelastete Sicherheits-Druckstange rückt bei Überlastung des Klemmtriebes das Übertragungsglied aus; Klemmkraft einstellbar.

d) **Waagerecht-Stauchmaschine;** Baugrößen F_N bis 25 MN (Bild 5.18 b)

Klemmvorrichtung: waagerechte Klemmbackenteilung; Klemmschlitten vertikal geführt; Klemmkraft bis 125% der Nennkraft, stufenlos einstellbar; hydraulische Überlastsicherung.

5.1.4 Hydraulische Pressen

Hydraulische Pressen werden wegen der langen Druckberühr- und Stückfolgezeiten hauptsächlich zum Schmieden großer Leichtmetallteile, beim Gesenkschmieden

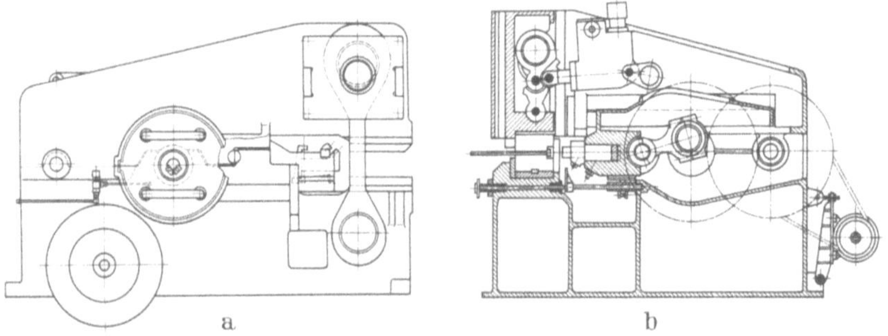

Bild 5.18. Waagerechtstauchmaschinen
a) Maschine mit Zangenklemmung (Eumuco AG für Maschinenbau);
b) Maschine mit Klemmschlitten (Maschinenfabrik Hasenclever)

von Stahl meist nur zum Massenverteilen durch Stauchen, Warmfließpressen, Biegen oder Abgraten benutzt.

Der direkte Antrieb mit Hochdruck-Axialkolbenpumpen wird für Preßgeschwindigkeiten bis 80 mm/s angewendet. Mit Speicherantrieb werden Preßgeschwindigkeiten bis 250 mm/s, in Sonderfällen auch mehr, erreicht. Die Umsteuer- und Entlastungszeiten betragen im günstigsten Fall etwa 0,4 s. Vorteilhaft ist die universelle Einstellmöglichkeit von Endkraft, Nutzhub, Geschwindigkeit, Auswerferhub und Haltezeit.

Stauchpressen dienen zum Massenverteilen, wenn bei verhältnismäßig geringen Kräften eine hohe Umformarbeit erforderlich ist. Das Pressengestell besteht entweder aus einem Stück oder aus Tisch, Ständer und Kopfstück, die durch vorgespannte Zuganker verbunden sind. Antrieb im Kopfstück der Presse: Eine Axial-Kolbenpumpe mit variabler Förderrichtung — zum Umsteuern der Bewegungsrichtung — ist direkt mit einem Spezialmotor gekuppelt. Mit einer Schnellschmiedeeinrichtung können auch Reckarbeiten ausgeführt werden. Die Nennkräfte liegen zwischen 2,5 und 25 MN.

Vorschmiede- und Abgratpressen zum Stauchen, Fließpressen, Biegen, Abgraten, Lochen und Kalibrieren haben im Gegensatz zu den einfachen Stauchpressen eine bessere Führungsgenauigkeit, damit mehrere Werkzeuge nebeneinander eingebaut werden können sowie größere Abmessungen des Arbeitsraumes.

Gesenkschmiedepressen mit Nennkräften bis zu 750 MN werden hauptsächlich für die Herstellung von Leichtmetallteilen aber auch für schwere Schmiedestücke aus Stahl benutzt. Eine Sonderausführung zum Pressen schwer umformbarer Al-Legierungen ist die Hydro-Keilpresse, eine Keilpresse mit hydraulischem Antrieb [5.44].

Schlagpressen sind eine Kombination von Fallhammer mit hydraulischem Bäraufzug und hydraulischer Presse; sie können sowohl als Hammer als auch als hydraulische Presse arbeiten [5.32], um beispielsweise einen Schaft durch Fließpressen herzustellen, an den anschließend ein Flansch angeschmiedet wird.

Mehrstößelpressen haben außer einem senkrecht wirkenden Hauptstößel einen oder mehrere waagerecht wirkende Seitenstößel. Sie werden zum Herstellen von Stücken mit einer oder mehreren Höhlungen verwendet, z. B. Ventilgehäusen [5.33].

Elektro-Stauchmaschinen sind eine Kombination von hydraulischer Presse und Widerstands-Erwärmungs-Einrichtung. Sie dienen zum Anstauchen von Stäben. Ein Teil eines Stabes wird zwischen einer Stirnelektrode und einer geteilten Elektrode gespannt und konduktiv erwärmt. Durch eine auf das kalte Stabende ausgeübte Druckkraft wird der Stab angestaucht, wobei neuer Werkstoff zwischen die Elektroden gelangt [5.34] (vgl. Abschn. 3.1.4.2).

5.1.5 Walzmaschinen

Sonderbauarten von Walzen werden beim Gesenkschmieden zum Massenverteilen verwendet: Reckwalzen zum Längs-Profilwalzen in meist nebeneinander aufgespannten Kalibern (in Halbschalen eingearbeitet) (Bild 7.12), Querwalzen zum Herstellen von abgesetzten Wellen entweder mit Flachbacken oder meist drei Walzen, zwischen denen der Stababschnitt rotiert (vgl. Abschn. 3.1.4.8).

5.2 Eigenschaften und Verhalten von Gesenkschmiedemaschinen

Die Eignung einer Gesenkschmiedemaschine für eine gegebene Fertigungsaufgabe ist von zahlreichen Eigenschaften abhängig, die teils quantitativ, teils nur qualitativ angegeben werden können.

Die *Maschinendaten* sind von der Belastung und den Betriebsbedingungen unabhängige Größen (Abmessungen, Massen, Tab. 5.5).

Tabelle 5.5. Maschinendaten von Gesenkschmiedemaschinen

	Kurbelpressen	Spindelpressen	Hämmer
Hub	+		+
Größer/kleinster Hub		+	
Größter Abstand Tisch(Schabotte)- Stößel (Bär)	+	+	+
Tisch(Stößel)- Abmessungen	+	+	
Lichte Ständerweite	+	+	+
Stößelzustellung	+		
Tischzustellung	+		
Kleinste Gesenkhöhe		+	+
Bärmasse			+
Schabottemasse			+
Gesamtmasse	+	+	+ (einschl. Schabotte)
Äußere Abmessungen und Anschlußmaße	+	+	+
Nennleistung des Motors	+	+	+
Leerlaufdrehzahl des Schwungrades	+		

Kenngrößen sind zahlenmäßig bestimmbare Größen, die Eigenschaften von Umformmaschinen kennzeichnen [5.35]. Die entsprechenden zahlenmäßigen Beträge heißen Kennwerte. Man unterscheidet: Energie-, Kraft- und Arbeitskenngrößen, Leistungskenngrößen, Zeitkenngrößen und Genauigkeitskenngrößen (Tab. 5.6).

Wegen des Fehlens verbindlicher Abnahmebedingungen liegen bisher keine systematischen, sondern nur Einzeluntersuchungen über Kennwerte von Gesenkschmiedemaschinen vor (Tab. 5.7).

5.2.1 Energie-, Arbeits- und Kraftkenngrößen

Die zum Gesenkschmieden benutzten Umformmaschinen besitzen einen Energiespeicher mit einem vorgegebenen Energieinhalt, der kurzzeitig, d. h. mit hoher Umformleistung, ganz oder teilweise in Umform- und Verlustarbeit umgesetzt wird.

Tabelle 5.6. Kenngrößen von Gesenkschmiedemaschinen (Definitionen in Anlehnung an [5.36])

Energie-, Arbeits- und Kraftkenngrößen

Energieinhalt E_N
Der Energieinhalt ist derjenige Energiebetrag, den eine Umformmaschine bei Nennbetriebsbedingungen vor Auslösen eines Hubes gespeichert hat.

Größte Auftreffenergie $E_{0\,max}$
Die größte Auftreffenergie ist die Energie aller am Schlag beteiligten Maschinenteile bei größter Auftreffgeschwindigkeit vor dem Auftreffpunkt.

Nutzarbeit W_N
Die Nutzarbeit ist die von der Umformmaschine abgegebene Umformarbeit. Sie ist abhängig von der Umformkraft und damit vom Umformvorgang sowie vom Betriebszustand der Maschine.

Arbeitsvermögen $W_{N\,max}$
Das Arbeitsvermögen ist die von der Maschine bei vorgegebenem Umformvorgang und festgelegten Betriebsbedingungen an das Werkstück abgegebene Nutzarbeit.

Nennkraft F_N
Die Nennkraft ist die für die Konstruktion einer Umformmaschine maßgebende Kraft.

Zulässige Preßkraft F_{zul}
Die zulässige Preßkraft ist die größte Preßkraft, die eine Umformmascine beliebig oft ohne Gefährdung ihrer Bauteile erträgt.

Prellschlagkraft F_{Prell}
Die Prellschlagkraft ist die Preßkraft bei größter Auftreffgeschwindigkeit ohne Abgabe von Nutzarbeit.

Maschinenwirkungsgrad η_M
Der Maschinenwirkungsgrad ist das Verhältnis $W_{N\,max}/E_N$.

Zeitkenngrößen

Auftreffgeschwindigkeit v_0
Die Auftreffgeschwindigkeit ist die

Geschwindigkeit des Stößels oder Bären im Auftreffpunkt.

Prellschlagzeit t_{Prell}
Die Prellschlagzeit ist die Dauer eines mit der größten Auftreffenergie ausgeführten Prellschlages.

Hubfolgezeit/Hubzahl t_H , n_H
Die Hubfolgezeit ist die Dauer von Beginn eines Hubes bis zur Bereitschaft der Maschine zum nächsten Hub bei festgelegten Betriebsbedingungen und vorgegebenem Umformvorgang (sie schließt die Schaltzeiten ein).

Die Einzelhubfolgezeit ist die entsprechende Dauer eines einzeln ausgelösten Hubes, die Dauerhub-Folgezeit die Dauer eines Hubes bei durchlaufender Maschine.

Die Hubzahl (Einzelhubzahl, Dauerhubzahl) ist der Kehrwert der entsprechenden Hubfolgezeiten.

Leerlaufdrehzahl n_0
Die Leerlaufdrehzahl ist die auf die Kurbelwelle umgerechnete Drehzahl des Schwungrades einer Kurbelpresse bei ausgeschalteter Kupplung.

Genauigkeitskenngrößen

Längsfederzahl
Die Längsfederzahl ist das Verhältnis der nach Spielausgleich in Richtung der Preßkraft auftretenden Gesamtfederung zwischen Tisch und Querhaupt und der Preßkraft bei mittiger Belastung.

Kippwinkel
Der Kippwinkel ist der größte Winkel zwischen Tisch (Schabotte) und Stößel-(Bär)Fläche bei Nennspiel und außermittiger Belastung mit Nennkraft auf der Grenze der Tisch-Belastungsfläche.

Querverschiebung
Die Querverschiebung ist die bei Nennspiel senkrecht zur Richtung der Preßkraft auftretende Verschiebung der Stößel(Bär)mitte gegenüber der Tisch(Schabotte)mitte bei außermittiger Belastung.

Tabelle 5.7. Kennwerte von Maschinen entsprechender Größe (die Werte gelten für übliche Maschinen; Sonderausführungen, wie automatisierte Kurbelpressen, können z. B. ein größeres Arbeitsvermögen besitzen)

		Fall-hammer	Spindel-presse	Kurbel-presse	Hydr. Presse	Fall-hammer	Spindel-presse	Kur-bel-presse	Hydr. Presse	Ham-mer-(Ge-gen-schlag)	Spindel-presse	Kur-bel-presse	Hydr. Presse
Nennkraft	MN	—	6,3	8	8	—	16	20	20	—	40	50	50
Größtkraft	MN	(16)	12,5	8,8	8	(40)	32	22	20	(105)	80	55	500
Arbeitsvermögen	kJ	20	80	86	—	50	260	225	—	125	1000	880	—
Nutzarbeit bei Nennkraft	kJ	—	60	80	—	—	190	200	—	—	750	800	—
Motorleistung	kW	40	50	35		85	100	100			300	250	
Hubzahl bei Ausnutzung d. Arbeitsvermögens	min^{-1}	80	30	25		80	25	20		50	18	12	
Druckberührzeit	ms	5 bis 10	50 bis 100	50 bis 100	> 500	10	100	100	> 500	10	100	100	> 500
Auftreff-geschwindigkeit	m/s	4 bis 5	0,5 bis 0,8		0,1 bis 0,2	5	0,5 bis 0,8		0,1 bis 0,2	5	0,5 bis 0,8		0,1 bis 0,2

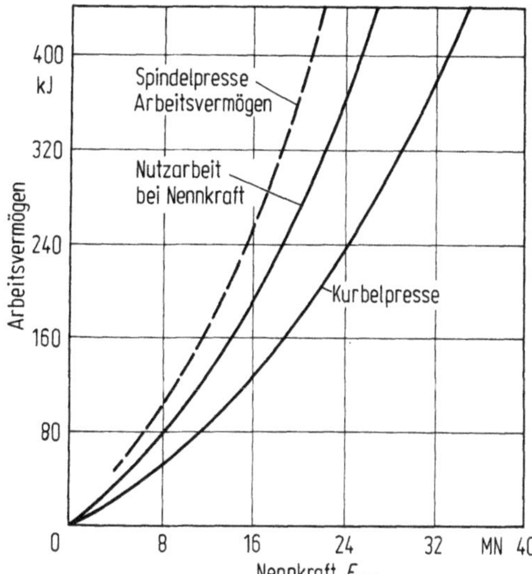

Bild 5.19. Arbeitsvermögen von Spindel- und Kurbelpressen in Abhängigkeit von der Nennkraft nach [5.42]

Der Energieinhalt = *Nennenergie* E_N wird nach Erfahrungswerten in Abhängigkeit von der Art und der Größe der Maschine vom Konstrukteur festgelegt.

Je nach den Eigenschaften der *Maschine* und dem *Umformvorgang* wird der Energieinhalt in unterschiedlicher Weise in Nutzarbeit W_N, Federarbeit W_F und Reibarbeit W_R umgesetzt. Der Anteil der Nutzarbeit, die für einen gegebenen Umformvorgang benötigte Umformarbeit, ist u. a. von der Größe der Kraft abhängig (Bild 5.3 u. 5.10).

Die als Kenngröße der Maschine herangezogene Nennenergie steht daher in keiner rechnerischen Beziehung zur Nutzarbeit. Man gibt z. B. folgende Energiebeträge als E_N an: Fallhämmer und Oberdruckhämmer (5.3 a), Gegenschlaghämmer (5.3 b), Spindelpressen (5.11), Kurbelpressen — $E_N = F_N \cdot h_N$ für Dauerhubbetrieb, $E_N = 2\,F_N \cdot h_N$ für Einzelhubbetrieb (h_N = Hub bei Nennwinkel α_N, s. Bild 5.14) — Hydraulische Pressen $E_N = F_N \cdot H$.

Als *Arbeitsvermögen* bezeichnet man die unter definierten Bedingungen gemessene Nutzarbeit, z. B. durch Stauchen einer Kupfer- oder Bleiprobe, d. h. bei einem Umformvorgang mit relativ geringer Umformkraft und deshalb geringer Verlustarbeit (Bild 5.19).

Bei Kurbelpressen ist der Kraftverlauf $F(s)$ eine konstruktiv bedingte Größe. Die *Nennkraft* ist der Wert der Preßkraft bei einer bestimmten Kurbelstellung (bei Gesenkschmiedepressen meist 3° vor u. U.) (Bild 5.14).

Bei Spindelpressen ist die *Prellschlagkraft* bestimmend für die konstruktive Auslegung der Presse. Als Nennkraft wird meist die halbe Prellschlagkraft angegeben.

5.2.2 Zeitkenngrößen

Die Auftreffgeschwindigkeit beeinflußt die Fließspannung und damit Umformkraft und Umformarbeit sowie die Druckberührzeit.

Die Druckberührzeit ist bestimmend für den Wärmeübergang vom Schmiedestück auf das Werkzeug und damit für die Standmenge der Werkzeuge.
Schlag-(Hubfolgezeit) bzw. Hubzahl kennzeichnen die Mengenleistung.

5.2.3 Genauigkeitskenngrößen

Fertigungsgenauigkeit — Parallelität von Stößel und Tischfläche und Rechtwinkligkeit der Stößelbewegung zur Tischfläche — Spiele und Verformungsverhalten der Maschine unter Last bestimmen die Arbeitsgenauigkeit, die durch *Parallel-* und *Drehversatz, Dickenabweichungen* und *Parallelitätsfehler* am Werkstück gekennzeichnet wird (Bild 5.20). Sofern eine Maschine für das Schmieden in mehreren Gravuren vorgesehen ist, hat ihr Verhalten bei außermittigem Kraftangriff die größte Bedeutung. Durch das Koordinatensystem in Bild 5.20 werden folgende Werkzeuglagefehler festgelegt:

Parallelversatz w_x und w_y — ungewollte Verschiebung zweier Punkte N_1 und N_2 in x- und y-Richtung. Die Punkte liegen in Höhe der Aufschlagflächen des Werkzeugs auf den Mittenachsen der Gesenke N' und N''.

Drehversatz — der ungewollte Drehwinkel δ der Werkzeughälften um die z-Achse.

Dickenfehler — der fehlerhafte Abstand $\Delta h'$ der Punkte N_1 und N_2 in z-Richtung.

Parallelitätsfehler α_x u. α_y — ungewollte Winkellage der Gesenkmittenachsen N' u. N'' in x- und y-Richtung.

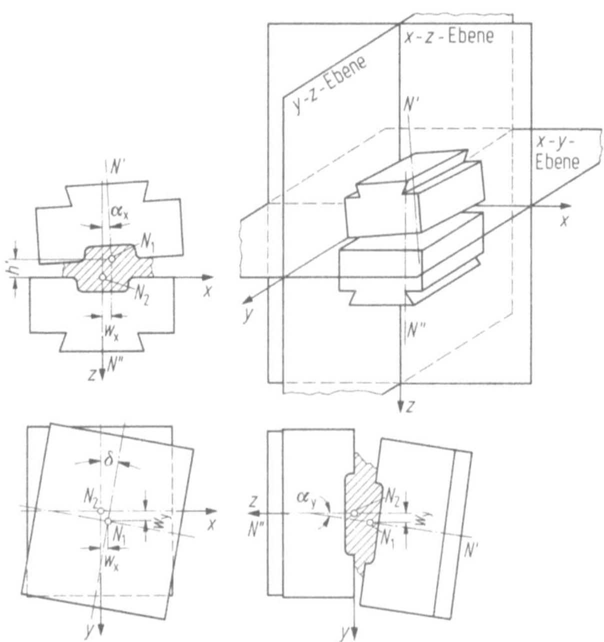

Bild 5.20. Werkzeuglagefehler in Hammer und Presse nach [5.22]

Die Fehlerursachen sind in Bild 5.21 dargestellt. Es handelt sich, wenn man von Einbaufehlern absieht, um das Führungsspiel und die Verformungen von Stößel, Tisch, Ständern und Kurbelwelle. Die Verformungen des Gestells sind in Bild 5.11 angedeutet: Querverengen, Queraufweiten bei außermittigem Kraftangriff und seitliches Biegen, eventuell auch in y-Richtung.

Das Tischbelastungsschaubild (Bild 5.22) gibt die Tischfläche an, die mit der Nennkraft bzw. einem Bruchteil davon, belastet werden darf.

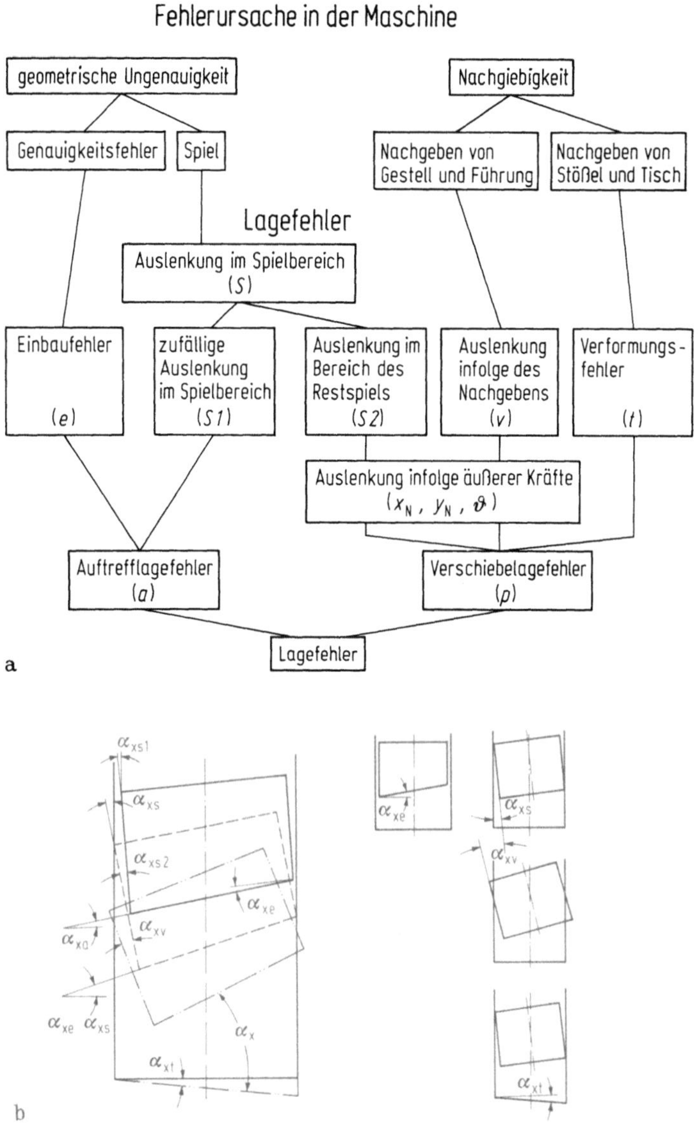

Bild 5.21. Einzelfehler und deren Ursache in der Maschine nach [5.22]
a) Fehlerübersicht; b) Parallelitätsfehler α_x als Summe von Einzelfehlern

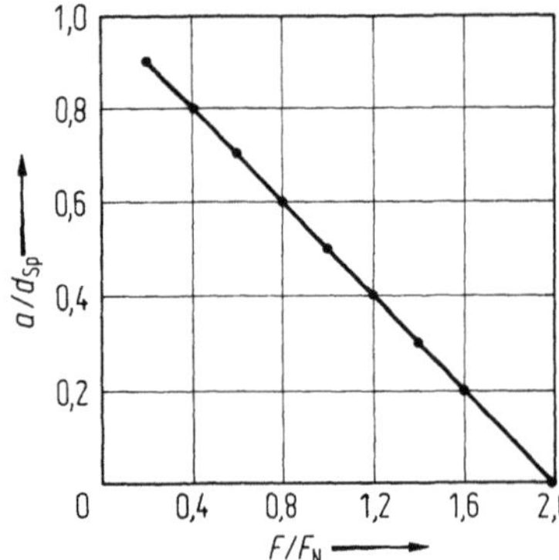

Bild 5.22. Tischbelastungs-Schaubild einer
Reibspindelpresse nach Bild 5.12 a
a Abstand von der Tischmitte,
d_{Sp} = Spindeldurchmesser, F_{prell} = 2 F_N

5.2.4 Mengenleistung

Die für alle Umformmaschinen wesentliche Mengenleistung, d. h. die Anzahl der produzierten Stücke in der Zeiteinheit, läßt sich nur für festgelegte Arbeitsbedingungen und Maschinenzustände angeben. Sie hängt wie erwähnt von der Hubfolgezeit ab, jedoch besteht keine Proportionalität; die Mengenleistung von Kurbelpressen kann z. B. trotz längerer Hubfolgezeiten wegen des unterschiedlichen Arbeitsablaufs größer sein als bei Hämmern.

5.2.5 Emissionsverhalten

Gesenkschmiedemaschinen verursachen Geräusche und Erschütterungen, die mit Rücksicht auf das Bedienungspersonal und die Umgebung der Schmiedebetriebe begrenzt werden müssen.

In Bild 5.23 sind der momentane Schallpegel L_A und der äquivalente Dauerschallpegel L_{eq} verschiedener Maschinenarten in Abhängigkeit von der Maschinengröße angegeben [5.40]. Der äquivalente Dauerschallpegel berücksichtigt die Dauer der Geräusche und ihren zeitlichen Verlauf. Er ist definiert als Schallpegel eines gleichbleibenden Geräusches, das im betrachteten Zeitraum die gleiche Störwirkung haben soll wie das gemessene Geräusch.

Während bei Hämmern öfter und bei Spindelpressen im allgemeinen die Schlaggeräusche überwiegen, verursachen bei Kurbelpressen Kupplung, Getriebe, Bremse und Abblasen der Druckluft die Geräuschspitzen.

Zur Charakterisierung der von den Maschinen ausgehenden Erschütterungen benutzt man das Quellstärkemaß Q (Bild 5.24). Es ist das Schwingstärkemaß S, das theoretisch in 1 m Entfernung von der Maschine zu erwarten ist. Das Schwingstärkemaß dient zur Beurteilung der Auswirkung von Erschütterungen auf Gebäude; es wird aus der Schwinggeschwindigkeits-Amplitude und dazugehörigen Frequenz der Gebäudeerschütterungen gebildet.

Die Wirkung von Erschütterungen auf den Menschen wird durch die Wahrnehmungsstärke K beurteilt.

Die Quellstärkemaße von Hämmern und Spindelpressen sind von der Maschinengröße abhängig; bei Kurbelpressen besteht dagegen keine Abhängigkeit.

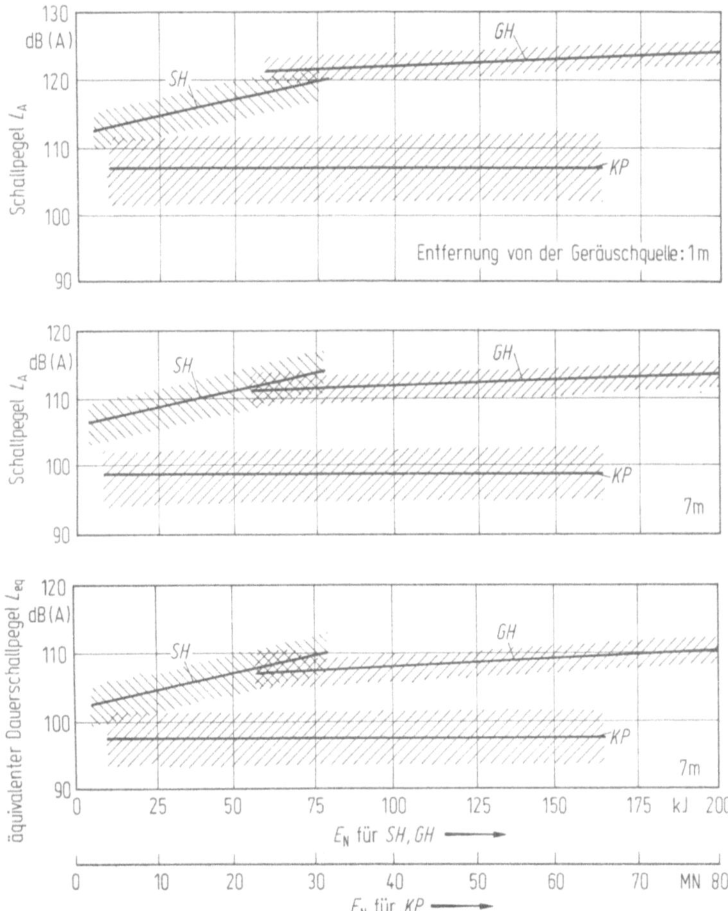

Bild 5.23. Schallpegel und äquivalenter Dauerschallpegel von Gesenkschmiedemaschinen nach [5.40]
SH Schabottehämmer, *GH* Gegenschlaghämmer, *KP* Kurbelpresse

5.2.6 Betriebsverhalten

Weitere Eigenschaften, die sich nur schwer quantitativ angeben lassen, sind für den Betrieb und die Leistung der Maschine ebenso wichtig, insbesondere für ihre Verfügbarkeit (Stillstandzeit) und damit für ihre Wirtschaftlichkeit.

a) Sicherheit: eine Maschine gilt als sicher, wenn durch ihren Betrieb keine Menschen und Sachwerte gefährdet werden. Die entsprechenden Anforderungen sind in Richtlinien (z. B. Unfallverhütungsvorschriften, Richtlinien des VDW) festgelegt.

b) Zugänglichkeit: Wesentlich sind einfaches Einbringen des Rohteiles in den Arbeitsraum sowie einfacher Werkzeugwechsel und einfaches Umrüsten durch

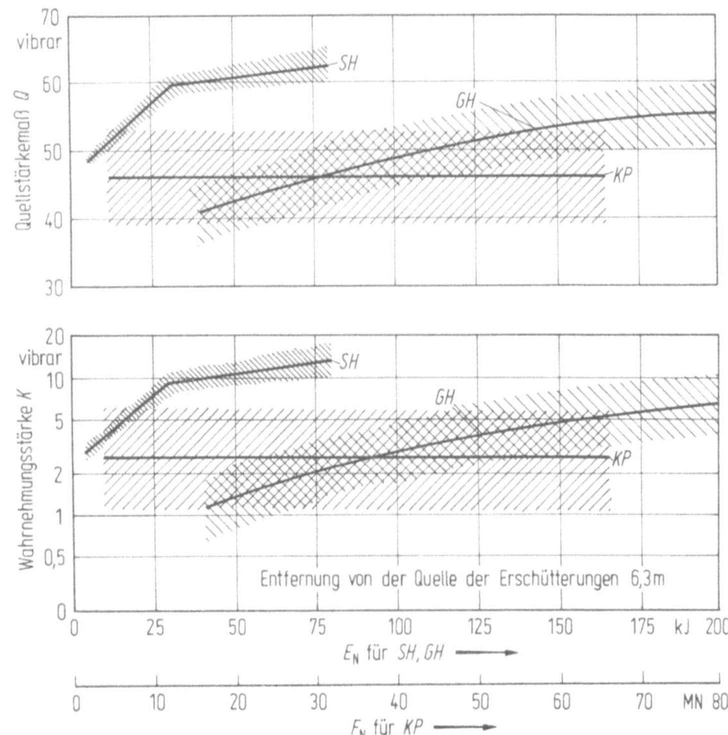

Bild 5.24. Quellstärkemaß und Wahrnehmungsstärke von Gesenkschmiedemaschinen nach [5.40]
SH Schabottehämmer, *GH* Gegenschlaghämmer, *KP* Kurbelpresse

Hilfseinrichtungen, Werkzeugwechselsysteme, Werkzeugvorbereitungsgestelle sowie eine einfache Überwachung der Presse durch übersichtliche Bedienungspulte und arbeitsphysiologisch und -psychologisch richtig gestaltete Steuerungen.

c) Zuverlässigkeit (Verschleißverhalten, Störungsanfälligkeit): Durch Kontrolleinrichtungen zum Überwachen des Maschinenzustandes können Schäden im Keim festgestellt werden. Gesenkschmiedepressen sollten Überwachungseinrichtungen für Umformkraft, Auswerferkraft, Schwungraddrehzahl, Lagertemperaturen, Schmierstoffvorrat und -zufuhr, Wicklungstemperatur und Stromaufnahme des Motors besitzen.

d) Wartung und Instandhaltung: Unter Wartung versteht man die Pflege zur Erhaltung der Funktion und Minderung der Abnutzung, unter Instandsetzung die Wiederherstellung des Sollzustandes durch Beheben von Schäden. Die Wartung wird erleichtert durch wartungsfreundliche Bauelemente, z. B. Wälzlager, Ringfelderspannelemente, Zentralschmierung. Der vorbeugenden Instandhaltung dienen Angaben über die mittlere Lebensdauer von Verschleißteilen für das Auffinden von Störstellen.

5.3 Prüfen von Gesenkschmiedemaschinen

Durch Prüfungen wird nachgewiesen, ob eine Maschine die vereinbarten Anforderungen hinsichtlich der technischen Daten und der Funktionssicherheit erfüllt. Gegenstand von Prüfungen sind:

a) konstruktive Merkmale,
b) geometrische Größen,
c) Funktionen der unbelasteten Maschine (Betrieb im Leerlauf),
d) Herstellgenauigkeit (Genauigkeit der Maschine im unbelasteten Zustand),
e) Kenngrößen,
f) Betriebsverhalten (Mengenleistung und Arbeitsgenauigkeit),
g) Verhalten von Verschleißteilen (während eines bestimmten Zeitraumes).

Die Prüfungen d) bis f) erfordern vereinbarte Prüfverfahren. Die Herstellgenauigkeit wird zur Zeit in Anlehnung an DIN 8650 und 8651 „Abnahmebedingungen für Werkzeugmaschinen — Einständer-Exzenterpressen und Zweiständer-Exzenterpressen" ermittelt. Hierbei werden die Ebenheit von Tisch- und Stößelflächen, die Parallelität von Tisch- und Stößelflächen, die Rechtwinkligkeit der Stößelbewegung zur Tischfläche, das Fluchten von Einspannbohrungen sowie das Führungsspiel festgestellt. Messungen zu e) und f) müssen an der belasteten Maschine vorgenommen werden; die Belastung kann entweder mit Hilfe von geeignet bemessenen Kupferstauchproben oder im Betriebsversuch durch Schmieden eines vereinbarten Schmiedestückes erfolgen. Hierbei werden auch Mengenleistung und Arbeitsgenauigkeit festgestellt.

Eine bestimmte Belastung kann durch Stauchen von Kupferproben erreicht werden [5.37].

Die zylindrischen Kupferproben bestehen aus Elektrolyt-Kupfer (E-Cu nach DIN 1708 und 1787, Reinheitsgrad 99,90%). Die Proben werden durch Feindrehen mit einer Toleranz IT 11 hergestellt. Nach dem Vordrehen werden sie zur Erzeugung eines gleichmäßigen Gefüges eine Stunde bei 500 °C im elektrisch beheizten Ofen geglüht. (Beim Glühen im gasbeheizten Ofen besteht Gefahr der Wasserstoffkrankheit.) Anschließend werden der Mantel der Proben gesäubert und die Stirnflächen feingedreht.

Die Proben zum Bestimmen des Arbeitsvermögens haben ein Durchmesser-Höhenverhältnis $d_0/h_0 = 0,667$ ($d_0 =$ Anfangsdurchmesser, $h_0 =$ Anfangshöhe). Ihre Abmessungen werden in Abhängigkeit von dem zu erwartenden Arbeitsvermögen gewählt (Bild 5.25). Beim Prüfen soll eine bezogene Höhenabnahme $\varepsilon_h = 0,4 - 0,6$ ($\varphi_h = 0,51 - 0,92$) erreicht werden.

Zur Ermittlung der Nutzarbeit bei beliebiger Kraft werden die Abmessungen der zylindrischen Proben in Abhängigkeit von der zu erwartenden Nutzarbeit und Kraft nach einem Schaubild bestimmt [5.38].

Da die Federung der Werkzeuge die Prüfwerte beeinflußt, müssen auch deren Abmessungen und Eigenschaften festgelegt werden.

In Tabelle 5.8 sind die zu bestimmenden Kenngrößen und die zu ihrer Ermittlung erforderlichen Meßgrößen und Meßvorgänge zusammengestellt. Die Meßgrößen werden zweckmäßig in vier Meßreihen ermittelt. Den prinzipiellen Meßaufbau an einer Kurbelpresse zeigt Bild 5.26.

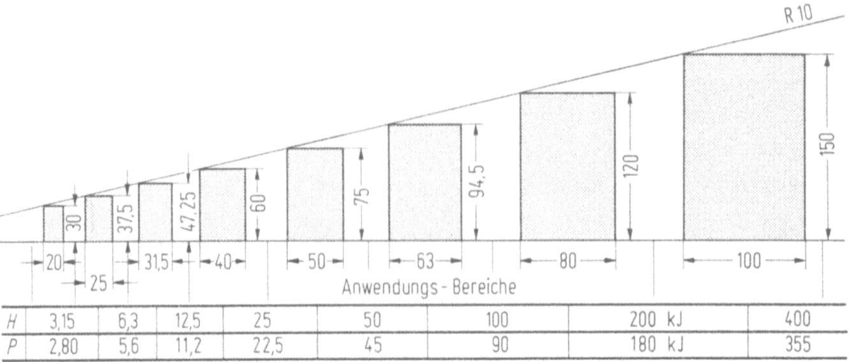

H	3,15	6,3	12,5	25	50	100	200 kJ	400
P	2,80	5,6	11,2	22,5	45	90	180 kJ	355

Bild 5.25. Abmessungen von Kupferproben zur Bestimmung des Arbeitsvermögens von Hämmern und Pressen nach [5.37]. Werkstoff: E-Cu nach DIN 1708; Bearbeitung: von der Stange absägen, auf Maß drehen mit IT11; Wärmebehandlung: vor dem Drehen einstündiges Glühen im Elektroofen bei 500 °C
H Zuordnung von Arbeitsvermögen und Probengröße für Hämmer bei $\dot{\varphi}_m \approx 160\ \mathrm{s^{-1}}$, P Zuordnung von Arbeitsvermögen und Probengröße für Pressen bei $\dot{\varphi}_m \approx 2{,}5\ \mathrm{s^{-1}}$

Tabelle 5.8. Prüf- und Meßgrößen bei Umformmaschinen

Prüfgröße	Meßgröße	Meßreihe
Auftreffenergie $E_0 = \dfrac{m \cdot v_0^2}{2}$ bzw. $\dfrac{\Theta \cdot (2\,\pi\,n_0)^2}{2}$	v_0 oder n_0	1
Nutzarbeit	W_N, F	2
Arbeitsvermögen	$W_{N\,max}$	3
Prellschlagkraft	F_{prell}	1
Mittl. Energieverbrauch	W_{el}	2
Auftreffgeschwindigkeit	v_0	1
Prellschlagzeit	t_{prell}	1
Hubfolgezeit	t_H	2
Längsfederzahl, dynamisch	$F, \Delta h$	4
Winkelabweichung, dynamisch	$F, \Delta h$	4
Querverschiebung, dynamisch	$F, \Delta s$	4

Die *Prellschlagkraft* wird bei einem Schlag mit verringerter Auftreffenergie ($E_0' \approx 0{,}1 \cdot E_0$) festgestellt [5.5]. Gemessen werden Kraft, Auftreffgeschwindigkeit und Druckberührzeit.

Man erhält $F_{prell} = F_{prell}' \cdot v_0/v_0'$.

Die Kraftgeber (DMS) sind so am Gestell der Maschine (wenn dieses direkt belastet wird) oder anderen im Kraftfluß liegenden Teilen anzubringen, daß Biegungen ausgeschaltet sind (DMS an beiden Ständern vorn und hinten) (Bild 5.27). Die Kraftgeber werden vor dem Versuch statisch eingemessen. Die Auftreffgeschwindigkeit wird mittels Lichtsender, Meßkamm und Fotozelle gemessen. Der Meß-

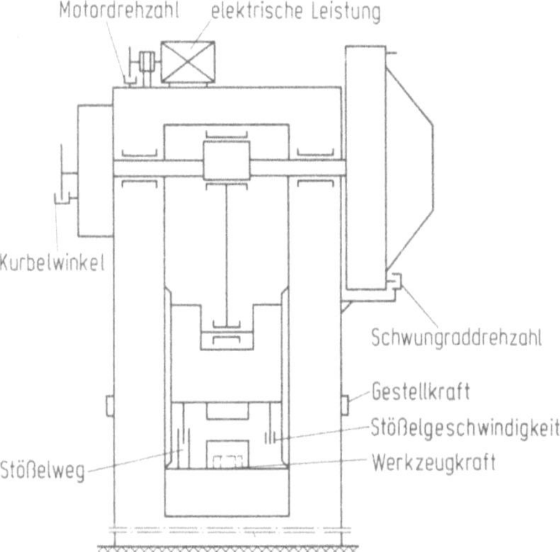

Bild 5.26. Meßaufbau an einer Kurbelpresse

kamm ist so anzuordnen, daß die Stößelgeschwindigkeit unmittelbar vor dem Auftreffen des Obergesenks auf die Probe erfaßt wird (Bild 5.28).

Die *Druckberührzeit* wird als Zeit zwischen Beginn und Ende der Kraftwirkung bestimmt; zur Zeitmessung dient ein Zeitmarkengeber.

Nennkraft, Nutzarbeit, mittlerer Energieverbrauch, Hubfolgezeit sollten mit Rücksicht auf eine eindeutige Zuordnung der Meßwerte und die Kosten der Abnahme gleichzeitig gemessen werden. Bei diesem Versuch werden Kupferproben gestaucht, die eine Endkraft ergeben, die etwa gleich der Nennkraft der Presse ist, oder Schmiedestücke geschmiedet.

Zum Messen des Umformwegs ist ein Weggeber mit geeigneter Meßlänge erforderlich. Der Energieverbrauch wird mit einer Leistungsmeßschleife oder einem kWh-Zähler ermittelt.

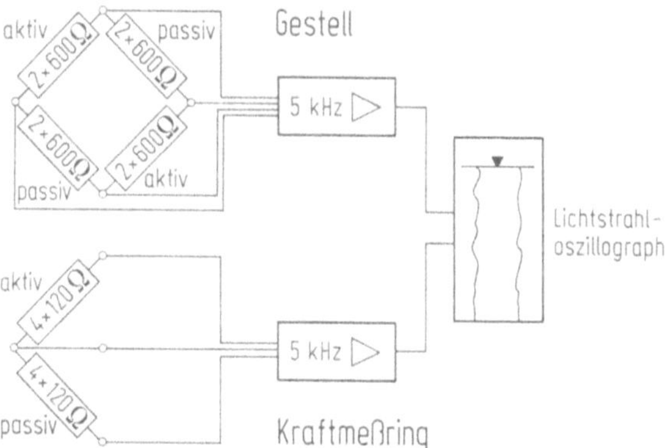

Bild 5.27. Meßanordnung zum Messen der Preßkraft mit Dehnungsmeßstreifen am Gestell und mit einem Kraftmeßring im Werkzeug

Zum Messen des *Arbeitsvermögens* bei arbeitgebundenen Maschinen wird eine Kupferprobe gestaucht. Gemessen werden Anfangs- und Endhöhe der Proben an drei Stellen des Umfanges zwecks Mittelwertbildung. Man erhält

$$W_{\mathrm{N\,max}} = k_{\mathrm{wm}} \cdot V \cdot \ln \frac{h_1}{h_0}.$$

Um die *Längsfederzahl* dynamisch zu messen, wird die Maschine zentrisch mit Hilfe von Kupferstauchproben unterschiedlicher Abmessungen stufenweise bis zur Nennkraft belastet. Gleichzeitig werden vier an den Ecken des Tisches aufgestellte Bleiproben gestaucht, deren Abmessungen so gering sind, daß sie nur einen vernachlässigbaren Anteil der Umformkraft verbrauchen.

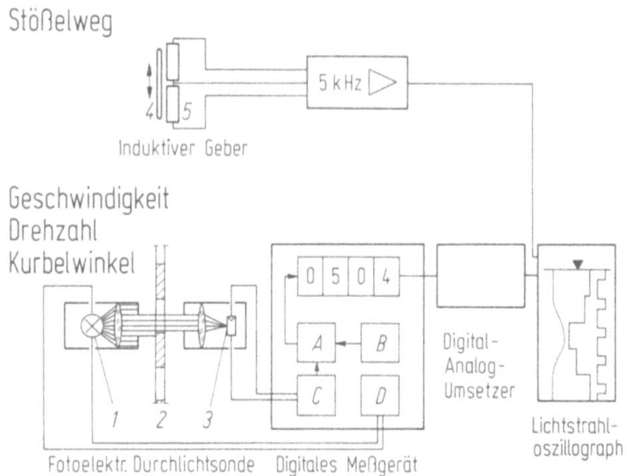

Bild 5.28. **Meßanordnung zum Messen von Geschwindigkeit, Drehzahl, Kurbelwinkel und Stößelweg**
1 Lichtsender; *2* Schlitzring an der Kupplung, Schlitzscheibe am Elektromotor und Stößel; *3* Empfänger; *4* Tauchanker; *5* zweigeteilte Tauchspule. *A* Elektronisches Tor; *B* Taktimpulsgenerator; *C* Zwischenschaltung; *D* Spannungsquelle

Über der Differenz Δh der mittleren Probenhöhen gegenüber der mittleren Probenhöhe im unbelasteten Zustand, wird die zugehörige Kraft aufgetragen. Die Federzahl ist die Steigung des geradlinigen Teils der Kurve $C_1 = \Delta F / \Delta h$.

Der *Kippwinkel* kann in gleicher Weise festgestellt werden, indem die Maschine außermittig mit Nennkraft belastet wird. Aus der Höhendifferenz der Bleiproben wird die Stößellage ermittelt.

Die *Querverschiebung* läßt sich an einer mittig aufgestellten Bleiprobe bestimmen, wenn Markierungen (z. B. Bohrungen geringen Durchmessers in den Stauchbahnen), die Tisch- und Stößelmitte bezeichnen, abgeformt werden. Die Höhe dieser Probe ist so zu wählen, daß sie erst im letzten Abschnitt des Stauchvorgangs von den Stauchbahnen erfaßt wird.

5.4 Zuordnung von Schmiedestück und Maschine

Für die Wahl einer bestimmten Maschinenart sind vor allem die Eigenschaften maßgebend, die den Maschinenarten eigentümlich sind und sich nicht oder nur begrenzt verändern lassen, wie

		Hammer	*Spindelpresse*	*Kurbelpresse*
a)	Art der Energieübertragung Anzahl der Schläge je Gravur beim Formpressen	mehrere (abhängig von der Stückmasse)	1 (bis 2)	1
b)	Querschnittsvorbildung	oft nicht angewendet	meist nicht	meist ja
c)	Außermittige Belastbarkeit	bei Schabottehämm. gegeben, bei Gegenschlaghämmern gering	gering	ja, abhängig von der Bauart
d)	Automatisierbarkeit	schwierig	schwierig beim Schmieden in mehreren Gravuren wegen c)	möglich
e)	Druckberührzeit	kurz bis mittel je nach Stückmasse wegen a)	mittel	mittel
f)	Hubfolgezeit	kurz bis mittel je nach Stückmasse (vgl. a)	lang	kurz

Emissionsverhalten und Kosten (Anschaffungs- und Betriebskosten) sind weitere entscheidende Auswahlkriterien. Die Anschaffungskosten sind niedrig bei Hämmern, hoch bei Kurbelpressen.

Vom Schmiedestück gesehen, bestimmen vor allem dessen Masse, Form und Losgröße die Maschinenart (Tab. 5.9).

Beim Schmieden von Stahl sind Hämmer die vielseitigsten Maschinen. Für Schmiedestücke kleiner Masse und feingliedrige Schmiedestücke größerer Abmes-

Tabelle 5.9. Bevorzugte Anwendungsbereiche von Hämmern, Spindel- und Kurbelpressen beim Gesenkschmieden von Stahl. (▨ = weniger bzw. nicht geeignet)

Masse	Maschinenart / Losgröße	Hammer	Spindelpresse	Kurbelpresse
gering	klein		(einfache Formen)	▨
	mittel		(einfache Formen)	▨
	groß		▨	(einfache Formen)
mittel	klein			▨
	mittel			
	groß	▨	▨	
groß	klein			▨
	mittel			▨
	groß	▨		
sehr groß	klein		▨	▨
	mittel		▨	▨

Tabelle 5.10. Schema eines Kostenvergleichs: Hammer – Kurbelpresse nach [5.41]

1. Schmiedestück		Hammer	Presse
Bezeichnung:	Einsatzmasse		
Formengruppe nach [8.1]:	Endmasse:		

2. Maschinen

Art:	Arbeitsvermögen:	kJ
Art:	Nennkraft:	MN

3. Mengenleistung Stk/h
Hammer: Presse:

4. Arbeitsablauf
Schmieden im Hammer

Arbeitsgang [1]	Anzahl [1] Arbeiter	Betriebsmittel [1]	Wiederbe- schaff.-Preis
Wärmen	1	Stoßofen 800 kg/h	
Stauchen	1	Presse 4,5 MN	
Schmieden	2	Gegenschlag-	
Abgraten, Lochen	1	kammer 60 kJ	
		Presse 3,15 MN	

Schmieden in der Presse

Arbeitsgang [1]	Anzahl [1] Arbeiter	Betriebsmittel [1]	Wiederbe- schaff.-Preis
Wärmen	1	Stoßofen 1000 kg/h	
Schmieden	2	Presse 25 MN	
Abgraten, Lochen	1	Presse 3,15 MN	

5. Nutzungsgrad (Nutzungszeit/Betriebszeit)
2-Schichtbetrieb ≙ 4000 Betriebsstd./Jahr

	Hammer	Presse
Vollauslastung 550 000 Stk./Jahr [1]		

[1] Beispiel

sungen sind sie wegen der kurzen Druckberührzeiten (geringe Abkühlung des Schmiedestücks) am besten geeignet. Gleiches gilt für das Schmieden sehr schwerer Teile, da deren Losgrößen meist gering sind und Pressen geeigneter Größe kaum verfügbar sind.

Spindelpressen sind bei kleiner Stückmasse auf einfach geformte Teile beschränkt (z. B. Messerklingen). Teile mit größerer Masse müssen in der Regel in ein bis zwei Gravuren geschmiedet werden können. Die Mengenleistung ist geringer als bei Kurbelpressen.

Tabelle 5.10. (Fortsetzung)

6. Stundensatz (Nutzungsgrad =   ; Lebensdauer =   Jahre)

	Hammer			Presse		
	gesamt	fix	proport.	gesamt	fix	proport.
Kalk. Abschreibungen Kalk. Zinsen Instandhaltungskost. Raumkosten Energiekosten						
Σ Masch.-Kosten Lohn- u. Lohnnebenkost.						
Stundensatz						

7. Fertigungskosten

$$\frac{\text{Fertigungskosten}}{\text{Stück}} = \frac{\text{Stundensatz}_{\text{gesamt}} + \text{Stundensatz}_{\text{fix}} \left(\dfrac{1}{\text{Nutzungsgrad}} - 1 \right)}{\text{Mengenleistung}}$$

8. Rüstkosten

$$\frac{\text{Rüstkosten}}{\text{Stück}} = \frac{\text{Rüstzeit}}{\text{Losgröße}} \left[\text{Stundensatz}_{\text{ges.}} + \text{Stundensatz}_{\text{fix}} \left(\frac{1}{\text{Nutzungsgrad}} - 1 \right) \right]$$

9. Stückkostenvergleich

Nutzungsgrad	Hammer	Presse
Werkstoffkosten einschl. Trennen Fertigungskosten Rüstkosten Werkzeugkosten Ausschußkosten Kosten d. Nachfolgearbeiten		
		$\longleftarrow$
Stückkostendifferenz		

Kurbelpressen haben im Vergleich mit Hämmern im allgemeinen folgende wirtschaftliche Vorteile:

größere Mengenleistung,

kleinere Bedienungsmannschaft,

leichtere Mechanisierbarkeit und Automatisierbarkeit, mit entsprechenden Auswirkungen auf die Mengenleistung.

Die wirtschaftlichen Nachteile von Kurbelpressen im Vergleich mit Hämmern sind vor allem:

1. größere Investitionskosten und daher größere Stundensätze der Maschinengruppe,
2. größere Anforderungen an die Gleichmäßigkeit des Fertigungsganges und dadurch bedingte kostensteigernde Maßnahmen.

Kurbelpressen sind daher bei kleinen Losgrößen und bei ungenügender Ausnutzung unwirtschaftlicher als Hämmer. Die Losgröße sollte 5000 Stück bei einer Gesamtserie von 10 000 Stück nicht unterschreiten.

Für andere Werkstoffe als Stahl gelten hinsichtlich der Maschinenauswahl besondere Gesichtspunkte (s. Abschn. 2). Für die Auswahl einer Maschine in einem konkreten Fall sind die äquivalenten Maschinengrößen gegenüberzustellen. Ein unmittelbarer Größenvergleich der Maschinenarten ist wegen ihrer unterschiedlichen Wirkungsweisen nicht möglich. Zwischen der Nennkraft von Kurbelpressen und dem Arbeitsvermögen von Hämmern, die im Hinblick auf ihre Fertigungsmöglichkeiten äquivalent sind, d. h. in denen sich die gleichen Schmiedestücke herstellen lassen, besteht jedoch eine erfahrungsmäßig begründete Beziehung.

Nennenergie Hammer [Nm] : Nennkraft Kurbelpresse [kN] = (2 bis 3) : 1;
Nennkraft Kurbelpresse : Nennkraft Spindelpresse = 1 : 0,75;
Nennenergie Hammer [Nm] : Nennkraft Spindelpresse [kN] = (3 bis 4) : 1.

Die kleineren Werte gelten, wenn das Schmiedestück eine im Verhältnis zur Umformarbeit große Umformkraft erfordert.

Eine stichhaltige Entscheidung für eine Gesenkschmiedemaschine kann nur aufgrund einer Stückkostenrechnung getroffen werden. Hierin sind alle Kostenarten zu berücksichtigen, die beim Schmieden in Hämmern oder Pressen unterschiedlich sein können. Es sind dies vor allem:

a) Stoffkosten bei unterschiedlicher Zwischenformung und Gesenkschräge,
b) Lohnkosten und Lohnnebenkosten wegen unterschiedlicher Bedienungsmannschaften bzw. unterschiedlicher Stückleistungen,
c) kalkulatorische Abschreibungen infolge unterschiedlicher Anschaffungskosten,
d) Wartungskosten,
e) Überholungs- und Reparaturkosten,
f) Raumkosten einschließlich Kosten emissionsbedingter Maßnahmen,
g) Rüstkosten,
h) Werkzeugkosten infolge unterschiedlicher Herstellkosten und Standmengen,
i) Ausschußkosten,
j) Kosten der Nachfolgearbeiten.

In Tabelle 5.10 ist das Schema einer vergleichenden Stückkostenberechnung dargestellt.

6 Arbeitsgänge im Gesenkschmiedebetrieb vor und nach dem Schmieden

Vor und nach dem Umformen sind zahlreiche andersartige Vorgänge im Schmiedewerk erforderlich, deren Art und Folge im Bild 6.1 dargestellt ist. Während die Umformvorgänge in Kapitel 3 behandelt sind, werden die übrigen — heterogenen — Fertigungsgänge in diesem Kapitel in der Reihenfolge ihres Auftretens im Schmiedebetrieb besprochen. Die Linien und Pfeile im Bild sollen die Fertigungswege andeuten, z. B. Schmieden ohne anschließende Wärmebehandlung, Schmieden mit folgender Wärmebehandlung, Schmieden und Schweißen von Schmiedestücken und Wärmebehandlung.

Die gestrichelten Linien bezeichnen eine von der üblichen abweichende Reihenfolge der Verfahrensschritte.

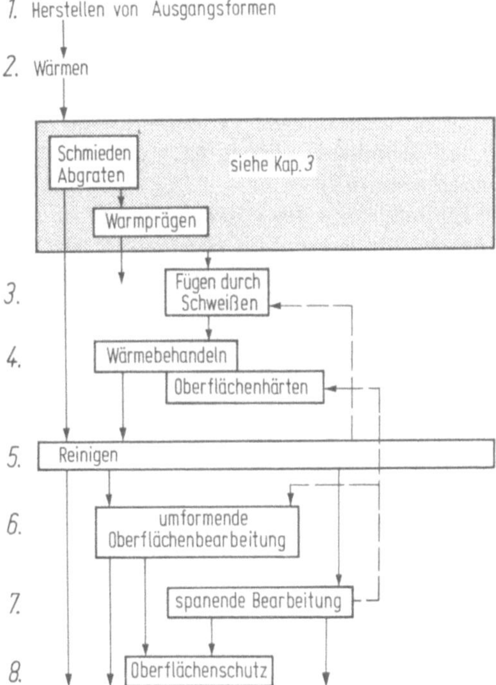

Bild 6.1. Verfahren zum Vor- und Nachbehandeln im Fertigungsablauf eines Gesenkschmiedebetriebes

6.1 Trennen

Das Trennen von Knüppeln und Stäben in Abschnitte erfolgt durch Scherschneiden, Brechen und Sägen. Weitere gelegentlich angewendete Trennverfahren sind in [6.1] beschrieben. Jedes der drei genannten Verfahren hat einen durch Werkstoff, Abmessungen und Anforderungen an die Trennflächengüte gegebenen Anwendungsbereich.

6.1.1 Scherschneiden

Durch Scherschneiden lassen sich Abschnitte mit Abmessungsverhältnissen $l/d > 0{,}5$ bis 0,6 nahezu abfallos mit großer Mengenleistung herstellen. Bedingt durch die Art des Trennvorgangs sind allerdings Maßnahmen zur Vermeidung von Scherfehlern erforderlich, die eine Verwendung des Abschnittes unmöglich machen können.

Der Trennvorgang beginnt mit dem Eindringen der Schneiden, in deren unmittelbarer Umgebung die Formänderungen so groß sind, daß ein Anriß entsteht. Die Fortsetzung des Trennvorgangs erfordert zur Verschiebung des entstehenden Abschnitts gegenüber dem Knüppelrest wegen des noch vorhandenen Werkstoffzusammenhangs eine große Scherkraft. Dadurch werden die Druckbereiche unter den Messern gestaucht, während an den gegenüberliegenden Flächen infolge des Werkstoffzusammenhangs der sogenannte „Einzug" entsteht. Durch die Verschiebung von Abschnitt und Stab werden die Fasern in den mittleren Querschnittsbereichen umgelenkt und gedehnt, so daß ihr Formänderungsvermögen bei Fortschreiten des Vorgangs ebenfalls erschöpft wird und Risse mehr oder weniger unkontrolliert aufeinander zulaufen und zur vollständigen Trennung führen (Bild 6.2). Infolge unterschiedlicher elastischer Dehnungen bleiben nach dem Bruch Eigenspannungen in den randnahen Zonen zurück [6.2].

Die wichtigsten Einflußgrößen des Vorgangs sind in Bild 6.3 zusammengestellt. Die werkstoffabhängigen Größen sind im allgemeinen gegeben und als Parameter zu berücksichtigen, die übrigen so festzulegen, daß Trennflächen ohne unzulässige Fehler [6.3] entstehen.

Die Anforderungen an Scherflächen richten sich nach der weiteren Verwendung der Abschnitte. Nicht völlig vermeidbar sind die Welligkeit der Scherfläche und Verformungen des Abschnittes (Druckbereich, Einzugbereich, Ovalität der Sei-

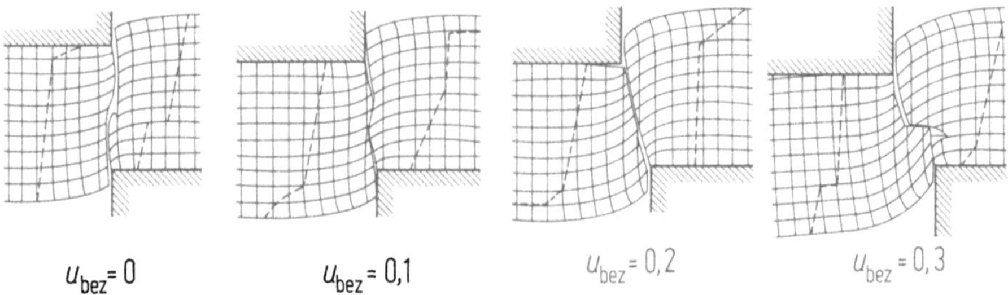

Bild 6.2. Trennvorgang beim Scherschneiden

Gruppe	Merkmale	Werkstoff (Zusammensetzung)	Gefüge (Härte)	Temperatur	Querschnittsform (quadratisch, kreisförmig)	Querschnittsabmessungen	bezogener Schneidspalt $u_{bez}=u/h$	Messerform (umschließend, offen)	Achsenwinkel	Stabhalter	Abschnitthalter	Spiel zwischen Stab und Werkzeug	Schneidenzustand	Schergeschwindigkeit	Quersteifigkeit der Schermaschine	Anschlag	Art der Fläche (Stangenrest, Abschnitt)
	Welligkeit	X	X		X		X	X		X	X	X	X	X	X		X
	Standwinkel	X	X		X		X	X	X	X	X			X	X		X
Verformung des Abschnitts	Querschnittverformung (z.B.Unrundheit)	X	X		X			X				X	X				X
	Einzug	X	X		X		X	X				X					
	Bruchflächenverformung	X	X								X	X					
Fehler in der Scherfläche	Zipfel	X	X				X	X		X	X		X				
	Zunge	X	X				X	X		X	X		X				
	Grat	X	X				X	X		X	X		X				
	Nachschnittfläche										X						
	Querbruchfläche	X	X				X	X		X	X		X				
	Randausbruch	X	X				X										
	Ausbruch	X	X										X				
	mechan. Eigenschaften (Härtevert.,Verfestigung)	X	X	X			X	X		X	X		X	X			
	Eigenspannungen	X		X													
	Risse	X	X	X		X											
	Gewichtsstreuung														X	X	

Bild 6.3. Schermerkmale und ihre Einflußgrößen (siehe hierzu Bilder 6.5 bis 6.9)

tenflächen infolge Ausbauchen). Blöckchen, die stehend verschmiedet werden, müssen zur Blöckchenachse senkrechte Scherflächen aufweisen (wichtig beim Schmieden in automatisierten Pressen).

Bei liegend verschmiedeten Blöckchen sind die Anforderungen an die Einhaltung eines Standwinkels von 0° geringer. Unzulässig sind Scherfehler in der Trennfläche (Grat, Ausbrüche, Risse), die das Schmiedestück unbrauchbar machen würden [6.3]. Die Gewichtsschwankungen gescherter Blöckchen sollen in engen Grenzen gehalten werden, um Werkstoffverluste zu vermeiden; erreichbar sind mit einwandfreien Werkzeugen und Maschinen, sortiertem Halbzeug und ständiger Überwachung ±1,5%, bei üblicher Fertigung ±2,5% bis 4% Gewichtsabweichung. Beim Formpressen ohne Grat sind enge Gewichtstoleranzen eine notwendige Voraussetzung des Umformvorgangs.

Die Scherwerkzeuge bestehen im allgemeinen aus 12%-Chromstählen (z. B. X 165 CrMoV 12, X 210 CrW 12, X 210 Cr 12). Zum Scheren von Vierkantstäben und -Knüppeln verwendet man neben Flachkantmessern — alle vier Kanten können nacheinander benutzt werden — Spitzkantmesser, die etwas bessere Scherergebnisse liefern, jedoch schwieriger herzustellen sind. Für das Scheren von Rundstäben sind in der Regel Rundmesser erforderlich. Spitzkant- und Rundmesser sind so anzuschleifen, daß ein konstanter bezogener Schneidspalt u_{bez} entsteht (Bild 6.4):

$$u_{bez} = u/h = u_{max}/H \tag{6.1}$$

u Schneidspalt, h Querschnittshöhe, u_{max} Größtwert des Schneidspalts, H größte Höhe des Querschnitts.

Die Größe des Schneidspaltes ist vor allem von der Querschnittsgröße und vom Werkstoff abhängig. Durch Angabe des auf die Querschnittshöhe bezogenen Schneidspaltes u_{bez} wird der Größeneinfluß eliminiert. Im Hinblick auf den Scherflächenzustand existiert ein optimaler Schneidspalt (Bild 6.5). Richtwerte für den bezogenen Schneidspalt sind in Tabelle 6.1 genannt. Der Einfluß des Schneidspalts und weiterer Parameter auf Welligkeit und Standwinkel geht aus den Bildern 6.6 bis 6.9 hervor. In der Regel ist der bezogene Schneidspalt mit abnehmender Härte größer zu wählen. Eine Ausnahme bilden Aluminiumwerkstoffe, die einen kleinen Schneidspalt erfordern. Die optimalen Werte müssen im Einzelfall wegen der zahl-

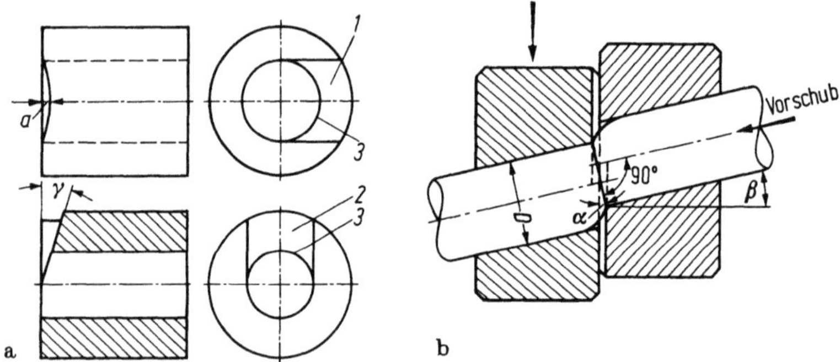

Bild 6.4. Scherschneidwerkzeuge
a) Anschliff von Rundmessern nach [6.3]: *1* bogenförmiger Anschliff, *2* keilförmiger Anschliff, *3* Schneidkante; b) Zusammenhang zwischen Achsenwinkel β und Standwinkel

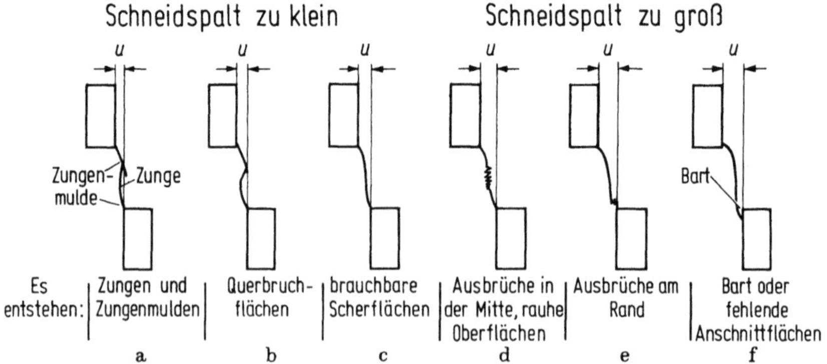

Bild 6.5. Scherflächenfehler in Abhängigkeit vom Schneidspalt nach [6.5]

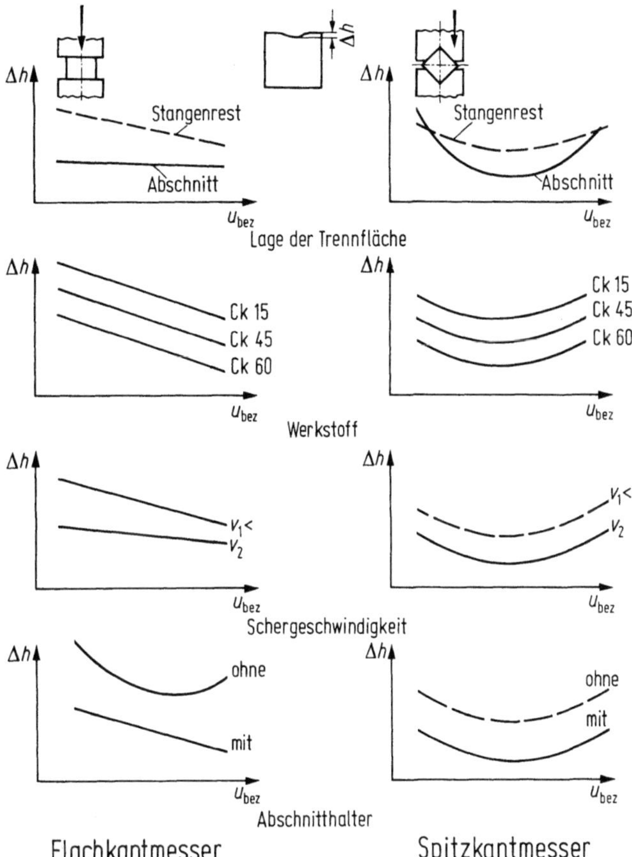

Bild 6.6. Abhängigkeit der Welligkeit Δh beim Scherschneiden nach [6.4] (quadratischer Querschnitt)

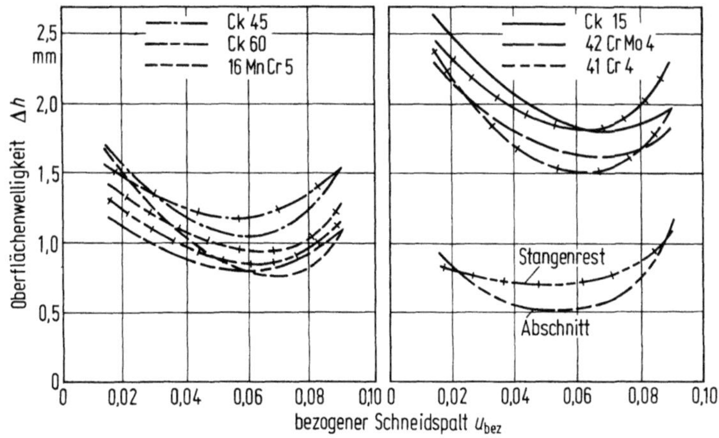

Bild 6.7 Oberflächenwelligkeit als Funktion des Schneidspaltes nach [6.4] (Querschnitt: quadratisch; Spitzkantmesser; Abschnitthalter; Schergeschwindigkeit: 0,1 m/s)

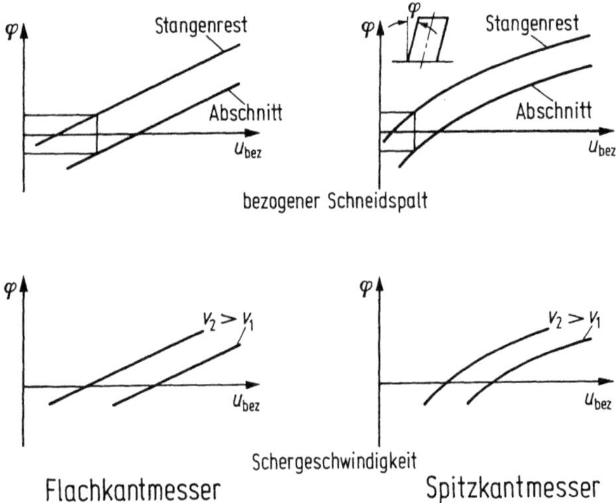

Bild 6.8. Abhängigkeit des Standwinkels φ beim Scherschneiden (quadratischer Querschnitt; Abschnitthalter)

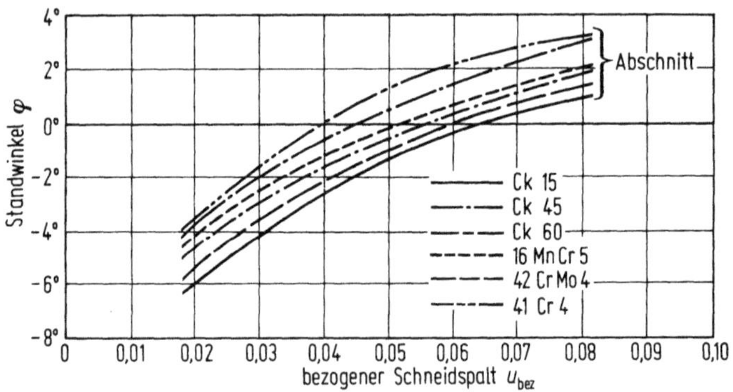

Bild 6.9. Einfluß des Werkstoffs auf den Standwinkel nach [6.4] (Querschnitt: quadratisch; Spitzkantmesser; Abschnitthalter; Schergeschwindigkeit: 0,1 m/s)

Tabelle 6.1. Richtwerte für den bezogenen Schneidspalt beim Scherschneiden von Knüppeln aus Stahl mit Stab- und Abschnitthalter (Schergeschwindigkeit: 0,1 bis 0,4 m/s) und für den Achsenwinkel

Werkstoff	bezogener Schneidspalt u_{bez}	Achsenwinkel
C 15	0,06 bis 0,08	1°
C 45	0,04 bis 0,06	0°
C 60	0,02 bis 0,04	−1,5°
16 MnCr 5	0,04 bis 0,06	0,5°
41 Cr 4	0,03 bis 0,05	0,5°
42 CrMo 4	0,04 bis 0,06	−0,5°

reichen Einflußgrößen durch Versuche gefunden werden. Die Tabelle 6.1 enthält auch Richtwerte für die Wahl eines Achsenwinkels, der zu einer möglichst geringen Abweichung der Scherfläche von der rechtwinkligen Lage zur Stangenachse führt [6.4].

Werkstoffe, die durch Scheren getrennt werden sollen, dürfen einerseits keine zu große Zähigkeit wegen der dann unvermeidlichen Verformungen besitzen (in diesen Fällen kann ein Scheren im Bereich der „Blausprödigkeit" — je nach chemischer Zusammensetzung des Werkstoffes und Schergeschwindigkeit im Temperaturbereich von 250 bis 500 °C — günstig sein), andererseits nicht so spröde sein, daß sich beim Scheren Risse bilden. Bei Stählen sollte die Bruchfestigkeit zwischen 500 und 800 N/mm² liegen. Stähle, die infolge eines geringen Formänderungsvermögens (hoher C-Gehalt und/oder hoher Gehalt an Legierungselementen) zur Rißbildung neigen, sind vor dem Scheren auf Temperaturen von 500 bis 600 °C vorzuwärmen, z. B. induktiv, konduktiv oder in brennstoffbeheizten Öfen.

Manche Stähle, die sich im allgemeinen gut scheren lassen, können bei niedrigen Temperaturen zum Aufreißen nach dem Scheren neigen (Scheren von Material, das im Winter im Freien gelagert hat). Die Risse sind eine Folge von Eigenspannungen, die durch schnelles Abkühlen nach dem Walzen in Stäben mit größeren Anteilen von Verunreinigungen und durch den Schervorgang entstanden sind. In diesen Fällen genügt häufig schon ein längeres Lagern in der Schmiedehalle bzw. ein Wärmen in Wasserbädern auf 60 bis 80 °C vor dem Scheren (es kommt darauf an, die Tieflage der Kerbschlagzähigkeit, und zwar im gesamten Querschnitt zu überspringen) oder ein sofortiges Anwärmen der Blöckchen im Schmiedeofen, um die oft erst nach längerem Lagern einsetzende Rißbildung zu umgehen. Diese Art der Rißbildung wird nur selten bei Querschnitten unter 60 bis 70 mm Kantenlänge beobachtet.

Scherrisse können schließlich an Knüppeln auftreten, die zur Fehlerbeseitigung geschliffen wurden, wenn dabei infolge zu großer Anpreßdrücke gehärtete Stellen entstanden sind.

Die Scherkraft, die zwecks Auswahl der Scherengröße bekannt sein muß, wird berechnet nach

$$F \approx A \cdot k_S \approx (0{,}6 \text{ bis } 0{,}8) \cdot A \cdot \sigma_B \,, \tag{6.2}$$

A zu trennender Querschnitt,
k_s Scherwiderstand

Zusätzliche Einflüsse auf die Scherkraft (Messerform, Abschnitthalter usw.) wirken sich im allgemeinen in einer Erhöhung um höchstens 10% aus [6.5].

Die Maschinen zum Scherschneiden sollen vor allem eine große Mengenleistung und hohe Steifigkeit in horizontaler Richtung aufweisen, damit die Lage des Anschlages und die Größe des Schneidspaltes nicht verändert werden. Knüppelscheren (Bild 6.10) besitzen meist einen geradlinig in senkrechter Richtung bewegten Schlitten mit langen Führungen in einem Torgestell. Der Antrieb erfolgt entweder über einen Kurbeltrieb oder hydraulisch. Außer dem Stabhalter ist vielfach ein Abschnitthalter vorhanden. Die stufenlose Schneidspaltverstellung erfolgt meist mit Hilfe eines Keiles hinter dem feststehenden Messer. Der stufenlos einstellbare Anschlag wird vor dem Schnitt zurückgezogen oder zur Seite geschwenkt, damit er beim Scheren nicht beschädigt wird.

Bild 6.10. Knüppelschere (P. F. Peddinghaus)

Die Werkstoffzuführung erfolgt aus einem vorgeschalteten Magazin, das ein selbsttätiges Auflegen der Knüppel bzw. Stäbe ermöglicht, über einen Rollgang, dessen Höhenlage und Neigung einstellbar sein sollten.

Eine Gewichtsdosierung der Abschnitte ist mittels einer selbsttätigen Steuerung des Anschlages möglich: aus der Gewichtsbestimmung des Knüppels und dem Sollgewicht eines Abschnittes ermittelt ein Kleinrechner die erforderliche Abschnittlänge bzw. die Einstelldaten des Scherenanschlages.

Knüppelscheren werden für Scherkräfte bis zu etwa 20 MN gebaut.

6.1.2 Brechen

Das Brechen (Bild 6.11) ist ein wirtschaftliches Verfahren zum Trennen größerer Querschnitte (> 2000 mm²) wenn

l/h bzw. $l/d > 1,1 - 1,3$ und

$\sigma_B > 600$ N/mm² bei Kohlenstoffstählen; bei legierten Stählen muß die Festigkeit u. U. noch größer sein.

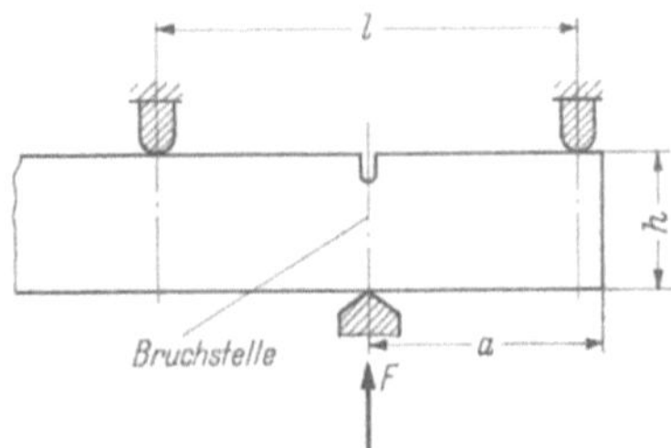

Bild 6.11. Brechen von Knüppeln (Schema)

Ankerben des Knüppels — durch Hobeln, Trennschleifen oder Brennschneiden —
gegenüber der Brechbacke erhöht die Trennflächenqualität und senkt die Brechkraft auf ein Fünftel bis ein Zehntel; es genügt, wenn 3 bis 5% des Querschnittes
durchgeschnitten werden — bei einer Schnittbreite von etwa 2 mm. Das Ankerben
mit einem Gasbrenner senkt die Brechkraft wegen der dabei entstehenden Wärmespannungen am stärksten; ein sofort anschließendes Abkühlen mit Wasser bewirkt
mitunter schon ein Anreißen.

Die Brechkraft des ungekerbten Knüppels errechnet sich nach der Beziehung
für einen durch Einzelkraft in der Mitte beanspruchten frei aufliegenden Träger zu

$$F = k \, \frac{4 \, \sigma_B \cdot W_b}{l} \, , \tag{6.3}$$

k Kerbfaktor ($\approx 0{,}1 - 0{,}2$),
W_b Widerstandsmoment gegen Biegung,
l Abstand der Auflager.

Beim Brechen von Knüppeln mit 200 mm Kantenlänge aus C 45 ($\sigma_B = 650 \, \text{N/mm}^2$)
in Längen von $l = 300$ mm, beträgt die Brechkraft etwa 6000 kN. Durch Ankerben
wird diese Kraft auf 600 bis 1200 kN gesenkt, so daß sich verhältnismäßig leichte Maschinen anwenden lassen.

Die gehärteten Brechbacken aus zähem Kaltarbeitsstahl haben meist eine
stumpfe Schneide (120° Schneidenwinkel). Die Trennflächen sind um so ebener, je
spröder der Werkstoff. Die Gewichtstoleranz liegt bei spröden Werkstoffen zwischen ± 1 bis 2% des Blockgewichts.

Blockbrecher werden für Nennkräfte von 2,5 bis 30 MN gebaut.

6.1.3 Sägen

Durch Sägen erzeugt man maßhaltige Abschnitte mit ebenen, zur Achse senkrechten Schnittflächen. Die Festigkeit des Werkstückstoffs kann bis zu 1350 N/
mm² betragen.

Nachteilig beim Sägen ist die verhältnismäßig geringe Stückleistung, der Stoffverlust durch den Sägeschnitt und der Grat, der u. U. durch einen zusätzlichen Arbeitsgang entfernt werden muß (z. B. Gleitschleifen in Vibratoren oder langsam rotierenden Trommeln bzw. Schleifen mit Schleifbändern oder Schleifscheiben).
Empfindliche spröde und weiche Werkstoffe müssen jedoch gesägt werden, so daß
man auf Sägen in der Trennerei nicht verzichten kann. Auch bei außergewöhn-
lichen Anforderungen an die Oberflächengüte und sehr großen Querschnitten sowie
bei kleinen Längen/Durchmesser-Verhältnissen ($l/d < 0{,}5$ bis $0{,}7$) sind Sägen zum
Trennen erforderlich.

Kreissägemaschinen mit hartmetallbestückten Sägeblättern stehen für Schnitt-
bereiche bis zu 300 mm Durchmesser bzw. Kantenlänge mit selbsttätigem Vorschub zur Verfügung.

6.2 Wärmen zum Gesenkschmieden

6.2.1 Anforderungen an Wärmeinrichtungen

Durch Wärmen der Rohteile auf Schmiedetemperatur (s. Kap. 2) werden die Fließspannung k_f bzw. der Umformwiderstand k_w herabgesetzt und die Umformbarkeit verbessert. Diese zum Herstellen von Gesenkschmiedestücken erforderliche Änderung des Umformverhaltens wird allerdings durch zahlreiche Nachteile erkauft, z. B.:

Oxidation (Zunderbildung, Entkohlung)
Verringerte Maß- und Formgenauigkeit, u. a. durch Wärmeeinwirkung auf Werkzeuge und Umformmaschinen
Schwierigkeiten beim Automatisieren
Wärmebelastung der Schmiedearbeiter
Energieaufwand beim Wärmen: die erforderliche Wärmemenge Q_n beträgt:

$$Q_n = m \cdot c_m \cdot (\vartheta_1 - \vartheta_0). \tag{6.4}$$

Im Mittel gilt im Temperaturbereich von 1100 – 1300 °C für Stahl: $c_m = 0{,}71$ kJ/kg °C und $Q_{n\,bez} = 750 - 920$ kJ/kg (während das Stauchen eines Stahlzylinders im Gewicht von 1 kg — $d_0 = 50$ mm, $h_0 = 65$ mm — auf $h_1 = 20$ mm, $-\varphi_h \approx 1$, bei 1200 °C nur etwa 6,3 kJ erfordert, sind zum Wärmen dieses Zylinders 850 kJ nötig).

Wärmkosten; sie betragen etwa 5% der Fertigungskosten.

Die Ausführung des Wärmvorgangs ist deshalb wichtig, sowohl für die Qualität des Schmiedestücks als auch für die Wirtschaftlichkeit des Verfahrens. Folgende Forderungen sind an das Wärmverfahren zu stellen (Tab. 6.2):

1. Oxidationsarmes Wärmen (zunderarm, entkohlungsarm),
2. Geringe Abweichungen der Temperatur vom Sollwert (gute Regelbarkeit der Wärmeinrichtung); Gleichmäßigkeit der Temperatur im Stück,
3. Möglichst geringe Investitionskosten,
4. Günstiger Wirkungsgrad der Erwärmung, d. h. gute Ausnutzung der zugeführten Energie durch Temperatur- und Gemischregelung, Vermeiden von Undichtigkeiten im Ofenraum, Ausnutzen der Abgaswärme, Vermeiden von Stillständen und Wartezeiten usw.,
5. Selbsttätiger Betrieb,
6. Umweltfreundliches Verhalten (geringe Wärmebelastung der Umgebung; geringe Geräuschentwicklung).

Die Wärmeinrichtung soll gleichmäßig — im Stück und von Stück zu Stück — mit möglichst geringer Änderung der Werkstoffeigenschaften (entkohlungsarm) bei geringem Stoffverlust (zunderarm) wirtschaftlich wärmen.

Als generell anwendbare Verfahren stehen zur Zeit das Wärmen im brennstoffbeheizten Ofen (gas- oder ölbeheizt) und das induktive Wärmen miteinander in Konkurrenz. Das konvektive Verfahren hat sich bisher nur für das Wärmen von Nichteisenmetallen als vorteilhaft erwiesen. Die konduktive Erwärmung (Widerstandserwärmung) ist auf stabförmige Abschnitte mit großen Längen-Durchmesserverhältnissen beschränkt.

Tabelle 6.2. Anforderungen an Gesenkschmiedeöfen

Anforderungen	Bedingungen	Konstruktive Maßnahmen
1. Zunderarmes Wärmen, entkohlungsarmes Wärmen	kurze Wärmzeit oberhalb 800 °C	hohe Ofenraumtemperatur
2. Geringe Abweichungen von der Solltemperatur	schnelles Ansprechen der Regelgeräte, geringe Trägheit des Ofens	Leichtbau, kleiner Ofenraum
3. Gleichmäßige Temperaturen innerhalb des Stückes		Temperaturregelung
4. Geringe Investitionskosten		
5. Geringe Betriebskosten	niedrige Austrittstemperatur	Rekuperator
5.1 Günstiger Wirkungsgrad	Luftvorwärmung	Druckregelung, dichter Ofenraum
	Vermeiden von Falschluft	Leichtbau mit geringer Wärmekapazität
	geringer Anheiz- und Leerlaufverbrauch	Gemischregelung
	vollkommene Verbrennung	
	große Herdflächenleistung	
5.2 Geringe Energiekosten		
5.3 Einfache Bedienung		
5.4 Zuverlässigkeit		
5.5 Einfache Wartung und Reparaturmöglichkeit		
5.6 Geringe Ausschußquote bei Störungen		
6. Selbsttätiger Betrieb		
7. Gleichmäßiger Takt		
8. Schnelle Betriebsbereitschaft		
9. Geringe Umweltbelästigung		

6.2.2 Wärmen in brennstoffbeheizten Gesenkschmiedeöfen

6.2.2.1 Grundlagen des Wärmvorgangs [1]

Der Energieträger bei brennstoffbeheizten Schmiedeöfen ist Naturgas, Ferngas oder leichtes Heizöl, deren chemisch gebundene Energie durch den Verbrennungsvorgang in Wärmeenergie der Verbrennungsgase umgewandelt wird. Diese geben einen Teil der Wärmeenergie durch Gasstrahlung und Konvektion direkt an das Wärmgut ab; weitere Anteile werden von den aufgeheizten Ofenwänden und -decken durch Wandstrahlung und durch Wärmeleitung vom Herd übertragen. Je nachdem es sich um Gas- oder Ölbeheizung handelt, hat die Gewölbestrahlung bzw. die Flammenstrahlung den größeren Anteil, weil die leuchtende Ölflamme selbst stark strahlt und gleichzeitig die Gewölbestrahlung abhält.

Tabelle 6.3. Heizwerte H_u von Brennstoffen

Naturgas:	31 800	kJ/m_n^3
Ferngas:	17 300	kJ/m_n^3
Leichtes Heizöl:	42 000	kJ/kg

Die im Brennstoff gebundene Energie wird durch den unteren Heizwert H_u gekennzeichnet — die im Ofen je Volumen- oder Gewichtseinheit freigesetzte Wärmemenge (Tab. 6.3). Die Verbrennungstemperaturen liegen je nach Brennstoff, Luftzahl $n = L/L_{min}$, Brennerbauart und -einstellung sowie Vorwärmung der Verbrennungsluft und gegebenenfalls des Gases zwischen 1100 und 2200 °C (Bild 6.12). Die Ofenraumtemperaturen betragen je nach Ofenbauart und -führung 1100 bis 1600 °C.

Von der zugeführten Wärmeenergie Q_z geht ein großer Teil Q_a mit den Abgasen verloren; ein Anteil Q_r wird durch das Vorwärmen von Gas und Verbrennungsluft zurückgewonnen. Ein anderer Teil Q_w dient zum Aufheizen der Ausmauerung und geht nach Durchtritt durch die Wand durch Strahlung oder Konvektion bzw. beim Abkühlen nach Schichtende verloren. Weiter treten Wärmeverluste durch Ausflammen der Ofengase Q_f und Abstrahlen Q_s aus schlecht verschlossenen Öffnungen bzw. beim Öffnen der Türen zum Ziehen und Beschicken auf. Die restliche Wärmeenergie wird als Nutzwärme Q_n an das Wärmgut abgegeben:

$$Q_z = Q_n + (Q_a - Q_r) + Q_w + Q_f + Q_s . \tag{6.5}$$

Im Sankey-Schaubild (Bild 6.13) sind die Verhältnisse für Kleinkammeröfen zum Stangenwärmen dargestellt. Die Anteile der Nutz- und Verlustwärme sind in Tabelle 6.4 aufgeführt.

Zur Kennzeichnung der Wirtschaftlichkeit von Schmiedeöfen dient zunächst der feuerungstechnische Wirkungsgrad:

$$\eta_f = \frac{Q_z + Q_r - (Q_a + Q_f)}{Q_z} . \tag{6.6}$$

---

[1] Aus Platzmangel ist eine ausführliche Darstellung der Grundlagen der Wärmtechnik nicht möglich; s. hierzu [6.6 – 6.9].

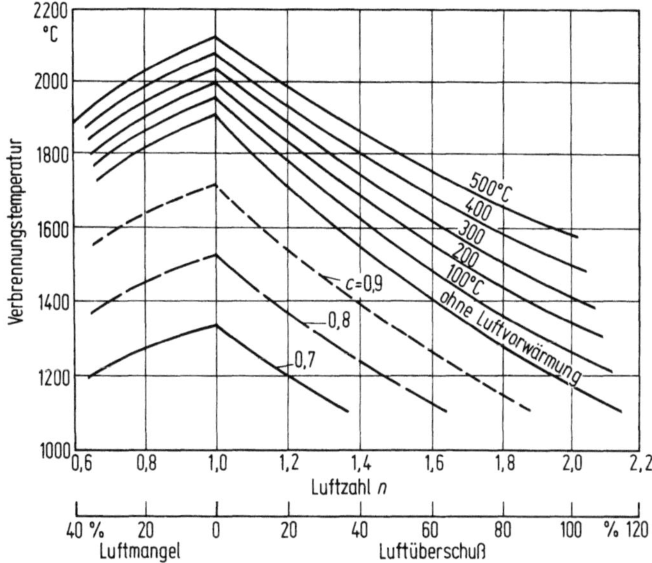

Bild 6.12. Theoretische Verbrennungstemperatur (Naturgas), abhängig von der Luftzahl und der Luftvorwärmung bei Verbrennung in einem wärmedichten Raum nach [6.10] (c = Faktor zur Berücksichtigung der Brennraumausbildung)

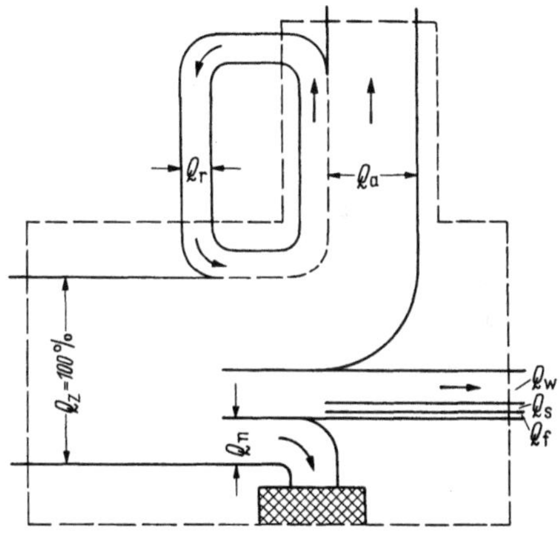

Bild 6.13. Sankey-Schaubild eines Kleinkammerofens nach [6.11]

Tabelle 6.4. Nutzwärme und Verluste bei Kammeröfen zum Stangenwärmen

Nutzwärme Q_n	20 bis 22%
Abgasverluste Q_a	45 bis 60%
Wandverluste Q_w	8 bis 25%
Ausflammverluste Q_f	3 bis 5%
Strahlungsverluste Q_s	2 bis 4%
Wärmerückgewinn Q_r	6 bis 17%

Er gibt an, welcher Anteil der zugeführten Wärmemenge innerhalb des Ofens von den Heizgasen abgegeben wird und dient als Maßstab beim Vergleich verschiedener Öfen, verschiedener Brennstoffe oder auch verschiedener Öfen mit verschiedenen Beheizungsarten. In modernen Stoßöfen liegt η_f bei Gasbeheizung zwischen 0,40 und 0,5, bei Ölfeuerung zwischen 0,35 und 0,45. η_f sagt jedoch nichts darüber aus, wie sich die im Ofen verbliebene Wärme weiter verteilt. Hierzu dient der Gütegrad [6.8].

$$\eta_{\ddot{u}} = \frac{Q_n}{Q_z + Q_r - (Q_a + Q_f)} . \tag{6.7}$$

Er gibt den Anteil der Nutzwärme an der im Ofen verbliebenen Wärme an und hängt in erster Linie von der Herdflächenleistung ab. Der Gesamtwirkungsgrad errechnet sich aus dem Produkt der beiden Teilwirkungsgrade

$$\eta_{ges} = \eta_f \cdot \eta_{\ddot{u}} = \frac{Q_n}{Q_z} . \tag{6.8}$$

Er wird auch als Nutzwärmeanteil bezeichnet.

η_f ist vor allem abhängig von der Luftzahl n (Maximum bei $n=1$) und der Abgastemperatur ϑ_a: Mit sinkender Abgastemperatur nimmt η_f zu (Bild 6.14) — Abgastemperatur etwa 1400 °C beim Kammerofen, 800 bis 1200 °C bei Stoßöfen. Daher sollten das Brennstoffluftgemisch geregelt und die Luft vorgewärmt werden. Eine Luftvorwärmung auf 300 °C ist ohne Schwierigkeiten möglich und um so wichtiger, je höher die Abgastemperatur, d. h. je niedriger η_f. Bei Ölbeheizung erleichtert die Luftvorwärmung auch die Überführung der Öltröpfchen in zündfähigen Öldampf. Hierdurch wird der Verbrennungsvorgang günstig beeinflußt und der feuerungstechnische Wirkungsgrad erhöht.

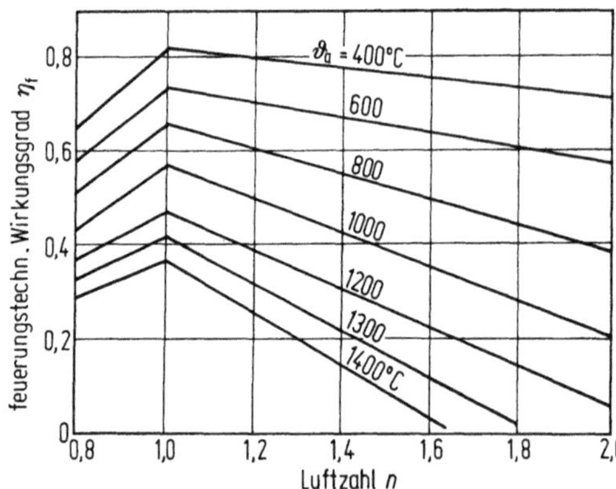

Bild 6.14. Feuerungstechnischer Wirkungsgrad in Abhängigkeit von der Luftzahl n und der Abgastemperatur ϑ_a nach [6.13]   ($H_u = 31\,800$ kJ/m$_n^3$; Wärmeinhalt der Rauchgase: 3300 kJ/m$_n^3$)

Luftüberschuß ist im Hinblick auf η_f nicht so nachteilig wie Luftmangel. Im allgemeinen werden die Schmiedeöfen wegen geringerer Zunderbildung mit Luftmangel gefahren. Aus Gründen der Wirtschaftlichkeit sollte jedoch die Luftzahl $n = 0,95$ nicht unterschritten werden.

Die in Tabelle 6.4 genannten Nutzwärmeanteile gelten für Beharrungszustand bei gleichmäßigem, ungestörtem Betrieb. Der sich aus ihnen ergebende Nettoenergieverbrauch erhöht sich je nach Art der Fertigung und Betriebsorganisation (ein-, zwei- oder dreischichtiger Betrieb, Ofenleistung, Anwärmzeiten und Warmhaltezeiten usw.) um 20 bis 50% — gegebenenfalls auch mehr — zum Bruttoenergieverbrauch, der als Grundlage zur Ermittlung der Wärmkosten dient.

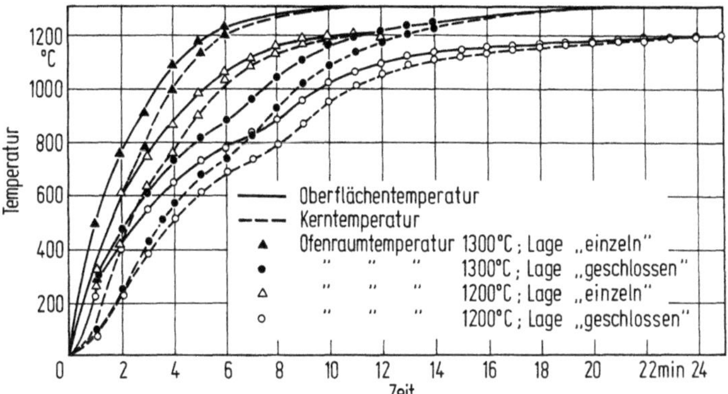

Bild 6.15. Temperaturverlauf beim Wärmen von Abschnitten nach [6.12] (Werkstoff: C 22; $\vartheta_o = 20\,°C$; Ferngas; $n = 1,0$; 40×120 mm; Kammerofen)

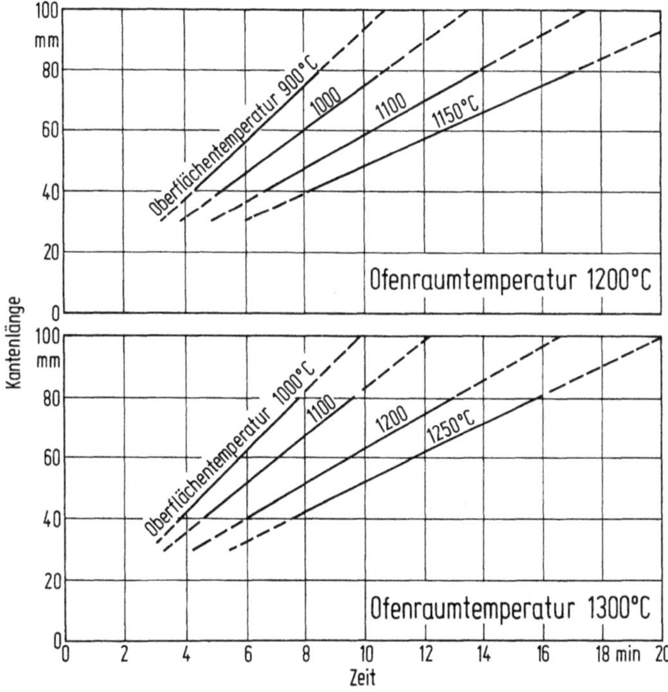

Bild 6.16. Wärmzeit in Abhängigkeit von den Blöckchenabmessungen nach [6.12] (Werkstoff: C 22; $\vartheta_o = 20\,°C$; Lage: einzeln; Ferngas; $n = 1,0$; Kammerofen)

In brennstoffbeheizten Öfen wird die Wärme dem Wärmgut über die Oberfläche zugeführt. (Auch beim induktiven Wärmen wird die Oberflächenschicht zuerst erwärmt; nur beim konduktiven Wärmen wird die Wärme im ganzen Querschnitt erzeugt.) Die Oberflächentemperatur eilt deshalb der Kerntemperatur voraus. Bild 6.15 zeigt experimentell ermittelte Temperaturverläufe in Abhängigkeit von der Zeit für das Wärmen in brennstoffbeheizten und induktiven Wärmanlagen.

Bild 6.16 nennt die Wärmzeiten in Abhängigkeit von den Blöckchenabmessungen. Richtwerte für die spez. Wärmzeiten von Stahl abhängig von der Ofenbauart sind in Tab. 6.5 genannt. Diese Wärmzeiten sind jedoch nicht ohne weiteres vergleichbar: Im Kammerofen werden Abschnitte schnell erwärmt, weil sie direkt in den heißen Ofenraum gelangen (z. B. 1300 °C); in Stoßöfen durchlaufen sie dagegen eine Vorwärmzone mit niedrigerer Temperatur.

Tabelle 6.5. Richtwerte für die spezifische Wärmzeit in Abhängigkeit von Ofenart (Wärmen von Abschnitten aus Stahl von 20 auf 1250 °C)

Kammerofen:	1,5	min/10 mm Dicke
Stoßofen:	6 bis 7	min/10 mm Dicke
Konvektionsofen:	1,5 bis 1,8	min/10 mm Dicke
Drehherdofen:	2 bis 3	min/10 mm Dicke

6.2.2.2 Baugruppen von Gesenkschmiedeöfen

Die wesentlichen Baugruppen eines brennstoffbeheizten Gesenkschmiedeofens sind: Ofenraum, Brenner, Rekuperator, Beschickungs-, Transport- und Entnahmevorrichtungen, Regel- und Meßgeräte sowie Sicherheitseinrichtungen.

Der *Ofenraum,* dessen Formen und Abmessungsverhältnisse je nach Bauart unterschiedlich sind, wird gebildet aus dem *Herd,* den Wänden, dem *Gewölbe* und dem tragenden *Gestell.* Zur besseren Ausnutzung der Gewölbestrahlung werden die Ofengewölbe tief heruntergezogen. Sie müssen jedoch so hoch sein, daß die Heizgase zwischen Wärmgut und Gewölbe ungehindert vorbeistreichen können und eine strahlende Schicht von genügender Dicke entsteht.

Die Innenauskleidung besteht heute meist aus Stampfmassen, vorgeformten Wand- und Gewölbeelementen sowie Formsteinen. Mit Stampfmassen ist ein konstruktiv und wärmetechnisch günstiger Aufbau der Öfen möglich. Sie haben bei guter Pflege des Ofens eine sehr lange Lebensdauer.

An das Innenfutter werden besonders hohe Anforderungen gestellt. Es muß hitzebeständig sowie widerstandsfähig gegen mechanische Beanspruchungen (Druck, Stoß, Erschütterungen) und scharfe Temperaturwechsel sein und möglichst niedrige Wärmedehnwerte aufweisen. Stampfmassen auf der Grundlage Al_2O_3-SiO_2 mit Tonerdegehalten > 65% für Brennerwände und Gurtbögen sowie > 55% für Gewölbe und Seitenwände haben sich bei trocken gefahrenen Öfen mit Temperaturen über 1000 °C durchgesetzt [6.14].

Die gestampften Öfen werden an Ort und Stelle gesintert; die Sinterstärke beträgt etwa 40 bis 60 mm. Die nicht gesinterte Stampfmasse wirkt bei gleicher äußerer Festigkeit wie gebrannter Stein bereits isolierend, wodurch die Wandverluste absinken. Beim Betrieb mit flüssiger Schlacke sind Stampfmassen auf Sinterkorundbasis jedoch ungeeignet; die Öfen müssen dann aus schlackenunempfindlichen Steinen gemauert werden.

Als Herdbelag für Kammer- und Stoßöfen ist am besten eine Rollschicht aus Chrommagnesit-Steinen geeignet. Der Belag soll abriebfest, wärmewechselbeständig und schlackenabweisend sein. Drehherde mit ausschließlich trockener Betriebsweise erhalten einen Belag aus Sonder-Sinterkorund-Stampfmasse.

Gesenkschmiedeöfen sind größtenteils Kleinschmiedeöfen (bis etwa 3 m² Herdfläche) mit verhältnismäßig kleinem Durchsatz, jedoch hoher Herdflächenleistung und recht hohen Arbeitstemperaturen. Diese Arbeitsweise erfordert bei Gasbeheizung *Brenner* mit kleinem Flammenvolumen. Gute Durchmischung von Verbrennungsluft und Gas ist bei diesen Brennerbauarten zur Erzielung kurzflammiger Verbrennung Voraussetzung; sie erhöht den Brennerwirkungsgrad und die Flammentemperaturen und erzeugt daher ein hohes Temperaturgefälle zwischen Heizgasen und Wärmgut. Dies ermöglicht die schnelle Erwärmung des Einsatzes, die sich günstig auf Zunderbildung und Entkohlung auswirkt. Außerdem sinkt der Gasverbrauch/t Wärmgut mit verbessertem Brennerwirkungsgrad.

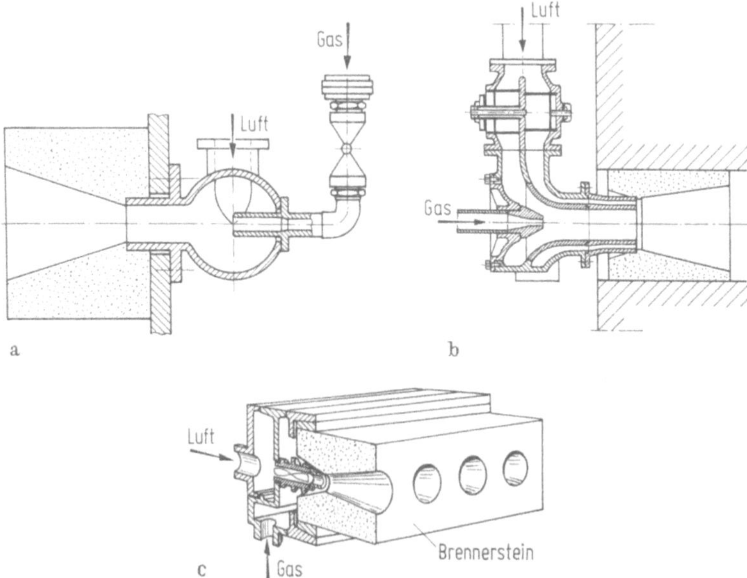

Bild 6.17. Gasbrenner
a) Kugelgasbrenner; Regelbereich 1 : 10; b) Brenner mit Außen- und Innenluft; Regelbereich > 1 : 10; c) mehrflammiger Wirbelstrahlbrenner; Regelbereich 1 : 10

Die Leistung (Belastung) von Gesenkschmiedeöfen schwankt aus betrieblichen Gründen in einem verhältnismäßig großen Bereich. Die Brenner müssen daher eine Verstellbarkeit von 1 : 5 bis 1 : 10 aufweisen; ein Verstellbereich von 1 : 3 reicht im allgemeinen — abgesehen von Sonderfällen — nicht aus. Brenner vom Typ der Mündungsmischer wie Kreuzstrom- und Wirbelstrahl-Brenner [2] (Bild 6.17) erfüllen

---

[2] Diese Brenner gehören wie alle Brenner für Schmiedeöfen zur Gruppe der Gebläsebrenner.

am besten diese Voraussetzungen; sie lassen außerdem hohe Vorwärmtemperaturen von Luft und Gas zu. Bei diesen Brennern läßt sich ein wirtschaftliches Gas-Luft-Gemisch mit der Luftzahl $n = 0{,}97$ — entsprechend 3% Gasüberschuß — einstellen, während diese mit Rücksicht auf die Verzunderung bevorzugte reduzierende Betriebsweise bei langflammigen Brennern infolge schlechterer Durchmischung erst mit erheblich größerem Gasüberschuß, d. h. entsprechend unwirtschaftlicher,

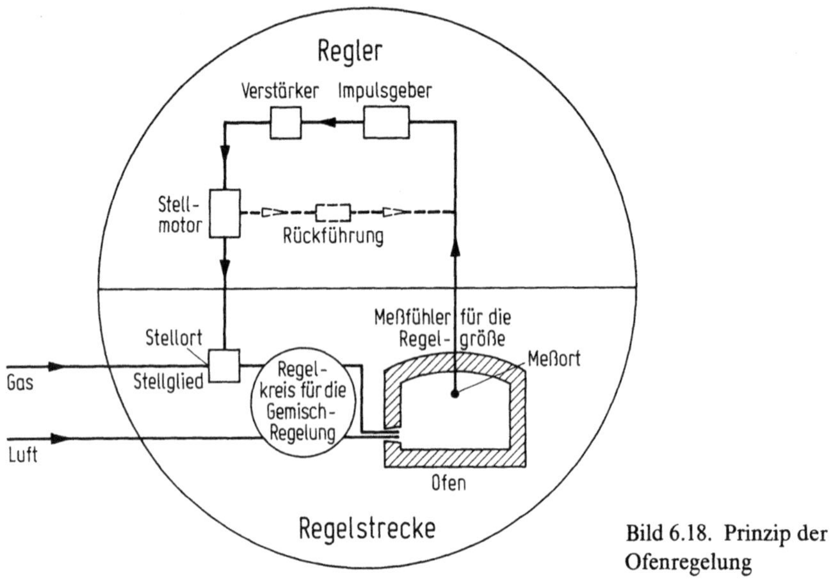

Bild 6.18. Prinzip der Ofenregelung

zu erhalten ist. Die bei langen, weichen Flammen gleichmäßigere Temperaturverteilung läßt sich auch mit kurzen, heißen Flammen erzielen, wenn anstelle eines großen Brenners mehrere kleine eingesetzt werden.

Die für Gesenkschmiedeöfen geeigneten Brenner benötigen an der Gasdüse durchweg nur einen Druck von 5 mbar. Da in den Betrieben die Netzdrücke im allgemeinen wesentlich höher liegen, muß durch den Regelhahn des Brenners eine Anpassung an den zulässigen Druck an der Gasdüse erfolgen.

Als Ölbrenner für Kleinschmiedeöfen haben bisher Parallelstrombrenner mit Druckluftzerstäubung vom Typ der Mündungszerstäuber verbreitete Verwendung gefunden (Bild 6.19). Sie benötigen einen Heizöldruck von 1 bar und einen Zerstäubungsluftdruck von 0,8 bis 1,5 bar; der Druck der Verbrennungsluft beträgt nur 5 bis 10 mbar. Die weiche Flamme füllt den Ofenraum, der erforderliche Luftüberschuß als kennzeichnender Wert für die Güte eines Ölbrenners liegt bei 10 bis 15% [3]. Beim Ölvergasungsbrenner wird durch innige Vermischung von Luft und Öl in mehreren birnenförmigen Mischkammern eine Öl-Luft-Emulsion erzeugt. Der Brenner hat einen Verstellbereich von 1 : 5, kann neutral ($n = 1$) oder sogar reduzie-

---

[3] Andere Brennertypen erfordern bis 40% Luftüberschuß ($n = 1{,}4$). Hierdurch erhöhen sich Brennstoffverbrauch und Abbrand in unerwünschter Weise.

rend ($n < 1$) gefahren werden und arbeitet mit Verbrennungslufttemperaturen bis 250 °C. Beim Anheizen im kalten Ofen zeigen sich keine Zündschwierigkeiten. Der Ölvergasungsbrenner vereinigt damit nahezu die Vorzüge von Gas- und Ölbrenner.

Die Ausnutzung der Abgaswärme erfolgt mittelbar in *Wärmetauschern,* sog. Rekuperatoren, wobei für die Verbrennungsluft eine Vorwärmung auf 400 °C anzustreben ist. Rekuperatoren für Gesenkschmiedeöfen (Bild 6.20) müssen für Abgas-

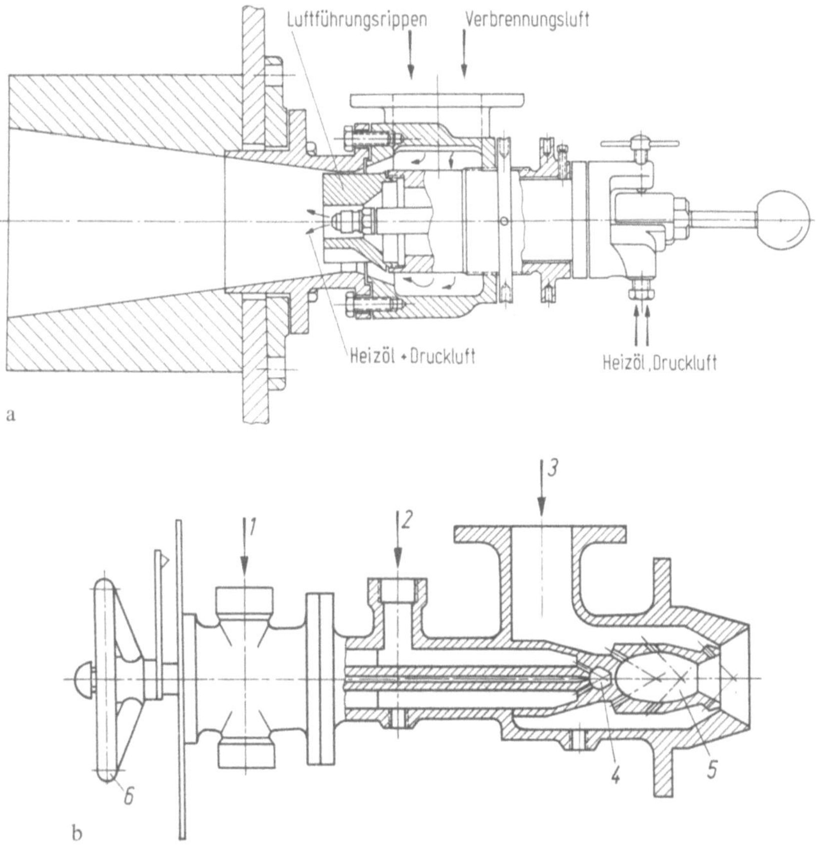

Bild 6.19. Ölbrenner
a) Hochdruckinjektionszerstäuber; b) Ölvergasungsbrenner: *1* Öleintritt, *2* Zerstäubungslufteintritt, *3* Verbrennungslufteintritt, *4* Vorzerstäuber, *5* Vergaserkopf, *6* Ölmengenregelung

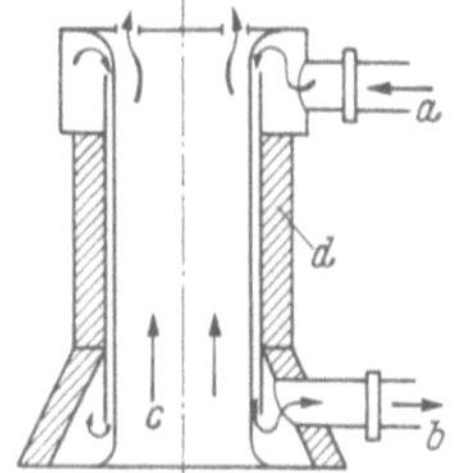

Bild 6.20. Strahlungsrekuperator
a Kaltlufteintritt, *b* Heißluftaustritt, *c* Abgasführung,
d Isoliermantel

eintrittstemperaturen von 700 bis 1200 °C geeignet, unempfindlich gegen Temperaturspitzen und Nachverbrennungen und leicht zu überwachen sein. Bewährt haben sich Strahlungsrekuperatoren. Die erzielbaren Einsparungen an Brennstoff liegen bei gasbeheizten Kammeröfen um 20 bis 25%, für Kleinstoßöfen um 15 bis 20%. Bei Taktöfen und Drehherdöfen sind die Einsparungen infolge niedrigerer Abgastemperaturen (600 bis 800 °C) geringer.

Meß- und Regelgeräte sollen die Größen, die die Betriebsweise eines Schmiedeofens kennzeichnen — Temperatur, Brennstoff-Luft-Verhältnis (Luftzahl *n*) und Druck im Ofenraum — in bestimmten Grenzen halten, damit die Erwärmung des Schmiedegutes wirtschaftlich und mit geringster Beeinträchtigung durch Zunderbildung und Entkohlung erfolgt. Zunächst bedarf es dazu des Messens zur Erfassung der Ist-Werte und sodann des Regelns zur Einhaltung bekannter, eingestellter Bestwerte. Das Regeln kann entweder von Hand nach einer in bestimmten Zeitabständen vorgenommenen Messung oder selbsttätig kontinuierlich erfolgen. Meß- und Regelgeräte für Kleinschmiedeöfen müssen unempfindlich sein, Anschaffungs- und Instandhaltungskosten sowie der Bedienungsaufwand sollen in einem angemessenen Verhältnis zum Erfolg stehen (Bild 6.18).

Der Ofendruck beeinflußt die Ofenatmosphäre, den Wärmeverbrauch und die Temperaturen im Ofenraum. Er wird mit dem Abgasregelschieber im allgemeinen ohne Messung eingestellt. Bei zu niedrigem Druck wird Falschluft angesaugt, bei zu hohem Druck steigen die Ausflammverluste beträchtlich an. Im allgemeinen soll im Ofen schwacher Überdruck herrschen.

Die Einstellung des gewünschten Verhältnisses zwischen Brennstoff und Verbrennungsluft läßt sich mit Hilfe von Durchflußmeßverfahren bei Gasen genauer als bei Heizöl vornehmen. Meßblenden [4] sollten so ausgelegt werden, daß bei richtigem Verhältnis von Gas und Luft die gleichen Wirkdrücke entstehen. Bei stark staubhaltiger Luft empfiehlt sich die Anwendung einer schmutzunempfindlichen Einströmdüse am Ventilatoransaugstutzen anstelle der empfindlicheren Meßblende. Die Temperatur des Schmiedegutes wird mit Strahlungspyrometern oder im Ofen eingebauten Thermoelementen überwacht. Die Messung ergibt zwar keine objektiven Werte für die Schmiedestücktemperatur, führt aber zu einer Relativtemperatur, die unmittelbar zum Verhalten bei der Umformung, d. h. zur Schmiedbarkeit, in Beziehung gesetzt werden kann. Aufgrund vorliegender Erfahrungen werden die Thermoelemente am besten gemäß Bild 6.21 eingebaut; sie sind damit gegen Beschädigungen gut geschützt. Als Werkstoff für Thermoelemente kommt bei den hohen Temperaturen nur PtRh-Pt in Frage.

Zur Temperaturregelung bei Änderung des Ofenbetriebes (z. B. infolge Betriebspausen, Störungen an den Umformmaschinen usw.) müssen Brennstoff- und Luftmenge bei möglichst gleichem Mischungsverhältnis verändert werden. Gleichbleibender Vordruck von Gas und Luft und gleichbleibende Lufttemperaturen sind hierfür Voraussetzungen; praktisch lassen sich diese nicht erfüllen, so daß bei Änderung der Energiemenge immer kleinere Abweichungen im Mischungsverhältnis auftreten. Für die Temperaturregelung genügt in vielen Fällen eine Zweipunktregelung (auf – zu; Maximum – Minimum). Für große Öfen kommt auch eine stetige Regelung in Frage.

---

[4] Berechnung nach DIN 1952: Durchflußmessung mit genormten Düsen, Blenden und Venturidüsen.

Die Brennstoff-Luft-Gemischführung erfolgt durch:

Einzeleinstellung von Hand (mit Anzeige)
gekoppelte Einstellung von Hand (ohne, mit Anzeige)
stetige Gemischführung (mit Anzeige, mit Registrierung)
stetige Brennstoff-Luftgemisch-Regelung.

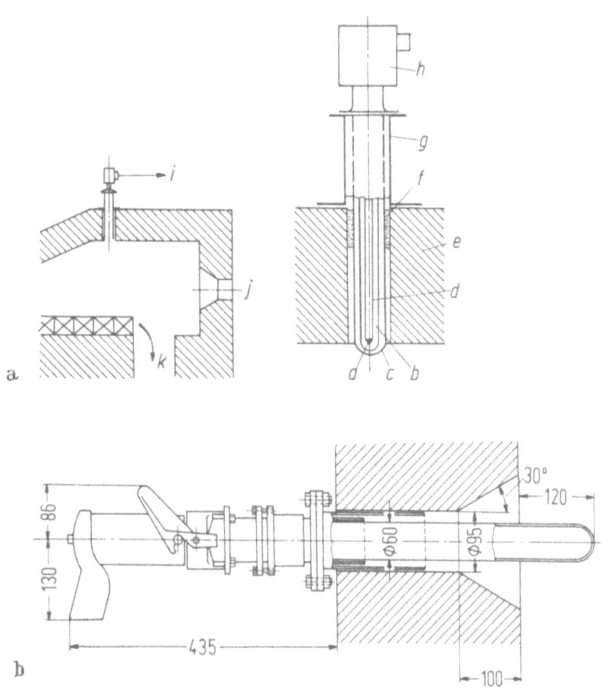

Bild 6.21. Einbau von Temperaturmeßgeräten
a) Thermoelement: *a* Thermoelement, *b* gasdichtes Innenschutzrohr, *c* Außenschutzrohr, *d* Iso-
lierrohr als Doppelkapillare, *e* Deckengewölbe, *f* Asbest, *g* Abstandstück, *h* Anschlußkopf,
i Leitung zum Regler, *j* Brenner, *k* Ausfallschacht;
b) Strahlungspyrometer

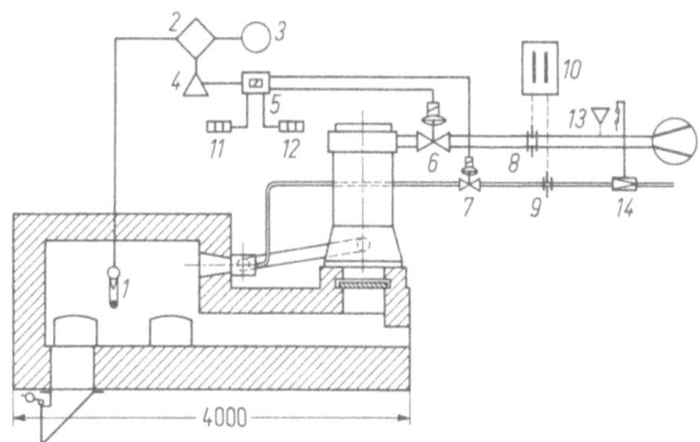

Bild 6.22. Schema eines Stoßofens mit Regelgeräten nach [6.15]

Ein Beispiel für eine wirtschaftliche Regelanlage ist in Bild 6.22 dargestellt. Der Meßwert des Gesamt-Strahlungspyrometers 1 wird auf den elektronischen PID-Regler 2 übertragen und auf dem Anzeigengerät 3 angezeigt. Der elektronische Zweipunktregler 2 bewirkt im Wechsel eine Grundlast-Vollast-Brennstoffbeaufschlagung des Ofens. Dadurch wird der Ofen im Regelbetrieb praktisch nur mit zwei Gas-Luft-Durchflußwerten gefahren. Diese Durchflußwerte werden mit Hilfe des Gemischanzeigers 10 an den Membran-Magnetventilen 6 und 7 so justiert, daß in der Grundlast- und Vollast-Beaufschlagung ein exaktes Gas-Luft-Durchflußverhältnis mit der Luftzahl $n = 1$ gewährleistet wird. Die Schaltbefehle des Temperaturreglers werden über das Schütz 5 auf die Magnetventile 6 und 7 übertragen. Dieses Schütz schaltet auch die Betriebsstundenzähler 11 und 12, die die Betriebsdaten des Ofens bei minimalem und maximalem Brennstoffdurchfluß aufzeichnen. Multipliziert man diese Betriebszeiten je Arbeitsschicht, Tag oder Monat mit den entsprechenden Gasdurchflußwerten (m_n^3/h) und addiert die Ergebnisse, so erhält man den Gasverbrauch des Ofens für die jeweilige Betriebszeit. Der U-Rohr-Gemischanzeiger 10 ergänzt die Regelung.

Mit einem zusätzlichen Membran-Gemischregler ist eine vollautomatische Temperatur- und Gemischregelung möglich, die nur aus Thermoelement, Temperaturregler, Stellmotor mit Drosselklappe und einem Verhältnisdruckregler als Gemischregler besteht [6.16].

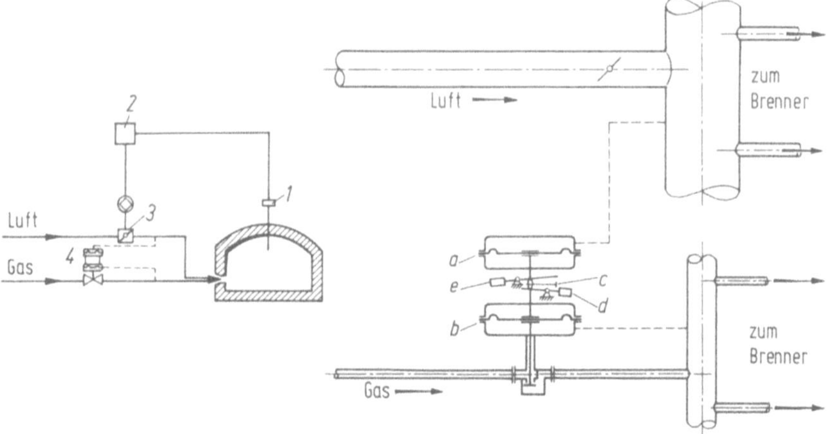

Bild 6.23. Temperatur- und Gemischregelung an einem Stoßofen nach [6.16].
1 Thermoelement, *2* Temperaturregler, *3* Stellmotor mit Drosselklappe, *4* Gemischregler

Ein Luftimpuls, hervorgerufen durch den Druck in der Luftleitung, bewirkt über die Membran *a* eine Kraft, die das Ventil so lange öffnet, bis sich hinter dem Ventil ein Druck einstellt, welcher in der Membran *b* eine Gegenkraft erzeugt und das Ventil stabilisiert bzw. schließt (Bild 6.23). Durch Betätigen des Verhältnisschiebers *c* ist es möglich, die Auflagepunkte der Hebel *d* und *e* so zu verlagern, daß hierdurch eine Veränderung des Kräfteverhältnisses der beiden Membranen zueinander erreicht wird. Dadurch kann man in den Membranen unterschiedliche Drücke vorgeben, so daß das Ventil das vorgegebene Verhältnis über den gesamten Regelbereich einhält. Das Regelverhalten des Gerätes ist über den gesamten Stellweg proportional. Das Mischungsverhältnis kann während des Betriebes durch den Verhältnisschieber 3 in den Bereichen von z. B. 1 : 2 bis 2 : 1 beliebig geändert werden.

Die erforderlichen *Sicherheitseinrichtungen* sind in den Vorschriften der Berufsgenossenschaften, der Technischen Überwachungsvereine, des VDI usw. festgelegt; z. B. [6.17].

Die Sicherheitseinrichtungen haben folgende Aufgaben:

rechtzeitiges und sicheres Zünden des ausströmenden Gas-Luft-Gemisches,
Verhindern unbeabsichtigten Ausströmens von unverbranntem Gas,

Schutz der Leitungen gegen Flammenrückschlag,
Vermeiden von unbeabsichtigtem Ausströmen von Luft bzw. Gas in die Luft/
Gaszuleitungen,
Absperren der Gaszufuhr bei Störungen in der vorgeschalteten Anlage,
Absperren der Gaszufuhr bei Störungen in der nachgeschalteten Anlage.

Sicherheitsgasdruckregler sperren die Gaszufuhr bei Unterschreiten eines Gasdrucks von z. B. 4 mbar (Gasmangelsicherung). Luftdruckwächter überwachen die Luftversorgung: bei Unterschreiten eines Grenzluftdrucks wird die Gaszufuhr gesperrt, ebenso bei Stromausfall (Strommangelsicherung). Die Wiederinbetriebnahme ist erst möglich, wenn nach vorübergehendem Schließen der Absperrhähne an den Brennern der volle Gegendruck in Gas- und Luftleitung vorhanden ist. Als Mangelzustand gilt jeder vom Normalbetrieb abweichende Versorgungszustand.

6.2.2.3 Ofenbauarten

Zum partiellen Wärmen von Stäben für das Schmieden von der Stange in Hämmern oder Waagerecht-Stauchmaschinen werden üblicherweise *Kammeröfen ohne Herd* verwendet (Bild 6.24). In diesen Öfen lassen sich bei Stabdurchmessern bis 50 mm Herdflächenleistungen von 1000 bis 1200 kg/m²h im Schichtmittel erzielen. Mit steigender Herdflächenleistung sinkt dabei der auf den Durchsatz bezogene Wärmeverbrauch; er liegt netto je nach Betriebsweise zwischen 180 bis 250 m_n^3 Ferngas bzw. 70 bis 110 kg Heizöl je t.

Zum Wärmen von Spaltstücken werden Kleinkammeröfen mit Herd verwendet, die sonst den vorgenannten ähneln. Die Herdflächen dieser Öfen liegen im allgemeinen zwischen 0,05 und 0,3 m², wobei jedoch die Herdlänge kleiner gehalten ist. Da die Spaltstücke laufend eingelegt werden, erfolgt die Beheizung am besten von

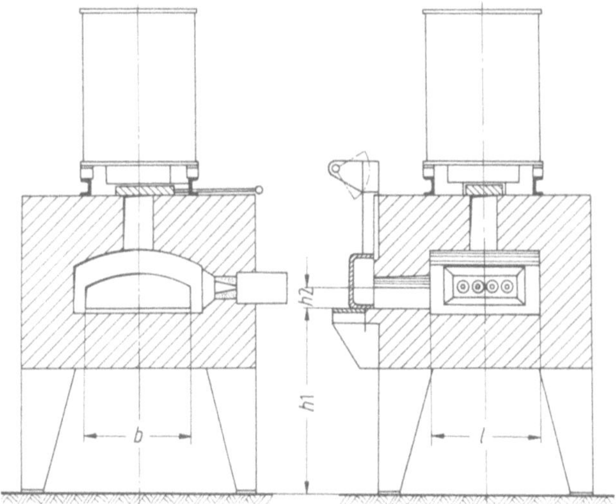

Bild 6.24. Gasbeheizter Kleinkammerofen zum partiellen Wärmen von Stäben

beiden Seitenwänden oder über die gesamte Breite der Rückwand. Die Brenner müssen dann so angeordnet sein, daß sie nicht auf die Arbeitsöffnung drücken.

Gescherte oder gesägte Blöckchen werden bei kleinen Losen ebenso wie Zwischenformen, die wegen ihrer Gestalt nicht in einem Stoßofen zwischengewärmt werden können, zweckmäßig in *Doppelkammeröfen* auf Schmiedetemperatur gebracht (Bild 6.25). Jede der beiden Kammern wird getrennt beheizt. Sie sind so ausgelegt, daß das Wärmen des Einsatzes der einen Kammer genauso lange dauert wie das Leerziehen der anderen. Bei dieser Arbeitsweise werden zusätzliche Wärmpausen vermieden. Die Herdflächenleistung kann bis 400 kg/m²h bei Rohteil-Abmessungen bis □ 120 mm betragen, wobei der bezogene Wärmeverbrauch hyperbelartig mit zunehmenden Stückgrößen sinkt. Doppelkammeröfen werden bis 1,5 m²

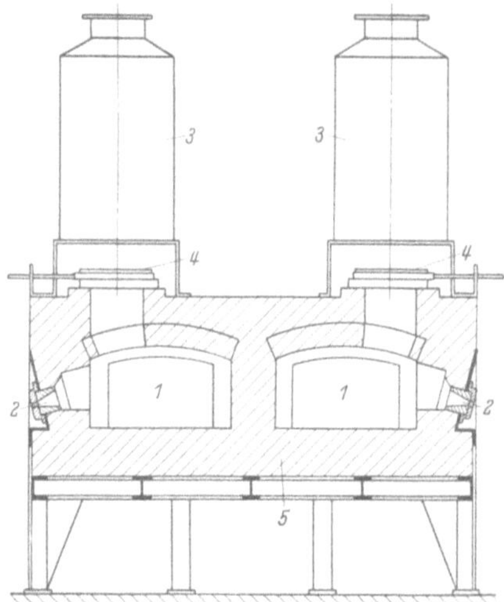

Bild 6.25. Doppelkammerofen

Gesamtherdfläche gebaut. Sie haben den Nachteil, daß das Wärmgut sofort hohen Temperaturen ausgesetzt ist und über die zum Wärmen erforderliche Zeit hinaus im Ofenraum liegt. Der Abbrand ist daher insbesondere bei sehr warm verschmiedeten Stählen groß, ebenso der Wärmeverbrauch. In *Stoßöfen* werden stabförmige Rohteile oder Blöckchen im Gegenstrom erwärmt. Die Abschnitte werden meist in mehreren parallelen Rillen durch den Ofenraum bewegt (Rillenherdofen) und entweder durch eine Öffnung in der Stirnwand (Durchstoß-Taktofen) oder eine Ausfallöffnung im Herd ausgestoßen. Die Beheizung von Durchstoß-Taktöfen erfolgt z. B. durch in beiden Seitenwänden angeordnete kurzflammige Brenner, die es ermöglichen, den Ofen unter Anpassung an die jeweilige Belastung als Zweizonenofen zu fahren, d. h. zwei getrennt arbeitende Gruppen von Brennern beheizen eine Aufheizzone und eine Haltezone. Hierdurch wird das Wärmgut gleichmäßig und durchgreifend erwärmt und gleichzeitig der Abbrand klein gehalten, obwohl die Brennereinstellung gewisse Schwierigkeiten bereiten kann. Der Ofen ist von beiden Stirnseiten gut zugänglich; Hilfstüren in den Stirnwänden können daher entfallen, was sich günstig auf den Wärmeverbrauch auswirkt. Auch ist die Überwachung der Ausfallkante einfach; sie braucht nicht gekühlt zu werden.

Während der Durchstoßtaktofen sich überwiegend in den Vereinigten Staaten
von Amerika eingeführt hat, wird in Deutschland der Taktofen mit Ausfallschacht
bevorzugt. Dieser besitzt nur 1 bis 2 Brenner und ist daher einfacher einzustellen als
der Durchstoßofen. Die Flammenlänge bestimmt hierbei den lichten Abstand zwischen Brennerstirnwand und Ausfallkante des Ausfallschachtes; die höchste Temperatur soll über der Ausfallkante liegen (Bild 6.26). Der Ausfallschacht selbst soll
möglichst klein bemessen werden, da sonst der geringe Überdruck im Ofen schlecht
zu halten ist. Eine Seitentür in Höhe des Ausfallschachtes dient zur Beseitigung von
Störungen; weitere Hilfstüren sind zum Ausräumen des gesamten Einsatzes erforderlich. Auch bei den Taktöfen mit Ausfallschacht läßt sich durch Anordnung eines
zweiten, im Gewölbe angebrachten und unabhängig eingestellten Brenners die Arbeitsweise eines Zweizonenofens mit Aufheiz- und Haltezone erzielen (Bild 6.26).
Mit Rücksicht auf niedrige Abgastemperaturen beträgt das Längen-Breiten-Verhältnis des Ofenraums heute bis zu etwa 8 : 1. In der Hochtemperaturzone ist der
Ofenraum vergrößert, damit die Flammen nicht auf das Wärmgut treffen, eine genügende Dicke der Gasschicht (beeinflußt die Größe der Gasstrahlung) und genügend große strahlende Wandflächen vorhanden sind. Aus diesem Grunde ist der

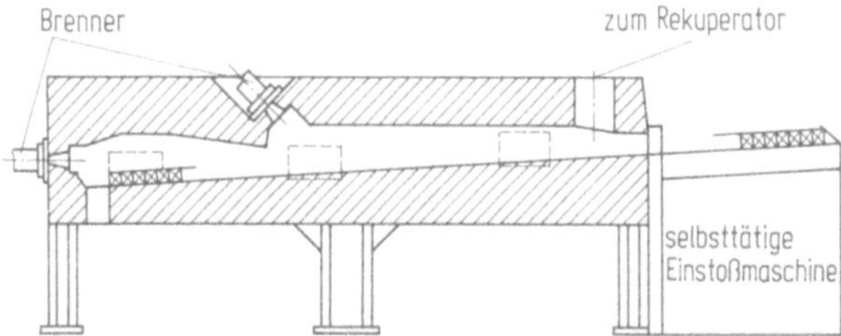

Bild 6.26. Zweizonen-Taktofen mit Gewölbebrenner und Einstoßmaschine

Brenner im Beispiel nach Bild 6.22 in der Rückwand der Hochtemperaturzone
(Umkehrflamme) angebracht. Der Ausfallschacht ist zum Abdichten des Ofenraumes mit einer Pendelklappe abgeschlossen. Ein Abgasschieber am Ofenende dient
zur Druckregelung. Die Ziehtemperatur sollte 1150 °C nicht wesentlich überschreiten, da bei höheren Temperaturen die Stücke aneinanderkleben. Die keramische
Auskleidung besteht aus Stampfmassen in der Hochtemperaturzone mit Hinter-
mauerung und Isolierung, in der Vorwärmzone aus Schamotte und Isolierung. Der
Herd besteht aus vorgeformten, gepreßten und gesinterten Stampfmassen mit großer Verschleißfestigkeit gegen Abrieb.
    Neben dem echten *Drehherdofen* mit ringförmigem Ofenherd und geführter Er-
wärmung in Aufheiz- und Ausgleichszone gibt es andere Bauarten, wie den *Drehtellerofen* und den *Kammerofen mit Drehtellerherd* (Bild 6.27). Ersterer ist eine kleinere
Ausführung des Drehherdofens mit ringförmigem Herd und zonenweiser Erwärmung. Der Kammerofen mit Drehtellerherd ist dagegen ein Gleichtemperaturofen
(ohne Wärmegefälle) mit rotierendem Tellerherd. Werden die eingelegten Rohteile
oder Zwischenformen nicht nach einem Umlauf entnommen, so besteht die Gefahr
der Überhitzung. Bei elektrischer Beheizung lassen sich derartige Öfen auch mit

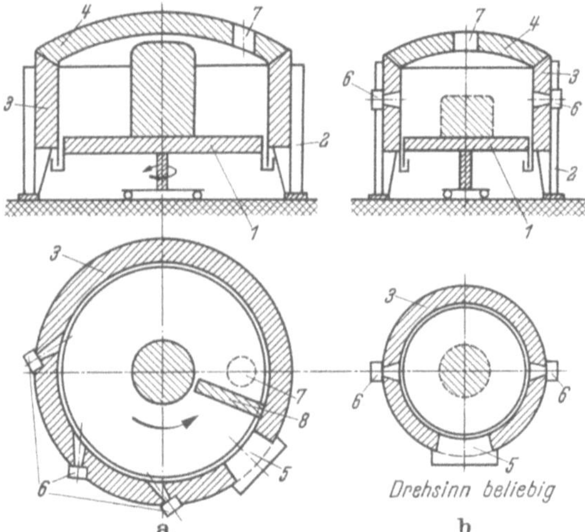

Bild 6.27. Bauarten von Öfen mit Drehherden (Schema)
a) Drehtellerofen (mit Wärmegefälle); b) Kammerofen mit Drehtellerherd (Gleichtemperaturofen): *1* Drehtellerherd (teilweise) mit Pilz, *2* Ofengestell, *3* Ausmauerung, *4* Gewölbedecke,
5 Tür, *6* Brenner, *7* Abgasloch, *8* Trennwand

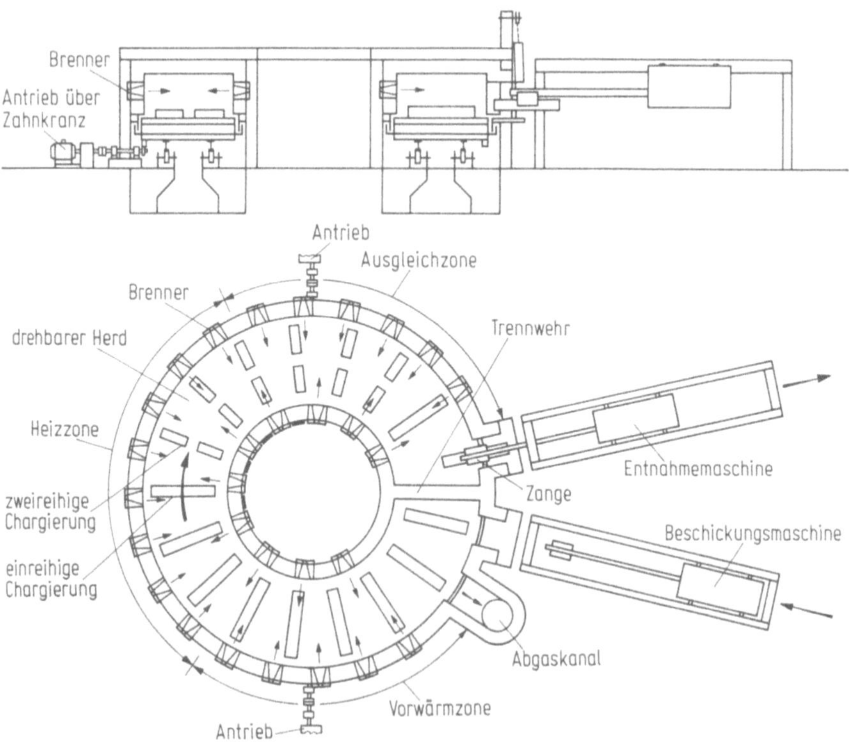

Bild 6.28. Schnittbild eines Drehherdofens

einer Schutzgasatmosphäre betreiben und zur zunder- oder entkohlungsarmen Erwärmung benutzen.

Im Drehherdofen wird das Wärmgut auf langem Wege im Gegenstrom zu den Heizgasen bewegt (Bild 6.28). Der Ofen hat zwei nebeneinanderliegende, um 30 bis 40° versetzte Arbeitstüren, zwischen denen der Ofenraum durch eine nicht ganz auf den Herd heruntergezogene, mitunter wassergekühlte Trennwand oder durch einen Heizgasschleier unterteilt ist. Das Wärmgut muß notfalls unter der Trennwand durchlaufen können. Die Beheizung beginnt an der Ziehtür und nimmt etwa ⅓ bis ½ des äußeren Umfanges ein. Da zum sicheren Betrieb des Ofens flüssige Schlacke unbedingt zu vermeiden ist, muß die Temperatur in der Ausgleichszone geregelt werden. Die Ofenabgase werden in der Nähe der Einsatztür abgezogen; ihre Temperaturen liegen zwischen 600 und 700 °C.

Der Drehherd ist leicht muldenförmig ausgebildet, um ein Abrollen des Einsatzes zu verhindern. Als Herdbelag hat sich eine Sonder-Sinterkorund-Stampfmasse bewährt. Sandtassen sorgen für die Abdichtung des Ofenraumes; ihnen sind Zunderrinnen mit Kratzern und entleerbaren Zundertaschen vorgeschaltet. Zwecks guter Zugänglichkeit bei Instandsetzungsarbeiten hat sich das Anheben des gesamten ausgemauerten Ofengehäuses auf hydraulischem oder mechanischem Wege gegenüber dem Abheben des Gewölbes — als Deckel mit Hängedecke — besser bewährt, da Herd und Ringspalte hierdurch frei zugänglich werden.

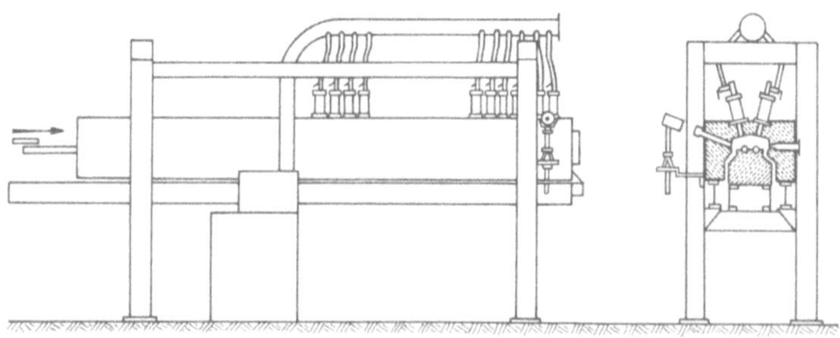

Bild 6.29. Konvektiver Gasofen nach [6.18]

In *konvektiven Wärmöfen* (sog. Gasschnellerwärmungsanlagen) wird der überwiegende Teil der Wärme durch Konvektion (Gasberührung) an das Wärmgut übertragen (Bild 6.29). Die Wärmeübergangszahl durch Konvektion ist vor allem abhängig von der Strömungsgeschwindigkeit der Verbrennungsgase (120 m/s und mehr). Das Gas wird in einem kleinen Brennraum verbrannt: die Wärmeenergie gelangt auf direktem Weg vom Brenner zum Wärmgut (der Ofenraum kann klein sein, da keine großen Strahlungsflächen nötig sind). Die Verbrennung erfolgt in einer tunnelförmigen Kammer, die Verbrennungsgase strömen durch einen engen Querschnitt in den Ofenraum (Längen-Breiten-Verhältnis ungefähr 1 : 20). Der absenkbare Herd besteht aus Formsteinen, die Gewölbedecke ist abnehmbar, die Innenauskleidung und der Herd sind gestampft. Der Keilrillenherd ist unter Umständen wassergekühlt und besteht aus hitzebeständigem Stahl oder keramischem Material [6.18]. Diese Öfen sind mit einer größeren Zahl von Brennern ausgerüstet, die normalerweise eine Zweipunkt-Regelung besitzen. Sie haben sich für Nichteisenmetalle (Cu, Al) gut bewährt. Hier liegen verhältnismäßig niedrige Wärmtemperaturen und gut wärmeleitende Werkstoffe vor.

6.2.3 Elektrische Wärmanlagen

Beim Wärmen durch den elektrischen Strom entsteht die Wärme im Werkstück selbst [6.19, 6.20]. Beim *konduktiven* Wärmen fließt der Strom stets in Längsrichtung des Werkstückes, das als Widerstand im Sekundärstromkreis eines Transformators aufgefaßt werden kann. Bestimmende Größe ist das Längen-Durchmesser-Verhältnis des Werkstücks. Das Verfahren ist vorzugsweise für lange Stäbe geeignet, da sonst Kontakt- und Zuleitungsverluste zu groß werden.

Beim *induktiven* Wärmen wird die Wärme infolge magnetischer Induktion durch Wirbelstrombildung im Körper erzeugt. Das Werkstück bildet eine einwindige kurzgeschlossene Sekundärwicklung eines Transformators, dessen Primärwicklung die Induktionsspule bzw. der Induktor ist. Daher muß die Frequenz des einspeisenden Wechselstromes in einem bestimmten Verhältnis zum Werkstückquerschnitt stehen (Tab. 6.6).

Da die Wirbelströme die Randzonen infolge Stromverdrängung stärker durchsetzen als den Kern, entsteht ein Temperaturgefälle zwischen Oberfläche und Kern, das von der Frequenz und dem Rohteildurchmesser abhängt (Bild 6.30).

Tabelle 6.6. Durchmesserbereich in Abhängigkeit von der Frequenz für wirtschaftliches Wärmen durch Induktion

Frequenz Hz	Eindringtiefe mm $\left(\text{für Stahl, 1000 °C}, \varrho = \dfrac{1,2\ \Omega \cdot \text{mm}^2}{\text{m}}\right)$	Durchmesserbereich mm
50	78	> 150
2 000	12,3	30 bis 120
5 000	7,8	20 bis 85
10 000	5,5	14 bis 60

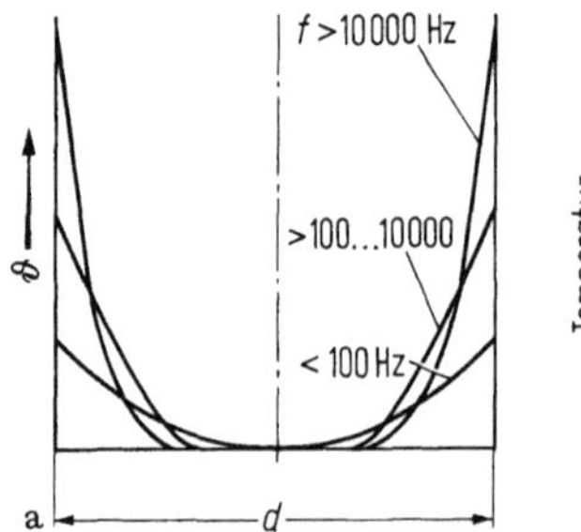

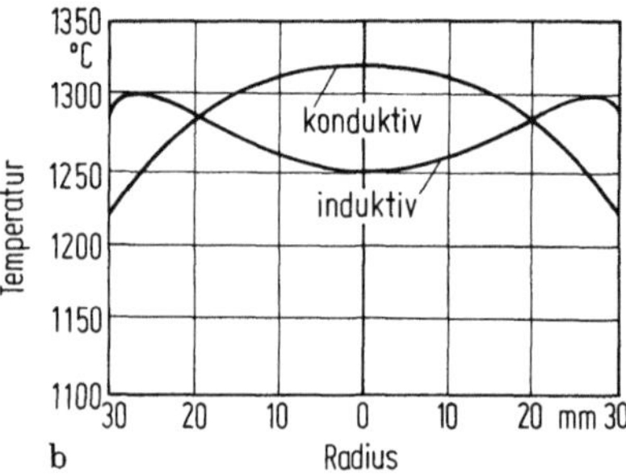

Bild 6.30. Temperaturverlauf über dem Querschnitt eines Voll-Zylinders
a) Induktives Wärmen mit verschiedenen Frequenzen; b) Vergleich des induktiven und konduktiven Wärmens nach [6.21]

Bei kurzzeitiger Erwärmung kann keine Wärmeableitung zum Kern hin wirksam werden, und der Temperaturverlauf ähnelt der Verteilung der Wärmequellen über dem Querschnitt. Diese wird durch die frequenzabhängige Stromverdrängung bestimmt; ein Maß für die letztere ist die sogenannte Eindringtiefe, die nach der Formel

$$\delta = 503 \sqrt{\frac{1}{\lambda \cdot \mu \cdot f}} \; ; \tag{6.9}$$

λ elektrische Leitfähigkeit m/Ω mm²,
μ Permeabilität H/cm,
f Frequenz Hz,

berechnet werden kann.

Bei induktiver Erwärmung von magnetischem Stahl beträgt die Eindringtiefe auch bei Anwendung von Netzfrequenz wegen der großen Permeabilität zunächst nur einige Millimeter. Nach Überschreiten des Curie-Punktes (768° bei reinem Eisen), d. h. Unmagnetischwerden, wächst die Eindringtiefe dagegen stark an.

Bild 6.31 zeigt die Abhängigkeit der Eindringtiefe von der Frequenz für verschiedene Werkstoffe und Temperaturen.

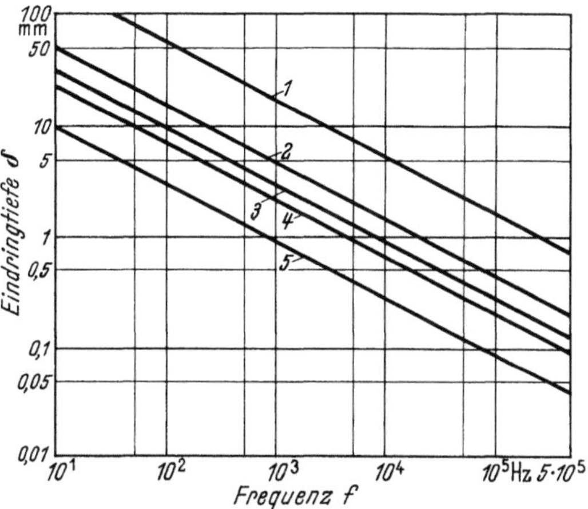

Bild 6.31. Eindringtiefe in Abhängigkeit von der Frequenz:
1 Stahl bei 900 bis 1200 °C, $\mu = 1$; *2* Kupfer bei 800 °C und Aluminium bei 550 °C, $\mu = 1$; *3* Aluminium bei 20 °C, $\mu = 1$; *4* Kupfer bei 20 °C, $\mu = 1$; *5* Stahl bei 20 °C, $\mu = 50$

Der elektrische Wirkungsgrad als Verhältnis der im zu wärmenden Rohteil induzierten Leistung P_2 zu der der Spule zugeführten Leistung P_1 hängt unter anderem vom Verhältnis Rohteildurchmesser/Eindringtiefe (d/δ) und der Kopplung, d. h. dem Verhältnis Innendurchmesser der Spule/Rohteildurchmesser (D_i/d) ab. d/δ darf aus Gründen der Wirtschaftlichkeit nicht unter 3 sinken. Bei Berücksichtigung der Beziehungen zwischen Eindringtiefe und Frequenz lassen sich damit bestimmte wirtschaftliche Durchmesserbereiche für die wichtigsten Frequenzen festlegen (Tab. 6.6). Der Einfluß der Kopplung ist aus Bild 6.32 zu ersehen.

Da beim induktiven Wärmen die Wärme in der Oberflächenschicht entsteht, muß der Kern — wie auch bei konvektiver oder Strahlungserwärmung — durch Wärmeleitung erwärmt werden. Hierzu sind, je nach Rohteilabmessungen, Frequenz und Wärmeleitfähigkeit, bestimmte Zeiten erforderlich (Bild 6.33). Diese bestimmen die zulässige induzierte Leistung; wird letztere zwecks schnellerer Erwärmung zu groß gewählt, so besteht die Gefahr örtlicher Überhitzungen am Wärmgut. Die sogenannte Leistungsdichte, das ist die auf die Wärmgutoberfläche bezogene Leistung in W/cm², soll nicht größer als $3000/d$ gewählt werden (d = Durchmesser in mm). Die für gewöhnlichen Stahl empfohlenen Mindestwärmzeiten sind

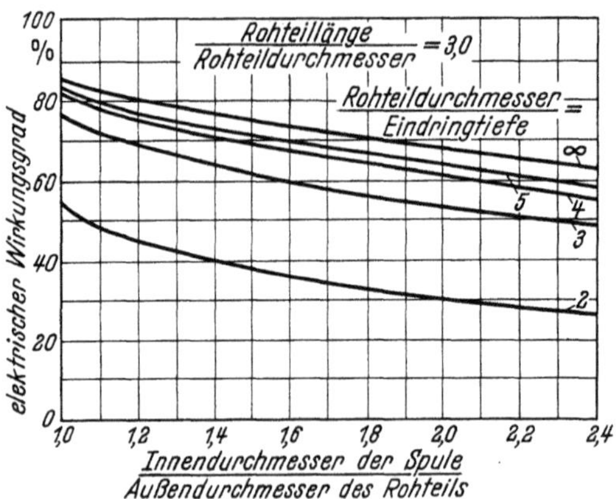

Bild 6.32. Abhängigkeit des elektrischen Wirkungsgrades von der Kopplung für Zylinder aus Stahl (ϱ_s = 1,2 Ω mm²/m bei 1000 °C; gültig für Induktionsspulen aus Kupferrohr mit rechteckigem Querschnitt und ϱ = 0,02 Ω mm²/m Betriebswert)

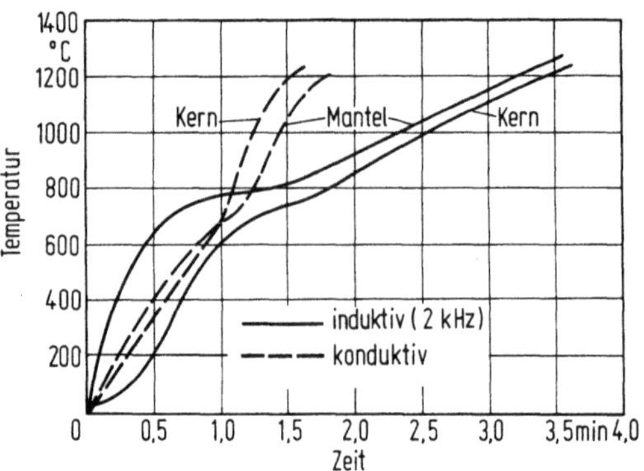

Bild 6.33. Mantel- und Kerntemperatur in Abhängigkeit von der Aufheizzeit beim konduktiven und induktiven Wärmen von Rohteilen mit 60 mm Durchmesser nach [6.21]

Bild 6.34 zu entnehmen. Bei Längsvorschub erfordert die Erwärmung wesentlich kürzere Zeiten als bei Quervorschub, da hierbei der gesamte Umfang beaufschlagt wird. Bild 6.34 zeigt, daß oberhalb 100 bis 150 mm Durchmesser die Wärmzeiten so groß werden wie beim Wärmen in modernen Schmiedeöfen. Bei kleinen Abmessungen betragen die Wärmzeiten jedoch nur Sekunden oder wenige Minuten. Hierin liegt ein Hauptvorteil des induktiven Wärmens. Außer den Verlusten, die durch

Stromwärme in der Spule entstehen und durch den elektrischen Wirkungsgrad beschrieben werden, treten noch Verluste bei der Frequenzumformung, in den Zuleitungen und Kondensatoren sowie durch Wärmeabstrahlung auf. Im Regelfalle ergibt sich danach eine Aufteilung der Verlust- und Nutzenergieanteile gemäß Bild 6.35. Der Gesamtwirkungsgrad liegt danach zwischen 0,5 und 0,6. Hieraus und aus dem Wärmeinhalt der Werkstoffe bei verschiedenen Temperaturen läßt sich die

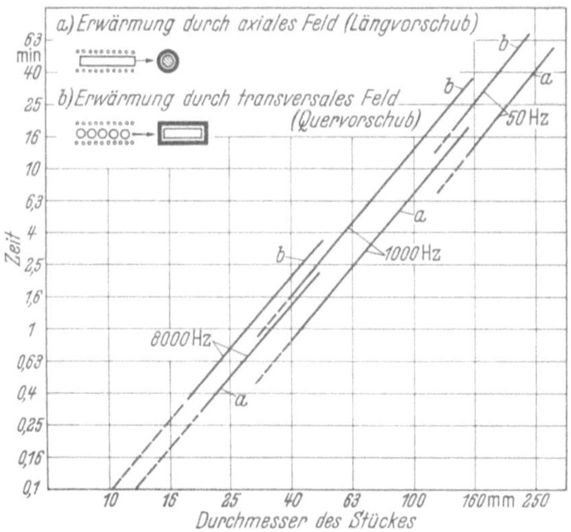

Bild 6.34. Empfohlene Mindestwärmzeiten beim induktiven Wärmen. a) Längsvorschub; b) Quervorschub

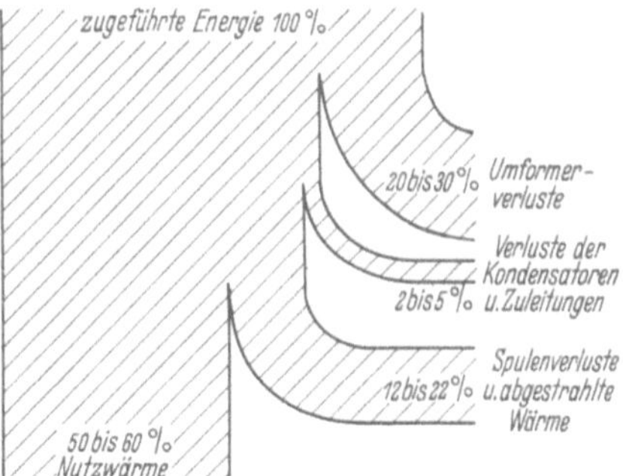

Bild 6.35. Aufteilung der zugeführten elektrischen Energie in Nutzwärme und Verluste

erforderliche elektrische Arbeit zum Wärmen leicht errechnen. Zur schnelleren Ermittlung dient Bild 6.36, aus dem Werte für Aluminium- und Al-Legierungen, Kupfer, Messing und Stahl entnommen werden können. Danach werden etwa benötigt zum Wärmen

Stahl auf 1200 °C	0,4 bis 0,5 kWh/kg,
Aluminium auf 500 °C	0,3 bis 0,45 kWh/kg.

Zur Anpassung an die Erwärmungsaufgabe werden induktive Erwärmungsanlagen in verschiedenen Bauarten ausgeführt:

Vollerwärmen von Abschnitten (Durchstoß-, Hubbalken-, Transfer-Erhitzer),

Vollerwärmen von Stangen und Knüppeln,

Teilerwärmen von Abschnitten und Stangen (Durchlauf-, Rotations- oder Stations-Erhitzer).

Eine Induktions-Erwärmungsanlage besteht aus Netzschaltanlage, Niederspannungstransformator, Umrichter, Kondensatoren-Batterie zur Kompensation induktiver Blindströme, Block-Schubeinheit, Induktor, Maschinensteuerung sowie Meß- und Bedienungsfeld. Anstelle von Generator-Umrichtern werden heute Thyristor-Umrichter verwendet, die keine Leerlaufverluste aufweisen, einen geringen Raumbedarf haben und keine Geräusche verursachen.

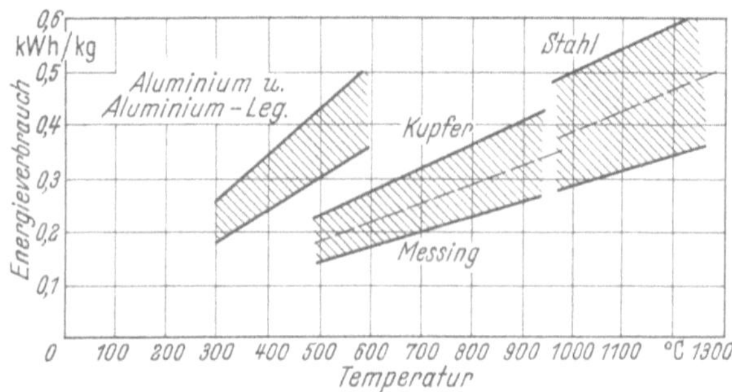

Bild 6.36. Verbrauch an elektrischer Arbeit in Abhängigkeit von der Temperatur für verschiedene Werkstoffe (nach VDI-Arbeitsblatt 5-3131)

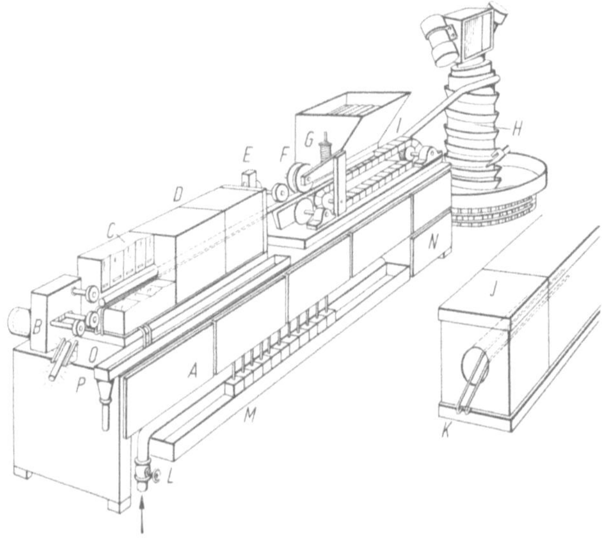

Bild 6.37. Induktive Wärmanlage
A Kondensatoren, *B* Entnahmevorrichtung, *C* Warmhalteinduktor, *D* Induktor, *E* Durchlaufüberwachung, *F* Transportrollen, *G* Zuführtrichter für lange Teile, *H* Wendelförderer für kurze Teile, *I* Kettenförderer, *J* Induktor, *K* Gleitschienen, *L* Kühlwasserleitung, *M* Wasser-Entleerbehälter, *N* Mittelfrequenzanschluß, *O* Untergestell, *P* Entleerrampe

Moderne Einheiten werden als Kompaktanlagen mit eingebautem statischen Umrichter ausgeführt, die wenig Raum erfordern, die Montagekosten verringern und geringe Wartung verlangen (Bild 6.37). Die Zuführung der Abschnitte erfolgt entweder von Hand oder über Schrägmagazin, Vibrator bzw. Elevator.

Bei der *elektrischen Widerstandserwärmung* (konduktive Erwärmung) wird die Wärme ebenfalls unmittelbar im Werkstück, das in den Sekundärstromkreis (Spannung 2 bis 6 V, Stromstärke um 10 000 A) eines feinstufig regelbaren Transformators geschaltet ist, erzeugt. Die Temperaturen sind im Gegensatz zur induktiven Erwärmung im Kern höher als am Rand (Bild 6.30). Die Erwärmung geht bei entsprechender Energiezuführung schneller vor sich. Je kurzzeitiger sie erfolgt, desto geringer sind die Abstrahlverluste und desto höher ist damit der Wirkungsgrad.

Zum Wärmen von Stahl auf 1200 °C werden etwa 0,28 bis 0,35 kWh/kg benötigt. Außer Stahl lassen sich auch Aluminium und seine Legierungen sowie Messing im direkten Stromdurchgang erwärmen. Zwecks Vermeidung örtlicher Temperaturspitzen kommt es auf guten Flächenkontakt zwischen Wärmgut und Elektroden an. Die Übertragung der sehr großen Stromstärken bereitet hier insbesondere bei unbehandeltem, auf Knüppelscheren abgelängtem Walzmaterial zum Teil erhebliche Schwierigkeiten.

Konduktive Wärmanlagen sind daher weniger universell in der Anwendung; sie sind auf das Wärmen von Stäben bzw. Abschnitten mit gleichbleibendem Querschnitt und $l/d > 2{,}5$ beschränkt, da bei kurzen Abschnitten infolge der Wärmeabgabe an die kalten Elektroden keine gleichmäßigen Temperaturen in Längsrichtung der Abschnitte erreicht werden.

Tabelle 6.7. Anwendungsbereiche von Wärmanlagen

	Form	Abmessungen des Wärmgutes	Werkstoff	Losgröße
Kammerofen ohne Herd zum partiellen Wärmen von Stäben	Stab		Stahl	
Kleinkammerofen	beliebig			
Doppelkammerofen	beliebig			gering
Konvektive Wärmanlage			Al, Cu	
Durchstoßofen	zylindrisch o. quaderförmig $l/d > 1$		Cu, Stahl	mittel bis groß
Drehherdofen mit Strahlungsbeheizung	beliebig	mittel bis groß		
Ofen mit indirekter Strahlungsbeheizung			Mg, Al, Cu	
Induktive Wärmanlage	Querschnitt gleichbleibend	$m < 100$ kg	Al, Cu, Stahl	mittel bis groß
Konduktive Wärmanlage	Querschnitt gleichbleibend $l/d > 2{,}5$			

Zum Wärmen von Stäben, die in Mehrstufen-Warmpressen verschmiedet werden, wurden automatisch arbeitende konduktive Wärmanlagen entwickelt [6.21]. Hierbei ist wegen der höheren Kerntemperatur (Bild 6.30) ein zusätzlicher Ausgleichsofen erforderlich. Konduktive Wärmanlagen werden auch in Elektrostauchmaschinen verwendet (s. Abschn. 3.1.4.2 u. 5.1.4).

6.2.4 Gesichtspunkte für die Auswahl von Schmiedeöfen

Die Auswahl der Art einer Wärmeanlage ist vor allem abhängig von

der Form, den Abmessungen und dem Werkstoff des Wärmgutes sowie der Losgröße (Tab. 6.7).

In Tabelle 6.8 sind die für die Beurteilung von Öfen maßgebenden Kenngrößen zusammengestellt und definiert. Ein Vergleich von Erwärmungsanlagen darf sich jedoch nicht auf die Kenngrößen beschränken, sondern muß die Gesamtheit der technischen und wirtschaftlichen Größen erfassen, die Güte und Kosten des Wärmvorganges beeinflussen. Neben den technischen Daten, welche die Qualität und die

Tabelle 6.8. Kenngrößen für Schmiedeöfen und elektrische Wärmanlagen

---

1. Energie- und Leistungskenngrößen
Durchsatz D: in der Zeiteinheit von Raumtemperatur auf Ziehtemperatur erwärmte Masse des Wärmgutes. $D = kg/h$.

Bezogene Herdflächenleistung H_{An}: Verhältnis von Durchsatz zu nutzbarer Herdfläche A_{Hn}

$$H_{An} = \frac{D}{A_{Hn}} \quad \frac{kg}{m^2 \cdot h} .$$

Brennstoffverbrauch V_g: Öl- oder Gasmenge, die dem Ofen in der Zeiteinheit zugeführt wird. Der Brennstoffverbrauch wird für das Anheizen, für Leerlauf und Solldurchsatz angegeben.

Wärmeverbrauch Q_v: auf die Masseneinheit des Wärmgutes bezogene Brennstoffwärmemenge Q_z beim Wärmen von Raumtemperatur auf Ziehtemperatur.

$$Q_v = \frac{Q_z}{m} = \frac{V_g \cdot H_u}{D} = V_{g\,bez} \cdot H_u \quad \frac{kJ}{kg}$$

Feuerungstechnischer Wirkungsgrad: Siehe Gl. (6.6).

2. Temperaturkenngrößen
Ofenraumtemperatur: Temperatur des Ofenraumes an einer festgelegten Meßstelle.
Ziehtemperatur: Temperatur des Wärmgutes im Kern beim Verlassen des Ofens.
Temperatur der Verbrennungsluft: Lufttemperatur am Brenner bei Solldurchsatz.
Abgastemperatur: Temperatur der Verbrennungsgase am Abgasschieber.
Außenwandtemperatur: Temperatur einer festgelegten Stelle an glatten Außenwänden.

3. Zeitkenngrößen
Aufheizzeit: Zeit vom Beginn des Anheizens des leeren Ofens a) aus Raumtemperatur, b) bei Ein- oder Mehrschichtbetrieb bis zum Erreichen des Zeitpunktes, von dem ab der kontinuierliche Betrieb mit Solldurchsatz gewährleistet ist.
Wärmzeit: Zeit für das Erwärmen des kalten Wärmgutes auf Ziehtemperatur.

Tabelle 6.9. Gegenüberstellung von brennstoffbeheizten Stoßöfen und induktiven Wärmanlagen

	Brennstoffbeheizter Stoßofen	Induktive Wärmanlage
Durchsatz kg/h		bis 15 000
Wärmzeit		bei kleinen Rohteilabmessungen günstiger
Gleichmäßigkeit d. Temp. im Rohteil		gut
Temperaturschwankung von Stück zu Stück	± 15 °C	± 10 °C
Betriebsbereitschaft	Anheizen erforderlich Anheizzeit 1 bis 1,5 h	sofort
Zunderbildung	0,5 bis 1%	0,5 bis 1% bei gr. Rohteilabmess.
Ausschuß durch Übertemp. (b. Betriebsunterbrechungen	möglich	nein
Abmessungsbereich	groß	begrenzt (bei einem Induktor)
Umweltbeeinflussung	Brennergeräusch	keine Geräusche b. statischen Umrichtern
	Wärmeabstrahlung	ger. Wärmeabstrahlung
Energieverbrauch kWh/t	450 bis 500	400
Energiekosten (gesamt)	größer als b. ind. Wärmen	
Anheizkosten	ja	–
Leerlaufkosten	ja	–
Wärmkosten (relativ)	0,85	1
Beschaffungskosten einschließlich Versorgungsanlage (z. B. Öllager)		mehrfach größer als bei Stoßofen

Wirtschaftlichkeit des Wärmvorganges widerspiegeln, sind betriebliche Merkmale zu berücksichtigen, die sich nur schwer in Zahlen ausdrücken lassen, z. B. die Tatsache des gleichmäßigen Taktes, der schnellen Betriebsbereitschaft und Umstellbarkeit sowie der geringen Umweltbeeinflussung. Diese Größen sind zusätzlich zu den Ergebnissen einer Kostenrechnung zu berücksichtigen, die sowohl die Investitionskosten wie auch die Betriebskosten erfaßt (Tab. 6.9).

Als universell verwendbare Erwärmungseinrichtungen in Gesenkschmiedebetrieben stehen brennstoffbeheizte Durchstoßöfen und induktive Wärmanlagen miteinander in Konkurrenz. Brennstoffbeheizte Durchstoßöfen sind billiger als induktive Wärmanlagen und stehen, sofern sie mit modernen Regeleinrichtungen ausgerüstet sind, hinsichtlich des Energieverbrauches bei ungestörtem Betrieb und der Zunderbildung einer Induktionsanlage nicht nennenswert nach. Ungünstiger ist jedoch der gesamte Energieverbrauch wegen der Anheiz- und Pausenverluste, die es zu verringern gilt. Für induktive Wärmanlagen sprechen weiter die schnelle Betriebsbereitschaft, die Möglichkeit zu sofortiger Abschaltung bei Fertigungsunterbrechungen sowie die geringere Belästigung durch Geräusche und Wärmeabstrahlung.

Die Größe der für einen bestimmten Anwendungsfall geeigneten Wärmanlage wird von den Abmessungen des Wärmgutes und dem geforderten Durchsatz bestimmt.

6.2.5 Verzunderung und Randentkohlung

Beim Wärmen von Stahl bildet sich der sog. Ofen- oder *Primärzunder,* der unter ungünstigen Wärmbedingungen Abbrandverluste bis zu 3 Gewichtsprozenten bewirken kann; in modernen Wärmanlagen sollten diese jedoch 0,5 bis 1% nicht überschreiten. Die Zunderschicht muß vor dem Gesenkschmieden durch Bürsten, Absprühen mit Druckwasser (Druck mindestens 100 bar) oder Umformen (s. Abschn. 3.1.3) entfernt werden, damit sich keine Zunderstücke in die Schmiedestückoberfläche einschlagen. Während des Schmiedens und beim Abkühlen bildet sich in geringerem Maße eine neue Zunderschicht, der *Sekundärzunder.* Dieser wird in der Regel durch Beizen, Strahlen mit Stahlkorn oder Trommeln beseitigt (s. Abschn. 6.5).

Das Gefüge des Zunders von reinem Eisen besteht bei ungehemmter Oxidation im wesentlichen aus drei Schichten. Diese haben, von außen nach innen aufgeführt, beim Wärmen mit Ferngas folgenden chemischen Aufbau:

1. Fe_2O_3 — Eisenoxid (Hämatit);
2. Fe_3O_4 (Magnetit). Diese Schicht ist unlöslich mit der äußeren dünnen Schicht aus Fe_2O_3 verbunden; sie ist glatt und bildet sich nur bei Luftüberschuß in der Ofenatmosphäre.
3. FeO — Eisenoxidul (Wüstit). Diese Schicht hat den geringsten Sauerstoffanteil und ist bei sonst wechselnder Beschaffenheit sehr porös. Sie haftet fest an Schicht 2 oder am Eisenkern. Im letzteren Fall wird sie als Klebzunder bezeichnet, dessen Entstehung nicht eindeutig an eine bestimmte Ofenatmosphäre gebunden ist. Es hat sich jedoch im praktischen Betrieb mit Gasfeuerung gezeigt, daß Klebzunder überwiegend bei Luftmangel ($n < 1$) auftritt. Bei Ölheizung oder gemischter Gas-Öl-Feuerung ist wegen des meist größeren Luftüberschusses erfahrungsgemäß der anfallende Zunder leichter lösbar als bei reiner Gasbeheizung. Weiterhin ist auch der Werkstoff für die Zunderbildung von Einfluß.

Bei der Bildung der Zunderschichten diffundiert das Eisen, dessen Ionen bei Schmiedetemperatur eine hohe Diffusionsgeschwindigkeit besitzen, durch die Zunderschicht hindurch nach außen. Sie bildet sich also von innen nach außen. Liegt kein reines Eisen sondern Stahl vor, so wird die FeO-Schicht an der Grenze Eisen – Zunder von den Ionen der Legierungselemente im allgemeinen schwer oder gar nicht durchdrungen, da Wüstit im Gegensatz zum Eisen nur wenig Legierungselemente aufnehmen kann. Diese reichern sich dann an den Grenzen des Eisenkerns an. Hat ein Legierungselement eine geringe Diffusionsfähigkeit und bildet es gleichzeitig in der FeO-Schicht eine Mischkristallhülle, die ihrerseits die Eisenionen am Diffundieren hindert, so bewirkt es eine Zunderbeständigkeit des betreffenden Stahles. Bei bestimmten Stahlzusammensetzungen ist es allerdings auch möglich, daß sich bei Temperaturen um 1100 °C flüssige Phasen an der Grenze Zunder – Stahl bilden, die die Umformbarkeit beeinträchtigen können, wie z. B. Eisensulfid-Mangansulfid- oder Eisenoxidul-Eisensulfid-Eutektika.

Das Ausmaß der Zunderbildung, der *Abbrand* — bezogen auf die Oberfläche mg/cm² oder die Masse des Einsatzes g/kg — hängt vor allem von Temperatur, Luftzahl, Wärmzeit und Werkstoff ab. Der Abbrand nimmt mit steigender Temperatur und der Dauer des Wärmens sowie beim Übergang von Luftmangel ($n < 1$) auf Luftüberschuß ($n > 1$) zu. Der Ofenbetrieb mit Luftzahlen unter 0,9 bringt jedoch keine weitere Abbrandverringerung. Erst bei Luftzahlen $n \approx 0,5$ ist ein zunderarmes Wärmen möglich. Kohlenstoffreicher Stahl hat bei allen Temperaturen geringeren Abbrand als kohlenstoffarmer. Den Einfluß der Wärmzeit zeigt Bild 6.38.

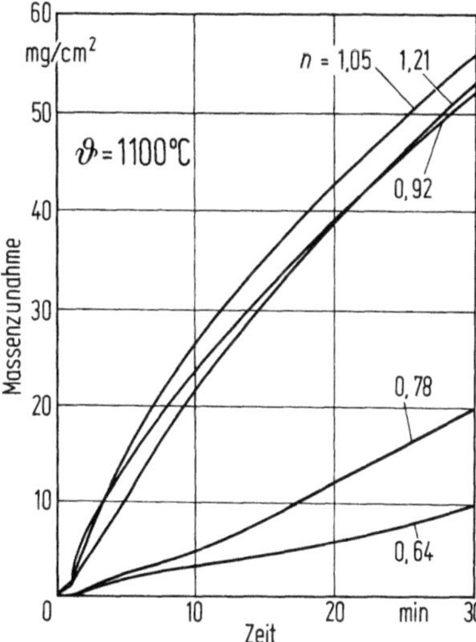

Bild 6.38. Verzunderung von geschliffenen Proben aus Stahl Ck 45 nach [6.22]

Die Zunderbildung verläuft in Abhängigkeit von der Zeit nach einem parabolischen Gesetz

$$\left(\frac{\Delta m}{0}\right)^2 = k\,t. \tag{6.10}$$

Aus den Gesetzmäßigkeiten bei der Zunderbildung ergeben sich die Maßnahmen zur Minderung bzw. Vermeidung des Abbrandes: Verkürzen der Wärmzeiten, Umgeben des Wärmgutes mit einer neutralen Atmosphäre (Wärmen unter Schutzgas) oder zunderhemmenden Überzügen auf dem Rohteil.

Als *Schutzgase* können neben H_2 und N_2 bzw. Gemische davon (gespaltenes und unvollkommen verbranntes Ammoniak) auch durch unvollkommene Verbrennung von Ferngas, Naturgas, Propan usw. erzeugte Gasgemische mit wechselnden Anteilen von N_2, CO, CO_2, C_mH_n, H_2 und H_2O verwendet werden. Die Gasbestandteile müssen in einem bestimmten Verhältnis zueinander stehen, damit keine Reaktionen mit dem Wärmgut auftreten. Dieser Zustand ist durch die Gleichgewichtslage der möglichen chemischen Reaktionen gekennzeichnet, die durch Gaszusammensetzung, Temperatur, Werkstoff und Ofenraumdruck bestimmt wird. Es gibt infolgedessen kein Schutzgasgemisch, das für alle Werkstoffe und Temperaturen verwendet werden kann. Die richtige Zusammensetzung muß vielmehr von Fall zu Fall ermittelt werden. Wenn die Schutzgasatmosphäre durch unvollständige Verbrennung im Ofen erzeugt wird, muß die Verbrennungsluft vorgewärmt und/

oder mit Sauerstoff angereichert werden, damit die erforderliche Ofentemperatur erreicht wird.

Schutzüberzüge gegen Oxidation und Aufnahme anderer Elemente aus der Atmosphäre während des Wärmens, Schmiedens und Wärmebehandelns werden in bestimmten Fällen beim Schmieden von Titan-, Nickel- und Kobaltlegierungen sowie hochlegierten Stählen angewendet. Für Präzisionsschmiedestücke aus Titanlegierungen kommen unter anderem Glassuspensionen in Frage. Nach dem Verdunsten des Trägerstoffes bildet sich eine festhaftende Schicht aus Glaskörnern, die beim Wärmen aufschmilzt. Auch andere Stoffe können einen je nach Höhe und Dauer der Temperatureinwirkung unterschiedlichen Schutz bieten [6.22]. Neben der Verzunderung tritt beim Wärmen von Stahl meist eine *Randentkohlung* auf, deren Größe auch von der Entkohlungstiefe am Halbzeug sowie von der Oberflächenveränderung beim Umformen abhängig ist [6.23]. Eine Verminderung der Randentkohlung läßt sich im allgemeinen mit den gleichen Mitteln erzielen, wie sie für die Zundervermeidung bzw. -verminderung empfohlen wurden, da beide Vorgänge von Zeit, Temperatur, Ofenatmosphäre und Werkstoff abhängen.

6.3 Fügen durch Schweißen

Schweißverfahren werden im Gesamtablauf des Gesenkschmiedeprozesses zu folgenden Zwecken angewendet:

a) Erzeugen von Zwischenformen (z. B. Zahnkränzen, die aus Walzprofilen auf Biegewalzmaschinen gebogen und anschließend geschweißt werden; Anfertigen von Zwischenformen aus Titanlegierungen durch Elektronenstrahlschweißen).

b) Fügen von geschmiedeten Einzelteilen durch Schweißen zur Erweiterung der Formenwelt, z. B. zu Werkstücken mit Unterschneidungen (Laufräder) oder Hohlkörpern (Armaturen) (Bild 6.39).

c) Verbinden von Gesenkschmiedestücken mit Walz- oder Ziehprofilen (z. B. Flansch mit Rohr; geschmiedete Backe mit gewalztem U-Profil für einen Schraubstock).

Wenn auch alle Schweißverfahren im Prinzip anwendbar sind, kommen praktisch nur mechanisierbare oder automatische Verfahren in Frage [6.24, 6.25].

Preßschweißverfahren: Widerstandsschweißen und Abbrennstumpfschweißen sind vollautomatische Verfahren, die einwandfreie Schweißverbindungen auch bei Stählen mit hohem Kohlenstoffgehalt ergeben. Auch große Querschnitte lassen sich verbinden. An der Schweißstelle ist eine ausreichende Werkstoffzugabe vorzusehen. Beispiele für die Anwendung dieses Verfahrens sind Laufräder mit starken Unterschneidungen für Kettenfahrzeuge sowie Armaturen.

Das Reibschweißen dient zum Verbinden von Gesenkschmiedestücken mit stabförmigen Schäften. Problematisch ist unter Umständen die Erzeugung konstanter Temperaturen im Schweißquerschnitt. Hier bietet das Schwungrad-Reibschweißen mit dosierter Energiezufuhr Verbesserungsmöglichkeiten.

Schmelzschweißverfahren: Für das Schweißen von Gesenkschmiedestücken werden mechanisierbare Lichtbogen-Schweißverfahren angewendet:

Unterpulverschweißen (UP-, Ellira-Verfahren), Metall-Schutzgas-Schweißen (MIG-Verfahren), Wolfram-Schutzgas-Schweißen (WIG-Verfahren).

Es werden meist Zusatzwerkstoffe zum Beeinflussen der Schmelze und zur Stabilisierung des Lichtbogens benutzt sowie Schutzgase zum Fernhalten von Sauerstoff.

Das Elektronenstrahlschweißen wird für besonders hochwertige Verbindungen angewendet. Die spanend bearbeiteten Stoßflächen werden hierbei im Vakuum verschweißt. Die temperaturbeeinflußte Zone hat nur eine sehr geringe Ausdehnung, so daß nahezu kein Verzug auftritt.

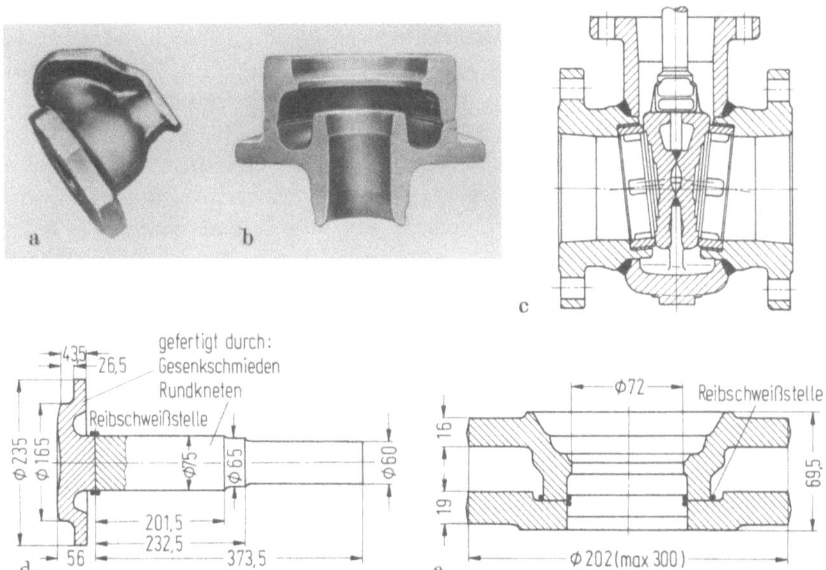

Bild 6.39. Beispiele für das Verbindungsschweißen von Gesenkschmiedestücken
a) Eckventil, Abbrennstumpfschweißung, b) Ausgleichsgehäuse, Schutzgas-Lichtbogenschweißung, c) Schiebergehäuse, Elektronenstrahlschweißung, d) Steckachse, Reibschweißung, e) Doppelflansch, Reibschweißung (a), b) nach [8.7], c) Siepmann-Werke, d), e) Gesenkschmiede Schneider GmbH)

Jede Schweißung bewirkt Veränderungen des Werkstoffgefüges und hinterläßt Eigenspannungen [6.26]. Daher sind geschweißte Schmiedestücke zu entspannen und homogenisieren. Die Schweißnaht ist sorgfältig zu prüfen.

Durch geeignete Gestaltung der Verbindungsstelle lassen sich Fertigungskosten sparen. So kann man die — unter Umständen vergrößerte — Gesenkschräge als Schweißfase ausnutzen. Die Schweißstelle sollte nicht Teil einer zu bearbeitenden Funktionsfläche sein, da Zerspanungswerkzeuge wegen der Verunreinigungen besonders bei preßgeschweißten Verbindungen schneller verschleißen.

6.4 Wärmebehandeln von Gesenkschmiedestücken

Nach [6.27] wurden im Jahre 1962 58 Prozent aller Gesenkschmiedestücke aus Stahl wärmebehandelt, teils in den Schmiedebetrieben selbst, teils beim Abnehmer nach der spanenden Bearbeitung. Als Verfahren werden vor allem das Normalglühen

(N) zum Beseitigen von Ungleichmäßigkeiten im Gefüge, Vergüten (V) zur Erzeugung einer bestimmten Kombination von Festigkeit und Zähigkeit, Weichglühen (G), Wärmebehandeln auf bestimmte Zugfestigkeit (BF) sowie das Wärmebehandeln zur Verbesserung der Zerspanbarkeit (B) angewendet.

Wegen der Grundlagen der Wärmebehandlung, der Verfahren, Einrichtungen sowie Prüfmethoden wird auf das Schrifttum verwiesen [6.28, 6.29, 6.47]. Hier können nur die Verfahren besprochen werden, die sich unmittelbar an das Umformen anschließen und die Umformwärme für die Wärmebehandlung ausnutzen, um deren Kosten zu verringern. In diesem Fall beeinflussen die Bedingungen des Umformverfahrens den Ablauf und das Ergebnis der Wärmebehandlung unmittelbar.

Bild 6.40 macht die Entwicklungsrichtung von der mehrstufigen Behandlung mit optimalen Ergebnissen zu vereinfachten kostensparenden Verfahren für das Vergüten deutlich. Die klassische Wärmebehandlung von Gesenkschmiedestücken aus Vergütungsstählen besteht aus Normalglühen, Härten und Anlassen (a). Das Normalglühen soll einen optimalen — gleichmäßigen und feinkörnigen — Gefügezustand (Ausgleich von unterschiedlichen Temperaturen und Umformgraden im Schmiedestück z. B. bei großen Querschnittsunterschieden) bewirken. Bei Anwendung von Feinkornstählen und gleichmäßigen niedrigen Umformtemperaturen sowie gesteuerter Abkühlung kann man in vielen Fällen auf das Normalglühen verzichten (b). Die Kongröße liegt allerdings — besonders bei legierten Stählen — in der Regel höher. Mit geeigneten Stählen, konstanten Umformtemperaturen und kurzen Taktzeiten ist in bestimmten Fällen auch das Härten unmittelbar aus der Umformwärme möglich (c), allerdings unter Inkaufnahme eines grobkörnigen Gefüges und verminderter Zähigkeit, die jedoch vielfach die Gebrauchseignung der Schmiedestücke nicht beeinträchtigen. Schließlich versucht man durch gesteuertes Abkühlen aus der Schmiedewärme (d) das Vergüten ganz zu vermeiden.

Das gesteuerte Abkühlen aus der Schmiedewärme wird auch mit anderer Zielsetzung zum Verbessern der Zerspanbarkeit vorgenommen.

Das Wärmebehandeln aus der Schmiedewärme ist ein Spezialverfahren der Wärmebehandlung, das unter bestimmten Voraussetzungen erfolgreich angewendet werden kann.

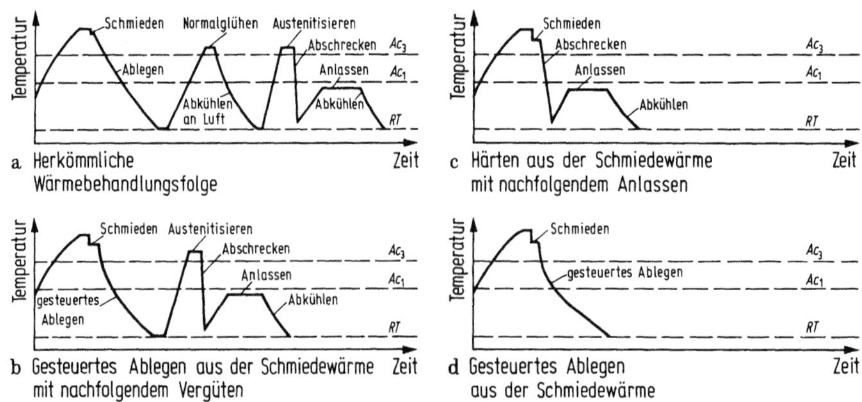

Bild 6.40. Verfahren zum Wärmebehandeln von Gesenkschmiedestücken nach [6.46]

Härten aus der Schmiedewärme

Ausgangsgefüge und Austenitisierungsbedingungen haben nur einen geringen Einfluß auf die Eigenschaften nach dem Vergüten. Mit zunehmender Endtemperatur nimmt die Korngröße des vergüteten Stücks zu, jedoch wirken sich unterschiedliche Schmiedetemperaturen zwischen 950 und 1100 °C kaum auf die mechanischen Eigenschaften nach dem Anlassen aus. Mit dem Umformgrad werden die Festigkeitswerte nach dem Anlassen im allgemeinen größer, dagegen nehmen sie mit zunehmender Haltezeit ab (Tab. 6.10).

Tabelle 6.10. Abhängigkeit von Korngröße und mechanischen Eigenschaften beim Vergüten aus der Schmiedewärme

zunehmende Werte von	Korngröße	Festigkeitswerte nach d. Anlassen (σ_B, σ_F)	Zähigkeitswerte nach d. Anlassen (δ, ψ)
Umformtemperatur	nimmt zu		
Umformgrad		nehmen zu	nehmen ab
Haltezeit vor dem Härten	nimmt zu	nimmt zu	nehmen geringfügig zu

Die Härtebedingungen müssen mit Rücksicht auf die mögliche Rißbildung und die gewünschten Eigenschaften festgelegt werden. Beim Härten in Wasser bilden sich oft Haarrisse wegen der Temperaturunterschiede in den Querschnitten des Stückes (unterschiedliche Schwindung und Umwandlung mit daraus folgender Volumenvergrößerung). Wegen des größeren Korns ist jedoch die Einhärtung verbessert, so daß sich Wasserhärter oft auch in Öl härten lassen. Abhilfe gegen Rißbildung ist unter Umständen auch durch Warmbadhärten und unvollständiges Abkühlen möglich (eine schroffe Abkühlung ist nur nötig, um die Perlitbildung zu unterdrücken).

Grundsätzlich können beim Härten aus der Schmiedewärme gleiche, teilweise sogar bessere, mechanische Werte erreicht werden als beim üblichen Vergüten, abgesehen von der Kerbschlagzähigkeit. Diese ist wegen des groben Kornes geringer, jedoch lassen sich mit Feinkornschmelzen diese Nachteile ausgleichen, sofern die Umformtemperaturen niedrig liegen.

Die erfolgreiche Anwendung der Wärmebehandlung aus der Schmiedewärme ist jedoch an bestimmte Voraussetzungen gebunden, die im Einzelfall für jeden Werkstoff und jedes Werkstück zu prüfen sind.

Das Härten aus der Schmiedewärme ist nur bei bestimmten Werkstückgrößen und -formen möglich. Für kleine Schmiedestücke ist das Verfahren unzweckmäßig, da an jeder Umformmaschine eine eigene Abkühlstrecke bzw. ein eigenes Härtebad aufgestellt werden muß. Die maximale Querschnittsgröße ist gleichfalls zu beachten, da im allgemeinen nur Härten in Öl, Warmbadhärten oder unterbrochenes Härten möglich ist. Einfache Schmiedestücke aus Ck 35 und Ck 45 werden jedoch auch in Wasser erfolgreich gehärtet. Die Schmiedestücke sollten keine großen Querschnittsunterschiede aufweisen wegen der dadurch möglichen Unterschiede in

Temperatur und Formänderungen sowie der Gefahr der Rißbildung. Werkstücke mit dünnen Querschnitten eignen sich nicht, da sie zu schnell erkalten.

Das Härten aus der Schmiedewärme ist auch nur mit bestimmten Werkstoffen möglich. Mit dem Kohlenstoffgehalt nimmt die Rißanfälligkeit zu. Die Schmelzen müssen gleichmäßige Zusammensetzungen und Gefüge aufweisen und eine genügende Härtbarkeit besitzen. Mit Rücksicht auf mögliche Härterisse ist eine eingeengte Analyse im Hinblick auf die Härtebildner nötig.

Die Schmiedetemperatur sollte zwischen 1000 und 1100 °C liegen, der Umformgrad möglichst groß und gleichmäßig, die Umformzeit möglichst kurz sein. Um eine hinreichend konstante Umformtemperatur nicht nur von Stück zu Stück, sondern auch innerhalb eines Stückes zu erreichen, ist ein gebundener Arbeitstakt erforderlich. Starke Unterschiede im Umformgrad machen unter Umständen eine geänderte Zwischenformung erforderlich; Werkstückzonen, die wenig umgeformt werden, sind nach dem Wärmebehandeln sehr grobkörnig.

Voraussetzung für die erfolgreiche Anwendung des Härtens aus der Schmiedewärme ist also ein gleichmäßiger und streng überwachter Fertigungsablauf. Mit Rücksicht auf kurze Haltezeit kann man möglicherweise erst nach dem Wärmebehandeln abgraten und kalibrieren.

Gesteuertes Abkühlen aus der Schmiedewärme auf vorgegebene Streckgrenzenwerte

In manchen Fällen gelingt es, durch Verwenden mikrolegierter Stähle (0,07% Nb oder 0,10% V zwecks Ausscheidungshärtung durch Nitrid- und Karbid-Phasen) Festigkeitswerte beim gesteuerten Abkühlen zu erhalten, die den Werten nach einem Vergüten gleichkommen (Verfahren d nach Bild 6.40). Da das Streckgrenzenverhältnis von Kohlenstoffstählen bei Luftabkühlung geringer als beim Vergüten, die Zugfestigkeit aber mit Rücksicht auf die Zerspanbarkeit nach oben begrenzt ist auf etwa 800 bis 900 N/mm², gibt ein gesteuertes Abkühlen von üblichen Vergütungsstählen oft zu geringe Streckgrenzenwerte. Ein Vanadium-Zusatz von 0,1% erhöht die Streckgrenze gleichmäßig um etwa 100 N/mm², wenn die Austenitisierungstemperaturen vor dem Abkühlen zwischen 950 bis 1300 °C gelegen hatten und führt zu ausreichenden Streckgrenzenwerten. Die Ergebnisse sind abhängig von der Austenitisierungsdauer und -temperatur, dem Kohlenstoffgehalt und der Querschnittsgröße. Die Zerspanbarkeit kann durch Anheben des Schwefelgehaltes verbessert werden. Beim gesteuerten Abkühlen entfällt das Richten, da keine Umwandlungsspannungen durch den Härtevorgang entstehen [6.30, 6.31].

Gesteuertes Abkühlen aus der Schmiedewärme zur Verbesserung der Zerspanbarkeit

Stähle mit mehr als 0,5% Kohlenstoff und legierte Baustähle mit Kohlenstoffgehalten über 0,35% lassen sich besser zerspanen, wenn sie kugeligen Zementit anstelle von lamellarem enthalten (Gefüge mit geringster Festigkeit). Hierfür sind zahlreiche Glühverfahren geeignet, z. B. langzeitiges Glühen wenig unterhalb A_1 oder Pendelglühen um A_1.

Stähle mit geringem C-Gehalt (C < 0,2%), speziell niedrig legierte Einsatz-Stähle, neigen dagegen im weichgeglühten Zustand beim Zerspanen zum „Schmieren" (Bilden von Aufbauschneiden). In diesen Fällen läßt sich die Zerspanbarkeit durch ein BG-Wärmebehandeln zum Erzielen von Ferrit-Perlit-Gefüge verbessern (Gefüge aus lamellarem Perlit und Ferrit als Netz ausgebildet). Man erreicht dieses Gefüge durch ein gesteuertes Abkühlen von 900 bis 1000 °C aus (Wärmebehandlung zum Erzielen von Ferrit-Perlit-Gefüge nach DIN 17 210 Zustand BG, auch als „Schwarz-Weiß-Glühen" bezeichnet): Umwandlung im Gebiet der Perlitbildung durch dreistündiges Halten bei 900 bis 950 °C, anschließendes Abkühlen auf 600 °C innerhalb von 3 Stunden, danach Abkühlen an Luft.

Beim Abkühlen aus der Schmiedewärme ist der Temperaturverlauf genau zu beachten. Die unterschiedlichen Abkühlgeschwindigkeiten von Oberfläche und Kern können zu Gefügeunterschieden führen [6.32].

6.5 Reinigen von Schmiedestücken

Die Oberflächen von Gesenkschmiedestücken müssen nach dem Schmieden von Oxidschichten (Zunder) gereinigt werden. Dies geschieht meist durch Strahlen mit Guß- oder Stahldrahtkorn, daneben durch Trommeln und Beizen [6.33 bis 6.35].

Das Strahlmittel z. B. Stahldrahtkorn (Nennkorngröße 0,8 – 1,2 mm) wird mit Geschwindigkeiten zwischen 10 und 50 m/s mittels Schleuderrädern auf die Werkstücke geschleudert. Das Ergebnis des Vorgangs — der Grad der Entzunderung, die Oberflächenrauhheit sowie die Bearbeitungsdauer — ist vor allem abhängig von

der Energie des auftreffenden Korns, d. h. der Kornmasse (Korngröße) und der Auftreffgeschwindigkeit (Bild 6.41),

dem Werkstoff des Korns,

dem Werkstoff des Werkstücks bzw. dem Verhältnis der Festigkeiten von Strahlmittel und Strahlgut [6.36, 6.37].

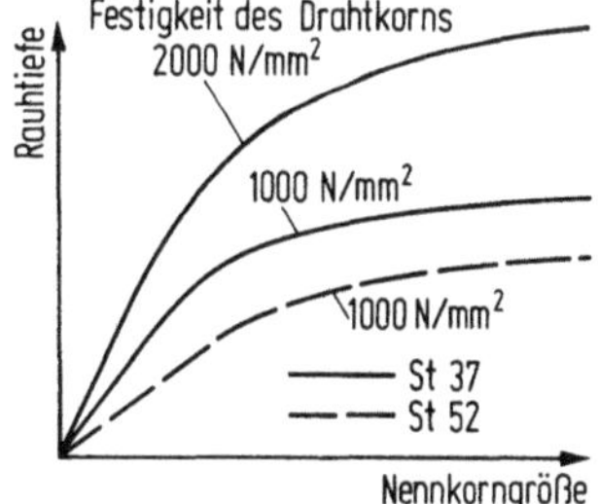

Bild 6.41. Rauhtiefe gestrahlter Oberflächen (schematisch)

Im allgemeinen liegt die Rauhtiefe nach dem Strahlen zwischen 40 und 60 µm. Bei hohen Anforderungen an die Oberflächengüte ist ein feines Korn und eine verhältnismäßig geringe Auftreffgeschwindigkeit anzuwenden.

Kleine Gesenkschmiedestücke ohne besondere Anforderungen an die Oberflächengüte (Baubeschläge, Handwerkzeuge) werden auch durch Trommeln (Rommeln) gereinigt. Die Werkstücke werden allein oder mit Zusätzen von Lederstücken oder Schleifkörnern in einer rotierenden Trommel umgewälzt. Dieser Vorgang dient vor allem zum Brechen scharfer Kanten und weitgehenden Entfernen von

Schnittgraten. Eine genügende Entzunderung gelingt nur bei einfach geformten Teilen.

Lange, hohle Schmiedestücke sowie schwere Gesenkschmiedestücke und Präzisionsschmiedestücke werden durch Beizen mit Salz- oder Schwefelsäure gereinigt, obgleich die Aufbereitung und Neutralisierung der Bäder teuer ist. Ebenfalls durch Beizen müssen Bauteile aus Nichteisenmetallen gesäubert werden. Das Beizen ergibt metallisch saubere Oberflächen.

Gratreste, Zundernarben und kleine Oberflächenfehler werden von Hand mit Hilfe von Schleifscheiben entfernt.

6.6 Oberflächenbearbeitung durch Umformen

Oberflächenbearbeitung durch Umformen soll entweder die Maßgenauigkeit oder Oberflächengüte von Gesenkschmiedestücken partiell verbessern, die Randschicht an bestimmten Querschnitten verfestigen oder die Verschleißbeständigkeit erhöhen (Tab. 6.11). Maß-, Glatt- und Festprägen sind nicht scharf voneinander zu trennen. Die Verfestigung der Randschichten ist vor allem vom Verlauf der Fließkurven (siehe Abschn. 1.2.5) und vom Umformgrad abhängig. Durch die Umformung werden Druckeigenspannungen erzeugt und die Oberflächen geglättet. Beide Effekte verbessern die Dauerschwingfestigkeit. Die höhere Verschleißfestigkeit beruht einerseits auf der Verfestigung, andererseits auf einer Vergrößerung des Tragflächenanteils.

Tabelle 6.11. Verfahren der Oberflächenbearbeitung durch Umformen

Zweck / Verfahren	Flachprägen	Strahlen	Feinwalzen (nach spanender Bearbeitung)
Partielle Verbesserung der Genauigkeit	Maßprägen		Maßwalzen
Partielle Verbesserung der Oberflächengüte	Glattprägen		Glattwalzen
Verfestigung der Randschicht	Festprägen	Kugelstrahlen	Festwalzen

Das *Maßprägen* soll möglichst nach dem letzten Wärmen erfolgen, damit die erzielte hohe Genauigkeit nicht wieder durch Verzunderung verloren geht; sie hängt von folgenden Einflüssen ab [6.38]:

1. Maßschwankung der Gesenkschmiedestücke. Bei größerer Ausgangshöhe wird auf der Fließkurve nach Bild 6.42 anstatt Punkt A der Punkt B erreicht. Der Betrag der Rückfederung ist mit GF gegen OD um δh größer.
2. Auffederung des Pressengestelles bzw. der Abstandsstücke unter der Prägekraft F und elastische Verformung des Pressentisches. Beim Prägen gegen Anschlag — hierbei wird der Einfluß der Gestellfederung ausgeschaltet — ergeben sich die in Bild 6.43 dargestellten Verhältnisse. Die Anschläge drücken sich um das Maß Δa,

Tisch und Stößel unter dem Anschlag jeweils um Δe zusammen. Weiterhin biegen sich Tisch und Stößel um das Maß e durch.

Wegen der elastischen Verformung der Stauchbahnen infolge der ungleichmäßigen Spannungsverteilung (Abschn. 1) werden die geprägten Flächen nicht völlig eben. Eine gewisse Verbesserung läßt sich durch Schmieren der Oberflächen erreichen, da hierdurch die Spannungsverteilung gleichmäßiger wird. Ringflächen

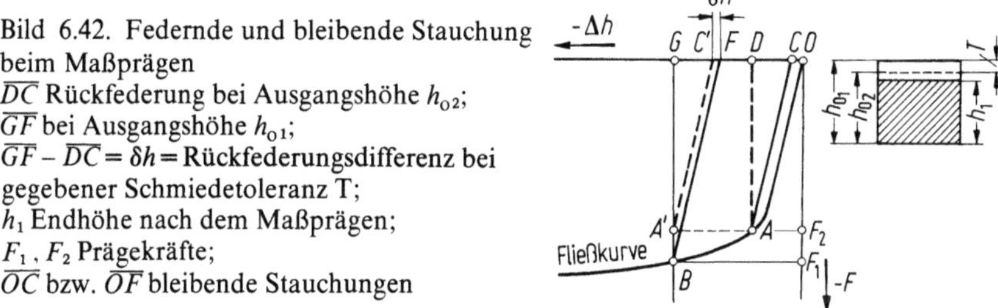

Bild 6.42. Federnde und bleibende Stauchung beim Maßprägen
$\overline{DC}$ Rückfederung bei Ausgangshöhe h_{o2};
$\overline{GF}$ bei Ausgangshöhe h_{o1};
$\overline{GF} - \overline{DC} = \delta h =$ Rückfederungsdifferenz bei gegebener Schmiedetoleranz T;
h_1 Endhöhe nach dem Maßprägen;
F_1, F_2 Prägekräfte;
$\overline{OC}$ bzw. $\overline{OF}$ bleibende Stauchungen

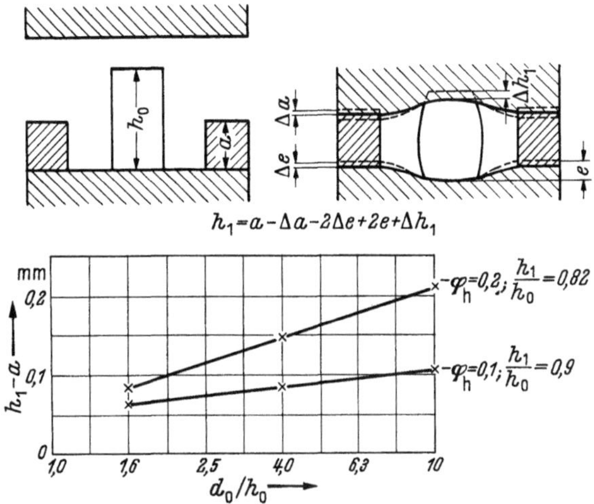

Bild 6.43. Maßabweichungen beim Kaltprägen zylindrischer Proben (Werkstoff: AlMgSi 3; Probendurchmesser $d_0 = 25$ mm Δh_1 Rückfederung des geprägten Teiles; vgl. Bild 6.42)

lassen sich besser eben prägen als volle Kreisflächen. Unter Umständen ist es zweckmäßig, die Werkzeuge entsprechend leicht konvex zu machen oder die zu prägenden Werkstücke konkav zu schmieden. Auch eine einfache Abschrägung kann bereits zweckdienlich sein (Bild 6.44). Sehr hohe Genauigkeiten bei ebenen Oberflächen lassen sich durch zweimaliges Maßprägen gegebenenfalls mit Anlassen nach dem ersten Prägen erreichen. Die zweckmäßige Gestaltung von Maßprägeflächen ist in Bild 8.20 dargestellt.

Das Maßprägen ist damit ein Verfahren, das wegen der engen Maßtoleranzen geprägter Teile (bis IT 7) spanende Arbeitsgänge überflüssig macht oder die Voraussetzung für die Anwendung des Räumens oder Schleifens schafft.

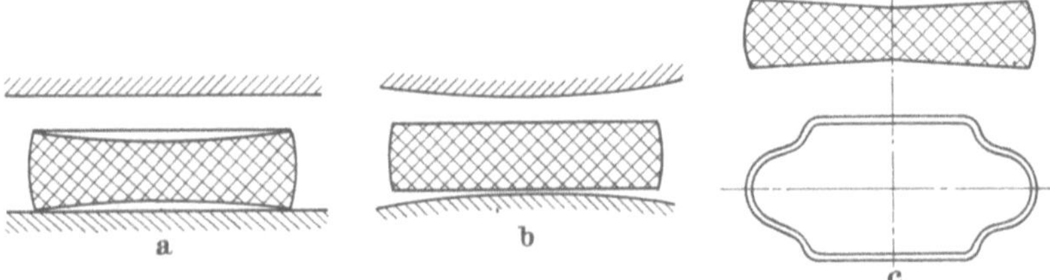

Bild 6.44. Maßnahmen zur Erzeugung ebener Flächen beim Maßprägen
a) Konkave Oberfläche bei zylindrischen Schmiedestücken; b) konvexe Prägestempel; c) nach
innen geneigte Oberfläche bei länglichen Werkstücken

Beim Glattprägen sind die erzielbaren Toleranzen bzw. Rauheitswerte u. a. von
der Ausgangsrauhigkeit, der Werkstoffestigkeit, dem Reibzustand (weniger druckfe-
ste Schmierstoffe günstiger) und dem Umformgrad abhängig.

Beim *Kugelstrahlen* werden Druckeigenspannungen in der gesamten Oberfläche aufgebaut. Damit durch den Strahlvorgang die Rauhtiefe nicht vergrößert wird,
darf nur Strahlmittel geringer Korngröße (etwa 0,5 mm) verwendet werden; u. U.
muß man Glaskugeln als Strahlmittel benutzen.

6.7 Spanende Bearbeitung

Nach [6.27] werden 95% aller Gesenkschmiedestücke an Funktionsflächen spanend
bearbeitet. Die optimale Ausführung der spanenden Fertigungsgänge kann vom
Gesenkschmiedebetrieb über die vom Schmiede- und Wärmebehandlungsvorgang
beeinflußbare Zerspanbarkeit des Werkstoffs, die Dicke der abzuspanenden Schicht
sowie durch Maßnahmen zum Erleichtern des Zentrierens und Spannens bei der
Erstaufnahme beeinflußt werden. Als Verfahren für die Erstbearbeitung kommen
das Bohren, Drehen, Fräsen, Räumen und in Sonderfällen auch das Schleifen in
Frage.

Die *Zerspanbarkeit* eines Schmiedestücks wird von seiner chemischen Zusammensetzung und seiner Wärmebehandlung bestimmt (bei gleicher Festigkeit oft
unterschiedliches Zerspanungsverhalten). Daher ist vielfach eine Werkstoffauswahl
im Hinblick auf günstige Zerspanung zweckmäßig.

Die Zerspanbarkeit von Stählen wird vor allem durch bestimmte Gehalte an
Schwefel verbessert. Diese Wirkung des Schwefels wird bereits seit langem bei Au-
tomatenstählen genutzt. Inzwischen sind auch in DIN 17 200 und 17 210 Stähle mit
gewährleisteter Spanne des Schwefelgehalts aufgenommen worden (0,020 bis 0,035%),
d. h. niedrige Gehalte an Schwefel werden ausgeschlossen. Höhere Schwefelgehalte
sind wegen der Beeinträchtigung der technologischen Eigenschaften in Querrichtung nur möglich, wenn an Querzähigkeitseigenschaften, Reinheitsgrad und Zeilen-
freiheit keine hohen Anforderungen gestellt werden. Durch Zusatz von Titan, Zir-
kon oder anderen Elementen wird allerdings die Warmumformbarkeit von MnS-
Einschlüssen (S ist vor allem an Mn gebunden) herabgesetzt, so daß die Einschlüsse
weniger stark in Umformrichtung gestreckt werden und die Eigenschaften in Quer-

richtung weniger stark abfallen. Allerdings können diese Zusätze die Feinkörnigkeit beeinträchtigen [6.46].

Auf Wärmebehandlungsverfahren zum Verbessern der Zerspanbarkeit wird in Abschnitt 6.4 hingewiesen.

Abzuspanende Flächen erhalten aus Gründen die in Abschnitt 8.2.4 geschildert werden, eine Bearbeitungszugabe.

Die tatsächlich *abzuspanende Schicht* ist nach DIN 7523, Bl. 3, und DIN 7526 um die Maß- und Formabweichungen, den Versatz und die Schrägen größer. Ihre Größe und Gleichmäßigkeit beeinflussen den Abspanvorgang. Die minimale Schichtdicke ergibt sich aus der Bearbeitungszugabe und dem unteren Abmaß (an Flächen ohne Versatz und Schräge), die größte Schichtdicke aus der Bearbeitungszugabe, dem oberen Abmaß, der Versatztoleranz und der Schräge (an Flächen, die durch Versatz und Schräge beeinflußt werden). Der Unterschied zwischen kleinster und größter Schichtdicke kann demnach maximal betragen:

$$\Delta s = \text{Abmessungstoleranz} + \text{Versatztoleranz}.$$

Die Toleranzen und Schrägen bestimmen damit die Gleichmäßigkeit der abzuspanenden Schichtdicke. Schnittiefenschwankungen beanspruchen die Meißelschneide zusätzlich und beeinträchtigen das einwandfreie Spannen der Stücke [6.39].

Besonders die Bearbeitung durch Räumen erfordert außer geringen Bearbeitungszugaben enge Toleranzen an den abzuspanenden Flächen. So ist z. B. bei Zahnradrohteilen, deren Bohrung geräumt werden soll, für eine kleine Bearbeitungszugabe in der Bohrung zu sorgen. Da nach dem Räumen durch einen Dorn in der Bohrung zentriert wird, müssen weiter der Mittenversatz begrenzt und die Bearbeitungszugabe an den Außenflächen klein gehalten werden. Beides wird erreicht durch gleichzeitiges Lochen und Abgraten in einem kombinierten Werkzeug [6.40].

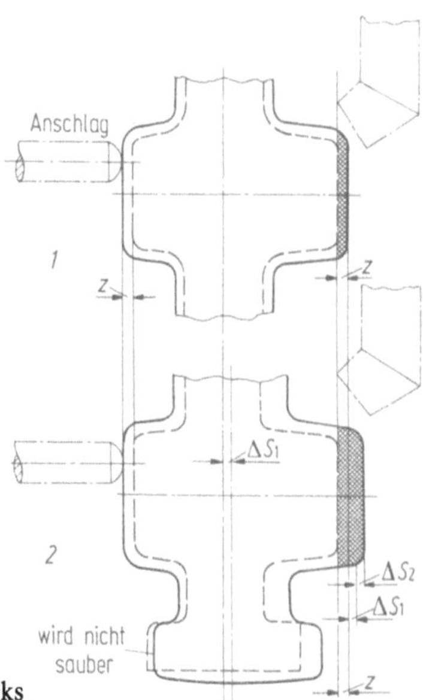

Bild 6.45. Stirndrehen eines Gesenkschmiedestücks

Beim Stirndrehen nach Bild 6.45 wird das Schmiedestück gegen einen Anschlag gelegt und gespannt. Bei den ersten in einem neuen Gesenk geschmiedeten Teilen ist die Schnittiefe gleich Bearbeitungszugabe $z - A_u$ (A_u = unteres Abmaß). Die Spanschicht wird zuerst auf der einen, danach auf der anderen Seite nach Wenden und Spannen gegen einen anderen Anschlag abgehoben. Gegen Ende der Gesenklebensdauer ist die Schmiedestückdicke um die Toleranz T gewachsen. Damit wird die Schnittiefe beim Abdrehen der rechten Seite $z + A_0$. Ist das Dickenmaß nicht überall gleichmäßig um Δs gewachsen, können unter Umständen einzelne Stellen der linken Seite nach dem Umspannen nicht sauber werden. Man sollte daher von vornherein die Bearbeitungszugaben auf der dem Erstanschlag zugewandten Seite größer bemessen als die Schmiedetoleranz auf der Anschlagfläche selbst (in der Regel = $T/2$).

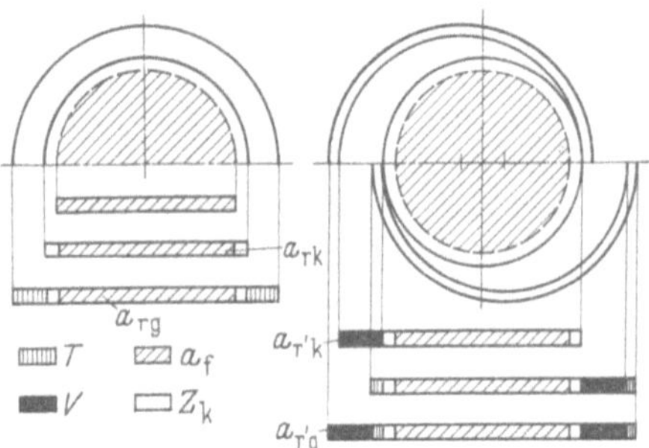
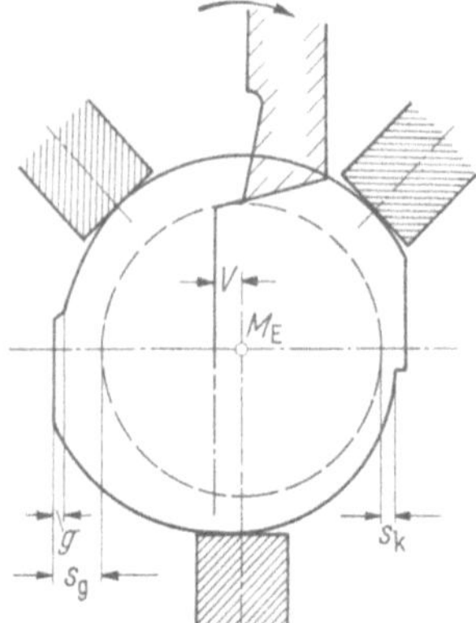

Bild 6.46. Zugaben, Versatz und Toleranzen bei Gesenkschmiedestücken

Bild 6.47. Schnittiefenschwankungen beim Drehen versetzter Gesenkschmiedestücke im selbsteinmittenden Dreibackenfutter. s_k = kleinste Schnittiefe; s_g = größte Schnittiefe = $s_k + V + g$; g = Gratansatz; M_E = Mitte des Einmittkreises

An Flächen, die durch die Teillinie unterbrochen sind, muß bei der Bemessung der Bearbeitungszugabe zusätzlich der zu erwartende Versatz berücksichtigt werden. Nach Bild 6.46 ist bei Teilen ohne Versatz das kleinste und größte Rohmaß

$$a_{rk} = a_f + 2\,z_k - A_u\,, \tag{6.11 a}$$

$$a_{rg} = a_f + 2\,z_k + A_0\,, \tag{6.11 b}$$

a_r Rohmaß,
a_f Fertigmaß,
z_k Mindestzugabe

Die Schichtdicke kann dabei um die halbe Schmiedetoleranz schwanken. Ist jedoch Versatz vorhanden, so muß die Schichtdicke um den halben Versatz von vornherein vergrößert werden, damit das Teil einwandfrei herausgearbeitet werden kann.

Das Größtmaß über versetzte Kanten gemessen ist

$$a'_{rg} = a_f + 2\,z'_k + 2\,V + T\,. \tag{6.12}$$

Die Schwankung der Schnittiefe ist bei Versatz $T/2 + V$, wenn das Schmiedestück im selbst einmittenden Dreibackenfutter gespannt wird (Bild 6.47). Sie kann sich beim Abspanen durch die dadurch bedingte Schwankung der Schnittkraft nachteilig auf die Formgenauigkeit des Fertigteils auswirken. Durch das Spannen versetzter Drehteile zwischen Prismen wird die Zugabenschwankung infolge Versatz auf beide Seiten gleichmäßig verteilt (Bild 6.48).

Die Schnittiefenschwankungen durch Versatz können durch andere Fehler wie ungenügendes Ausschmieden des Grates — die Teile werden dann zu dick — noch verstärkt werden. Die sich hierbei nach dem Abgraten ergebenden Querschnitte weichen mitunter erheblich vom Kreisquerschnitt ab (Bild 6.49). Soweit dabei ein Gratansatz auftritt, können bei ungünstiger Drehrichtung die Schneiden der Werkzeuge durch Stöße vorzeitig erliegen.

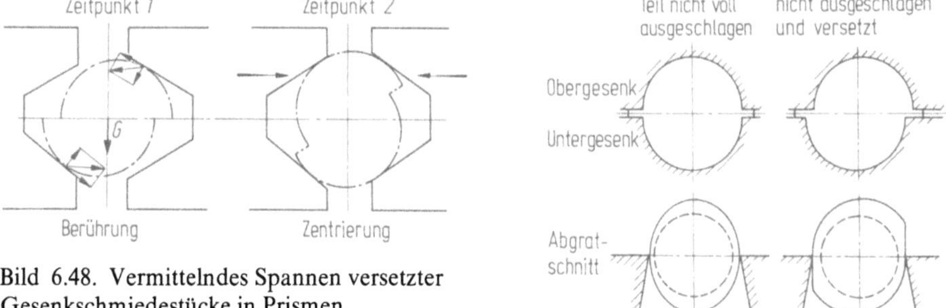

Bild 6.48. Vermittelndes Spannen versetzter Gesenkschmiedestücke in Prismen

Bild 6.49. Formabweichungen an runden Querschnitten von längsgeteilten Gesenkschmiedestücken

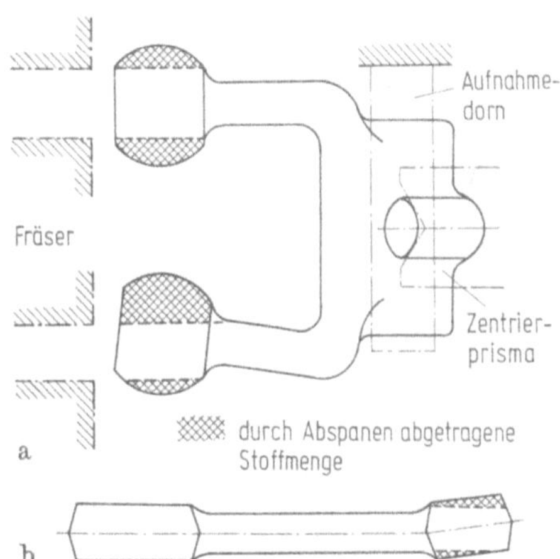

Bild 6.50. Formabweichungen an einer Gabel (a) und einem Pleuel (b) durch Verbiegen

Nachteilig wirken sich auch Verbiegungen bzw. Krümmungen an Gesenkschmiedestücken aus, wenn sie nicht durch Richten vor dem Abspanen rückgängig gemacht werden. Bild 6.50 zeigt hierzu zwei Beispiele, bei denen die Werkstücke nach dem Bearbeiten Ausschuß werden.

Maßnahmen zur Erleichterung der spanenden Bearbeitung, wie richtige Wahl der Bezugs-, Anlage- und Spannflächen und Gestaltung von Spann- und Zentrierhilfen sind in Abschnitt 8.2.4 besprochen.

6.8 Oberflächenschutz

Ein Schutz metallisch reiner Oberflächen von fertigen Schmiedestücken gegen chemische Veränderungen (z. B. Rosten) und bedingt auch gegen mechanische Beschädigungen läßt sich durch Beschichten aus dem gas- oder dampfförmigen, flüssigen oder festen (pulverförmigen) Zustand bewirken sowie durch elektrolytische und chemische Abscheidung aus Lösungen.

Zum kurz- und mittelfristigen Korrosionsschutz dient das Aufbringen nichtmetallischer Überzüge durch Streichen, Spritzen (Öle, Fette) oder Tauchen (Farben, Lacke — z. B. Bleimennige und Aluminiumfarben). Erstere geben eine Schutzdauer bis zu 3 Monaten, während Farben und Lacke 0,5 bis 5 Jahre schützen.

Einen längerfristigen Schutz (bis zu 10 Jahren und mehr) erzeugt man mit metallischen Überzügen (z. B. Zn-, Cd-, Cu-, Ni-, Cr-Überzüge), die im allgemeinen elektrolytisch (galvanisch) aufgetragen werden. Zinküberzüge werden auch durch Feuerverzinken in Tauchbädern aus flüssigem Zink und Flußmittel hergestellt. Man erzielt so einen dauerhaften Korrosionsschutz für Schmiedestücke, die ständig der Witterung ausgesetzt sind (Teile im Brückenbau, Gleisbau, Seilklemmen, Schäkel, Ösen). Kadmiumüberzüge sind besonders beständig. Für dichte Nickel- und Chromüberzüge sind Kadmium- und Kupfergrundschichten notwendig (Schraubenschlüssel, Ringe, Zangen, Schlüssel). Bei Schmiedestücken aus Aluminiumlegierungen wird durch elektrolytische Oxidation (Eloxieren) eine festhaftende nicht poröse Aluminium-Oxidschicht erzeugt.

6.9 Prüfen und Überwachen beim Gesenkschmieden

Prüfvorgänge begleiten die Entstehung eines Schmiedestücks vom Werkstoffeingang bis zum Versand, so daß sie in der Übersicht nach Tafel 6.1 an mehreren Stellen einzuordnen sind [6.41]. Die Prüfung erstreckt sich auf

das Halbzeug — Eingangsprüfung,
die Halbfertigerzeugnisse — Zwischenkontrolle,
die fertigen Schmiedestücke — Endkontrolle,
die Fertigungsmittel — Werkzeuge, Einstellung von Maschinen und Einrichtungen, Prüf- und Meßmittel.

6.9.1 Eingangsprüfung

Die Eingangskontrolle prüft folgende Eigenschaften des angelieferten Halbzeugs:
eindeutige Kennzeichnung eines jeden Knüppels oder Stabes zwecks Vermeiden von Werkstoffverwechslungen und Chargenvermischungen;

Maß- und Formabweichungen, die Fehlstellen am Stück verursachen können;
Chemische Zusammensetzung (in Sonderfällen);
Werkstoffeigenschaften im Hinblick auf die Härtbarkeit;
Auftreten von Oberflächenfehlern;
Auftreten von inneren Fehlern.

Aufgaben und Methoden der Eingangsprüfung sind in den Abschnitten 2.3 und 2.4 beschrieben.

6.9.2 Zwischenprüfung

Während der Fertigung sind Prüfungen bei allen Fertigungsabläufen erforderlich:

Trennen des Halbzeugs: Scherflächengüte (Ebenheit, Winkellage); Rißfreiheit; Gewichtskonstanz;
Wärmen der Rohteile (s. Abschn. 6.2): Temperaturhöhe und -konstanz; Gas- und Luftverhältnis am Ofen;
Zwischen- und Endformen (s. Abschn. 3.1.6): Oberflächenzustand (z.B. Auftreten von Falten); Maßabweichungen;
Wärmebehandlung (s. Abschn. 6.4): Temperatur der Öfen; mechanische Eigenschaften und Gefüge.

Aus der laufenden Fertigung werden regelmäßig (z. B. alle 1 bis 2 Stunden) Stichproben entnommen und geprüft. Die Prüfergebnisse werden in Kontrollkarten festgehalten, so daß Veränderungen der Hauptabmessungen, Auftreten von Oberflächenfehlern und Verschleiß am Werkzeug erkennbar werden. Diese Kontrolle erlaubt aufgrund festgestellter Fehler ein Eingreifen in den Fertigungsablauf. Voraussetzung für schnelle Fehlererkennung ist ein geeignetes System der Stichprobenprüfung mit statistischer Auswertung. Zur Kontrolle des Blöckchengewichtes an Knüppelscheren reichen z. B. 3 bis 5 Proben zur Mittelwertbildung aus, in der Schmiedefertigung sind 5 bis 10 Proben erforderlich. Die Mittelwerte (im allgemeinen das arithmetische Mittel, wenn die Verteilungskurven systematisch sind) werden aufgetragen, wobei die Grenzen des Toleranzfeldes nach der Toleranz T unter Berücksichtigung der Streuung der zufälligen Fehler T_E festzulegen sind. Das damit für die systematischen Fehler zur Verfügung stehende Toleranzfeld muß gegebenenfalls noch einseitig eingeengt werden, um Maßänderungen bei der Weiterbehandlung, z. B. durch Vergüten und Sandstrahlen (Maßverkleinerung) zu berücksichtigen.

6.9.3 Endkontrolle

Die Endkontrolle erfolgt nach dem Vergüten und Entzundern und umfaßt die Prüfung

der Genauigkeit (Maße, Form, Versatz) mit Lehren, Prüfvorrichtungen und Meßmaschinen,
der Oberflächenbeschaffenheit,
der mechanischen Eigenschaften.

Die Fehler werden in Fehlerkarten erfaßt und nach ihrer Häufigkeit ausgewertet. Dieses Verfahren kann sich sowohl auf objektiv meßbare Fehler (Maßabweichungen, Krümmungen, Versatz) als auch auf nur subjektiv beurteilte Fehler (z. B. Umfang und Tiefe von Zunderlöchern) erstrecken. Zusammen mit der Zwischenkontrolle, die die Genauigkeit der laufenden Fertigung überwacht und das rechtzeitige Abstellen von Fehlern erlaubt, dient die Endkontrolle außer dem Aussondern fehlerbehafteter Stücke der Verbesserung des Qualitätsniveaus.

Die Oberflächenbeschaffenheit wird durch Sichtkontrollen, nach dem Farbeindringverfahren [6.42] oder durch elektromagnetische Rißprüfung bei magnetisierbaren Stoffen [6.43] ermittelt. Diese nutzt die Störung des Kraftlinienflusses durch Oberflächenfehler bei einem magnetisierten Werkstück. Die Störungen können mit magnetisierbarem Pulver sichtbar gemacht werden. In Sonderfällen wird auch die Ultraschallprüfung zum Feststellen von Innenfehlern herangezogen.

Die mechanischen Eigenschaften werden in der Regel durch Härteprüfungen oder magnetinduktive Prüfverfahren festgestellt [6.44].

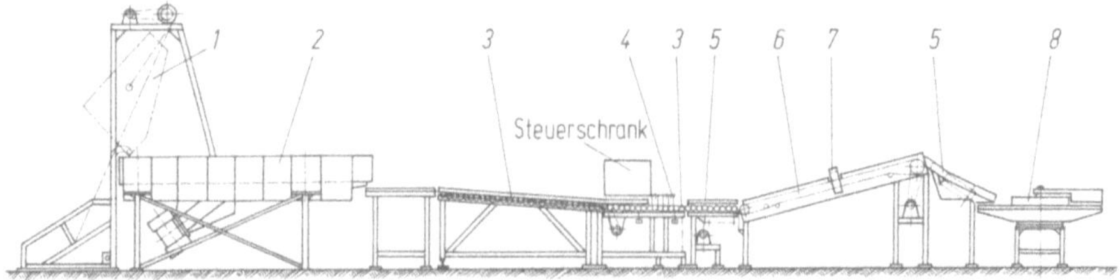

Bild 6.51. Kontrollstrecke für Schmiedestücke (Schema) zur Prüfung auf Maßhaltigkeit, Härte, Legierung und Gefüge nach [6.45] (Leistung 600 bis 900 Stück/h). *1* Transportbehälter, *2* Schwingförderer, *3* Rollenbahn, *4* pneumatische Meßbrücke (Maßkontrolle), *5* Sortierschleuse, *6* Gurtförderer, *7* magnetinduktives Prüfgerät, *8* Drehteller

Letztere erlauben das Prüfen von Härte (Festigkeit) und Werkstoffart (Werkstoffverwechslungen), da die elektrischen und magnetischen Eigenschaften eines Werkstücks von seiner Gestalt, dem Werkstoff und Gefüge abhängen. Bild 6.51 zeigt eine in Gesenkschmiedebetrieben bewährte Prüfstrecke zum automatischen Aussondern von fehlerhaften Schmiedestücken mit einem magnetinduktiven Prüfgerät (näheres hierzu siehe Abschn. 2.3 und Bild 2.7).

6.9.4 Dokumentation der Prüfergebnisse

Bei dokumentationspflichtigen Werkstücken werden die Prüfvorschriften und die Ergebnisse der Prüfungen (meist Prüfung auf Oberflächenfehler) dokumentiert, um den Nachweis zu ermöglichen, daß der Hersteller die erforderliche Sorgfaltspflicht bei Herstellung und Qualitätskontrolle angewendet hat, d. h. die Spezifikationen im gesamten Herstellungszeitraum erfüllt wurden und durch Prüfergebnisse belegt werden können. Das erfordert u. a. Nachweise über:

das Vorhandensein von Prüfvorschriften und -plänen;
die Anwendung von Prüfvorschriften und -plänen (Kontrollanweisungen, Werkstoffprüfpläne);
die Eignung der Prüfeinrichtungen und des Prüfpersonals (Vorschriften für Personalüberwachung);

die lückenlose Aufschreibung der Prüfergebnisse;
die eindeutige Zuordnung von Aufzeichnungen und Lieferungen;
die vorgenommenen Maßnahmen zur Beseitigung von Qualitätsmängeln.

Die Dokumentation des Prüfvorganges muß es gestatten, die Prüfdaten für ein bestimmtes Teil nachzuweisen. Notwendig ist der Nachweis, daß Schmiedebetrieb, Prüfeinrichtung und Prüfer fehlerfrei gearbeitet haben. Entscheidend hierfür ist die Möglichkeit der Zuordnung von Schmiedestück und Prüfunterlagen. Diese kann z. B. mittels des Chargenzeichens auf dem Schmiedestück und den Prüfunterlagen geschehen, die zusätzliche Angaben über das Werkstück, Tag, Schicht, Prüfgerät, Prüfdaten und Prüfgruppe enthalten. Die Prüfkarte muß die Gesamtmenge der geprüften Teile und die Zahl der fehlerbehafteten Stücke erkennen lassen. Die Unterlagen sind für einen bestimmten Zeitraum zu archivieren.

7 Der Gesenkschmiedebetrieb

7.1 Betriebsabteilungen

Ein Gesenkschmiedebetrieb umfaßt außer dem eigentlichen Schmiedebetrieb Nebenabteilungen — wie Trennerei, Wärmebehandlung, Kontrolle — und Hilfsbetriebe (Bild 7.1). Einzelheiten über Planung und Ausführung von Schmiedebetrieben sind u. a. in [7.1 bis 7.3] angegeben.

Bei der Planung von Schmiedebetrieben sind nach [7.4] vor allem folgende Gesichtspunkte zu berücksichtigen:

Ungehinderte Ausdehnungsmöglichkeit: Bei Erweiterungen von Betriebsabteilungen sollten die Verkehrswege den anfänglichen Verlauf behalten, ohne daß — stets aufwendige — Verlegungen von Abteilungen oder Aggregaten nötig werden. Jede Abteilung soll sich ungehindert ausdehnen können (Bild 7.1).

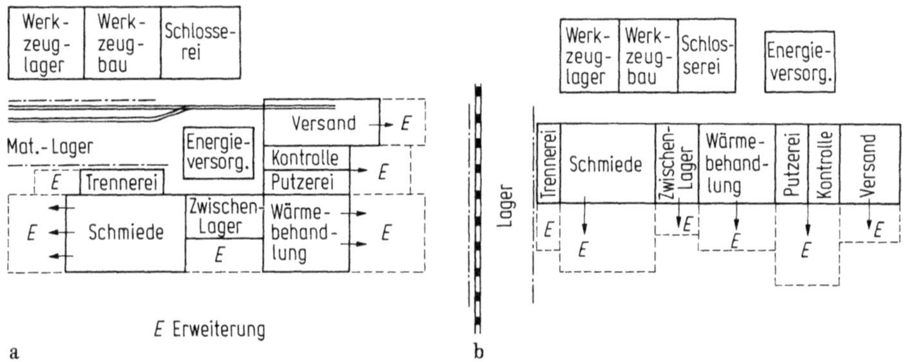

Bild 7.1. Planung eines Schmiedebetriebs im Hinblick auf Erweiterungsmöglichkeiten nach [7.4]. a) Individuelle Ausdehnungsrichtung der Betriebsabteilungen; b) Gemeinsame Ausdehnungsrichtung der Betriebsabteilungen

Kurzer und übersichtlicher Transportfluß: Der durchgehende Materialfluß ist stets der billigste, selbst bei größerer Wegsumme, denn Hin- und Hertransport bedingen nicht nur einen relativ hohen Anteil an Arbeitszeit, sondern erschweren die Übersicht und die Steuerung des Ablaufes. Die geometrische Form der Hauptflußlinien ist gleichgültig; der in einer Richtung verlaufende Fluß ist ebenso günstig wie der U-förmige (Bild 7.2). In der Praxis ist der auf breiter Front durchlaufende Fluß des Materials weniger häufig als die Lenkung über „Knotenpunkte", von denen aus die Verteilung an die Maschinen und Arbeitsstellen erfolgt (Bild 7.3).

Im ersten Fall kann der Transport von den Knotenpunkten aus ggf. durch Höfe und längere Hallen mit leistungsfähigen Fahrzeugen erfolgen. Bestimmte Werkstücke lassen sich durch einzelne Abteilungen ohne Bearbeitung gut durchschleusen. Ebenso macht es wenig Schwierigkeiten, Werkstücke mit einem anomalen Ablauf nach Bedarf zu transportieren.

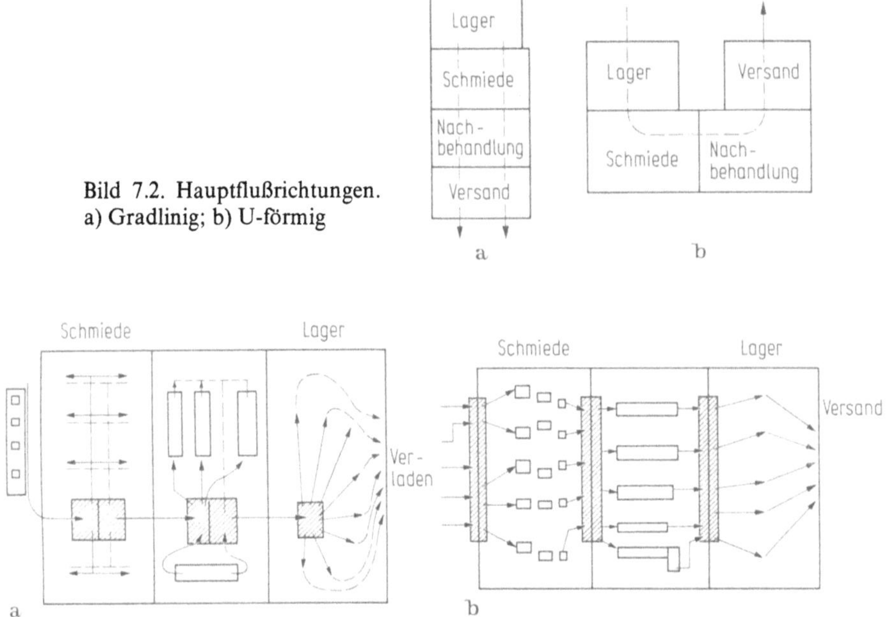

Bild 7.2. Hauptflußrichtungen. a) Gradlinig; b) U-förmig

Bild 7.3. Zwischenlager in Schmiedebetrieben nach [7.4.]. a) Knotenpunkte; b) langgestreckte Zwischenlager

Bereitstellstreifen sind besonders angebracht, wenn eine Art Straßenfertigung möglich, aber eine feste Kopplung durch Stetigförderer wegen der geringen Seriengröße unzweckmäßig ist. Auf den Bereitstellplätzen können unterschiedliche Bearbeitungs- und Umstellzeiten in den Abteilungen ausgeglichen werden. Jedoch eignen sich langgestreckte Bereitstellplätze auch zum Transport zwischen Maschinengruppen, welche nicht aufeinander abgestimmt sind.

Gute Flächen- und Raumausnutzung durch richtige Wegführung und Höhenausnutzung: Der Anteil der Wegfläche an der gesamten Hallenfläche hängt nicht nur von der Art der Fertigung und damit der Art der Maschinen ab, sondern läßt sich durch zweckmäßige Anlage der Wege erheblich vermindern. Wege sollten stets auf beiden Seiten von Nutzflächen flankiert sein. Ebenso ist zu prüfen, in welchem Verhältnis Feldtiefe der Bearbeitungsmaschinen und Hallenbreite zueinander stehen sollten. Es ist stets günstig, wenn Feldtiefe und Hallenbreite so abgestimmt sind, daß anstelle von zwei Wegen, die keine Vollnutzung der Hallenabmessung erlauben, ein einziger mittiger Weg angeordnet wird (Bild 7.4).

Transportgerechte Einfügung der Gruppen in den Gesamtablauf: Die Maschinengruppen sollten nach dem Präferenzsystem über die gegebene Fläche verteilt werden — d. h. die Gruppen mit dem stärksten Materialdurchsatz sind so aufzustellen, daß sich ein Minimum an Transportarbeit ergibt. Für Maschinen mit geringem Materialumschlag kann ein weiterer Weg in Kauf genommen werden. Jede Maschine muß von einem gut befahrbaren Weg aus zugänglich sein. Zu vermeiden sind enge Zugänge, die an den Arbeitsstellen anderer Plätze vorbeiführen, so daß der Bedienungsmann jeweils „ausweichen" muß.

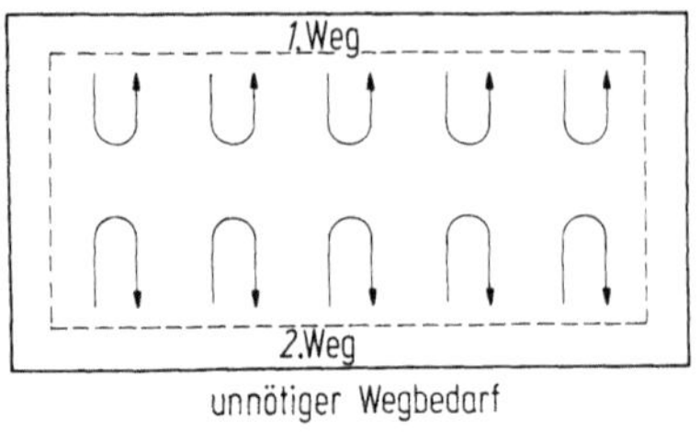

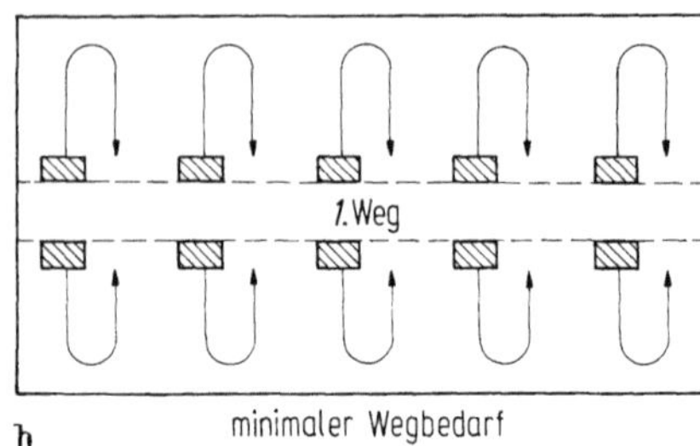

Bild 7.4. Anordnung der Verkehrswege in der Schmiedehalle nach [7.4]. a) Seitliche Wege; b) mittiger Weg

Zusammenhängede Betrachtung von Transport, Gesamtplanung und Schutz vor den Nebenwirkungen (Lärm, Erschütterungen, Wärme, Rauch).

Zweckmäßige Zuordnung von Materialeingang und -ausgang zu den äußeren Verkehrslinien: Materialein- und -ausgang können benachbart sein, so daß ein teilweiser Verbund möglich ist; die Krananlagen des Knüppellagers können beim Verladen der fertigen Schmiedestücke helfen oder der Gabelstapler des Versands steht für Entladearbeiten zur Verfügung. Zu- und Abfahrt sind jedoch möglichst zu trennen.

7.2 Die Maschinengruppe

Die Maschinengruppe in einer Gesenkschmiede besteht mindestens aus einer Erwärmungseinrichtung und einem Umformaggregat. Die Aufstellung der Umformmaschinen und Öfen wird nach [7.4] von zahlreichen Faktoren bestimmt, denen nach den jeweiligen betrieblichen Umständen unterschiedliches Gewicht zukommt:

Gegenseitige Beeinflussung durch Fundamentgröße und Erschütterungen,
Von Fall zu Fall einzufügende transportable Maschinen,
Günstige Verbindung der Aggregate zwecks optimaler Bereitstellung der Stücke zum Greifen,
Durchgehende Transportwege,
Platzbedarf der Fördermittel,
Berücksichtigung von Puffern,
Guter Zugang beim Werkzeugein- und -ausbau,
Unbehinderte Sicht für alle in einer Gruppe Tätigen,
Vermeidung von Unfallquellen,
Wärmebelästigung durch Ofen oder Ablage.

Aus der Vielzahl der Gesichtspunkte läßt sich erkennen, daß es eine große Zahl von Lösungsmöglichkeiten gibt. Nach der Bahn des Werkstückflusses lassen sich mehrere Arten der Zuordnung unterscheiden:

> langgestreckte Anordnung — Reihe (Bild 7.5 a),
> halbkreisförmige Anordnung (Bild 7.5 b, c),
> linienförmig verzweigte Anordnung (Bild 7.5 d),
> zickzackförmige, zweireihige Anordnung.

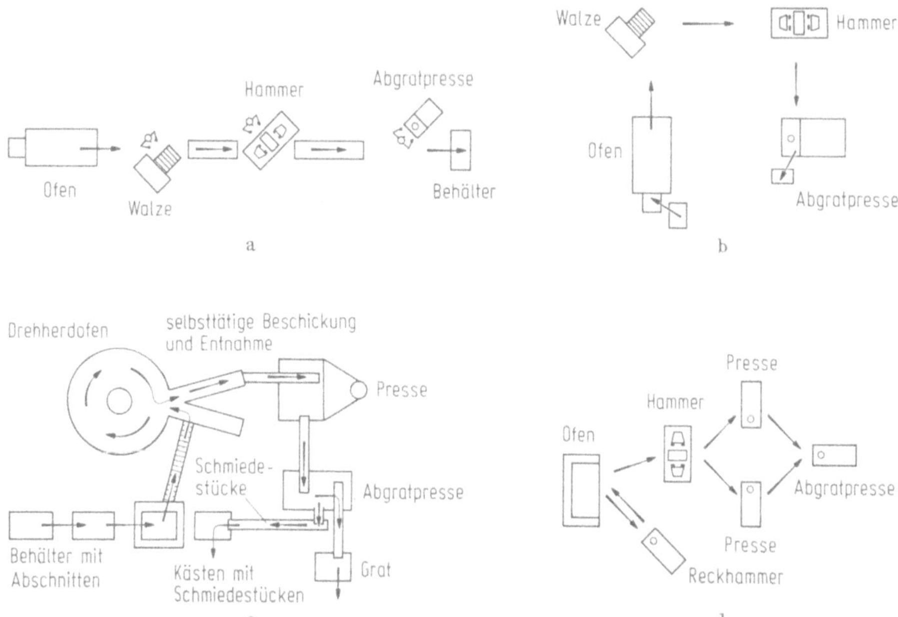

Bild 7.5. Anordnung von Maschinengruppen. a) Langgestreckte; b) halbkreisförmige; c) verzweigte; d) zweireihige Anordnung

Die Aggregate sind so aufzustellen, daß durch die Fördermittel der beste Verknüpfungsgrad erreicht wird. Es sei in diesem Zusammenhang auf Arbeitsstudien nach dem MTM- oder Work-Factor-System verwiesen. Schon geringe Verkürzungen der Griffwege bringen bei großen Mengenleistungen der Maschinen erhebliche Zeiteinsparungen. So führte die Bedienungsmannschaft bei der Aufstellung nach Bild 7.6 a zur Herstellung einer Pleuelstange 99 Hand- und Fußbewegungen aus und Schmiedestücke sowie Grat durchliefen einen Weg von 16,5 m. Bei der Aufstellung nach Bild 7.6 b werden 46 Bewegungen pro Stück gespart; der gesamte Transportweg wurde auf 7,3 m verkürzt, und die Mengenleistung stieg um 55%, wobei allerdings zu berücksichtigen ist, daß auch die Werkzeuge verbessert wurden [7.5]. Ähnliche Verbesserungen sind auch in anderen Abteilungen, z. B. beim Prüfen von Schmiedestücken möglich.

Das Zu- und Abführen der Schmiedestücke von hinten und nach hinten bringt neben der geringeren Wärmebelästigung nennenswerte Zeitersparnisse gegenüber einer Ablage rechts und links vom Bedienungsmann. Das Zu- und Abführen der Werkstücke muß jedoch so erfolgen, daß der Schmied beim Manipulieren nicht in den Arbeitsbereich der Werkzeuge kommt.

Ein wichtiger Punkt — besonders bei kleinen Maschinengruppen — ist die Anordnung des Ablageplatzes. Hierbei ist zu prüfen:

kann der Schmied das Stück schnell und sicher ablegen,

wird er keiner zu großen Wärmebelastung ausgesetzt,

ist das Herausnehmen nicht unnötig erschwert?

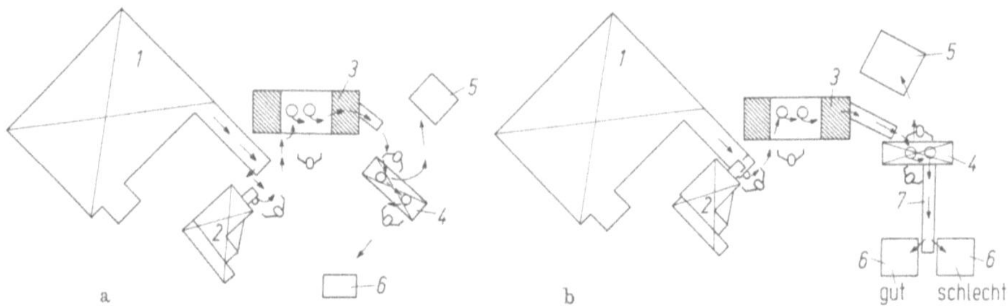

Bild 7.6. Verbesserung der Maschinenaufstellung nach [7.5]
a) Ursprüngliche; b) verbesserte Aufstellung.
1 induktive Wärmanlage, *2* Reckwalze, *3* Gesenkschmiedekurbelpresse, *4* Abgrat- und Prägepresse, *5* Behälter für Gratschrott, *6* Behälter für Schmiedestücke, *7* Förderband

7.3 Transportaufgaben in Schmiedebetrieben

Die Transportaufgaben in einem Gesenkschmiedebetrieb bestehen im Bunkern, Ordnen, Magazinieren, Weitergeben, Abzweigen, Zuteilen, Eingeben, Positionieren und Ausgeben. Als Fördergutarten kommen vor: gebündeltes Halbzeug (Knüppel, Stäbe), einzelne Knüppel und Stäbe, Abschnitte in Förderbehältern und einzelne Abschnitte, warme Zwischenformen und Schmiedestücke, kalte Schmiedestücke, Grat, Schrott und Werkzeuge.

Die Fördergutarten lassen sich jeweils einer oder mehreren Betriebsabteilungen bzw. Aggregaten zuordnen:

Gebündeltes Halbzeug: Materiallager, Trennerei, Öfen (beim Schmieden von der Stange),

einzelne Knüppel und Stäbe: Trennerei, Öfen, Hämmer, Waagerecht-Stauchmaschinen, Mehrstufenpressen,

Behälter mit Abschnitten: Öfen,
einzelne Abschnitte: Öfen, Umformmaschinen,
warme Zwischenformen und
Schmiedestücke: Umformmaschinen, Abgratpressen,
kalte Schmiedestücke: Wärmebehandlungsöfen, Abgratpressen, Strahlmaschinen, Putzerei, Kontrolle.

Auf dem Weg durch den Schmiedebetrieb wird in der Trennerei in der Regel ungeordnetes Stückgut erzeugt, das nach dem Vereinzeln und Ordnen vor der Wärmeeinrichtung noch wiederholt in den ungeordneten Zustand übergeht und erneut geordnet bzw. vereinzelt werden muß (Bild 7.7).

Zur Vorratsbildung vor und hinter Arbeitsmaschinen dient das *Bunkern,* d. h. ungeordnetes Speichern von Rohteilen oder Werkstücken. Bunker unterscheiden sich durch ihre Speicherkapazität, die Art der Eingabe und Entnahme sowie durch die mit dem Bunker verbundenen Zubringereinrichtungen. Im einfachsten Fall

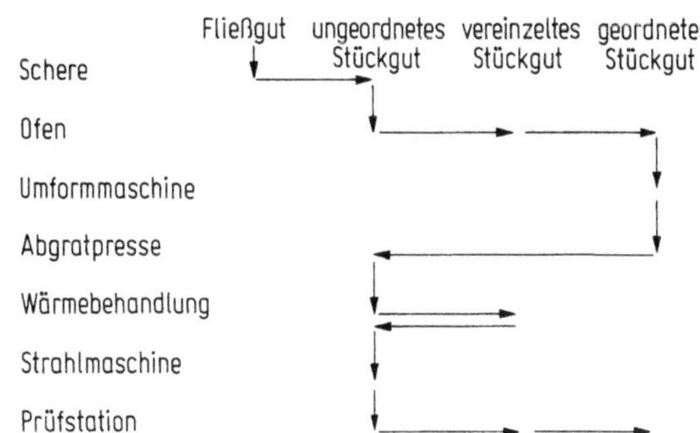

Bild 7.7. Weg des Förderguts durch den Gesenkschmiedebetrieb

werden stillstehende Bunker mit senkrechten oder konischen Wänden zur Werkstückentnahme von Hand oder durch Greifer von oben benutzt. In stillstehenden Bunkern kann der Inhalt mit Band- oder Kettenförderern sowie mit auf- und abgehenden Hubschiebern entnommen werden. An induktiven Wärmanlagen werden häufig Bunker mit Werkstückaustrug entlang einer Wendel durch Vibrationsbewegung verwendet.

Beim Überleiten vom Bunker in den magazinierten Zustand müssen die Rohteile *geordnet,* d. h. aus einer beliebigen Lage in eine bestimmte Lage und Richtung gebracht werden. Hierzu dienen z. B. Wendelförderer, Vibrationsbunker, Schleppketten und Hubschieber.

Magazinieren ist Speichern von Werkstücken in einer bestimmten Ordnung zur Vorratsbildung vor und hinter Arbeitsmaschinen. Magazinieren und Weitergabe gehen oft ineinander über. In Schmiedebetrieben kommen z. B. Schachtmagazine mit einem dem Werkstück-Querschnitt angepaßten Schacht oder Rohre in Frage, in denen die Werkstückbewegung durch Schwerkraftwirkung erfolgt. In Kanalmagazinen werden die Teile in Gleitrinnen oder Rutschen gleitend weitergegeben, z. B. in Durchstoßöfen.

Für die *Weitergabe* von Teilen steht eine Vielzahl von Förderern zur Verfügung [7.6]:

Rutschen, Gleitbahnen, Fallschächte; zur Überwindung größerer Höhenunterschiede dienen Wendelrutschen;
Gleitrinnen mit prismatischem Querschnitt in Verbindung mit Schiebern;
Rollenbahnen, Profilrollenbahnen, z. B. zur Weitergabe von Knüppeln und Stäben;

Bandförderer (Drahtgurtförderer, Plattenbandförderer), umlaufende Ketten mit Mitnehmern (zweckmäßig sind prismenförmig angeordnete Seitenbleche, um Teile unterschiedlicher Größe fördern zu können);
Hubstößel, Hubbalken.

Abzweigen ist Aussondern von Werkstücken aus einem Förderstrom z. B. von zu warmen oder zu kalten Abschnitten vor dem Schmieden. In der Regel werden hierzu gesteuerte Weichen verwendet.

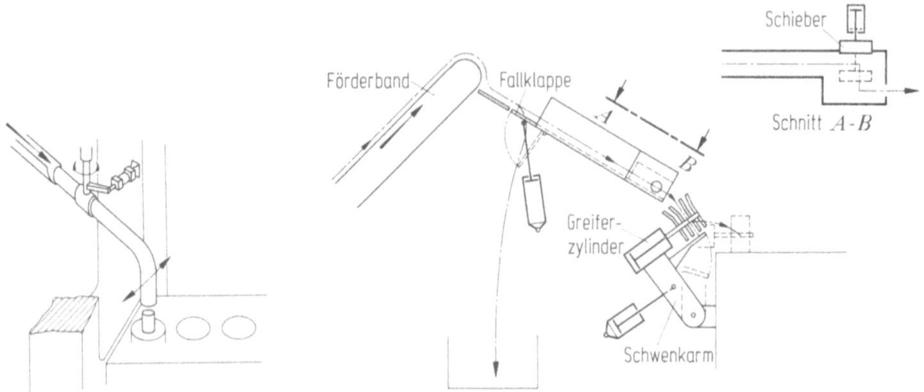

Bild 7.8. Schwenkbare   Bild 7.9. Schwenkarm nach [7.7]
Rutsche nach [7.7]

Zuteilen ist gesteuertes Bereitstellen einer bestimmten Anzahl von Werkstükken. Beim Schmieden handelt es sich meist um das Vereinzeln von Werkstücken, z. B. durch taktförmigen Vorschub in Verbindung mit einer Fallöffnung (Durchstoßofen) oder durch einen Zangenvorschub.

Eingeben ist eine gesteuertes Bewegen von einer Bereithaltestelle zur Fertigungsstelle. Hierzu eignen sich z. B. schwenkbare Rutschen (Bild 7.8), Gleitrinnen, Schieber, Tragarme, Schwenkarme, Schaltteller.

Positionieren ist Ausrichten des Werkstücks in bezug auf ein dreiachsiges Koordinatensystem, z. B. mittels Prismen, Schwenkarm (Bild 7.9) oder einer Formaufnahme (Zentrierung im Werkzeug).

Das *Ausheben* von Werkstücken aus einem Gesenk erfolgt durch Ausstoßer, Schieber oder Greifer.

Beispiele für die Ausführung von Transporteinrichtungen sind in [7.4] dargestellt.

7.4 Automatisierung des Gesenkschmiedens

7.4.1 Entwicklung

Die Automatisierung der Gesenkschmiedevorgänge wurde wesentlich langsamer verwirklicht als die der spanenden Fertigung. Allerdings ist in den letzten Jahren eine ständige Zunahme automatisierter oder teilautomatisierter Anlagen zu beobachten. Allein die Tatsache, daß es immer schwieriger wird, gut ausgebildete Arbeitskräfte zu finden, zwingt die Schmiedeindustrie, Verfahren einzuführen, mit denen Arbeitskräfte eingespart werden und die zumindest die schwere körperliche Arbeit vermeiden helfen.

Eines der ersten Automatisierungsbeispiele war eine teilautomatisierte Fließreihe aus verketteten Einzelmaschinen zum Schmieden von Kurbelwellen, über die bereits 1950 berichtet wurde [7.8] (Bild 7.10).

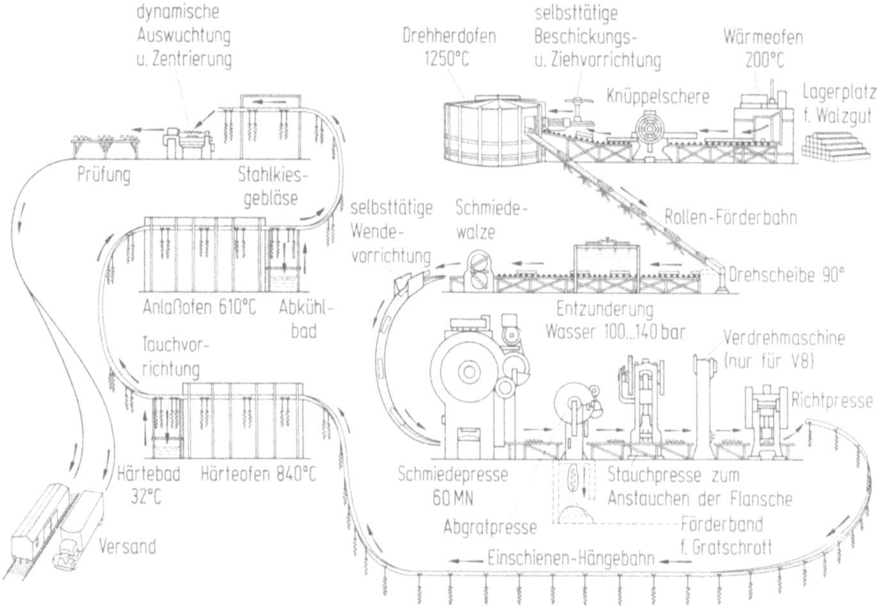

Bild 7.10. Gesenkschmiedefließreihe für Kurbelwellen nach [7.8]. Mengenleistung bis 150 Stück/h bei Ausgangsmassen von 48 bis 57 kg; Durchlaufzeit für eine Welle etwa 7 bis 8 h

Später folgte die Automatisierung von Einzelmaschinen. Waagerecht-Stauchmaschinen wurden seit 1953 für den vollautomatischen Betrieb hergestellt. Besonders geeignet ist hierfür die Bauart mit waagerechter Klemmbackenteilung. Die partiell erwärmten Stababschnitte werden beispielsweise von einem Kettenförderer zur Maschine gebracht, dort von einer Transporteinrichtung erfaßt, welche die Stäbe in die Klemmbacken legt und weiter transportiert. Dazu muß der Stab jeweils aus der Gravur gehoben und um den konstanten Abstand zweier Gravuren weiter gefördert werden (Bild 7.11). Der Werkstücktransport läßt sich auch nachträglich an Maschinen anbauen, die nicht von vornherein für den automatisierten Betrieb gedacht waren. Aber auch Maschinen mit senkrechter Klemmbackenteilung lassen sich durch Zusatzeinrichtungen für den automatischen Betrieb herrichten.

Das Problem des Werkstücktransports bei Reckwalzen wurde durch eine selbsttätige Durchlaufwalze gelöst, die aus einer Reihe von Walzeneinheiten auf einem Grundgerüst besteht (seit 1958). Die Walzgerüste enthalten jeweils ein Walzenpaar, das unter Umständen zwei Gravuren tragen kann. Jedes Gerüst hat ein eigenes Getriebe und wird von einer gemeinsamen Welle aus angetrieben. Die Stücke werden von einem Transportwagen in die erste Walze geschoben, dort von den Walzen erfaßt und durch sie hindurchgezogen. Der nacheilende Transportwagen schiebt dann das Stück zur nächsten Walze. Diese Art der Förderung ist nur möglich, wenn sich die Stäbe während des Transportes nicht verdrehen können. Bei rundem Ausgangsmaterial muß man Zangenwagen verwenden, die das Stück durch die Walzstationen führen und festhalten, damit sie sich nicht verdrehen. Wenn jedes Walzenpaar zwei Gravuren trägt, wird das Stück nach einem Durchlauf an das Eintrittsen-

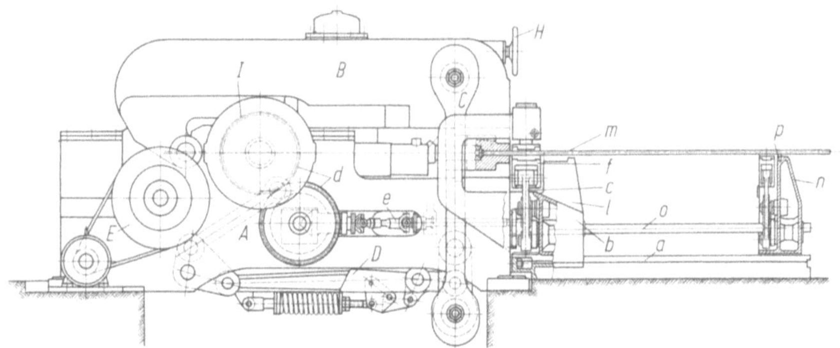

Bild 7.11. Waagerechtstauchmaschine mit automatischer Transportvorrichtung (Antrieb mechanisch von der Hauptantriebswelle abgeleitet; Eumuco AG für Maschinenbau)
A Gestell, *B* Klemmzangenbügel, *C* Zugstange, *D* Sicherheitsdruckstange, *E* Schwungrad, *H* Einstellung der Klemmkraft, *I* Bremse;
a Grundplatte, *b*, *n* Transporteinheit, *c* Schwinghebel, *d* Stirnräder, *e*, *o* Antriebswellen, *f* Transportschieber, *l*, *m* Anschlagblock u. Anschlag, *p* Auflager

de der Walzen zurückgebracht und durchläuft die Walzenpaare ein zweites Mal, wobei jetzt jeweils die zweite Gravur wirksam wird.

Weitere Beispiele automatisierter Einzelmaschinen sind Elektrostauchmaschinen zum Anstauchen von Federstäben und Ventilen [7.9].

Für die Automatisierung üblicher Schmiedewalzen wurden etwa 1968 Manipulatoren entwickelt, die den Arbeiter an der Walze ersetzen. Sie können sämtliche Bewegungen übernehmen, die der Schmied ausführen mußte, d. h. sie schieben die Stäbe durch die Walzenpaare hindurch, geben der Rücklaufbewegung des aus der Walze austretenden Stabes nach, führen diesen nach jedem Stich jeweils vor die nächste Walzgravur und drehen — wenn erforderlich — dabei den Stab. Die Vorrichtungen bestehen im wesentlichen aus einem Führungsbett, einem Schlitten für die Querbewegungen und dem darauf angebrachten Arbeitszylinder mit dem Zangenpaar (Bild 7.12). Während des Umformens laufen die Walzenpaare der Reckwalze durch; sie werden erst stillgesetzt, wenn das Stück fertig ist. Eine beliebige Arbeitsfolge — z. B. Drehen um 90° nach jedem Stich, wiederholtes Walzen im gleichen Kaliber — lassen sich vorwählen. Die Geschwindigkeit der Zange kann beim Walzen an die wechselnden Geschwindigkeiten des Stückes angepaßt werden. Diese Manipulatoren lassen sich an vorhandene Walzen anbauen, wobei keine Be-

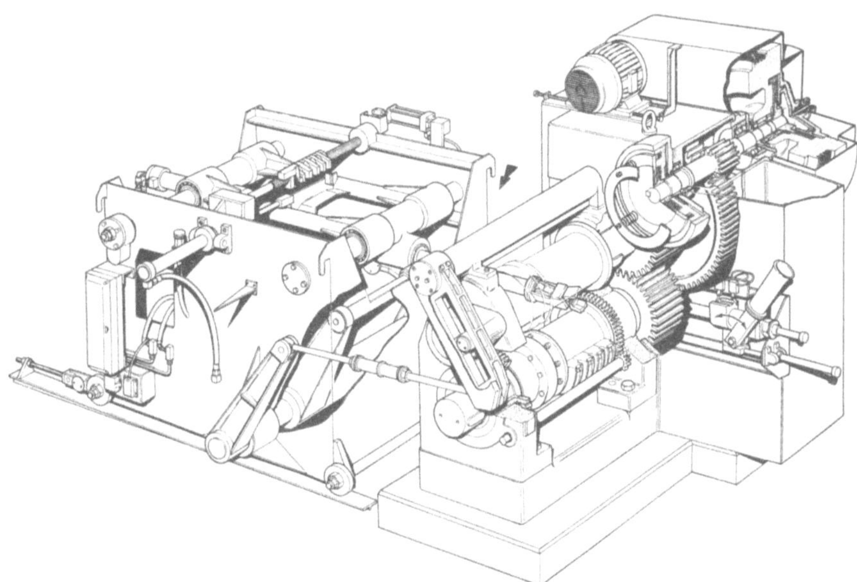

Bild 7.12. Reckwalze mit Manipulator (Eumuco AG für Maschinenbau)

schränkung hinsichtlich des Fabrikates besteht. Sie eignen sich dadurch auch für die Automatisierung bei Serien geringeren Umfanges als sie für die Durchlaufwalzen nötig sind, zumal jederzeit die Walze auf Handbedienung umgestellt werden kann, was bei der Durchlaufwalze nicht möglich ist.

1960 wurde ein amerikanischer automatisch arbeitender Gegenschlaghammer auf den Markt gebracht (Bild 7.19), 1965 Mehrstufenpressen, die aus den Warm-, Bolzen- und Mutternpressen entwickelt wurden.

In diese Zeit fällt auch die Automatisierung von Kurbelpressen durch Hubbalken.

Die neueste, noch nicht abgeschlossene Entwicklung zielt auf die Anwendung von programmierbaren Hantierautomaten, den sog. „Industrierobotern".

7.4.2 Probleme beim automatischen Gesenkschmieden

Die Hauptschwierigkeiten bei der Automatisierung von Gesenkschmiedevorgängen sind einmal in den hohen Temperaturen des Schmiedewerkstoffes begründet. Die Fördereinrichtungen müssen diesen Temperaturen in Dauerbetrieb standhalten und die warmen Werkstücke so greifen, daß sie nicht unzulässig stark abkühlen. Beim Warmumformen von Stahl kommt die Zunderbildung dieses Werkstoffes hinzu. Der Zunder wird vor oder beim Schmieden entfernt; dadurch entsteht die Gefahr, daß die harten, abrasiven Zunderteilchen in die Förderelemente gelangen und sie zerstören. Die Fördereinrichtungen müssen also unempfindlich gegen die Verschleißwirkung des Zunders sein oder so gestaltet werden, daß sie nicht vom Zunder verschmutzt werden können. Die dritte Schwierigkeit besteht im Formenwandel, den das Schmiedestück während des Fertigungsganges erfährt. Abgesehen von sehr einfachen Formen wird das Schmiedestück in mehreren Fertigungsschritten, ausgehend von einer Ausgangsform mit einfacher Gestalt, stufenweise der gewünschten Endform genähert. Man hat also während des Schmiedeablaufes nach jedem Arbeitsgang eine andere Form vor sich. Die Greifelemente müssen entweder an diese sich ändernden Formen angepaßt werden oder man muß besondere Greifenden an den Stücken vorsehen, die eigens für den Fördergang angepreßt werden. Es ist deshalb verständlich, daß die Automatisierung zuerst bei stabförmigen Schmiedestükken eingesetzt hat, die nur einseitig erwärmt und umgeformt werden. Hier ist ein kalt bleibendes Greifende vorhanden, so daß die Automatisierung solcher Vorgänge heute keine Schwierigkeit mehr bietet. Auch wenn eine stabförmige Ausgangsform mit großer Länge im Verhältnis zum Querschnitt umgeformt werden soll, läßt sich die Automatisierung verhältnismäßig einfach durchführen, da ein Stabende als Spannende benutzt werden kann. Die größten Schwierigkeiten bereitet das Schmieden vom Stück. Eine andere Schwierigkeit entsteht beim Ausheben der Schmiedestücke aus der Gravur; sie müssen sich zuverlässig aus der Gravur lösen. Während ein Bedienungsmann diesen Vorgang durch dosiertes Aufsprühen von Schmierstoff beeinflussen kann, entfällt diese Möglichkeit bei automatischen Anlagen.

7.4.3 Aufgaben und Aufgabenbereiche

Als gesonderte Bereiche der Automatisierung lassen sich die Wärmeinrichtung, die Umformmaschine und die Abgratpresse unterscheiden.

An der Wärmeinrichtung sind die Rohteile zu vereinzeln und gerichtet zuzuführen.

Der Umformvorgang erfordert ein genaues Positionieren und ein Entfernen aus der Gravur, d. h. Klemmen — Lösen, Heben — Senken, Vorschub — Rückzug.

Automatisierte Aggregate werden durch zusätzliche Förder- und Steuereinrichtungen für den selbsttätigen Betrieb hergerichtet, können aber auch mit Handbedienung arbeiten. Aber auch Schmiedeautomaten erfordern Verkettungseinrichtungen wegen der stets erforderlichen vorgeschalteten Wärmeanlagen. Wir können also folgende Baugruppen für die Automatisierung unterscheiden:

die Fördereinrichtungen zum Verketten der Aggregate,

die Fördereinrichtungen für den Transport in der Maschine, wobei unter Transport auch das Ausrichten und das Einlegen der Stücke verstanden werden soll, und

die Steuereinrichtungen, welche Transport- und Arbeitsbewegungen der Maschine aufeinander abstimmen.

Für die Verkettung der Aggregate sind Magazine zum Aufnahmen größerer Mengen von Ausgangsformen am Ofen und Förderer zum Überbrücken der Wege zwischen den Aggregaten erforderlich. Im einfachsten Fall sind dies Rutschen, die von der Auslaufseite des Ofens bis zu einem Ablegeplatz an der Presse führen, meist aber angetriebene Förderbänder.

Die Fördereinrichtungen in der Maschine müssen dem Stück angepaßt sein. Sofern ein Teil des Werkstückes nicht umgeformt wird, lassen sich Greifzangen verwenden; andernfalls werden Stücke mit annähernd zylindrischer Gestalt von zwei seitlichen Prismen gefaßt oder längliche Stücke zwischen zwei Greifschienen gehalten. Diese Greifelemente müssen im allgemeinen eine Bewegung in senkrechter

Richtung ausführen können, um das Stück aus der Gravur zu heben, sich dann in Längsrichtung verschieben, um es von einer Gravur in die nächste zu bringen und sich dann in Querrichtung vom Werkstück lösen und wieder in ihre Ausgangslage zurückkehren. Die Steuerung erfolgt im wesentlichen durch Schaltvorgänge, die den Arbeitshub auslösen, sobald das Stück eingelegt ist oder die Arbeitsfolge unterbrechen, wenn das Stück nicht richtig in der Gravur liegt oder die Kräfte einen vorgegebenen Wert überschreiten. Bei den hierzu benötigten Steuereinrichtungen setzt sich mehr und mehr die Elektronik wegen ihrer bekannten Vorzüge durch.

7.4.4 Automatisierungsbeispiele

Mit Ausnahme von Hämmern sind bisher fast alle Maschinen und Aggregate in Gesenkschmiedebetrieben für den automatischen Betrieb eingerichtet worden, z. B. Scheren, Sägen, Durchstoßöfen, Drehherdöfen, Induktionsanlagen, Reckwalzen, hydraulische Pressen, Vorschmiedepressen, Spindelpressen, Kurbelpressen, Waagerecht-Stauchmaschinen, Rundknetmaschinen sowie Wärmebehandlungsanlagen und Prüfeinrichtungen (s. Bild 6.51).

Automatisierte Einzelmaschinen

Ein ortsfester Kleinmanipulator ermöglicht das automatische und wirtschaftliche Recken in einer hydraulischen Presse (Bild 7.13). Der Manipulator führt eine Vorschub- und eine Drehbewegung aus. Die Steuerung erfolgt mittels austauschbarer Steckplatinen. Die Steuerung von Presse und Manipulator kann getrennt werden, so daß auch übliche Vorformarbeiten ausgeführt werden können. Da der Umformvorgang vom Bedienungspersonal nicht beeinflußt wird, lassen sich gleichmäßige Werkstücke herstellen.

Eine automatisierte hydraulische Vorformpresse ist in Bild 7.14 gezeigt. Der vom Ofen kommende Abschnitt 1 gelangt über eine Rutsche vor den Schieber 2, der ihn in ein Entzunderungsprisma 3 stößt; danach bewegt der Schieber das Werkstück in die Zange 4, die sich um 90° dreht und das Stück senkrecht stellt. In einem weiteren Pressenhub wird das Stück flachgestaucht. Während des Stauchens bleibt das Werkstück in der Zange, die elastisch nachgibt. Nach dem Pressenhub schwenkt die Zange und legt das Werkstück auf einer Rollenbahn ab.

Die Automatisierung einer Schmiedeschlagpresse zum Herstellen langer Schaft- und Hohlteile durch Warmfließpressen mit anschließendem Gesenkschmieden des Flansches, ist in Bild 7.15 dargestellt.

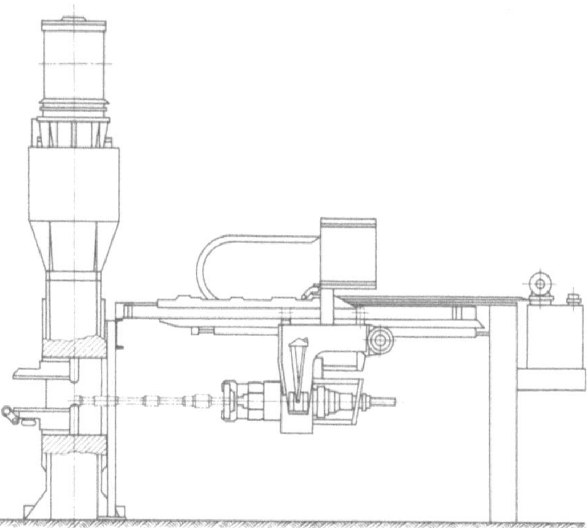

Bild 7.13. Automatische Reckanlage nach [7.10]

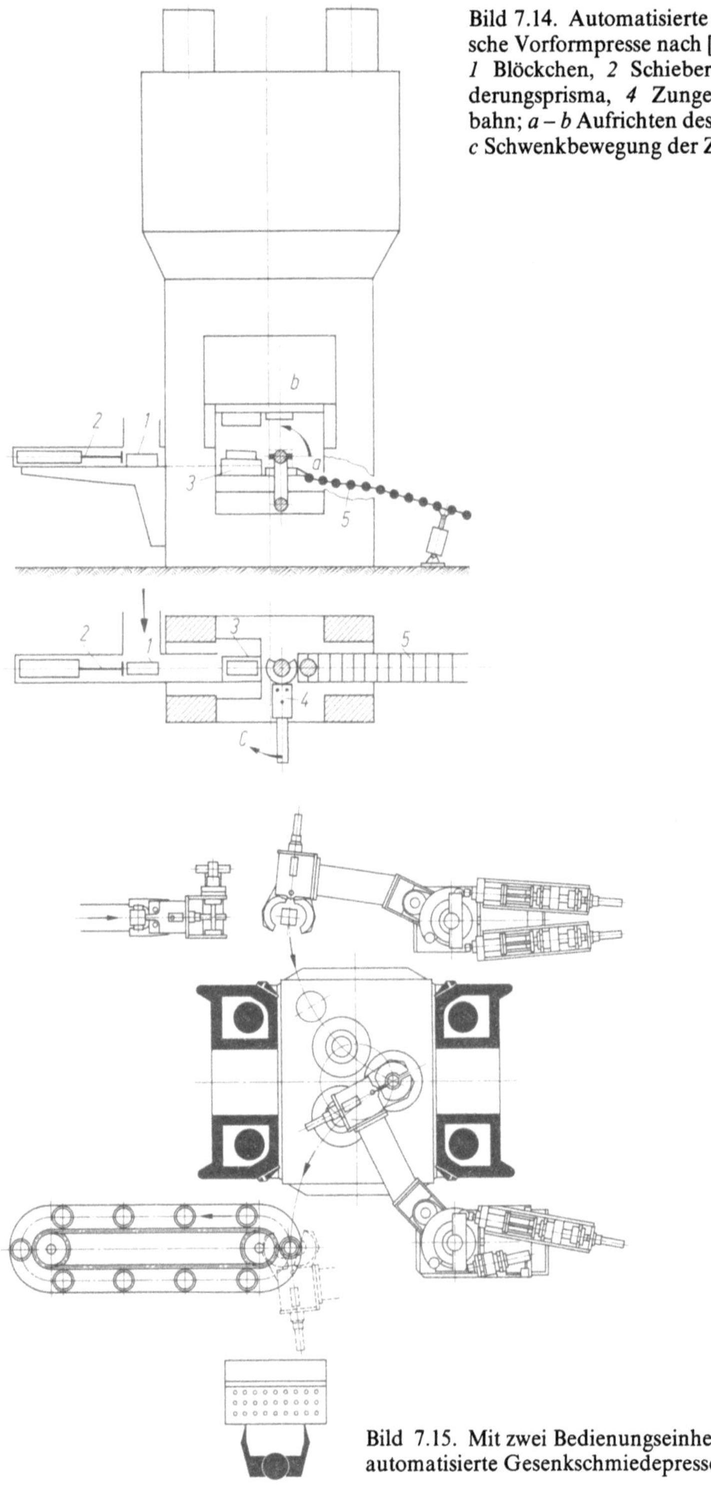

Bild 7.14. Automatisierte   hydraulische Vorformpresse nach [7.11].
1 Blöckchen, *2* Schieber, *3* Entzunderungsprisma, *4* Zunge, *5* Rollenbahn; *a – b* Aufrichten des Blöckchens,
c Schwenkbewegung der Zange

Bild 7.15. Mit zwei Bedienungseinheiten
automatisierte Gesenkschmiedepresse nach [7.12]

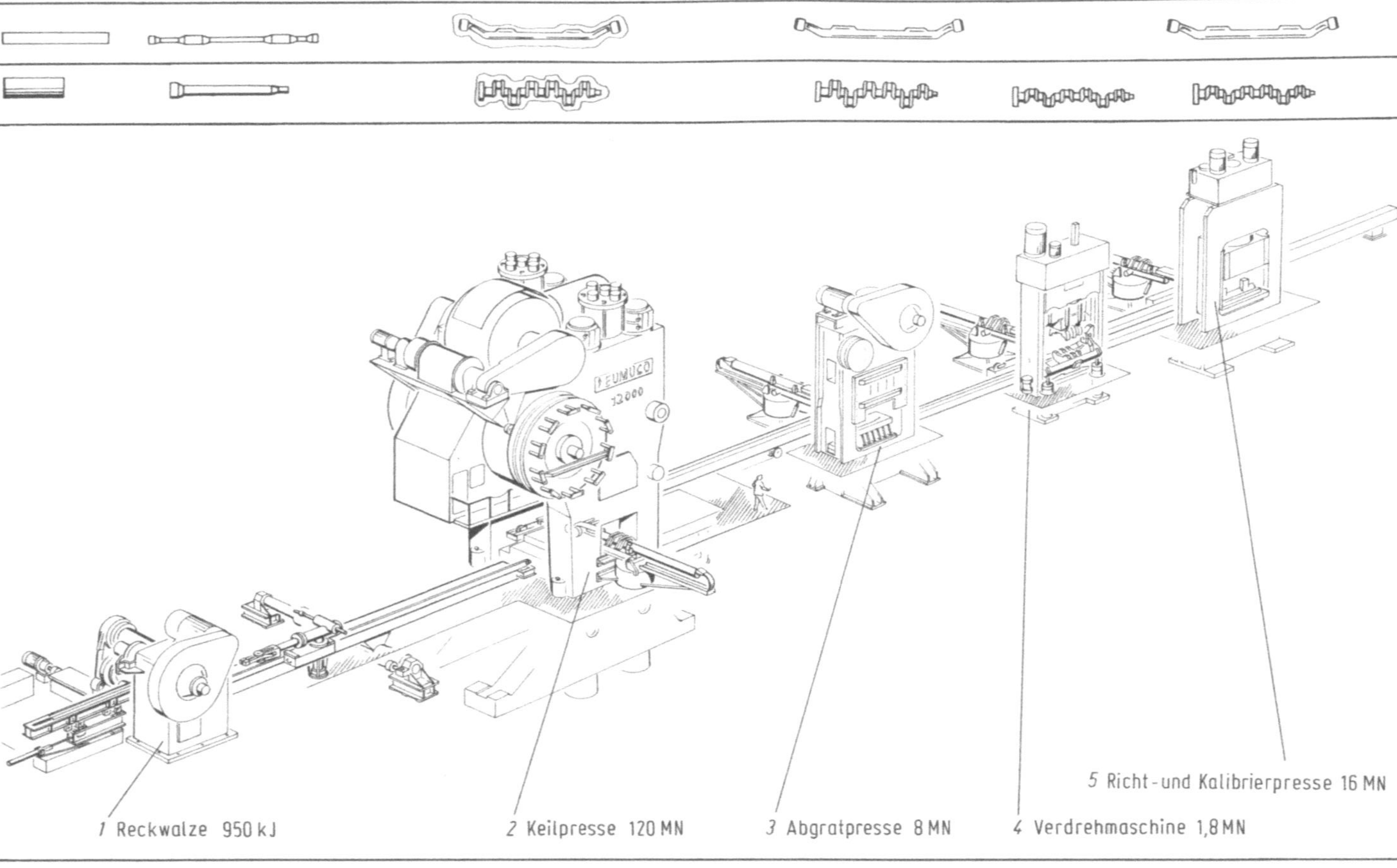

Bild 7.16. Automatische Fließreihe zum Schmieden von LKW-Kurbelwellen und -Vorderachsen (Eumuco AG für Maschinenbau)

Hierbei sind die Teile senkrecht den Werkzeugen zu entnehmen und hängend abzulegen, damit ein Durchbiegen des Schaftes vermieden wird. Die Zuführeinrichtung arbeitet mit einer kreisbogenförmigen Vorschubbewegung. Hierdurch wird es möglich, zwei bis vier Gravuren so anzuordnen, daß Nennkraft und Arbeitsvermögen der Maschine ausgenutzt werden. Die Übergabe der Werkstücke von der ersten an die zweite Einheit erfolgt im Schnittpunkt der beiden kreisbogenförmigen Vorschubbewegungen. Die Werkzeuge können an den für die Belastung der Presse günstigen Punkten der Kreisbögen angeordnet werden. Um lange Teile entnehmen oder einlegen zu können, ist der Greiferarm senkrecht verfahrbar. Die Hubkraft ist so groß, daß die Werkstücke mit Sicherheit aus dem Werkzeug gehoben werden. Um eine Beschädigung der Werkzeuge oder des Greiferarmes zu verhindern, wird der Pressenstößel verriegelt, wenn sich der Greiferarm im Werkzeugraum befindet. Sämtliche Bewegungen des Greifers werden hydraulisch besorgt, um ein ruckfreies Arbeiten zu gewährleisten. Es ist möglich, die Bewegungen und Arbeitsgänge insgesamt auszulösen oder jede Bewegung einzeln ablaufen zu lassen.

Bild 7.17. Manipulator der Schmiedelinie nach Bild 7.16 (Eumuco AG für Maschinenbau)

Eine *automatische Schmiedelinie* zum Schmieden von LKW-Kurbelwellen und -Vorderachsen: (Bild 7.16) ist im Prinzip ähnlich wie die Fließreihe nach (Bild 7.10), jedoch sind hier keine Handgriffe mehr erforderlich. Die Schmiedestraße ist für die Verarbeitung von Ausgangsmaterial bis zu 180 mm Vierkant und für Schmiedestückmassen bis zu 140 kg ausgelegt. Die kleinste Taktzeit beträgt 40 s bei vollautomatischem Ablauf. In der Keilpresse werden die Arbeitsgänge Biegen, Vorpressen, Fertigschmieden ausgeführt [7.14].

Alle Vorgänge laufen nach dem Folgeprinzip ab, d. h. bei Beendigung eines Vorganges wird der darauffolgende angesteuert. Der zeitlich längste Vorgang bestimmt die Taktzeit. Alle Einrichtungen bleiben nach der Ausführung der programmierten Bewegung solange in Bereitschaft, bis bei Beendigung des vorhergehenden Arbeitsganges eine erneute Ansteuerung erfolgt.

Die Manipulatoren sind im Prinzip gleich ausgeführt (Bild 7.17). Jeder hat einen eigenen hydraulischen Antrieb und kann horizontale Längs- und vertikale Schwenkbewegungen ausführen. Zur genauen Positionierung in der Endstellung wird gegen einen Anschlag gefahren. Der wassergekühlte Zangenkopf hat zwei Zangen und kann um 90° gekippt werden für das Drehen der Schmiedestücke zwischen zwei Arbeitsgängen.

Die vollelektronische Steuerung mußte für kurze Taktzeiten bei höchster Sicherheit gegen mechanische Zusammenstöße vorgesehen werden. Die Bewegungen werden durch zwei Kanäle gesteuert: ein aktiver Kanal übernimmt die programmgemäße Steuerung, ein passiver Kanalteil läuft mit. Bei Signaldifferenzen wird die Anlage sofort stillgesetzt. Die Linie wird von 6 Bedienungsleuten überwacht, die nur im Falle von Störungen eingreifen.

Schmiedegruppen mit Hantierautomaten scheinen geeignet, die Automatisierung bei kleinen Losgrößen mit verhältnismäßig geringen Kosten zu verwirklichen; sie erlauben eine große Flexibilität. Anwendungsbereiche sind vor allem Drehherdöfen, Reckwalzen, Kurbelpressen, Waagerecht-Stauchmaschinen, Warmabgratpressen.

In der Regel werden nicht mehr als 30 Programmschritte nötig sein; zwei bis sechs, in der Regel drei bis vier Translations- und Drehbewegungen sind erforderlich. Die notwendige Positioniergenauigkeit beträgt etwa 1 bis 2 mm, kann aber in Sonderfällen $< \pm 0,5$ mm sein. Eine weitere Forderung ist die Zuverlässigkeit.

Besondere Beachtung ist den Greiferkräften zu schenken, die ausreichen müssen, um den auftretenden Massenkräften beim Beschleunigen und Verzögern standzuhalten. Wenn der Hantierautomat das Schmiedestück während des Umformens halten muß (Reckwalze, Schmieden in Waagerecht-Stauchmaschinen), müssen die Reaktionskräfte des Umformvorgangs bzw. die Klemmkräfte federnd aufgenommen werden. Die Wärmebeanspruchung ist im allgemeinen nicht kritisch. Nach bisherigen Erfahrungen sind bei Verwendung von Hantierautomaten in günstigen Fällen Produktionssteigerungen bis zu 20% möglich. Mindestens ein Bedienungsmann kann eingespart werden.

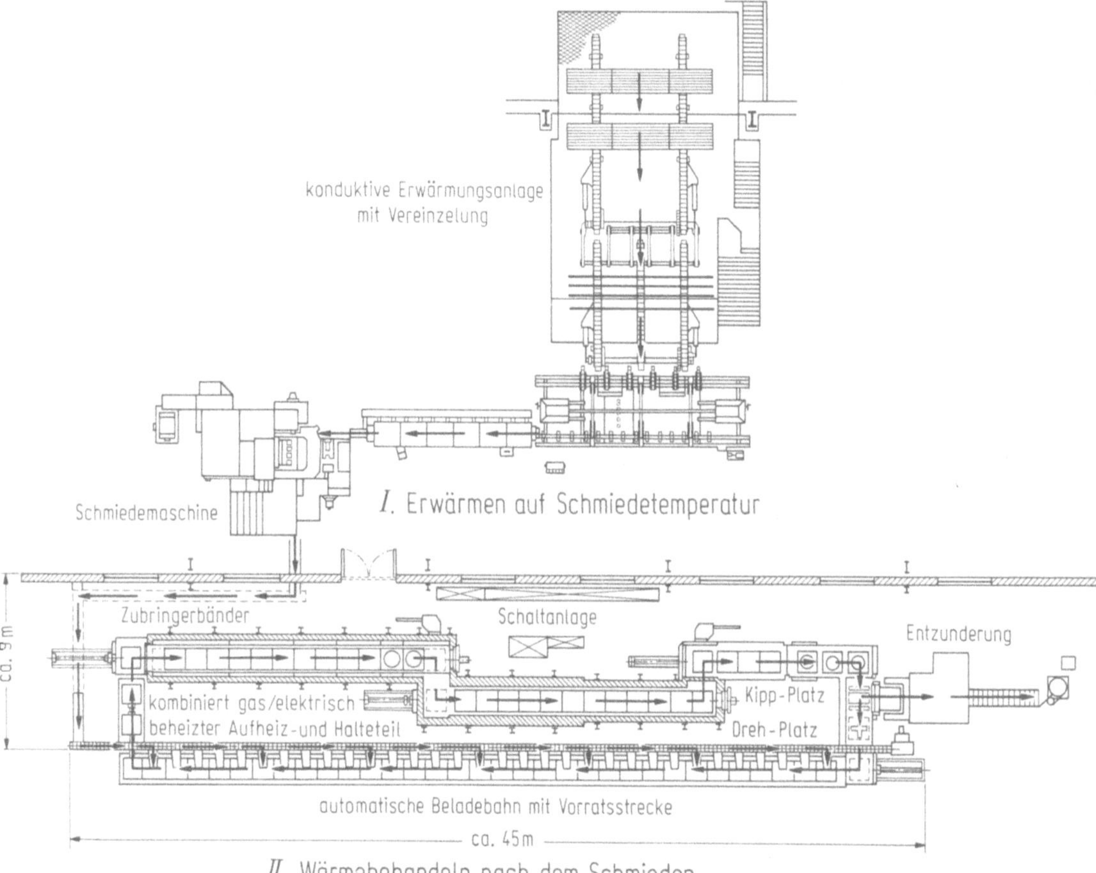

Bild 7.18. Grundriß einer automatischen Schmiedeanlage mit Erwärmungsanlage und nachgeschalteter Wärmebehandlungsanlage nach [7.13]

Schmiedeautomaten

Rotationssymmetrische Werkstücke bis zu 120 mm Durchmesser und Massen bis zu 2 kg werden heute bei sehr großen Stückzahlen in *automatischen Warmstufenpressen* hergestellt, die aus den Warmmuttern- und Bolzenpressen entwickelt worden sind. Sie werden zur Zeit für Kräfte bis zu 12 MN gebaut (Bild 7.18). Diese Maschinen eignen sich nur für den selbsttätigen Betrieb. Es wird vom Stab geschmiedet, der in einem induktiven, konduktiven oder gasbeheizten Durchlaufofen erwärmt und kontinuierlich von Walzenpaaren in die Maschine gezogen wird. Die Maschinen haben eine Scher- und mehrere — meist vier — Umformstationen. Mechanisch gesteuerte Greiferzangen, die über Kurvenscheiben angetrieben werden, führen die Stücke von einer Gravur zur nächsten. Die Maschinen haben eine sehr große Stückleistung — bis zu 4000 Stück/h. Für die gleiche Stückleistung sind 6 bis 10 übliche Gesenkschmiedepressen mit Handbedienung erforderlich. Die große Mengenleistung wird dadurch erreicht, daß alle Preßstufen ständig besetzt sind, also mit jedem Hub ein Stück fertig wird.

Für einfache Gesenkschmiedestücke, z. B. Kugeln, werden auch automatische *Einstufenpressen* benutzt, die im Prinzip ähnlich arbeiten; hier ist jedoch außer der Scherstufe nur eine einzige Umformstufe vorhanden.

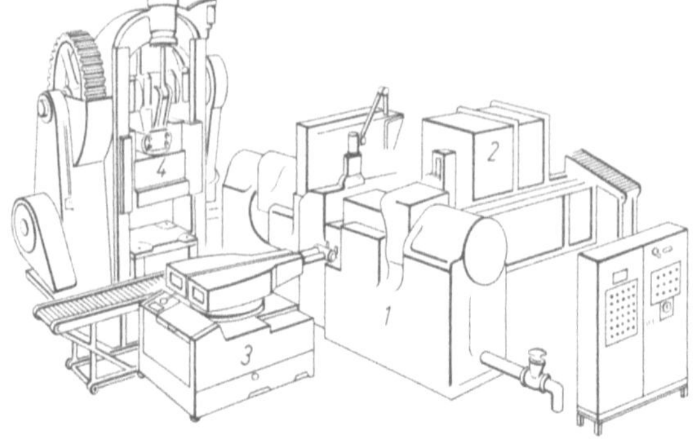

Bild 7.19. Waagerechter
Gegenschlaghammer
(Impacter).
1 Gegenschlaghammer,
2 Induktionsanlage,
3 Hantierautomat,
4 Abgratpresse

Für das selbsttätige Schmieden von langgestreckten Schmiedestücken eignet sich ein *waagerechter Gegenschlaghammer*. Der einzige Hammer, dessen Automatisierung bisher gelungen ist (Bild 7.19), besteht aus dem Hammer, einer Transporteinrichtung und einer Abgratpresse. Arbeitsvermögen und Folgezeiten der Schläge lassen sich innerhalb eines weiten Bereiches einstellen. Eine Zange der Transporteinrichtung greift das erwärmte Rohteil an einem Zangenende und bringt es in der Schlagebene zwischen die Gravuren. Die Stellung des Schmiedestükkes kann mit einer Genauigkeit von 0,25 mm eingehalten werden. Vier Gravuren lassen sich nebeneinander anordnen. Es ist auch ein teilautomatischer Ablauf möglich, indem ein Mann die Rohteile aus dem Ofen nimmt und an den Greifer übergibt.

7.4.5 Einrichtungen für den Transport in der Maschine

Von Transporteinrichtungen in automatischen Schmiedemaschinen wird eine große Positionier-Genauigkeit und -Geschwindigkeit verlangt. Die bewegten Massen sollten daher gering sein.

Hubbalkenförderer sind geeignet für Schmiedestücke, die mehrere Umformstufen in einer Maschine durchlaufen sollen. Sie führen Bewegungen in drei Koordinatenrichtungen aus: eine Schließbewegung quer zur Transportrichtung, eine Hubbewegung zum Herausnehmen der Schmiedestücke aus der Gravur und eine Längsbewegung beim Transport von einer Gravur zur nächsten. Daran schließen sich das Absenken, Öffnen und der Rücklauf in die Ausgangslage an (Bild 7.20).

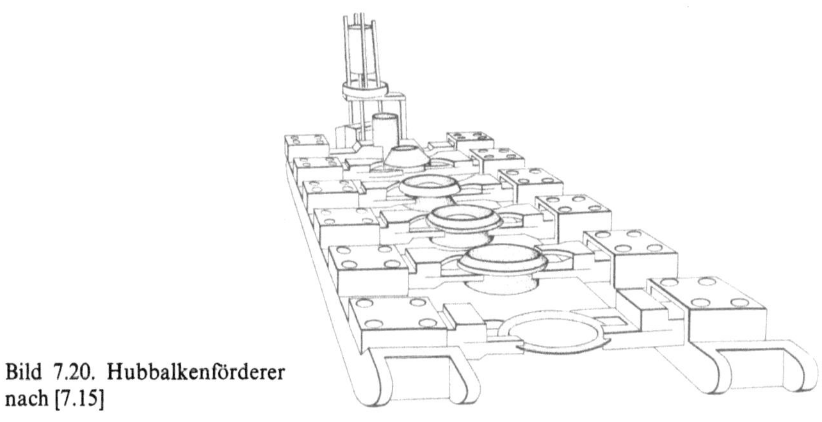

Bild 7.20. Hubbalkenförderer
nach [7.15]

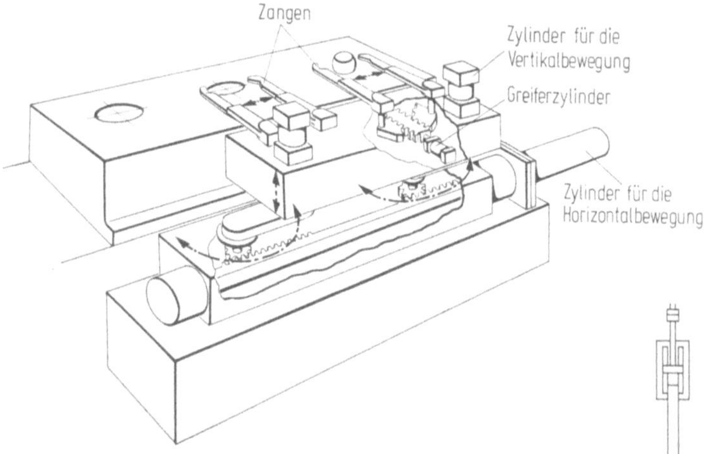

Bild 7.21. Zangentransportvorrichtung nach [7.15]

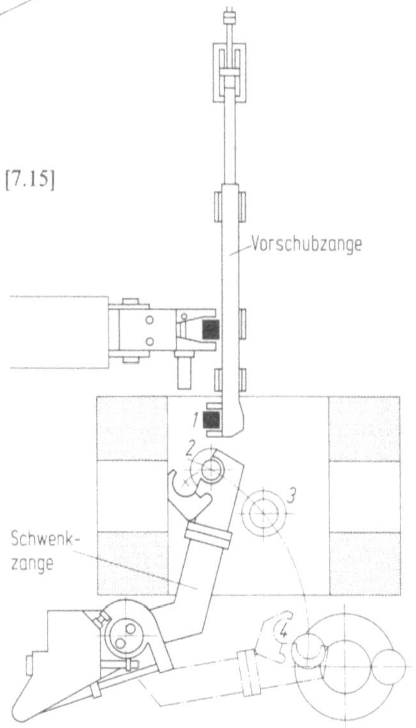

Bild 7.22. Vorschub- und Schwenkzange
nach [7.15].
1 Blöckchen, 2, 3 Gravur,
4 Übergabestation

Bei weniger zahlreichen Umformstufen kommt ein *Zangentransport* in Frage, der im Prinzip gleiche Bewegungen macht wie ein Hubbalkenförderer (Bild 7.21). Für Werkstücke mit einem stabförmigen Greifende eignen sich auch Drehteller. Die Manipulatoren nach Bild 7.17 führen Vorschub-, Schwenk- und Schließbewegungen aus. Dreh-, Schwenk- oder Verschiebezangen führen außer einer Greifbewegung eine Schwenk- oder eine geradlinige Vorschubbewegung aus (Bild 7.22).

Schwenkarme und Schieber sind die einfachsten Fördermittel an automatisierten Schmiedemaschinen (Bild 7.23). Weil sie jedoch ohne Greifer arbeiten, ist ein genaues Positionieren mit ihnen nicht möglich. Sie werden im wesentlichen zum Beschicken der ersten Gravur und zum Entfernen der Schmiedestücke aus der letzten verwendet.

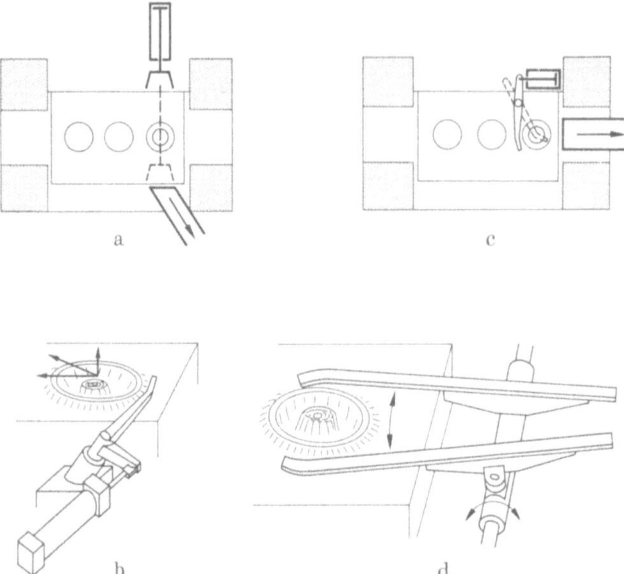

Bild 7.23. Schieber (a, b), Dreharm (c) und Schwenkarm (d)

7.4.6 Bedingungen der Automatisierung

Der wirtschaftliche Erfolg der Automatisierung von Gesenkschmiedevorgängen ist an mehrere Voraussetzungen gebunden, wie hinreichende Losgrößen, genügende Gesenkstandmengen, kurze Rüstzeiten, störungsfreies Arbeiten von Transporteinrichtungen, Schmieranlagen und Auswerfern, Temperaturregelung der Erwärmungsanlage, u. U. Sensoren zum Prüfen der Gravurbelegung. Eine automatisierte Kurbelpresse sollte etwa eine Woche lang das gleiche Stück schmieden können. Die Standmenge der Werkzeuge muß für mindestens eine Schicht reichen. Um unvorhergesehene Stillstandszeiten zu vermeiden, kann es zweckmäßig sein, die Werkzeuge bereits vor dem endgültigen Erliegen am Schichtende auszuwechseln, wenn die Gefahr besteht, daß sie die nächste Schicht nicht mehr durchhalten. Die Werkzeughalter müssen so gestaltet sein, daß die Einsätze schnell ein- und ausgebaut werden können, z. B. mit Hilfe besonderer Montageplatten im Werkzeughalter. Die Transportbalken der Fördereinrichtung müssen dazu unabhängig vom Pressenantrieb nach oben und unten gefahren werden können. Der Wechsel vorgewärmter

Werkzeuge dauert dann etwa 1 bis 2 Stunden, für den Einbau neuer Gesenke sind 5 bis 6 Stunden erforderlich.

Ein Hindernis bei Automatisierungsaufgaben ist vielfach die Schmierung, die ein „Kleben" der Werkstücke verhindern muß. Beim Schmieden von Hand ist es möglich, entweder das Gesenkteil, welches das Schmiedestück festhält, stärker zu schmieren, oder das Gesenkteil, das sich leichter löst, weniger. Diese Möglichkeiten einer an das Einzelstück angepaßten Schmierstoffdosierung entfallen beim automatischen Betrieb. Deshalb muß durch die Auswerferfunktion für ein störungsfreies Lösen der Schmiedestücke gesorgt werden.

Die erwähnten Gesichtspunkte beeinflussen die Wirtschaftlichkeit einer automatisierten Presse über die Rüstkosten und die Maschinenausnutzung. Bei einem Wirtschaftlichkeitsvergleich zwischen einer automatisierten und einer handbedienten Gesenkschmiedemaschine sind u. a. folgende Gesichtspunkte zu berücksichtigen [7.16]:

Die automatisierte Fertigung erfordert unter Umständen eine größere Umformmaschine, so in jedem Fall bei gleichzeitiger Belegung mehrerer Gravuren. Aber auch bei einfacher Belegung der Gravuren kann es zweckmäßig sein, die Nennkraft der Presse nicht voll auszunutzen, um den Verschleiß der Maschine herabzusetzen.

Wegen erhöhter Stückleistung kann eine größere Wärmanlage erforderlich werden.

Die Stückleistung ist in der Regel größer als bei Handbedienung.

Die zeitliche Ausnutzung der Maschine ist dagegen wegen längerer Stillstandszeiten meist geringer.

Durch die Automatisierung werden Arbeitskräfte gespart.

Neben den meßbaren Vorteilen der Automatisierung sind weitere, nur bedingt in Zahlen faßbare, in Rechnung zu stellen, wie Erleichterung der menschlichen Arbeit und bessere Qualität durch gleichmäßige Produktionsbedingungen.

8 Das Gesenkschmiedestück

Das Ergebnis des Schmiedevorgangs — das Gesenkschmiedestück — weist einige durch das Fertigungsverfahren bedingte Besonderheiten auf. So sind der Gestaltung von Gesenkschmiedestücken gewisse Grenzen gesetzt, die Genauigkeit ist vom Schmiedevorgang abhängig, und auch bestimmte mechanische Eigenschaften werden durch den Herstellvorgang beeinflußt.

8.1 Hauptgeometrie von Gesenkschmiedestücken

8.1.1 Formenordnung und Abmessungsgrenzen

Durch Gesenkschmieden lassen sich Werkstücke mit geometrisch einfacher Gestalt (Kugeln, Scheiben, Wellen) ebenso wirtschaftlich herstellen wie kompliziert geformte Teile, die z. B. in zwei Ebenen gekrümmt sind oder Formelemente in allen Achsrichtungen eines räumlichen Koordinatensystems aufweisen (Lenkhebel, Kurbelwellen). Die Formenordnung in Bild 8.1 zeigt die Grobgestalt von Gesenkschmiedestücken in schematischer Darstellung.

Diese von Spies [8.1] vorgeschlagene Formenordnung enthält drei Formenklassen. Zu Klasse 1 gehören die sogenannten *gedrungenen Teile,* d. h. Werkstücke, deren Hauptabmessungen in den drei Raumrichtungen annähernd gleich sind ($l \approx b \approx h$). Die Anzahl der in dieser Klasse vorkommenden Gesenkschmiedestücke ist verhältnismäßig klein.

Zu Formenklasse 2 gehören die Werkstücke mit zwei annähernd gleichen und einem kleineren Hauptmaß ($l \approx b > h$). Sie werden als *Scheibenformen* bezeichnet. Auf diese Klasse entfällt ein wesentlich größerer Anteil aller Schmiedestücke; er wird auf etwa 30% geschätzt.

Die Formenklasse 3 umfaßt alle Werkstücke, bei denen ein Hauptmaß größer als die beiden übrigen ist, d. h. alle länglichen Endformen; Typenbenennung: *Langform* ($l > b \approx h$). Diese Klasse ist die weitaus größte und enthält rund zwei Drittel aller vorkommenden Schmiedestückformen.

Diese grobe Klasseneinteilung genügt jedoch nicht, denn danach kann der Raum in den drei Richtungen außer in Rechteck- oder Kreisform auch sternförmig, kreuzförmig oder in Kombinationen daraus von Werkstoff ausgefüllt sein. Um diese Schwierigkeit zu umgehen, ist es zweckmäßig, sich ein gegebenes Werkstück in Formelemente zerlegt vorzustellen. In den meisten Fällen ist ein *Hauptformelement* vorhanden, das größer als die übrigen ist und das Werkstück kennzeichnet; das

Formenklasse 1 – gedrungene Form

$l \approx b \approx h$ — kugelähnliche und würfelartige Teile

Untergruppe:	101 ohne Nebenformelemente	102 mit einseitigen Nebenformelementen	103 mit umlaufenden Nebenformelementen	104 mit einseitigen und umlaufenden Nebenformelementen

Formenklasse 2 – Scheibenform

$l \approx b > h$

Teile mit runden, quadratischen und ähnlichen Umrissen, Kreuzteile mit kurzen Armen, Gestauchte Köpfe an Langformen (Flansche, Ventilteller usw.)

Untergruppe: / Formengruppe:	ohne Nebenformelemente	mit Nabe	mit Nabe und Loch	mit Rand (Ringe)	mit Rand und Nabe
21 Scheibenform mit einseitigen Nebenformelementen	211	212	213	214	215
22 Scheibenform mit zweiseitigen Nebenformelementen		222	223	224	225

Formenklasse 3 – Langform

$l > b \gtreqqless h$

Teile mit ausgeprägter Längsachse

Längengruppen:
1 kurze Teile $l < 3b$
2 halblange Teile $l = 3 \ldots 8b$
3 lange Teile $l = 8 \ldots 16b$
4 sehr lange Teile $l > 16b$
(Ziffern der Längengruppen werden mit Schrägstrich angehängt; z.B. 334/4)

Untergruppe: / Formengruppe:	ohne Nebenformelemente	mit symmetrisch zur Achse des Hauptformelements liegenden Nebenformelementen	mit offenen oder geschlossenen Gabelungen	mit unsymmetrisch zur Achse des Hauptformelements liegenden Nebenformelementen	mit zwei oder mehr verschiedenen Nebenformelementen ähnlicher Größe
31 Hauptformelement mit gerader Längsachse	311	312	313	314	315
32 Längsachse des Hauptformelements in einer Ebene gekrümmt	321	322	323	324	325
33 Längsachse des Hauptformelements in mehreren Ebenen gekrümmt	331	332	333	334	335

Bild 8.1. Formenordnung für Gesenkschmiedestücke nach [8.1]

kann beispielsweise ein Würfel, eine Scheibe oder ein Stab mit beliebigem Querschnitt sein. Die übrigen Formelemente sind an das Hauptformelement angesetzt zu denken. Wendet man die obige Ordnung nur auf die Hauptformelemente an, so läßt sich als weiterer Ordnungsgesichtspunkt innerhalb jeder Formenklasse die unterschiedliche Gestalt der *Nebenformelemente* einführen; dieser reicht für eine zufriedenstellende Gliederung der Formenklassen 1 und 2 aus.

Für die Formenklasse 3 sind dagegen zwei zusätzliche Ordnungsgesichtspunkte notwendig. Es ist zu unterscheiden zwischen Teilen mit

gerader Längsachse — in einer Ebene gekrümmter Längsachse — in mehreren
Ebenen gekrümmter Längsachse
und ferner zwischen
kurzen Teilen — halblangen Teilen — langen Teilen — sehr langen Teilen.

Bei der Anwendung der Formenordnung sind einige Regeln zu beachten:

a) Geringfügige Querschnittswechsel des Hauptformelementes werden vernachlässigt; das gilt sowohl für sprunghafte als auch für allmähliche Querschnittsübergänge (Kegel, Neigungen);

b) Bei Hauptformelementen mit gekrümmter Längsachse gilt als Längenmaß die
Bogenlänge;

c) Alle Werkstücke einer Formengruppe mit einem oder mehreren Nebenformelementen gleicher Art gehören in eine Untergruppe (z. B. Werkstücke mit ein oder
zwei Gabelungen);

d) Hat ein Werkstück zwei oder mehrere Nebenformelemente verschiedener Art,
so wird es jeweils in die rechts stehenden Untergruppen mit den höchsten Kennziffern eingereiht (104, 215, 315 usw.);

e) Wenn ein Werkstück Nebenformelemente verschiedener Art besitzt, von denen
einige wesentlich kleiner als die übrigen und auch im Verhältnis zum Hauptformelement als verhältnismäßig klein anzusehen sind, so werden sie bei der Einord-
nung vernachlässigt.

Im einzelnen kann eine Formenordnung der Gesenkschmiedestücke folgende
Aufgaben unterstützten:
Bestimmen des Herstellverfahrens für die Endform,
Festlegen der Zwischenformen und der Ausgangsform,
Ermitteln der erforderlichen Werkstoffmenge unter Berücksichtigung der Grat-
verluste,
Auswahl der geeigneten Maschinen,
Bestimmen der erforderlichen Umformarbeit in Verbindung mit zusätzlichen
Kennwerten (s. Abschn. 1.2.6),
Ermitteln der Stückzeiten,
indem für ein Schmiedestück gewonnene Erfahrungswerte auf andere — der glei-
chen Formengruppe zugehörige — übertragen werden, allerdings mit einem Blick
auch für scheinbar untergeordnete Formmerkmale, die zwar in der Formenordnung
unberücksichtigt bleiben aber dennoch den Fertigungsgang und seine Daten beeinflussen.

Die *Abmessungen* von Gesenkschmiedestücken reichen von einigen Millimetern
(Büromaschinenteile) bis zu mehreren Metern Länge. Die Massen der z. Z. herstellbaren Gesenkschmiedestücke aus Stahl liegen zwischen 0,01 kg und mehren t. Die
obere Grenze wird durch die verfügbaren Fertigungseinrichtungen gesetzt. Gesenkschmiedestücke aus Al-Legierungen können eine Masse bis zu 5000 kg erreichen
und Längen von 10 m (Tragflächenholme) oder Durchmesser bis zu 1,5 m aufweisen. Ein Fahrgestellteil aus einer Titan-Legierung hat z. B. eine Masse von
1800 kg.
Kritische Abmessungsgrenzen, bei deren Unterschreiten ein Gesenkschmiedestück nicht mehr oder nicht mehr wirtschaftlich gefertigt werden kann, bestehen für

das Dicken/Höhen-Verhältnis von Wänden und Rippen bzw.
das Durchmesser/Längen-Verhältnis von Zapfen,
das Dicken/Breiten- bzw. Dicken/Durchmesser-Verhältnis von Böden,
Abrundungshalbmesser und
Seitenschrägen.

8.1.2 Gestaltungsgesichtspunkte

Alle Gesenkschmiedestücke unterliegen bestimmten Grundforderungen an ihre geometrische Form und weisen einige typische Gestaltmerkmale auf, wie die erwähnten kritischen Abmessungen. Aus der Fertigform entsteht auf diese Weise die Schmiede-Endform (Bild 8.2).

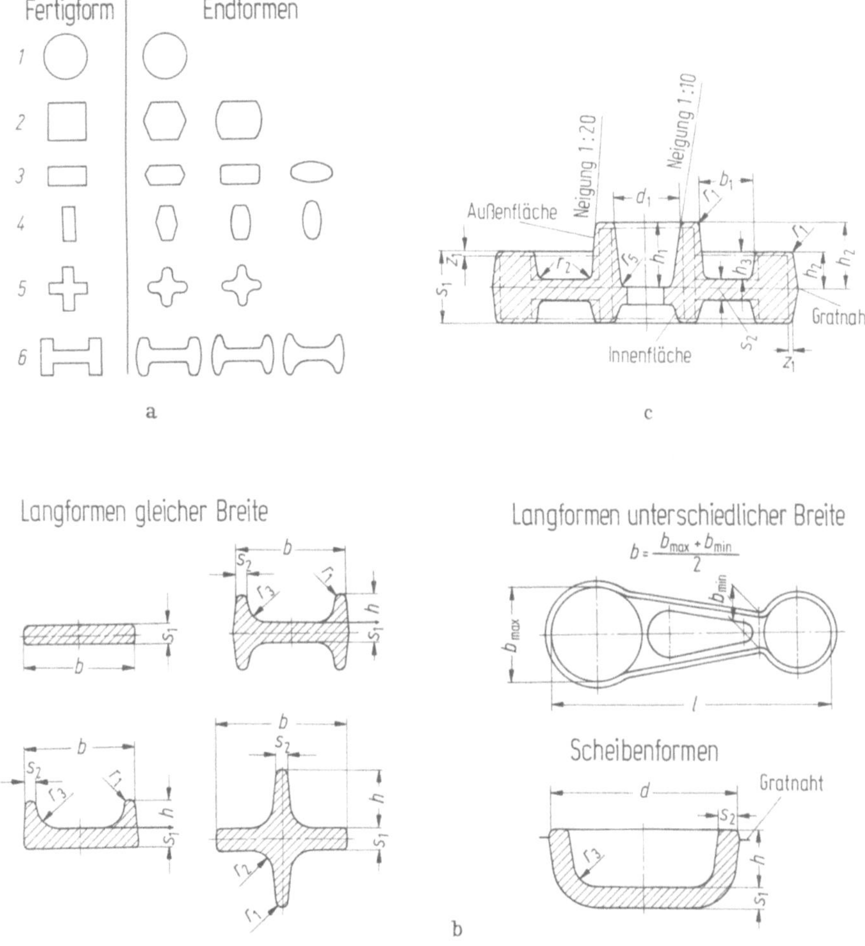

Bild 8.2. Querschnitte von Gesenkschmiedestücken
a) End- und Fertigformen nach [8.2]; b) Querschnittsformen von Lang- und Scheibenformen nach DIN 7523; c) Bezeichnungen am Schmiedestück

Beim Gestalten eines Schmiedestücks erweist sich im allgemeinen die nachstehende Reihenfolge als zweckmäßig, da hierbei diejenigen Entscheidungen zuerst getroffen werden, welche später aufgeführte Merkmale beeinflussen.

1. Gratnaht,
2. Wand- und Rippenabmessungen,
3. Bodendicke,
4. Höhlungen,
5. Schrägen,
6. Abrundungen.

Nachstehend werden die grundlegenden Gestaltungsregeln besprochen: Zahlenmäßige Angaben über die genannten Formelemente sind je nach Werkstoff unterschiedlich. Sie sind nebst weiteren Erläuterungen den folgenden DIN-Blättern zu entnehmen. Ausführlich erläuterte Gestaltungsbeispiele finden sich in [8.3 bis 8.7].

7 523, Bl. 1,   Schmiedestücke aus Stahl; Gestaltung von Gesenkschmiedestükken. Regeln für Schmiedestückzeichnungen,

7 523, Bl. 2,   — ; Mindestwanddicken verschiedener Querschnittsformen;

7 523, Bl. 3,   —; Bearbeitungszugaben, Rundungen und Seitenschrägen;

1 749, Bl. 3,   Gesenkschmiedestücke aus Aluminium — Gestaltung;

9 005, Bl. 2,   Gesenkschmiedestücke aus Magnesium-Knetlegierungen — Gestaltung;

17 673, Bl. 3,   Gesenkschmiedestücke aus Kupfer und Kupferknetlegierungen — Gestaltung.

8.1.2.1 Gratnaht

Die Gratnaht (Bild 8.3) legt die Verteilung des Schmiedestücks auf Unter- und Obergesenk fest. Sie beeinflußt

den Schmiedevorgang (Lösen des Schmiedestücks aus dem Gesenk; Auftreten oder Vermeiden von Seitenkräften);
die konstruktiven Einzelheiten des Schmiedestücks (Schrägen, Wand- und Rippenabmessungen sind von der Gravurtiefe abhängig);
die Eigenschaften des Schmiedestücks (Einfluß des Gratspalts auf Werkstoffffluß und Faserverlauf; Einfluß der Gratnaht auf die Dauerschwingfestigkeit);
die spanende Fertigbearbeitung (durch geeignete Gratlage lassen sich Schrägen am Schmiedestück vermeiden); Einfluß auf die Dicke der abzuspanenden Schicht.

Obwohl die Festlegung der Gratnaht bei verwickelten Schmiedestücken praktische Erfahrung erfordert, lassen sich Grundregeln für ihre Wahl angeben. Im wesentlichen handelt es sich um folgende vier Punkte, die jeweils gegeneinander abgewogen werden müssen:

Bild 8.3. Verlauf der Gratnaht (nach DIN 7526)

1. Die Gratnaht soll das Schmiedestück möglichst überall in zwei gleich hohe Hälften teilen (symmetrisch), damit kein unnötig hoher Werkstoffaufwand entsteht (Bild 8.4). Hinzu kommt, daß im Grenzfall — das gesamte Schmiedestück liegt in einem Gesenkteil — unsaubere Schnittkanten beim Abgraten nach Bild 8.5 b entstehen, die ein Nachschleifen erfordern. Gesenkteilungen nach Bild 8.5 b sind daher zu vermeiden, auch wegen der Schwierigkeiten bei der Kontrolle des Versatzes von Hohlteilen (Bild 8.6).

2. Für die Werkzeugherstellung ist eine *ebene* Gesenkteilung erwünscht; diese erfordert geringste Gesenkblockhöhen und erleichtert das Bearbeiten der inneren und äußeren Form der Gesenke. Beim Schmieden lassen sich die Werkstücke einfach handhaben; einseitig gerichtete, waagerechte Komponenten der Umformkräfte sind nicht vorhanden. Richtig eingebaute Gesenke neigen daher wenig zum Wandern.

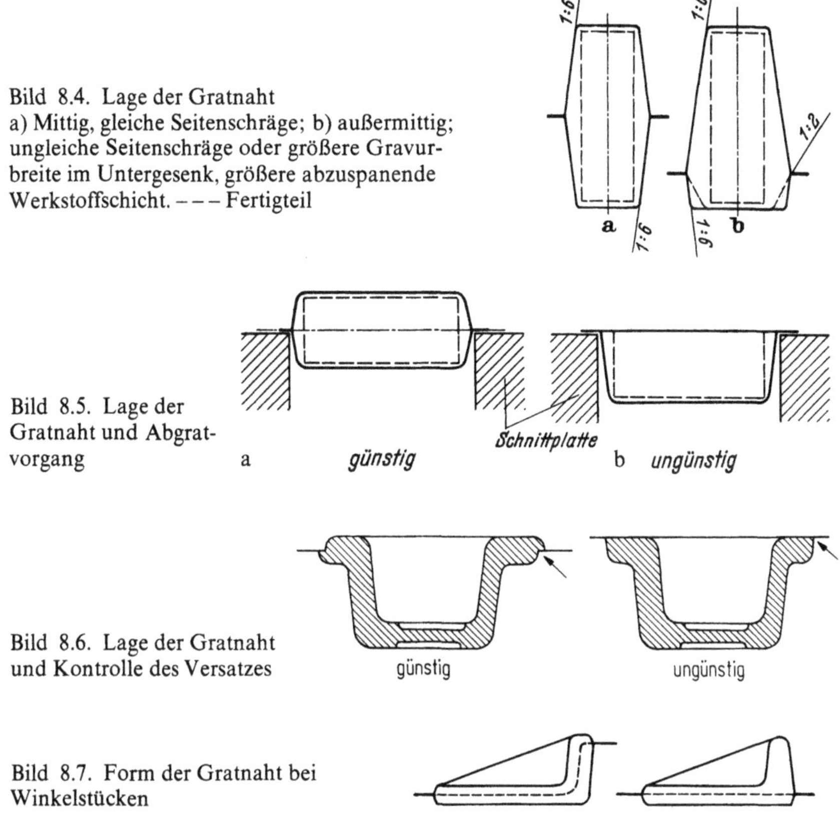

Bild 8.4. Lage der Gratnaht
a) Mittig, gleiche Seitenschräge; b) außermittig; ungleiche Seitenschräge oder größere Gravurbreite im Untergesenk, größere abzuspanende Werkstoffschicht. – – – Fertigteil

Bild 8.5. Lage der Gratnaht und Abgratvorgang

Bild 8.6. Lage der Gratnaht und Kontrolle des Versatzes

Bild 8.7. Form der Gratnaht bei Winkelstücken

3. Die Gesenkteilung soll den Werkstofffluß begünstigen. In vielen Fällen ist hierzu eine *gebrochene* Teilung besser geeignet als eine ebene, z. B. beim Schmieden von dünnwandigen Teilen mit ⊔-Querschnitt durch breitendes Umformen (Bild 8.6). Dasselbe gilt für das Schmieden von Winkelstücken (Bild 8.7) oder von vorgedornten Rundteilen (Bild 3.53 b), bei denen ein gegen den Außengrat versetzter Innengrat gewählt wird, um ein schnelles Abfließen des seitlich verdrängten Stoffes in den Grat zu erschweren. Die Neigung der Gratnaht zur Schmiedeebene ist mit Rücksicht auf das Abgraten < 75° zu wählen (Bild 8.3).

4. Die Gesenkteilung soll so gewählt werden, daß die durch Abspanen weiter zu bearbeitenden Flächen möglichst quer zur Umformrichtung liegen, d. h. nicht mit Seitenschräge oder Gratansatz behaftet sind.

Von einfachen Teilen abgesehen, ist es meist nicht möglich, allen vier Regeln beim Festlegen der Gesenkteilung zu genügen. Man wird daher von Fall zu Fall entscheiden müssen, welcher Gesichtspunkt mehr in den Vordergrund zu treten hat. Häufig wird z. B. zugunsten Regel 2 von Regel 1 abgewichen; die beiden in Bild 8.8 gezeigten Schmiedestücke erhalten dadurch eine einfachere Teilung.

Gebrochene Gesenkteilungen führen außer bei runden Gesenkschmiedestükken einseitig gerichtete waagerechte Kräfte herbei, die die Gesenke zum Wandern bringen und damit unzulässigen Versatz hervorrufen können. Ein Ausgleich dieser Kräfte ist nach Bild 8.9 durch sogenannte Fangleisten (a), Mehrfachschmieden (b) oder eine am gleichen Stück auf die Ausgangshöhe zurücklaufende Teillinie möglich (c). Die beiden letzteren Fälle sind im Prinzip gleich; nur erlauben nicht alle

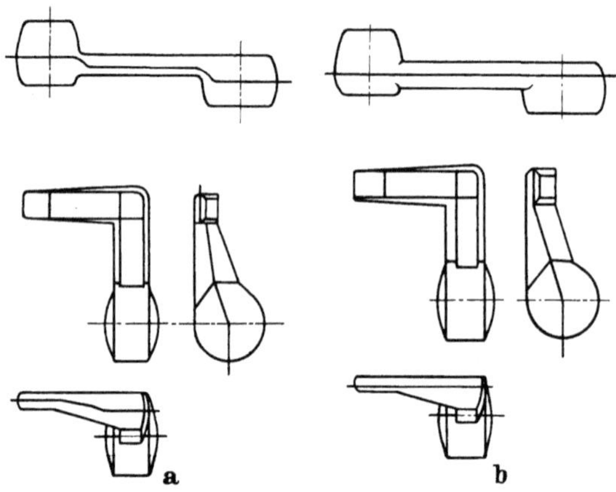

Bild 8.8. Von Grundregel 1 abweichende Gesenkteilung nach [8.3]
a) Verlauf der Teillinie nach Regel 1; b) abgewandelter Verlauf zwecks einfacherer Teilung

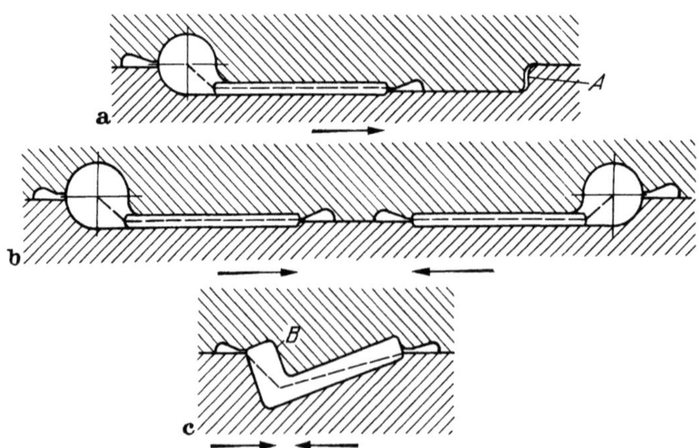

Bild 8.9. Schubausgleich bei gebrochener Gesenkteilung
a) Mit Fangleiste (A); b) Mehrfachschmieden; c) Einzelschmieden mit beiderseits gleicher Höhe der Teilfuge, Fläche (B) ohne Seitenschrägen, waagerechte Komponente der Umformkraft: ⟶

Gesenkschmiedestücke das Schmieden in einer Fall c entsprechenden Lage. Das Winkelstück läßt sich nach Bild 8.10 auch mit ebener Gesenkteilung als Doppelstück schmieden; als zusätzlicher Arbeitsgang ist das Trennen erforderlich. Außerdem ist die Fläche B mit Seitenschräge behaftet; bei gebrochener Teilung kann die letztere meist ganz entfallen, da durch die Winkellage schon eine „natürliche" Schräge gegeben ist (Bild 8.9 c). Derart geschmiedete Teile lassen sich besonders gut bearbeiten.

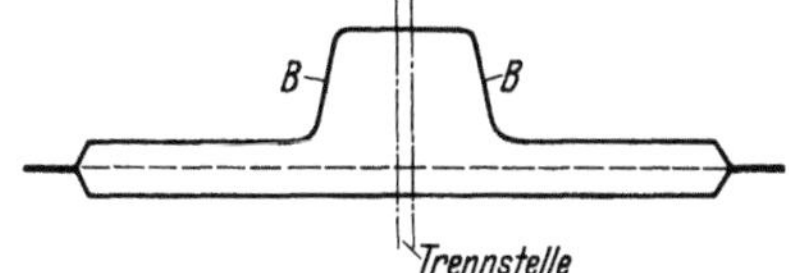

Bild 8.10. Ebene Gesenkteilung durch Doppeltschmieden von Winkelstücken; Flächen B mit Seitenschräge

8.1.2.2 Wand- und Rippenabmessungen

Rippen sind Formelemente, deren Höhe i. a. größer ist als ihre Breite, aber kleiner als ihre Länge und die senkrecht auf einer Grundfläche stehen. Sie dienen zum Versteifen plattenförmiger Bauteile, zum Erhöhen der Knick- und Beulfestigkeit, zum Verteilen örtlich angreifender Kräfte auf größere Flächen oder zur Befestigung anderer Bauteile.

Nach ihrer Lage in bezug auf die zugehörige Grundfläche unterscheidet man: *innere* und *äußere* Rippen (Seitenwände) — einseitige und beidseitige Rippen — *Längs-* und *Querrippen* (Bild 8.11). In bezug auf die Gesenkteilung können Rippen unterhalb oder oberhalb dieser liegen. Nach der Rippenform lassen sich *gerade* und *gekrümmte* (im Sonderfall kreisförmige) Rippen unterscheiden, nach der Anzahl der Rippen einfach und mehrfach verrippte Werkstücke.

Die kennzeichnenden Abmessungen von Rippen sind Höhe und Breite. Die Rippenhöhe wird ausgehend vom benachbarten Zwischenboden angegeben, die Rippenbreite am Rippenende zwischen den Schittpunkten der Rippenflanken mit der Parallelen zur Schmiedeebene durch den höchsten Punkt der Rippe gemessen.

Die Abmessungen von Rippen können mit Rücksicht auf eine wirtschaftliche Fertigung Grenzwerte nicht unterschreiten:

Schmale hohe Rippen werden im Gesenk nicht voll, da der Umformwiderstand um so größer wird, je enger die Gravur (die Reibung zwischen Werkstück und Werkzeug nimmt zu), je länger die Gleitwege und je größer die Berührdauer

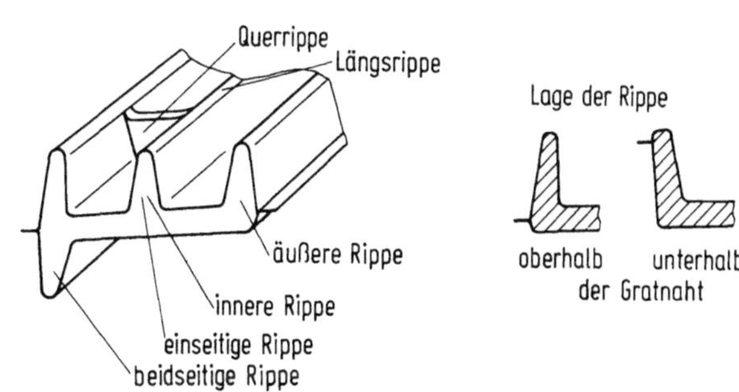

Bild 8.11. Beschreibung von Rippen

(Abkühlung). Das Verhältnis von Rippenhöhe h zu Rippendicke s_2 ist daher begrenzt (vgl. Bild 8.7).

Die Dicke von Rippen kann Mindestwerte nicht unterschreiten wegen der Gefahr einer „Stichbildung" (Abschn. 3.5). U. U. läßt sich diese Fehlerquelle durch Verlegen der Gesenkteilung beseitigen.

Für Abrundungshalbmesser am Rippenfuß besteht eine untere Grenze, weil kleine Radien am Einlauf in eine Rippe schnell verschleißen bzw. verformt werden, so daß die Werkstücke in der Gravur hängen bleiben. Außerdem besteht bei kleinen Radien die Gefahr von Überlappungen, wenn ohne Querschnittsvorbilden geschmiedet wird, da der Werkstoff sich von der Gravurwand beim Füllen der Rippe ablöst (Bild 8.12). Rundungen im Gravurgrund sollen mit Rücksicht auf das Ausfüllen des Hohlraumes genügend groß sein, da andernfalls große Druckspannungen nötig sind, die Anlaß zu Kerbrissen im Gesenk geben.

Bei zentralen Rippen ist die Dicke des benachbarten Zwischenbodens auf die Rippenabmessungen abzustimmen, da bei dünnen Böden die Gefahr eines Einzuges am Rippengrund besteht.

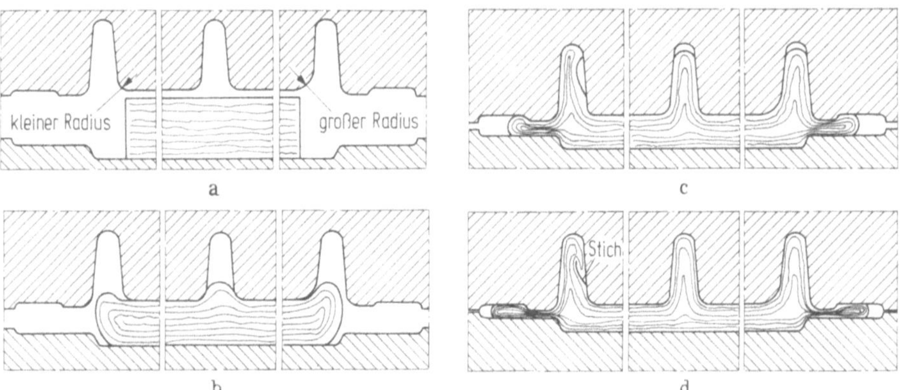

Bild 8.12. Entstehen eines „Stichs" bei kleinem Einlaufradius
a) Rohteil in der Gravur, b) Ablösen des Werkstoffs vom kleinen Radius, c) Hohlraumbildung, d) teilweises Zudrücken des Hohlraumes

Bei der Gestaltung von Rippen geht man zweckmäßig in folgenden Schritten vor:

a) Festlegen der Teillinie.

b) Lage der Rippen: Der Abstand zweier Rippen soll größer sein als die Rippenhöhe. Wenn ein Werkstück mehrere Rippen aufweist, sollen die eingeschlossenen Werkstückteile mindestens an einer Seite durch höchstens eine Rippe vom Gratspalt getrennt sein.

c) Festlegen des Querschnittes: Rippenhöhe und Rippenbreite nach einschlägiger Norm. Der Rippen-Querschnitt sollte über die Rippenlänge möglichst gleich bleiben; wenn eine Änderung erforderlich ist, sollten Schräge und Abrundungsradien konstant gehalten werden. Bei ringförmigen Rippen $d_i > 1,3\,h$; Höhe von Querrippen $<$ Höhe benachbarter Längsrippen.

Tabelle 8.1. Mindestwand- und -rippendicken sowie Hohlkehlenradien von Gesenkschmiedestücken aus Stahl nach DIN 7523, Bl. 2 (hierzu Bild 8.2 b)

h		s_2	r_3
über	bis	$\geqq$	$\geqq$
mm	mm	mm	mm
	10	3	5
10	16	4	6
16	25	5	8
25	40	8	12
40	63	12	20
63	100	20	32
100	160	32	50
160	250	50	80

d) Wahl der Schräge.

e) Wahl der Abrundungsradien.

Zahlenwerte sind den erwähnten Normblättern zu entnehmen. Für Gesenkschmiedestücke aus Stahl sind Zahlenangaben nach DIN 7523, Bl. 2, in Tabelle 8.1 zusammengefaßt. Die Zahlenwerte für s_2 und r_3 gelten für Stähle der Stoffschwierigkeit Gruppe M 1 nach DIN 7526. Stähle der Stoffschwierigkeit Gruppe M 2 können eine Erhöhung der Zahlenwerte bis zum 1,5fachen Tabellenwert erforderlich machen.

Vorsprünge und Zapfen

Vorsprünge sind meist zylindrische, kegelige oder angenähert quaderförmige Formelemente, deren Höhe≈Breite≈Länge ist, wobei i. a. $h < 2\,b$. Sie dienen als Auflagerstellen zur Einleitung von Kräften oder zur Befestigung. *Zapfen* sind meist zylindrische oder kegelige Formelemente, deren Höhen-Durchmesserverhältnis über die o. g. Grenzen hinausgeht.

Wie Rippen können sie einseitig oder beidseitig angeordnet sein. Im Gegensatz zu Rippen liegen sie nicht nur in der Bewegungsrichtung der Werkzeuge, sondern auch senkrecht oder schräg dazu. Für ihre Gestaltung sind die Ausführungen über Rippen sinngemäß anzuwenden.

8.1.2.3 Bodendicke

Böden sind dünne, plattenförmige Formelemente ($l≈b > h$). Ein Boden kann entweder nicht (Platte), teilweise oder ganz von anderen Formelementen, z. B. Rippen umschlossen sein. Das Schmieden von umschlossenen Böden (Zwischenböden) ist schwieriger, da der Werkstoff nicht ungehindert in den Gratspalt verdrängt werden kann.

Die Dicke von Böden kann konstant sein, sich sprunghaft oder kontinuierlich ändern. Sie darf Mindestwerte nicht unterschreiten, da die Druckspannungen beim Schmieden mit dem Verhältnis b/s bzw. d/s (b = Breite, d = Durchmesser des Bodens, s = Bodendicke) zunehmen und schließlich die Festigkeit der Werkzeuge erreichen. Schon vorher kommt es zu elastischen Verformungen mit einem Maximum in der Bodenmitte (vgl. Druckspannungsverteilung, Abschn. 1.3.2.1).

Die Gestaltung der Böden und die Wahl ihrer Dicke ist auf die umgebenden Rippen und Wände, deren Schrägen und Abrundungsradien abzustimmen. Die Belastung der Gesenke kann u. U. durch Vergrößern der Bodendicke zum Rand hin verringert werden. Der Winkel γ — möglichst nur einseitig mit Rücksicht auf die Herstellung der Gravur — sollte zwischen 1 bis 8° betragen; üblich sind Werte von 3° (Bild 8.13).

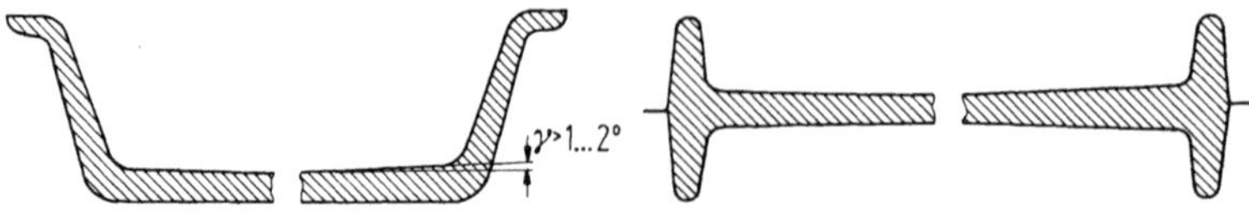

Bild 8.13. Boden mit veränderlicher Dicke nach [8.4]

Tabelle 8.2. Mindestbodendicken von Gesenkschmiedestücken aus Stahl nach DIN 7523, Bl. 2 (hierzu Bild 8.2 b)

b oder d		s_1[1]	
		bei $h \leqq \dfrac{b}{3}$ und	
		bei $l \leqq 3b$ $\geqq$	bei $l > 3b$ $\geqq$
über mm	bis mm	mm	mm
	25	2	3
25	40	3	4
40	63	5	6
63	100	6	8
100	160	8	10
160	250	12	16
250	400	20	25
400	630	30	40

[1] Bei $h > b/3$ kann der Tabellenwert bis 1,5 s_1 ansteigen

Zahlenmäßige Angaben über Mindestdicken von Böden sind in den Normblättern und in Tabelle 8.2 für Schmiedestücke aus Stahl genannt. Die Zahlenwerte gelten für Stähle der Stoffschwierigkeit M 1. Für die Gruppe M 2 können bis zu 1,5 mal größere Werte erforderlich sein.

8.1.2.4 Höhlungen und Durchbrüche

Höhlungen und Durchbrüche in Gesenkschmiedestücken werden gekennzeichnet durch das Verhältnis von Tiefe zu Breite bzw. Durchmesser. Sie werden entweder aus konstruktiven Gründen (Gewichtsersparnis), Aufnahme von anderen Bauteilen oder zur Erleichterung der Fertigung (z. B. Auslochen von Zwischenformen für gewalzte Ringe) vorgesehen.

Höhlungen sind nicht durchgehende Vertiefungen.

Durchbrüche in Böden bezwecken eine Gewichtsverminderung (Bild 3.57/3); sie werden durch Auslochen erzeugt. Sofern das Auslochen vor dem Fertigschmieden erfolgt, wird auch die Herstellung des Bodens erleichtert. Bei dünnen Zwischenböden werden Durchbrüche wegen möglicher Verformung beim Lochen u. U. günstiger spanend erzeugt.

8.1.2.5 Seitenschräge

Die *Seitenschräge* ist der Winkel zwischen der Seitenfläche eines Schmiedestücks und der Normalen auf die zugehörige Teilebene. Zu geringe Seitenschrägen können zum Haften der Schmiedestücke in der Gravur und damit zu Betriebsunterbrechungen führen. Infolge der dann längeren Berührzeiten können die Oberflächenschichten der Gravur ausglühen und das Gesenk vorzeitig unbrauchbar machen. Andererseits erschweren Schrägen das Füllen tiefer Gesenkhohlräume, erhöhen das Schmiedestückgewicht und machen u. U. eine spanende Bearbeitung nötig.

Man unterscheidet zweckmäßig mehrere Arten von Seitenschrägen (Bild 8.2 c).

Außenschräge: Neigungswinkel α_a einer Fläche, die sich beim Abkühlen von der Gegenfläche am Werkzeug entfernt.

Innenschräge: Neigungswinkel α_i einer Fläche, die sich beim Abkühlen der Gegenfläche am Werkzeug nähert.

Natürliche Schräge: durch die Funktion des Werkstücks bedingter Neigungswinkel einer Fläche.

Übergangsschräge: Neigungswinkel einer Fläche, die bei unsymmetrischer Gesenkteilung die Kanten des niedrigeren Werkstückteils mit der Außenkante in der Teilebene verbindet (Bild 8.4 b). Diese Schrägen ergeben sich zwangsläufig, wenn für den höheren Teil des Schmiedestücks die Schräge festgelegt wird.

Die Größe der Schrägen ist außer von der Art der Flächen (Außen-, Innenfläche) vor allem vom Schmiedeverfahren (Schmieden in Hammer oder Presse, Schmieden mit oder ohne Auswerfer) und der Höhe des Formelementes bzw. Tiefe einer Höhlung abhängig.

Zahlenwerte für Schrägen sind in den erwähnten Normblättern genannt (Tab. 8.3). Mit Rücksicht auf die Gesenkherstellung sollen die Schrägen beim Gesenkschmieden von Stahl aus der folgenden Reihe gewählt werden: 0,5 1, 3, 6, 9° (Mindestwert von Außenschrägen beim Schmieden ohne Auswerfer: 3°).

In der Regel wird für ein Schmiedestück, unabhängig von der Verschiedenartigkeit der Formelemente nur jeweils ein Winkel für Innen- und Außenschrägen festgelegt. Häufig werden auch Innen- und Außenschrägen gleich groß gehalten. Kleine Schrägen sollten nur bei unbearbeitet bleibenden Flächen vorgeschrieben werden; wird eine Fläche spanend bearbeitet, so ist in jedem Fall zu prüfen, ob eine vorgesehene Verringerung der Schrägen Vorteile bringt.

Beim Festlegen der Seitenschrägen sollte der Konstrukteur folgende Gesichtspunkte beachten:

Wahl der Schrägen entsprechend dem Schmiedeverfahren;
Prüfen von Alternativen, wenn geringe Schrägen gewünscht sind, in Zusammenarbeit mit dem Schmiedefachmann;

Tabelle 8.3. Seitenschrägen an Gesenkschmiedestücken aus Stahl nach DIN 7523, Bl. 3

Schmieden	Innenflächen			Außenflächen		
	Neigung	Winkel	Anwendung	Neigung	Winkel	Anwendung
Hammer	–	–	–	1 : 6	9°	bei hohen Rippen
	1 : 6	9°	Regelfall	1 : 10	6°	Regelfall
	1 : 10	6°	bei niedrigem Dorn	1 : 20	3°	bei flachen Teilen
Presse	1 : 6	9°	bei größerer Vertiefung	1 : 10	6°	bei flachen Teilen
	1 : 10	6°	Regelfall	1 : 20	3°	im Stößel
	1 : 20	3°	mit Auswerfer	1 : 50	1°	mit Auswerfer
Waagerecht-Stauchmaschine	–	–	–	1 : 20	3°	im Stößelgesenk
	1 : 20	3°	je nach Tiefe	1 : 50	1°	Regelfall
	bis 1 : 50	0 bis 3°	Loch oder Vertiefung	–	0°	an Backenflächen

Wahl einseitiger Schrägen (Außenschräge: 0 bis 0,5°; Innenschräge: doppelter Wert der Schräge nach Norm);
Schräglegen des Schmiedestücks in der Gravur, so daß natürliche Schrägen entstehen (Bild 8.9 c u. 8.14).

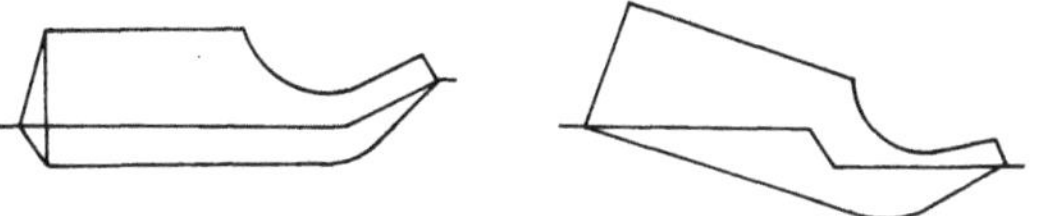

Bild 8.14. Vermeiden von Schrägen durch Ändern der Gratnaht

8.1.2.6 Rundungen

Rundungen sollten so groß wie möglich gewählt werden, um Verschleiß und Verformung von Gravurkanten (Hohlkehlen am Schmiedestück) zu verringern und Kerbrisse von Hohlkehlen der Gravur (Kanten am Schmiedestück) zu verhindern (vgl. Kap. 1 und 4), den Stofffluß zu begünstigen und Stichbildung bei kleinen Radien zu vermeiden.

Man unterscheidet Rundungen von *Kanten* r_1 (konvexer Bogen: äußerer Winkel > 180°; und *Hohlkehlen* r_2 (konkaver Bogen: äußerer Winkel < 180° (Bild 8.2 c).

Funktionsbestimmte Rundungen werden durch Angabe des Halbmessers und des Mittelpunktes festgelegt. Bei nichtbemaßten Mittelpunkten liegt dieser im Schnittpunkt der Flächennormalen.

Zahlenwerte für Abrundungsradien sind in den Normblättern festgelegt (Tab. 8.4 und 8.5).

Rundungen vertikaler Kanten sind gleich oder größer als die horizontaler Kanten zu wählen (meist zwei- bis dreimal so groß wie die Kantenrundungen an der gleichen Rippe). Die Rundungen vertikaler Hohlkehlen sind zweckmäßig ein- bis zweimal so groß wie die von angrenzenden horizontalen Hohlkehlen.

Tabelle 8.4. Rundungshalbmesser an Gesenkschmiedestücken aus Stahl nach DIN 7523, Bl. 3 (hierzu Bild 8.2 c)

Höhe h_2 oder h_3		Kanten-rundung	Hohlkehle r_2 Schmiedegüte		Durchmesser d_0 [1]		Hohlkehle
über	bis	r_1	F	E	über	bis	r_4
mm	mm	mm	mm	mm	mm	mm	mm
	25	2	4	4		25	2
25	40	3	6	5	25	40	3
40	63	4	10	6	40	63	5
63	100	6	16	8	63	100	8
100	160	8	25	10	100	160	12
160	250	10	40	16	160	250	20
250	400	16	63	25	–	–	–
400	630	25	–	–	–	–	–

[1] vgl. Bild 3.20

Tabelle 8.5. Dornkopfrundungshalbmesser für Gesenkschmiedestücke aus Stahl nach DIN 7523, Bl. 3

Dorn-Durchmesser d_1		Für Schmiedestücke mit zulässigen Abweichungen nach												
		Schmiedegüte F						Schmiedegüte E						
					bei Dornhöhe h_1									
über	bis	über bis 10	10 16	16 25	25 40	40 63	63 100	100 160	über bis 10	10 16	16 25	25 40	40 63	63 100	100 160
	25	2,5	3	4	5	–	–	–	2	2,5	3	4	–	–	–
25	40	3	4	5	6	8	–	–	2,5	3	4	5	6	–	–
40	63	4	5	6	8	12	16	18	3	4	5	6	8	10	
63	100	5	6	8	12	16	22	28	4	5	6	8	10	12	16
100	160	6	8	12	16	22	32	45	5	6	8	12	16	18	25
160	250	8	10	16	20	32	45	63	6	8	12	16	20	25	36
250	400	10	12	18	28	45	70	100	8	10	16	20	25	36	50
400	630	12	16	25	40	63	100	160	10	12	20	25	36	50	70

8.2 Fehlergeometrie von Gesenkschmiedestücken

Toleranzsysteme für Gesenkschmiedestücke unterscheiden sich vom ISO-System wegen unterschiedlicher Abhängigkeiten der Maßabweichungen. Durch weitere Bezugsgrößen neben dem Nennmaß wird der Einfluß von Schwindung, Gesenkverschleiß, Verzug usw. erfaßt. Je nach der Art der zusätzlichen Bezugsgrößen — Maßart, Gewicht oder Fläche [1], Gestalt, Werkstoff, Fertigungsgenauigkeit — entstehen unterschiedliche Toleranzsysteme.

8.2.1 Toleranzen und zulässige Abweichungen für Gesenkschmiedestücke aus Stahl

Toleranzen für Gesenkschmiedestücke aus Stahl sind in DIN 7526, in der britischen Norm BS 4114 (1967) und der französischen Norm AFNOR 02-500 gleichlautend festgelegt. Diese Normsysteme [8.9, 8.10] basieren auf der Abhängigkeit der Toleranzen von

Nennmaß;

Maßart: Maße, die in einer Gesenkhälfte liegen —
Länge, Breite, Höhe und
Maße, welche die Gratnaht kreuzen —
Dicke (Bild 8.15);

Verlauf der Gratnaht: eben — gebrochen;

Masse der Endform:
Formfaktor „Feingliedrigkeit": S = Schmiedestückvolumen V_s/Hüllkörpervolumen V_H (Bild 8.16) und

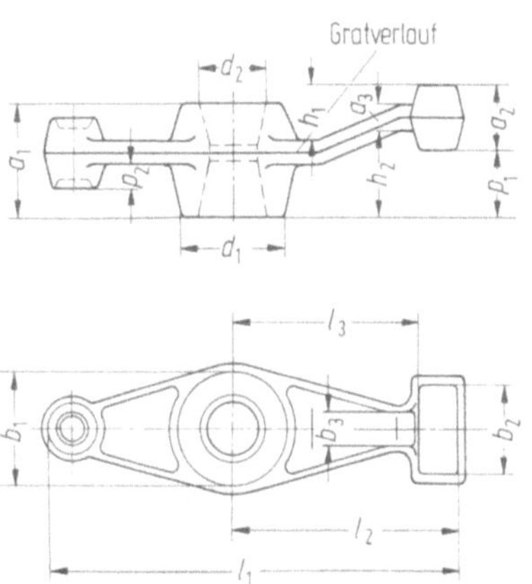
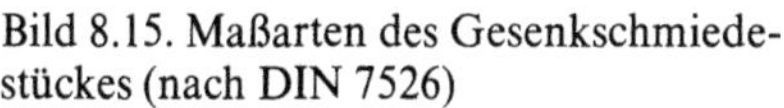

Bild 8.15. Maßarten des Gesenkschmiedestückes (nach DIN 7526)

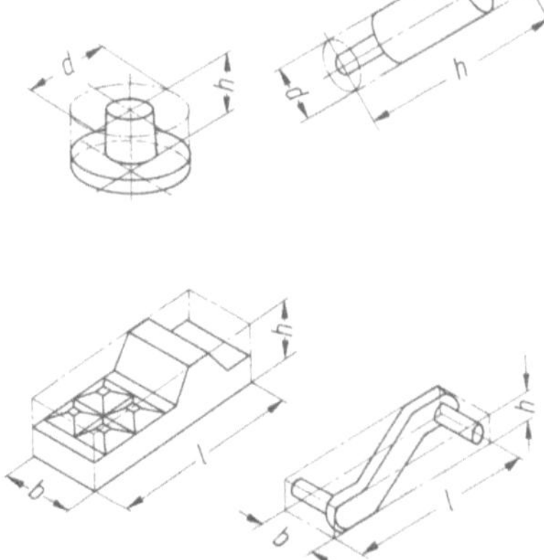

Bild 8.16. Hüllkörper von Gesenkschmiedestücken (nach DIN 7526)

---

[1] Nach [8.8] sind Gewicht und projizierte Fläche als Bezugsgrößen für Toleranzen von Gesenkschmiedestücken gleichwertig.

Werkstoffkennwert „*Stoffschwierigkeit*":
M 1 (C < 0,65 Gew. - %, Σ Mn, Cr, Ni, Mo, V, W < 5 Gew. - %)
M 2 (C > 0,65 Gew. - %, Σ Legierungsbestandteile > 5 Gew. - %).

Die Norm kennt zwei Schmiedegüten *F* und *E*, die sich in den Toleranzen um den Faktor 1,6 unterscheiden. Das Normsystem (Tab. 8.6) ist so angelegt, daß es mit Hilfe dieses Faktors zu engeren Toleranzen erweitert werden kann. Genauigkeitsanforderungen, die über die in DIN 7526 festgelegten Toleranzen hinausgehen, lassen sich bei entsprechend höherem Fertigungsaufwand verwirklichen (s. Abschn. 3.3.1) So werden bei Präzisions-Schmiedestücken (Turbinenschaufeln, Zahnräder mit geschmiedeter Verzahnung) Toleranzen erreicht, die ein Drittel der Werte der Schmiedegüte *E* nach DIN 7526 betragen. Derartige Sondertoleranzen sind in jedem Einzelfall zu vereinbaren (Bild 3.62 u. Tab. 3.5). Für Schmiedestücke, die mit Waagerecht-Schmiedemaschinen gefertigt werden, ist nur die Schmiedegüte *F* genormt.

Ein Beispiel für die Toleranzfindung ist in Tabelle 8.7 wiedergegegeben. In der Regel ist das größte Maß einer Maßart bestimmend für die Toleranz aller gleichartigen Maße (d. h. alle Längenmaße sollten die gleiche Toleranz erhalten wie das größte Längenmaß). Es ist aber möglich, jedes Maß einzeln zu tolerieren oder Toleranzen unterschiedlicher Schmiedegüten (*F*, *E* oder *S* = Sondertoleranz) miteinander zu kombinieren, wenn dies erforderlich ist.

Die Toleranz wird bei Außenmaßen im Verhältnis + 2/3 zu − 1/3 auf das obere und untere Abmaß aufgeteilt, bei Innenmaßen im Verhältnis + 1/3 zu − 2/3, bei Mittenabständen im Verhältnis ± 1/2 (Außenmaße des Schmiedestückes werden durch Verschleiß des Gesenks größer, Innenmaße kleiner).

Formtoleranzen von Gesenkschmiedestücken werden durch die von den Abmaßen festgelegten Äquidistanten zum Umriß der Endform eingeschlossen.

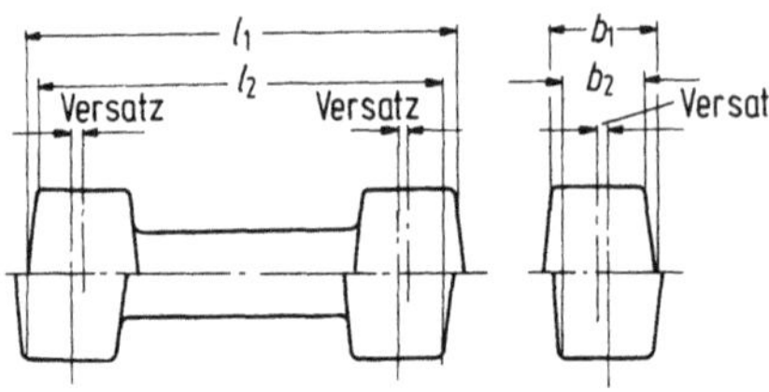

Bild 8.17. Versatz

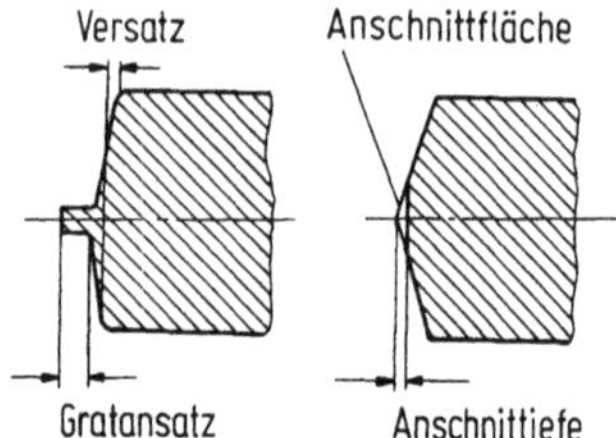

Bild 8.18. Gratansatz und Anschnittiefe

Versatz (Bild 8.17), Gratansatz und Anschnittiefe (Bild 8.18), Durchbiegung und Verwerfung, Abrundungen sowie Mittenabstände sind durch besondere Toleranzen begrenzt.

Oberflächenfehler (Zunderlöcher und Oberflächenmarken) dürfen an Flächen, die spanend bearbeitet werden, die Hälfte der Bearbeitungszugabe, an Flächen ohne spanende Bearbeitung 1/3 der gesamten Dickentoleranz nicht überschreiten.

Tabelle 8.6. Toleranzen für Gesenkschmiedestücke aus Stahl (Ausschnitt aus DIN 7526; Schmiedegüte *E* gilt nicht für in Waagrechtstauchmaschinen hergestellte Stücke);
a) Toleranzen und zulässige Abweichungen für Längen-, Breiten- und Höhenmaße (Durchmesser), Versatz, Gratansatz und Abschnittiefe;
b) Toleranzen und zulässige Abweichungen für Dickenmaße und Auswerfermarken

a)

Linke Spalten (Eingangsgrößen):

Versatz zulässig	Gratansatz + Anschnittiefe zulässig	Gratnaht unsymmetrisch	Gratnaht eben oder symmetrisch	Masse kg über	Masse kg bis	Stoffschwierigkeit Gruppe M1	M2	Feingliedrigkeit Gruppe S1	S2	S3	S4
0,3	0,3			0	0,4						
0,3	0,4			0,4	1						
0,4	0,4			1	1,8						
0,4	0,5			1,8	3,2						
0,5	0,6			3,2	5,6						
0,6	0,7			5,6	10						
0,7	0,8			10	20						

Nennmaß-Bereiche — Toleranzen und zulässige Abweichungen (Masse kg als Zeilenkennung):

Masse kg	über 0 bis 32	Abw.	32 bis 100	Abw.	100 bis 160	Abw.	160 bis 250	Abw.	250 bis 400	Abw.	400 bis 630	Abw.	630 bis 1000	Abw.	1000 bis 1600	Abw.	1600 bis 2500	Abw.
0 … 0,4	0,7	+0,5 / -0,2	0,8	+0,5 / -0,3	0,9	+0,6 / -0,3	1	+0,7 / -0,3	1,1	+0,7 / -0,4	-	-	-	-	-	-	-	-
0,4 … 1	0,8	+0,5 / -0,3	0,9	+0,6 / -0,3	1	+0,7 / -0,3	1,1	+0,7 / -0,4	1,2	+0,8 / -0,4	1,4	+0,9 / -0,5	-	-	-	-	-	-
1 … 1,8	0,9	+0,6 / -0,3	1	+0,7 / -0,3	1,1	+0,7 / -0,4	1,2	+0,8 / -0,4	1,4	+0,9 / -0,5	1,6	+1,1 / -0,5	1,8	+1,2 / -0,6	-	-	-	-
1,8 … 3,2	1	+0,7 / -0,3	1,1	+0,7 / -0,4	1,2	+0,8 / -0,4	1,4	+0,9 / -0,5	1,6	+1,1 / -0,5	1,8	+1,2 / -0,6	2	+1,3 / -0,7	2,2	+1,5 / -0,7	-	-
3,2 … 5,6	1,1	+0,7 / -0,4	1,2	+0,8 / -0,4	1,4	+0,9 / -0,5	1,6	+1,1 / -0,5	1,8	+1,2 / -0,6	2	+1,3 / -0,7	2,2	+1,5 / -0,7	2,5	+1,7 / -0,8	2,8	+1,9 / -0,9
5,6 … 10	1,2	+0,8 / -0,4	1,4	+0,9 / -0,5	1,6	+1,1 / -0,5	1,8	+1,2 / -0,6	2	+1,3 / -0,7	2,2	+1,5 / -0,7	2,5	+1,7 / -0,8	2,8	+1,9 / -0,9	3,2	+2,1 / -1,1
10 … 20	1,4	+0,9 / -0,5	1,6	+1,1 / -0,5	1,8	+1,2 / -0,6	2	+1,3 / -0,7	2,2	+1,5 / -0,7	2,5	+1,7 / -0,8	2,8	+1,9 / -0,9	3,2	+2,1 / -1,1	3,6	+2,4 / -1,2

b)

Linke Spalten (Eingangsgrößen):

Auswerfermarken zulässig	Masse kg über	Masse kg bis	Stoffschwierigkeit Gruppe M1	M2	Feingliedrigkeit Gruppe S1	S2	S3	S4
1	0	0,4						
1,2	0,4	1,2						
1,6	1,2	2,5						
2	2,5	5						
2,4	5	8						
3,2	8	12						
4	12	20						

Nennmaß-Bereiche — Toleranzen und zulässige Abweichungen (Masse kg als Zeilenkennung):

Masse kg	über 0 bis 16	Abw.	16 bis 40	Abw.	40 bis 63	Abw.	63 bis 100	Abw.	100 bis 160	Abw.	160 bis 250	Abw.	250	Abw.
0 … 0,4	0,6	+0,4 / -0,2	0,7	+0,5 / -0,2	0,8	+0,5 / -0,3	0,9	+0,6 / -0,3	1	+0,7 / -0,3	1,1	+0,7 / -0,4	1,2	+0,8 / -0,4
0,4 … 1,2	0,7	+0,5 / -0,2	0,8	+0,5 / -0,3	0,9	+0,6 / -0,3	1	+0,7 / -0,3	1,1	+0,7 / -0,4	1,2	+0,8 / -0,4	1,4	+0,9 / -0,5
1,2 … 2,5	0,8	+0,5 / -0,3	0,9	+0,6 / -0,3	1	+0,7 / -0,3	1,1	+0,7 / -0,4	1,2	+0,8 / -0,4	1,4	+0,9 / -0,5	1,6	+1,1 / -0,5
2,5 … 5	0,9	+0,6 / -0,3	1	+0,7 / -0,3	1,1	+0,7 / -0,4	1,2	+0,8 / -0,4	1,4	+0,9 / -0,5	1,6	+1,1 / -0,5	1,8	+1,2 / -0,6
5 … 8	1	+0,7 / -0,3	1,1	+0,7 / -0,4	1,2	+0,8 / -0,4	1,4	+0,9 / -0,5	1,6	+1,1 / -0,5	1,8	+1,2 / -0,6	2	+1,3 / -0,7
8 … 12	1,1	+0,7 / -0,4	1,2	+0,8 / -0,4	1,4	+0,9 / -0,5	1,6	+1,1 / -0,5	1,8	+1,2 / -0,6	2	+1,3 / -0,7	2,2	+1,5 / -0,7
12 … 20	1,2	+0,8 / -0,4	1,4	+0,9 / -0,5	1,6	+1,1 / -0,5	1,8	+1,2 / -0,6	2	+1,3 / -0,7	2,2	+1,5 / -0,7	2,5	+1,7 / -0,8

Tabelle 8.7. Beispiel zur Toleranzfindung (nach DIN 7526, Beiblatt) Kreuzstück — Werkstoff C 22

Anmerkung:
Durchmessermaße von Kreisflächen, die in einer Gesenkhälfte liegen, werden zur Ermittlung der zulässigen Abweichungen den Breitenmaßen und Durchmessermaßen von Kreisflächen, die von der Gratnaht gekreuzt werden, den Dickenmaßen zugeordnet. Demgemäß sind in dem Beispiel die Durchmessermaße mit den Buchstaben a oder b gekennzeichnet.

Erforderliche Angaben zur Ermittlung der zulässigen Abweichungen

Masse des Kreuzstückes (errechnet):	1,38 kg
Masse des Hüllkörpers (Quader mit 103 mm Breite, 103 mm Länge und 45 mm Höhe) (errechnet):	3,75 kg
Feingliedrigkeit bei 1,38 : 3,75 = 0,368:	Gruppe S 2
Stoffschwierigkeit für C 22 mit Gehalt an C = 0,25 Gew.-% < 0,65 Gew.-%:	Gruppe M 1
Gratnaht:	eben
größte Länge:	110 mm
größte Breite:	110 mm
größte Höhe (keine Höhenmaße in der Zeichnung eingetragen):	–
größte Dicke:	45 mm

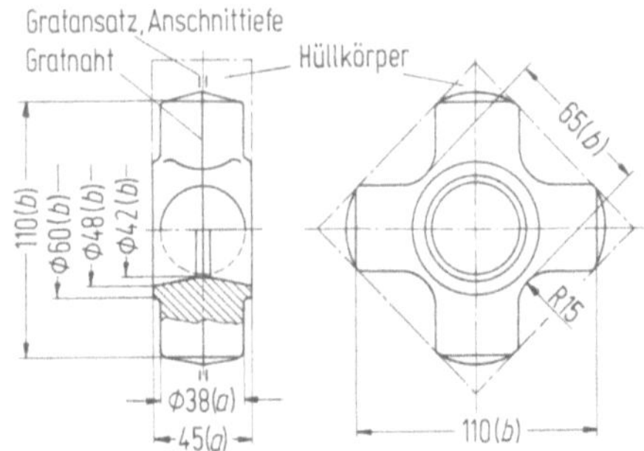

8.2.2 Toleranzen und zulässige Abweichungen für Gesenkschmiedestücke aus Magnesium-, Aluminium- und Kupfer-Knetlegierungen

Die Toleranznormen für Gesenkschmiedestücke aus Magnesium (DIN 9005, Bl. 3), aus Aluminium (DIN 1749, Bl. 4) und Kupfer sowie Kupfer-Knetlegierungen (DIN 17 676, Bl. 4) stimmen im Aufbau weitgehend überein (Tab. 8.8). Die Bezugsgrößen der Toleranzen sind:

Maßart (formgebundene Maße — Länge, Breite, Höhe und nicht formgebundene Maße — Dickenmaße);

Nennmaß (bei nicht formgebundenen Maßen gilt die Toleranz der größten Dicke für alle Dickenmaße);

Fläche für nicht formgebundene Maße (projizierte Fläche des Schmiedestücks senkrecht zur Schlagrichtung).

Außer Länge, Breite, Höhe und Dicke sind Versatz, Abrundungshalbmesser, Gratansatz, Abweichungen von der Ebenheit und Winkelabweichungen toleriert.

Tabelle 8.7 (Fortsetzung)

Toleranzen und zulässige Abweichungen nach DIN 7526

Schmiedestück-masse	Hüllkörper-masse	Feingliedrigkeit	Stoffschwierigkeit	Schmiedegüte
1,38 kg	3,75 kg	Gruppe S 2	Gruppe M 1	F

Maßarten	Toleranzen und zul. Abw.	Maßarten		Toleranzen und zul. Abw.
Längenmaße [1]	+ 1,3 − 0,7	Abgratnasen	Höhe	/
			Breite	/
Breitenmaße [1], Durch-messer	+ 1,3 − 0,7	Klemmgrat	Höhe	/
Höhenmaße	/		Breite	/
Dickenmaße, Durch-messer	+ 1,2 − 0,6	Sondertoleranzen		/
Versatz [2]	0,6	Hohlkehlen und Kantenrundungen nach Tabelle 6 DIN 7526		
Gratansatz (+), Anschnittiefe (−) [2]	0,7	Tiefe von Oberflächenfehlern nach Abschnitt 3.2.4.3 und 9.2.4.5 DIN 7526		
Durchbiegung und Verwerfung [2]	0,7	[1] Für Innenmaße Zahlenwerte für Plus- und Minus-Abweichungen miteinander vertauschen. [2] Zusätzlich zu anderen Toleranzen.		

8.2.3 Gestaltungsgesichtspunkte im Zusammenhang mit den Toleranzen

Der Konstrukteur sollte die größtmöglichen Toleranzen vorschreiben, da enge Toleranzen die Fertigungskosten erhöhen. Darüber hinaus kann er häufig durch zusätzliche Gestaltungsmaßnahmen den Fertigungsaufwand verringern. So sollten z. B. bei langen Schmiedestücken mit unterschiedlichen Querschnitten die Augen von Hebeln oder Pleueln in Längsrichtung oval geformt oder Nocken über die von der Funktion her vorgeschriebenen Abmessungen hinaus verbreitert werden (Bild 8.19), damit bei der spanenden Fertigbearbeitung genügende Wanddicken an Bohrungen oder Auflageflächen vorhanden sind, ohne daß die Mittenabstände eng toleriert werden müssen.

Die Abweichungen von Dickenmaßen lassen sich durch Kaltprägen verbessern [6.38]. Die zu prägenden Flächen sind im Hinblick auf geringe elastische Verformungen zu gestalten (Bild 8.20) z. B. durch konkave Ausbildung oder geringe Ausdehnung der Prägeflächen. Die erzielbare Genauigkeit liegt je nach Werkstoff,

Tabelle 8.8. Zulässige Abweichungen für Gesenkschmiedestücke aus Aluminium und Aluminiumlegierungen (Ausschnitt aus DIN 1749, Bl. 4)

Nennmaßbereich mm		Formgebundene Maße (Länge, Breite, Höhe)	Nichtformgebundene Maße (Dicke) Proj. Fläche cm²												
über	bis		– bis 25	über 25 bis 60	über 50 bis 100	über 100 bis 200	über 200 bis 400	über 400 bis 800	über 800 bis 1200	über 1200 bis 2000	über 2000 bis 4000	über 4000 bis 6000	über 6000 bis 9000	über 9000 bis 14 000	über 14 000 bis 22 000
–	3	±0,15	+0,3 –0,1	–	–	–	–	–	–	–	–	–	–	–	–
3	6	±0,2	+0,4 –0,2	+0,5 –0,4	+0,6 –0,4	+0,6 –0,4	+0,7 –0,5	–	–	–	–	–	–	–	–
6	10	±0,2	+0,4 –0,2	+0,5 –0,4	+0,6 –0,4	+0,6 –0,4	+0,7 –0,5	+1,1 –0,7	–	–	–	–	–	–	–
10	18	±0,3	+0,5 –0,4	+0,6 –0,4	+0,7 –0,5	+0,8 –0,6	+0,8 –0,6	+1,2 –0,8	+1,3 –0,8	+1,4 –0,9	+1,5 –1	+1,6 –1,0	–	–	–
18	30	±0,3	+0,5 –0,4	+0,6 –0,4	+0,7 –0,5	+0,8 –0,8	+0,8 –0,6	+1,3 –0,9	+1,4 –0,9	+1,6 –1	+1,6 –1,1	+1,7 –1,1	+1,7 –1,2	+1,8 –1,2	–
30	50	±0,3	+0,5 –0,4	+0,6 –0,4	+0,7 –0,5	+0,8 –0,6	+0,8 –0,6	+1,4 –1	+1,5 –1	+1,7 –1,1	+1,7 –1,2	+1,8 –1,2	+1,8 –1,3	+1,9 –1,3	+1,9 –1,4
50	80	±0,5	+0,6 –0,4	+0,7 –0,5	+0,8 –0,6	+0,9 –0,6	+1,1 –0,6	+1,6 –1	+1,7 –1,1	+1,8 –1,2	+1,9 –1,2	+1,9 –1,3	+2 –1,3	+2 –1,4	+2,1 –1,4
80	120	±0,7	+0,8 –0,6	+0,9 –0,7	+1 –0,8	+1,2 –0,9	+1,4 –1	+1,7 –1,2	+1,8 –1,2	+1,9 –1,3	+2,0 –1,4	+2 –1,5	+2,1 –1,5	+2,1 –1,6	+2,2 –1,6
120	180	±0,9	+1,3 –0,9	+1,4 –1	+1,6 –1	+1,6 –1,1	+1,7 –1,2	+1,9 –1,2	+1,9 –1,3	+2,1 –1,4	+2,2 –1,4	+2,2 –1,5	+2,2 –1,6	+2,3 –1,6	+2,4 –1,7
180	250	±1	+1,6 –1	+1,6 –1,1	+1,7 –1,2	+1,8 –1,2	+1,9 –1,3	+2 –1,3	+2,1 –1,4	+2,2 –1,4	+2,3 –1,5	+2,3 –1,6	+2,3 –1,7	+2,4 –1,7	+2,5 –1,8
250	315	±1,2	+1,7 –1,2	+1,9 –1,2	+1,9 –1,3	+2 –1,8	+2 –1,4	+2,2 –1,4	+2,2 –1,5	+2,3 –1,5	+2,3 –1,6	+2,3 –1,7	+2,3 –1,8	+2,4 –1,8	+2,5 –1,9
315	400	±1,3	+1,9 –1,3	+2 –1,3	+2 –1,4	+2,1 –0,4	+2,2 –1,4	+2,2 –1,5	+2,3 –1,5	+2,3 –1,6	+2,4 –1,6	+2,4 –1,7	+2,4 –1,8	+2,5 –1,8	+2,6 –1,9

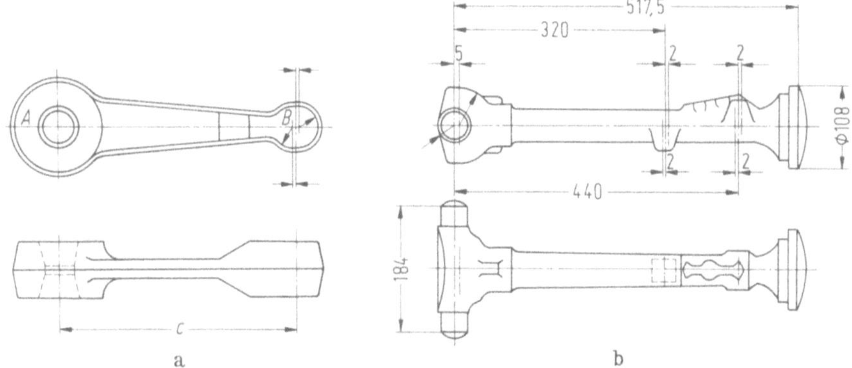

Bild 8.19. Gestaltung von langen Schmiedestücken im Hinblick auf unterschiedliche Schwindung
a) Ovales Auge einer Pleuelstange; b) verbreiterter Nocken und vergrößerte Wanddicke der Halbkugel durch Versetzen der Mitten

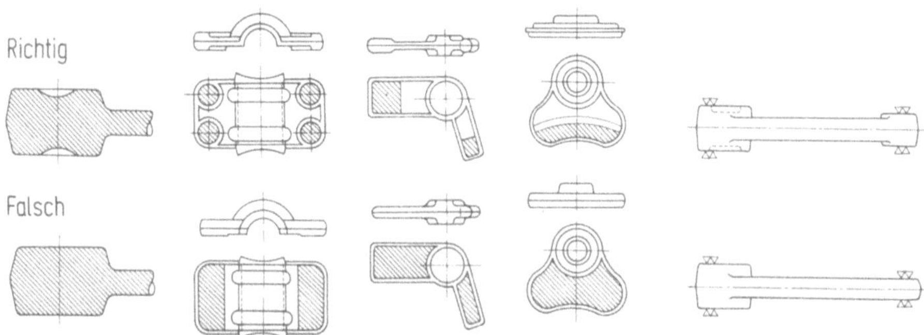

Bild 8.20. Gestaltung von Maßprägeflächen

Form und Abmessung der Prägestelle und Werkzeugausführung zwischen IT 8 und IT 10.

8.2.4 Bearbeitungszugaben

Flächen von Schmiedestücken, die spanend bearbeitet werden sollen, erhalten eine Bearbeitungszugabe, deren Dicke so groß ist, daß einerseits unerwünschte Beeinträchtigungen der Oberflächenschicht (Zundereinschläge, Riefen, entkohlte und oxidierte Zonen) entfernt werden, andererseits günstige Schnittbedingungen vorhanden sind. Die abzuspanende Werkstoffschicht soll zudem so klein wie möglich gehalten werden, damit unnötiger Werkstoffaufwand vermieden und Bearbeitungszeit gespart wird. Zugaben von 1,5 mm sollten jedoch nicht unterschritten werden, es sei denn die Fertigbearbeitung sei unmittelbar durch Schleifen möglich. Die in DIN 7523 festgelegten Bearbeitungszugaben für Gesenkschmiedestücke aus Stahl (Tab. 8.9) sind Mindestwerte.

Tabelle 8.9. Bearbeitungszugaben an Gesenkschmiedestücken aus Stahl (nach DIN 7523, Bl. 3;
a) für Innen- und Außenflächen

Größte Breite oder Durchmesser der zu spanenden Fläche mm		Größte Höhe oder Länge der zu spanenden Fläche mm				
		über	63	160	250	400
über	bis	bis 63	160	250	400	1000
	40	1,5	1,5	1,5	1,5	2
40	63	1,5	1,5	1,5	2	2,5
63	100	1,5	1,5	2	2,5	3
100	160	1,5	2	2,5	3	3,5
160	250	2	2,5	3	3,5	4

b) für zylindrisch gelochte Bohrungen

Durchmesser der Bohrung mm		Länge der Bohrung mm			
		über	63	100	140
über	bis	bis 63	100	140	200
–	25	2	–	–	–
25	40	2	3	–	–
40	63	2	3	3,5	–
63	100	3	3	3,5	4,5
100	160	3	3	3,5	4,5

Die Bearbeitungszugabe wird zusätzlich zu den Toleranzen und sonstigen Zugaben angewendet. So setzt sich die abzuspanende Schicht an Flächen in Schlagrichtung aus folgenden Teilbeträgen zusammen (Bild 8.21): Bearbeitungszugabe, Toleranzfeld, Schräge, Versatztoleranz. Senkrecht zur Schlagrichtung besteht sie nur aus Bearbeitungszugabe und Toleranzfeld.

Infolge der Seitenschräge nimmt die abzuspanende Schicht zur Teillinie hin zu, und zwar um so mehr, je tiefer die Gravur und je größer die Schräge ist. Hierdurch und durch den beim Abgraten oft stehenbleibenden Gratansatz wird das Abspanen dieser Flächen parallel zur Umformrichtung erschwert. Nach Möglichkeit sollte man sie daher unbearbeitet lassen und Flächen quer zur Schlagrichtung für das Abspanen bevorzugen. Häufig läßt sich der damit verbundene Vorteil gleichbleibender Schnittiefe durch zweckmäßige Wahl der Gesenkteilung bzw. der Lage des betreffenden Schmiedestückes im Gesenk ausnutzen (Bild 8.9 c). Hierbei muß gegebenenfalls eine gebrochene Gesenkteilung in Kauf genommen werden. Auch Gestrecktschmieden — mit ebener Teilung — und Biegen, z. B. von Gabelköpfen, führt zu bearbeitungsgünstigen Flächen am Gesenkschmiedestück.

Ist eine allseitige Bearbeitung erforderlich, so läßt sich oft durch eine zweckmäßige Gesenkteilung erreichen, daß der überwiegende Teil der Gesamtoberfläche bearbeitungsgünstig, d. h. mit gleichmäßiger Zugabe anfällt (Bild 8.14).

Die zu bearbeitenden Flächen müssen sich am Schmiedestück deutlich unterscheiden; auf diese Weise kann schon bei der Werkzeugherstellung und beim Schmieden besondere Sorgfalt auf die Maßhaltigkeit an den betreffenden Stellen gelegt werden — ein Beitrag zur Erzielung gleichbleibender Schnittbedingungen (Bild 8.22).

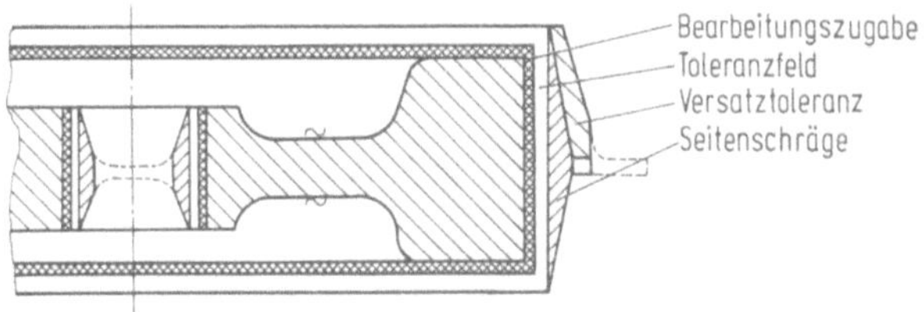

Bild 8.21. Abzuspanende Schicht am Gesenkschmiedestück

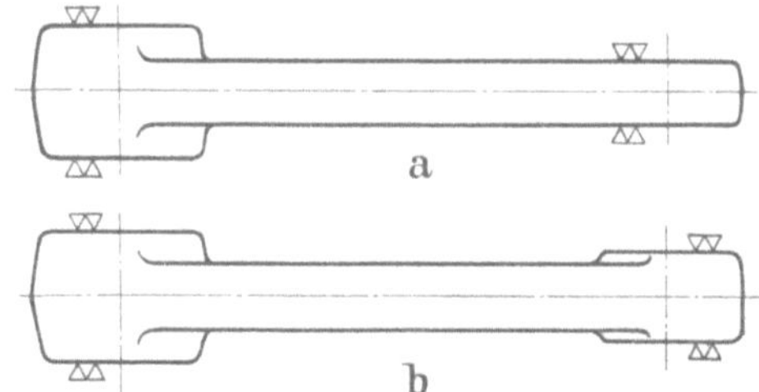

Bild 8.22. Gestaltung zu bearbeitender Flächen an Gesenkschmiedestücken
a) Keine Unterscheidung gegen roh bleibende Flächen: ungünstig; b) gute Unterscheidung gegen roh bleibende Flächen: günstig

Saubere durchgehende Lochungen erlauben die Bearbeitung in wirtschaftlicher Weise durch Innenräumen. Die Teile werden dadurch in einer Aufspannung vom Rohteil zum Fertigteil mit Arbeitsgenauigkeiten von IT 7 hergestellt. Auch das Außenräumen läßt sich gleichermaßen anwenden, wenn die abzuhebende Werkstoffschicht etwa 1,5 mm nicht überschreitet und nur innerhalb enger Toleranzen schwankt.

Ein anderes Beispiel für die Einschränkung der spanenden Bearbeitung ist das in Bild 8.23 gezeigte Schmieden von hohlen Naben mit vier verschiedenen Verfahren. Die beste Annäherung an die Fertigform wird mit der Waagerecht-Stauchmaschine erzielt, die dank ihrer Konstruktion das Schmieden von Teilen mit Unterschnitt und das zylindrische Lochen erlaubt.

Für die Genauigkeit der Erstaufnahme der Gesenkschmiedestücke in den Bearbeitungsmaschinen sind die Bezugs-, Anlage- und Spannflächen wichtig. Diese sollen möglichst keine Seitenschräge aufweisen und an Stellen geringer Gesenkbeanspruchung liegen, damit sie sich nicht durch Verschleiß oder Verformung maßlich verändern. Besonders beansprucht sind in dieser Hinsicht erhabene, schmale Flächen und Kanten im Gesenk ⊥ Umformrichtung (Bild 8.24). Sie sind daher als Bestimmflächen nicht geeignet [6.39]; besser wählt man dafür die Grundfläche des Schmiedestückes selbst.

Häufig weisen Gesenkschmiedestücke überhaupt keine oder schlecht geeignete Spannflächen auf. Man muß dann besondere Spannansätze anschmieden (Bild 8.25). Stören diese die Funktion des Werkstückes, so werden sie im Laufe der Bearbeitung entfernt; andernfalls bleiben sie erhalten.

Ein anderes Beispiel hierfür ist das Anschmieden von Zentrieransätzen an den in Bild 8.26 gezeigten Lenkhebel (Stellen *A* und *B*). Bei Drehteilen, wie z. B. der auf der Waagerecht-Stauchmaschine geschmiedeten Flanschwelle in Bild 8.25 a, ist bei mittiger Gesenkteilung die Spannfläche häufig zu schmal, um ein sicheres Spannen

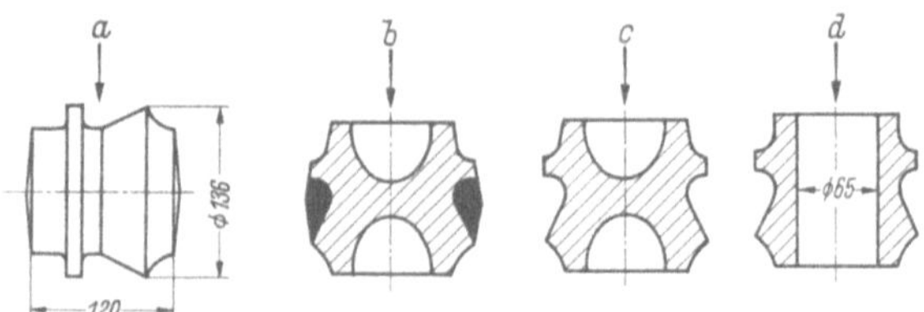

Bild 8.23. Schmieden von Naben nach [8.4]
a) Schmieden quer zur Bohrungsachse, Bohrung bleibt voll; b) Schmieden in Achsrichtung, Bohrung zum Teil vorgedornt. Die schwarz gezeichneten Stellen bleiben voll, da sonst Unterschnitt; c) Schmieden mit zweiteiligem Untergesenk, Bohrung vorgedornt; d) Schmieden in Waagerechtstauchmaschinen, Bohrung zylindrisch durchgelocht

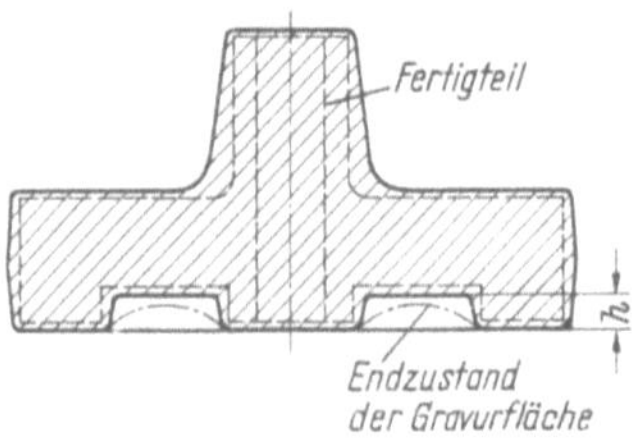

Bild 8.24. Falsche Wahl der Bestimmfläche an einem gesenkgeschmiedeten Zahnradrohteil. Das Tiefenmaß der Ringnut *h* (im Gesenk erhaben!) ist wegen Verschleiß und Verformung nicht einzuhalten nach [6.39]

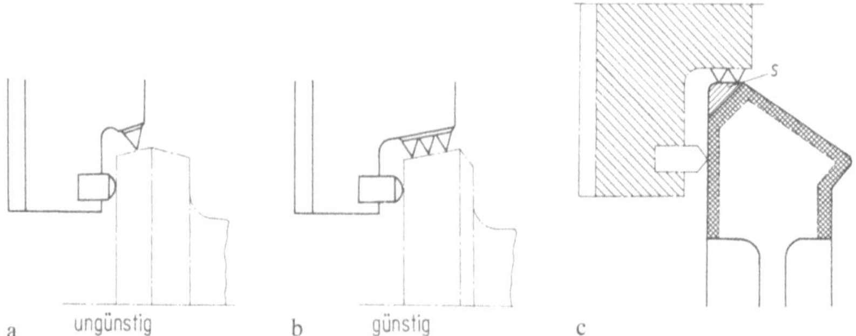

Bild 8.25. Spannen von Gesenkschmiedestücken nach [6.39]
a) Spanntechnisch ungünstige Lage der Gratnaht; b) spanntechnisch günstige Lage der Gratnaht; c) Tellerradrohteil mit angeschmiedetem Spannansatz (*S*)

zu gewährleisten. Durch eine andere Gesenkteilung (rechts) kann jene vergrößert und damit das Spannen verbessert werden.

An langen, zwischen Spitzen aufgenommenen Drehteilen läßt sich die Bearbeitung durch Anschmieden von Mitnehmerlappen usw. oft erleichtern. Werden diese versenkt angeordnet (Bild 8.27), so brauchen sie später nicht entfernt zu werden. Ihre Herstellung fällt beim Schmieden nicht ins Gewicht — dies gilt ebenso für Spann- und Bestimmflächenansätze — wirkt sich aber vorteilhaft aus.

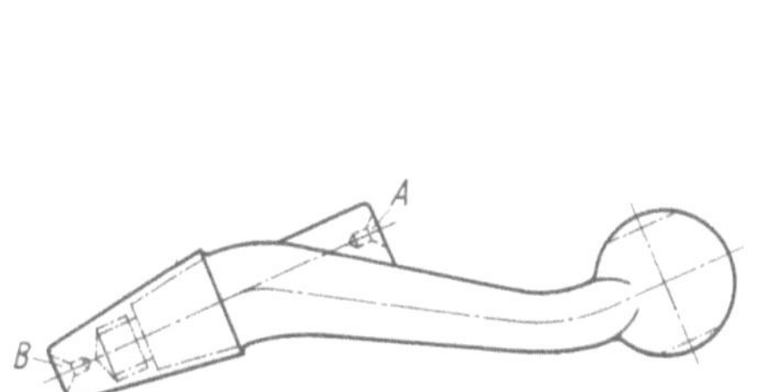

Bild 8.26. Gesenkgeschmiedeter Lenkhebel mit Zentrieransätzen (*A, B*)

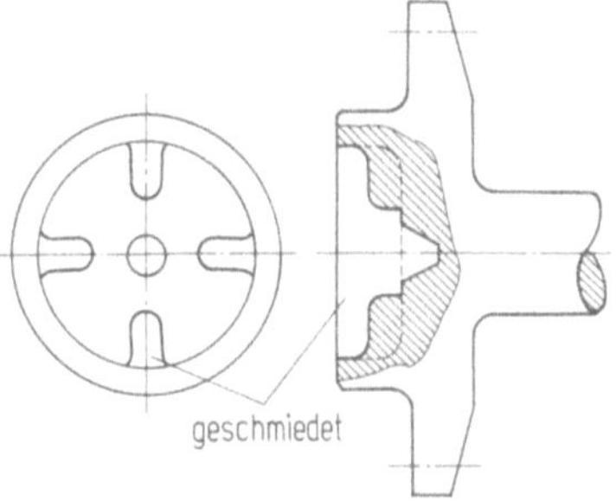

Bild 8.27. Flansch einer Hinterachswelle mit angeschmiedeten Mitnehmerlappen und Zentrierhilfe

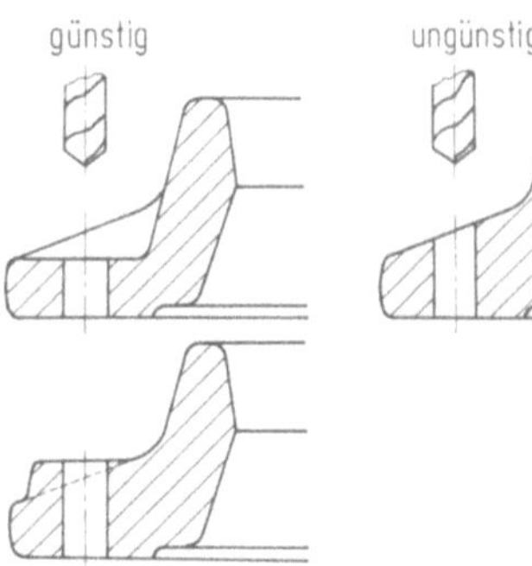

Bild 8.28. Bearbeitungshilfe für Bohrungen

Bohrungen in schrägen Flächen sollte man vermeiden, wenn nötig durch eine angeschmiedete Bearbeitungshilfe (Bild 8.28).

Außer einer Anpassung der Gesenkschmiedestücke an die Bearbeitungs- und Spannverfahren muß umgekehrt auch in der Bearbeitungswerkstatt eine Anpassung dieser Verfahren an die Gegebenheiten des Gesenkschmiedens erfolgen.

8.3 Festigkeitseigenschaften von Gesenkschmiedestücken

Die wichtigsten der für Gesenkschmiedestücke verwendeten Werkstoffe sind in Kap. 2 mit den Haupt-Anwendungsgebieten und den statischen Festigkeitswerten (σ_B, $\sigma_{0,2}$) genannt. Während die statischen Festigkeitswerte denen von spanend bearbeiteten Werkstücken gleich sind, werden die dynamischen Festigkeitswerte (Dauerschwingfestigkeit, Gestaltfestigkeit) vom Oberflächenzustand (Faserverlauf in der Oberflächenzone, Randoxidation, Randentkohlung, Rauhheit, Gratansatz) beeinflußt.

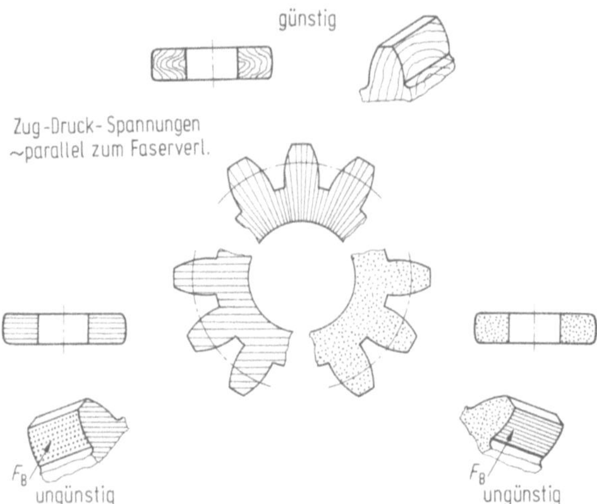

Bild 8.29. Günstiger und ungünstiger Faserverlauf in Zahnrädern (Biegekraft F_B erzeugt Zug-Druck-Spannungen im Zahnfuß)

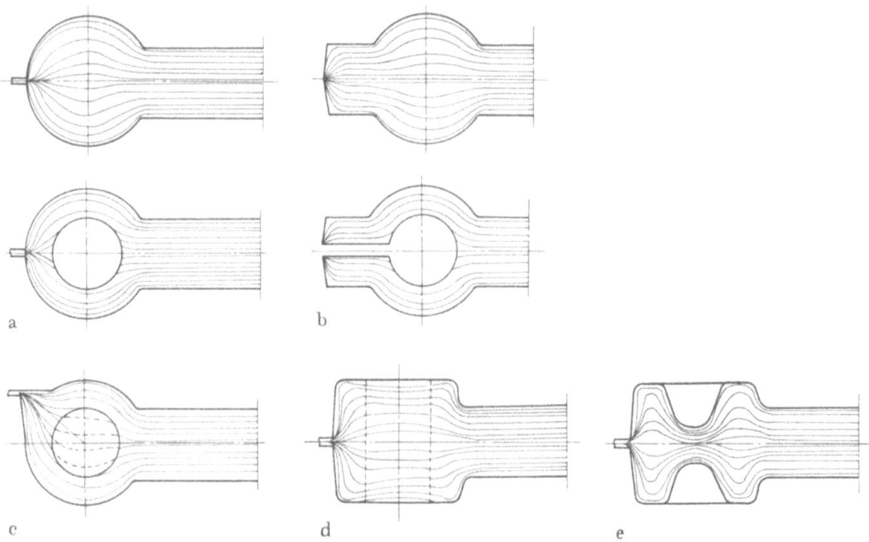

Bild 8.30. Gestaltung eines Schmiedestücks zur Beseitigung von Schwächezonen am Gratansatz nach [8.6]
a) Zusammenlaufende Fasern am Gratansatz; b) Verlängerung des Schmiedestücks; c) Verlegen der Gratnaht; d) zylindrischer Kopf, Bohrungsachse in Schlagrichtung; e) vorgedornte Bohrung, Bohrungsachse in Schlagrichtung

Eine Eigenschaft von Gesenkschmiedestücken, die ihre mechanischen Kennwerte beeinflußt, ist der im gewalzten oder gepreßten Ausgangsmaterial vorhandene und durch den Schmiedevorgang veränderte bzw. erst erzeugte Faserverlauf. Das zeilige Gefüge entsteht durch Strecken von Einschlüssen und Seigerungen in Richtung der bevorzugten Werkstoffbewegung und ist je nach Art der Erschmelzung mehr oder weniger stark ausgebildet. Die Zähigkeitswerte (Bruchdehnung, Einschnürung und Kerbschlagzähigkeit) sind in Faserrichtung besser als quer dazu. Der im gewalzten Ausgangsmaterial vorhandene Faserverlauf sollte daher bei dynamisch beanspruchten Bauteilen der Richtung der maximalen Zugbeanspruchung angepaßt und durch eine nachfolgende spanende Bearbeitung möglichst nicht angeschnitten werden.

Durch Wahl des Schmiedeverfahrens und der Richtung der Faser in der Ausgangsform sowie durch werkstoffgerechtes Gestalten lassen sich diese Forderungen oft erfüllen. Bei einem Zahnrad sollten z. B. die Werkstoff-Fasern der Kontur der Zähne folgen. Die Richtung der kritischen Spannung, die als Folge des Biegemomentes im Zahngrund auftritt, stimmt dann etwa mit der Faserrichtung überein (Bild 8.29). Am Übergang zum Grat kann u. U. durch Zusammenlaufen der Werkstoff-Fasern — d. h. durch Anhäufen von Einschlüssen — eine Zone mit verminderten mechanischen Eigenschaften entstehen. In Bild 8.30 ist dargestellt, wie ein derartiger negativer Einfluß an einer Bohrung durch konstruktive Maßnahmen vermieden werden kann.

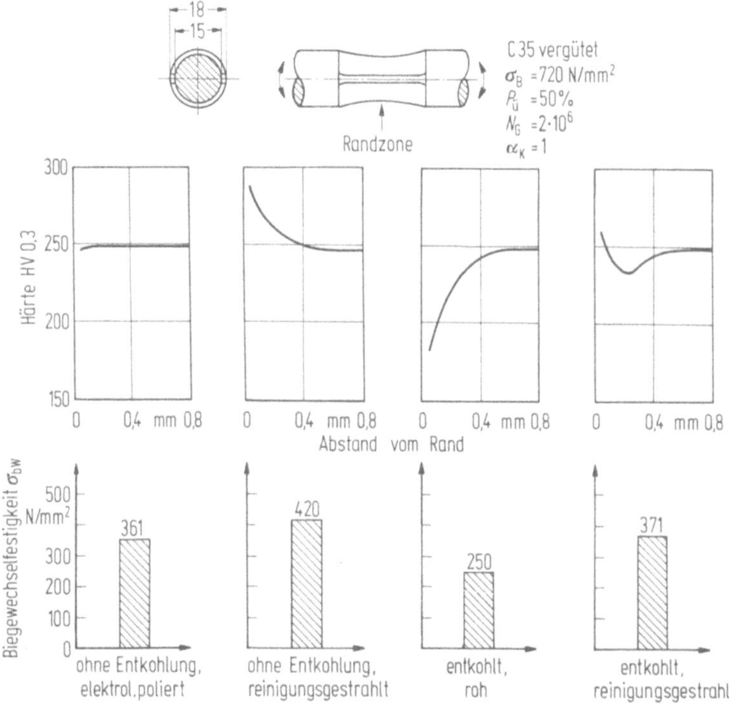

Bild 8.31. Einfluß des Festigkeitszustandes der Randzone auf die Biegewechselfestigkeit von Proben mit geschmiedetem Prüfquerschnitt nach [8.11]

Die *Dauerschwingfestigkeit* von Schmiedestücken ist von der Grundfestigkeit des Werkstoffs und der Beschaffenheit der Randschicht (Entkohlung, Verfestigung z. B. durch Strahlen, Rauheit, Oberflächenmarkierungen) abhängig. Eine Entkohlung senkt zwar die Dauerschwingfestigkeit eines Bauteils, weil sie die Festigkeit der Randzone herabsetzt, jedoch wird diese Einbuße durch ein übliches Reinigungsstrahlen mehr als ausgeglichen (Bild 8.31). Durch Festigkeitsstrahlen mit größerer Intensität ist eine darüber hinaus gehende Verbesserung der Dauerschwingfestigkeit möglich.

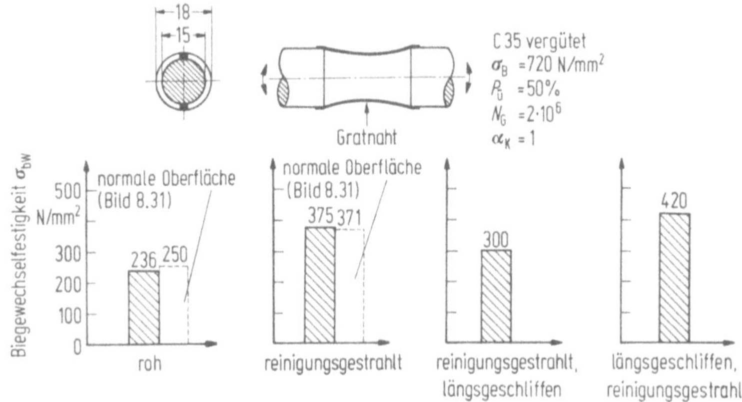

Bild 8.32. Einfluß des Bearbeitungszustandes der Gratnaht auf die Biegewechselfestigkeit von Proben mit geschmiedetem Prüfquerschnitt nach [8.11]

Normale Zundereindrücke wirken sich auf die Bauteilfestigkeit praktisch nicht aus. Auch die Gratnaht hat nur einen geringfügigen Einfluß auf die Biegewechselfestigkeit. Nach dem Strahlen ist kein Unterschied gegenüber der sonstigen Oberfläche mehr vorhanden (Bild 8.32). Das Schleifen der Gratnaht nach dem Strahlen hat allerdings einen negativen Einfluß, da die verfestigte Schicht entfernt wird. Man sollte daher dynamisch beanspruchte Schmiedestücke wenn möglich erst nach dem Schleifen der Gratnaht strahlen.

Schrifttum

Kapitel 0

0.1. v. Wedel, E.: Die geschichtliche Entwicklung des Umformens in Gesenken. Düsseldorf: VDI-Verlag 1960.

0.2. Lange, K.: Entwicklungsstufen der Umformtechnik. Industrie-Anz. 87 (1965) S. 967 – 970 und 1327 – 1332.

0.3. Lange, K.: Kleines Handbuch der modernen Fertigungstechnik. gt-Bd. 27. Essen: Girardet 1976.

0.4. Schmiedestücke: Gestaltung, Anwendung, Beispiele. Hagen: Informationsstelle Schmiedestück-Verwendung.

Kapitel 1

1.1. Lange, K.: Lehrbuch der Umformtechnik. Bd. 1: Grundlagen. Berlin, Heidelberg, New York: Springer 1972.

1.2. Lippmann, H.; Mahrenholtz, O.: Plastomechanik der Umformung metallischer Werkstoffe. Berlin, Heidelberg, New York: Springer 1967.

1.3. Storoschew, M. W.; Popow, E. A.: Grundlagen der Umformtechnik. Berlin, VEB Verlag Technik 1968.

1.4. Geck-Müller, Th.: Ermittlung der Umformkraft und Umformarbeit beim Formpressen mit Grat im Hinblick auf geeignete Baugrößen von Kurbelpressen. Diss. T. U. Hannover 1973.

1.5. Altan, T.; Kobayashi, S.: Numerische Verfahren zum Berechnen von Temperaturfeldern in kinematisch stationären Umformvorgängen. Ind.-Anz. 89 (1967) S. 2223 – 2227.

1.6. Voß, P.: Gesenk-Kühlung und Gesenktemperatur. Ind.-Anz. 90 (1968) S. 2207/2208.

1.7. Klafs, U.: Ein Beitrag zur Bestimmung der Temperaturverteilung in Werkzeug und Werkstück beim Warmumformen. Diss. T. U. Hannover 1969.

1.8. Beck, G.:Über die Beanspruchung von Schmiedegesenken durch Wärme. Diss. T. H. Hannover 1957.

1.9. Löwen, J.: Ein Beitrag zur Bestimmung des Reibungszustandes beim Gesenkschmieden. Diss. T. U. Hannover 1971.

1.10. Rossard, G.; Blain, P.: Premiers résultats de recherches sur la déformation des aciers à chaud. Mise au point d'un appareillage spécialement étudié. Rev. Met. 55 (1958) S. 573 – 594.

1.11. Schack, J.: Das Verhalten der Formänderungsfestigkeit von Eisen-Mangan-Kohlenstofflegierungen im Bereich der Blauwärme. Diss. T. H. Hannover 1965.

1.12. Bauer, D.: Der Einfluß hoher Formänderungsgeschwindigkeiten bei der Kaltumformung von Stahl, Kupfer und Aluminium. Habil.-Schrift T. U. Hannover 1970.

1.13. Grothe, M.: Der Einfluß des Chromgehaltes auf die Formänderungsfestigkeit niedrig gekohlter Stähle. Diss. T. U. Hannover 1970.

1.14. Zidek, M., u. a.: Einfluß der Temperatur, der chemischen Zusammensetzung und des Gefüges auf die Formänderungsfestigkeit von Stählen. Hutniké listy 24 (1969) S. 98 – 104, 650 – 657.

1.15. Tarnovskij, I. Ja., u. a.: Formänderungsfestigkeit und Plastizität von Stahl bei hohen Temperaturen. Tiflis 1970.

1.16. Meyer, H.: Zahlenwerte über die Umformfestigkeit von unlegierten und legierten Stählen nach neueren Schrifttumsangaben. Werkstatttechnik u. Masch.-Bau 48 (1958) S. 673–676.

1.17. Fritzsch, G.; Siegel, R.: Kalt- und Warmfließkurven von Baustählen. Karl-Marx-Stadt: Zentralinst. f. Fertigungstechnik des Maschinenbaues 1965.

1.18. Höptner, H.-G.: Die Staucheigenschaften von Aluminium und einigen Aluminium-Legierungen und ihr Werkstoffzustand nach dem Umformen. Diss. T.U. Hannover 1968.

1.19. Wagener, H. W.: Die Staucheigenschaften reaktiver und hochschmelzender Metalle. Diss. T. H. Hannover 1965.

1.20. Heinemann, H. H.: Formänderungsfestigkeit verschiedener Aluminium- und Kupferlegierungen bei hohen Formänderungsgeschwindigkeiten und Umformtemperaturen. Diss. T. H. Aachen 1962.

1.21. Spies, K.: Eine Formenordnung für Gesenkschmiedestücke. Werkstatttechnik u. Masch.-Bau 47 (1957) S. 201–205.

1.22. Hohn, W.: Über den Schwierigkeitsgrad beim Gesenkschmieden. Ind.-Anz. 93 (1971) S. 1067–1070.

1.23. Brill, K.: Modellwerkstoffe für die Massivumformung von Metallen. Diss. T. H. Hannover 1963.

1.24. Bühler, H.; Bobbert, D.: Über die Formänderungsverteilung beim Stauchen. Ind.-Anz. 88 (1966) S. 2175–2178.

1.25. Unksov, E. P.: Neue Forschungen der Schmiedetechnologie. Berlin: VEB Verlag Technik 1954.

1.26. Unksov, E. P.: An Engineering Theory of Plasticity. London: Butterworths 1961.

1.27. Schroeder, W.; Webster, D. A.: Press-forging thin sections: Effect of friction, area, and thickness on pressures required. J. appl. Mech. 16 (1949) S. 289–294.

1.28. Siebel, E.: Die Formgebung im bildsamen Zustand. Düsseldorf: Verlag Stahleisen 1932.

1.29. Stöter, H.-J.: Untersuchung des Schmiedevorganges in Hammer und Presse, insbesondere hinsichtlich des Steigens. Forschungsbericht Nr. 848 des Landes Nordrhein-Westfalen. Köln, Opladen: Westdeutscher Verlag 1960.

1.30. Prospekt der Fa. Eumuco AG für Maschinenbau, Leverkusen.

1.31. Akgerman, N.; Altan, T.: Computer aided design and manufacturing of forging dies for Structural parts. Columbus/Ohio: Battelle Mem. Inst. 1973.

1.32. Johne, P.: Formpressen ohne Grat in Gesenken ohne Ausgleichsräume. Diss. T. U. Hannover 1969.

1.33. Voelkner, W.: Spannungs- und Deformationsermittlung beim Formpressen mit Grat. Umformtechnik 3 (1972) S. 13–25.

1.34. Kobayashi, S.; Thomsen, E. G.: Approximate solutions to a problem of press forging. J. Engng. Ind. 81 (1959) S. 217–227.

1.35. Geleji, A.: Das Pressen im Gesenk. Freiberger Forschungshefte (1961) B 61, S. 18–41.

1.36. Toth, L.: Bestimmung der beim Gesenkschmieden auftretenden Höchstkraft. Acta techn. Acad. sci. Hung. 54 (1966) S. 143–173.

1.37. Altan, T.; Henning, H. J.; Sabroff, A. M.: A study of the mechanics of closed-die forging. Columbus, Ohio: Battelle Memorial Institute 1969 NTIS AD 685 866.

1.38. Zünkler, B.: Ermittlung der beim Gesenkschmieden stabförmiger Teile auftretenden Spannungen und Kräfte. Ind.-Anz. 87 (1965) S. 569–576.

1.39. Storozev, M. V.; Semenov, E. I.; Kirsanova, S. B.: Defining the centre of deformation and determining forces in pressworking. Russian Eng. (1959) 4, S. 49–54.

1.40. Ahlers-Hestermann, G.: Formänderungen und Fließvorgänge beim Formpressen mit Grat. Diss. T. U. Hannover 1973.

1.41. Voelkner, W.: Zur theoretischen Spannungsermittlung beim Formpressen mit Grat. Wiss. Zeitschrift der TU Dresden 17 (1968) S. 1273–1281.

1.42. Altan, T.: A study of the mechanics of closed-die forging. Columbus 1969: Battelle Memorial Institute, Report AD 685 866.

1.43. Thomsen, E. G., u. a.: Mechanics of Plastic Deformation in Metal Processing. New York: Macmillan 1965.

1.44. Vieregge, K.: Ein Beitrag zur Gestaltung des Gratspalts beim Gesenkschmieden. Diss. T. H. Hannover 1969.
1.45. Hohn, W.: Ein Beitrag zur aufgabengerechten Zuordnung von Fertigungsaufgabe und Fertigungsmittel in Gesenkschmieden. Diss. T. U. Hannover 1970.
1.46. Kudo, H.: An upper-bound approach to simple axysymmetric closed-die forging. Proc. 10th Japan Nat. Congress Appl. Mech. 1960.
1.47. Neuberger, F.; Pannasch, S.: Ermittlung von Umformkraft und -arbeit beim Gesenk-schmieden mit Kurbelschmiedepressen. Fertigungstechnik u. Betrieb 12 (1962) S. 775–779.
1.48. Zicke, G.: Ein Beitrag zur Frage der Temperaturverteilung in Gesenkschmiedestücken. Diss. T.U. Hannover 1973.
1.49. Husson, J.: Werkzeuge in der Gesenkschmiede-Industrie. Int. Gesenkschmiedetagung 1956.

Kapitel 2

2.1. Hornbogen, E.: Werkstoffe — Aufbau und Eigenschaften. Berlin, Heidelberg, New York: Springer 1973.
2.2. Werkstoffhandbuch Stahl und Eisen. 4. Aufl. Düsseldorf: Verlag Stahleisen 1965.
2.3. Stahl und Eisen-Gütenormen. DIN-Taschenbuch 4. 24. Aufl. Berlin, Köln: Beuth-Verlag 1975.
2.4. Taschenbuch der Stahl-Eisen-Werkstoffblätter. Düsseldorf: Verlag Stahleisen 1971.
2.5. Schmitz, H.: Stahl-Eisen-Liste, 9. Aufl. Düsseldorf: Verlag Stahleisen 1972.
2.6. Nichteisenmetalle — Normen über Leichtmetalle. DIN-Taschenbuch 27. 2. Aufl. Berlin, Köln: Beuth-Verlag 1974.
2.7. Nichteisenmetalle — Normen über Kupfer und Kupferlegierungen. DIN-Taschenbuch 26. Berlin, Köln: Beuth-Verlag 1974.
2.8. Metals Handbook. Vol. 1: Properties and Selection of Metals. 8. Aufl. Metals Park/Ohio: American Soc. for Metals 1961.
2.9. Metals Handbook. Vol. 5: Forging and Casting. 8. Aufl. Metals Park/Ohio: American Soc. for Metals 1970.
2.10. Sabroff, A. M.; Boulger, F. W.; Henning, H. J.: Forging Materials and Practices. New York, Amsterdam, London: Reinhold Book Corp. 1968.
2.11. Ermittlung von Kennwerten für die Warmumformbarkeit von Stählen. Düsseldorf: Verlag Stahleisen 1972.
2.12. Lueg, W.; Pomp, A.: Die Bestimmung der Voreilung bei Warmwalzversuchen. Mitt. KWI f. Eisenforsch. Bd. XXI, Lief. 10, Abhandl. 375. Düsseldorf: Verlag Stahleisen 1939.
2.13. Landolt-Börnstein: Zahlenwerte und Funktionen aus Physik, Astronomie, Geophysik und Technik. 6. Aufl. 4. Bd. 2. Teil: Stoffwerte und Verhalten von metallischen Werk-stoffen; Bandteil a: Grundlagen, Prüfverfahren, Eisenwerkstoffe. Berlin, Göttingen, Hei-delberg: Springer 1963.
2.14. Magnesium-Knetlegierungen. DIN 1729, Bl. 1.
2.15. Stähle für Gesenke und Gesenkeinsätze zum Warmpressen von Nichteisenmetallen. Stahleinsatzliste 190-58. Düsseldorf: Verlag Stahleisen 1958.
2.16. Aluminium — Reinstaluminium und Reinaluminium in Halbzeug. DIN 1712, Bl. 3.
2.17. Aluminiumlegierungen — Knetlegierungen. DIN 1725, Bl. 1.
2.18. Gesenkschmiedestücke aus Aluminium — Reinstaluminium, Reinaluminium und Aluminium-Knetlegierungen; Festigkeitseigenschaften. DIN 1749, Bl. 1.
2.19. Altenpohl, D.: Aluminium und Aluminiumlegierungen. Berlin, Heidelberg, New York: Springer 1965.
2.20. Aluminium-Taschenbuch. 13. Aufl. Herausg.: Aluminium-Zentrale. Düsseldorf: Alumi-nium-Verlag 1974.
2.21. Titan-Zusammensetzung. DIN 17 850.
2.22. Titan-Knetlegierungen. DIN 17 851.
2.23. Schmiedestücke aus Titan und Titanlegierungen. DIN 17 864.

2.24. Zwicker, K.: Titan und Titanlegierungen. Berlin, Heidelberg, New York: Springer 1974.

2.25. van Kann, H.: Gesenkschmieden von Leichtmetall. Ind.-Anz. 95 (1973) S. 561 – 562.

2.26. Kupfer-Knetlegierungen; Kupfer-Zink-Legierungen (Messing, Sondermessing). Zusammensetzung. DIN 17 660.

2.27. Kupfer-Knetlegierungen; Kupfer-Zinn-Legierungen (Zinnbronze), Zusammensetzung. DIN 17 662.

2.28. Kupfer-Knetlegierungen; Kupfer-Nickel-Zink-Legierungen (Neusilber); Zusammensetzung. DIN 17 663.

2.29. Kupfer-Knetlegierungen; Kupfer-Nickel-Legierungen; Zusammensetzung. DIN 17 664.

2.30. Kupfer-Knetlegierungen; Kupfer-Aluminium-Legierungen (Aluminiumbronze); Zusammensetzung. DIN 17 665.

2.31. Kupfer-Knetlegierungen, niedriglegiert; Zusammensetzung. DIN 17 666.

2.32. Gesenkschmiedestücke aus Kupfer und Kupfer-Knetlegierungen; Festigkeitseigenschaften. DIN 17 673, Bl. 1.

2.33. Bovet, H.: Kupferlegierungen zum Gesenkpressen. Pro-Metal (1970) Nr. 125, S. 20 – 24.

2.34. Heilman, P. M.: Brass forgings: design and application criteria. Prec. metal (1970) Nr. 5, S. 59 – 62.

2.35. Nickel-Knetlegierungen mit Molybdän, Chrom, Kobalt; Zusammensetzung. DIN 17 744.

2.36. Gesenk- und Freiformschmiedestücke aus Nickel und Nickel-Knetlegierungen; Festigkeitseigenschaften. DIN 17 754.

2.37. Schmiedestücke aus Eisen-, Nickel- und Kobaltlegierungen für die Luftfahrtindustrie. LN 65/035.

2.38. Walzdrahtfehler. Hrsg. Verein Dt. Eisenhüttenleute. Düsseldorf: Verlag Stahleisen 1973.

2.39. Prüfung von Stahl für Gesenkschmiedestücke im Schmiedewerk. Stahl-Eisen-Prüfblatt P 1005-64. Düsseldorf: Verlag Stahleisen 1964.

2.40. Stufendrehversuch zur Prüfung von Stählen auf makroskopische nichtmetallische Einschlüsse. Stahl-Eisen-Prüfblatt P 1580. Düsseldorf: Verlag Stahleisen 1970.

2.41. Mikroskopische Prüfung von Stählen auf nichtmetallische Einschlüsse mit Bildreihen, 2. Ausgabe. Stahl-Eisen-Prüfblatt P 1570. Düsseldorf: Verlag Stahleisen 1971.

2.42. Prüfen von Eisenwerkstoffen durch Schwefelabdruck. Stahl-Eisen-Prüfblatt P 1610. Düsseldorf: Verlag Stahleisen 1960.

2.43. Mikroskopische Prüfung von Stählen auf Korngröße mit Bildreihen. Stahl-Eisen-Prüfblatt P 1510. Düsseldorf: Verlag Stahleisen 1961.

2.44. Eichler, N.; Meyer, H.: Die Schleiffunkenprobe. VDI-Z. 105 (1963) S. 1433 – 1444.

2.45. Materialprüfnormen für metallische Werkstoffe. 6. Aufl. Berlin, Frankfurt, Köln: Beuth-Vertrieb 1973.

2.46. Riebensahm, P.; Schmidt, P.: Prüfung metallischer Werkstoffe. Fertigung und Betrieb Bd. 4. Berlin, Heidelberg, New York: Springer 1974.

2.47. Siebel, E.; Ludwig, N.: Handbuch der Werkstoffprüfung. Berlin, Heidelberg, New York: Springer 1958.

2.48. Müller, E. A. W.: Handbuch der zerstörungsfreien Materialprüfung. 1. bis 9. Lieferung. München, Wien: K. Oldenburg 1959 bis 1973.

2.49. Krautkrämer, J. u. H.: Werkstoffprüfung mit Ultraschall. Berlin, Göttingen, Heidelberg: Springer 1961.

2.50. Treppschuh, H.; Stricker, F.; Fülling, D.: Die selbsttätige Ermittlung von Rissen in Knüppeloberflächen mit einer Magnetographie-Anlage. Stahl u. Eisen 90 (1970) S. 285 – 292.

2.51. Beck, H.; Specht, R.: Selbsttätige Ultraschallprüfung von Knüppeln auf Innenfehler. Stahl u. Eisen 86 (1966) S. 1418 – 1422.

2.52. Stirnabschreckversuch zur Prüfung der Härtbarkeit von Stählen. Stahleisen-Prüfblatt P 1650. Düsseldorf: Verlag Stahleisen 1961

2.53. Stricker, F.; Irmisch, H.: Ein vollautomatisches Härteprüfgerät für die Ermittlung von Stirnabschreckkurven. Arch. Eisenhüttenwes. 40 (1969) S. 159 – 162.

2.54. Atlas zur Wärmebehandlung der Stähle, Bd. 1 u. 2. Düsseldorf: Verlag Stahleisen 1958 u. 1972.

Kapitel 3

3.1. Lange, K.: Lehrbuch der Umformtechnik, Bd. 2: Massivumformung. Berlin, Heidelberg, New York: Springer 1974.

3.2. Spies, K.: Die Zwischenformen beim Gesenkschmieden und ihre Herstellung durch Formwalzen. Diss. T. H. Hannover 1957.

3.3. Voigtländer, O.: Das Spalten von Schmiede-Flachstahl. Werkstattstechnik u. Masch.-Bau 42 (1952) S. 139/40.

3.4. Golf, K. H.: Entzundern und Vorformen. Ind.-Anz. 94 (1972) S. 1068 – 1071.

3.5. Aeckersberg, G.: Die Elektrostauchmaschine in der Schmiede. Werkstattstechnik u. Masch.-Bau 45 (1955) S. 545 – 548.

3.6. Jemelik, J.; Landsmann, F.: Vertikale Schmiedepressen LZK 2500 und LZK 6300. Schwerindustrie d. Tschechoslowakei (1974) Nr. 12, S. 31 – 37.

3.7. Olbrich: Bestimmung der kegeligen Vorform für das gratfreie Stauchen von Rundstäben. Schmiedetechn. Mitt. (1944) Nr. 7 S. 551 – 561.

3.8. Meyer, H.: Untersuchungen über den Umformvorgang in Waagerecht-Stauchmaschinen. Werkstattstechnik 50 (1960) S. 333 – 337.

3.9. Conrads, H.: Bestimmung kegeliger Zwischenformen beim Schmieden in Waagerecht-Stauchmaschinen. Werkstattstechnik 52 (1962) S. 213/14.

3.10. Gruhnert, D., u. a.: Autotechn. — Feinschmieden für abgesetzte Schmiedestücke mit rundem Querschnitt. Fertigungstechnik u. Betrieb 25 (1975) S. 468 – 472.

3.11. Grotz, H.: Warmfließen von Stahl. Diss. T. H. Hannover 1966.

3.12. Meyer-Nolkemper, H.: Untersuchungen über den Umformvorgang in Waagerecht-Stauchmaschinen. Forschungsbericht Nr. 890 des Landes Nordrhein-Westfalen, Köln, Opladen: Westdeutscher Verlag 1960.

3.13. Rötz, L.; Möckel, L.: Entwicklung des Forschungszentrums für Umformverfahren auf dem Gebiet der Massivumformung. Umformtechnik 7 (1973) 2, S. 23 – 43.

3.14. Sokolov, N. L.; Smurov, A. M.: Der Fertigungsablauf beim Warmfließpressen schaftförmiger Werkstücke. Kuzn. stamp. proizv. 7 (1965) 1, S. 1 – 5.

3.15. Haller, H.: Einsatz der amerikanischen Gesenkschmiedemaschinen. Einige besondere Aufgaben. Werkstattstechnik u. Masch.-Bau 44 (1954) S. 406 – 409.

3.16. Lange, K.: Wirtschaftliche Gesenkschmieden. Ind.-Anz. (1955) S. 507 – 512.

3.17. Chamouard, A.: Géométrie et technologie dans les opérations de cambrage. Estampage, Forge et Boulonnerie (1966) Nr. 16 S. 51 – 55.

3.18. Kienzle, O.; Spies, K.: Die Gestaltung der Zwischenformen für Gesenkschmiedestücke. Werkstattstechnik u. Masch.-Bau 47 (1957) S. 176 – 181.

3.19. Qualitäts- und Edelstähle für Einzelteile im Automobil. Zentrale Forschung der Thyssen-Gruppe, Duisburg 1974.

3.20. Beseler, K.: Gestaltung der Werkzeuge für mechanische Kleinringwalzwerke. Werkstatttechnik 53 (1963) S. 542 – 546.

3.21. Kaessberg, H.: Gesenkschmieden von Stahl, Teil I. Werkstattbücher, Heft 31. Berlin, Göttingen, Heidelberg: Springer 1950.

3.22. Lange, K.: Die Arbeitsgenauigkeit beim Gesenkschmieden unter Hämmern. Diss. T. H. Hannover 1953.

3.23. Nikolaev, G. K.: Gleichzeitiges Abgraten und Lochen eines Stabes in einer Waagerecht-Stauchmaschine. Kuzn. stamp. proizv. 13 (1971) 11 S. 12 – 13.

3.24. Funke, W.: Neues Verfahren zum Abgraten, Lochen und Durchziehen von Gesenkschmiedestücken. Fertigungstechnik u. Betrieb 11 (1961) S. 95 – 99.

3.25. Neue Schmiedeverfahren. Stahl u. Eisen 95 (1975) S.1085.

3.26. Voigtländer, O.: Das Herstellen von Schaufeln für Strömungsmaschinen. Ind.-Anz. 91 (1969) S. 908 – 913.

3.27. Akgerman, N.; Altan, T.: Neue Anwendungen von elektronischen Rechnern in der Schmiede-Technologie. Ind.-Anz. 95 (1973) S. 1905 – 1908.

3.28. Croom, E. A. G.: Significance of mechanisation and automation in forging production. Metallurg. u. Metal Forming 41 (1974) S. 342 – 346.

3.29. Meyer-Nolkemper, H.: Über die Bedingungen des Gesenkschmiedens mit erhöhter Arbeitsgenauigkeit. Ind.-Anz. 87 (1965) S. 223 – 229 u. S. 397 – 404.

3.30. Sheridan, S. A.: Forging Design Handbook. American Society for Metals 1972.

3.31. Voigtländer, O.: Grenzen des Genauschmiedens — eine technisch-wirtschaftliche Studie. Ind.-Anz. 96 (1974) S. 2360 – 2363.

3.32. Meyer-Nolkemper, H.: Schmieden in geschlossenen Gesenken — eine Auswertung des Schrifttums. Werkstattstechnik 55 (1965) S. 398 – 404.

3.33. Sänksmidning utan skägg (Formpressen ohne Grat). IVF-Resultat 74 602. Sveriges Mekanförbund, Stockholm 1974.

3.34. Buttstädt, K.-H.; Theimert, P. H.: Schmieden im geschlossenen Gesenk. Werkstatt u. Betrieb 108 (1975) S. 649 – 657.

3.35. Strugula, A.: Neuentwicklung einer mechanischen Ringrohlingpresse mit selbsttätigem Werkstücktransport. Werkstattstechnik (1959) S. 230 – 232.

3.36. Rötz, L.; Walter, M.: Das gratlose Schmieden von Zahnradrohlingen. Fertigungstechnik u. Betrieb 11 (1961) S. 517 – 518.

3.37. Johne, P.: Formpressen ohne Grat in Gesenken ohne Ausgleichsräume. Diss. T.U. Hannover 1969.

3.38. Haller, K. W.: Schmiedestücke mit optimalen Formen und Oberflächen. Werkstatt u. Betrieb 108 (1975) S. 659 – 665.

3.39. Cull, G. W.: Mechanical and metallurgical properties of powder forging. Proc. U.K. Powder Metallurgy Joint Group 13 (1970) 26, S. 156.

3.40. Cook, J. P.: Effect of exponence on oxydation and decarburisation of low alloy P/M. Proc. of the Metal Powder Ind. Fed. of the USA (MPFI) 1971.

3.41. Dautzenberg, M.; Hewing, J.: Steel powders for hot compact and physical properties of materials manufactered from it. Proc. Third Europ. Powder Metallurgy Symposium 1971.

3.42. Kuhn, H. A.; Downey, C. L.: P/M preform design for hot forging. Proc. Metal Powder Ind. Fed. of the USA 1971.

3.43. Johanson, G. J.; Perkins, B. E.: Gratfreies Schmieden mit vorgesinterten Ausgangsformen spart Gewicht und Kosten. Maschinenmarkt 80 (1974) 3, S. 33 – 36.

3.44. Lindner, H.: Massivumformung von Stahl zwischen 600 und 900 °C — Halbwarmschmieden. Diss. T. U. Hannover 1965.

3.45. Guidelines for warm working of steels. ICFG Data sheet 8/75. Met. and metal forming (1975) S. 366/67.

3.46. Dannemann, E.; Stefanakis, J.: Anforderungen an Schmiermittel für das Fließpressen von Stahl im Bereich zwischen Raumtemperatur und 1000 K. Ind.-Anz. 97 (1975) S. 1743 – 1746.

3.47. Saga, J., u. a.: Lubricants for warm forging of steels. 5. Int. Tagung Kaltumformung, Brighton 1975.

3.48. Kulkarni, K. M., u. a.: Isothermal hot-die forging of complex parts in a titanium alloy. J. Inst. of Metals 100 (1972) Mai, S. 146 – 151.

3.49. Isothermal forging scores new advances. Prec. Metal 32 (1974) 4, S. 57.

3.50. Bauer, D.: Superplastizität metallischer Werkstoffe. Metall 27 (1973) S. 323 – 326.

3.51. Forging process halves material requirements. Metal Progress 103 (1973) 3, S. 49 – 50.

3.52. Wakefield, B. D.: Squeeze casting has U.S. friends. Iron Age 205 (1970) 22, S. 97 – 99.

3.53. Das Flüssigpressen — eine Kopplung von Ur- und Umformung. Umformtechnik 3 (1969) 6, S. 41 – 47.

3.54. Jobling, A. V.: Some thoughts on the future of die forging. Metal Forming 37 (1970) 3, S. 65 – 73.

3.55. Truxell, R. W.: Cast preforms crop costs on automotive forgings. Steel 163 (1968) 17, S. 37 – 41.

3.56. Evlanov, N. G., u. a.: Die Herstellung von Rippenplatten durch abschnittweises Reihenschmieden. Kuzn.-stamp. proizvod. 4 (1962) 6, S. 4 – 8. Deutsch: Auswahlübersetzung (1962) 6, S. 12 – 21.

3.57. Semjonow, E.-I.: Stufenweises Abschmieden von Scheiben. Masch.-Bau 19 (1970) 5, S. 197 – 200.

3.58. Jänsch, E., u. a.: Thermomechanische Behandlung — Verfahren mit Phasenumwandlung. Fertigungstechnik u. Betrieb 26 (1976) S. 168 – 170.

3.59. Jänsch, E., u. a.: Thermomechanische Behandlung — Klassifizierung der Verfahren. Fertigungstechnik u. Betrieb 26 (1976) S. 108/109.

3.60. Popoff, A. A.; Becker, J. R.: Warm forging of steels for increased precision and mechanical properties. Metals Engng. Quart. 12 (1972) 4, S. 21 – 29.

3.61. Rose, A.: Einfluß der Verarbeitungsbedingungen auf die Eigenschaften von Fertigteilen aus Stahl. VDI-Z 113 (1971) S. 537 – 543.

3.62. Korntheuer, W.: Das Schmieden von Lager- und Achsstummeln für LKW-Hinterachsbrüchen in Waagerecht-Stauchmaschinen. Ind.-Anz. 93 (1971) Nr. 84, S. 2099 – 2100.

3.63. Rauhaus, H.; Grüner, P.: Untersuchungen über die Bestimmung von Gesenkschmiedefehlern. Stahl u. Eisen 70 (1950) S. 253 – 264.

3.64. Nöthe: Leistungssteigerung in der Herstellung von Gesenkschmiedestücken durch Wegfall oder Vereinfachung des Vorformens. Schmiedetechn. Mitt. 2 (1944) S. 122 – 126.

3.65. Kulkarni, K. M., u. a.: Feasability of Squeeze Casting Ferrons Components. Proc. NAMRC IV, 1976, Battelle Columbus/Ohio.

Kapitel 4

4.1. Kindbom, L.: Warmrißbildung bei der Temperaturwechselbeanspruchung von Warmarbeitswerkzeugen. Arch. Eisenhüttenwesen 35 (1964) S. 773 – 780.

4.2. Rittmeier, F.: Beitrag zur Frage des mechanischen Belastungs- und Beanspruchungszustandes von Gesenken. Diss. T. U. Hannover 1977.

4.3. Heinemeyer, D.: Untersuchungen zur Frage der Haltbarkeit von Schmiedegesenken. Diss. T. U. Hannover 1976.

4.4. Voss, H.; Netthöfel, F.: Zur Frage der Lebensdauer von Schmiedegesenken. Ind.-Anz. 89 (1967) S. 597/598.

4.5. Thomas, A.: The Erosive Wear Resistance of Die Materials. Hrsg.: The Drop Forging Res. Ass., Sheffield 1966.

4.6. Aston, J. L.; Muir, A. R.: Factors affecting the life of drop forging dies. J. Iron and Steel Inst. (1969) S. 167 – 176.

4.7. Aston, J. L.: Forging research in British Universities. Metallurgia and Metal Forming 40 (1973) S. 199 – 204.

4.8. Voss, H.; Wetter, E.; Netthöfel, F.: Verschleißverhalten von vergütbaren Gesenkstählen. Arch. Eisenhüttenwes. 38 (1967) S. 379 – 386.

4.9. Straube, H., u. a.: Verbesserte Hochleistungs-Werkzeugstähle durch besondere Herstellungsverfahren. Ind.-Anz. 93 (1971) S. 609 – 614.

4.10. Tholander, E.: The influence of die hardness on the wear of drop hammer dies of a Cr-Ni Mo-alloy steel. Tagung des Technischen Ausschusses der Euroforge 2. und 3. 5. 1968 in Birmingham.

4.11. Zabel, H.; Obrig, H. W.: Vergleich des Verschleißverhaltens von funkenerosiv und spanend hergestellten Schmiedegesenken. Ind.-Anz. 84 (1962) S. 2373 – 2382.

4.12. Briefs, H.; Wolf, M.: Warmarbeitsstähle. Düsseldorf: Verlag Stahleisen 1975.

4.13. Rapatz, F.: Die Edelstähle. Berlin, Heidelberg, New York: Springer 1962.

4.14. Legierte Warmarbeitsstähle. Stahl-Eisen-Werkstoffblatt 250 – 70. Düsseldorf: Verlag Stahleisen 1970.

4.15. Stähle für Werkzeuge der Gesenkschmiede. Stahl-Einsatzliste 185-58. Düsseldorf: Verlag Stahleisen 1958.

4.16. Stähle für Gesenke und Gesenkeinsätze zum Warmpressen von NE-Metallen. Stahleinsatzliste 190-58. Düsseldorf: Verlag Stahleisen 1958.

4.17. Legierte Kaltarbeitsstähle. Stahl-Eisen-Werkstoffblatt 200-63. Düsseldorf: Verlag Stahleisen 1963.

4.18. Neuberger, F.; Lippmann, H.: Zur Wahl der Gesenkfestigkeit. Werkstatttechnik und Masch.-Bau 47 (1957) S. 584 – 88.

4.19. Bruchanow, A. N.; Rebelski, A. W.: Gesenkschmieden und Warmpressen. Berlin: VEB Verlag Technik 1955.

4.20. Kaessberg, H.: Gesenkschmieden von Stahl. Werkstattbuch, Heft 31, 3. Aufl. Berlin, Göttingen, Heidelberg: Springer 1950.

4.21. Johne, P.: Formpressen ohne Grat in Gesenken ohne Ausgleichsräume. Diss. T. U. Hannover 1969.

4.22. Spies, K.: Gesenkeinsätze. Werkstattstechnik und Masch.-Bau 44 (1954) 12, S. 643 – 647.

4.23. Gesenk- und Gravureinsätze für Schmiedegesenke. VDI-Richtlinie 3180. Berlin, Köln: Beuth-Vertrieb.

4.24. Matis, J.: Warmschrumpfen. Werkstattsblatt 378. München: Hanser 1966.

4.25. Vieregge, K.: Ein Beitrag zur Gestaltung des Gratspalts beim Gesenkschmieden. Diss. T. U. Hannover 1969.

4.26. Neuberger, F.; Möckel, L.: Richtwerte zur Ermittlung der Gratdicke und der Gratbahnverhältnisse beim Gesenkschmieden von Stahl. Werkstattstechnik 51 (1961) S. 725 – 727.

4.27. Teterin, G. P., u. a.: Schwierigkeitskriterium für Schmiedestückformen. Kuzn. stamp. proizvod. 8 (1966) 7, S. 6 – 9.

4.28. Vogtländer: Werkstattstechnik 49 (1959) S. 775/776.

4.29. Korntheuer, W.: Das Schmieden von Lenkachsschenkeln in einer Gesenkschmiede-Exzenterpresse. Ind.-Anz. 93 (1971) S. 614 – 616.

4.30. Schmieden in Waagerecht-Stauchmaschinen. VDI-Richtlinie 3184. Berlin, Köln: Beuth-Vertrieb 1963.

4.31. Korntheuer, W.: Das Schmieden von Lager- und Achsstummeln für Lkw-Hinterachsräder in Waagerecht-Stauchmaschinen. Ind.-Anz. 93 (1971) S. 2099 – 2100.

4.32. Leist, E.; Kuzmowicz, P.: Schmieden von Gesenkblöcken. Fertigungstechnik u. Betrieb 17 (1967) S. 30 – 35.

4.33. Gunsser, D.: Fräsen von Gesenkstählen mit Hartmetall-Werkzeugen. Werkstattstechnik 53 (1963) S. 497 – 500.

4.34. Lange, K.: Herstellen von Hohlformwerkzeugen. Ind.-Anz. 93 (1971) S. 838/839.

4.35. —: Übersicht über Verfahren zur Erzeugung von Arbeitsflächen von Hohlform-Werkzeugen. Ind.-Anz. 93 (1971) S. 199/200.

4.36. Vogt, H. J.; Lüder, Kl.: Kostenvergleich verschiedener Verfahren zur Herstellung von Gravuren und Schmiedegesenken. Werkstattstechnik 55 (1965) S. 690 – 698.

4.37. Crates, J.: Economics of die sinking in the drop forging industry. Metal Forming 35 (1968) S. 320 – 329.

4.38. Cast forging dies-manufacture. IVF-Resultat 72 631. Hrsg.: Sveriges Mekanförbund, Stockholm 1972.

4.39. Cornely, H.: Neue Wege zur Herstellung von Umformwerkzeugen. In: Int. Congress für Metallbearbeitung (ICM) 1973. Frankfurt: Verein Dt. Werkzeugmaschinen-Fabr. e.V. 1973.

4.40. Roll, F. (Hrsg.): Handbuch der Gießereitechnik. Bd. 2, 2. Teil, S. 84 ff. Berlin, Heidelberg, New York: Springer 1963.

4.41. Verderber, W.; Payr, H.: Gegossene Schmiedewerkzeuge. Ind.-Anz. 95 (1973) S. 1011 – 1014.

4.42. Peddinghaus, G.: Anwendung gegossener Gesenke in der Gesenkschmiede. Ind.-Anz. 89 (1967) S. 989.

4.43. Schultz-Balluf, M.: Das Warmeinsenken von Schmiedegravuren. Werkstattstechnik u. Masch.-Bau 45 (1955) S. 677 – 680.

4.44. Lippmann, R.; Lehmann, W.: Warmeinsenken von Schmiedegesenken. Fertigungstechnik u. Betrieb 13 (1963) S. 28 – 31.

4.45. Kalteinsenken von Werkzeugen. VDI-Richtlinie 3170. Berlin, Köln: Beuth-Vertrieb 1961.

4.46. Kalteinsenken. Teil I und II, Werkstattblatt 438 u. 439. München: Hanser 1968.

4.47. Hegewald, H.; Thurm, M.: Anwendung des Nachformfräsens für die Herstellung von Gesenkinnenformen für Schmiedestücke. Fertigungstechnik u. Betrieb 19 (1969) S. 360 – 362.

4.48. Henning, H.: Einfräsen von Gratbahn und Gratrille. Werkstattstechnik 50 (1960) S. 101 – 102.

4.49. Kienzle, O.: Die wirtschaftliche Herstellung von Schmiedegesenken. Ind.-Anz. 78 (1956) S. 1102 – 1106.

4.50. Vogt, H. J.: Wirtschaftliches Ausfräsen von Werkzeughohlformen. Mitt. Forschungsges. Blechverarb. (1956) Nr. 23/24 S. 266 – 274.

4.51. Crenen, F.: Das Schärfen von Schneidwerkzeugen mit hinterdrehten Zähnen. Werkstatt-blatt 301. München: Hanser 1964.

4.52. —: Das Schärfen von Werkzeugen mit gefrästen Zähnen. Werkstattblatt 313. München: Hanser 1964.

4.53. Meyer, H.: Herstellung von Schmiedegesenken durch Elektroerosion. Fertigungstechnik u. Betrieb 19 (1969) S.163 – 171, S. 342 – 346; 20 (1970) S. 342 – 346.

4.54. Schacher, H. D.: Herstellung von Schmiede- und Preßwerkzeugen. VDI-Bericht 159. Düsseldorf: VDI-Verlag 1970.

4.55. Mosmann, W.: Dielektrikum beim Erodieren. Werkstatt u. Betrieb 106 (1973) S. 219 – 220.

4.56. Knobloch, H.: Filtration bei der funkenerosiven Bearbeitung. TZ f. prakt. Metallbearb. 66 (1972) S. 490 – 494.

4.57. Schumacher, B.: Fertigung von Beschaufelungen durch elektrochemisches Senken und Funkenerodieren. Vortrag IfW.-Kolloquium 10. 10. 73 Hannover.

4.58. Ruhfus, H.: Wärmebehandlung der Eisen-Werkstoffe. Stahleisenbücher Bd. 15. Düssel-dorf: Verlag Stahleisen 1958.

4.59. Finnern, B.; Jönsson, R.: Wärmebehandlung von Werkzeugen und Bauteilen. München: Hanser 1969.

4.60. Atlas zur Wärmebehandlung der Stähle. Bd. 1 u. Bd. 3. Düsseldorf: Verlag Stahleisen 1954/56/58.

4.61. Oberflächenfeinbehandlung von Schmiedegesenken. VDI-Richtlinie 5-3181. Berlin, Köln: Beuth-Vertrieb 1957.

4.62. Luschnitz, M.: Möglichkeiten zur Standmengenerhöhung beim Tiefziehen durch Be-schichten oder Stoffeigenschaftändern der Werkzeugaktivteile. Umformtechnik (1973) S. 31 – 44.

4.63. Wiegand, H.; Fürstenberg, U. H.: Hartverchromung — Eigenschaften und Auswirkung auf den Grundwerkstoff. Frankfurt: Masch.-Bau-Verlag 1968.

4.64. Lange, K.; Meinert, H.: Die Hartverchromung von Schmiedegesenken und ihr Einfluß auf den Verschleiß. Werkstattstechnik u. Masch.-Bau 46 (1956) S. 474 – 481.

4.65. Kortendiek: Erfahrungen mit dem Hartverchromen von Schmiedegesenken. Werkstatts-technik u. Masch.-Bau 48 (1958) S. 569.

4.66. Elfmark, G.; Sténo, J.; Das Oberflächenhärten von Gesenken. Hutnické listy 14 (1959) S. 1060 – 1064.

4.67. Dromer, S. A.: Zusätzliches Härten von Schmiedegesenken. Kuzn. stamp. proizvod. (1969) 10 S. 47. Vergl. Umformtechnik 4 (1970) 3, S. 9 – 11.

4.68. Dovnar, S. A., u. a.: Induktives Oberflächenhärten von Schmiedegesenken. Kuzn. stamp. proizv. (1969) Nr. 10, S. 47.

4.69. Finnern, B.: Bad- und Gasnitrieren (Betriebsbücher, Folge 18). München: Hanser 1965.

4.70. —: Badnitrieren von Werkstücken. Werkstattblatt 302 u. 316. München: Hanser 1964.

4.71. Eysell, F. W.: Anwendung des Tenifer-Verfahrens bei Druckguß-, Strangpreß- und Schmiedewerkzeugen. TZ prakt. Metallbearbeitg. 61 (1967) S. 131 – 135.

4.72. Kläuscher, J.: Ionitrieren. Werkstattblatt 513. München: Hanser 1970.

4.73. Kunst, H.; Schaaber, O.: Überblick über das Borieren von Stahl. VDI-Z. 107 (1965) S. 49 – 59.

4.74. Soskin, L. M.: Elektrolytborieren von Gesenken für Schmiedewalzen. Vestnik mašinostr. 46 (1966) 5, S. 65 – 67.

4.75. Solja, M. A.: Oberflächenverfestigung von Schmiedegesenken durch Borieren. Kuzn. stamp. proizv. 10 (1968) 7, S. 47 – 48.

4.76. Cockson, U.: Repair and reclamation of forging dies. Tooling 24 (1970) 1, S. 29 – 35.

4.77. Ausmessen von Hohlformen durch Abformverfahren. FGS-Bericht 69. Forschungs-stelle Gesenkschmieden, Hannover 1959.

4.78. 3-D Inspection. Prod. Technology (1963) S. 388 – 392.

4.79. Befestigung von Schmiedewerkzeugen in Hämmern und Pressen. VDI-Richtlinie 3183. Berlin, Köln: Beuth-Vertrieb 1958.

4.80. Key driving on forging hammers and presses. Metal forming 38 (1971) S. 184/185.

4.81. Ast: Gesenkbefestigung mit zweiteiligen Spannkeilen. Werkstattstechnik 52 (1962) S. 567/568.

4.82. Braithwaite, E. R.: Lubrication and Lubricants. Amsterdam: Elsevier 1967.
4.83. Schey, J. A.: Metal Deformation Processes: Friction and Lubrication. New York: Rehbrer 1970.
4.84. Schmierung bei der Metallumformung. Arbeitsblatt 6 der Ges. f. Tribologie und Schmierungstechnik, Homberg 1971.
4.85. Schlomach, E.: Verhalten und Wirkungsweise von Schmierstoffen beim Gesenkschmieden von Stahl. Diss. T. U. Hannover 1973.

Kapitel 5

5.1. Lange, K.; Roll, R.: Neuere Entwicklungen der Werkzeugmaschinen und der Technologie des Gesenkschmiedens. Ind.-Anz. 96 (1974) S. 1621 – 1628.
5.2. Watermann, H. D.: Der Schlagwirkungsgrad in Hämmern und Spindelpressen. Ind.-Anz. 85 (1963) S. 1027 – 1038.
5.3. Göttert, W.: Über das Verhalten der Bäre von Schmiedehämmern beim Schlag, insbesondere im Hinblick auf den Schlagwirkungsgrad von Gegenschlaghämmern. Diss. T. U. Hannover 1969.
5.4. Jarausch, R.: Hammer, Fundament und Umgebung als Schwingungssystem. Maschinenmarkt 71 (1965) Nr. 11, S. 27 – 38.
5.5. Hohn, W.: Ein Beitrag zur aufgabengerechten Zuordnung von Fertigungsaufgabe und Fertigungsmittel in Gesenkschmieden. Diss. T. U. Hannover 1970.
5.6. Wehrmann, H.: Spannungen im Gestell eines Gesenkschmiedehammers und seinem spannungsoptischen Modell. Diss. T. U. Hannover 1966.
5.7. Keilholz, F.: Untersuchungen an einteiligen Hammergestellen. Werkstattstechnik 53 (1963) S. 421 – 427.
5.8. Gube, G.: Schmiedehämmer, Berechnung und Konstruktion. Berlin: VEB Verlag Technik 1966.
5.9. Geleji, A.: Walzwerks- und Schmiedemaschinen. Berlin: VEB Verlag Technik 1961.
5.10. Schröder, P.-J.: Lärmmindernde Maßnahmen für Schabottehämmer. Ind.-Anz. 96 (1974) S. 1995 – 1999.
5.11. Hüffmann, G.: Die Bedeutung schwingungsisolierter Gründungen beim Bau von Hammerfundamenten. Ind.-Anz. 95 (1973) S. 183 – 186.
5.12. Henseleit, O.: Bemessungsverfahren für stoßbelastete Hammerfundamente. Diss. T. U. Karlsruhe 1971.
5.13. Bräuer, W.: Die Weiterentwicklung eines elektroölhydraulischen Gesenkschmiedehammers. Werkstattstechnik 51 (1961) S. 105 – 108.
5.14. Keilholz, F.: Oberdruckhammer mit Gestell aus einem Stück. Werkstattstechnik 50 (1960) S. 573 – 575.
5.15. —: Untersuchungen an einteiligen Hammergestellen. Werkstattstechnik 53 (1963) S. 421 – 428.
5.16. Marczinski, H.-J.: Gegenwärtige und zukünftige Möglichkeiten des Gesenkschmiedehammers. Ind.-Anz. 95 (1973) S. 2422 – 2424.
5.17. Müller, M.: Schmieden mit Gegenschlaghämmern. Ind.-Anz. 96 (1974) S. 2000 – 2002.
5.18. Frentzel, W.: Bewegungsgesetze einer Reibspindelpresse. Konstruktion 21 (1969) S. 148 – 152.
5.19. Georg, O.: Doppelspindelpresse. Ind.-Anz. 93 (1971) S. 190 – 192.
5.20. Klaprodt, Th.: Vergleich einiger Kenngrößen von Spindel- und Kurbelpressen zum Gesenkschmieden. Ind.-Anz. 90 (1968) S. 1423 – 1425.
5.21. Reiche, R. H.: Spindel- und Schwungradbrüche an Reibspindelpressen. Maschinenschaden 38 (1965) 5/6 S. 85 – 91.
5.22. Watermann, H. D.: Die Arbeitsgenauigkeit von Hämmern und Schwungradspindelpressen beim außermittigen Schlag. Werkstattstechnik 53 (1963) S. 413 – 421.
5.23. Kilp, K. H.: Untersuchungen an Pressengestellen bei statischer und dynamischer Belastung. Machinenbautechnik 19 (1970) S. 114 – 126.
5.24. Bachmann, H.: Die Spindelkeilpresse. Ind.-Anz. 97 (1975) S. 277 – 280.

5.25. Kilp, K.-H.: Entwicklungseinflüsse beim Antrieb großer Spindelpressen. Ind.-Anz. 95 (1973) S. 991 – 993.
5.26. Knauss, P.: Konstruktion und Anwendung moderner Spindelpressen. Sheet metal Ind. 47 (1970) S. 137 – 143.
5.27. Eine prellschlagsichere Reibspindelpresse. Werkstattstechnik 58 (1968) S. 80/81.
5.28. Böhringer, H.; Kilp, K. H.: Die Entwicklung der Spindelschlagpressen. Werkstattstechnik 55 (1965) S. 28 – 30.
5.29. Mäkelt, H.: Die mechanischen Pressen. München: Hanser 1961.
5.30. Rau, G.: Anwendungsgebiete der Keilpresse. Maschinenmarkt 75 (1969) S. 1682 – 1685.
5.31. Golf, K. H.: Druckringpressen, eine neue Art von Exzenterschmiedepressen für die Massenfabrikation. Maschinenmarkt 79 (1973) S. 967/968.
5.32. Sauerbrey, H. M.: Die Schmiedeschlagpresse und ihre Möglichkeiten. Ind.-Anz. 93 (1971) S. 1692 – 1697.
5.33. Forging on a multiple-ram press. Metal Forming 34 (1967) S. 201 – 204.
5.34. Aeckersbery, G.: Die Elektro-Stauchmaschine in der Schmiede. Werkstattstechnik u. Bau 45 (1955) S. 545 – 548.
5.35. Kienzle, O.: Kenngrößen für Werkzeugmaschinen zum Gesenkschmieden. Werkstattstechnik 55 (1965) S. 509 – 514.
5.36. Formblatt für Anfrage, Angebot und Bestellung von Kurbel-, Exzenter- und Kniehebelpressen. Richtlinie 3188. Düsseldorf: VDI-Verlag 1974.
5.37. Watermann, D.: Bestimmung des Arbeitsvermögens von Hämmern und Pressen mit Kupferzylindern. Werkstattstechnik 52 (1962) S. 95 – 101.
5.38. Damerow, H.-J.: Betriebsverhalten von Gesenkschmiedekurbelpressen. Vergleich zwischen kinematischem und kinetischem Zwangslauf von Spindel- und Kurbelpressen. Diss. T. U. Hannover 1974.
5.39. Meyer-Nolkemper, H.: Bestimmung der Maschinengröße beim Gesenkschmieden. Ind.-Anz. 93 (1971) S. 2593 –2595.
5.40. Koch, H. W.; Oelkers, H. D.: Vergleichende Untersuchungen an Schmiedehämmern und -pressen hinsichtlich ihrer Geräusche und Erschütterungen. Ind.-Anz. 94 (1972) S. 1603 – 1606.
5.41. Zenker, R.: Untersuchungen in der Gesenkschmiedeindustrie über die Wirtschaftlichkeit von Gesenkschmiedeverfahren. Diss. T. U. Hannover 1970.
5.42. Vergleichende Untersuchungen an Gesenkschmiedehämmern und -pressen. Bericht der Forschungsstelle Gesenkschmieden, Hannover 1970.
5.43. Willenbrock, W.: Elektronik und Umformmaschine. Ind.-Anz. 95 (1473) S. 558 – 561.
5.44. Winkler, H.: Die Hydro-Keilpresse. Ind.-Anz. 96 (1974) S. 367 – 370.

Kapitel 6

6.1. Rohteilherstellung für die Kaltumformung. VDI-Richtlinie 3144. Berlin, Köln: Beuth-Verlag 1978.
6.2. Scheuermann, H.: Eigenspannungszustand in gescherten Abschnitten aus Stahlknüppeln. Diss. T. U. Hannover 1974.
6.3. Scherschneiden von Stäben — Schneidfehler. VDI-Richtlinie 3187. Berlin, Köln: Beuth-Verlag 1973.
6.4. Scheuermann, H.: Untersuchungen über das Scherschneiden von Stangen und Knüppeln aus Stahl. Bericht der Forschungsstelle Gesenkschmieden an der T. U. Hannover, 1974.
6.5. Kienzle, O.; Zabel, H.: Zerteilen metallischer Abschnitte durch Abscheren. Forsch.-Bericht Nr. 1462 des Landes Nordrhein-Westfalen. Köln, Opladen: Westdeutscher Verlag 1965.
6.6. Heiligenstaedt, W.: Wärmetechnische Rechnungen für Industrieöfen. Düsseldorf: Verlag Stahleisen 1966.
6.7. Schack, A.: Der industrielle Wärmeübergang. Düsseldorf: Verlag Stahleisen 1969.
6.8. Brunklaus, J. H.: Industrieofenbau. Essen: Vulkan-Verlag 1969.

6.9. Gumz, W.: Kurzes Handbuch der Brennstoff- und Feuerungstechnik. Berlin, Heidelberg, New York: Springer 1962.

6.10. Waldhelm, F.: Wege zu einem wirtschaftlichen Gasofenbetrieb. Ind.-Anz. 90 (1968) S. 537–541.

6.11. Schuster, F.: Die Gaswärme im Werkstättenbetrieb. Werkstattbuch Heft 115. Berlin, Göttingen, New York: Springer 1954.

6.12. Bödecker, G.: Untersuchungen über die Wärmzeiten von Blöckchen in Kammeröfen. Werkstattstechnik 52 (1962) S. 318/319.

6.13. —: Hinweise zur Wirtschaftlichkeit von Schmiedeöfen 92 (1970) S. 1564/1565.

6.14. Wilson, W. J.: Refractories for forge furnaces. Industrial Heating 40 (1973) S. 1679–1681 u. 1684–1692.

6.15. Offenberg, W.: Rillenherd-Stoßofen mit Umkehrflamme. Ind.-Anz. 94 (1972) S. 1071–1073.

6.16. Prowald, O.: Einstellung des Gas-Luft-Gemisches mit Hilfe eines Reduktionsdruckreglers als Gemischregler. Ind.-Anz. 97 (1975) S. 281/282.

6.17. Gasbeheizte Industrieöfen. Stahleisen-Betriebsblatt 391 010-67. Düsseldorf: Verlag Stahleisen 1967.

6.18. Löwen, H.: Gas-Schnellwärmungsanlagen für das Gesenkschmieden. Ind.-Anz. 95 (1973) S. 1015–1018.

6.19. Elektrowärme — Theorie und Praxis. Hrsg.: Union Int. d'Electrothermie: Paris 1974.

6.20. Induktives Erwärmen für das Warmumformen. VDI-Richtlinie 3132. Berlin, Köln: Beuth-Vertrieb 1959.

6.21. Seulen, G. W.: Vergleichende Betrachtung über das induktive und konduktive Erwärmen für das anschließende Warmumformen in Schmiedebetrieben. Techn. Mitt. (1966) S. 315–323.

6.22. Bühler, H.; Meyer, H.: Die Wirkung zunderhemmender Stoffe beim Wärmen von Stahl in gasbeheizten Schmiedeöfen. Forschungsber. d. Landes NRW Nr. 2274. Köln, Opladen: Westdeutscher Verlag 1972.

6.23. Schulze Horn, H.: Untersuchung über die Struktur, die Bildung und die Haftfestigkeit von Zunder bei Temperaturen bis 1200 °C und Wärmung in verschiedenen Verbrennungsatmosphären. Diss. T. H. Hannover 1967.

6.24. Ruge, J.: Handbuch d. Schweißtechnik. Berlin, Heidelberg, New York: Springer 1974.

6.25. Stief, A.: Die wichtigsten Metallschweißverfahren; Werkstattblatt 537. München: Hanser 1971.

6.26. Wirtz, H.: Das Verhalten der Stähle beim Schweißen, Teil 1: Grundlagen. Düsseldorf: Deutscher Verlag f. Schweißtechnik 1973.

6.27. Lindner, H.: Eine statistische Erfassung von Gesenkschmiedestücken. Werkstattstechnik 53 (1963) S. 713–719.

6.28. Pitsch, W. (Hrsg.): Grundlagen der Wärmebehandlung von Stahl. Düsseldorf: Verlag Stahleisen 1976.

6.29. Fischer, O.: Praktische Wärmebehandlung. Hrsg.: Verband Deutscher Gesenkschmieden Hagen, 1967.

6.30. Frodl, F.: Einsparung der Vergütung bei dem mikrolegierten Edelbaustahl 49 MnV 3. Sie und Wir (Werkszeitschrift der Stahlwerke Südwestfalen) (1974) Nr. 12, S. 15–16.

6.31. —; Hildebrand, D.: Kosten gespart — kontrolliertes Abkühlen aus der Umformwärme. Sie und Wir (Werkszeitschrift der Stahlwerke Südwestfalen) (1976) Nr. 16, S. 17–18.

6.32. Bühler, H.; Rose, A.; Hohmann, K.: Wärmebehandlung aus der Schmiedehitze zur Verbesserung der Zerspanbarkeit. Archiv Eisenhüttenwesen 36 (1965) S. 655–666.

6.33. Reinigen von Metalloberflächen. Werkstattblatt Nr. 500. München: Hanser.

6.34. Reinigen und Entfetten metallischer Oberflächen. VDI-Richtlinie 3161. Berlin, Köln: Beuth-Vertrieb 1963.

6.35. Oberflächenbehandeln beim Kaltumformen — Reinigen, Entzundern, Entrosten, VDI-Richtlinie 3160 Bl. 1. Berlin, Köln: Beuth-Verlag 1978.

6.36. Zieler, W.; Lepand, H.: Strahlen und Strahlmittel. München: Hanser 1964.

6.37. Strahlverfahren. Werkstattblatt 403. München: Hanser.

6.38. Flachprägen. VDI-Richtlinie 3172. Berlin, Köln: Beuth-Vertrieb 1961.

6.39. Lange, K.; Kemna, H. K.: Probleme beim Vorbereiten und Spannen von Gesenkschmiedestücken zum Abspanen. Werkstatttechnik u. Masch.-Bau 46 (1956) S. 434 – 442.
6.40. Klippert, R.; Griesbaum, W.: Optimales Anpassen von Schmiedevorgang und mechanischer Bearbeitung. Werkstatt u. Betrieb 108 (1975) S. 174 – 176.
6.41. Sharma, S. G.: Quality control in drop forging with special reference to closed-die steel forgings. ISI-Bulletin 25 (1973) S. 203 – 207.
6.42. Wuich, W.: Zerstörungsfreie Werkstoffprüfung durch Eindringverfahren. Werkstattblatt 549. München: Hanser 1972.
6.43. —: Zerstörungsfreie Werkstoffprüfung nach dem Magnetpulververfahren. Werkstattblatt 560. München: Hanser 1972.
6.44. Riebensahm, P.; Schmidt, P.: Prüfung metallischer Werkstoffe. Fertigung und Betrieb, Bd. 4. Berlin, Heidelberg, New York 1974.
6.45. Kontrollstrecke für Schmiedestücke. Industrie-Anzeiger 96 (1974) S. 1083.
6.46. Tacke, G.: Neue Entwicklungen bei den Walz- und Schmiedeerzeugnissen aus Einsatz- und Vergütungsstählen für den Kraftfahrzeugbau. Stahl u. Eisen 94 (1974) S. 792 – 804.
6.47. Lange, K.: Kleines Handbuch der modernen Fertigungstechnik. Giradet-Taschenbücher Bd. 27. Essen: Girardet 1976.

Kapitel 7

7.1. Chrschanowski, S. N.: Planung von Großbetrieben. Berlin: VEB Verlag Technik 1952.
7.2. Vorel, J.; Ruzicka, R.: Neue Wege bei der Projektierung von Gesenkschmieden. Strojirenska vyroba (1974) S. 912 – 916.
7.3. Czichun, F.: Kennziffern und Richtwerte des Arbeitsaufwandes und des Fächenbedarfes bei der Projektierung von Gesenkschmieden. Fertigungstechnik u. Betrieb 15 (1965) S. 587 – 589.
7.4. Riege, W.: Fördermittel in Gesenkschmieden. Herausgegeben vom Verband Deutscher Gesenkschmieden, Hagen 1967.
7.5. Reynolds, W. A.: Work study. Use of method study in the drop forging industry. Metal treatment and Drop Forging (1961) S. 411 – 418.
7.6. Zubringeinrichtungen. VDI-Richtlinie 3240, Bl. 1 u. 2. Berlin, Köln: Beuth-Vertrieb 1971.
7.7. —: Mekanisering vid sänksmidning. IVF-Resultat 72 608. Stockholm: Sveriges Mekanförbund 1972.
7.8. Patton, W. G.: Automated forging line boosts output, cuts costs. The Iron Age (1952) 2. Okt., S. 93 – 96.
7.9. Selbsttätiges Anstauchen von Federstäben. Werkstattstechnik 55 (1965) S. 305.
7.10. Lange, K.; Roll, K.: Neuere Entwicklungen der Werkzeugmaschinen und der Technologie des Gesenkschmiedens. Ind.-Anz. 96 (1974), S. 1621 – 1628.
7.11. Golf, K. H.: Entzundern und Vorformen. Ind.-Anz. 94 (1972) S. 1068 – 1071.
7.12. Krausen, G.: Umformmaschinen für das automatisierte Gesenkschmieden. Ind.-Anz. 96 (1974) S. 783/784.
7.13. Stax, H.: Kontinuierliches Wärmebehandeln von Schmiedestücken bei diskontinuierlichem Betrieb der Schmiedemaschine. Ind.-Anz. 94 (1972) S. 635 – 638.
7.14. Krautmacher, H.: Automatische Schmiedestraße für Kurbelwellen und LKW-Vorderachsen. Stahl und Eisen 96 (1976) S. 542 – 544.
7.15. Pressmidning av rotationssymmetriska detaljer. IVF-Resultat 74 610. Stockholm: Sveriges Mekanförbund 1974.
7.16. Beuscher, K.: Möglichkeiten und wirtschaftliche Grenzen der Automatisierung auf Kurbelpressen. Ind.-Anz. 96 (1974) S. 2364 – 2366.

Kapitel 8

8.1. Spies, K.: Eine Formenordnung für Gesenkschmiedestücke. Werkstattstechn. u. Masch.- Bau 47 (1957) S. 201 – 205.

8.2. Eskens, A.: Gesenkschmieden. Werkstattgerechtes Konstruieren, Heft 5. Berlin: VDI-Verlag 1938.

8.3. Bruchanow, A. N.; Rebelski, A. W.: Gesenkschmieden und Warmpressen. Berlin: VEB Verlag Technik 1955.

8.4. Unterweiser, P. M. (Hrsg.): Forging Design Handbook. Metals Park, Ohio: American Soc. f. Metals 1972.

8.5. Peddinghaus, G., u. a.: Richtlinien für die Gestaltung von Gesenkschmiedestücken. Konstruktion 21 (1969) S. 130 – 137.

8.6. Estampage et Forge. Druckschrift des Syndikat National de l'Estampage et de la Forge. Paris: 1963.

8.7. Schmiedestücke — Gestaltung, Anwendung, Beispiele. Hrsg.: Informationsstelle Schmiedestückverwendung, Hagen 1975.

8.8. Huwendiek, J.: Untersuchung über die Maßgenauigkeit beim Gesenkschmieden. Werkstattstechnik 54 (1964) S. 667 – 675.

8.9. Kienzle, O.: Maßtoleranzen umgeformter Werkstücke — Beispiel Gesenkschmieden von Stahl. Wt.-Z. ind. Fertig. 59 (1969) S. 257 – 265.

8.10. Abbot, K. J.: Maßtoleranzen für unter Hämmern und Pressen und in Waagerecht-Stauchmaschinen gefertigter Gesenkschmiedestücke aus Stahl. Ind.-Anz. 88 (1966) S. 1309 – 1313.

8.11. Doege, E.; Knolle, B.: Schwingfertigkeitsverhalten geschmiedeter Teile. In: VDI-Ber. 256. Düsseldorf: VDI-Verlag 1976.

Sachverzeichnis